소리와 몸짓
— 동물은 어떻게 생각과 감정을 표현하는가?

칼 사피나 지음 | 김병화 옮김

2017년 2월 24일 초판 1쇄 발행

펴낸이 한철희 | 펴낸곳 돌베개 | 등록 1979년 8월 25일 제406-2003-000018호
주소 (10881) 경기도 파주시 회동길 77-20 (문발동)
전화 (031) 955-5020 | 팩스 (031) 955-5050
홈페이지 www.dolbegae.co.kr | 전자우편 book@dolbegae.co.kr
블로그 imdol79.blog.me | 트위터 @Dolbegae79

주간 김수한
책임편집 윤현아
표지디자인 coobicoo | 본문디자인 coobicoo · 이연경
마케팅 심찬식 · 고운성 · 조원형 | 제작 · 관리 윤국중 · 이수민
인쇄 · 제본 상지사

ISBN 978-89-7199-792-5 (03490)

이 도서의 국립중앙도서관 출판시도서목록(CIP)은 서지정보유통지원시스템(http://seoji.nl.go.kr)과
국가자료공동목록시스템(http://www.nl.go.kr/kolisent)에서 이용하실 수 있습니다.
(CIP제어번호: CIP2016030609)

책값은 뒤표지에 있습니다.

소리와 몸짓

Beyond Words:
What Animals Think and Feel

동물은 어떻게 생각과 감정을 표현하는가?

칼 사피나 지음
김병화 옮김

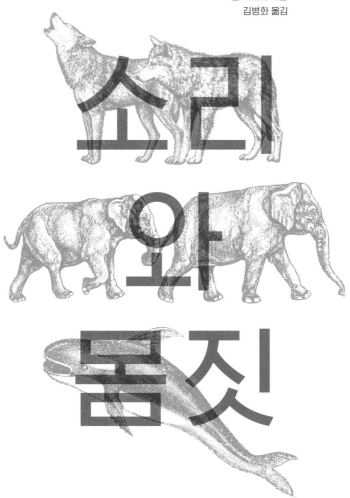

소리와 몸짓

Beyond Words: What Animals Think and Feel

돌베개

일러두기

1. 이 책은 칼 사피나Carl Safina의 Beyond Words(Henry Holt and Company, LLC, 2015)를 우리말로 번역한 것이다.
2. 외국 인명과 지명, 도서명 등은 국립국어원 외래어 표기법과 용례를 따랐다. 다만 국내에서 이미 굳어진 인명과 지명의 경우에는 통용되는 표기로 옮겼다. 또한 이미 국내에 번역 출간된 도서는 원저 제목과 다르더라도 번역서 제목을 그대로 썼다.
3. 단행본과 정기간행물에는 겹낫표(『 』)를, 논문과 기사에는 낫표(「 」)를, 영화에는 홑꺾쇠(〈 〉)를 썼다.
4. 본문 내에 ……는 말줄임표를, (……)는 중략을 의미한다.
5. 원서의 이탤릭은 고딕으로 표기했다.
6. 본문 내 미주는 모두 원저자의 것이다.

그들을 지켜보며 그들의 소리를 진심으로 들어 주고, 우리와 같은 대기에 살아가는 다른 목소리와 침묵 속에서 들은 것들을 우리에게 전해 주는 이 책에 등장한 사람들에게.

나는 과거의 오랜 시간에 대해 생각한다. 이 아름다운 존재들이 여러 세대를 계속 이어가며 자연스럽게 살아가고 (……) 그 사랑스러움을, 어느 모로 보든 터무니없을 정도로 아름다운 모습을 바라볼 그 어떤 지적인 눈도 없이 살아가던…… 그 시간에 대해 생각한다……. 이런 성찰에서 우리는 모든 생물이 인간을 위해 만들어지지 않았음을 당연히 깨달아야 한다. 그리고 나면 그들의 행복과 즐거움, 사랑과 혐오, 생존 투쟁, 활기찬 삶과 때 이른 죽음 모두 그들의 독자적인 행복과 존속에만 직결되는 것으로 보일 것이다.

_알프레드 러셀 월리스Alfred Russel Wallace, 『말레이 군도』*The Malay Archipelago*, 1869.

우리는 동물이 불완전하다는 이유로, 우리보다 한참 열등한 형태로 태어났다는 이유로 그들을 생색내듯 보살피려 든다. 그런데 그 점에서 우리는 잘못을, 그것도 큰 잘못을 범한다. 동물을 인간 기준으로 평가해서는 안 되기 때문이다. 그들은 우리 것보다 더 오래되고 더 완전한 세계 안에서 더 완벽하고 완결된 모습으로 움직이며, 우리가 잃어버렸거나 한번도 가져보지 못한 수준의 폭넓은 감각으로 우리는 절대 듣지 못할 목소리에 따라 살아간다. 그들은 우리의 형제가 아니며 부하도 아니다. 그들은 이를테면 다른 종족, 생명과 시간의 그물에 함께 붙들린, 지구의 광휘와 노고라는 감옥에 붙들린 동료 죄수들이다.

_헨리 베스턴Henry Beston, 『세상 끝의 집』*The Outermost House*, 1928.

차례

3부 우리의 오해와 편견

4부 범고래의 호출소리

프롤로그

이제 짐승들에게 물어보라, 그들이 그대에게 가르쳐 주리라; 공중에 날아가는 새들에게 물어보라, 그들이 그대에게 말해 주리라; 대지와 이야기하라, 그러면 그들이 그대에게 가르쳐 줄 것이다; 또 바다의 물고기들이 그대에게 선언할 것이다.

—「욥기」 12:7-8. 제임스왕 성서

우리가 타고 가는 배 옆으로 또 다른 큰 돌고래 무리가 막 수면에 떠올랐다. 뛰어오르고, 첨벙대고, 끼익 비명을 지르는 듯, 휘파람을 부는 듯, 그들 특유의 신비스러운 소리로 이리저리 서로를 부른다. 새끼 돌고래 여러 마리가 어미 곁에서 잽싸게 따라온다. 그리고 이번에 나는 그처럼 깊고 아름다운 생명의 거죽만 보는 것으로는 성에 차지 않았다. 그들이 무엇을 체험하고 있는지, 왜 그들이 우리 마음을 그토록 강하게 사로잡으며, 그처럼 친밀하게 느껴지는지 알고 싶어졌다. 그래서 지금까지 금단의 열매였던 질문을 해 보기로 했다. 너는 누구who인가? 대개 과학은 동물의 내면 삶에 대한 질문을 엄격하게 삼간다. 그들에게도 모종의 내면 삶이 있는 것은 분명하다. 하지만 진짜 궁금한 것을 질문하면 무례한 짓이라고 야단맞는 아이처럼, 젊은 과학자는 동물의 마음animal mind은, 설사 존재하더라도 알 수 없는 것이라고 배운다. 물을 수 있는 질문은 '그것'it에 관한 것뿐이다. 그들이 어디에 사는지, 무엇을 먹는지, 위험이 다가올 때 어떤 행동을 하는지, 어떻게 번식하는지 하는 질문들 말이다. 하지만 언제나 그렇듯이 금지된 질문이야말로 닫혀 있던 문을 열어줄지도 모른다. 누구인가? 하는 질문 말이다.

　이렇게 사연이 많은 질문을 기피해 왔던 데는 이유가 있다. 그중 우리가 받아들이지 못하는 가장 큰 이유는 인간과 동물 사이의 장벽이 인위적이기 때문이다. 인간도 결국은 동물이니까. 그리고 이제, 이 돌고래들을 보고 있자니 그처럼 인위적으로 예의 바르게 행동하는 것이 지겨워졌다. 더 친해지고 싶었다. 돌고래와 우리 모두에게 남은 시간이 손가락 사이로 빠져나가는 기분이었다. 작별을 고한 뒤에야 첫인사도 제대로 하지 않았음을 깨닫는 우를 범하고 싶지 않았다. 배 위에서 내가 읽던 책은 코끼리에 관한 것이었는데, 돌고래에 대해 궁금할 때나 그들이 대양에서 유연하고 자유롭게 돌아다니는 것을 지켜보는 동안에도 코끼리가 내 마음을 차지하고 있었다. 밀렵자가 코끼리 한 마리를 죽이면, 그는 그 코끼리 한 마리만 죽이는 것이 아니다. 그 코끼리 가족이 지독히도 힘든 걷기 동안 계속 살아남게 해 줄, 식량과 물을 어디로 가면 찾을 수 있는지를 알고 있는, 결정적으로 중요한 원로 가모장家母長의 기억을 파괴하는 것일 수도 있다. 그러므로 총알 한 방은 시간이 흐르면서 수많은 죽음을 초래할 수도 있다. 코끼리에 대해 생각하면서 돌고래를 바라보는 동안 내가 깨달은 것은 다음과 같다. 생명체들이 어떤 특정한 개체를 인정하고 그것에게 의지할 때, 어떤 개체의 죽음이 살아남은 개체들의 삶을 바꿔 놓을 때, 관계가 우리를 규정하게 될 때, 우리는 지구상 생명의 역사 속 어떤 불투명한 경계선을 넘어섰다는 것 말이다. '그것'이 '누구'로 변한 것이다.

'누구' 동물'who' animal(개체의 특성, 성격과 능력, 차이점이 중요시되는 동물 — 옮긴이)은 자신이 누구인지 안다. 그들은 자신의 가족이 누구이며 친구가 누구인지 안다. 적이 누구인지도 안다. 그들은 전략적 연대를 맺고, 만성화된 경쟁 관계에 적응한다. 그들은 더 높은 지위로 올라가려 애쓰고, 기존의 질서에 도전할 기회를 기다린다. 그들의 지위는 그 자손들의 앞날에 영향을 미친다. 그들의 삶은 초기-전성기-쇠퇴기로 이루어진 생애의 아치형 궤도를 따라간다. 인간관계가 그들을 규정한다. 많이 들어 본 이야기인가? 당연하다. '그들'에는 우리도 포함되니까. 하지만 생생하고 친밀한 삶은 인간만의 것이 아니다.

우리는 당연히 자신의 눈을 통해 세상을 본다. 하지만 안에서 바깥을 내다보기에 우리는 안팎이 뒤집힌 세상을 보고 있다. 이 책은 우리 바깥 세상의 관점을 따른다. 그 세상에서는 인간이 만물의 척도가 아니고, 인간 역시 다른 종족들 가운데 하나에 지나지 않는다. 우리는 자연에서 멀어지면서 생명 공동체의 감각과 단절했고, 다른 동물의 경험을 접할 길을 잃었다. 삶의 모든 일은 서로 연동해서 발생하기 때문에, 인간이라는 실이 다른 수많은 생명체들의 씨줄날줄 사이에서 생명의 그물 속으로 짜 들어가 있음을 보면 인간이라는 동물을 맥락적으로 이해하기가 더 쉬워진다.

나는 평소에 써 오던 환경보존에 관한 글에서 잠시 벗어나 첫사랑으로 돌아가 보기로 했다. 그러니까 단순히 동물이 움직이는 것을 바라보고, 왜 그런 행동을 하는지 물어보기로 한 것이다. 이를 위해 나는 세계에서 가장 많이 보호받고 있는 동물 몇 종을 관찰하러 돌아다녔다. 케냐의 암보셀리Amboseli 국립공원에 사는 코끼리, 미국 옐로스톤Yellowstone 공원에 사는 늑대, 북서태평양에 사는 범고래를 관찰한 것이다. 그런데 이 모든 곳에서 나는 그 동물들이 인간이 가하는 압박을 느끼며, 그 압박감이 그들의 행동, 어디로 갈지 결정하는 일, 수명, 가족관계에 영향을 준다는 것을 알게 되었다. 그래서 우리는 이 책에서 다른 동물들의 마음을 만나고, 그 마음과 그들을 위해 우리가 들어야 할 필요가 있는 것에 귀를 기울일 것이다. 다른 설명이 필요 없는 그 이야기는 무엇what이 위기인가만이 아니라 누가who 위기에 처해 있는가도 말해 준다.

가장 큰 깨달음은 모든 생명은 하나라는 것이다. 내가 7세였을 때 아버지와 나는 브루클린에 있던 우리 집 마당에 작은 새장을 만들어 전서구傳書鳩를 몇 마리 길렀다. 비둘기가 새장 안에서 어떻게 둥지를 짓고, 구애하고, 다투고, 새끼를 돌보고, 날아갔다가 충실하게 다시 돌아오는지를 보면서 그리고 식량과 물과 집을, 또한 서로를 필요로 하는 모습을 지켜보면서 나는 우리가 아파트에 사는 것처럼 그들도 각자의 아파트에 살고 있음을 깨달았다. 우리와 똑같은데, 방식이 좀 다른 것이다. 다른 여러 동물들의 세계와 우리의 세계 속에서 많은 동물들과 함께 살고, 연구하고, 함께 작업해 온 내 평생의 활동은 우리가 공유하는 삶에 대한 인상을 넓히고 심화시켰다. 바로 그 인상을 나는 이 책에서 여러분과 함께 나누려고 노력할 것이다.

1부

코끼리
의
나팔소리

섬세하면서 강력하고, 무시무시하면서도 매혹적이고,
높은 산봉우리에 올랐을 때나 큰불이 났을 때 또는
바다에 나갔을 때가 아니면 맛볼 수 없는 정적을 명령한다.
—피터 매터슨Peter Matthiessen,
『인간이 태어난 나무』The Tree Where Man Was Born

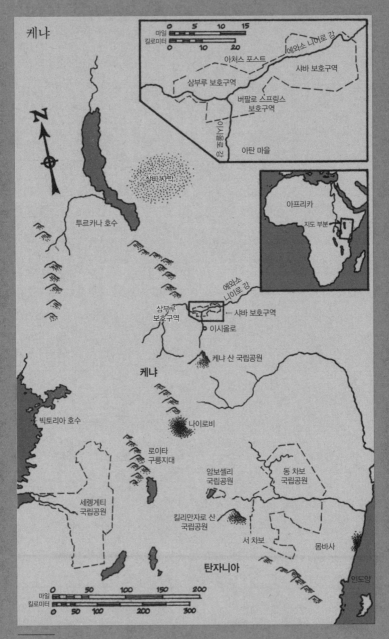

케냐 지도

마침내 대지가 솟아오른 것이 보였다. 햇볕에 달궈진 대지가 광대하고 살아 있는, 그래서 움직이는 어떤 형태를 갖추었다. 대지는 다수多數가 되어 걸어왔고, 그들의 발걸음이 어찌나 철저하게 한몸이 되었던지 먼지가 만들어지는 근원처럼 보였다. 그들이 일궈내는 구름이 우리를 삼켰고, 피부에 있는 모든 구멍 속으로 배어들었으며, 이빨에 도포塗布되고, 마음속으로 점점이 스며들었다. 실제 육신에, 또 은유적으로도 그랬다. 그들은 그 정도로 컸다.

그리고 전사들의 방패 같이 생긴 그들의 머리를 볼 수 있었다. 거대한 숨결, 들이마시고 내뱉는 숨결, 허파의 큰 방에서 공명하는 숨결이 들린다. 이동 중일 때 그들의 피부는 자신들이 돌아다닌 삶의 구겨진 지도처럼 흐르는 세월 속에서 닳아 쭈글쭈글해졌고, 나이가 남긴 발자국으로 주름진 무늬가 찍혀 있었다. 땅의 풍경을, 그리고 시간의 풍경을 건너다니는 여행자들. 살갗이 흐물거리는 코듀로이처럼 흔들린다. 억세고 단단하게 직조되었지만 살짝 스치기만 해

17

도 민감하게 반응한다. 그들은 자갈 같은 어금니로 한 잎 한 잎, 한 입 한입 갈아 삼키면서 세계를 얻었다. 기억의 더미를 헤집으며 만족스러운 듯 골골대는 소리를 내면서.

그들이 내는 우르릉 소리는 멀리서 천둥이 다가올 때처럼 대기를 진동시킨다. 기복이 심한 땅과 나무뿌리를 통해 진동하면서, 가족과 친지들을 언덕과 강변에서 불러 모으고, 환영 인사를 나누며 상대방을 알아보고, 자신들이 있던 곳의 소식을 전하고, 무언가가 다가온다는 신호를 우리에게 보낸다.

마음 하나가 산더미 같은 근육과 뼈 뭉치를 움직이고, 갈색 눈은 지형을 조명한다. 시야에 코끼리 한 마리가 쿵쿵 소리를 내며 들어온다. 저 각진 눈썹을 보라, 뱀처럼 굵은 혈관 줄기를 짚어 보라. 스스로 트럼펫 같은 소리를 내어 자신이 왔음을 알리고, 귀를 펄럭거려 스스로 갈채하는 그는 시간을 초월한 존재, 어쩐지 숭고한 존재, 지혜롭고 현명하며 평화롭고 다정하게 보살피는 존재이면서도 필요할 때는 치명적으로 위험한 존재. 그도 우리처럼 그 자신의 한계 내에서만 현명하다. 약한 면도 있다. 우리 모두가 그렇다.

지켜보라. 그냥 들어 보라. 그들은 우리에게 말하지 않겠지만 자신들끼리는 많은 이야기를 한다. 그중 일부는 우리도 듣는다. 그 나머지는 언어 밖에 남아 있다. 나는 그것을 듣고 싶다. 가능성을 넓히고 싶다.

기형적으로 생긴 귀가 펄럭인다. 억세고 먼지에 찌든 가죽이다. 괴상하게 튀어나온, 인간의 다리만한 이빨이 세상에서 제일 큰 남근처럼 생긴 코 양쪽에 벌어져 있다. 그처럼 그로테스크한 괴수 형상이니 무시무시하게 보여야 마땅하다. 그런데도 우리는 그들에게서 딱히 구체적으로 말할 수 없는 거대한 아름다움을 감지한다. 가끔은 그 아름다움이 어찌나 강렬한지 우리를 굴복시킨다. 우리는 훨씬 더 깊은 것, 훨씬 더 많은 것을 감지한다. 땅을 가로질러 나아가는 그들의 행진은 의도적인 것임을 느낄 수 있다. 부정할 수 없다. 그들은 어떤 장소를 염두에 두고 가고 있는 것이다.

우리가 가려는 곳도 바로 그곳이다.

큰 질문

"그때는 제 평생 최악의 해였어요," 아침식사 때 신시아 모스 Cynthia Moss가 말했다. "50세 이상 된 코끼리들이 바바라와 데보라 외에는 모조리 죽어 버렸어요. 40세가 넘은 코끼리도 거의 다 죽었고요. 그러니 앨리슨, 애거사, 아멜리아가 살아남은 게 특히 놀라운 일이죠."

이제 51세인 앨리슨이 바로 저기, 종려나무 그루터기에 앉아 있다. 보이는가? 모스는 40년 전에 코끼리의 삶에 대해 배우겠다는 결심을 품고 케냐에 왔다. 그녀가 본 첫 번째 코끼리 가족에게 그녀는 AA 가족이라는 이름을 붙여 주었고, 그 가족 중 한 마리를 앨리슨이라 불렀다. 그 앨리슨이 저기, 바로 저기서, 떨어진 야자열매의 즙을 빨아먹고 있는 것이다. 놀랍다.

운이 좋고 강우량도 충분하다면 앨리슨은 10년쯤 더 살 수 있을 것이다. 44세인 애거사도 있다. 지금 우리 쪽으로 가까이 오고 있는 코끼리는 역시 44세인 아멜리아다.

아멜리아는 계속 다가오더니 우리가 탄 차의 정면에 섰는데, 이는 약간 놀라운 일이다. 그녀의 덩치가 어찌나 큰지, 나는 반사적으로 안쪽으로 몸을 웅크렸다. 모스는 차 밖으로 몸을 내밀고 마음이 편안해지는 부드러운 어조로 아멜리아에게 말을 건다. 아멜리아는 우뚝 솟은 모습으로 마치 차 옆에서 따라오는 것처럼 터벅터벅 걸으면서 종려 잎사귀를 비비고, 부드럽게 웅얼거리며 눈을 껌뻑인다.

노랗게 물든 새벽빛에 보이는 풍경은 아프리카의 최고봉 기슭을 향해 굴러가는 끝없는 풀의 바다처럼 보인다. 그 산의 푸른 정상에는 모자처럼 눈이 덮여 있고, 구름이 화환처럼 걸려 있다. 중력에 끌려오는 샘물들이 있어 킬리만자로는 거대한 냉수기 같은 작용을 하여 3.2킬로미터 길이의 늪지대를 조성한다. 그 늪지대 덕분에 이 지역은 야생동식물과 목축민 들을 자석처럼 끌어들인다. 암보셀리 국립공원의 이름은 마아Maa족 언어로 지은 것인데, 암보셀리는 우기에 내린 비로 젖은 표면이 반짝이는 오래된 얕은 호수 바닥을 가리킨다. 공원의 절반이 그 호수였다. 늪지대는 강우량에 따라 넓어지기도 하고 줄어들기도 한다. 하지만 비가 오지 않으면 물 바닥은 말라서 먼지 바닥이 되어 버린다. 그렇게 되면 모든 가능성이 사라진다. 바로 4년 전에 극도로 심한 가뭄이 들어 이 지역이 골수까지 흔들린 적이 있었다.

지난 수십 년간 좋은 시절과 힘든 시절을 겪는 동안 모스와 이 세 마리 코끼리는 계속 존재해 왔고 이 풍경 전역에 군림해 왔다. 모스는 코끼리 특유의 행동을 하며 살아가는 코끼리들을 그저 지켜보는 것을 중심 원리로 하는, 얼핏 보면 쉬운 것 같지만 사실은 복잡한 분

케냐에 위치한 암보셀리 국립공원의 입구(위)와 그곳에서 살아가는 코끼리들의 모습(아래).

야를 개척하는 데 기여했다. 그녀는 다른 어떤 인간보다 더 오랫동안 바로 이들 코끼리 각각의 평생을 지켜보아 왔다.

40년이나 지났으니 저 유명한 연구자도 조금은 현장에 지쳐 있지 않을까, 나는 그렇게 예상했다. 그러나 모스는 70대 초반인데도 밝은 푸른 눈에 놀랄 만큼 원기가 왕성한 젊은 여성 같았다. 솔직히 말해, 약간 짓궂은 편이기도 했다. 1960년대에 모스는 잡지 『뉴스위크』*NewsWeek*의 기고가였는데, 아프리카에 처음 가본 뒤 뉴욕 및 그때까지 익숙했던 모든 것에 등을 돌렸다. 그녀는 암보셀리와 사랑에 빠졌다. 왜 그랬는지는 쉽게 알 수 있다.

열기로 어른어른 흔들리는 대기와 거대한 평원을 보면 암보셀리 국립공원이 크다고 착각하게 된다. 그런데 이곳은 너무 작다. 전체를 차로 돌아보는 데 1시간도 안 걸린다. 암보셀리는 아프리카가 과거에 자신에게 부친 우편엽서, 지금은 '국립공원과 보호구역'이라는 이름표가 붙은 서랍에 보관되어 있는 우편엽서다. 같은 국가에 속하지도 않는 킬리만자로는 상상 속에서 그어진 선 너머의 탄자니아라 불리는 장소에 있다. 그러나 산과 코끼리는 그것이 진정한 하나의 나라임을 알고 있다. 하지만 380제곱킬로미터 넓이의 공원은 그 주변 7,600제곱킬로미터 넓이의 지역을 위한 중심 물구덩이 역할을 한다. 암보셀리의 코끼리는 공원의 약 스무 배가 되는 지역을 돌아다닌다.[1] 소와 염소를 방목하는 마사이족도 그렇다. 그런데 1년 내내 물이 있는 구덩이는 여기뿐이다. 그 이외의 땅은 너무 건조하여 물이 말라 버린다. 그들을 먹여 살리기에 공원은 너무 작다.

"가뭄을 넘기고 살아남기 위해 여러 다른 가족들이 서로 다른 전략을 시도해 봤지요. 어떤 가족은 늘 가까이 있으려고 애쓰더군요.

하지만 그 늪이 말라 버리는 바람에 사정이 매우 어려워졌어요. 어떤 가족은 멀리 북쪽으로 갔는데, 그런 여행이 평생 처음인 코끼리가 많았어요. 그래도 그들은 사정이 좀 나았지요. 쉰여덟 가족 중에서 식구를 하나도 잃지 않은 가족은 단 한 가족뿐이었습니다." 어떤 가족은 어른 암코끼리 일곱과 어린 코끼리 열셋을 잃었다. "대개 코끼리 한 마리가 쓰러지면 가족들이 주위에 모여 쓰러진 코끼리를 들어 올리려고 애씁니다. 그런데 가뭄 때는 다들 그럴 기력이 없어요. 죽어가는 것을 지켜보고, 땅에 누운 모습을 보면 정말 괴로워요……."

암보셀리의 코끼리 중 4분의 1—전체 1,600마리 중에서 400마리—이 사라졌다. 젖을 떼기 전의 아기 코끼리는 거의 모두 죽었다. 얼룩말과 누Wildebeest의 80퍼센트가량이 죽었고, 마사이족이 치던 소는 거의 다 죽었다. 인간도 죽었다.

그래서 비가 다시 오자 새끼를 잃고 살아남은 암코끼리들은 거의 같은 시기에 모두 배란기에 돌입했다. 그 결과는? 모스가 이곳에서 지낸 40년 이래 최대의 베이비붐이 터졌다. 지난 2년 동안 아기 코끼리가 250마리가량 태어났다. 요즘 암보셀리는 코끼리로 태어나기에 좋은 시기다. 식물은 풍성하고, 풀도 많다. 경쟁이 거의 없다. 물은 코끼리를 만든다. 그리고 물은 코끼리를 행복하게 만든다.

행복한 코끼리 여러 마리가 풍성한 종려나무 그늘 밑 에메랄드빛의 물웅덩이에서 물을 뿌리고 있다. 낙원의 자그마한 토막이다. 탄력 있고 고무 같은 작은 코를 가진 새끼들은 순진무구함을 점점 더 고조시키는 것 같다.

"저 아기가 얼마나 통통한지 봐요." 내가 말한다. 15개월이 된 새끼 하나는 버터 덩어리처럼 보인다. 어른 넷과 새끼 셋은 흙탕물 구덩이에서 뒹굴면서, 코로 잔등에 물을 뿌리다가 웅덩이 가장자리에 벌렁 드러누웠다. 새끼들이 즐거움에 겨워 나긋나긋해지자 코 주위의 근육이 편안해지고 눈이 슬슬 감기는 모습이 내 눈에 보였다. 알프르라는 이름의 사춘기 때의 코끼리 한 마리가 드러누워 쉬고 있다. 하지만 새끼 세 마리가 그 위에 올라타서 알프르의 귀를 밟고 선다. 으윽. 재미있어하면서 시끄럽게 수선 피우던 소리가 어느새 부드러워지고 코 고는 소리로 변했다. 새끼들은 모로 누워 잠들었고, 어른들이 그들을 지키면서 주위에 서 있다. 꾸벅꾸벅 조는 어른들의 몸뚱이가 서로에게 닿는다. 가족들이 여기서 안전하다는 것을 알고 있으니 얼마나 차분한지 느껴진다. 그런 광경은 바라보기만 해도 진정이 된다.

사람들은 복권에 당첨된다면 직장을 그만두고 여가를 즐기며 가족과 지내고, 아이를 낳으며 가끔 스릴 넘치는 섹스를 즐길 것이라고 상상한다. 배가 고플 때 먹고, 졸리면 언제든지 잘 거라고 말이다. 복권에 당첨되어 순식간에 부자가 되었을 때 많은 사람들은 바로 코끼리처럼 살고 싶어질 것이다.

코끼리는 행복해 보인다. 하지만 우리 눈에 코끼리가 행복해 보인다고 해서 그들이 진정 행복하다고 느낄까? 우리 내면의 과학자는 증거를 요구한다.

"코끼리는 기쁨을 맛봅니다." 모스가 말한다. "인간이 느끼는 기쁨과 같은 종류는 아닐지 몰라도 기쁨이에요."[2]

코끼리는 우리가 기뻐하는 상황과 동일한 상황에서 기쁘게 행동한다. 친숙한 '친구들'과 가족이 있을 때, 식량과 물이 풍부할 때 그렇다. 그래서 우리는 그들이 우리와 같은 방식으로 느낀다고 추정한다. 하지만 추정을 경계하라! 여러 세기 동안 해 온 다른 동물에 대한 인간의 추정은, 동물이 사람들에게 주문을 건다는 믿음부터 그들이 아무 것도 모를 뿐 아니라 통증도 못 느낀다는 믿음에 이르기까지 다양했다. 그리고 그들은 조언했다. 동물이 하는 행동을 보라, 그들의 정신적 경험이 어떨지 추측하는 것은 무의미하고 시간 낭비라고.

그런데 어쩌다 보니 동물의 정신적 체험에 대한 추정이 바로 이 책의 주된 목적이 되어 버렸다. 까다로운 과제가 앞에 놓여 있다. 그것은 바로 증거와 논리와 과학이 인도하는 곳으로만 가야 하며, 제대로 가야 한다는 과제다.

야생에서 살아가는 모스의 코끼리 동료들은 현명해 보인다. 젊고, 장난스러워 보인다. 강하고 장엄하고, 순진해 보인다. 이런 모든 자질이 곧 그들이다. 공격적이지 않다. 하지만 모든 동물 중에서 그들은 치명적인 힘으로 인간의 탄압에 맞서고 지속적으로 저항할 수 있는 존재다. 우리가 그렇듯이 그들도 살아남으려고, 자손을 안전하게 지키려고 애쓴다. 짐작컨대 내가 여기 온 것은 배울 준비, 물어볼 준비가 되어 있기 때문일 것이다. 그들은 우리와 얼마나 비슷한가? 그들은 우리 자신에게 무엇을 가르쳐 주는가?

그런데 내가 예상하지 못한 점은 이 질문들이 거의 완전히 반대로 되어 있다는 것이다.

모스에게는 암보셀리 야외 캠프가 거의 집이나 마찬가지다. 종려나무를 에워싼 공터에 아늑하게 자리 잡은 그 캠프는 작은 주방용 오두막과 예닐곱 개의 큰 텐트로 이루어진다. 각 텐트에는 침대가 하나씩 있고 가구도 약간 있다. 얼마 전 어느 날 아침, 아침식사가 늦어졌다. 연구자들이 식사 준비가 어찌 되어 가는지 물어보려고 텐트 지퍼를 내리니, 주방용 오두막의 계단에 사자 한 마리가 주저앉아 졸고 있었다. 문 밖에 있는 사자 때문에 잠이 완전히 달아난 주방장은 나오지도 못하고 오두막의 문 뒤에 숨어 있었다.

다행히 오늘은 식사가 제때 나왔고, 나는 토스트를 먹으면서 마침내 모스에게 내가 큰 질문이라 여기는 것을 물어 볼 기회를 잡았다. "코끼리를 평생 지켜보면서 인간에 대해 배운 게 뭔가요?" 모스는 녹음기 전원이 켜진 것을 슬쩍 곁눈질하여 확인한 다음, 조금 뒤로 물러나 앉았다. 40년간 축적된 통찰력을 지녔으니 좋은 이야기가 나올 것이다.

그런데 모스는 내 질문을 부드럽게 되받았다. "전 그들을 코끼리라고 생각합니다. 전 코끼리로서의 그들에게 관심이 있어요. 코끼리를 인간과 비교하는 건, 별 도움이 안 된다고 봐요. 동물을 그 자체로 이해하려고 노력하는 게 제게는 훨씬 더 흥미롭습니다. 두뇌 용량이 아주 작은 까마귀가 어떻게 놀랄 만한 판단을 내릴 수 있었을까? 하는 의문 같은 것 말입니다. 그 까마귀의 판단력을 3세 인간아이와 비교한다, 그건 별로 재미가 없어요."

내가 던진 질문에 대한 모스의 온화한 거부는 너무나 예상치 못한 것이어서, 처음에는 무슨 뜻인지 온전히 파악하지 못했다. 그러다가 놀라서 몸이 굳어 버렸다.

평생 동물 행동을 연구해 온 나는 오래전에 수많은 사회적 동물이 근본적으로 우리와 같다고 결론지은 바 있다. 새와 포유류는 확실히 그렇다고 말이다. 여기 온 것도 코끼리가 얼마나 '우리와 비슷한지'를 보기 위해서였다. 내가 이 책에서 쓰려한 것도 다른 동물이 얼마나 '우리와 비슷한지'에 대해서였다. 그런데 방금 나는 중대한 경로 수정을 해 버렸다. 그렇게 되기까지는 시간이 좀, 사실은 꽤나 오래 걸렸다. 하지만 정맥 내 주사를 맞은 것처럼 차츰 스며들었다.

모스의 작지만 엄청난 발언에는 인간이 만물의 척도가 아니라는 의견이 함축되어 있다. 모스는 더 높은 길을 따라가고 있었다.

모스의 발언은 리셋 키를 누른 셈이었다. 내 질문뿐 아니라 내 사고방식을 리셋시켰다. 어쨌든 나는 내가 하는 연구가 동물들이 우리와 얼마나 비슷한지를 보여주는 것이라고 추정해 왔다. 그런데 지금 내 과제, 훨씬 더 어렵고 훨씬 더 심오한 과제는 단순히 동물들이 누구인지를 보기 위한 노력이 되었다. 우리와 비슷한지 아닌지는 이제 중요하지 않다.

우리가 지켜보는 코끼리는 코로 솜씨 있게 풀을 잡아당겨 흙을 털어낸 다음, 리드미컬하게 수술과 다발을 볼 안에 쑤셔넣고, 거대한 어금니로 강력하게 갈아 버린다. 타이어에 구멍을 낼 정도로 억센 가시, 종려 열매, 풀 뭉치, 모두 다 입에 들어간다. 예전에 포획된 코끼리의 혀를 한번 만져본 적이 있다. 정말 부드러웠다. 그런데 그런 혀와 위장이 어떻게 가시를 처리할 수 있는지 알 수가 없다.

내가 보는 것은 무엇인가. 먹고 있는, 코끼리다. 하지만 이 단어들은 현실을 엄격하게 지목하여 표현하지 않는다. 우리는 '코끼리'를 바라본다. 맞다. 그런데 나는 부끄럽게도 그들의 삶에 대해 아는 바가 하나도 없다는 사실을 깨달았다.

하지만 모스는 안다. "어떤 것이든, 사자든 얼룩말이든 코끼리든 무리를 바라볼 때, 여러분은 그냥 2차원 평면만 보고 있어요. 하지만 그들을 개별적으로 알고 나면, 그러니까 성격이 어떤지, 어미가 누군지, 새끼가 누군지 등을 알고 나면, 새로운 차원이 보태지지요." 어느 가족의 어느 코끼리는 존엄해 보이고 위엄 있고 온화하게 보일 수 있다. 다른 코끼리는 수줍음이 많은 성격이라 생각될 것이다. 또 다른 코끼리는 서둘러 먹이를 먹으려고 남을 밀치곤 하는 왈패로 보인다. 또 다른 코끼리는 소극적인 것 같고, 또 다른 코끼리는 '화려할 정도로' 장난스러워 보인다.

"그들이 얼마나 복잡한 존재인지 깨닫기까지 20년이 걸렸어요." 모스는 계속 말한다. "언젠가 45세였던 에코의 가족을 따라다니던 적이 있는데요. 보니까 에니드가 에코에게 엄청나게 충성스럽더군요. 엘리어트는 장난스러운 녀석이었고, 유도라는 괴짜였고, 에드위나는 인기가 없었어요. 이런 식이에요. 그리고 제가 서서히 다음에 어떤 일이 생길지를 짐작하기 시작했다는 것을 깨달았어요. 에코에게서 행동 신호를 얻고 있었어요. 그녀가 가진 리더십을 제가 이해하고 있었어요. 그녀의 가족이 이해하는 것과 같은 식으로요!"

나는 코끼리들을 바라보았다.

모스는 계속 말했다. "그렇게 되자 저희가 하는 일을 그들이 얼마나 훤히 파악하고 있는지도 깨달았어요." 훤히 파악하고 있다고? 무심한 것 같이 보이는데.

"코끼리는 뭔가 익숙한 것이 변할 때까지는 세부적으로 인지하고 있다는 낌새를 내비치지 않아요." 모스가 설명한다. 어느 날 모스와 함께 일하던 카메라맨이 코끼리들을 좀 다른 각도에서 찍어보기로 결정하고, 탐사 차량 아래쪽에 자리 잡았다. 그랬더니 가까이 오더라도 평소에는 대개 차량을 그냥 지나치곤 했던 코끼리들이 즉

케냐에서 40년 넘게 코끼리를 관찰하고 연구해 온 모스. 그녀는 코끼리를 인간과 비교하는 것은 이해에 도움이 되지 않는다고 강조한다.

각 이를 알아차렸고, 걸음을 멈추고, 뚫어지게 바라보았다. 왜 인간이 차량 아래에 들어갔는가? 미스터 닉이라는 수컷이 꿈틀거리는 코를 차량 밑에 집어넣어 킁킁대며 조사했다. 공격적인 태도는 아니었고, 인간을 끌어내려고 시도하지도 않았다. 그저 호기심이 생겼던 것이다. 또 다른 날에는 차량에 촬영용 특수 문을 장착하고 나타나자 코끼리들이 가까이 와서 이리저리 조사했다. 코로 새 문을 건드리기도 했다.

코끼리의 코는 기묘하게 친근하고, 친근하게 기묘한 물건이다. 지극히 민감하고 상상도 못할 만큼 강인한 코로 달걀을 깨뜨리지 않고 집어들 수도 있다.[3] 그러면서도 코를 한번 휘둘러 사람을 쉽게 죽일 수 있다. 코끼리 코의 끝부분은 거의 손가락처럼 두 갈래로 나뉜다. 말하자면 벙어리장갑을 낀 손과 비슷하다. 코끼리가 코를 쓰는 방식은 친근한 인상을 만드는 데 일조한다. 마치 팔이 하나밖에 없는 사람처럼, 기괴한 코를 눈에 뻔히 보이는 곳에 둔 채 변신한 척하는 것이다. 얼마나 기묘하게 근사한지, 얼마나 경이적으로 아름다운지, 이를 보고 놀라지 않을 수 있을까? 그들이 그 그늘에서 쉬곤 하는 종려나무 둥치처럼 마디가 있는 코는 코끼리용 만능 스위스 군용칼이다. 바깥쪽 가장자리는 둥글고 안쪽은 납작하게 생긴 도구, 거대한 지뢰청소기, 물 호스. 진흙 튀기기, 먼지 일으키기, 공기 시험기, 식량 모으기, 친구에게 인사하기, 새끼 구하기, 새끼 안심시키기, 이런 일을 하는 만능 기구가 코다. 오리아 더글러스 해밀턴Oria Douglas Hamilton은 코끼리에게는 "물이나 먼지를 빨아들이고 뿜어내는 두 가지 용도로 쓰이는 두 줄의 호스가 있다"[4]라고 말했다. 기자인 케이트린 니콜Caitrin Nicol이 덧붙인 말에 따르면, 코가 하는 역할은 "인간에게서 눈과 코, 손, 기계가 하는 일을 합친 것"[5]이다. 도쿄대학교의 요시히토 니이무라Yoshihito Niimura는 "손바닥에 코가 달려 있다고 상상해 보라. 뭔가를 만질 때마다 그 냄새를 맡는다고"[6]라고 말하기도 했다.

그들은 저 경이로운 코로 풀잎을 휘감아 쥐고, 흙이 풀뿌리를 놓아주지 않으려고 버틸 때는 발로 살짝 차서 흙덩이를 부순다. 풀은 흙에서 풀려나서 들어 올려진다. 가끔은 풀뿌리에서 흙을 털어낸다. 먹는 과정은 느리고 느긋하다. 흔히 코를 살짝 흔들어 탄력을 모은 뒤, 풀을 세모꼴의 턱 속으로 던져 넣곤 한다. 때로는 잠시 쉬면서 생각에 잠긴 듯 보인다. 아마 그저 들으려고, 새끼들이 잘 있는지, 가족들이 안전한지, 위험이 오지 않는지 신호를 살피기 위해 멈췄을 것이다.

지금 이 순간 내가 느끼고 있는 것과 나와 제일 가까이 있는 코끼리가 느끼고 있는 것 사이에 얼마나 교집합이 있는지 정말 알고 싶다. 우리의 감각 지각 경로는 비슷하다. 시각, 후각, 청각, 촉각, 미각. 이 감각들을 통해 우리가 경험하는 것 중에는 코끼리가 경험하는 것과 겹치는 게 분명히 많을 것이다. 말하자면 코끼리가 보는 것과 동일한 하이에나를 우리도 볼 수 있고, 동일한 사자 소리를 들을 수도 있다. 하지만 거의 모든 영장류가 그렇듯이 우리가 지각하는 감각 중에서 시각의 비중이 아주 크다. 거의 모든 포유류가 그렇듯이 코끼리는 후각이 매우 예민하다. 청각도 아주 우수하다.

나는 이곳의 코끼리들이 나보다 훨씬 더 많은 것을 느낄 것이라고 확신한다. 여기는 그들의 집이며, 이곳에는 그들이 살아온 역사가 있다. 나는 그들의 머릿속에서 어떤 일이 벌어지는지 모른다. 또 모스가 조용하면서도 치밀하게 그들을 관찰하면서 무슨 생각을 하고 있는지도 모른다.

동물의 마음속으로

통통한 새끼 코끼리 네 마리가 육중한 어미들을 따라 넓고 달콤한 향기가 풍기는 초원을 지나가고 있다. 마치 약속을 지키려고 의도적인 목표의식에 따라 걷고 있는 듯한 어른들은 넓고 축축한 습지대를 향해 나아가고 있다. 습지대에는 동족 100마리가 어울리고 있다. 여러 가족들이 작은 덤불이 우거진 언덕에 있는 잠자는 곳과 습지 사이를 매일 왕래한다. 이는 왕복 15킬로미터 정도의 여정이다. 이곳에서 저곳까지, 해가 떴다가 지고 다시 뜰 때까지는 많은 일이 일어날 수 있다.

우리가 할 일은 오전에 두루 돌아다니면서 그들이 늪지대로 오는 것을 보고, 인원을 파악하는 것이다. 간단해 보이지만 가족은 수십 개, 코끼리 수는 수백 마리에 달한다는 점을 생각해야 한다.

"모두 다 알아야 해요. 그래요!" 카티토 사이얄렐Katito Sayialel이 말한다. 그녀의 경쾌하게 톡톡 튀는 악센트는 아프리카의 이날 아침처럼 맑고 가볍다. 사이얄렐은 마사이 원주민으로 키가 크고 유능

34

하다. 20년 넘게 모스 곁에서 야생의 코끼리를 연구해 왔다. 그나저나 '모두'라는 건 몇 마리인가?

"어른 암컷은 모두 알아볼 수 있어요. 그러니까." 사이얄렐이 생각해 본다. "900마리에서 1,000마리가량. 900마리 정도 되겠네요. 그래요."

몇 백 마리의 코끼리를 그냥 보고 구별한다고? 그게 어떻게 가능할까? 어떤 코끼리는 표식으로 알아본다. 예를 들면 한쪽 귀에 있는 구멍의 위치 같은 것이다. 하지만 많은 경우에 그냥 보면 안다. 그정도로 코끼리들과 친밀하다. 친구나 마찬가지다.

코끼리들이 모두 어울리고 있을 때는 "잠깐 기다려, 저게 누구야?"라고 물을 여유가 없다. 코끼리들은 스스로 수백 마리를 알아본다. 그들은 가족과 친구로 이루어지는 방대한 사회적 네트워크 속에서 살아간다. 그들의 기억이 비상하기로 유명한 것은 이 때문이다. 그들은 확실히 사이얄렐을 알아본다.

"제가 여기 처음 왔을 때 그들은 제 목소리를 듣더니 신참이라는 걸 알더라고요. 그들이 제게 와서 냄새를 맡았어요. 지금은 저를 알아보지요."

비키 피시록Vicki Fishlock도 여기 있다. 30대 초반에, 푸른 눈의 영국 여성인 피시록은 콩고공화국에서 고릴라와 코끼리를 연구해 박사 학위를 받은 뒤, 이곳에 와서 모스와 함께 연구하고 있다. 그녀가 여기 온 지는 2~3년 되었는데, 그럴 수만 있다면 계속 이곳에 있고 싶다고 한다. 대개 사이얄렐이 출석 점호를 하고 피시록은 자리를 지키면서 코끼리들의 행동을 지켜본다. 오늘 우리는 짧은 여행을 할 예정이다. 친절하게도 그들은 내가 방향을 잡도록 도와주려 한다.

ⓒ 칼 사피나

암보셀리 국립공원 내의 킬리만자로 산 아래에서 낯선 수컷 한 마리의 정체를 확인하는 피시록 박사(위).
그리고 모스와 함께 20년 넘게 야생 코끼리를 연구해 온 사이얄렐(아래).

키가 큰 '부들'elephant grass 바로 외곽에 어른 다섯 마리와 그들의 새끼 네 마리가 키가 더 작고 훨씬 덜 무성한 풀을 고르고 있다. 먹기까지 더 수고롭겠지만 분명히 더 맛있을 것이다. 코끼리들이 풀의 영양학적 내용에 대한 논문을 읽었을 리 없다. 그들의 무의식이 더 나은 선택을 하면 더 많은 쾌감을 느낄 수 있다는 것을 알게 해주어 어떤 행동을 하는 게 좋을지 알려준다고 할 수도 있겠다. 우리도 마찬가지다. 설탕과 지방이 우리 입에 당기는 것도 이런 논리 때문이다.

풀을 뜯는 코끼리 뒤로는 해오라기 군단이 따라가고 그들 위에는 참새들이 빙빙 돌면서 선회한다. 코끼리가 풀의 바다를 항해하는 거대한 회색 함정처럼 풀을 휘저어 곤충이 튀어나오면, 새들은 그 바다로 하강하여 곤충을 잡아낸다. 대양의 일렁이는 파도처럼 넓고 울렁거리는 코끼리의 등 위로 햇빛이 미끄러진다. 뜯고 씹는 소리가 들린다. 귀가 펄럭거린다. 똥이 풀썩 떨어진다. 파리가 붕붕대자 코끼리는 꼬리를 휘둘러 철썩 갈긴다. 부드럽게 통통거리는 발자국 소리. 그리고 대개는 큼직한 짐승들의 조용한 움직임이 있다. 그들은 말없이 인간이 태어나기 전의 시간에 대해 이야기한다. 그들은 우리를 무시한 채 그들의 삶을 살아간다.

"그들이 우리를 무시하는 건 아니에요." 피시록이 고쳐준다. "그들은 예의를 기대하고, 우리는 그 기대를 채워주는 거지요. 그래서 우리에게 신경 쓰지 않는 거예요."

"항상 제게 이렇게 대했던 것은 아니에요." 피시록이 계속 말한다. "처음 제가 왔을 때 그들은 사진 몇 장을 찍고 가 버리는 차량에 익숙해져 있었어요. 그래서 주저앉아서 오랫동안 그들을 지켜보는 제 방식이 그리 마음에 들지 않았던 모양이에요. 그들은 당신이 특정한 방식으로 행동할 거라고 예상합니다. 그렇게 행동하지 않으면 그들은 자신들이 당신을 보고 있다는 것을 알게 만들 거예요. 위협적인 태도는 아니에요. 그저 머리를 한 번 흔들고 '당신은 뭐가 문제야?'라는 식의 표정을 짓습니다."

우리는 차를 타고 작은 언덕들과 덤불을 지나 느릿느릿 그들과 함께 갔다. 테클라라는 코끼리가 우리의 오른쪽에서 고작 몇 미터 밖에 안 되는 거리에서 걷고 있었는데, 갑자기 몸을 돌리더니 코로 부웅 소리를 내면서 우리를 전체적으로 막아섰다. 우리 왼쪽에서 어린 코끼리 한 마리가 빙글 돌더니 비명을 질렀다.

"미안해, 미안. 미안해." 사이얄렐이 테클라에게 말한다. 그녀는 차를 멈추고 시동을 껐다. 나는 우리 차가 이 어미와 새끼 사이를 갈라놓은 줄 알았다. 하지만 테클라는 그 새끼 코끼리의 어미가 아니었다. 젖이 퉁퉁 불은 다른 암컷 한 마리가 달려와서 우리 바로 앞을 막아 섰다. 이 코끼리가 실제 어미였던 것이다. 기본적으로 테클라는 "인간들이 너와 네 새끼 사이에 끼어들었어. 와서 어떻게 좀 해봐"라는 뜻을 전달했던 것이다.

"코끼리에게는 인간과 비슷한 부분이 있어요." 사이얄렐이 말한다. "아주 똑똑합니다. 전 그들의 개성이 좋아요. 그들의 행동방식과 가족을 이루고, 서로 보호하는 방식이 좋아요. 그래요."

인간과 비슷하다? 어떤 근본적인 방식에서 우리는 정말 비슷해 보인다. 우리는 비슷하다. 그러나 모스는 우리에게 주의하라고 손가락을 흔든다. 코끼리는 인간이 아니라는 점을 상기시키는 것이다. 그들은 그들 자신이다.

어미와 새끼가 다시 만나자 질서가 회복된다. 우리는 천천히 나아간다. 테클라가 그 아기 코끼리의 어미가 누구인지 알았던 것처럼 개체 1이 개체 2와 개체 3의 관계를 알 때, 그것을 3자 관계의 이해라 부른다.[7] 영장류도 3자 관계를 이해한다. 늑대, 하이에나, 돌고래, 까마귀 무리의 새들, 그리고 앵무새 중 적어도 일부는 그것을 이해한다.[8] 말하자면 앵무새는 주인의 배우자가 질투할 만한 행동을 할 수 있다.[9] 캠프 주변에 흔히 있는 버빗원숭이는 새끼의 불편한 호소를 들으면 즉각 그 새끼의 어미를 쳐다본다.[10] 누가 그 어미인지, 또 모든 다른 새끼들의 어미가 누구인지를 정확하게 알고 있는 것이다. 누가 누구에게 중요한 존재인지 그들은 정확하게 알고 있다. 야생 돌고래 어미들이 새끼들이 인간과 어울려 노는 것을 중단시키고 싶을 때는, 새끼의 관심을 끌고 있는 인간을 꼬리로 찰싹 치면서, "그만 놀아. 내 아이를 챙겨야겠어"라는 의미를 표현한다.[11] 돌고래 연구자인 데니즈 허칭Denise Herzing의 대학원생 조수가 새끼 돌고래들과 빈둥대며 놀고 있을 때, 그 어미들은 수시로 이런 신호를 허칭 본인에게 보냈다고 한다. 그런 신호를 뭐라고 부를 수 있을까. 꾸지람일까? 이를 보면 돌고래들은 물에 들어와 있는 인간들의 대장이 허칭 박사라는 것을 알고 있는 것이다. 야생 생물이 인간들 사이의 지위 서열을 인지하다니, 정말 놀랍다.

"제게 제일 놀라운 점은 우리가 서로를 이해할 수 있다는 사실입니다." 피시록이 이렇게 요약한다. "저희는 눈에 보이지 않는 코끼리의 영역을 알게 됩니다. 저희는 '그녀를 몰아붙이고 싶지 않아'라는 말을 언제 해야 할지 정확하게 감지할 수 있어요. '짜증난다', '행복하다', '슬프다', '긴장된다' 같은 단어로 코끼리가 느끼는 기분이 실제로 표현됩니다. 저희는 체험을 공유할 수 있어요," 그녀는 눈을 반짝이며 덧붙였다. "다들 갖고 있는 두뇌가 동일하기 때문이지요."

나는 이 코끼리들을 바라본다. 그들은 우리가 있어도 전혀 긴장하지 않기 때문에, 우리가 탄 차량에서 두어 걸음밖에 안 되는 거리에서 지나간다. 피시록은 말한다. "저희가 곁에 있어도 상관하지 않는 코끼리들과 함께 움직이는 것은 최고의 특권에 속해요. 이들은 모두 탄자니아로 들어가는데, 거기에는 온 사방에 밀렵자가 널려 있거든요. 하지만 여기는……." 피시록은 그들에게 안심시키는 어조로 말한다. "안녕, 애야, 넌 정말 예뻐." 피시록은 회상한다. 유명한 어미 코끼리 에코가 죽은 뒤 그 가족은 에코의 딸 에니드의 인도 하에 3개월 간 다른 곳으로 떠났다. "그리고 그들이 돌아왔을 때 저는 '안녕, 너희가 보고 싶었어……'라고 말했어요. 그러자 에니드가 갑자기 머리를 획 치켜 들더니, 거대한 우르릉 소리를 내더군요. 귀를 펄럭이면서 그들이 모두 모여들었어요. 제가 그들을 손으로 만질 수 있을 정도로 가까이 말이에요. 그리고 그들 얼굴의 분비샘은 모두 감정으로 흘러넘쳤어요. 그것이 신뢰입니다. 저는 그렇게 느꼈어요. 제가 코끼리의 포옹을 받고 있구나, 하고요." 피시록이 다정하게 말한다.

예전에 아프리카의 다른 보호구역에서 다른 과학자와 함께 코끼리를 관찰한 적이 있었다. 어른 코끼리 여러 마리가 종려나무 그늘에서 귀를 부채처럼 펄럭이며 열기를 식히면서 어린 것들과 함께 쉬고 있었다. 그 과학자는 우리가 지켜보던 코끼리가 "단순히 열기로부터 벗어나기 위해 움직이는 것일 뿐 다른 어떤 의미 있는 활동을 하는 것은 아니다"라는 의견을 보였다. 그는 "코끼리에게 이 덤불보다 더 많은 의식이 있는지 아닌지 알 길이 없다"라고 단언했다.

알 길이 없다고? 초심자인 내 눈으로 보아도 덤불의 활동은 코끼리의 활동과 아주 다른데? 일단 덤불은 정신적 활동을 하고 있다는 어떤 신호도 발견되지 않는다. 감정을 드러내지도 않고, 판단을 하지도 않고, 자손을 보호하지도 않는다. 반면 인간과 코끼리는 거의 동일한 신경계와 호르몬계, 감각, 새끼를 먹일 젖을 갖고 있다. 우리는 모두 각각의 순간에 걸맞은 공포와 공격성을 드러낸다. 코끼리나 덤불이나 똑같이 의식이 없다는 주장보다는 코끼리가 주변에서 무슨 일이 벌어지는지 안다는 판단이 코끼리의 행동에 관한 더 나은 설명이다. 그때 그것을 주장한 동료 과학자는 자신이 객관적인 과학자답게 처신하고 있다고 생각했다. 그러나 실제로는 정반대였다. 그는 억지로 증거를 무시하려 했다. 그것은 전혀 과학적인 태도가 아니다. 과학은 증거를 다루는 학문이니까.

여기서 제기되는 이슈는 이것이다. 우리와 함께 여기 있는 자는 누구인가? 이 세계에는 어떤 종류의 마음이 존재하는가?

이 질문은 위험한 영역이다. 우리는 다른 동물이 의식을 가졌는지 아닌지 추정하지 않을 것이다. 증거를 보고, 그것이 이끄는 대로 따라갈 것이다. 우리는 너무나 쉽게 잘못된 추정을 하고, 그런 추정을 오랫동안, 여러 세기 동안 붙들고 있다.

기원전 5세기에 그리스 철학자 프로타고라스는 "인간은 만물의 척도"라고 선언했다. 다른 말로 하면 우리는 세상에 대해 "너는 어떤 쓸모가 있는가?"라고 물을 권리가 있다고 느낀다는 것이다. 우리는 인간이 세계의 표준이며, 모든 것들이 인간과 비교되어야 한다고 생각한다. 그런 생각 때문에 우리는 많은 것을 간과한다. '우리를 인간이게 한다'고 여기는 공감, 소통, 슬픔, 도구제작 등등의 능력은 모두 우리와 세계를 공유하는 다른 마음에도 각기 다른 정도로 존재한다. 척추동물(어류, 양서류, 파충류, 조류, 포유류)에는 모두 동일한 기본 골격과 내장기관, 신경계, 호르몬계, 행동양식이 있다. 자동차의 경우 모델은 저마다 달라도 엔진과 운전계통, 네 바퀴, 문, 좌석이 다 있는 것처럼, 우리는 모두 외부적인 기준에서만 그리고 내부의 몇 가지 변형에서만 다를 뿐이다. 하지만 순진한 자동차 구매자처럼 거의 모든 인간은 동물의 상이한 외형만 본다.

우리는 '인간과 동물'이라고 말한다. 마치 생명의 범주가 꼭 두 가지만 있는 것처럼. 인간 그리고 그 외 모두. 하지만 우리는 코끼리를 훈련시켜 숲속에서 통나무를 끌어내게 했고, 실험실에서는 쥐에게 미로를 달리도록 훈련시킨 후에 학습에 대해 연구했다. 과녁을 맞히도록 훈련시킨 비둘기를 통해서는 기초 심리학을 알게 되었다. 파리를 연구하여 우리 DNA의 작동방식을 알게 되었고, 원숭이에게 전염성 병균을 주입하여 인간을 위한 치료법을 개발했다. 집과 도시에서 개는 네발 달린 동반자의 눈을 통해서만 빛을 볼 수 있는 인간들을 인도하는 보호자 역할을 해 준다. 이 모든 친밀한 관계를 겪으면서도 우리는 '동물'이 우리와 다르다는 어떤 확실치도 않은 고집을 계속 부리고 있다. 우리도 동물인데 말이다. 이보다 더 근본적으로 오해된 관계가 또 있을까?

코끼리를 이해하려면 우리는 의식consciousness, 인식, 지능intelligence, 감정 같은 테마를 파고들어 가야 한다. 그렇게 하다 보면 이런 단어들에 대한 표준 정의가 없다는 사실을 깨닫고 낙담하게 된다. 같은 단어에 여러 다른 의미가 있다. 철학자, 심리학자, 생태론자, 신경학자는 모두 하나의 어휘 코끼리의 각기 다른 부위를 만지고 묘사하는 장님들이다. 하지만 여기에도 좋은 점은 있다. 그들이 합의를 이루지 못하기 때문에 우리는 학술 용어가 벌이는 난투극의 현장을 벗어나서 더 명료한 공기와 더 넓은 시야에서 자유롭게 돌아다닐 수 있고, 우리 자신의 생각을 조금이라도 진척시킬 수 있는 것이다.

그러니 의식이 무엇인지 정의하는 것에서 시작하자. 우리가 쓸 표준은 이것이다. 의식은 뭔가를 느끼는 바로 그것이다.[12] 이 단순한 정의는 시애틀에 있는 앨런 두뇌과학 연구소the Allen Institute for Brain Science의 소장인 크리스토프 코크Christof Koch의 것이다. 다리가 베이면 그건 신체적인 문제다. 베인 자국이 아프다는 건 당신이 의식이 있다는 뜻이다. 베인 자국이 아프다는 것을 아는 부분, 느끼고 생각하는 부분이 당신의 마음이다. 이와 관련해 감각을 느끼는 능력을 감각기능sensation이라 부른다. 인간, 코끼리, 딱정벌레, 대합, 해파리, 나무의 감각기능은 열거 순서대로 복잡한 것에서 단순한 것으로 변한다. 인간의 감각기능은 복잡하지만 식물에는 그런 것이 거의 없는 것처럼 보인다. 인지cognition는 감지하고 지식과 이해를 얻는 능력을 가리킨다. 사고thought는 지각된 내용을 고려하는 과정이다. 살아 있는 존재의 모든 것이 그렇듯이, 사고 역시 광범위하게 층차를 두며 차등적으로 나타난다. 사고는 조심성 많은 페커리peccary 멧돼지의 바로 뒤쪽에서 어떻게 접근할지 계산해 보는 재규어의 모습을 띨 수도 있고, 과녁을 조준하는 궁사의 형태일 수도 있고, 구혼하려고 고심하는 인간의 모습을 취할 수도 있다. 감각기능, 인지, 사고는 의식하는 마음이 거치는 과정으로 서로 겹치는 부분이 많다.

의식은 약간 과대평가된 면이 있다. 심장박동, 숨쉬기, 소화, 신진

대사, 면역반응, 베이고 찢긴 상처의 치유, 내면의 시계, 성적性的 주기, 임신, 성장. 이 모든 것은 의식 없이 기능을 발휘한다. 전신마취 하에 있을 때도 우리는 의식은 없지만 생생하게 살아 있는 상태다. 그리고 수면 중에도 우리의 무의식 두뇌는 열심히 일하면서 청소하고 분류하고 재활성화한다. 당신의 몸은 당신이라는 회사가 의식을 갖기 전부터 일해 온 유능한 직원에 의해 운영된다. 당신이 그 직원을 개인적으로 만날 수 없으니 애석하지만.

우리는 의식을 상호작용하는 컴퓨터 스크린이나 우리가 탐지할 수 없고 그에 대해 전혀 짐작도 못하는 소프트웨어 암호로 운영되는 컴퓨터 스크린으로 생각할 수도 있다. 두뇌의 거의 대부분은 어둠 속에서 운영된다. 과학 분야의 필자이자 잡지 『롤링 스톤』*Rolling Stone*의 편집자였던 팀 페리스Tim Ferris는 말했다. "마음은 자신의 두뇌 안에서 벌어지고 있는 일의 거의 모두를 통제하지도 이해하지도 못한다."[13]

도대체 의식은 왜 있을까? 나무와 해파리도 충분히 잘 살아가지만, 감각기능을 체험하지는 않을지도 모른다. 의식은 우리가 뭔가를 판단해야 할 때, 계획하고 결정해야 할 때 필요성이 생기는 것처럼 보인다.

인간에서든 코끼리에서든 다른 그 무엇에서든 의식은 우리의 신체세포 많은 부분 안에서, 그리고 그것들의 전기적이고 화학적인 자극의 그물망 안에서 발생하는가? 두뇌는 어떻게 마음을 만드는가? 뉴런이라고도 불리는 신경세포가 어떻게 의식을 만드는지는 아무도 모른다. 우리가 아는 것은 두뇌 손상이 의식에 영향을 미친다는 사실이다. 그렇다면 의식이 두뇌 속에서 발생하는 것은 사실

이다. 노벨상을 수상한 두뇌심리학자 에릭 캔들Erich R. Kandel은 2013
년에 이렇게 썼다. "우리 마음은 두뇌에 의해 수행되는 일련의 작동
이다."[14] 의식은 어떤 식으로든 뉴런의 네트워크가 만든 산물이고,
그것에 의존하는 것처럼 보인다.

얼마나 많은 뉴런의 네트워크가 필요한가? 가장 기초적인 의식
이 자리 잡고 있는 곳이 어디인지는 아무도 모른다. 해파리는 아마
의식이 없을 것이고, 벌레는 있을 것이다. 100만 개가량의 두뇌 세
포를 가진 꿀벌은 꽃의 패턴과 냄새와 색채를 인식하고, 그 위치를
기억한다. 꿀벌의 '8자 춤'waggle dance은 동료 벌들에게 자신들이 찾
아낸 넥타nectar가 있는 방향과 거리와 분량에 관한 정보를 전달한
다. 유명한 신경학자 올리버 색스Oliver Sacks는 꿀벌이 "탁월한 전문
성을 보여준다"라고 말했다.[15] 꿀벌은 동료들이 찾아낸 꽃에서 뭔
가 문제가 생기면, 가령 거미 같은 포식자가 그곳에 있으면 그들의
8자 춤을 저지한다.[16] 자극받으면 공격하도록 연구자들에게서 훈련
된 꿀벌은 "우리가 인간들에게서 보는 것과 동일한 부정적 감정의
징표"를 보여준다고 연구자들은 말한다.[17] 더 당혹스러운 것은 어떤
사람들에게서 끊임없이 새로운 것을 찾아 헤매도록 몰아붙이는 인
간 두뇌 속의 '스릴 추구자' 호르몬이 꿀벌의 두뇌에도 들어 있다는
사실이다.[18] 그런 호르몬이 꿀벌들에게 어떤 쾌락의 자극이나 동기
를 전달하는 것이 사실이라면, 이는 꿀벌도 의식을 가진다는 것을
의미한다. 고도로 사회화된 특정한 종류의 말벌은 얼굴로 상대방을
알아볼 수 있는데, 이것은 소수의 고등 포유류만 가능하다고 알려
진 능력이다.[19] "곤충이 아주 풍부하고 예상치 못한 방식으로 기억
하고 학습하고 생각하고 소통할 수 있다는 사실은 점점 더 분명해

지고 있다"라고 색스는 말한다.

코끼리나 곤충, 그 외 어떤 생물들은 인간의 사고가 발생하는 크고 주름 많은 두뇌피질이 없이도 의식을 가질 수 있는가? 결론은 그렇다, 이다. 심지어는 인간도 그럴 수 있다. 30세 남자 로저Roger는 두뇌의 염증 때문에 피질의 약 95퍼센트를 잃었다.[20] 로저는 감염되기 전의 시간을 기억하지 못했고, 맛도 모르고 냄새도 맡지 못했으며, 새로 기억하는 것을 무척 힘들어 했다. 그런데도 그는 자신이 누구인지를 알았고, 거울과 사진으로 자신을 알아봤으며, 사람들 사이에서 대체로 정상적으로 행동했다. 유머도 통하며 부끄러워할 줄도 알았다. 인간의 두뇌와 거의 닮은 구석이 없어 보이는 두뇌를 갖고도 이런 일이 가능한 것이다.

인간만이 의식을 경험한다는 인간들의 통념은 낡은 생각이다. 문명화 과정을 거치면서 인간의 감각은 확실히 둔해졌다. 여러 동물은 기민함의 측면에서 인간보다 훨씬 우월하다. 상황이 변한다는 것을 코끼리들의 행동만 봐도 알 수 있다. 동물의 탐지 장비는 아주 미세하게 바스락거리는 위험신호나, 산들 불어오는 기회도 포착하도록 정교하게 적용되어 있다. 2012년에 「캠브리지 의식 선언문」Cambridge Declaration on Consciousness을 작성하던 과학자들은 이렇게 결론지었다. "포유류와 조류 전체, 그밖에 다른 생물, 가령 낙지 같은 것들"은 의식이 가능한 신경계를 갖고 있다(낙지는 도구를 사용하며 원숭이 못지않게 기술적으로 문제를 해결한다. 연체동물인데도 그렇다). 과학은 명백한 사실을 확인한다. 다른 동물들은 귀와 눈과 코로 듣고 보고 냄새를 맡는다. 무서워할 이유가 있을 때는 무서워하고, 행복해할 이유가 있을 때는 행복감을 느낀다. 코크가 말했듯이, "의식이 무엇이든 간에 (⋯⋯) 개, 새, 다른 생물 종들도 의식을 갖고 있다. (⋯⋯) 그들 역시 삶을 경험한다."[21]

내가 키우는 개 주드는 깔개 위에서 자는 동안 달리는 꿈을 꾸고, 발목을 가볍게 튕기고, 낮은 소리로 길고 으스스하게 울부짖는다. 그러면 또 다른 개 출라가 즉각 신경이 곤두서서 주드에게 종종걸음으로 달려간다. 그러면 주드는 깜짝 놀라 잠이 깨고, 벌떡 일어나서 크게 짖는다. 마치 악몽을 꾸던 사람이 잠이 깨어서도 꿈 내용이 생생하여 비명을 지르고, 몇 초가 지나야 제정신이 드는 것처럼 말이다.

자연은 우리가 코끼리와 인간 사이에 그어 놓은 명료한 경계선을, 우리 사이에 깊은 관련성이 있다고 주장하는 뭉툭한 붓으로 문질러 버린다. 하지만 신경계가 전혀 없는 생물과 인간은 어떤가? 거기에는 경계선이 있겠지. 아닌가?

겉으로 보기에는 신경계가 없을 것 같은 식물도 인간을 포함하여 동물에게 기분을 생성시키는 데 기여하는 신경전달물질인 세로토닌, 도파민, 글루타민 등과 동일한 화학물질을 만든다. 그리고 식물들도 속도는 느리더라도 기본적으로는 동물과 동일하게 작동하는 신호체계를 갖고 있다. 마이클 폴란Michael Pollan은 약간 은유적으로 이렇게 주장했다. "식물은 우리가 직접 감지하거나 이해하지 못하는 화학적 어휘를 써서 말한다."[22] 이 말이 꼭 식물이 감각기능을 경험한다는 뜻은 아니지만 식물들도 모종의 재미있는 일을 하기는 한다는 뜻일 것이다. 우리는 냄새와 맛으로 화학물질을 탐지한다. 식물은 대기와 토양에 섞이거나 그들 자신에게 묻은 화학물질을 감지하고 그것에 반응한다. 식물의 잎은 태양을 따라 돈다. 성장하는 뿌리는 장애물이나 독성에 가까이 가면 그것에 닿기 전에 미리 진로를 바꾼다. 식물에게 애벌레가 갉아먹는 소리를 녹음해 들려주면 그것에 반응하여 방어용 화학물질을 만들어 낸다고 한다. 곤충과 초식동물에게 공격당하는 식물은 '불쾌함' 화학물질을 발산해, 인근의 잎과 식물들이 화학방어선을 치게 만들며, 곤충을 죽이는 말벌이 다가오게 신호해 공격을 저지한다. 꽃은 꿀벌과 다른 수분受粉 매개자들에게 넥타가 준비되었음을 알려주는 식물 나름의 방식이다.

하지만 식충류와 민감성 잎을 가진 식물을 제외한 거의 모든 식물이 움직이는 속도는 인간의 눈으로 알아보기에 너무 느리다. 폴란은 목초지를 눈으로 주욱 훑으면서, "눈에 보이지 않는 화학적 수다가 벌어지고 있다고 상상하는 것은 쉽지 않았다. 불쾌하다는 외침 같은 것이 온 사방에서 터져 나오고 있거나, 이 움직이지 않는 식물들이 모종의 '행동'을 하고 있다는 생각은 들지 않았다"라고 썼다. 하지만 찰스 다윈Charles Darwin은 『식물에서의 움직임의 힘』*The Power of Movement in Plants*의 결말에서 "어린뿌리의 끝부분이 (……) 어떤 하등동물의 두뇌처럼 행동한다는 말이나 (……) 감각기관에서 인상을 받고, 여러 가지 움직임을 지시한다고 말하는 것은 결코 과장이 아니"라고 지적했다. 이 말을 인정한다면 우리는 오해를 불러올 위험이 널린 광대한 지뢰밭으로 들어가고 있는 것이다. 코끼리를 지켜보는 모스처럼 식물학자인 고故 팀 플로우먼Tim Plowman은 식물과 인간을 비교하는 데는 관심이 없었다. 그는 그것들을 식물로서 인정했다. 그는 "식물은 빛을 먹을 수 있다. 그것으로 충분하지 않은가?"라고 말했다.

여기서 내가 미지의 영역으로 들어가려는 주된 이유는, 식물 세계의 생소함 및 식물과 동물 사이의 큰 차이에 비하면, 새끼를 키우는 코끼리는 내 누이라고 해도 될 정도로 우리와 비슷한 점이 너무 많기 때문이다.

인간이라는 비교 대상

햇빛이 비치는 풀이 무성한 수풀에서, 작은 새끼 코끼리들이 코를 제대로 다루어 보려고 애쓴다. 그런 다음 마음을 안정시켜주는 젖꼭지를 찾는다.

"저 두 가족이 얼마나 친해 보이는지 봐요." 피시록이 말했다. "엘린은 물에 더 가까이 가기로 결정했고, 엘로이즈도 동의했어요. 그런 다음 전체 그룹이 움직이는 동안 기다려 줍니다. 오늘 함께 지내기로 결정한 게 확실해요."

확실하다.

코끼리들 사이에 친분은 어떻게 생기는가? 피시록의 말에 따르면 몇몇 새끼들은 같은 놀이를 좋아해 언제나 같이 논다. 몇몇 어른들은 '언제 먹을지, 언제 잠을 잘지, 어디로 가고 싶은지, 어떤 종류의 음식을 먹을지' 등의 문제를 놓고 '잘 지낼 수 있다.'

잘 지낼 수 있다고. 재미있군. 인간에게서는 참 힘든 일인데.

'코끼리에게 의식이 있는가?'라는 질문에 대해서는, 넓은 범주의 동물들이 의식을 갖고 있다는 모든 증거가 있다는 게 가장 좋은 대답이다. 그렇다면 지금 흥미로운 질문은 '다른 동물들의 의식은 어떤 것일까?'이다. 거의 모든 동물애호가에게는 의식이 너무나 당연한 사실로 보일지 몰라도, 일부 사람들의 '그리 서두르지는 말게'라고 만류하는 소리가 내 귀에 들리는 것 같다. 여러 연구자와 과학 분야의 저자들은 우리가 동물의 정신적 경험에 들어갈 길이 없다고 주장한다. 그들이 무엇 때문에 그렇게 주장하는지는 안다. 하지만 내가 생각하기에 그들은 틀렸다. 이제 우리는 과거에 비해 더 많은 것을 알고 있다.

동물 행동 연구는 젊은 학문이다. 닭 사이에 모이를 쪼아 먹는 서열이 있다는 간단한 사실도 1920년대까지는 공식적으로 인정되지 않았다. 마거릿 모스 나이스Margaret Morse Nice가 명금류鳴禽類(종다리, 딱새, 휘파람새, 할미새 등 발성기관이 고도로 발달한 조류를 통칭하는 말 — 옮긴이)는 자기 영역을 방어한다는 사실을 처음으로 발견한 것 역시 1920년대였다. 영토 방어는 그들이 노래하는 가장 기본적인 이유 가운데 하나다. 20세기 중반에 행동주의의 길을 개척한 콘라트 로렌츠Konrad Lorenz, 니코 틴베르헌Niko Tinbergen(네덜란드의 동물학자, 동물행동학의 창시자로, 리처드 도킨스Richard Dawkins의 스승이기도 하다. 노벨 생리의학상을 수상했다 — 옮긴이), 카를 폰 프리슈Karl von Frisch 같은 연구자들은 동물의 행동을 학문 주제로 확립하기 위해 동물을 인간적 충동의 풍자화(베짱이는 게으름뱅이, 거북이는 끈기 있는 사람, 여우는 꾀쟁이 등등)로 그려왔던 수백 년 묵은 민담과 미신, 우화의 찌든 때를 씻어내야 했다.

새로운 과학자들은 대단한 관찰자였다. 그들은 수많은 동물 위에

ⓒ 칼 사피나
어른 코끼리와 새끼 코끼리가 함께 이동하는 모습. 코끼리들은 함께 지내기를 좋아한다.

쌓여 있던, 오래 찌든 페인트 껍질 같은 은유적 투사물을 벗겨내는 데 성공했다. 그들의 접근법은 눈에 보이는 것을 있는 그대로 서술하는 것이었다. 그들은 동물을 관찰하는 것이 객관적 작업일 수 있음을 입증해야 했고, 해냈다. 꿀벌의 춤 언어에 대한 연구, 물고기의 구애 행동, 새끼 거위가 부화한 뒤 처음 보이는 것을 '각인'하는 행동에 대한 연구로 프리슈, 틴베르헌, 로렌츠는 노벨상을 공동수상했다. 호기심 많은 세 자연학자는 기뻐서 현기증이 났을 법하다.

하지만 '새끼에게 젖을 먹일 때 코끼리는 어떤 기분을 느끼는가?'와 같은 질문을 다룰 과학적인 방법은 없었다. 연구를 진행할 토대가 없었다. 야생의 동물들이 실제로 살아가는 모습을 지켜본 사람이 없었다. 두뇌과학도 유아 단계였다. 그래서 그들의 감정에 대한 추측은 우리 자신의 감정을 토대로 해석될 수밖에 없었다. 그러다 보면 순환논법에 빠지게 된다. 새 과학자들은 관찰을 주장했다. 짐작은 깔끔하지 못한 추측이고, 그런 것은 하지 말아야 한다. 코끼리가 무엇을 하는지 관찰할 수는 있다. 그러나 동물이 어떤 기분인지 알아낼 방법은 없다. 그래서 코끼리가 새끼에게 몇 분 동안 젖을 먹이는지 그냥 지켜본다. 유명한 코끼리 소통 전문가인 조이스 풀Joyce Poole조차 이렇게 설명했다.[23] "나는 인간이 아닌 동물을 어떤 의식적 사고가 꼭 있어야만 가능한 것은 아닌 방식으로 행동하는 존재로 보도록 훈련받았다."

내가 처음 받은 공식 훈련에는 전형적인 지시가 따라왔다. 인간의 정신적 체험(생각이나 감정)을 다른 동물에게 대응시키지 말 것(그런 행동을 '인간동형론'(의인화)anthropomorphism이라고 한다). 나도 그 점에 동의한다. 동물들이(같은 이유로 연인, 배우자, 아이, 부모도) 우리가 동물이었다면 그렇게 할 것 같은 방식으로 '반드시 그렇게' 생각하고 느낄 것이라고 추정하지는 말아야 한다. 그들은 우리가 아니다.

하지만 이 점을 인정하더라도 동물의 사고와 감정을 알기 위해 더 좋은 자료가 필요하다는 뜻이 아니었다. 이 주제 전체가 금지어였다. 관찰 접근법은 엄격한 정신적 족쇄에 묶여 버렸다. 전문적 행동주의자는 자신들이 본 것을 서술할 수 있다. 그러나 그것으로 끝이다. 서술, 그리고 서술만이 동물 행동의 '과학'ʼtheʼ science이 되었다. 어떤 감정이나 생각이 그런 행동적 활동을 유발했을까 하는 의문은 완전히 터부시되었다. 온통 깜깜했지만 불을 켜는 것도 금지되었다. '코끼리가 새끼와 하이에나 사이에 앉았다'라고 말할 수는 있다. 하지만 '어미가 새끼를 하이에나로부터 보호하기 위해 자리 잡았다'라고 말한다면 그것은 한계를 넘어선 짓이다. 그렇게 하면 인간 동형론에 빠진다. 어미의 의도가 무엇인지 우리는 알 수 없다는 것이다. 그런데 이런 태도는 숨이 막혔다.

행동 연구를 학문으로 정립하는 과정에서 원래 '인간동형론'을 위험신호 깃발로서의 용어로 자리매김하는 것은 유용했다. 하지만 노벨상을 수상한 개척자들의 뒤를 그보다 수준이 떨어지는 식자識者들이 따라하자 '인간동형론'은 해적 깃발이 되었다. 그 용어를 휘두르면 곧 공격이 따라왔다. 연구 결과를 출판할 길이 없어졌다. 출판하지 않으면 도태되는 학계의 영토에서 직장생활을 하는 것도 위태로워졌다.

정보를 최대한 충실하게 확보한 경우에도 다른 동물의 행농 농기, 감정, 인지에 대해 논리적 추론을 하는 것은 당신의 직업 전망을 파괴할 수 있다. 그런 질문을 던지기만 해도 그렇다. 1970년대에 출판된 '동물 인식이라는 물음' The Question of Animal Awareness이라는 소박한 제목을 단 책이 너무나 큰 소동을 일으켜, 수많은 행동주의자들은 그 책의 저자인 도널드 그리핀Donald Griffin을 그 업계의 변두리로 내쫓았다. 그런데 원래 그리핀은 전혀 신출내기가 아니었다. 그는 박쥐가 초음파를 이용하여 날아다니는 방법을 해명한 탁월한 학자로 수십 년 전부터 이미 유명인사였다. 사실 그리핀은 천재에 가깝다. 하지만 그 질문을 제기하는 것만도 정통 학계의 여러 동료들의 입장에서는 도저히 감당할 수 없는 문제였다. 다른 동물이 뭔가를 느낄 수 있다고 주장하는 것은 대화를 중단시키는 정도가 아니라 경력을 파괴하는 발언이었다. 1992년 학계의 어떤 저자는 배타적인 학술 잡지 『사이언스』Science의 독자들에게 동물 지각에 대한 연구는 "종신교수직에 있지 않은 사람에게는 권하지 않을 프로젝트"라고 경고했다.[24] 농담이 아니었다. 정말이다.

인간동형적으로 간주되는 것을 금지하자 행동주의자들은 그 반대 방향의 오류를 계속 생산했다. 그들은 인간만이 의식을 가졌고 뭔가를 느낄 수 있다고 하는, 전적으로 너무 인간적인 개념을 제도화하는 데 기여한 것이다(모든 것이 우리 중심으로 돌아가고 있다는 견해를 인간중심주의anthropocentrism라 부른다). 인간의 감정을 다른 동물에게 투사하다 보면 그들의 동기를 오해하도록 유도될 수 있는 게 분명하다. 하지만 그들에게 어떤 동기가 있음을 부정하는 것은 100퍼센트 틀림없이 그 동기를 오해하게 한다.

인간 외 다른 동물들이 생각과 감정을 가졌다고 추정하지 않는 것은 새 과학의 좋은 출발점이었다. 그러나 그들이 생각과 감정을 갖지 않는다고 주장하는 것은 나쁜 과학이었다. 특히 수많은 행동주의자들은 생물학자이면서도 생물학의 핵심 절차를 간과하는 편을 선택했다. 새로 등장한 것은 모두 그 전 단계를 살짝 비튼 형태라는 점 말이다. 인간이 행하고 처리하는 모든 것은 어딘가에서 왔다. 인간이 진화하기 위해서는 거의 모든 부품을 비축해 둘 필요가 있었고, 그런 부품들은 그 이전 모델을 위해 개발된 것들이었다. 우리는 그런 것을 물려받았다.

예를 들어, 관절 있는 다리가 진화해 온 경로를 보라. 절지동물에서 4족 동물을 거쳐 2족으로 걷는 인간으로 나아간다. 개구리 뒷다리 대퇴부의 뼈는 닭이나 인간 아이의 것과 다르지 않다. 그러므로 우리는 양서류에서 날아다니는 조류를 거쳐 3종 경기 선수로 나아가는 변형 과정을 추적한다. 잠자는 생물은 어떤 종이든 상관없이 잠을 잔다. 재채기하는 생물은 재채기를 한다. 종들은 서로 다르다. 하지만 그 차이는 그리 크지 않다. 인간적인 마음이 있는 건 인간뿐이다. 하지만 인간에게만 마음이 있다고 믿는 것은 인간만이 인간적 골격을 가졌기 때문에 인간만 골격을 가졌다고 믿는 것과 같다. 물론 우리는 코끼리의 골격을 볼 수 있다. 그들의 마음은 볼 수 없다. 하지만 그들의 신경계는 볼 수 있고, 행동 논리와 한계 속에 담긴 마음의 작동을 관찰할 수 있다. 골격에서 두뇌에 이르기까지 원리는 동일하며, 우리가 짐작할 수 있는 것은 마음 역시 다양하게 신축적으로 존재한다는 사실이다.

그런데 현실은 이런 식으로 진행되지 않았다. 전문적인 동물 행동주의자들은 전체 동물 왕국과 그중 한 종인 인간의 신경계 사이에 단단한 칸막이를 끼워 넣었다. 다른 어떤 동물도 일체의 생각이나 감정을 가질 수 있다는 가능성을 부정함으로써 우리가 모두 가장 듣고 싶어하는 생각을 강화한 것이다. 우리는 특별하다. 우리는 완전히 다른 존재다. 더 낫다. 최고다(동물에게 우리 자신을 투사投射한 다느니 하는 말은 문제가 있다).

수십 년 동안 이 경계선을 넘어갔던 과학자들은 동료들의 살벌한 조롱을 감당해야 했다. 행동주의로 훈련받지 않은 몇몇 새 혁명가들이 바로 그런 일을 겪었다. 그런 개척자 가운데 최초가 아마 제인 구달Jane Goodall일 것이다. 구달은 자신이 침팬지 연구를 처음 시작하고 그 후에 캠브리지대학교의 박사과정에 등록했을 때, "내가 모든 것을 잘못해 왔다고 지적을 받으니 충격이 상당히 컸다. 모든 것이 잘못이라고 했다. 나는 침팬지들에게 이름을 붙이지 말았어야 했다. 그들의 개성에 대해, 마음이나 감정에 대해서도 이야기하지 말았어야 했다. 그런 것은 인간의 고유한 것이기 때문이다."[25]

지금까지도 '인간-'anthropo- 공포증은 그들을 훈련시킨 정통 행동주의자들의 시대착오적인 과도한 조심성을 따라하는 행동주의 과학자 및 과학 분야 저자들에게 광범위하게 퍼져 있다. 우리는 인간이 지닌 감정 중 어떤 것도 다른 동물들에게 있다고 하면 안 된다. 그들은 서로에게, 또 그들의 엄격성을 앵무새처럼 따라하면서 전문가연하는 제자들에게도 그렇게 말한다.

하지만 '인간적'human 감정이란 무엇인가? 인간적 감각기능 sensation을 동물에게 돌릴 수 없다고 말할 때, 그들은 인간적 감각기능이 곧 동물적 감각기능임을 잊고 있다. 그것은 물려받은 신경계를 사용하는 물려받은 감각기능이다.

다른 동물이 인간이 느끼는 감정을 일체 가질 수 없다고 간단하게 판정하는 것은 온 세계의 감정과 동기를 싼값으로 독점해 버리는 일이다. 동물을 체계적으로 지켜보았거나 알아 온 사람들은 이 판정이 부당함을 안다. 하지만 많은 사람들이 여전히 깨닫지 못하고 있다. 내가 이 책을 쓰고 있던 중에 작가 니콜은 다음과 같이 지적했다. "확연하게 인간적인 세계 이해 방식에서 생겨난 가정을 덧씌우는 일 없이 동물의 본성과 감정을(적절한 용어인지 모르겠지만) 어떻게 정확하게 이해할 것인가 하는 딜레마는 여전히 있다."[26]

하지만 말해 달라, 어떤 '확연하게 인간적인 이해 방식'이 우리가 다른 동물의 감정을 이해하는 것을 방해하는가? 쾌감, 통증, 성욕, 배고픔, 좌절감, 자제력, 방어의식, 부모로서의 보호감정 같은 것들인가? 우리의 감정 때문에 그들의 감정을 이해하지 못하는 것이 아니다. 도움이 된다. 하지만 좋다. 그런 것이 우리를 잘못된 가정으로 곧바로 인도하지 않는가? 우리가 배운 것을 모두 합쳐 본다면 그렇지 않다. 낭만적 사랑에 대해 생각해 보라. 모계 중심의 가족 구조를 가지며, 떠돌이 수컷들이 있고, 암수 배우자 간에 연대가 없고 수컷은 새끼를 돌보지 않는 가족 구조를 가진 코끼리가 낭만적 연애를 하지 않는다는 것은 명백하다. 또 그렇기 때문에 코끼리 연구자들은 잘못된 가정을 하는 착오를 범하지 않는다. 그러므로 증거와 논리는 믿을 만한 지침이 될 수 있다. 실제로, 증거 더하기 논리를 한 단어로 하면 그것이 곧 '과학'이다.

굶주린 동물이 배고픔을 느낀다는 것은 우리도 절대 의심하지 않는다. 그렇다면 기분 좋아 보이는 코끼리가 실제로도 기분이 좋다고 믿지 않을 그 어떤 이유가 있는가? 우리는 동물이 먹고 마시고 있으면 그의 배고픔과 목마름을 인지하며, 지쳐 있을 때는 지쳐 있음을 인지하지만, 그들이 새끼와 가족들과 놀고 있을 때 거기서 기쁨과 행복을 느낀다는 것을 부정한다. 동물 행동의 과학은 오랫동안 그 편견 위에서 수행되어 왔다. 이것은 비과학적이다. 과학에서는 흔히 증거를 최대한 단순하게 해석하는 것이 최선이다. 코끼리가 즐거워 할 만한 상황에서 즐겁게 보이면 그 증거에 대한 가장 단순한 해석은 즐거움이다. 그들의 두뇌는 우리 것과 비슷하며, 인간 감정과 관련이 있는 호르몬과 유사한 것을 분비한다. 이것 역시 증거다. 그러니 추측하지는 말자. 하지만 증거를 묻어 버리지도 말자.

일부 인간들은(행동주의자들은) 개가 문을 긁고 있는 것을 보고, 개가 밖으로 나가고 '싶어하는지'를 우리가 알지 못한다고 주장할 것이다(물론 당신의 개는 그동안 이렇게 생각하고 있다. '저기요. 내보내 주세요. 전 집 안에다 쉬하고 싶지 않다고요'). 개는 명백히 밖으로 나가고 싶어하는 것이다. 그 증거를 무시하겠다고 고집부리고 싶으면 오줌 닦을 걸레를 준비해 두라.

코끼리들은 까마득한 옛날부터 발달되어 온 깊은 사회적 연대를 맺으며 살아간다. 부모들의 보살핌, 만족감, 우정, 동정, 슬픔은 현대 인간들의 등장과 함께 갑자기 등장한 감정이 아니다. 이 모든 것은 인간 이전의 존재들 속에서 발달되기 시작했다. 우리 두뇌의 기원은 살아 있는 시간이 요리되는 오랜 솥단지 안에서 다른 종들의 두뇌와 분리될 수 없다. 우리의 마음도 마찬가지다.

그들은 우리가 아니다

코끼리나 생쥐mouse가 세계를 대하는 감각을 우리는 어떻게 식별할 수 있을까? 코끼리와 쥐는 자신들이 생각하고 있는 것을 말해 주지 않을 것이다. 하지만 그들의 두뇌는 말해 줄 수 있다. 저명한 신경학자 야크 판크세프Jaak Panksepp는 두뇌 스캔 영상을 보면 슬픔, 행복, 분노, 공포, 배고픔과 갈증 같은 동기부여적 감정이 "두뇌의 깊고 매우 오래된 회로"에서[27] 발생한다는 것을 알 수 있다고 말한다.

요즘 실험실 연구자들은 동물의 두뇌 체계에 전기 자극을 직접 가함으로써 여러 가지 감정 반응을 촉발할 수 있다. 그렇게 해서 분노가 고양이와 인간의 경우 두뇌의 같은 부위에서 발생한다는 것을 알아냈다.

공유된 경험의 증거는 더 있다. 집쥐rat는 인간이 중독되는 종류의 황홀경 유발성 마약에 중독될 수 있다.[28] 강박적 버릇이 있는 개에게서 집착적 강박 장애를 가진 인간과 동일한 두뇌 기형이 발견된다.[29] 그들은 동일한 약물에 치료 효과를 보인다. 같은 종류의 질병인 것

60

이다. 스트레스를 받는 동물의 피에는 스트레스를 받는 인간의 피와 동일한 호르몬이 들어 있다. 약한 전기 자극을 받은 가재crayfish는 장기간 숨어 다녔고 세로토닌 수치가 높아졌는데,[30] 이는 임상적 불안 증상이 있다는 증거다. 연구자들이 같은 가재에게 불안증으로 시달리는 인간을 치료할 때 흔히 쓰는 것과 동일한 약물을 놓자, 가재는 정상적인 활동과 행동을 다시 하기 시작했다. 연구자들은 "우리가 얻은 결과는 가재가 척추동물에게서 나타나는 것과 비슷한 형태의 불안증을 느낀다는 것을 증명한다"고 썼다.

게와 바다가재에게 미약한 수준 이상의 전기자극을 가한 심한 실험을 행한 적이 있는 나는 위의 결과가 당황스럽다. 여러 생물 종이 느끼는 불안은 진화가 이어지는 동안에도 크게 변하지 않은 오래된 공통 화학 체계에서 발생하는 모양이다. 타당한 생각이다. 위험이 웅크리고 있을 때 선뜻 모험하기를 겁내는 태도는 모든 동물의 생존에 명백히 유리하게 작용하니까.

복잡한 동물은 아주 오래된 감정 시스템을 물려받았다. 우리 자신의 신체에 지시하여 어떤 기분을 발생시키는 옥시토신이나 바소프레신 같은 두뇌 호르몬을 분비하게 만드는 유전자가 형성된 때는 적어도 7억 년 전으로 거슬러 올라간다.[31] 연구자들에 따르면 그것들은 "대개 동물이 몸을 움직이고 경험에 기초한 결정을 내리기 시작할 때 발생한다."

"벌레에게 갑자기 빛을 비추면 그것은 마치 굴로 숨어 들어가는 토끼처럼 달아난다"라고 다윈은 썼다. 하지만 계속 겁만 주면 벌레는 물러나기를 중단한다. 분명히 학습된 결과라 할 수 있는 그런 행동을 본 다윈은 "어떤 종류의 마음이 존재"하는 게 아닐까 짐작했다. 벌레가 어떤 물체가 자기 은신처를 파내는 데 적당한지 아닌지를 따져보는 것을 지켜보던 다윈은 벌레가 "지능을 가졌다고 할 만하다. 그와 비슷한 상황에 놓인 인간과 거의 같은 태도로 행동하니까"[32]라는 의견을 제시했다.

우스운가? 다음의 내용을 생각해 보라. S. W. 에먼스S. W. Emmons는 '벌레의 기분'The Mood of a Worm이라는 당혹스러운 제목을 단 2012년의 논문에서, "벌레와 인간에게는 동일한 신경 메커니즘이 작동하고 있다"고 썼다.[33] 그가 가리킨 것은 몸 길이가 1밀리미터인 미세한 벌레 C. 엘레건스elegans, 저 우아한 선충nematode이다. 문제는 이것이다. 그 벌레는 인간의 신경계의 기저를 이루는 것과 거의 동일한 유전자 조합을 갖고 있으며, "인간 두뇌에서도 볼 수 있는 접속 가능성 패턴connectivity pattern"을 보인다는 것이다. C. 엘레건스에 있는 신경세포는 고작 302개뿐이다(인간에게는 대략 1,000억 개가 있다). C. 엘레건스는 옥시토신과 비슷한 동기부여 화학물질인 네마토신이라는 물질을 생성하는데, 그 기능이 옥시토신과 비슷하다. 그 물질은 벌레에게 성욕을 갖게 한다. 그 물질이 없는 돌연변이 수컷은 짝을 찾는 데 시간을 더 적게 보내며 짝을 알아보는 데 드는 시간도 더 길고, 짝짓기를 더 천천히 시작하며 성행위도 제대로 해내지 못한다. 불쌍한 벌레 같으니! 앨버트 아인슈타인 의과대학 교수인 에먼스는 우리에게 이런 통찰을 남긴다. "오늘날의 간선도로와 고속도로가 오래전에는 좁은 산길이었을 수도 있는 것처럼 생물학적 체계는 그 기원에서 유래하는 본질적인 특징을 보유하고 있을 수도 있다." 그는 주의시킨다. "작은 무척추동물을 원시적인 존재로 여기는 것은 잘못이다."

옥시토신은 연대를 추진하며, 코끼리와 다른 여러 종들이 사회적이고 성적으로 행동하게 만든다.[34] 그 호르몬을 차단하면 수많은 포유류와 조류가 사교하고 짝을 짓고 둥지를 만들고 접촉하려는 흥미를 잃는다. 옥시토신과 오피오이드opioid 호르몬은 인간을 포함한 수많은 종들에게서 쾌락의 감각과 사회적 안락의 느낌을 만들어 낸다. 옥시토신을 살짝 풍겨주면 인간 아버지들은 아기들과 더 잘 놀게 되고, 눈 맞춤을 더 많이 하고, 아이에 대한 관심을 더 많이 보인다. 이것이 연대의 화학결합이다.

우리가 때로 나쁜 일인 줄 알면서도 그 일을 하는 것은 흔히 우리 두뇌의 어느 오래된 부위에 호르몬이 넘쳐 지적인 수동 제어 장치intellectual override switch가 무력화한 경우다. 호르몬은, 예를 들면 깊은 성적 감정을 담아 두던 우리를 열어젖힐 수 있고, 그것에 저항할 힘이 우리에게는 없는 행동을 풀어 놓게 할 수 있으며, 감정이 우리 마음을 사로잡고 있는 동안 이성을 구속하고 억류해 둘 수도 있다. 섹스는 워낙 위험하고 큰 대가를 치러야 할 때가 많기 때문에 두뇌가 다시 한번 기회를 얻고 싶은 열망을 화학적으로 점화시키지 않는다면 우리는 자손번식을 절대 못하게 될지도 모른다. 아주 동물적인 이야기처럼 들리지 않는가? 우리는 그렇게 느낀다. 실제로 그렇기 때문이다. 그처럼 맛있게, 그처럼 무시무시하게 사실이다.

1883년에 조지 존 로마네스George John Romanes는 이렇게 인정했다. "해파리, 굴, 곤충, 새, 인간에게서 신경세포의 구조적 단위를 식별하는 것은 전혀 어렵지 않다. 어떤 경우에서든 대체로 비슷하기 때문이다." 지그문트 프로이트Sigmund Freud는 가재의 신경세포가 기본적으로 인간의 신경과 동일하다고 주장했다. 프로이트는 신경세포

당신은 위의 아기 코끼리가 어떤 기분이라고 느껴지는가? 코끼리도 인간이 느끼는 감정을 느낄까?

가 동물 신경계의 신호 단위the signaling unit라는 점을 알아차린 것이다. 색스의 설명에 따르면 뉴런은 "가장 원시적인 동물 생명체에서 최고의 고등동물에 이르기까지 본질적으로는 동일하다. 그들 간의 차이는 뉴런의 수와 그것이 어떻게 조직되는가에 있다."

그러므로 피시록이 "우리는 모두 동일한 기본 두뇌를 갖고 있어"라고 말할 때 그녀는 말 그대로 판도라의 상자를 열어 버린 것이나 마찬가지다.

불확실성, 불안, 걱정, 통증, 두려움fear, 공포감terror, 반항, 방어적 태도, 보호적 태도, 화, 경멸, 분노, 증오, 불신, 실망, 재확신, 인내, 끈기, 흥미, 애정, 놀라움, 행복, 즐거움, 기쁨, 풍부함, 슬픔sadness, 우울함, 회한, 죄책감, 수치, 비탄grief, 외경, 호기심, 유머, 장난스러움, 부드러움, 정욕lust, 갈망longing, 사랑, 질투, 충성스러움, 자비심, 이타심, 자부심, 허영, 부끄러움, 차분함, 안도감, 불쾌감, 감사함, 혐오감, 희망, 겸손함, 비애sorrow, 좌절감, 공정함fairness. 이런 온갖 감정을 코끼리나 다른 동물들은 하나도 느끼지 못하고 오로지 인간만 느낀다는 게 가능한가? 나는 그렇게 생각하지 않는다. 우리는 그들이 감정을 가질 수 없다고 부정하지만, 실제로 그들이 감정이 있다면 우리가 틀린 것이다. 우리는 바로 그런 식으로 틀렸다고 나는 생각한다. 인간과 코끼리가 갖는 감정이 모두 동일하다고 주장하는 것이 아니다. 자기혐오는 인간만이 느끼는 고유한 감정인 것 같다.

그러므로 우리는 예컨대 코끼리가 두려워하는 것처럼 보일 때 그것이 우리 자신의 공포감의 잘못된 투사일까봐 겁먹을 필요가 없다. 특정한 바닷새와 물개 종류는 대륙의 육지와 수백 킬로미터씩 떨어진 대양의 섬에서 수백만 년 동안 살아 왔다. 대륙의 포식자들로부터 수백 킬로미터라는 거리와 긴 시간으로 안전하게 격리되어 있던 바닷새와 물개 들에게는 그들을 두려워할 능력이 없었다. 그들은 쥐와 고양이, 개, 인간이 배를 타고 상륙했을 때 느꼈던 공포감을 가질 수 없었다. 그들은 인간이 깃털이나 털가죽을 얻으려고 자신들을 몽둥이로 때려잡으려 할 때도 날아가지도 않고 달아나지도 않았다.

반면 인간에게 사냥당해 온 역사가 길었던 대륙의 동물들은 공포감을 충분히 느낄 수 있으며, 국립공원처럼 사냥으로부터 안전한 장소에 있어야 안심할 수 있다. 도시 주위의 근교에서는 오리, 거위, 사슴, 칠면조, 코요테 같은 대체로 소극적인 동물이 계산적으로 대담하게 굴기도 한다. 아프리카의 공원에서는 때로 치타가 사냥감이 어디 있는지를 더 높은 위치에서 보려고 관광객으로 가득 찬 차량 위에 뛰어오르기까지 한다. 코끼리는 인간 주위에서 겁을 먹을 수도 있고, 공격적일 수도 있고, 무관심할 수도 있다. 태도가 달라지는 기준은 그들이 어떤 것을 예상하도록 학습했는가에 달려 있다. 내가 제시하려는 요점은, 우리는 다른 동물들도 실제로 경험하는 감정을 부정함으로써 그들이 경험하지 않는 감정을 잘못 짐작하여 갖다 붙이는 것보다도 더 큰 오류를 범했다는 것이다.

그러니 다시 묻자. 다른 동물들에도 인간이 느끼는 감정이 있는가? 그렇다, 있다. 인간에게도 동물이 느끼는 감정이 있는가? 그렇다, 대체로 같은 감정이다. 공포, 공격성, 복지, 불안, 쾌락은 인간과 동물이 공유하는, 선조에게서 유래한 공유된 두뇌 구조와 공통된 화학작용이 만드는 감정이다. 그런 감정은 공유된 세계의 공유된 감정이다. 코끼리는 물 있는 곳에 가까이 가면서 원기회복과 진흙탕의 즐거움을 기대한다. 내가 기르는 강아지가 발랑 드러누워 날더러 또다시 배를 긁어달라고 요구하는 것은 그 녀석이 우리의 따뜻한 신체접촉이 주는 부드러운 느낌을 고대하기 때문이다. 또한 강아지는 배가 고프지 않아도 언제나 특식을 즐겁게 먹는다. 그런 특식을 즐기는 것이다.

문제는 "분명히 인간적인 세계 이해를 (……) 덧씌우는 것"이 아니다. 명백히 인간적인 오해를 덧씌우는 것이 문제다. 생명 세계에 대해 우리가 가진 가장 깊은 통찰은 이것이다. 모든 생명은 하나다. 그들의 세포는 우리의 세포이고, 그들의 신체는 우리의 신체, 그들의 골격은 우리의 골격, 그들의 심장, 허파, 피는 우리의 심장, 허파, 피다. 그런 확연히 인간적인 이해를 뒤집어씌운다면, 우리는 광대한 생명체의 모험 속에서 각각의 종을 진정으로 보도록 하는 과제 안으로 거대한 발걸음을 내딛는 것이다. 각각의 생명체는 연속체 속에서의 개별자이고, 바이올린의 지판에서 그어지는 음표 같은 것이다. 우리는 그것을 찾아내야 한다. 프렛fret(음정을 찾기 쉽도록 현악기 지판에 그어 놓은 표시줄 — 옮긴이)이 없기 때문이다. 돌연한 단절도 없다. 그리고 굉장한 교향곡이기도 하다.

가족

1960년대 후반 모스가 케냐에 오기 두어 해 전에, 행동주의의 또 다른 대표적 개척자인 이언 더글러스-해밀턴Ian Douglas-Hamilton은 코끼리 사회의 기본단위가 암컷과 그 새끼들임을 처음으로 발견했다. 40년이 지난 뒤 더글러스-해밀턴은 내 앞에서 다들 수컷이 세상 모든 것을 주도한다고 가정하던 시절에 이 발견으로 자신이 처음 받은 굉장한 인상에 대해 감동적으로 회상했다. "코끼리 사회에서 가모장이 우두머리인 가족으로 조직되어 있음을 처음 깨달았을 때, 저는 그들에게서 불굴의 여성 지능intelligence을 보았어요"(최근에 인간-코끼리 갈등을 줄이기 위해 인도의 시골 주민들을 교육하는 드루바 다스 Dhruba Das라는 남자가 이렇게 말했다. "그건 지혜wisdom에 더 가까워요. 그들은 뭔가를 감지할 수 있습니다. 어떤 일을 해야 할지 알아요. 그들은 자신들에게 주어진 어떤 상황이든 받아들여 최선의 결과를 낳도록 합니다"[35]).

늙은 암컷과 그녀의 자매, 어른이 된 딸들, 그들의 새끼가 함께 산다. 가족은 함께 새끼를 돌보고 양육하는 기초다.[36]

대개 가장 나이 든 암컷이 살아 있는 역사와 지식의 으뜸가는 보유자 역할을 맡는다. 가족이 어디로 가야 하는지, 언제, 얼마나 오랫동안 가야 하는지를 이 가모장이 결정한다.[37] 그녀가 그 가족의 세력 결집 지점이자 주된 보호자 역할을 하며, 그녀의 성품 — 차분한지, 불안해하는지, 군건한지, 우유부단한지, 대담한지 — 이 가족 전체의 성품을 설정한다. 가모장이 살아 있는 동안 그녀의 딸들이 잠시라도 제멋대로 박차고 나갈 확률은 아주 작다.[38]

코끼리는 더 넓고 중층적인 사회적 네트워크로 확산되는 관계 속에서 살아간다.[39] 서로 유달리 친한 연대 관계를 이루는 두 개 이상의 가족을 '연대 그룹'bond group이라 부른다. 연대 그룹은 과거에 한 가족이었다가 분가한 친척들로 이루어지거나, 단순한 친구들 혹은 두 가지 요소가 복합된 그룹이다. 사춘기의 수컷들은 가족을 떠나 다른 수컷들과 어울리며, 방랑을 많이 한다.

"이 녀석, 뒤에 처지는 녀석 좀 봐요!" 피시록이 몸집이 좀 작은 코끼리를 가리킨다. 그것은 짧은 풀밭을 사이에 두고 멀찌감치 예닐곱 마리의 다른 코끼리 뒤를 따라오고 있었다. "저건 에멧이에요. 14세 수컷." 그는 가족을 떠났는데, 아마 성년이 되었으니 분가하라는 부추김을 받았을 것이다. "그는 그냥 계속 다른 가족들을 따라다니고 있어요." 힘든 과도기이다. 그는 외로워하는 것 같았다. 나는 그가 거부당한 기분인지 궁금했다. 그는 자기 혼자 가족에서 떨어져 다른 수컷들과 다녀야 한다는 사실을 깨달을 때까지 가족들을 따라다닐 것이다. 어른 수컷은 자기들끼리 무리를 지어 살기도 하고 여러 가족 사이를 왔다갔다 떠돌면서, 모든 수컷들의 관심사인 일을 찾아다닌다.

코끼리 연구계의 아버지이자 세이브 더 엘리펀트 재단 설립자인 더글러스-해밀턴(왼쪽)과 필자.

수컷은 암컷보다 더 빨리 자라며, 두 배는 더 긴 시간 동안 성장을 계속한다. 몸무게가 두 배나 되기도 한다. 암컷은 대략 25세면 다 자라고, 어깨 높이는 2.4미터 정도, 무게는 2,700킬로그램까지 자란다. 수컷이 계속 자라기 때문에 그들은 어깨 높이가 3.7~4미터 정도까지 된다. 가장 큰 것은 몸무게가 5,400킬로그램까지 나가기도 한다.[40]

가모장이 죽거나 수가 불어나면 가족들은 천천히 분가한다. 반대로 쪼개졌던 가족이 다시 합치기도 한다. 그렇게 쪼개지고 다시 합쳐지는 양상을 '분열-융합'fission-fusion이라 부른다. 코끼리들이 인간처럼 분할-융합 그룹에서 살기 때문인지, 그들의 행동을 우리가 이해할 수 있다는 사실은 놀라운 점이다. 인간, 영장류, 늑대, 일부 고래도 포함된 지극히 복잡한 여러 사회 역시 분열-융합 그룹이다.

가족들이 쪼개지고 융합하는 것은 사실 성격personslities에 관한 문제다. 피시록이 덧붙인다. "코끼리 가족에게서 제일 중요한 것은 '우리는 모두 함께한다'는 점이라고 할 수 있어요. 또 코끼리 가족이 뚜렷한 이유 없이 해체되는 일은 한번도 본 적도 들은 적도 없다고 말할 수 있어요."

피시록은 중앙아프리카의 수풀 코끼리들이 왜 숲속의 특정한 공터에 모이는지, 그 이유를 연구했다. "처음에 저는 온갖 근사한 논리적 이론을 갖고 있었어요. 짝짓기를 위해서거나 그곳 토양의 특정한 미네랄 성분 때문일 것이라는 등등이요. 하지만 그 어떤 이론에도 증거를 찾지 못했어요." 그녀가 내린 결론은 코끼리는 다른 코끼리들이 그곳에 가기 때문에 그 장소에 간다는 것이었다. "더 나은 다른 이유가 없었어요. 그냥 그렇게 하고 싶기 때문에 그런 일을 하는 거예요." 그녀는 어깨를 으쓱했다. 코끼리 사회에서 중요한 규칙은 각각의 개체들이 규칙을 내놓는다는 것이다. 그저 누군가가 다른 누군가를 좋아하기 때문에, 그리고 그들과 함께 지내고 싶기 때문에, 일은 그렇게 진행된다. "어떤 지역에 가는 길에 갑자기 자신들이 알고 있던 다른 가족의 소리를 듣게 되면, '아, 누구누구를 본 지 오래되었네. 저기 가서 그들을 만나 보자'라는 식으로 진행되는 거예요." 특정한 암컷들끼리는 60년 동안 친구로 지내기도 한다. "코끼리에 대한 근본적인 진실은 코끼리들이 다른 코끼리들과 함께 있기를 좋아한다는 겁니다. 함께 있으면 장점도 있지만, 그냥 함께 있는 것 자체를 만족스럽게 여기는 거예요." 피시록이 이렇게 요약한다.

코끼리는 다수의 개체들을 즉각적으로 파악하는 면에서 원숭이 무리보다, 심지어는 인간보다도 더 유능한 것 같다. 그들이 서로를 알아보는 능력은 영장류보다(아마 소수의 코끼리 연구자들보다는 못하겠지만) 뛰어나다.[41] 암보셀리에 사는 코끼리들은 모든 어른 코끼리를 하나하나 다 알아본다. 연구자들이 부재하는 가족 멤버나 연대 그룹 멤버의 외침을 녹음한 소리를 들려주었을 때, 코끼리들은 그 외침에 응답하면서 소리가 나는 곳으로 모여들었다.[42] 그들의 연대 그룹에 속하지 않는 코끼리의 소리를 들려줄 때는 그렇게 눈에 띄는 반응을 보이지 않았다. 하지만 완전히 낯선 코끼리의 소리를 들려주었더니, 코를 치켜들고 킁킁 냄새를 맡으면서 서로 뭉쳐 방어 태세를 취했다.

"지능이 높고, 사회적이고, 감정적이고, 개성이 있고, 따라할 줄 알고, 조상을 존중하고, 장난스럽고, 자신을 인식하고, 공감할 줄 알고. 이런 것들은 모두 자격 조건이 요구되는 클럽의 회원이 될 만한 자질들이다."[43] 모스는 풀 및 여러 동료들과 함께 집필한 글에서 이렇게 썼다. "그런 것들은 코끼리를 묘사하는 말이기도 하다." 코끼리는 "인간의 삶이 존중받을 자격을 갖는 것과 동일한 방식으로 인간에게 존중받을 자격이 있다." 코끼리 행동 연구를 개척한 선두 주자인 더글러스-해밀턴이 썼다. 좋은 말이다. 그러나 말할 필요도 없지만 코끼리는 상황이 험악해지면 어김없이 무자비해진다. 건기가 되면 코끼리들은 줄어드는 식량과 물을 놓고 경쟁해야 하는 상황에 놓인다. 그렇지만 "힘들고 위험한 시기에도 코끼리들은 동족들에게 대단한 관용을 보이며 가족적 연대를 단단히 유지한다"고[44] 더글러스-해밀턴은 말한다.

여러 영장류들과 달리 코끼리들은 지배력을 늘리거나 더 높은 지위를 얻기 위해 경쟁에 나서는 일이 거의 없다. 지위 추구는 코끼리 사회에서는 별로 중요시되지 않는다. 코끼리들이 가장 존경하는 것이 경험이다 보니 지위는 나이를 먹으면 따라온다. 심지어 극심하게 힘든 시절에도 행위는 세심한 동작과 소리로 조절되고 발휘되며, 구성원들의 기대를 복돋워주면서 가정 내 불평이 생길 일 없이 확립된다.[45]

> 자연의 위대한 걸작, 코끼리.
> 해를 끼치지 않는 유일한 위대한 자; 거대한 짐승 (······)
> 누구에게도 적이 아니며, 어떤 적도 의심하지 않는다.
>
> —존 던 John Donne, 1612.

코끼리는 가모장이 우두머리인 가족으로 조직된다. 어디로 갈지, 얼마나 오랫동안 갈지 등을 대개 가장 나이 든 암컷인 가모장이 결정한다.

코끼리의 전형적인 평화적 성격에도 예외는 있다. 가뭄이 들어 식량이 줄어들 때, 가족의 크기는 그 지배 영역에 영향을 미칠 수 있으며, 식량과 물을 얻는 경로와 그들이 어떻게 살아남을지 결정하는 요인들 가운데 일부다. 또다시 각 코끼리의 성격이 문제된다. 찢어진 귀Slit Ear라는 이름을 지닌 가모장은 자기 가족들을 위해 다른 가족들에게 어찌나 공격적으로 굴었던지, 모스는 그녀가 "정말 못됐지만 (……) 씩씩했다"고[46] 기억한다.

"규모가 큰 가족이 있다면 거기에는 모두가 따르고 싶어하는 강력한 가모장이 있게 마련입니다." 피시록이 설명한다. 코끼리가 연장자를 존경하는 데는 충분한 이유가 있다. 어떤 상황에 대한 정보를 10년 전에 배운 개체에게 그들의 생존이 달려 있을 수 있다. 또 늙은 암컷들은 가장 큰 사교 목록인 다른 가족 그룹에 속한 개체들의 음성과 외침 소리를 무척 광범위하게 알고 있다.[47] 사실 나이를 먹으면서 얻게 되는 경험은 코끼리 사회의 모든 측면에서 중요하다. 코끼리는 기억력이 좋기로 유명한데, 이는 기억해야 할 것이 워낙 많기 때문이다.

"그렇기 때문에 예를 들어, 경험 많은 지도자는 실제로 '우리는 이 기슭을 올라갈 것이다. 저 위에는 지금 계절에 물이 있고 풀이 좀 있었다고 기억하니까'라며 결정할 수 있는 겁니다." 사막에 사는 코끼리들은 64킬로미터나 떨어진 수원을 찾아다니는데, 그렇게 찾아다니면서 5개월 동안 그들이 걷는 거리는 640킬로미터에 달할 수도 있다.[48] 때로는 여러 해 동안 사용되지 않았던 길을 따라 수백 킬로미터씩 돌아다니다가 비가 막 내리기 시작할 때 수원지에 도착하기도 한다.[49] 그들은 대지를 통해 멀리서 울려오는 천둥소리를 듣고,

그쪽을 향하는 것일까? 얼마나 많이 기억하는가? 그들은 자신들이 어디로 가는지 알아야 한다. 또 올바른 결정을 내리는 데에 많은 것이 걸려 있다.

"35세 이상 된 가모장이 거느리는 가족이 더 잘 살아남아요." 피시록이 설명한다. 코끼리들도 이 점을 알고 있는 것 같다. 어떤 가족은 더 나이 많은 가모장이 이끄는 다른 가족을 따라간다. 그래서 나이 많은 가모장은 더 크고 더 지배적인 가족을 이끌게 된다.[50] 말 그대로 성공이 성공을 낳는 것이다. 지금까지 알려진 바로, 암보셀리에서 새끼를 낳은 제일 나이 많은 어미는 64세였다.[51] 그러나 일반적으로 코끼리는 55세가 넘으면 새끼를 거의 낳지 않는다. 일종의 할머니 위치로 올라서서 현명한 원로 같은 지도자 역할을 맡으며, 어린 것들이 살아남게 도와준다.[52] 코끼리는 평생 치아를 여섯 세트 바꾼다. 마지막 세트가 나는 때가 대략 30세 무렵이고, 그걸로 60세가 넘어 죽을 때까지 계속 쓰게 된다. 결국은 이빨이 닳아서 잇몸까지 내려간다.[53] 제대로 씹어 먹지 못하게 되면 늙은 코끼리는 죽는다. 가모장이 자연사하게 될 때쯤이면 대개 딸들이 스스로도 충분한 지식을 쌓아서 가족을 유능하게 이끌 만큼 어른이 되어 있다. 인간 사회에서는 생존에 관련된 새로운 도전을 겪고 살아남기 위해 지식을 발휘하는 것을 흔히 '지혜'라 부른다.

그러므로 코끼리는 그냥 살덩어리가 아니라 생존에 필요한 지식이 담긴 깊은 저장고다. 그런 종류의 지식이 계속 성공하려면 한평생 수십 년 동안 세상이 너무 심하게 바뀌지 않아야 한다. 지난 수천 년 동안은 그런 방식이 효과가 있었다.

그러나 연로한 가모장들은 그 큰 어금니 때문에 밀렵자들이 좋아하는 과녁이 되었다. 코끼리들이 죽는 나이가 점점 더 내려가고 있다. 연장자들이 자연사하는 것보다 수십 년 먼저 살해되면, 그 가족은 준비하지 못한 채 남게 된다. 가모장의 죽음이 낳는 최초의 결과는 참혹한 정신 상태다.[54] 어떤 가족은 와해되기도 한다. 코끼리는 어린 것들을 매우 가까이에서 보살피는 연대 속에서 살아가는 동물이므로, 그런 연대가 부서지면 지독한 고통이 빚어진다. 2세가 되기 전에 부모를 잃은 새끼들은 곧 죽는다. 10세 이전에 고아가 된 새끼들은 어려서 죽는다. 아직 젖을 떼지 않은 단계라면 그들이 살아남을 가망은 별로 없다. 가족 중에 젖이 나오는 어미들은 자신의 새끼가 있는데다 한창 자라는 새끼 두 마리에게 넉넉할 만큼 충분한 젖이 나오지 않는다. 아주 드물게 새로 고아가 된 새끼가 막 자기 새끼를 잃어, 양자를 들이고 싶어하는 어미를 만나는 수가 있다. 더 나이들어 부모를 잃은 새끼 코끼리들은 지도자 없이 우왕좌왕하는 그룹에서 방황한다.[55] 살아남은 새끼는 깊은 상처의 기억을 짊어지고 다니면서 인간을 두려워하고 공격적으로 대하게 된다. 그런 태도는 또 거꾸로 인간이 코끼리에게 적대감을 갖게 만든다.

"좀 바보 같이 구는 녀석이 있네요." 피시록이 누군가를 가리키면서 말한다. "저기 나른하게 걸으면서 코를 흔들어대는 암컷이 보이나요?"

나는 본다.

"제가 여기 온 지 얼마 안 되었을 때, 노라와 제가 코끼리들을 지켜보고 있었는데, 갑자기 모두가 이리저리 달리면서 소리를 질러대기 시작했어요. 전 이게 도대체 무슨 난리람? 이렇게 생각했는데, 노라가 말하는 거예요. '아, 코끼리들이 그냥 바보짓 하는 거야.'

전 생각했지요, '바보짓'이라고? 그런데 그 직후에, 다 자란 어른 암컷이 무릎걸음을 해서 저희 쪽으로 오더니 머리를 빙빙 돌리면서 그저 웃기는 행동을 하는 거예요. 그들은 그냥 행복했어요. 마치 '예이!'라고 소리치는 것 같았지요. 다들 그들이 얼마나 똑똑한지에 대해 이야기해요. 하지만 그들은 바보 같이 굴 수도 있어요. 젊은 수컷은 친구가 없으면 가끔 장난으로 우리에게 달려오기도 해요. 달려와서는 뒷걸음질을 치거나 주위를 빙빙 돌아요. 실제로 수컷 한 마리가 차량 바로 앞에 무릎을 꿇고 앉더니, 얼룩말뼈를 제게 던지면서 함께 놀자고 부추긴 적이 있었어요.

우기가 되면 그들은 행복하고 신이 나요. 비가 오면 그들은 기분이 좋아집니다. 이제 알게 된 일이지만, 제가 처음 여기 왔을 때는 코끼리들이 아직 가뭄 때문에 기분이 처져 있던 중이었어요. 지금은 그들이 그런 기분에서 빠져나오고 있어요. 그래서 더 멋지고 긍정적인 상호작용이나 웃기는 행동을 보게 됩니다. 또 이 아기들이 있어서 그들이 어떻게 변하는지도 보고 있어요. 아기들이 뒹굴고, 놀고, 잠을 자는 모습을 암컷들이 보고 있어요. 그런 광경을 보고 있으면 가족들에게 아무 문제가 없고 모두 다 잘 있다는 느낌이 들지요. 왜냐하면, 흐음, 아기는 굉장한 존재니까요."

어미가 된다는 것

코끼리 아기들은 어찌나 통통한지 완전히 응석받이처럼 보였다. 가까운 곳을 지나가는 코끼리가 자동차 창문을 가득 채우고, 비키는 그 모습을 관찰한다. "이 어미의 젖이 얼마나 큰지 봐요. 걸어갈 때 아주 제대로 출렁거리는군요. 아기가 먹을 젖이 충분하겠어요." 충분하다는 것은 젖이 매일 20리터 정도 나온다는 뜻이다.[56] 어린 것들은 길게는 5년 동안 젖을 먹을 수 있는데, 아기들에게 작은 어금니가 나기 시작하면 어미들은 아픔을 좀 참아야 할 것 같다.

모계사회와 마찬가지로 모성의 경우에도 더 많이 경험할수록 더 나은 결과가 나온다. "암컷은 13세 때부터 새끼를 낳을 수 있어요." 피시록이 말한다. "하지만 10대인 어미는 20세 어미보다 어려움을 겪을 확률이 더 커요." 젊은 어미는 찬물에 새끼를 데리고 들어가 춥게 만들기도 한다. 그들은 새끼들이 감당할 수 없는 험한 지형으로 새끼를 데려가기도 한다. 그저 어떻게 어미가 되는지를 잘 모르는 것이다. 17세 탈룰라가 첫 새끼를 낳았을 때 그녀는 불편해했고,

어미 코끼리와 새끼 코끼리.

혼란스러워했고, 전반적으로 제대로 대처하지 못했다. 그녀는 새끼가 젖꼭지를 찾아 내도록 인도해 줄 경험이 없었고, 침착하게 다리를 앞으로 내뻗고 젖을 낮추어 어린 새끼가 젖을 빨 수 있게 해 주는 법을 몰랐다. 그 새끼는 젖꼭지에 입을 거의 갖다 대었지만 자기 코로 들이받고 넘어졌다. 그런데 탈룰라는 어린 것을 어떻게 일으켜 세우는지도 몰랐다. 나중에는 어떻게 해야 하는지 알아내기는 했지만.

이와 반대로 47세였고, 새끼를 여러 번 낳은 적이 있는 데보라는 최근에 새끼가 태어나는 순간부터 느긋했고, 능숙했다. 새끼는 처음 30분 동안 다섯 번 넘어졌지만, 데보라는 발을 그 아래에 밀어넣어 조심스럽게 새끼를 일으켜 세웠고, 코로 아기를 붙들어 주었다. 1시간 반이 지나자 새끼는 데보라의 젖꼭지를 찾아냈고, 2분이 넘도록 젖을 열심히 빨아댔다. 그동안 데보라는 다리를 잔뜩 앞으로 내딛어 갓 태어난 새끼가 젖을 먹을 수 있게 조용히 버티고 있었다.[57] 피시록은 이 점을 강조한다. "나이 든 어미들은 환상적인 어미예요. 굉장히 침착하고, 그 나이쯤이면 옆에서 도와주는 손도 잔뜩 있게 마련이지요."

그리고는 뭔가를 생각하는 것처럼 보이더니 다음과 같은 말을 덧붙였다. "그들의 평생 시간표는 우리 것과 닮았어요. 20대에는 자기 역할을 하기가 좀 힘에 부치는 면이 있어요. 그러다가 30대가 되면 안정을 찾아 나갑니다. 50대, 60대가 되면 무슨 일이 일어나는지 알고 있고, 여유 있게 자기 역할을 해 나가지요."

갓 태어난 코끼리는 몸무게가 106킬로그램에, 키는 90센티미터가 조금 못 된다. 거의 모든 포유류는 태어날 때의 두뇌 무게가 어른 두뇌의 90퍼센트 정도다. 그런데 코끼리는 태어날 때의 두뇌 크기가 어른 두뇌의 3퍼센트에 불과하다. 인간은 25퍼센트이다. 코끼리 두뇌는 인간 두뇌처럼 태어난 뒤에 성장한다.[58]

"저들은 젖을 빨고 어미를 따라갈 줄 아는 정도의 능력만 갖고 태어납니다. 그게 거의 전부예요." 피시록이 말한다. 갓 태어난 새끼 코끼리는 곧 걸을 수 있지만, 그 능력 외에는 혼자 할 수 있는 것이 거의 없다. 생후 첫 주에는 시력도 거의 없다. 태어나서 몇 달 동안 아기는 내내 어미의 코가 닿는 범위 안에 있고, 실제로 어미와 몸을 맞대고 있는 때가 많다. 한편 어미는 아기를 보면서 부드럽게 콧노래를 부르는 것 같은 소리를 내어 "여기 내가 있어, 바로 여기 있단다"라고 말해 준다.

아기는 뒤에서 뒤뚱거리며 따라오다가 나무뿌리나 키 큰 풀에 걸려 넘어지는 경우가 많다. 그런 곤경에서 벗어나는 일은 흔히 사춘기 연령대의 주의 깊은 사촌들이 맡아 해 준다. 아기가 넘어지거나 가로막히면, 아니면 밀쳐지거나 횡포를 당하기라도 하면 사촌들은 즉시 끽끽대는 소리를 크게 내어 반응을 유발한다. 젊은 암컷들이 어찌나 황급하게 아기를 도와주러 달려오는지, 친어미 앞으로 끼어드는 일도 흔하다. 경험 많은 어미들은 더 젊은 암컷들이 그런 일을 처리하도록 맡긴다. 아기가 넘어지면 온 사방에서 암컷들이 달려와서 탈이 없게 돌봐주며, 특별한 목소리를 내어 아기가 깊이 안도감을 느낄 수 있게 해 준다.

가장 어린 아기들은 어떤 어른에게는 도움을 청한다. 친척 아주머니나 할머니들은 중요한 베이비시터이고, 경험 많은 어미들은 자기 아이가 적절한 어른 암컷과 함께 있는 것을 보는 한 침착할 것이다. 코끼리들은 생애의 첫 5년 동안 대개 가족 일원 누구에게서든 몸 길이 하나를 벗어나지 않는 반경에서 움직인다. 코끼리들은 어떻게 코끼리가 되는지에 관한 모든 것을 자신들을 보호해 주는 다른 코끼리들로부터 배워야 한다. 어린 코끼리와 어른 코끼리 사이의 친밀하고 보호적인 접촉은 정상이며 자주 행해진다. 어린 것들을 공격적으로 다루는 일은 드물다. 아기들은 어떻게 하면 관심을 끄는지 알게 되고, 좀 응석둥이가 되기도 한다. 아기들이 불편하다는 신호를 워낙 자주 보내기 때문에, 연구자들이 보기에는 실제로는 별 곤란한 상황에 처한 게 아닌 것 같을 때도 있다.[59]

갓 태어난 코끼리의 코는 세상과 만나는 주된 통로다. 끊임없이 뻗고 킁킁대고 만져본다. 하지만 코는 아기의 가장 곤혹스러운 딜레마이기도 하다. 어린 코는 고무 같은 성질이고, 확고하게 통제되지 않는 여분의 다리와 같다. 아기들은 코 다루는 법을 배워야 한다. 아기들은 코를 흔들어대고 위로 내던지고 빙빙 돌리기도 하면서, 어떤 일을 할 수 있는지 실험한다. 때로 아기들은 자신의 코를 밟고 넘어지기도 한다. 또 자신의 코를 빨면서 위안을 얻기도 한다.[60] 인간 아기가 엄지손가락을 빠는 것과 똑같다.

태어난 첫 주째부터 아기 코끼리는 물건을 집어 올리려고 시도하기 시작한다. 어린 코끼리들은 막대기를 집어드는 것 같은 과제를 익히려고 노력하면서 강한 집중력을 보여준다. 어린 코끼리들은 생후 3개월 정도 되었을 때 먹으려는 시도를 시작한다. 어린 것은 풀잎 한 줄기를 잡으려고 코를 뱅뱅 꼬다가, 마침내 잡았지만 떨어뜨리고 다시 집어들기까지 어려움을 겪는데, 그러다가 그냥 풀잎을 정수리에 올려놓곤 한다. 때로 그들은 다루기 힘든 코를 무시하고 무릎 꿇고 앉아 맛보고 싶은 풀에 입을 직접 갖다 대기도 한다. 물을 마실 때도 흔히 같은 방식으로 한다. 어린 코끼리들이 코를 이용한 물 마시기 시스템에 통달하기까지는 대략 5개월이 걸린다.[61]

나는 생후 8개월째인 코끼리가 풀을 잡아당기는 모습을 바라보고 있다. 마치 젓가락 사용법을 배우는 사람을 보고 있는 것 같다. 음식은 협조해 주지 않는다. 풀 절반이 땅바닥에 도로 떨어진다. 아기는 어미 쪽을 바라보는데, 어미는 풀잎 한 줄기를 잡아당겨 먹으면서, 마치 아기가 보고 있도록 확실히 해 두는 것 같다. 흔히 아기들은 가족 멤버들의 입에 다가가 그들이 먹고 있는 것을 조금 받아먹으면서, 몸에 좋은 것의 냄새와 맛이 어떤지를 배우게 된다.

바로 지금은 여러 가족이 모두 함께 샐비어와 비슷한 향기를 풍기는 풀밭에 모여 있는데, 그중에는 아기도 많고 따라오는 수컷도 많다. 수컷 한 마리가 코를 암컷 한 마리의 입에 집어넣는다. 그것은 서로를 신뢰하는 코끼리들 사이의 친밀한 동작이다.

그들 주위에는 제비 수천 마리가 선회하면서 코끼리 무리가 들쑤셔 놓은 날벌레 무리를 겨냥하며 날아다니고 있다. 코끼리들은 키가 작은 풀이 무성하게 난 넓은 평원을 향해 나아간다. 그 평원에서 흰색 해오라기는 그들을 따라다니지만 제비는 따라가지 않는다. 키작은 풀밭에 있는 곤충은 틀림없이 다른 종류일 것이다.

서로 얽혀 짜인 삶과 시간이 만드는 광경, 냄새, 평화로운 무리들, 그 순간의 중첩된 리듬과 박자, 젊음의 약속, 그처럼 확연히 보이는 만족감과 행복. 이 광경은 세상 어느 것 못지않게 숭고하다.

'Z 일가'라 불리는 가족이 있다. 전반적으로 좋은 기분이 전염된 것을 감지한 피시록이 그들을 평가한다. "그들은 키가 작은 소규모 가족이에요." 그 가족 가운데 몇 마리에는 어떤 특징이 있다고 말한다. 예를 들면 "몇몇은 큰 귀를 갖고 있어요"(귀는 모두 크잖아? 코끼리 귀인데?). 몇몇의 귀는 더 둥글게 생겼다.

어른 한 마리가 가까이 오더니 머리를 흔들어 우리가 그곳에 있는 것이 신경에 거슬린다는 표시를 했다. 부드럽게 안심시키는 음성으로 피시록이 달랜다. "이것 좀 봐, 이 말썽쟁이 녀석아." 가족 유사성은 신체적인 부분에서만 찾을 수 있는 게 아니다. 가족 멤버들은 행동도 비슷하다. "그들은 서로에게서 엄청나게 많은 것을 배우다 보니 서로의 습관도 배우는 겁니다." 피시록이 말한다. 이 가족은 하루 중 언제쯤 물을 마시러 가는가? 어떤 습지에서 물을 마시는가? 아기 때부터 가족들로부터 배우는 내용은 그런 것들이다. 그리고 그런 것들이 가족 전통이 된다.

우리는 큰 수컷 세 마리와 만났다. 그중 한 마리인 브론스키는 싸움을 좋아한다. 더 나이 많은 수컷도 그 앞에서는 물러선다. 브론스키는 마침 30세 이상의 몸집이 큰 고위급 수컷에게 나타나는 고유한 특징인, 성욕과 공격성이 강화되는 시기에 있었다. 그 시기는 '머스트'musth(수컷들의 발정기. 암컷의 발정기와 구별하기 위해 머스트라 부르기로 한다 ─ 옮긴이)라 불리는데, 6~7개월 지속된다. 머스트 때의 수컷은 다른 수컷들에게 공격적이고 덩치 큰 경쟁자로서의 태도를 취한다. 머스트 때의 수컷 코끼리는 발정기의 수사슴과도 약간 비슷하다. 하지만 수사슴은 모두 같은 시기에 짝짓기 준비 상태에 돌입한다. 반면 코끼리의 경우, 각 수컷들은 매년 대략 같은 기간에 발정기에 들어가지만 그 시기는 개체들마다 다르다. 그것은 상당히

ⓒ 칼 사피나

사교 중인 30세 플라시다(왼쪽)와 엄청난 덩치를 가졌지만 온순한 24세 티제이.

감탄할 만한 특이한 시스템으로, 암컷에게도 더 편리하고 수컷도 폭력적으로 굴 필요가 줄어들게 한다(말하자면 임팔라나 물개의 경우보다 더 나은 시스템이다. 그런 동물의 지배자 수컷은 끊임없이 싸우면서 자신이 거느리는 암컷 군단을 방어하며, 비교적 짧은 기간 동안 정상에 군림하다가 기력이 쇠진하고 상처를 입어 자리에서 물러나게 되며, 그 다음에는 그들의 삶이 사실상 끝나게 된다). 가장 크고 나이 든 수컷 코끼리는 우기가 지난 뒤 가장 유리한 시간대, 즉 거의 모든 암컷이 발정기에 들어가고, 가임 상태이며 고분고분해지는 시간대를 차지한다.

피시록은 설명한다. "수컷들은 대개 장난스럽고 서로 아주 다정하게 지내요. 진심으로 경쟁하는 사이는 아니에요. 발정기의 암컷이 주위에 있는 게 아니라면 경쟁할 이유가 없어요. 15세나 20세쯤 된 수컷은 암컷에게 관심이 있지만, 20세 수컷과 몸무게가 그 두 배는 될 50세 수컷 사이에서 사실 경쟁은 무의미하지요." 머스트 때의 수컷은 테스토스테론 수치가 네 배는 올라가서 으스대고 공격적이다.[62] 그리고 암컷들이 발정기의 수컷을 훨씬 더 선호하기 때문에, 어린 수컷의 구애는 대개 명함도 내밀지 못한다. 더 젊은 수컷은 적어도 30세가 넘을 때까지 기다려야 첫 발정기를 겪고, 제대로 된 성 경험을 처음 한다.

더 나이 든 수컷들은 젊은 수컷들에게 억제 호르몬과도 같은 영향력을 발휘하여, 코끼리 무리 사이에서의 전반적인 예의범절을 강화시킨다. 언젠가 부모 잃은 젊은 수컷 여러 마리를 한꺼번에 남아프리카의 어느 공원에 보냈는데, 그들의 날뛰는 테스토스테론을 억제시킬 더 나이 든 수컷이 없다 보니 코뿔소를 죽이기 시작한 일이 있었다. 전례 없는 일이었다. 피시록이 설명해 주었다. "코끼리에게는 가족을 잃는다는 것이 너무나 비정상적인 상황이기 때문입니다. 저렇게 코뿔소를 죽인 고아 코끼리들은 기본적으로 외상증후군을 앓고 있다고 생각해요. 가족을 잃는 경험이 그들에게 깊은 영향을 주지 않는다고 생각하는 것이 어리석지요." 당국이 40세가량 된 큰 수컷 두 마리를 그곳으로 보냈더니 문제가 더 이상 없어졌다.

브론스키 외에 이곳에 있는 어느 낯선 수컷 한 마리 역시 발정기였다. 그래서 문제가 복잡해졌다. 피시록은 그가 누구인지, 성질이 어떤지, 인간과 어떤 관계를 맺어 왔는지 몰랐다. 그는 몸을 돌려 우리 쪽을 향했다.

"머스트 때의 수컷들 주위에 있어야 하면 항상 자동차 기어를 넣어 놓고, 시동키를 쥐고 있어요." 피시록은 시동키에 손을 뻗으면서 말한다. "아직 달아날 경로를 알아 놓지 않았다면 지금이라도 만들어 두는 게 좋을 거예요."

또 다른 연구 캠프에서 나는 발정기가 된 수컷 두 마리가 싸우다가 진 쪽이 납작하게 부숴놓은 차량 한 대를 보았다. 방향을 잘못 찾은 공격성의 결과였다. 차에 탔던 사람들은 다행히 살아서 달아났다.

"그들이 정말 당신을 공격하고 싶다면 아무런 예고 없이 그냥 옵니다. 만약 그들이 머리를 한참 흔든다면, 그건 허세예요. 그럴 때는 더 안전해요. 이 녀석처럼, 모르는 큰 수컷일 때는 항상 궁금해 집니다. '넌 우리를 공격할 생각이니?'"

그는 더 가까이 다가와서, 듬직한 나무 한 그루 곁에 섰다. 그런 다음 나무 둥치에 엉덩이를 비벼대기 시작했다. 피시록은 긴장을 풀더니 그에게 말한다. "아, 엉덩이를 실컷 긁으면 문제가 다 풀리

지, 안 그래?" 그는 눈을 반쯤 감고, 피시록이 해설한다. "우우, 딱
좋아."

암컷 코끼리는 대략 11세 무렵에 가임기에 들어서며 이때 에스트
루스estrus(암컷들의 발정기 — 옮긴이)라 불리는 순응적인 시기에 들어
간다. 에스트루스는 대개 사나흘 간 지속된다. 에스트루스에 들어
설 때마다 암컷은 임신하는데, 임신 기간은 2년이고, 또 2년 동안 젖
을 먹이며, 그런 다음 다시 에스트루스에 들어간다. 그러니까 출산
한 지 4년 뒤에 다시 새끼를 낳는다.

다른 말로 하면, 어른 암컷은 4년마다 나흘 정도만 구애하는 수
컷을 받아들인다는 말이다. 그 기회가 아주 드물고 기간이 짧기 때
문에, 흥분감이 고조된다. 머스트에 든 수컷은 관자놀이에 있는 분
비샘에서 액체가 줄줄 흘러나오는 상태로 여러 다른 가족들 사이
를 돌아다닌다. 양성 모두 어떤 종류의 감정이든 강렬해지거나 흥
분할 때 분비샘에서 액체가 흘러넘친다. 아마 얼굴 양쪽에 땀이 흐
르는 겨드랑이가 달린 것과 비슷하지 않을까 싶다(연구자들은 그것을
측두側頭 분비샘temporal glands이라 부르는데, 이런 작명법은 잘못되었다. 측
두를 뜻하는 영어 temporal은 원래 시간과 관련된다는 의미이기 때문이다.
나는 그것을 '관자놀이 분비샘'temple glands이라고 생각한다(temporal이든
temple이든 모두 우리말로는 측두, 관자놀이다 — 옮긴이)).

머스트 때의 수컷 역시 냄새가 자극적인 소변을 계속 흘리고 다
닌다. 그 소변은 자신들의 성적 상태가 고조되어 있음을 알리는 표
시로 그 시기에 생식기는 녹색으로 푸르딩딩해진다. 모스와 풀은
1970년대에 아프리카 코끼리가 보이는 이런 특징들을 모두 밝혀낸
바 있다. 처음에 그들은 수컷들이 병이 들었다고 생각했기 때문에

ⓒ 칼 사피나
앞쪽에 있는 암컷의 얼굴 분비샘에서 짝짓기를 한 직후 감정이 고조될 때 나오는 체액이 흐르고 있다.

이런 현상 전체를 '녹색 페니스 질병'이라 불렀다. 이는 우리가 코끼리에 대해 얼마나 아는 게 없었는지, 아주 기본적인 사실도 얼마나 최근에야 알게 되었는지를 말해 주는 사례다.

그러므로 머스트 때의 수컷은 쿵쿵거리며 공기 냄새를 맡고 돌아다니면서, 무리 중에 에스트루스에 든 암컷이 어디 있는지 찾아다닌다. 그들은 어른 암컷에게 걸어가서 '당신 신호가 뭔가?'라고 묻는 게 아니라, 코끝으로 암컷의 음부를 건드리고 쿵쿵거린 뒤, 코를 입에 넣어 그 맛을 본다. 이런 직설적인 친밀감의 표시는 숙녀들을 전혀 불쾌하게 하지 않는다. 그들은 이런 행동을 평정하게, 그러려니 하는 투로 받아들인다. 즉 수컷이 어떤 행동을 하든 말든 아무 일도 없다는 듯이 걷거나 먹는 동작을 그대로 계속한다. 코끼리는 많은 부분에서 인간과 비슷하지만, 이런 면을 보면 그런 비슷함에도 한계는 있다. 아니, 적어도 에티켓에 관해서는 다르다. 암컷이 에스트루스에 들면 수많은 수컷들이 암컷과 그 가족을 따라다닌다. 머스트에 든 수컷이 오면 그는 다른 모든 경쟁자들을 물리치고 에스트루스에 든 암컷을 보호한다. 그녀는 머스트 때인 수컷에게 상당히 매력을 느끼는 것처럼 보일 것이다.

이제, 그 미지의 거대한 수컷이 우리 주위에 있는 여러 가족 사이에서 으스대며 걸어오자 나는 암컷들에 비해 수컷이 얼마나 큰지 보게 되었다. "우와, 저건 괴물이네요." 피시록도 동조한다. 그 뒤에 있는 암컷은 다 자랐고 25세였다. 그는 그녀의 두 배는 되어 보인다. "와, 저기 봐요. 그녀가 다가와서 그를 환영하네요." 그들은 웅웅거리며 잠시 코를 서로 얽었다. 그녀가 다시 임신을 하기에는 그녀에게 딸린 아기가 너무 어려 보였다. 하지만 그가 있어서 다른 큰 수컷이 쫓겨나고 있었다. 그는 잠시 동작을 멈추고, 거의 과장되게 무심한 태도로, 거대한 코를 거대한 어금니 위로 걸쳐둔 채 그냥 서 있다. "저건 암컷에게 '난 겁나지 않아. 내가 얼마나 느긋하고 여유가 있는지 봐'라고 보여주는 거예요. 우리는 저런 태도를 사실 '소탈한 태도'being casual라 불러요." 피시록이 말해 준다. 그리고 덧붙인다. "언제나 통속 드라마예요. 그들의 삶에 붙잡히게 돼요. 누가 누구와 짝짓기를 할까? 브론스키는 어떤 행동을 할까?" 궁금하다.

싸움을 피하는 것은 아주 중요하다. 실제로 싸우게 되면 "각각 몸무게가 6,000킬로그램은 나가는 것들이 시속 30마일로 서로에게 정면으로 부딪히는 거예요. 게다가 정면에는 거대하고 뾰족한 장대가 앞으로 튀어나와 있는데 말이지요. 피해가 큽니다." 모스는 예전에 머스트에 든 힘이 엇비슷한 수컷 두 마리가 꼬박 10시간 20분 동안 긴장을 풀지 않고 장기전을 벌이는 것을 지켜본 적이 있었다.[63] 그동안 둘의 몸뚱이가 충돌한 것은 고작 세 번, 코가 격렬하게 뒤엉키고 균형을 잃게 하려고 상대방을 비틀어댔다. 나머지 시간에는 계속 서로를 바라보면서 빙빙 돌고, 가까이 갔다가 뒤로 물러섰다가 소리를 냈다가, 덤불과 나무를 쥐어뜯으며 겁주기 전략을 썼다. 어느 시점에 한쪽 전사가 앞발로 죽은 통나무를 딛고 서서 키를 더 키웠다. 결국 더 어린 거인이 달아났다.

서로 800미터 가량 거리를 둔 두 그룹이 반대 방향에서 습지대를 향해 다가오고 있었다. "그들의 세계를 단 5분만이라도 온전히 공유할 수 있다면 좋겠어요." 피시록이 꿈꾸는 듯이 말한다. 한편 14세 가량인 듀크가 코를 길게 뻗은 자세로 나와 5미터 떨어진 곳까지 와서 새로 온 인간의 냄새를 받는다. 그는 그냥 허세를 부리며, 마음에 들지 않는다는 의사를 살짝 드러내어 몸을 돌렸다가 머리를 빙 빙 돌리고 획획 저으며, 귀를 몸에 팔락 부딪혔다가 활짝 편 채 우리를 마주 본다. 그런 다음 고고하게 머리를 흔들고 코를 인상적으로 흔든다. 갈색 눈으로 나를 바라보는 그가 우리에게 어찌나 가까이 다가왔는지, 닳고 주름진 호스 같은 코와 부채질하는 귀의 살아 있는 가죽이 미세한 어느 지점까지 굉장해 보였지만, 위협적이라는 면에서는 완전히 맹탕이었다.

물론 그는 우리를 짓밟을 수도 있지만 그럴 의도는 없다. 그냥 10대의 수컷이 할 법한 허세를 보이고 있는 것이다. 그런 기분이 느껴진다. 그는 자신이 진지한 대접을 받을 만큼 충분히 크다는 것을 보여주고 있다. 하지만 자신감이 아주 넘치지는 않아서, 자기 몫을 다하려고 노력하는 중이다. 그는 우리에게 관심을 일부 집중할 정도로 우리를 신뢰하지만, 우리에게 위협을 느끼지는 않으며, 기분이 정말 불안정해진 것도 아니고, 무서워하지도 않으며, 우리에게 해를 끼칠 의도도 없다. 나는 그가 하는 일을 안다. 그는 표현하고 있고 나는 그것을 이해한다. 그는 우리에게 어떤 메시지를 보내고 있고, 나는 그것을 받아들인다. 다른 말로 하면, 공식적인 정의에 의하면, 우리는 소통하고 있는 것이다.

코끼리의 사랑법

　서로 접근하던 두 그룹은 FB라 불리는 가족의 부분 그룹이다. 어미들은 모두 꼬리를 건드리는 방식으로 새끼들과 계속 신체 접촉을 한다. 펠리시티는 딸들과 친척관계는 아닌 다른 암컷 두 마리, 플레임과 플로시 자매와 함께 있다. 패니는 어린 것들, 조카딸 페레티아, 조카 손녀인 펠리시아를 인도하고 있다. 피시록은 패니가 아주 침착하지만 어린 것들에게 애정을 많이 보여주는 편은 아니라고 말한다. 이와 대조적으로 펠리시티와 그 자녀들은 항상 서로를 만지고 있다.

　패니의 그룹이 펠리시티의 그룹과 만난다. 코끼리 가족들에게는 당신이 무엇인지 별로 중요하지 않다. 당신이 암컷이고, 48세라는 것은 중요하지 않다. "중요한 것은 당신이 FB 가족 출신인 펠리시티이고, 48세라는 사실이에요." 피시록이 설명한다. 당신이 누구인지가 중요하다. 그들에게는 각자의 생이 있고, 서로는 서로에게 중요하다. 정말 중요한 것은 바로 이 점이다.

펠리시티는 자신들이 방금 지나온 이 지역이 안전하다는 것을 안다. 그녀의 가족은 지금 이 순간 안전하다고 느낀다. 펠리시티가 뒤를 받쳐 주고 있기 때문이다. 가모장은 흔히 그룹의 뒤쪽에서 그룹을 인도한다. 하지만 그녀가 걸음을 멈추면 모두 멈춘다. 그들은 그녀가 뒤에 있음에도 그녀의 소리를 듣는다. 그들은 그녀가 정확하게 어디 있는지 안다.

연구자 루시 베이츠Lucy Bates는 자신이 연구하던 그룹 뒤쪽에 있던 어떤 코끼리가 소변을 보려고 멈춰서자 얼른 가서 그 소변을 받았다.[64] 그런 다음, 가족이 이동하고 있을 때 그 소변을 그들 앞에 갖다 놓았다. 그러자 그 코끼리들은 자신들의 뒤에 있는 줄 알았던 코끼리들의 방금 눈 소변을 마주하고는 정말 당혹스러워하는 것 같았다. 마치 "아니 잠깐만…… 어떻게 그녀가 우리를 지나쳐갔지? 우리 뒤쪽에 있었는데……." 베이츠는 이것을 "코끼리들이 가족 멤버들의 위치에 대한 정보를 유념하고 꼬박꼬박 업데이트하는 능력이 있음을 보여주는" 사례라고 결론지었다.

어떤 무서운 일이 앞쪽에서 벌어지면 가족은 뒤에 있는 펠리시티에게 달려간다. 사자나 들소를 만날 때와 같이 뭔가 위험한 상황일 때, 그녀는 물러날지 아니면 가족들과 돌격하여 그들을 몰아낼지를 선택할 것이다.

"결정은 그녀의 몫입니다." 피시록이 말한다. 그래도 지금 당장은, "모두 다 안전하고 든든한 기분이고, 모두 긴장을 풀고 있어요. 아이들은 놀고 있고. 아무도 어떤 걱정도 없어요."

"그러니까 펠리시티는 아주 훌륭한 가모장입니다. 의심이 많고 스트레스를 잘 받는 타입의 가모장 휘하에 있으면 모두가 항상 경계해야 하고, 언제나 위험신호가 없는지 귀를 기울여야 해요. 그런 코끼리들은 스트레스 호르몬인 혈중 코르티솔의 수치가 계속 높은 상태로 유지됩니다. 그런 상태는 신진대사에 좋지 않아요."피시록이 코끼리에게 말한다. "그러니 냉정해지는 게 좋지, 그렇지 얘들아?"

모두들 각자 하던 일을 조용히 계속함으로써 동의한다.

펠리시티의 작은 아기는 어미에게서 약 45미터 떨어진 거리에, 다른 가족들과 함께 우리와 가까이 있다. 그 아기는 유달리 자신감이 넘치는 어린 코끼리이다. 큰 언니가 바로 곁에 있다. 갑자기 그녀는 어미에게 달려간다.

"저것은 일종의 게임이에요."피시록이 해석한다. "이렇게 말하는 것과 비슷해요. '봐요, 난 여기 있어요. 그리고 난 잘 있어요.'"그녀는 장난을 치고, 귀를 펼치고, 작은 코를 이리저리 휘두르고, 해오라기를 쫓아다닌다. 그 동작은 마치 어른 코끼리가 사자를 쫓아낼 때 하는 그런 종류의 돌진처럼 보인다. 가족의 역할 가운데 일부는 어린 것들이 직접 경험을 통해 탐구하고 학습하도록 해 주는 것이다. 어린 수컷들은 서로를 밀어붙이는 장난을 잘한다. 암컷들은 '난 적을 추적한다'는 놀이를 잘한다. 펠리시티의 아기는 다른 해오라기 두어 마리에게 돌격한다. "하지만 위험에 대응하는 방법도 가르쳐야 합니다."

다 자란 어른도 가끔 상상 속의 적을 상대로 놀이한다. 가령, 그들은 키 큰 풀 사이를 거칠게 헤치면서 달리기 시작하는데, 이는 그늘이 사자를 쫓아낼 때 실제로 하는 종류의 동작이다. "하지만 코끼리들은 놀고 있는 중이에요. 사자가 없다는 걸 알고 있지요."피시록이 단언한다.

만약 코끼리들이 사자가 있을 때나 없을 때나 비슷한 행동을 한다면, 그들이 실수를 범하거나 과도한 경계를 할 가능성은 없을까?

"두 상황의 차이는 쉽게 구별됩니다." 피시록이 설명한다. 진짜 위험에 직면한 진지한 코끼리는 꾸준히 관심을 집중한다. 하지만 놀이하는 코끼리는 느슨하고 '팔락거리면서' 달리고,[65] 머리를 흔들어 귀와 코를 이리저리 온 사방으로 펄럭거린다. "저들은 착각을 범하거나 잘못된 경보를 발하지 않아요. 얼핏 보면 최고 비상상태인 것처럼 설치고 다니지만 실제로는 우리가 '나팔불기 놀이'play-trumpeting라 부르는 놀이를 하고 있어요. 다들 자기들이 놀고 있는 줄 압니다."

진지하지 않은 순간에 진지한 일을 할 때, 이를테면 눈을 크게 뜨고 과시하는 듯이 어금니 너머로 상상 속의 적을 노려보거나, 거짓 싸움 와중에 돌진하기 전에 머리를 흔들어대거나, 아니면 짐짓 겁을 내며 달아나는 척할 때, 놀이하는 코끼리들은 순전히 재미를 위해 그렇게 하고 있는 것처럼 보인다. 그리고 그들은 모두 놀이에 참여하고 있다. 그런 노골적인 바보짓은 짐작하건대 아마 코끼리식의 법석 떨기에 가까울 것이다. 코끼리들은 분명 자기들끼리 정신나간 짓을 하고 있다. 그들이 재미있어하는 것은 분명하다. "때로는 머리에 풀 무더기를 얹은 채 그냥 당신을 빤히 바라봐요." 피시록이 말한다.

패니의 어린 것은 우리 쪽으로 귀를 활짝 펼치고, 우리를 이리저리 겨누어 보고, 우리가 적인지 아닌지 판정하려 한다. 그리고 허리를 쭉 펴서 키가 최대로 보이게 하고, 코를 내린 채 우리를 정색하며

ⓒ 칼 사피나

물과 진흙탕에서 놀고 있는 코끼리들.

본다. "우리는 저 자세를 '크게 서기'stand tall라 부릅니다." 피시록이 설명한다. 어린 것은 우리가 위험인물이 아니거나 골탕 먹이기에는 너무 크다고 판단하는 것 같다. 그 다음 그것은 언니의 턱 밑에 들어가더니, '노랑목 자고새'라 불리는 새에게 돌진할지 말지 결정하려 한다.

그 장면은 너무나 감동적이고, 아름다운 순진무구함으로 충만하다. 하지만 그들의 삶이 언제나 이처럼 완벽하지는 않다. 그런 삶은 없다.

플래나의 귀에는 창에 찔려 삼각형 모양으로 크게 뜯긴 자국이 있다. 이 코끼리들 중 한 마리는 꼬리가 없다. 하이에나는 가끔 출산 중인 코끼리의 꼬리를 물어뜯는다. 하이에나는 할 수만 있다면 새끼를 물고 가기도 한다. 사자는 작은 코끼리를 죽일 수 있다. 즐거움과 위험은 모두 아주 생생한 현실이며, 지금 마구 뛰어다니며 재미있게 노는 이런 아기들은 순진하기 짝이 없고 또 그만큼 취약하다. 그들에게 사자가 무섭다는 것을 가르쳐야 한다.

펠리시티는 뒤쪽에서 무리를 인도하고 있다가 속도를 늦추더니 무슨 일이 있는 것처럼 무리 훨씬 더 뒤쪽에서 멈추었다. 갑자기 그녀가 몸을 획 돌리자 덤불 뒤에서 하이에나 한 마리가 빼꼼히 엿본다. 펠리시티가 노려본다. 숨어 있다가 들킨 하이에나는 쏜살같이 뛰어 달아난다.

"그러니까, 봐요." 피시록이 아주 자랑스럽게 말한다. "펠리시티는 정말 좋은 가모장이라니까요." 코끼리 중에는 타고난 지도자가 있고, 지도자 역할이 그들에게 주어진 경우도 있고, 그 역할을 거부하는 경우도 있다. 에코의 자매인 엘라는 가족 내에서 가장 나이가 많다. 그녀가 가모장이 되었어야 했다. 하지만 그녀는 딸과 손녀 들과 함께 지내는 편을 선호했다. 다른 20~30마리 이상의 가족들에게는 신경을 쓸 수가 없었다. "그녀가 다른 가족들이 자신을 부르는 소리를 들을 때 응답하지 않기로 선택했다고 저는 확신해요." 그녀를 폭넓게 관찰해 온 피시록이 말한다. 어떤 암컷들은 모두를 보호하고 보살피려는 진정 어린 마음을 갖곤 한다. 하지만 엘라는 지도자가 될 마음을 내지 않았다.

태양이 높이 떠오른다. 적도의 열기를 느낀 코끼리들은 갈증을 풀어줄 습지 쪽으로 서둘러 가기 시작한다. 어미들은 새끼들을 자기 몸이 드리우는 그늘 쪽에 세운다.

우리도 따라간다. 코끼리의 시간에 맞추어 속도를 조절하면서. 여러 종류의 동물과 함께 있을 때 나는 흔히 내 공동체에 사는 다른 문화 출신의 여러 인종들과 함께 있을 때와 같은 기분이 된다. 나는 그들의 삶에 개입하려 하지 않고, 그들도 내 삶에 들어오려 하지 않는다. 서로의 배경이 다르기에 입지를 서로 맞바꿀 수는 없다. 우체국에 가면 나와 시간과 장소를 공유하지만 다른 삶을 사는 사람들을 본다. 하지만 우리는 서로에 대해 몇 가지를 이해한다. 우리가 기본적으로는 같은 존재임을 알고 있다. 우리는 자신의 삶을 다른 것들보다 귀중히 여긴다. 그래야 하니까. 하지만 도덕적으로는 동등한 존재다.

내가 물고기나 새의 삶을 인간의 삶을 귀중히 여기는 것과 같은 식으로 귀중히 여긴다는 말이 아니다. 하지만 세계 속에서 우리가 존재하는 것처럼 그들에게도 존재할 정당성이 있다. 우리보다 더 큰 정당성을 지닐지도 모른다. 그들이 먼저 왔으니까. 그들이 우리 존재의 기초에 있으니까. 그들은 필요한 것만 가져가니까. 그들은 주위 삶들과 공존 가능하니까. 그들이 지킬 때 세계는 지속했다. 그들은 우리와 똑같지 않지만, 자신의 삶을 생생하게 체험한다. 그들은 환하게 타오른다. 우리는 그들에게 필요한 것을 많이 빼앗았고, 그들 몫의 양초를 태워 버려 불을 침침하게 만들었다. 그들은 세계에 생기를 주고, 세계를 아름답게 만든다.

앞쪽에서 약간의 소란이 있다. "펠리시티가 저 수컷을 밀어붙이는 게 보여요?"

회색의 몸뚱이와 먼지의 소용돌이 속에서 무언가를 식별하기는 쉽지 않았다.

"그녀는 이 수컷들 몇 마리를 쫓아내고 싶어 해요. 그들이 자기 가족을 가로막고 있으니까요."

젊은 수컷 한 마리가 펠리시티 뒤에서 흔들거리며 과장된 몸짓으로 걷기 시작한다. 그녀는 그를 잘 안다. 그는 이 가족과 상당히 많이 어울리는 편이다. 그는 그녀를 조금 밀어붙이면서 자신의 우세를 시험하는 중이다.

그녀가 돌아서서 그를 위협한다.

그는 뒤로 물러났다가, 자신은 20세고 그녀만큼 몸집이 크다는 사실을 깨닫는 것 같았다. 그가 앞으로 나온다. 펠리시티는 약간 위축되는 것 같아 보인다. 그녀는 이 상황을 더 밀어붙이지 않고 몸을 돌린다. 그가 자기 뒤에 있어도 상관없을 만큼 그녀는 자신감이 있다.

"나이 든 암컷들은 이런 젊은 수컷들을 좋아하지 않아요." 피시록이 설명한다. "방해할 때가 많거든요. 그리고 가끔씩 너무 야단스럽게 처신해요. 이런 수컷들이 신경 쓸 일을 일부러 만들지 않아도 어린 것들을 거느린 암컷은 할 일이 많은데. 게다가 규제하지 않으면 그들이 새끼들을 넘어뜨릴 수도 있어요. 그저 전반적으로 암컷의 신경을 긁는 편이에요." 그래서, 그가 평화를 살짝 훼방 놓자 그녀는 그에게 규율을 가르치려 했다. 그는 그녀에게 자기가 20세밖에 안 됐지만 중요한 건 몸집 크기라는 점을 상기시켰다. "그녀가 그 점을 인정하는 바람에 놀랐어요." 피시록이 말한다. "어떤 암컷들은 계속 밀어붙였을 텐데."

또 어떤 수컷들은 더 처신을 잘 했을 수도 있다. 어느 날, 모스는 톰이라 불리는 젊은 수컷이 자기 가족의 연대 그룹에 있는 다른 아이들보다 자신이 더 크다는 문제를 어떻게 처리할지 궁리하는 모습을 보았다.[66] 톰이 막 누워서 쉬려는데, 타오라는 어린 것이 달려와서 그의 몸 위로 기어오르기 시작했다. 톰은 다리를 버둥거리며 걷어찼다. 그가 너무 세게 걷어찼는지 타오가 놀라서 어미인 탈룰라에게 달려갔다. 그러자 톰은 그를 따라가더니 타오 곁에 납작하게 누워, 마치 자기 몸 위로 다시 기어오르라고 권하는 것 같은 자세를 취했다. 타오는 금세 기어올랐다. 모스는 또 커다란 어른 수컷이 무릎을 굽히고 뒷다리를 뒤로 뻗어, 자기보다 훨씬 작은 수컷더러 와서 놀라고 부추기는 모습도 보았다. 그가 몸을 낮추자마자 더 작은 수컷이 종종걸음으로 달려왔다. 더 큰 수컷은 작은 수컷에게 자신이 놀이 파트너로 안전하다는 것을 확신시켜 준 것이다. 이것이 그의 의도였던 것 같다.

펠리시티는 우리 쪽을 향했다. 눈부시게 찬란하고 위엄이 있다. 습지대에 막 들어가려 할 때 그녀는 아기에게 젖을 먹이려고 걸음을 멈추었다. 젖 먹이는 암컷들은 매일 물을 마셔야 한다. "하지만 물에 들어가기 전에 젖을 다 먹여두는 편을 좋아해요. 배가 물속에 있을 때는 젖 먹이기가 쉽지 않거든요." 피시록이 설명한다.

그 깊은 생각. 미리 계획하고 상황에 따라 적절한 젖 먹이기.

그러니 내가 앞에서 했던 질문으로 돌아가자. 코끼리가 아기를 돌보는 것은 본능 때문인가, 아니면 사랑 때문인가? 사랑은 본능적인가? 아니면 젖 먹이기가 긁어 주기처럼 그저 어떤 사소한 욕구를 만족시켜 주기 때문인가?

어린 것을 기른다는 것은, 부모 입장에서 막중한 투자이고 음식을 나눠먹는 일이다. 부모는 그 대가로 무언가 좋은 기분을 느껴야 한다. 어미가 몸이 힘들어지고 먹고 마시기 같은 욕구 충족 행위를 미루며 그런 필요한 과제를 행하면서도 즐거움을 얻지 못한다면, 아기를 돌보게 하는 어떤 다른 동기 부여가 있을 수 있겠는가?

『코끼리가 울 때』When Elephants Weep에서 제프리 무사예프 메이슨 Jeffrey Moussaieff Masson과 수전 매카시Susan McCarthy는 어미 원숭이가 자기 새끼를 사랑하는지에 대해 의심한다면 동네 사람들이 자신의 아기를 사랑하는지도 의심하게 될 것이라고 썼다.[67] "그들은 자신들이 아기를 사랑한다고 말하겠지만, 그들이 진실을 말하고 있다고 우리가 어떻게 확신할 수 있는가? 궁극적으로 우리는 사람들이 사랑에 대해 말할 때 어떤 뜻으로 말하는지 정확하게 알지 못한다."

자신의 아기를 젖 먹이고 품에 안아주고, 간지럼을 태우고 보호해 주는 원숭이, 또는 내가 본 것처럼 1.6킬로미터 떨어진 거리에 위험해 보이는 수컷이 있으면 새끼 세 마리를 데리고 달아나는 갈색 어미곰은 확실히 본능적으로 그렇게 행동한다. 확실하다고? 정말

인가? 처음 엄마가 되어 갓난아기를 보면 본능적인 감정이 밀려와
서 울컥하지 않는가? 당연히 그렇다. 우리는 모두 그렇다.

우리가 자신의 아기에게 사랑을 느낄 때, 그것은 지적인 판단에
서 나온 감정이 아니라 본능적인 것이다. 어떤 상황들이 호르몬을
생성하고, 호르몬은 감정을 만든다. 젖이 도는 것처럼 자동적인 것
일 수도 있다. 하지만 우리는 그것을 사랑이라고 느낀다. 사랑은 감
정이다. 그것은 젖 먹이기와 보호 같은 행동을 유발한다. 그런 감정
을 수치스럽게 여길 이유는 없으며, 우리 세포의 깊고 오래된 세포
속에서 솟아나는 사랑의 영광에 흠뻑 젖는다고 해서 부끄러워할 일
이 아니다. 사실 갓난아기의 사랑스러움에 대해서는 너무 철저하게
지적으로 분석하지 않는 것이 최선이다. 그냥 소중히 여기는 편이
더 낫다. 애당초 본능이 지성을 압도했으니 아기가 배태된 것 아니
던가.

어떻게 보면 사랑이란 진화가 자녀 양육과 처자식의 보호라는 위
험하고 비용도 많이 드는 행동을 실천하도록 우리를 유인하는 감
정을 가리키는 이름이다. 자신만 잘 살겠다고 순수하게 이성적으로
계산하면 그런 위험과 비용을 기피할 테니까. 그러나 사랑은 우리
로 하여금 그런 행동을 저지르게 만든다. 사랑의 능력이 발전해 온
이유는 감정적 연대와 부모들의 보살핌이 있으면 자손번식이 늘기
때문이었다. 그렇다고 사랑이 심오하지 않다는 뜻은 아니다. 단지
사랑이 심하게 뒤엉킨 깊은 뿌리에서 자라난다는 의미일 뿐이다.
또 여러분도 알다시피, 그것은 그런 식으로 느껴질 수 있나.

어떤 동물이 당신 몸을 핥고 당신 곁에 눕는다면 당신은 그 동물
이 당신을 '사랑한다'고 짐작한다. 나는 그것이 매우 타당한 결론이

라고 생각한다. 특히 '사랑'이라는 이름표 아래 묶이는 엄청나게 넓은 범위의 감정을 생각하면 더욱 그렇다. 낭만적 사랑, 부모의 사랑, 유아들의 사랑, 공동체적 사랑, 애국심, 음식 사랑, 초콜릿 애호, 책과 교육에 대한 사랑, 운동에 대한 사랑, 예술에 대한 사랑……. '사랑'이라는 단어는 매우 다양한 여러 가지의 긍정적 감정을 담는 잡낭 같은 것이다. 거리를 무시하게 만들고, 어떤 것을 보호하고 보살피게 해 주며, 참여하게 하고, 머무르게 만드는 감정. 인간이 '사랑'이라는 단어를 적용하지 않을 대상이 있을지 잘 모르겠다. 우리는 아이스크림을, 어떤 영화를, 실용적인 배와 비실용적인 신발을, 여름날을 사랑한다고 말한다. 어떤 사람은 싸움을 사랑한다고도 말한다. 그렇게 중요한 것 같은 단어를 그처럼 느슨하게 다루어도 좋다면 말인데, 한 가지 결론을 피할 길은 거의 없다. 즉 다른 동물들도 사랑을 한다는 것이다. 더 흥미로운 질문은 이것이다. 어떤 동물이 사랑을 하는가, 그들은 무엇을 사랑하는가, 어떤 방식으로 사랑하는가? 그들은 사랑을 어떻게 체험하는가? 긍정적이고 서로의 간극을 없애 주는 어떤 감정을 그들은 느낄 수 있는가?

펠리시티의 아기는 물고 있던 젖을 놓고 떨어진다. 턱에서 젖이 뚝뚝 떨어지고, 입술을 쪽쪽 빨면서 느릿하게 빈둥댄다. 엄마 젖꼭지 가까운 곳에 있으면 삶이 즐겁다. 조금 더 자라서 젖을 거의 다 뗀 어린 것 몇 마리는, 젖이 말라버린 어미들이 늘 하던 대로 물가로 가기 전에 젖을 빨지 못하게 하자 코를 쿵쿵 불면서 항의한다. 때로는 젖을 빨지 못하게 가로막힌 어린 코끼리가 심한 소동을 피우기도 한다. 피시록은 그런 광경을 여러 번 보았다.

"어미들은 소리를 질러요. 꼭 이렇게 소리 지르는 것 같아요. '더

코끼리가 자신의 새끼를 돌보는 이유는 본능 때문일까? 사랑 때문일까?

먹으면 안 된다니, 이게 무슨 말이에요!'" 피시록은 젖을 거의 다 뗀 아기가 좀 쉬고 싶어하는 어미에게 붙어 거듭 계속 젖을 먹으려고 애쓰는 모습을 보았다. 어미는 오로지 앞발을 뒤로 옮기면서 아기가 젖에 다가오지 못하게 막기만 했고, 그런 동작을 계속했다. "아기는 너무나 속이 상해서 어미를 밀어대고 코로 찌르고 어금니로 밀다가, 나중에는 이런 식이었어요. '아이, 엄마 미워!' 그러더니 그는 어미의 항문에 코를 찔러 넣더군요. 아마 그렇게 하면 어미의 관심을 끌 수 있으리라고 생각했겠지요. 그리고는 돌아서더니 어미를 걷어차는 거예요. 나는 '예끼, 요 못된 녀석'이라고 생각했어요."

감정이 발생하는 지형에는 구분선이 없다. 감정을 가리키는 단어는 원을 그리는 컴퍼스의 점들처럼 각기 다른 정도로, 각기 다른 방향으로 발산된다. 사랑, 두려움, 슬픔, 행복은 우리의 감정적 범위와 방향감각의 동서남북이다. 아마 아름다움은 북동 방향에, 행복과 사랑 사이에 놓일 것이다. 어떤 새가 자신에게 어울리는 짝의 정교한 무늬가 아로새겨진 새 깃털을 볼 때, 또는 구애자가 추는 춤을 볼 때 느끼는 감정적 반응은 무엇인가? 비슷한 상황에서 우리도 구애할 때 춤을 춘다. 우리도 무늬가 어른거리는 빛을 아름답다고 느낀다. 우리는 대등하다.

탄자니아의 곰베 강 국립공원에서 한 연구자가 황혼녘 각자 능선 꼭대기로 기어 올라간 어른 수컷 침팬지 두 마리를 관찰했다. 그곳에서 그들은 서로를 알아보았고, 인사했고, 악수했고, 함께 앉아서 해가 지는 것을 바라보았다. 또 다른 연구자는 야생 침팬지가 특히 황홀하게 아름다운 황혼을 15분 동안 바라보던 일에 대해 썼다.[68] 그들이 정말 황혼을 보고 감탄하고 있었다면 그것이 그들의 눈에 아름답게 보였기 때문이라는 점 외에 더 깊은 이유는 아마 없을 것이다. 우리와 같다. 아마 그들은 경이감을 느꼈던 모양이다. 인간이 그에 대한 대답으로 종교를 만들어 낸 그 질문의 원재료인 경이감 말이다. 한 가지 차이는 동물들은 술 한 잔을 따라 건배할 수 없다는 것이다. 하지만 지금껏 살았던 거의 모든 사람들도 그것을 하지 못했다.

삶의 가장 큰 미스터리 가운데 하나는 여러 상이한 존재들이 비슷한 아름다움에 끌리는 것처럼 보인다는 점이다. 제러드 다이아몬드Jared Diamond는 정글에서 지름 2.4미터, 높이 1.3미터 크기의 원형으로 엮은 오두막을 보았다. 입구는 아이가 들어가서 앉을 수 있을 만큼 컸다. 오두막 앞에는 초록색 이끼가 곱게 깔려 있었고, 말끔하게 치워진 마당에는 자연물 수백 개가 의도적인 장식물로 놓여 있었다. 비슷한 색깔의 장식들끼리 함께 놓였다. 가령 빨강 과일은 빨강색 잎 옆에 놓이는 식이며 노란색, 보라색, 검정색 그리고 초록색 물건이 다른 장소에 놓여 있었다. 푸른색 물건은 모두 오두막 안에, 빨강색 물건은 바깥에 있었다. 그가 발견한 이것은 정자새bowerbird(바우어새, 정원사새)의 구애 둥지, 다시 말해 '정자'bower(바우어)였다.[69] 다이아몬드가 수컷의 미적 결벽성을 시험해 보기 위해 장식물을 다른 곳에 옮겨 놓았더니 정자 주인은 그것들을 원래 있던 장소에 도로 갖다 놓았다. 다이아몬드는 이것을 보고 '아름답다'는 감정 반응을 느꼈다. 이 정자 주인은 어떤 확정적인 의견을 표현했다. 다이아몬드가 다양한 색깔의 포커 칩을 늘어 놓았더니, "싫어하는 흰색 칩은 정글 속으로 내던졌고, 사랑하는 푸른색 칩은 오두막 안에 쌓아두었으며, 빨강색 칩은 잔디밭 위 빨강 잎사귀와 열매 옆

에 차곡차곡 쌓았다." 이 모든 것은 (둥지도, 거처도 아니라) 엄밀하게
암컷에게 좋은 인상을 주려는 목적으로 만든 것이니, 이런 걸 보면
외모가 전부는 아니라고 하지만 가끔 전부일 때도 있는 것이다.

　동물이 우리 눈에 아름답게 보이는 것을 만들 때 그것은 우리 사
이에 공유된 아름다움에 대한 감각이 있음을 뜻할까? 나는 어떤 오
랑우탄이 아무도 만드는 법을 가르쳐 준 적이 없는데도 끈에 구슬
을 꿰어 목걸이를 만들어 걸고 있는 것을 본 적이 있다. 아름다움에
대한 감각이라는 주제는 자주 들리는 질문을 제기한다. "새는 왜 노
래하는가?" 다이아몬드는 이렇게 쓴다. "새가 노래하는 때가 주로
짝짓기 철이 아닌지 짐작된다. 따라서 그들은 미적인 즐거움을 위
해 노래하는 것은 아닐 것이다."[70] 동의한다. 즐거움만을 위해 노래
를 하는 것은 아니다. 하지만 인간의 노래 가운데 사랑의 노래가 얼
마나 많은가? 그리고 대중음악 가운데 상당 부분이 성적으로는 성
숙하지만 아직 결혼하지 않은 인간들에 의해, 다른 말로 하면 그들
자신의 짝짓기 시즌에 가장 열렬하게 들리고 불리지 않는가? 우리
인간의 음악도 순수하게 미적이지는 않다. 그것 역시 사회적 기능
에 봉사한다. 꽃과 구애 시즌의 새 깃털색과 열대어의 무늬, 이 모든
것들은 주로 효용이라는 기준에 따르지만 지극히 매력적이기도 하
다. 그들의 기능적 유효성은 널리 지각되는 심미감에 달려 있다.

　꽃의 외관과 향기의 목적은 오로지 수분受粉 매개자들(주로 곤충,
그리고 벌새와 꿀빨기멧새 및 수분을 전문으로 하는 박쥐)을 유혹하기 위
한 것이다. 왜 인간이 꽃의 외관과 향기가 낙엽보다 더 매력적이라
고 느끼게 되는지를 설명하는 실용주의적인 이유는 거의 없다. 그
런데도 우리는 꽃이 너무나 아름답다고 여기고 삶 그 자체에 대한

감상과 동일시하여, 친구들에게 "잠시 멈추고 장미 향기 좀 맡아봐"라고 조언하며, 구애할 때 꽃을 주고, 장례식 때에도 헌화한다. 짝을 유혹하려는 목적으로 만들어진 화려한 깃털로 장식된 새 — 벌새, 미국 솔새, 극락조, 긴 깃털 해오라기 — 를 우리는 아름답다고 여긴다. 사실 너무나 아름답기 때문에 오랜 세월 동안 인간은 새들이 서로에게서 발견하는 바로 그런 매력적인 색깔과 무늬를 훔쳐다 쓰기 위해 새의 시신 일부를 가져다가 치장해 왔다. 온난한 산호초 바다에 사는 물고기들은 서로에게 누가 누구와 짝을 짓고 무리 짓는지를 신호하기 위한 신체 표시인 화려한 무늬로 우리 눈을 황홀케 한다. 두뇌는 꽃핀 들판에서 느끼는 꿀벌의 쾌감으로부터, 우리 속에 남아 있는 물고기의 황홀감에, 춤을 보는 새의 기쁨에, 그리고 인간 자신의 기쁨에 이르도록 정교하게 발전해 왔지만, 우리의 두뇌에는 곤충에게서 처음 발견된 심미적 뿌리가 여전히 남아 있지 않은가? 만약 그렇다면 곤충이 우리에게 준 선물은 도저히 되갚을 길이 없다. 그저 우리 발밑에서, 정원의 꽃 사이에서 훨훨 날아다니는 작은 선조들에게 존경심을 가지는 수밖에. 그런 명예와 감사를 누가 받든 벌과 극락조 그리고 거대한 코끼리, 우주진宇宙塵, 이 모든 것이 우리와 동족이라는 사실보다 더 경이로운 일은 없다.

공감에 대하여

　내 눈에 보이는 코끼리들은 이제 다들 먹고 마시느라 분주하다. 비키는 아기에게 젖을 먹이는 또 다른 암컷을 가리켰다. 2개월쯤 전에 저 아기가 키만큼 깊은 우물에 빠진 적이 있었다. 피시록이 구조하러 달려갔을 때 어미는 상심하여 그곳에 있었다. "그녀가 우물에 가까이 있지 못하게 하려고 우리가 차량으로 가로막으려 했더니 그녀는 미친 듯이 저항했어요. 하지만 그래야만 했어요. 로프로 아기를 끌어올리는 광경을 직접 보는 건 그녀에게 너무 끔찍한 일이었을 겁니다. 저는 그녀에게 우유부단한 태도를 보이고 싶지 않아서요. 그래서 소리도 마구 지르면서 할 수 있는 한 뻔뻔스럽게 굴었지요. 그녀는 자동차 펜더(자동차의 바퀴 덮개 — 옮긴이)에 거의 주저앉으려 하더군요. 정말 견디기 힘들고 극한까지 내몰리는 사건이었어요. 그녀는 근처에서 기다리고 있다가 아기를 데려다주자마자 아기를 핥아 주었어요. 우리에게 화를 내지 않았는데 아마 우리가 자신을 도와주려 했다는 걸 그녀가 이해했던 거라고 생각합니다."

나는 그 사건을 찍은 동영상을 본 적이 있다. 맞다. 나는 놀랐다. 이 미칠 지경인 어미가 쫓겨나면서도 차로 달려들지는 않고, 쫓겨 나지 않으려고 자동차에 등을 들이대고, 그 위에 주저앉아서 차를 막으려고 했다. 그녀에게는 악의가 없었다. 자신에게 그처럼 무례 하게 구는 인간들을 해치고 싶어하지 않았다. 그녀가 다치기 쉬운 자기 아기를 피시록과 다른 인간들로부터 보호하려는 것이 아님은 분명했다. 그들이 위협적 존재라고 여기지도 않았다. 그저 자기 아 기와 함께 있고 싶었을 뿐이었다. 결국 그녀는, 말하자면, 떠나 있기 로 동의했다. 그리고 범퍼에 묶여 끌어올려진 아기는 어디로 달려 가야 할지 정확하게 알고 있었다. 어미가 내내 부르고 있었던 게 분 명했다. 그들은 서로를 향해 달려와서 금방 상봉했다.

코끼리들은 협동을 이해한다. 그들은 서로 협동하며 강가의 진창 에 빠진 코끼리들을 도와주고, 아기를 구조하거나, 다치고 쓰러진 동료를 일으키는 일을 도와준다. 때로는 안정제 주사를 맞고 쓰러 진 코끼리의 양옆에 서 있으면서 그녀를 일으켜 세우려고 애쓰기도 한다.[71] 모스는 예전에 아기 코끼리가 가파르게 경사진 작은 물구덩 이에 떨어진 것을 보았다. 어미 코끼리와 아기의 이모들은 아기를 들어 올릴 수가 없자, 구덩이의 한쪽 옆을 파서 진입로를 만들기 시 작했다. 그들은 그런 방식으로 아기를 구했다.

또 한번은 케냐의 삼부루Samburu 국립공원에서 체리라는 젊은 어 미가 가족들과 다시 만나기 위해 위험할 정도로 물이 불어난 강물 을 건너가려고 여러 번 시도한 적이 있다. 그러다가 일이 잘못되어 생후 3개월 된 아기가 물살에 쓸려갔다. 체리는 거친 급류를 헤치고 따라가서 아기를 붙들었고, 그 다음 건너편 강둑의 잔잔한 물가로 아기를 데리고 나왔다.[72] 그러나 아기는 물을 많이 마셨거나, 저체온이 되었던 모양이다. 기슭에 닿았을 때 매우 힘들어하더니 얼마 안 있어 죽었다.[73] 윌리엄스J. H. Williams는 미얀마에서 불어난 강물에 어린 것과 함께 물에 떠내려가는 코끼리를 본 적이 있었다. 그녀는 아기의 머리와 코를 바위로 울퉁불퉁한 강둑에 대고 눌렀다. 그 다음 엄청난 힘을 들여 코로 아기를 집어 올리고, 거의 뒷다리로만 설 수 있을 정도로 밀어 올려 아기를 수면에서 1.5미터 위에 있는 좁은 바위 턱에 올려놓았다. 이 일을 해낸 뒤 그녀 자신은 날뛰는 급류로 떨어져서 코르크 마개처럼 떠내려가 버렸다. 하지만 반 시간 뒤, 겁에 질린 어린 것이 여전히 같은 자리에서 움직이지 못하고 떨고 있을 때 윌리엄스는 엄청난 소리를 들었다. "어미의 사랑이 내는 가장 위대한 소리"였다. 강둑으로 달려온 그녀는 아기를 되찾았다.

보통 어린 코끼리들은 잃어버릴 기회 자체가 없다. 어미들이 눈에 보이는 곳에 두기 때문이다. 새끼들은 뒤처지지 않는다. 가모장은 대개 무리가 이동하는 속도를 조절하여 어린 것들이 휴식할 기회를 반드시 갖도록 한다.

1990년 이곳 암보셀리에서 저 유명한 에코가 새끼를 낳았는데, 아기는 앞다리를 곧게 펴지 못했고 젖도 거의 빨지 못했다.[74] 새끼는 발목을 천천히 괴롭게 움직거리다가 걸핏하면 쓰러졌다. 연구자들은 그의 발목이 닳아서 감염될 것이며 살아남지 못할 게 분명하다고 생각했다. 그들은 그의 고통을 줄여주는 게 인간적인 처사가 아닐까 생각했다. 하지만 에코와 가족은 그들 종족답게 끈질기게 포기하지 않고, 아기가 넘어질 때마다 일으켰다. 당시 8세였던 에코의 딸 에니드도 아기를 일으켜 세우려고 툭툭 건드렸지만, 에코는

ⓒ 비키 피시록

갓 태어난 새끼가 일어서서 첫발을 내딜 수 있도록 25세 어미 페툴라(뒤쪽, 발을 들고 있는 코끼리)와 사촌들이 들어 올려주고 있다.

천천히 조심스럽게 에니드를 밀어냈다. 에니드는 곁에 서서 아기를 내려다보면서 코를 에코의 입에 자주 갖다 댔다. 마치 확신을 구하는 것처럼 보였다. 사흘 동안 지친 아기가 비틀거리며 따라오는 동안 에코와 에니드는 이 장애아에게 맞춰 속도를 늦추었고, 계속 몸을 돌려 아기가 걸어오는 모습을 지켜보았고, 뒤에서 따라잡는 동안 기다려 주었다. 또 사흘째 되는 날 그 아기는 구부러진 앞 발바닥을 땅에 디딜 수 있을 때까지 뒤로 기댔다가 "조심스럽게 또 아주 천천히 몸무게를 자기 몸 앞쪽 끝을 향해 실어 보내면서 그와 동시에 네 다리를 모두 곧게 폈다." 그리고 다시 나흘 뒤에 아기는 여러 번 넘어지기는 했지만 잘 걸었고, 한번도 뒤를 돌아보지 않았다. 그의 가족의 끈질김이 — 인간이 이와 비슷한 상황에 놓인다면 우리는 그것을 '신뢰'faith(믿음)라고 부를 것 같다 — 그를 구원한 것이다.

"며칠 전에 이클립스가 갑자기 뛰어다니기 시작했어요. 소리를 지르고 미친 것처럼 굴었죠." 피시록이 느릿느릿 걸어가면서 말했다. 그 시점에 이클립스 가족은 230미터 정도 떨어진 곳에 한 줄로 늘어서 있었고, 어린 것들은 암컷 몇 마리와 함께 한참 앞쪽에 있었다. "아마 이클립스의 아들이 친구들과 함께 있으면서 어미의 부름에 대답을 하지 않았던 것 같아요." 피시록이 분석한다. "이클립스는 너무나 불안해졌어요." 그러다 아들이 시야에 들어오자 모든 문제가 사라졌다. 모스는 다른 가족에서 온 같은 연령대의 친구들과 노느라 너무 정신이 팔려 자신의 가족이 자리를 옮긴 것을 알아차리지 못한 1세 수컷의 이야기를 해 준다. 그 가족도 그가 무리에서 빠진 걸 알지 못했다. 1세 수컷은 갑자기 패닉에 빠져 '가족을 잃어버린 아기'가 낼 법한 깊은 비명을 질렀다.[75] 그의 가족 중 암컷 여러

마리가 즉각 그를 데리러 가자, 그는 전속력으로 그들을 향해 달려
갔다.

작은 아기들은 신속하게 되찾을 수 있는 편이지만, 사춘기 아이
들은 사교하느라 너무 분주해 가족들로부터 영영 헤어지는 경우도
있다. "그런 식으로 가족을 잃는 것은 그들에게 정말 무서운 일입니
다." 피시록이 말한다. 소리가 잘 전달되지 않는 바람 부는 저녁에
어느 한 방향으로 달리면서 소리를 지르다가 귀를 기울이고, 또 다
른 방향으로 달리면서 소리를 지르다가 귀를 기울이는 코끼리들을
본 적이 있다. "때로 말해 주고 싶어집니다. '저쪽으로 더 가봐'라고
요." 나이가 든 코끼리들은 가족 간의 접촉을 잘 유지하는 편이지만
헤어지는 수도 있다. 또 바람이 심하게 불어 서로의 소리를 들을 수
없을 때도 그렇다. 그럴 때 그들은 길을 잃고 무서워하는 기색으로,
이리저리 뛰어다니면서 외친다. 그러던 그들이 서로 다시 만나는
모습을 보면 감정이 복받쳐 오르곤 한다. "이런 식으로 행동해요,
'그렇게 끔찍한 일은 지그으음껏everrr 한번도 없었어'라는 듯이." 피
시록은 코끼리들의 멜로드라마를 두고 놀린다.

무리와 헤어져서 광분하는 코끼리들이 불안감을 느끼지 않는다
고 생각하는 것은 거짓말이다. 코끼리들은 얼굴에 기분이 좀처럼
드러나지 않지만, 피시록은 "그들에게도 우리가 '걱정스러운 얼굴',
'의심하는 얼굴', '길을 잃은 얼굴'이라 부르는 표정이 있어요. 어떤
표정을 가리키는지 저도 확실히 알지는 못하지만, 그들에게도 판독
가능한 얼굴 표정이 있습니다"라고 말한다.

홀로 있는 동물들은 포식자들에게 훨씬 더 쉽게 당한다. 우리 인
간도 그렇지만, 길을 잃은 코끼리는 야생에 홀로 있는 상황이 편안

하지 않다. 다른 존재들이 가까이에 있으면 위안이 된다.

이러한 사실에 놀라서는 안 된다. 인간도 그와 동일한 야생에서 성장했으니까. 인간과 코끼리의 마음은 동일한 지형에서 동일하게 힘든 일들을 겪고 대처해 가는 과정에서, 낮에는 동일한 태양이 그리는 아치와 밤에는 동일하게 위험한 포효와 함성을 겪으면서 형성되었다. 그들이 아는 바로 그것을 우리도 알아야 했다. 근본적으로 우리는 같은 나라의 국민이므로 동감하게 되는 것 같다.

여기에 어미와 함께 있지 않은 2세 어린 것이 있다. 이 어린 녀석의 정수리 분비샘에서는 체액이 흘러내리고 있는데, 그것은 스트레스를 받고 있다는 표시다. 그의 어미는 발정기에 들어서서 수컷과 어딘가에 가 있을 수도 있다. 젊은 어미들은 한눈을 팔곤 하니까. 그러다보면 어린 것들에게 소홀해지게 된다. 그보다 더 나쁜 일은 아니길 바란다.

어느 날 사이얄렐은 창에 찔린 채 걷고 있는 코끼리 한 마리를 보았다. 사이얄렐은 도움을 청하러 갔다. 진통제와 항생제 주사를 챙긴 수의사와 함께 돌아온 그들은 상처 입은 코끼리 곁에 다른 코끼리 한 마리가 있는 것을 보았다. 그런데 상처 입은 코끼리에게 창이 꽂혀 있지 않았다. 코끼리가 다른 코끼리의 창을 뽑아냈다는 이야기는 아무도 들은 적이 없으니, 다들 분명 저절로 빠졌을 것이라고 생각했다. 그런데 수의사가 주사기를 상처 입은 코끼리에게 찌르자, 친구가 다가와 주사기를 뽑아내는 것이 아닌가. 연구자들은 코를 심하게 다친 코끼리의 입에 다른 코끼리가 먹을거리를 넣어 주는 것을 본 적이 있다. "코끼리들은 서로 공감한다."[76] 암보셀리의

117

연구자 번과 베이츠는 간명하게 단언한다. 그들은 고통받는 코끼리를 도와준다. 그들은 서로를 도와준다.

더 신비스러운 일은 코끼리가 가끔 인간을 도와주기도 한다는 것이다. 『야성의 엘자』*Born Free*에 나오는 유명한 사자 엘자를 키우는데 기여한 사람인 조지 애덤슨George Adamson은 반쯤 장님인 연로한 투르카나족 여성을 알고 있다. 언젠가 그녀가 길을 잃고 헤맨 적이 있었다.[77] 밤이 되자 그녀는 나무 밑에 몸을 눕히지 않을 수 없었다. 그러다가 한밤중에 잠에서 깼는데 머리 위에 코끼리 한 마리가 우뚝 서서, 코로 여기저기 쿵쿵거리며 냄새를 맡고 있었다. 그녀는 너무 겁이 나서 온몸이 굳어 버렸다. 그런데 다른 코끼리들도 모여들더니 나뭇가지를 꺾어 그녀의 몸을 덮어 주기 시작했다. 다음날 아침, 어느 목동이 그녀의 희미한 외침소리를 듣고 나뭇가지로 된 조롱에서 그녀를 풀어 주었다. 코끼리들은 그녀가 죽었다고 착각하여 묻어 주려 했던 걸까? 그렇다고 해도 아주 이상한 일이다. 그들이 그녀의 절망적인 상태를 감지하고, 공감하여, 아니 자애로운 마음을 베풀어 하이에나와 표범으로부터 보호해 주기 위해 울타리를 쳐준 것일까? 그것 역시 이상하다. 『코끼리와 함께 성장하기』*Coming of Age with Elephants*에서 풀은 한 가모장과 우연히 맞닥뜨려 다리가 부러진 목동 이야기를 들려준다. 공격적인 코끼리와 함께 나무 밑에서 발견된 그 목동은 구조팀에게 미친듯이 손을 흔들어 총을 쏘지 말라고 알렸다. 그의 설명에 따르면, 가모장은 그를 때린 뒤 그가 걷지 못한다는 것을 깨닫고 코와 앞발을 써서 부드럽게 그를 나무그늘에 데려다 놓았다고 한다. 이따금씩 코로 그를 건드리면서, 그녀는 자기 가족이 먼저 떠난 뒤에도 밤새도록 그를 지켜주었다.

공감은 아주 특별해 보인다. 많은 사람들은 공감이 '우리를 인간답게 해 주는 일'이라고 믿는다. 그에 비해 두려움은 가장 오래되고 가장 널리 퍼진 감정일지도 모른다. 그러므로 공포와 공감이 밀접하게 연결되어 있고, 공포가 일종의 공감이라는 사실을 알게 되면 놀랍다. 공감은 타자의 감정 상태에 동조하는 능력이다. 새 무리 중 하나가 놀라는 바람에 무리 전체가 갑자기 날아오를 때 일어나는 감정의 전파를 '감정적 전염'이라고 부른다. 아기의 울음은 감정적 전염의 공식에 따라 작동하여 언짢음을 부모에게 퍼뜨린다. 다른 존재의 언짢음이나 경각심을 포착하려면 당신 두뇌가 그들의 감정과 일치해야 한다. 이것이 공감이다. 함께 있는 사람이 공포를 느끼기 때문에 당신도 겁이 난다면 이것이 공감이다. 그들이 하품을 하니까 당신도 한다, 이것이 공감이다. 공감의 뿌리를 찾아 한참을 거슬러 올라가면 전염성 있는 공포에 닿는다. 그렇다, 공감은 특별한 것인데 어쩌다 보니 흔해졌을 뿐이다(자폐증이 있는 사람들은 타인의 감정을 '읽는' 능력이 손상된 것이다).

최근의 어떤 연구에서 1세인 아이, 개, 고양이는 모두 마음이 상한 가족 멤버들이나 울고 있거나 아파하거나 목이 막혀 컥컥대는 멤버들을, 그들의 무릎에 머리를 누인다든가 하는 방식으로 위로하려고 시도하는 모습을 보였다.[78] 감정이 충만해지는 영상을 본 인간과 원숭이에게서 반응으로 나타난 두뇌와 피부 살갗의 체온 변화 양상은 비슷했다. 사람들의 표정은 의식적으로 그 이미지가 무엇인지 식별하기 힘들 정도로 짧은 순간 스쳐간 사람들의 여러 다른 사진에 반응한다. 결론은? 공감은 자동적이라는 것이다. 사고가 개입될 필요가 없다. 두뇌는 상황에 어울리는 기분을 자동적으로 만들어 내며, 그런 다음에야 그 감정을 당신이 알게 만든다.

동물은 놀이할 때 그렇게 쫓고 공격하는 개체가 진지하지 않다는 것을 알고 있음이 분명하다. 이런 것이 공감이다. 놀자는 요청을 이해해야 한다. 이것이 공감이다.[79] 취약점과 무해한 공격성을 주고받는, 번갈아서 밀고 당기는 기술에 숙달해야 한다. 내가 키우는 개 출라와 주드에게서도 이런 관계가 매일 보인다. 그들은 이빨을 드러내고 으르렁거리며 매우 격렬하게 놀지만, 땅을 구르거나 짐짓 굴복하고, 그런 다음 핥는 등의 동작을 교대로 하면서 스스로에게 '핸디캐핑'handicapping(불리한 조건을 설정하기 — 옮긴이)을 하기도 한다. 그 둘은 평생 제일 좋은 친구였고, 그것을 서로 알고 있었으며 서로를 믿었다.

춤추고 노래하고, 함께 숭배하고, 친구들과 연극이나 공연장에 함께 가는 것, 우리가 타인에게서 본 것을 마음이 흉내 낼 때 몸도 그에 동조하여 움직인다. 각 동작은 얼추 닮은 것을 만들어 내지만 그 감각을 진정으로 완전히 공유하지는 않는다. 우리는 각자 자신의 마음속에서만 그것을 느끼기 때문이다. 이것이 우리가 이룰 수 있는 통합의 최대 한계다. 우리는 빨강색을 타인과 똑같이 볼 수 없고, 콩 수프를 맛보는 타인의 입맛을 그대로 체험할 수도 없고, 레드 제플린Led Zeppelin의 〈카시미르〉Kashmir를 들은 타인의 청각을 그대로 느낄 수 없다. 하지만 공감은 우리가 경험들을 즉각 비교하여 복제본을 만들 수 있게 해 준다. 그것이 우리가 친구와 연인들에게 '이게 내가 느끼는 감정이야'라고 보여주게 되는 환상illusion이다. 이에 대해 두뇌는 '정말? 나도 그런데!'라고 반기는 대답을 선물로 준다. 그게 전부다. 그리고 이것이 최선이다. 이것은 기적과도 같다.

우리는 '공감'을 흔히 '동정'sympathy이나 '자비'compassion와 혼동한다. 하지만 나는 타자에 대한 감정의 등급을 구별하는 게 필요하다고 생각한다. 공감은 공유된 감정의 기분을 맞춰주는 센스이다. 당신이 무서워하면 나도 무서워진다. 당신이 기쁘면 나도 기쁘다. 당신이 슬프면 나도 슬프다. 그런데 동정은 상심한 타인에 대한 걱정이다. 이것은 타인과 약간 거리를 두고 있다. 당신의 감정이 타인의 감정과 맞지 않을 수도 있다. "할머니가 돌아가셨다니, 안됐군요." 이때 당신은 그들의 슬픔을 공유하지는 않지만 동정한다. 한편 자비는 동정에 행동할 동기를 더한 것이다. "당신이 그토록 괴로워하니 도와주고 싶어집니다." 노숙자에게 샌드위치를 사주거나, 고래를 구조하자는 청원서에 서명할 수 있다. 물론 '공감', '동정', '자비'라는 단어를 이름표로 가진 감정들은 서로 뒤얽힌다. 하지만 자비가 서로의 고통을 덜어 주기 위해 행동하려는 욕구라면, 낙오된 노파를 보호하는 코끼리는 공감과 동정과 행동하는 자비의 모든 범위를 느끼고 그런 감정을 발휘한 것이다.

제인 구달은 침팬지와 보노보(부노보buh-No-bo라 발음된다)가 헤엄칠 줄 모른다는 이야기를 하면서, 해자가 있는 동물원에 사는 보노보들이 가끔 동족이 물에 빠져 죽지 않게 하려고 '영웅적인 노력'을 할 때가 있다고 말했다. 물에 빠진 아기 보노보를 구하려다가 익사한 어른 수컷도 있었다. 또 한번은 해자에 물을 빼고 건조시킨 뒤 관리인이 물을 다시 넣기 시작한 적이 있었다.[80] 그러자 갑자기 그룹의 연장자 수컷이 창문으로 오더니 미친듯이 소리를 지르고 팔을 휘둘러 관리인의 시선을 끌었다. 어린 보노보 여러 마리가 마른 해자에 들어갔다가 빠져나오지 못했던 것이다. 늙은 수컷이 관리인에게 알리지 않았더라면 그들은 익사할 뻔 했다. 늙은 수컷 자신도 제일 어린 것을 안전하게 끌어냈다.

생쥐rat는 (기회가 닿으면) 우리에 함께 갇혀 있는 동족들을 풀어줄 것이다.[81] 생쥐들은 설사 이웃 우리에 초콜릿이 있다 할지라도 포로를 먼저 풀어 주고, 그런 다음에야 노획물을 나눈다. 그러므로 생쥐의 공감은 동정과 자비로, 그리고 이타적 행위로 옮겨간다. 타자를 돕는 것이 나중에 보상으로 돌아오기 때문에 우리의 두뇌는 좋은 사람이 되면 그 보상으로 옥시토신을 분비한다. 우리가 좋은 행동을 할 때 기분이 좋아지는 것은 그래서다. 친구들 사이에서의 이타주의는 보험에 들어두는 것과 비슷하다. 보호받을 필요가 전혀 없더라도 프리미엄을 지불하는 편이 낫다. 보호가 필요해질 때가 올지도 모르니까. 당신이 생쥐라면, 당신이 풀어준 이웃 생쥐가 언젠가 당신에게 도움을 줄 수도 있다. 포식자가 공격할 때 동료가 있으면 당신이 잡아먹힐 확률이 반으로 줄어든다. 동료가 있으면 포식자를 미리 알아차리고 공격을 무위로 돌릴 가능성이 두 배로 커진다.

하지만 모든 것이 효용 때문은 아니다. 친절은 때로 종種의 한계를 초월하여 광범위하게 적용되기도 한다. 영국의 어느 동물원에서 보노보 한 마리가 아기 새 한 마리를 잡았다.[82] 관리인이 보노보에게 새를 풀어 주라고 설득하자 보노보는 가장 높은 나무 꼭대기로 기어 올라가더니, 양쪽 다리로 나무둥치를 휘감아 양손을 모두 쓸 수 있게 자세를 잡은 다음, 조심스럽게 새의 날개를 펼쳤다. 그리고는 아기 새를 하늘을 향해 던졌다. 그녀는 어떤 상황인지 알았고, 새에 대해서도 뭔가 아는 바가 있었던 것이다. 나는 혹시 그 보노보가 하늘을 날면 어떤 기분일지 상상했던 건 아닐지 궁금하다.

코끼리의 공감과 자비 감정이 정확히 왜 그리고 무엇을 위해 생기는지는 여전히 수수께끼다. 코끼리가 정확하게 무엇을 느끼는지 우리는 모를 수 있지만 그들은 분명히 느낀다. 아니 느끼지 않는지도 모른다. 코끼리 역시 우리처럼 그들이 좀처럼 파악하기 힘든 삶과 죽음에 대해 좀 더 깊은 이해를 찾고 있는지도 모른다. 생각할 수 없는 것을 생각할 만큼 큰마음으로 자신들이 갇혀 있는 이성과 논리의 한계를 터뜨리고 나오려는 존재가 우리만은 아닐지도 모른다. 코끼리들은 우리처럼 그냥 궁금해하는 정도일 수도 있다. 그렇다면 그렇게 궁금해하는 다른 존재도 분명 있을 것이다.

나는 궁금하다. 다른 수많은 동물들도 호기심을 갖는데, 인간의 호기심은 경이감의 전조이고, 경이감은 영성의 전조이며, 영성은 과학의 전조다. 과학은 실제로 무엇이 일어나는지를 알아내려고 노력한다. 그리고 과학이 추구하는 것은 영구히 지속되는 경이驚異다.

죽음이 다가올 때

그 코끼리 가족이 마침내 돌아왔을 때 모스는 그곳에 있었다.[83] 테레지아는 어금니를 반쯤 잃은 채 돌아왔다. 아마 총알에 맞아 부서졌거나 올가미에 걸린 가족을 들어 올리려고 애쓰다가 부러졌을 것이다. 트리스타는 보이지 않았다. 웬디도 없었다. 타냐의 몸에는 총에 맞아 심하게 곪은 상처가 세 군데, 즉 왼쪽 어깨, 왼쪽 귀 뒤, 그리고 엉덩이에 있었다. 그녀는 상처를 코로 계속 툭툭 털고 쓰다듬었다. 젖은 쭈그러들었지만 아직 젖떼기 전인 막내아들은 원기가 왕성했다. 그 녀석은 자기 입으로 먹는 법을 빨리 배울 것이다.

모스가 막 떠나려 할 때 타냐가 그녀의 랜드로버 차로 곧바로 걸어와서 바로 앞에 멈추어 서더니 그냥 모스를 바라보았다. 모스는 감동받으면서도 마음이 언짢아졌고, 타냐가 자신의 괴로움을 전달하려고 애쓴다고 느꼈다. 그러나 모스가 해 줄 수 있는 일은 없었다.

타냐는 회복했고, 아들도 살아남았다. 웬디가 남긴 아기는 이모인 윌라가 함께 지내며 보호한 덕분에 살아남았다. 테레지아는 62

세까지 살았다.

1922년경, 테레지아가 태어난 뒤로 세상은 변했다. 그녀가 살아오는 동안 세상은 인간과 새로운 기계로 가득 찼다. 그녀는 대공황, 제2차 세계대전, 나치 수용소, 히로시마의 사건이 일어나는 시대에 살았지만 그에 대해 아무 것도 몰랐다. 또 미얀마, 한국, 캄보디아에서 벌어진 사건들의 참상에 대해서도 몰랐다. 또 그들이 밤에 이동할 때 길을 가는 동안 빛을 비춰 주는 바로 그 달에 가겠다는 이해 불가능한 아폴로 작전에 대해서도 몰랐다. 스윙 음악의 시대, 재즈, 로큰롤에 대해서도 몰랐다. 민권운동도, 여권운동도, 침묵의 봄과 환경운동도 그녀 곁을 무심히 스쳐 지나갔다. 그녀는 열대의 따뜻한 햇볕 속에서 냉전시대를 보냈고, 남아프리카의 코끼리 거의 전부를 죽인 나라의 인간들을 해방시키기 위한 넬슨 만델라의 투쟁에 대해서도 전혀 알지 못했다. 세계의 시간 운행에 따르면 그녀의 생애는 이 모든 사건들과 겹쳐진다. 그녀는 어떤 더 오래되고 더 꾸준한 리듬에 따라 움직였다. 마사이족의 창 세 자루가 그녀에게 꽂혔을 때, 테레지아는 그곳 코끼리 가운데 가장 나이 든 코끼리였다. 창의 상처는 악화되어 패혈증이 생겼다.[84] 2주가량 뒤 그녀는 염증 때문에 죽었다.

요즘은 테레지아처럼 오래 사는 코끼리가 거의 없다. 지금은 살아남으려면 그들을 그때까지 살아남게 해 주었던 유식한 전승과 지식 바로 그것을, 그러니까 문화를 포기해야 한다. 고대의 이동 루트, 수백 년 동안 전승되어 내려온 식량과 물이 있는 장소로 가는 경로, 그리고 인간이 수원지 자체를 차지하고 점령하기 때문에 사라지고 있는 수원지에 대한 지식을 포기해야 한다.

테레지아는 여백이 더 많았던 세상에서 어린 시절을 보냈다. "밝은 초록색, 태양빛으로 가득 찬 나날이 더 많았고, 테레지아와 다른 어린 것들이 (……) 이리저리 달리고, 덤불과 키 큰 풀을 헤집고 다니고, 여기저기서 머리를 치켜들고 귀를 쫑긋하고 불온한 장난으로 눈을 크게 반짝거리면서 (……) 야성적이고 약동하는 놀이 나팔을 불어 젖히던 나날이었어요."[85] 모스는 회상했다. 물론 힘든 날도 있었고, 가뭄과 죽음도 있었다. 그러나 그게 삶이다. 힘든 시절이 있어도 이런 식으로 100만 년이 넘도록 계속 이어질 수 있다. 그러나 지금은 코끼리가 다른 어떤 원인으로 인해 죽을 위험보다 인간에게 살해될 위험이 더 크다.[86]

코끼리는 죽는다. 우리 모두 죽는다. 코끼리와 몇몇 다른 존재들에게는 누가 죽었는지가 중요하다. 그렇기 때문에 그들이 '누구'who 동물인 것이다. 기억과 학습, 지도력이 중요하기 때문에 개인이 중요시된다. 그렇기 때문에 죽음은 남은 자들에게 큰 문제가 된다.

어떤 연구자가 죽은 코끼리의 음성 녹음을 튼 적이 있다. 덤불에 숨겨 놓은 스피커에서 그 음성이 울려나오자 죽은 코끼리의 가족들은 난리가 나서 여기저기 돌아보고 불러 댔다. 죽은 코끼리의 딸은 그 뒤에도 여러 날 계속 엄마를 불러 댔다. 연구자들은 다시는 그런 일을 하지 않았다.[87]

죽음에 대한 코끼리의 반응은 '아마 그들에 관한 가장 기이한 사항'이라고 알려져 있다.[88] 코끼리는 죽은 코끼리의 유해에 거의 언제나 반응을 보인다. 가끔은 인간의 유해에도 반응한다. 다른 종의 유해는 무시한다.

풀은 이렇게 말한다. "가장 마음을 불편하게 하는 것은 그들의 침묵이다. 들리는 것이라고는 죽은 동료를 이리저리 조사하면서 코로 공기를 천천히 불어내는 소리뿐이다. 이는 마치 새들이 노래하기를 멈춘 것 같다."[89] 피시록은 이런 모습을 직접 본 적이 있는데, "심장 이 멎을 듯이 슬프다"라고 말한다. 코끼리들은 기묘하게 코를 쭉 뻗 어 시신을 부드럽게 건드린다. 마치 무슨 정보를 얻어내려는 것 같 다. 코끝으로 시신의 아래턱, 어금니, 이빨을 주욱 따라 만져본다. 살아 있을 때 가장 친숙한 부위였고, 환영 인사를 할 때 제일 많이 건드리게 되는 부위들이다.[90] 즉 그 코끼리를 가장 잘 알아볼 수 있 는 부위인 것이다.

모스는 빅 터스크리스Big Tuskless(어금니가 없는 대장이라는 정도의 의 미 ─ 옮긴이)라는 굉장한 가모장에 대해 이야기해 주었다. 그녀는 자 연사했는데, 모스가 몇 주일 뒤에 연령을 알아보려고 그녀의 턱뼈 를 연구캠프에 가져왔다. 며칠 뒤, 가모장의 가족이 캠프를 지나갔 다. 그리고 캠프 주위의 땅바닥에 코끼리 턱뼈가 수십 개 흩어져 있 었는데도, 가족은 정확하게 자기 가모장의 턱뼈로 갔다. 그들은 그 주위에서 한동안 머물렀다. 모두가 턱뼈를 건드렸다. 그런 다음 다 들 움직였는데 한 마리만 예외였다. 다른 코끼리들이 다 떠난 뒤에 도 한 마리는 오랫동안 머물면서, 가모장의 턱뼈를 자기 어금니로 쓰다듬고 어루만지고 이리저리 돌려 보았다. 그는 가모장의 아들인 7세 부치였다. 그가 자기 엄마의 얼굴을 기억하고 있던 것일까. 엄 마의 냄새를 상상하고 음성이 들리는 듯하고 엄마의 손길에 대해 생각하고 있던 것일까?

오늘날 인간은 상아가 보이기만 하면 곧바로 실어가 버린다. 하 지만 1957년에 데이비드 셸드릭David Sheldrick이 쓴 글에 따르면, 코끼리는 "죽은 동료들에게서 어금니를 빼내는 이상한 버릇"이 있다고 한다.[91] 그는 코끼리들이 최고 45킬로그램까지 나가는 어금니를 멀게는 800미터 거리까지 실어가는 "경우를 많이" 보았다. 더글러스-해밀턴은 한 농부가 총으로 죽인 코끼리의 시신 일부를 다른 장소로 옮긴 적이 있다.[92] 얼마 지나지 않아 눈에 익은 가족들이 시신이 있는 곳으로 다가왔다. 그들은 시신의 냄새를 맡자 돌아서더니 시신에 조심스럽게 접근했다. 어금니를 아래위로 흔들고, 귀를 절반쯤 앞으로 기울여 점점 가까이 다가왔다. 다들 뼈에 제일 먼저 닿기를 망설이는 것처럼 보였다. 그들은 서로 바싹 붙어 어깨동무를 한 것처럼 전진하더니, 세심하게 코를 쿵쿵거리고 어금니를 면밀히 검사했다. 어떤 뼈는 발로 이리저리 흔들고 굴려 보기도 했다. 한데 모아 보기도 했고, 맛을 보기도 했다. 여러 마리가 차례로 두개골 뼈를 굴려 보았다. 곧 코끼리들은 모두 시신을 살펴보고 있었고, 여러 마리는 뼈를 가져가기도 했다. 애덤슨은 한 공무원을 쫓아온 수컷 코끼리를 그의 집 정원에서 총으로 쏘아 죽인 적이 있었다. 지역 주민들이 코끼리를 잡아 고기를 가져갔고, 유해를 800미터 떨어진 곳으로 옮겼다. 그날 밤 코끼리들은 견갑골과 다리뼈를 코끼리가 쓰러진 바로 그 지점에 도로 갖다 놓았다.[93]

코끼리들은 가끔 죽은 코끼리를 흙과 식물로 덮어 주기도 한다. 생각하건대, 간단한 장례식을 치르는 동물로는 인간을 제외하면 코끼리가 유일할 것이다. 코끼리들이 인간에게도 같은 행동을 했다는 기록이 몇 개 있다. 사냥꾼들이 큰 수컷 코끼리를 쏘아 죽이자 동료 코끼리들이 그 시신을 둘러쌌다. 몇 시간 지나 돌아온 사냥꾼들은 코끼리의 시신에 흙과 잎사귀가 덮여 있을 뿐만 아니라 머리에 난

큰 상처가 진흙으로 봉해져 있는 것을 보았다.[94]

코끼리들에게 죽음이라는 개념이 있는가? 그들은 죽음을 예감하는가? 몇 년 전 어느 날, 케냐의 아름다운 삼부루 국립공원에서, 엘레노어라는 한 가모장이 쓰러졌다. 또 다른 가모장인 그레이스가 급히 달려와 온 얼굴의 분비샘에서 감정이 흘러내리는 표정으로 그녀에게 다가갔다. 그레이스는 자기 발로 엘레노어를 완전히 들어 올려 일으켜 세웠다. 하지만 엘레노어는 곧 다시 쓰러졌다. 그레이스는 매우 상심한 모습이었고, 계속 엘레노어를 일으켜 세우려고 애썼다. 그러나 되지 않았다. 어둠이 내리는 동안 그레이스는 엘레노어와 함께 있었다.[95] 밤사이에 엘레노어는 죽었다. 다음날 마우이라는 코끼리가 발로 엘레노어의 몸을 흔들기 시작했다. 셋째 날에는 엘레노어의 가족들, 또 다른 가족들, 엘레노어의 제일 가까운 친구인 마야가 그녀의 시신을 지켰고, 그레이스도 다시 그곳에 있었다. 닷새째 날 마야는 1시간 반 동안 엘레노어의 시신 곁에 있었다. 죽은 지 1주 뒤 엘레노어의 가족이 다시 돌아와서 30분 동안 그녀 곁에 머물렀다. 이 이야기를 내게 해 주던 더글러스-해밀턴은 '비통'grief이라는 단어를 썼다.

코끼리는 정말 비통해하는가? 우리가 그런 사실을 정말 알 수 있는가? 젊은 코끼리가 죽으면 그 어미는 여러 날 동안 우울하게 행동하면서, 가족 무리에서 멀리 뒤처져 천천히 따라간다. 암코끼리 토니라는 새끼를 사산하자 나흘 동안 죽은 새끼 곁에 머물렀다. 더운 열기 속에 혼자 있으면서 시신을 가져가려는 사자들로부터 그것을 지켰다. 결국은 그녀도 떠났다.

가끔 코끼리는 죽거나 병든 새끼를 어금니로 들어 운반하기도 한다. 암보셀리에 사는 어떤 코끼리는 조산되어 죽어가는 아기를 어금니에 올려 종려나무가 무성하고 외따로 떨어진 서늘한 은신처까지 450미터 되는 거리를 운반했다.[96] 이와 비슷하게 사람들은 원숭이, 바분, 돌고래 들이 죽은 새끼를 떠나보내지 않고 여러 날 함께 데리고 있는 것을 보았다. 하지만 어미는 진정으로 슬퍼서 그런 걸까? 아니면 아기들이 살았더라면 안고 다녔을 테니 그냥 아기를 안고 다니는 것일까? 대답은? 코끼리와 돌고래는 건강한 새끼는 절대 안고 다니지 않는다. 상황이 다르다.

2010년 9월에 워싱턴 주의 산후안 섬 근해에서 사람들은 범고래가 사산한 새끼를 6시간 동안 밀고 다니는 것을 지켜보았다.[97] 이 고래가 죽음을 순수하게 이성적으로 이해했다면 새끼를 그냥 두고 떠났어야 했다. 하지만 인간도 죽은 아기를 그냥 두고 떠나지 않는다. 우리에게는 죽음이라는 개념이 있고, 비통이라는 감정도 있다. 우리 사이에는 강한 연대가 있다. 그래서 그냥 떠나보내고 싶지 않다. 그들의 연대 또한 강하다. 그러니 아마 그들 역시 그냥 떠나보내고 싶지 않은 모양이다.

몇 년 전 롱아일랜드에서, 아직 젖떼기 전인 어린 혹등고래 한 마리가 특별한 이유 없이 병이 들고 외톨이가 되었다가, 살아 있는 채로 이스트햄프턴의 해변에 떠밀려 올라왔다. 그곳에서 24킬로미터 떨어진 몬톡의 등대지기인 마지 윈스키Marge Winski는 그 어린 혹등고래가 기슭에 떠밀려 온 다음날 밤에 "믿을 수 없이 구슬픈 고래 소리"를 들었다고 말해 주었다. 마치 아기를 찾아다니는 엄마의 소리 같았다고 한다. 루나라는 이름의 야생 대서양 알락돌고래 한 마리는 커다란 뱀상어가 돌아다니는 혼탁한 물에서 갓 태어난 새끼와 영영 헤어지게 되었는데, 허칭은 "그보다 더 가슴 아파하는 어미의 목소리를 나는 들어 본 적이 없다"라고 썼다.[98] 스포크라는 포획된 돌고래가 갑자기 죽자 그의 단짝은 넋이 나간 듯했고, 여러 날 동안 수조 밑바닥에 기력 없이 누워 꼼짝하지 않았으며, 숨을 쉬기 위해 가끔 수면에 떠오를 뿐이었다.[99] 거의 일주일이 지나서야 그녀는 먹기 시작했고, 다시 무리와 어울렸다. 마달레나 베어지Maddalena Bearzi는 "비탄에 빠진 돌고래 어미는 무리에서 떨어져 혼자 있으려 하는 경우가 있는데, 이런 비탄의 시기에 동년배들이 그녀를 찾아오곤 한다. 아마 그녀가 괜찮은지 살펴보려는 것 같다. 사랑하는 사람을 잃은 지인들에게 우리 인간도 흔히 그렇게 하는 것처럼."[100]

그렇다면 다른 동물도 진정으로 비통해하는가? 이 논의를 지적이고 명료하게 계속하기 위해 우리는 비통함을 더 과학적으로 규정할 필요가 있다.[101] 인류학자 바바라 J. 킹Barbara J. King이 그런 정의를 하나 제시한다. 그 상황을 비통함으로 보려면 죽은 이를 알고 있는 사람들의 평소 행동 양식이 바뀌어야 한다. 식사량과 자는 시간이 줄어들거나 무기력하게 행동하거나 조급증을 낼 수도 있다. 친구의 시신 곁에 남아 있기도 한다. 킹이 제시한 비탄의 정의는 매우 유용하다. 하지만 과학은 측정될 수 있는 것에 가장 잘 적용된다. 슬픔은 비탄보다 1킬로그램 더 가벼운 것이 아니며, 애도는 행복보다 2미터 더 짧은 감정이 아니다. 인간에게 이런 감정은 층차가 있고, 때로는 왔다가 사라진다. 그리고 이런 감정은 인간 이외의 동물에게서도 층차를 보이는 것 같다. 인간들은 부모나 자녀가 죽은 뒤 여러 날 일을 못할 수 있다. 조문객들은 하루나 이틀 정도 밤샘에 참여한다. 코끼리 가족은 여러 날 동안 시신 곁으로 돌아오곤 한다. 인간

어미 코끼리가 일어나지 않자 코를 이용해 어미의 상태를 확인하는 새끼 코끼리. 코끼리에게 죽음이라는 개념이 있는가? 그렇다면 코끼리는 가족이나 동료의 죽음을 어떻게 애도하는가?

들은 그 다음 묘지에 찾아간다. 코끼리도 같은 행동을 한다. 인간 생애의 궤적은 가족의 중심인물이 죽음으로써 영영 바뀔 수도 있다. 코끼리, 원숭이 역시 그렇다……

　1870년대에 필라델피아에 있던 어느 동물원에 한시도 떨어지지 않는 단짝 침팬지 두 마리가 있었다.[102] "암컷이 죽자 남은 침팬지는 그녀를 일으키려고 여러 번 애를 썼고, 그럴 수 없다는 것을 안 뒤 그의 분노와 비탄은 차마 보기 힘들 정도였다. (……) 평소와 같은 분노의 외침이 (……) 마침내 울부짖음으로 바뀌었고, 동물 관리인은 그때까지 그런 울부짖음은 한번도 들은 적이 없다고 단언했다. (……) 하-아-아-아, 뭔가 숨을 억누르면서 내는, 신음하는 것처럼 구슬픈 소리였다……. 그는 그날 내내 울었다. 그 다음날 그는 대부분의 시간 동안 꼼짝 않고 앉아 있으면서 계속 신음했다." 1세기도 더 지난 뒤, 여키스 연구센터Yerkes Research Center에 있는 에이머스라는 침팬지가 다른 침팬지들이 밖으로 나갈 때 둥지에 혼자 남아 있는 일이 있었다.[103] 다른 침팬지들은 계속 안으로 돌아와서 에이머스의 상태를 확인했다. 데이지라는 암컷은 그의 귀 뒤 보드라운 부위를 부드럽게 쓸어 주었고, 마치 간호사가 환자의 베개를 정돈해 주는 것처럼 그가 눕는 곳을 푹신푹신하게 만들어 주었다. 에이머스는 그 다음날 죽었다. 그 뒤 여러 날 동안 다른 침팬지들은 풀이 죽은 기색이었고 별로 먹지도 않았다. 우간다에 오랫동안 언제나 같이 붙어 다닌 수컷 침팬지 두 마리가 있었다.[104] 그중 한 마리가 죽자 원래는 사교적이었고 서열이 높았던 남은 침팬지가 "여러 주일 동안 다른 누구와도 어울리려고 하지 않았다"라고 연구자 존 미타니John Mitani가 말했다. "그는 상을 치르고 있는 것 같았다."

패트리샤 라이트Patricia Wright는 마다가스카르의 여우원숭이 lemurs(리머즈Lee-murz라고 발음됨)라는 영장류를 연구한다.[105] 라이트는 여우원숭이 한 마리의 죽음은 "전체 가족에게 비극"이라고 말한다. 그녀는 '포사'라는 고양이처럼 생긴 몽구스가 시파카 여우원숭이 한 마리를 죽인 뒤 관찰한 일을 내게 자세히 말해 주었다. "포사가 떠난 뒤 여우원숭이 가족이 돌아왔다. 그의 짝은 '잃어버림'의 외침을 거듭 불렀다. 시파카 여우원숭이가 정말 '길을 잃었을' 때는 외침의 빈도가 더 낮고, 소리는 더 높고 기운찼다. 하지만 이번에는 낮은 휘파람 같은 소리였고, 잊을 수 없이 거듭되는 구슬픈 소리였다." 모두 죽은 수컷의 아들과 딸인 그 집단의 다른 멤버들 역시 땅위 5~10미터 정도 높이의 나뭇가지 위에서 시신을 똑바로 내려다보면서 '상실'의 외침을 불렀다. 닷새 동안 여우원숭이들은 시신이 있는 곳에 열네 번 돌아왔다.

　행동생태학자이자 교수인 조애나 버거Joanna Burger가 기르는 아마존 앵무새 티코는 버거의 시어머니가 말년에 그녀의 집에서 살 때 함께 시간을 보내곤 했다. 노인의 생애 마지막 몇 달 동안 티코는 호스피스들이 할머니를 만지지 못하게 하려고 했다. 그들이 체온만 재려고 해도 티코가 공격하곤 했기 때문에 사람들이 올 때는 그를 다른 방으로 옮겨놔야 했다. 할머니가 떠나기 전 마지막 주일에는 티코가 계속 할머니 곁에 앉아 자리를 지켰다. "그는 거의 먹으러 가지도 않으려고 했다." 버거가 설명했다. 할머니가 돌아가신 날 밤, 시신이 집에서 떠나자 "티코는 자기 방에서 밤새 소리를 질렀다. 그 전에는 아래층에서 무슨 일이 벌어져도 밤중에 그가 소리를 낸 적이 한번도 없었는데." 버거가 말했다. 여러 달 동안 티코는 연로한 인간 친구가 쓰던 침대에서 오랫동안 머물곤 했다.

비탄은 단지 죽음에 대한 감정 반응이 아니다. 아는 사람이 죽어도 비탄에 빠지지 않는 경우가 있다. 사랑하는 사람이 우리의 삶 밖으로 걸어나가기로 결정할 때, 그들은 여전히 살아 있지만 우리는 비탄에 빠질 수 있다. 그저 그들이 지독하게 그리운 것이다. 그들을 알게 됨으로써 우리 삶이 바뀌고, 그들을 잃음으로써 우리 삶이 바뀐다. 비탄이 오로지 삶과 죽음에만 관련이 있는 것은 아니다. 그것은 거의 모든 경우에 동반자 관계의 상실, 존재presence의 상실에 관한 것이다. 킹의 말에 따르면, 둘 이상의 동물이 삶을 공유할 때 "사랑이 상실되는 데서 비탄이 생긴다."

'사랑'은 정말로 알맞은 단어인가? 자신의 자매를 본 코끼리가 그녀를 불러서 만나거나, 짝을 본 앵무새가 짝과 더 가까이 있고 싶어 할 때, 어떤 연대감정이 그것들을 더 가까이 있도록 애쓰게 만든다. 가까이 있고 싶은 욕구 배후에 있는 감정을 지칭하는 데 쓰는 단어 중 하나가 '사랑'이다. 코끼리와 새는 내가 사랑을 느끼는 것과 같은 방식으로 서로에게 사랑을 느끼지 않지만, 내 친구들이나 어머니, 내 아내, 내 의붓딸, 이웃집 주민에게도 그런 차이는 있다. 사랑은 하나가 아니며, 인간들의 사랑은 질적으로나 정도 면에서나 모두 똑같지 않다. 하지만 우리의 사랑에 붙는 단어는 그들의 사랑에도 붙으리라고 나는 믿는다. 소위 사랑이란 찬란한 것이니까. '사랑'은 아마 알맞은 단어일 것이다.

인간 이외의 여러 동물은 죽은 동료와 가족을 그리워하는 것처럼 보이지 않는다. 하지만 이것은 정말 그들이 그리워하지 않기 때문인가, 아니면 우리가 지켜보지 않았기 때문인가, 아니면 그리워하는 신호를 우리가 놓쳤기 때문인가? 어떤 사람이 갈매기나 몽구스의 짝이 죽을 때까지 지켜보고, 그 다음에도 몇 주일씩 그들을 관찰할 수 있겠는가?(아니면 알바트로스가 구애하고 짝을 얻기까지의 몇 년 동안을 관찰할 수 있을까?) 야생동물의 비탄에 대한 이야기는 아주 드물고 일화에 그친다. 왜냐하면 그들이 자연사하는 것을 볼 기회가 별로 없기 때문이다. 세상 거의 대부분의 동물은 인간의 눈이 닿지 않는 곳에서 살고 죽는다. 그런가 하면 애완동물을 기르는 사람들은 몇 주일씩 구슬프게 울어대거나 무기력하게 늘어져 있는 고양이, 우울한 토끼, 친구가 묻힌 곳을 찾아가거나 죽은 주인이 돌아오기를 기다리면서 여러 해 동안 매일 기차역에 마중하러 찾아가는 개 등의 이야기를 많이 알고 있다. 내 친구는 자신이 키우던 수염 달린 용도마뱀 두 마리 중 하나가 죽었을 때 남은 도마뱀이 2주 동안 거의 꼼짝도 하지 않고 있다가, 한참 뒤에야 정상적인 활동 수준을 회복했다는 이야기를 했다. 도마뱀이 동료를 그리워한다는 게 가능할까?

다른 동물이 자신의 짝을 잃으면 어떤 상태가 되는지 나는 거의 관찰해 본 적이 없다. 아내와 나는 오리 두 마리를 병아리 때부터 다른 닭 네 마리와 함께 기른 적이 있었다. 오리는 정원에서 닭과 함께 돌아다니기도 했지만, 오리끼리는 언제나 같이 붙어다녔다. 물놀이도 함께했고 구애 철이 되자 서로 짝짓기를 했다. 어느 날 오리 두 마리가 모두 갑자기 병이 들었다. 하루 뒤, 수컷인 덕 엘링턴Duck Ellington(재즈 음악가인 듀크 엘링턴Duke Ellington의 이름 패러디 — 옮긴이)이 죽었다. 다행히 암컷 텔로니어스 더크Thelonius Duck(역시 재즈 음악

가이며 호출기Beeper라는 별명으로 알려진 텔로니어스 몽크Thelonius Monk의 이름 패러디 ― 옮긴이)는 회복했다. 하지만 암컷은 여러 날 정원과 덩굴 밭과 수풀을 헤매고 다니면서, 자기 짝을 부르고 찾았다. 이것은 비탄인가? 슬픔인가? 텔로니어스는 분명히 자기 짝, 자기 동반자를 그리워했다. 결국 그것은 찾아다니기를 중단하고, 온전히 닭에게만 관심을 쏟아 괴상한 오리가 되었다. 그런 행동을 할 때 그녀 기분이 어떠했는지 나는 확실히 모르겠지만, 분명히 수컷을 그리워했고 그를 찾아내려고 애썼다. 결국 그녀는 계속 살아갈 수밖에 없었다. 우리가 그렇듯이 말이다. 하나씩 따로 보면 그런 일화는 근거가 빈약하고 오해될 소지가 많다. 그렇지만 집단으로 보면 총합은 맞아떨어진다.

인간의 경우도 그렇듯이 어떤 개체들은 특정한 존재의 상실을 더 힘들게 받아들인다. 1990년에 범고래 가족의 가모장인 이브가 캐나다 연안의 태평양 바다에서 55세로 죽었다. 그녀의 아들 탑노치와 포스터는 핸슨 섬 주위를 빙빙 돌면서 계속 엄마를 부르고 또 불렀다. 그때 탑노치는 33세였는데, 생전 처음으로 엄마를 부르는데도 대답이 없는 것을 경험했다. 형제는 한참동안 엄마가 삶의 마지막 시간에 있었을 장소로 찾아가고 또 찾아갔다.[106] 충실함, 그리움, 비탄. 반세기 동안 부모를 잃은 코끼리를 돌보아온 경험이 있는 대프니 셸드릭Daphne Sheldrick은 아주 당연하다는 말투로 말했다. "코끼리는 비탄으로 죽을 수 있습니다." 그녀는 그런 일이 일어나는 것을 본 적이 있다. 셸드릭은 고아가 된 코끼리를 50년간 기르면서 다음의 사실을 배웠다고 말한다. "코끼리를 이해하려면 '의인화'를 해야 해요. 코끼리들은 감정적으로 우리들과 동일하기 때문이에요. 그들은 우리가 하는 것과 똑같이 사랑하는 존재들의 상실에 비통해하고 깊이 애도합니다. 그들의 사랑의 능력은 어마어마하게 커요."

하지만 그들이 비통해한다는 것을 인정하더라도, 그들이 정말로 '우리만큼 깊이' 비통해할까? 그런데 우리는 얼마나 깊이 비통해 하는가? 인간들의 경야經夜를 예로 들어 보자. 그것은 하루나 이틀 간의 모임이다. 손자들과 성인이 된 자녀들이 참석하며, 친척과 친구들이 모인다. 동료들은 농담을 나누고 명함을 교환한다. 마음에서 슬픔을 덜어내기 위한 용도로 계산된 것 같은 검은 상복을 입은 젊은 여성들. 치유되는 구멍과 절대 떠나지 않는 통증. 변화한 삶, 영향 받지 않은 삶이 있다. '인간적인 비탄'은 무엇인가? 그런 것은 없다. 인간의 비탄은 인간의 사랑처럼 여러 마음속에서 저마다 다른 정도로 일어나는 여러 개의 일들이다. 또 반드시 전적으로 인간의 것만도 아니다.

죽음을 이해해야만 비통해할 수 있는 것은 아니다. 인간은 확실히 비통해하지만, 죽음이 무엇인지에 대해 내려진 합의는 없다. 사람들이 배우는 전통적 신념은 넓은 범위에서 다양한 차이를 보인다. 천국에 대해, 지옥에 대해, 윤회적 환생에 대해, 죽은 이를 죽지 않게 유지하는 그밖에 다른 수단에 대해 견해차가 많다. 죽음에 대해 인간이 믿는다고 여겨지는 주된 내용은, 자신은 절대 진정으로 죽지 않는다는 점이다. 우리는 그냥 끝장나 버리고 존재하기를 멈춘다고 믿는 소수의 사람들도 있다. 하지만 대부분의 사람들은 이런 생각을 언어도단으로 여긴다. '나는 영생을 믿는다'는 것은 내가 교회에서 되풀이하도록 배운 말이다. 그러니 침팬지나 돌고래가 죽은 새끼를 업고 다닐 때, 그들이 죽음에 대해 이해하는 내용이 교황에 비해 적을까? 코끼리가 사랑했던 이가 죽어서 남긴 뼈를 어루만질 때, 그들은 우리보다 죽음에 대해 더 많이 이해하는 것인가?

테레지아가 창에 찔려 죽은 지 만 2년 뒤, 모스는 탈룰라와 테오도라, 또 그들의 더 젊은 가족 멤버들이 '바보짓'하는 것을 보았다.[107] 그들은 덤불 속에서 펄쩍펄쩍 뛰어다니고, 꼬리를 돌돌 말고서 빙빙 돌고, 물에 뛰어들고, 파도와 물보라를 일으키며 즐겁게 놀았다. 그들은 테레지아의 죽음에서 회복되었고, "다시 한 번 내가 기억하고 그토록 사랑하던, 팔팔하고 걸핏하면 변덕스러운 코끼리들로 돌아가 있었다"고 모스는 말했다.

작별 인사

우리의 관찰 대상은 키 큰 풀을 마구 밟아대고 몸을 식혀주는 물기 속을 철벅거리면서 습지대로 이동한다.

코끼리 가족들은 어디로 갈지, 언제 움직일지를 어떻게 결정하는가? 피시록은 이 점을 아주 면밀하게 지켜보아왔다. "가족 가운데 누군가가 어떤 장소로 가고 싶으면 그 코끼리는 자신이 가고 싶은 방향을 바라보고 자기가 속한 그룹의 가장자리에 나가서 섭니다."[108] 그런 동작을 '갑시다' 자세라 부른다. 어떤 생각을 가진 코끼리는 수시로 '갑시다'라고 요란한 소리를 낸다. 그것은 제안이다. "난 이쪽 방향으로 가고 싶어. 함께 가요"라는. "그들은 가기로 동의하거나, 움직이지 않거나 둘 중 하나입니다." 피시록이 말한다.

만약 움직이지 않는다면?

"그들이 움직이지 않으면 가고 싶어했던 코끼리는 가족에게 뛰어 돌아와서, 큰 환영 인사를 도발하면서 지지를 얻고자 합니다. 마치 이런 식이에요. '헤이! 우린 정말 좋은 친구지! 이제 난 저기 가고 싶어.' 그러니 환영 인사는 전략일 수도 있지요."

때로 동의를 신속하게 얻을 수도 있다. 가모장은 길고 부드럽게 우르릉대는 소리를 내고, 귀를 치켜세우고 마치 손뼉을 치듯 넓은 귓바퀴를 목과 어깨에다 철썩 내리친다. 그러면 일가족은 이것이 마치 모두 기다리고 있던 신호인 양 출발한다. 그렇지 않으면 결정을 내리기까지 토론이 몇 시간씩 이어지기도 한다.

"그들은 앞길에 어떤 일이 기다리고 있는지 알아요." 피시록이 설명한다. "자기들이 가고 싶어하는 곳에 세력이 큰 대규모 가족이 있다면, 부딪힐 일을 피해 다른 곳으로 가야 해요. 가끔은 그런 판단을 하는 게 명백히 보여요. 하지만 그들이 왜 그런 행동을 하는지 설명할 수 없을 때도 있어요."

피시록은 걸음을 멈추고 인사한다. "안녕, 아멜리아." 그런 다음 내게 말한다. "저기 귀를 움직이고 철썩거리는 암컷 봤어요? 그녀가 JA 가족의 가모장인 졸렌이에요. 그리고……." 피시록은 쌍안경을 들어 늪지대와 키 큰 풀숲 쪽으로 더 멀리 있는 암컷 한 마리를 본다. "예, 그래요, 저것이 이본입니다."

그러니까 여기에 있는 것은 AA 가족, YA 가족, JA 가족이다. AA 가족은 JA 가족과 친구이고, YA 가족도 JA 가족과 친하다. 그들은 모두 서로를 환영할 것이다. 피시록은 통역한다. "그들은 그냥 '아, 안녕?'이라는 정도의 말만 하는 게 아니에요. 그보다는 '이건 나, 이건 너야, 그리고 우린 친구야, 우리는 여기에 있어'라는 식에 더 가깝습니다."

환영 인사는 모든 코끼리들을 다 끌어들이며, 그들의 감정과 관계를 한데 모아준다.

연구자 풀은 이것을 '연대 예식'bonding ceremony이라 부른다. 풀은 이 예식의 참여자들은 서로에게, 그리고 멀리 있는 청중들에게 자신들이 '지원 단위의 멤버'이며, '그들은 함께 통합 전선을 결성한다'는 신호를 보낸다고 말했다.[109]

"저 코끼리들이 좋은 친구 사이인지, 가까운 친척인지 알고 싶어요?" 피시록은 수사학적으로 물어본다. "그러면 환영 인사를 지켜봐요." 인사가 더 강렬하고 흥분된 것일수록 그 관계가 더 중요하다는 뜻이다. 사교적 흥분감이 고조되는 동안 코끼리들은 서로의 코를 갑작스럽고 극적으로 움켜쥐기도 하고, 몸통을 서로에게 짓누르며 비빌 때가 많다.[110] 나팔소리를 불고, 우르릉거리는 소리도 내고, 서로의 얼굴이나 입을 향해 코를 내밀기도 하며, 귀를 철썩대고, 어금니를 맞부딪힌다. 그냥 보기만 해도 '흥분한' 상태임을 알 수 있다.

코끼리들이 다양한 맥락에서 의사소통을 위해 쓰는 예식적인 동작ritual gestures은 백 가지가 훨씬 넘고, 각 맥락이 그 의미의 소통을 도와준다.[111] 생각이 오락가락하거나 걱정스러울 때 코끼리는 그 자리에 서서 듣고 지켜보고, 코끝을 앞뒤로 비튼다. 자기 얼굴이나 입, 귀, 코를 만지기도 하는데, 이는 마치 인간이 확신을 얻기 위해 자기 뺨을 건드리거나 턱을 잡는 것과 비슷하다. 거의 언제나 들리는 호출소리calling는 가족 단위를 강조해 주며, 연대를 강화하고, 차이점을 화해시키고, 접촉을 유지해 준다. 코끼리는 낯익은 포유류의 후두, 즉 '성대'를 써서 몇 가지 호출 신호를 만들고, 코로 나팔소리를 내어 또 다른 신호를 만든다.[112]

코끼리들 사이에 갈등이 생기면, 중재자의 도움으로 화해한다.[113]

연구자들이 쓴 바에 따르면, "전형적으로 제3자, 가모장, 또는 화가 난 개체와 가까운 동료가 조정 작업을 시작한다. 그녀가 다투는 코끼리들에게 다가와서 (……) 머리를 맞대고 서 있으면서 머리를 치켜올리고, 귀를 처들고, 상대방에게 코를 길게 뻗어 친근한 몸짓으로 서로를 건드리면서 우르릉대는 소리를 낸다."

피시록은 이 특정한 환영 예식의 활기찬 정도가 좀 낮은 바람에 내게 좋은 구경거리를 보여주지 못해 약간 실망했다. "만약 EB 가족이 여기 있었다면, 환영 예식은 엄청나게 크고 흥분감이 충천했을 것이고, 나팔소리, 몸뚱이 비비기, 건드리기를 많이 했을 거예요……. 우리는 그 가족을 이탈리아 가족이라 불러요, 얼마나 엄청나게 과시적인지요. 지금 이들은 아주 과묵한 만남을 하는 편이에요."

규모가 작은 JA 가족에게는 과묵한 이유가 있었다. "그들은 원래 아주 근사한 가모장의 인도하에 있었어요. 그런데 그녀가 창에 찔려 죽었어요. 그 다음 가모장은 지난 가뭄 때 죽었고요." 피시록이 설명한다. 원로들이 없어져서인지, 생존자들은 감정적으로 위축되어 보인다. 어떤 의미에서 '누구' 동물들에게 죽음이란 살아남은 자들에게 가장 중요한 사건이다.

가족들 대부분은 덤불 뒤에 숨어 있다. 지금 우리와 가까이 있는 코끼리는 자밀라이다. 그 다음으로 가까운 코끼리는 막 코로 풀을 잔뜩 감아 머리 위에 올려놓은 9세 제레미이다. 그의 바로 오른쪽에 어금니 끝이 서로 닿아 있는 암컷이 현재 그들의 가모장인 졸렌이다. 그녀 곁에 있는 코끼리는 막 유산을 한 진이다. 위쪽으로 바싹 구부러진 어금니를 가진 암컷은 조디이다. 졸렌은 가족들의 필요에 매우 세심하게 반응하며, 침착하고, 신속하게 자신감을 북돋워 주고, 솔선수범하는 가모장이라는 평판이 있다. "그들은 서로에게 매우 다정하게 대하며 결속력이 아주 강하고, 매우 애정이 많은 가족입니다. 제가 제일 좋아하는 가족들 중 하나지요." 피시록은 눈에 선히 보이는 애정을 담아 말한다.

또 그들은 가장 놀라운 가족 가운데 하나다. 유전자 검사 결과에 따르면 졸렌, 자밀라, 조디는 가까운 친척이 아니다. "그들은 가족 같은 역할을 하는 친구들로 감정적으로 아주 가깝고, 언제나 함께 있어요. 언제나 몸을 많이 접하고 많이 비벼대요. 아, 봐요, 자밀라가 새끼에게 인사를 하는군요. '안녕, 우린 모두 여기 있어.'"

졸렌은 지금 조디 앞에 자기 얼굴을 들이밀고 있는 암컷인 제타와 대화하는 중이었던 모양이다. 둘 다 머리 측면의 분비샘에서 체액이 줄줄 흘러내리고 있다.

조디는 귀를 바깥으로 펼치고 있다. "저건 그녀가 귀를 기울이고 있다는 뜻이에요." 피시록이 설명한다. "또 방금 귀를 살짝 펄럭인 것 봤어요? 그들은 앞뒤로 이야기하고 있어요."

내게는 그들의 이야기가 왜 들리지 않는지 궁금했다.

피시록은 약간 으스스한 느낌을 담아 말하기 시작한다. "흔히 우리는 그들의 말소리를 듣지 못해요. 그런데도 우리는 이렇게 말하지요. '코끼리들이 주위에 있는 게 느껴져'라거나 '코끼리가 있는 것 같지 않은데'라고요. 근처에 코끼리가 있는지 없는지를 우리는 모두 감지할 수 있는데, 그게 어떻게 가능한지는 모르겠어요. 우리에게 아주 미묘하게 힌트로 와 닿는 어떤 것, 미처 알지도 못하는 어떤 것이 있는 모양이에요. 내가 생각하기에 우리는 그들의 가성대

역 이하의 호출소리를 감지할 수는 있지만 의식하지는 못하는 것
같아요."

코끼리의 노래는 음속 이하 범위의 우르룽rumble 소리(우르르르 하
고 깊고 길게 울리는 소리를 연이어 내는 것, 사자 같은 맹수가 으르렁growl대
는 것과 구별하기 위해 우르룽으로 번역함 — 옮긴이)에서 코로 트럼펫처
럼 불어대는 소리에 이르기까지 10옥타브의 음역에, 대략 8에서 1
만 헤르츠까지 걸쳐 있다.[114] 아주 낮은 음향을 인간의 가청대역으
로 옮길 수 있는 기구로 행한 연구에 따르면, 코끼리가 머리 측면의
분비샘에서 체액이 흘러내릴 정도로 흥분하면 목소리도 낸다고 한
다. 그들의 우르룽 소리가 시끄럽기는 하지만 주파수 대역이 너무
낮아 인간 귀에 들리지 않을 뿐이다.

코끼리가 내는 저주파수의 우르룽 소리는 공기를 통해 전파될 뿐
만 아니라 땅을 통해서도 전파되는 파동을 만들어 낸다.[115] 코끼리
는 여러 마일 떨어진 먼 거리에서 발생하는, 인간은 듣지 못하는 우
르룽 소리를 들을 수 있다. 저주파수 음향에 대한 대단한 민감성은
그들의 귀 구조, 골격의 전도, 그리고 특별한 신경 말단, 즉 발가락,
발, 코끝이 진동에 지극히 민감하도록 만들어 주는 신경 말단을 통
해 이루어진다. 그러므로 코끼리들의 음성 소통은 땅을 통해 송신
되고 발을 통해 수신된다(코끼리들은 땅을 지나가는 진동을 탐지하는 능
력을 가지고 있다. 그래서 쓰나미가 몰려오면 인간이 미처 알아차리기 전에
높은 곳으로 먼저 달려 올라간다는 이야기가 나왔을 것이다).

코끼리의 우르룽 소리를 들을 때, 여러분이 듣는 것은 그들이 만
들어 내는 음향적 수직 벽의 맨 꼭대기 주파수 대역뿐이다. 즉 복잡
한 화성 가운데 높은 음표만 듣는 식이다. 시각적으로 말해 보자. 음

코끼리는 다양한 음향 구조를 가진 상이한 종류의 우르릉 소리를 만든다. 코를 이용해 소리를 내고 있는 코끼리의 모습.

향을 집에 비유한다면, 인간이 듣는 것은 완성된 기초를 갖추고 있는 어떤 외침의 다락방 부분이라는 말이다. 코끼리는 다양한 음향 구조를 가진 상이한 종류의 우르릉 소리를 만든다. 긴장된 만남에서 내는 우르릉은, 평화롭고 우호적인 분위기에서 내는 우르릉 소리와는 진폭amplitude, 주파수frequency, 주기duration 면에서 모두 다르다.[116] 그냥 단순하게 코끼리들이 우르릉댄다고만 말하는 것은 인간이 웃는다고만 말하는 것과 비슷하다. 우리는 상이한 맥락에서, 각기 다른 웃음을 다양하게 웃는다. 공손하게 큭큭 대는 웃음부터 비꼬는 냉소, 요절 복통하는 폭소에 이르기까지 다양하다. 코끼리의 우르릉 소리도 마찬가지다. 여러 다른 종류가 있다.

"코끼리들이 말하는 것 중 많은 부분이 인간의 가청대역을 벗어나 있어요." 피시록이 설명한다. "하지만 그들이 동작을 멈추는 것을 볼 수 있고, 그들의 자잘한 자세, 미묘한 작은 몸짓도 보이지요. 가끔 그들이 누구를 부를 때 이마에 주름지는 것을 볼 수도 있어요. 당신이 그들 바로 옆에 있다면 명치에서, 당신의 가슴 한복판에서 그들을 확실히 느낄 수 있을 거예요. 그들의 부름의 의미가 당신에게 바로 소통됩니다."

그들이 말을 한다면, 무슨 말을 하는 걸까? '소통'은 송신자가 보내고 수신자에게 이해되는 어떤 메시지이다. 놀랍게도 반드시 의식이 있어야만 소통이 이루어지는 것은 아니다. 꽃은 식물이 꿀벌과 다른 수분 동물에게 정보를 보내는 매개체이다. 세상은 정보를 전달하는 전기 자극, 화학물질, 시각적 힌트, 동작으로 가득 차 있다. 그것은 인간이 말하는 언어가 아니지만, 효과적이고 매우 중요한 메시지이다. 하지만 코끼리는 덤불이 아니다. 동물의 소통은 대개 쌍방향이다. 내가 기르는 개 주드가 주둥이를 내 키보드 위에 얹고 코로 자판을 deqwwsaa처럼 제멋대로 누른 다음 옆으로 돌아서서 꼬리를 흔들면 우리는 둘 다 그의 의도가 무엇인지 안다. "난 그냥 당신이 내 등을 긁어 주면 좋겠다고 생각해."

언어는 소통 수단의 한 가지에 불과하다. 세계는 말 없는 감상sentiment들로 번쩍이며, 그것들은 모두 제각기 조용한 방식으로 지각 능력을 가진 어떤 존재를 나타낸다. 갑각류와 곤충, 낙지에 이르는 수백만 종의 생물은 냄새, 동작, 자세, 호르몬, 페로몬, 접촉, 눈길, 그리고 소리를 사용하여 소통한다. 살아 있는 세계는 즉각적인 메시지와 장거리 외침으로 거의 언제나 진동하고 있다. 대양에서 헤엄치는 거대한 고래는 바닷물 수백 킬로미터를 넘어 들려오는 다른 고래의 부름을 들을 수 있다. 수많은 물고기들은 서로가 보내는 초대에 불평하고 회답한다. 바다 밑의 서식지는 딱총새우snapping shrimp의 딸깍거리는 소리로 시끄럽다. 많은 일이 벌어지고 있다. 다른 동물들이 서로의 음향 범위와 냄새의 팔레트와 동작 어휘를 어떻게 사용하고 인지하는지, 우리는 아직 연구할 시도조차 거의 못했다.

여러 세기가 지나는 동안 다른 동물이 인간과 같은 방식으로 소통하지 않는다는 사실은 그들과 소통할 마음이 없다는 증거로 해석되어 왔다. 물론 이런 해석은 우리가 그들을 대하는 처사를 정당화하는 데 도움이 된다. 그들이 생각하지 못한다면 그들이 무슨 생각을 하는지 상관할 필요가 없다. 그러니 소통할 수 있기 전에 우리는 소통, 생각, 잔인성이라는 뒤엉킨 주제의 꼬임을 풀고 정돈할 필요가 있다.

1600년대에 르네 데카르트René Descartes는 소통, 의식, 생각, 인간적 우월성, 종교를 섞어 뒤범벅으로 만들었다. 그는 부정확하게 단정했다. "동물들이 우리처럼 말을 하지 않는 이유는 그들에게 말하는 기관이 없기 때문이 아니라 생각이라는 것이 없기 때문이다."[117] 또 비논리적이게도 이런 말도 덧붙였다. "그들이 우리처럼 생각한다면 그들도 우리처럼 불멸의 영혼을 갖고 있을 것이다."

볼테르는 데카르트의 논리적 모순점을 경멸하듯 지적하고, 그와 그의 추종자들을 '야만인들'이라 부르기까지 했다. "동물이 이해력과 감정을 결여한 기계라고 말하다니, 이 얼마나 불쌍하고 한탄스러운 일인가."[118] 볼테르는 썼다. 또 이어서 다음과 같이 말했다.

> 내게 감정과 기억과 관념이 있다고 당신이 판단하는 것은 내가 당신에게 말을 걸기 때문인가? 글쎄, 나는 그런 것을 말로 하지는 않는데. 당신은 내가 수심에 잠겨 집에 가는 것을 보고, 내가 닫았다고 기억하는 책상을 열어 종이 한 장을 걱정스러운 표정으로 수색해 찾아낸 다음, 기뻐하며 읽는 것을 본다. 그래서 당신은 내가 언짢음과 즐거움의 감정을 경험했고, 내가 기억력과 이해력을 갖고 있다고 판단한다. 같은 판단을 주인을 잃어버린 이 개에게 적용해 보라. 이 개는 길에 나설 때마다 구슬픈 울음으로 주인을 부르고, 허둥지둥하며 불안한 태도로 집에 들어가고, 계단을 오르락내리락하고, 이 방 저 방을 돌아다니다가, 마침내 서재에서 사랑하는 주인을 발견하면, 기뻐 울부짖으며 펄쩍펄쩍 날뛰고 몸을 비비대면서 그 기쁨을 보여준다. 야만인들은 인간보다 훨씬 뛰어난 우정을 가진 이 개를 붙잡아 책상 위에 묶어 놓고, 생체 해부를 하여 장간막 혈관을 노출시킨다. 당신은 자신에게 있는 동일한 감정 기관으로

149

그 상황을 본다. 대답해 보라, 기계론자여. 자연은 이 동물이 감정을 느끼지 못하도록 감정 기관을 배치했는가. 그것의 신경이 감각을 전하지 못하게 되었을까. 이 무도한 모순이 자연의 것이라고 주장하지 말라.

생체 해부를 하는 동안, 아니면 마취기술이 발달되기 전 산 채로 해부하던 시절에, 데카르트의 생각은 개나 다른 동물의 고통스러운 울부짖음을 무시하는 근거로 사용되었다. 인간이 아닌 존재에게도 감정과 의식이 있다고 인정하는 게 그리도 끔찍한가? 데카르트는 왜 다른 동물에게 고통을 초래해도 된다고 정당화하는 맥락에서 인간의 우월성을 단언해야 했던가? 내가 생각할 때, 바로 그 맥락 속에 대답이 있다. 다른 사람들은 그의 생각에 반대했다. "문제는 그들이 추론할 수 있는가? 또는 그들이 말할 수 있는가?가 아니라 그들이 고통을 겪을 수 있는가?하는 것이다." 제러미 벤담Jeremy Bentham은 1789년, 이에 대해 간명히 반박했다. "생체 해부를 당하는 개가 해부자의 손을 핥으면서 고통스러워한다는 것을 다들 알고 있다." 다윈은 『인간의 유래』The Descent of Man에서 이렇게 썼다. "그 수술이 우리 지식의 증대를 위해 필요하다고 완전히 정당화되지 않는 한, 아니면 수술자의 심장이 돌처럼 단단하지 않는 한, 해부자는 생애를 마칠 때까지 틀림없이 회한을 느꼈을 것이다." 또한 다윈은 다음의 가슴 저미는 한 줄을 공책에 적어 놓았다. "우리는 노예로 삼았던 동물을 자신과 동등한 존재로 여기고 싶어하지 않는다."[119] 때로 인간들은 생각은 해도 깊이 느끼지 못하는 것처럼 보일 때가 있다. 돼지가 "난 무서워! 날 죽이지 마!"라고 비명을 지른다면[120] 상황이 난감해지지 않을까. 물론 돼지를 잡을 때 돼지가 하는 말이 바로 이것이다. 돼지가 영어로 말하지는 못하지만, 프랑스에 사는 수많은 다른 사람들도 영어를 못하는 건 마찬가지다. 내가 본 다른 어떤 동물들도 인간 못지않게 살아 있음에 관심이 있다. 솔직히 말하면 동물들보다도 삶에 관심이 적은 것 같은 인간이 많다. 가령 자기 파괴적인 행동은 명백히 인간적인 행동이다. 우울증으로 인한 자살은 야생동물에게는 없는 현상으로 보인다. 거의 모든 동물은 계속 살아 있기 위해 혼신의 힘을 다한다.

소통에 대해 다시 생각해 보자. 다른 종과 이야기할 수 없기 때문에 그들의 생각을 알 수 없다고 누군가가 주장했을 때 여기에는 상당한 진리가 있다. 다른 종이 무엇을 느끼는지 정확하게 알기는 힘들다. 심지어 우리는 부모나 배우자, 자녀들에게도 자신의 생각을 이야기할 수 없을 때가 있다. 또 스스로 "내 생각을 말로 할 수가 없어", "우리가 느끼는 것을 표현할 수 없어", "딱 맞는 말을 찾을 수가 없어"라고 독백하기도 한다.

어떤 생물에게 인간의 말로 표현해 달라고 부탁할 수는 없지만 그 행동을 관찰하고, 타당한 질문을 던져 보고, 제대로 된 실험을 해 봄으로써 더 나은 이해에 도달할 수 있다. 아인슈타인은 우주에 대해 이런 일을 해냈다. 그리고 그는 두어 가지 사실을 배웠다. 뉴턴은 물리학에서 이런 일을 해냈다. 다윈은 생명의 나무로 해냈다. 갈릴레오는 행성이 자신에게 말을 걸지 않는다고 불평하지 않았다. 또 행성이 운행하는 거리가 천문학적으로 멀지만, 그의 행동 가운데 어떤 부분도 행성이 생각하거나 느낀다는 인상은 주지 않았다. 그러나 동물은 그런 인상을 준다. 그들이 생각하거나 느낄 때는 그렇다. 하지만 동물 행동주의자들은 우리가 다른 동물들과 대화를 나누지 못한다는 이유로 포기해 버리고, 그들이 생각을 하는지 감정을 가졌는지 알 길이 없으니 그들이 그런 것을 하지 못한다고 추정해야 한다고 단정했다. 프로이트를 대표로 하는 인간에 관한 행동주의자들은 그처럼 스스로를 구속하느라 고생하지는 않는다. 오히려 그들은 당신이 깨닫지 못하는 당신의 생각이 어떻다고 말해 주려 한다. 당신이 언어화하지 못한 어떤 감정을 당신이 느낀다고 말해 주려 한다. 인간과 동물을 구별하는 이런 이중 기준이 좀 이상하다고 생각하지 않는가? 한편으로 다른 동물들은 언어words를 쓰지 않기 때문에 우리는 그들이 생각하는지 아닌지 알 수 없다고 말하는 전문가들이 있고, 또 한편으로 인간들의 진정한 생각이 언어로는 설명되지 못한다고 말하는 전문가들이 있다.

언어는 우리가 생각과 감정의 일부라도 포착하고 관찰하기를 바라면서 우리의 야성적이고 엉성한 지각 위에 던지는 헐거운 이름표들의 그물일 뿐이다. 언어는 실제 사물의 스케치이고, 몇몇 스케치는 다른 것들에 비해 좀 더 닮게 그려졌다. 간지러움이라는 이름표 없이 간지럽다는 감각을 묘사할 수 있는가? 개도 그렇게 하지 못한다. 하지만 개가 몸을 긁으면 우리도 그것이 개가 간지러워한다는 뜻임을 안다. 물의 축축함을 묘사할 수 있는가? 아니면 사랑이, 슬픔이 어떻게 느껴지는지, 눈에서 어떤 냄새가 나는지, 사과가 어떤 맛인지를 묘사할 수 있는가? 어떤 언어도 체험한 것을 정확하게 표현하지 못한다.

말speech은 생각을 측정하는 불확실한 도구다. 인간은 거짓말을 할 수도 있다. 우리는 가끔 누군가가 하는 말을 무시하고 그의 보디랭

귀지가 그들의 진정한 감정을 알려주는 더 진실한 안내자라고 여긴다. 그리고 우리가 다른 언어를 배운다는 사실은 언어가 은근히 자의적이라는 것을 말해 준다. 원래의 생각이 먼저 떠오르고, 그 다음에 언어를 그것에 갖다 붙인다. 언어는 생각을 해석한다. 생각이 먼저 오는 것이다.

이상하게도 인간의 두뇌는 생각을 알아차리기 전 몇 초 앞서서 활성화된다.[121] 언어가 흘러나오기 전에 많은 일이 일어난다. 우리는 방을 둘러보면서 이렇게 독백하지 않는다, '내 냉장고, 싱크대, 내 사랑.' 사랑하는 사람의 사진은 수천 마디 말만큼의 값어치가 있고, 그것을 말로 표현할 필요도 없다. 즉각적이고, 말없이 모든 것을 말한다. 말이 적을수록 더 직접적으로 경험한다. 개를 야단치고 난 뒤 단순히 쓰다듬기만 해도 '우리는 아직 친구야. 이제 움직이자'라는 뜻이 전해진다. 어떤 큰 문제들에 대해서는 언어가 꼭 필요하지 않다. '너를 사랑해'로 충분하며, 이것이 말없이 표현된다면 더 믿음직하다. 동작이 표현해 줄 때가 많다. 다른 동물들은 이런 사실을 안다. 그리고 우리도 안다. 사랑하는 사람과 갈등이 생겼을 때 말로 해결되지 않는다면 꽃으로 말할 수도 있다. 그리고 시각예술, 음악, 무용은 말이 멈추어도 태곳적부터 이어지는 대화를 계속 이어간다.

코끼리들이 소통하는 것을 지켜보라. 그들은 섬세함의 대가인 것 같다. 하지만 우리에게는 그런 것을 통역할 섬세한 어휘가 없다. 그저 엉성한 범주만 있다. 코끼리들은 연구자들이 더 나은 용어가 없기 때문에 킁킁거리기snorts, 짖기barks, 우렁차게 부르짖기roars, 투덜거리기grunts, 울기cries, 끽끽거리기squeaks라고 지칭하는 동작을 활용한다. 그런데 이런 음향을 실제로 만들어 내는 쪽과 듣는 쪽, 즉 코끼리 본인들에게는 각 동작의 의도가 인간들의 언어가 우리들에게 그런 것만큼 명료하게 잘 보이는 게 틀림없다.

입장을 바꿔 보자. 코끼리의 귀에 인간의 말소리는 우리 귀에 들어오는 외국어처럼 들릴 것이다. 상상해 보자. 베트남어를 그 언어에서 쓰이는 음향의 유형에 따라 범주화해 묘사한다고 생각해 보라. 절대로 그 의미를 판독하지 못할 것이다.

그런데 코끼리 언어를 베트남어나 영어로 번역하는 것은 까다롭다. 아무도 '코끼리가 우르릉거렸다'는 문장에 논박할 수 없다. 그런 묘사는 안전하다. 만약 '코끼리가 안녕이라고 말한 것'이라고 결론짓는다면 반대할 사람이 많을 것이다. 그렇지만 해석interpretation과 번역translation이 없이는 그들이 무엇을 소통하고 있는지 이해하지 못한다. 반세기 동안 동물 간 소통 연구는 묘사의 문제에 막혀 더 나아가지 못하고 있다. 이제 번역으로 가야 한다.

최근 풀 박사가 최고 수준의 기술로 행한 코끼리 음성 묘사를 보면 코끼리의 부름의 본성을 인간적 기준으로 옮겨놓기가 얼마나 힘든지 알게 된다. 다음에서 풀 박사는 코끼리의 우르릉거리는 소리rumble에 대해 논의한다:[122]

발정기의 우르릉, 환영하고 연대하는 우르릉, 짝짓기 때의 난장판, 포효하는 우르릉(코끼리들이 맹수를 몰아낼 때 들린다) 등은 모두 흥분이 절정에 달했을 때 진폭의 확대, 소음의 증대, 움직임의 증가 등으로 표현된다. 그럴 때 에너지는 (대부분의 우르릉에서 제2화성으로 들리는 것과 달리) 상부 화성에 분포되어 있고, 시간이 가면서 호출소리가 더 부드러워지고, 억양이 줄어들고, 덜 시끄러워진다. 환영 우르릉이나 연대하는 우르릉은 특히 호출소리의 주파수 범위가 양극단으로 벌어진다. 그런 사례로는 평탄한 것, 얕은 아치형, 가파른 아치형, 이중모드형(바이모달bimodal), 다중모드형(멀티모달 multimodal), 왼쪽이나 오른쪽으로 기울어진 것 등이 있다.

풀 박사의 관찰은 상세하다. 하지만 풀이 코끼리의 환영 인사를 묘사하는 것 같은 방식으로 인간의 환영 인사를 이해하려고 애쓴다고 생각해 보라. "한 번의 환영 행사에서도 아치형, 기울어진 형, 구불구불한 아치형, 이중모드, 이중모드이면서 기울어진 형, 다중모드의 우르릉이 발생한다."

풀의 글은 우르릉 다음에 포효roaring로 넘어간다. "포효의 음향 성질은 매우 다양하다. 돼지처럼 끽끽거리거나squealing, 찢어질 듯 소리 지르거나screeching, 부르짖거나roaring, 함성 지르거나shouting, 고함치거나yelling, 울거나, 심지어 수탉처럼 꼬꼬댁거리는crowing 소리로도 묘사된다."

정말 심하게 변화무쌍하다.

"호출소리의 다양성은 단순히 흥분의 정도를 반영하는 것일 수 있다. 그게 아니라면 추가적인 정보를 알려주는 것일 수도 있다. 가령 부르는 자의 서명이나 특정한 개체에 대한 언급 같은 것이다."

다른 말로 하면 그들은 서로에게 이름을 붙여 이야기하고 부른다는 것이다. 그들이 무슨 말을 하는지 우리는 아직 모른다. 지금까지 우리가 알아낸 것은 그들 음향의 물리적 특징을 묘사하는 정도에 불과하다.

다른 행성에서 온 연구자가 있다면 그는 우리 인간들이 서로 만날 때 내는 지껄이는 소리를 이렇게 묘사할지도 모른다. "직립보행하는 지구인들의 인사는 그 강도가 높기도 하고 낮기도 하다. 고강도의 인사는 고주파수, 고데시벨의 함성shout과 비명scream을 포함할 수 있다. 청소년기를 지난 자들은 흔히 손을 건드리기도touch-hands 한다." 우리는 우주 외계에서 온 연구자들과는 달리 동일한 인간들의 인사를 알아들을 수 있게 요약할 것이다. "인사 형태는 다양하다. 때로는 흥분감에 가득 차고 때로는 좀 형식적이다. 친구들이 서로 만날 때는 신이 나서 새된 소리를 내기도 한다. 대부분의 성인들은 만날 때 악수한다." 다른 행성에서 온 연구자는 보이는 광경을 묘사할 것이다. 그 속에서 무슨 일이 진행되는지 이해하지 못하기 때문이다. 우리 현실 지구인들은 서로를 이해하기 때문에 무슨 일이 진행되는지 설명할 수 있다.

하지만 다른 동물에 관해 이야기할 때는 '우르릉' 따위의 아주 엉성한 단어 외에 그들의 어휘를 나타낼 어떤 어휘도 우리에게 없다. 코끼리가 어떻게 말하는지 우리가 묘사하는 방법이 우리가 그들의 말을 어떻게 이해할지 결정한다. 우리는 스페인어를 쓰는 사람에게 "그가 방금 홀-라ho-la라는 소리를 냈다"고 말하지는 않을 것이다. 그것을 번역하여 "그가 방금 그녀에게 헬로라고 말했다"고 말할 것이다.

우리가 코끼리가 아니기 때문에 그들이 내는 소리는 우리 귀나 알파벳에 쉽게 들어와서 적응하지 않는다. 베토벤의 월광소나타나 존 콜트레인John Coltrane의 〈러브 수프림〉A Love Supreme을 언어로 서술한다고 상상해 보라. 불가능한 일이다. 월광소나타는 "다 다 다 다

다 다 다다 다" 같은 식으로 진행되며, 〈러브 수프림〉은 "지극히 다양한 찢어지는 비명, 큰 소리의 울음bellows, 꽥 지르는 소리squeals를 토해낸다."

여러 색조로 물든 빛의 파장을 나열하는 식으로 일몰을 묘사한다고 생각해 보라. 이와 마찬가지로 코끼리가 내는 소리(또는 새의 노래, 개가 짖는 소리, 등등)를 위한 표기 시스템이 우리에게는 없다. 인간의 말에 대해 우리는 쓸 수 있다. '스페인어로 홀라는 헬로라는 뜻이다.' 그러나 코끼리의 우르릉 소리를 음성대로 받아쓴 다음, 이렇게 번역할 수는 없다. 이 모든 것은 '여기 먹을 것이 있다'는 뜻이다. 저것은 '너는 어디 있니?'라는 뜻인데, 이는 '와서 나랑 짝짓기 해'라는 뜻이다. 또 이것은 '길을 잃었어. 도와줘!'이다. 우리에게는 이에 대한 적절한 표기법과 번역이 없다.

한 가지 예외는 연구자가 '가자'라고 부르는 우르릉 소리다. 그것은 이름표인 동시에 번역이기도 하다. 더 큰 질문, 진짜 핵심은 다음 질문이다. 코끼리는 실제로 서로 다른 맥락에서 각기 다른 호출소리로 다른 뜻을 표현하는가? 설사 우리가 그 맥락에다, 예컨대 '접촉 호출', '작은 환영 인사', '발정기의 합창' 등등의 이름표를 붙이더라도, 그것은 '헬로, 어떻게 지내?'라는 인간의 말에 '환영 인사'라는 이름표를 다는 것과 좀 비슷하다. 엄밀하게 말해 그것은 번역이 아니다. 코끼리가 '환영 인사 우르릉'을 발언할 때 그 코끼리들은 '헬로'라고 말하는가? 아니면 '내 앞에서 비켜'라고 하는가? 코끼리가 내는 소리의 뜻은 무엇인가?

동물들의 소통

아프리카 코끼리들에게는 '꿀벌이다!'라는 의미에 해당할 것으로 짐작되는 특정한 경보 소리가 있다.[123] 벌들이 붕붕거리는 소리를 들으면 그들은 온통 머리를 흔들어 대면서 달아난다. 또 벌에게서 달아나는 코끼리들의 소리를 녹음한 것만 들어도 머리를 흔들면서 달아난다. 인간의 음성 녹음을 들을 때는 머리를 흔들지 않는다. 그들이 머리를 흔드는 것은 벌을 상대할 때뿐이다. 그것은 달아나면서 성난 벌들이 귀와 코로 들어오지 않게 하려는 동작이다. 미국의 동물원에서 살아 한번도 아프리카 꿀벌의 습격을 당한 적이 없는 코끼리들은 벌의 소리에 반응하지 않는다. 아프리카에서도 나이많은 코끼리들은 즉각 반응하고 더 젊은 것들은 연장자를 쳐다보고 그들의 반응을 따라한다. "엄마가 그들을 위험한 존재로 대하는 것을 보지요. 그런 식으로도 배웁니다." 연구자 루시 킹Lucy King이 어느 날 설명했다. 내 친구 하나는 임팔라가 코끼리들이 들개 떼처럼 비명 지르는 소리를 듣자 달아나는 것을 보았다. 그녀의 안내자는

158

코끼리들이 인간에게나 서로에게 소리를 질러 대도 임팔라는 절대 달아나지 않는다고 설명했다. 그 말이 맞다면 코끼리는 임팔라가 알아듣는 어떤 특정한 의미의 소리를 낸다는 뜻이다.

아기 코끼리도 '우르릉'대지만, 만족감이나 언짢음을 표현하는 전혀 딴판인 '단어' 두 개를 쓴다. 위로받으면 '아아우우르르르르'Aauurrrr라는 소리를 내고, 밀쳐지거나 어금니로 찔리거나 발길에 차이거나 어미의 젖을 거부당하면 '바아루우우'Barooo라는 소리를 낸다.[124] 어미들의 몇 가지 우르릉 소리에는 헤매던 아기를 어미 곁으로 당장 불러오는 즉각적인 효과가 있다. 그러니 그런 소리를 '이리 와'로 해석해도 맞을 것 같다.

코끼리들의 상호행동을 보면 그들이 '떠나자'와 같이 정교하고 세분화된 정보든 아니면 강렬한 감정을 담은 표현이든, 마치 우리가 어조를 통해 상대방을 이해하는 것처럼 서로가 내는 소리를 이해한다는 것을 알 수 있다. '난 참기 힘들어졌어! 가자!'의 의미는 흔히 맥락에 의존한다. 듣는 쪽은 그 맥락을 알기 때문에 그 메시지를 이해한다.

인간의 말speech에서도 일부는 그런 식이다. 의미는 흔히 맥락과 강도에 따라 결정된다. 나는 친근한 말투로든 날카로운 음성으로든 '이봐!'라고 말할 수 있는데, 듣는 사람은 내가 그것을 다정한 인사로 한 것인지, 아니면 위협적인 경고의 뜻으로 한 것인지 알아듣는다. 코끼리가 듣기에, 나팔소리를 내는 코끼리는 누군가가 '이봐!'라고 고함치는 것과 비슷하게 들릴 것이다. 더 섬세한 의미는 소리 내는 쪽의 의도에 실려 있고, 듣는 쪽에 경험이 있다면 그것을 이해한다. 그런 종류의 부호화와 판독은 코끼리들이 4.5킬로그램짜리의 빵덩어리 같은 두뇌로 하는 일 중 하나다.

1967년 이전에는 그 누구도 아주 흔히 볼 수 있는 버빗원숭이가 분명한 의미를 지닌 호출소리를 낸다는 사실을 깨닫지 못했다.[125] 다른 말로 하면 호출소리는 곧 단어다. 위험한 고양이가 나타나면 경고가 발동되어 버빗원숭이 모두 나무 위로 기어 올라간다. 호전적인 독수리나 왕관독수리가 머리 위를 날아가면 경비하던 원숭이의 두 음절 호출소리에 다른 원숭이들이 모두 하늘을 쳐다보거나 땅으로 달려 내려간다(나무 위가 아니다). 그리고 그들은 기민한 새 관찰자들이다. 그들은 검은가슴 뱀독수리black-chested snake-eagles나 등 하얀 맹금류white-backed vultures에게는 반응하지 않는다. 그런 새는 버빗원숭이를 잡아먹지 않기 때문이다. 위험한 뱀을 본 원숭이는 '칙칙'chuttering하는 호출소리를 내어 다른 버빗원숭이들이 뒷다리로 일어서서 땅바닥을 살펴 파충류가 어디 있는지 찾아보게 만든다. 전체적으로 말해 암보셀리의 버빗원숭이에게는 표범, 독수리, 뱀, 개코원숭이, 기타 포식적 포유류, 낯선 인간, 지배자 원숭이, 부하 원숭이, '다른 원숭이를 지켜봐', '경쟁 부대를 봐'라는 의미에 해당하는 단어가 있다. 생후 6~7개월이 된 버빗원숭이들은 경보 호출에 잘못 반응하기도 한다. 가령 독수리 경보가 울리는데 나무 위로 뛰어올라가는 식이다. 2세가 될 때까지 젊은 버빗원숭이는 위험하지 않은 새가 위로 날아가는데도 '독수리'라고 외치거나, 작은 고양이를 보고 '표범'이라고 외치는 수도 있다. 버빗원숭이가 완전히 숙련된 발음을 내려면 사춘기가 시작되는 나이의 절반쯤은 되어야 한다. 인간과 좀 비슷하다.

몇몇 다른 원숭이들에게도 특정한 위협을 의미하는 경보 호출소리가 있다. 그중에서도 티티원숭이, 납작코원숭이, 콜로부스원숭이는 호출소리를 구성하는 개별 요소뿐 아니라 호출 순서로도 다른 정보를 추가 전달한다[126](놀랍게도 몇몇 작은 새도 그렇게 한다. 예를 들면 노란죽지 솔새와 유럽 울새가 그런데, 또 다른 것들도 그런지 궁금하다). 캠벨모나원숭이는 연쇄적인 호출소리를 써서 맹수가 실제로 보이는지 아니면 그의 소리만 들리는지를 알린다. 그것은 순서가 달라지면 의미도 달라지는 통사론적syntax(문법을 구성하는 주요 내용으로, 문장을 구성하는 요소의 결합·배열과 요소 상호 간의 관계를 대상으로 하는 것 ― 옮긴이) 방식이다. 위협이 멀리 있을 때 캠벨모나원숭이는 일종의 형용사적 수식어를 앞에 붙이고 경보 호출을 보낸다. 그 수식어는 낮은 음정의 '붐'이라는 소리인데, 기본적으로 '멀리서 표범이 보인다. 일단 조심해'라는 뜻이다. 붐 소리가 없는 경보는 다급한 의미인 '여기, 표범이야!'가 된다. 캠벨모나원숭이는 표범과 관련된 호출 시퀀스를 세 개, 왕관독수리에 관해서는 네 개를 사용한다.[127] 다이애나원숭이는 캠벨모나원숭이의 경보 호출에 반응한다. 그들은 위험도가 높을 때는 언어 장벽에도 개의치 않는다. 긴팔원숭이 gibbon(동남아시아 삼림지대에 사는 '작은'lesser 영장류)는 최소한 일곱 가지 상이한 호출소리를 모아서 노래로 부른다.[128] 그 노래는 간섭하는 긴팔원숭이를 물리치거나 짝을 유인하거나 포식자가 오는 것을 경고한다. 침팬지는 거의 아흔 가지에 달하는 상이한 호출 조합을 사용하는데, 그중에는 특정한 맥락에 따른 통나무 두드리기도 포함된다.[129] 친근한 암컷의 '팬트 후트'pant-hoot(침팬지 집단에서 멀리 떨어져 있는 침팬지가 자신의 존재를 알리는 호출 신호 ― 옮긴이)는 전체 집단에 자신이 당도했음을 알리지만, 지배자 수컷에게 최종적으로 접근

버빗원숭이들에게는 특정 위험을 의미하는 경보 호출소리가 있다.

하는 동안은 '팬트 그런트'pant-grunt(침팬지 집단에서 서열이 낮은 침팬지가 높은 침팬지에게 접근할 때 내는 소리 — 옮긴이)로 전환한다. 그녀가 실제로 내는 소리가 '안녕, 이제 난 이걸 한다'는 뜻인지도 모른다. 어느 침팬지가 다른 것에게 공격당할 때 피습자는 소리가 들리는 거리에 지위가 높아서 공격을 가로막아 줄 만한 침팬지가 있다면 '과장하는 경향'이 있다.[130]

트리니다드에 간 어느 날 아침, 나와 아내가 머물고 있던 아사 라이트 로지Asa Wright lodge에 있던 한 자연학자는 모트모트라는 새가 '뱀이다!'라는 경고를 발하는 것을 들었다고 말했다. 당연히 우리는 곧 흥분한 모트모트가 날개를 퍼덕거리면서 — 가끔 부리로 쪼기도 하면서 — 쿠크 트리 보아뱀Cook's tree boa 주위를 빙빙 도는 것을 보게 되었다. 다른 새들도 신호를 충분히 이해해 경계에 가담했고, 남몰래 습격하려던 뱀의 기습 효과를 없애 버렸다. 모트모트가 '뱀'이라는 단어를 갖고 있다면 이제는 낯익은 질문이 제기된다. 우리가 무얼 또 놓치고 있을까? 한 가지 힌트를 보자. 조애나 버거의 아마존 앵무새인 티코는 매와 인간, 마당의 고양이와 개에게 각각 다른 호출소리를 적용한다. "전 마당을 보지 않아도 거기에 뭐가 있는지 알아요." 버거는 말한다.

서로에게 다가가는 코끼리 두 마리는 부드럽고 짤막한 환영 우르릉 소리를 낸다. 인간 양육자가 고아가 된 코끼리 이름을 부르면, 이름이 불린 코끼리는 흔히 자기들끼리 하는 것과 동일한 환영 우르릉 소리로 대답한다(실제로 양육자는 영어로 말하고 코끼리는 코끼리 말로 대답한다). 연구자들은 그것이 '헬로, 다시 네 가까이 오게 되어 좋

© 칼 사피나

코끼리들은 흔히 코를 상대방의 입에 대는 방식으로 인사한다. 이는 악수, 끌어안기, 키스가 복합한 행위
라고 할 수 있다.

구나'라든가, '넌 내게 귀중한 존재야' 같은 정도의 의미라고 말한다.[131]

영어에서 '넌 내게 소중한 존재야'You are important to me라는 문장과 '넌 내게 소중한 존재인가?'Are you important to me?라는 문장은 의미가 다르다. 영어 같은 인간 언어에서는 단어의 순서가 달라지면 의미가 바뀐다. 이것이 문법이다. 돌고래 연구자인 루이스 허먼Louis Herman은 "베네치아식 블라인드Venetian blind가 눈이 먼 베네치아인blind Venetian이 아님을 말해 주는 것이 문법"이라고 지적했다.[132] 수많은 소통 전문가들은 진정한 '언어'를 규정하는 특징이 문법에 있다고 여긴다. 그들의 생각이 아마 옳을 것이다.

하와이에서 포획된 돌고래를 연구하던 허먼은 돌고래들이 '존에게서 고리를 받아다가 수전에게 주라'와 '수전에게서 고리를 받아다가 존에게 주라'의 차이를 이해한다는 것을 발견했다. 그들은 문법을 이해했다.

거의 모든 다른 동물들이 갖고 있지 않은 것이 복잡한 문법이다. 그리고 나는 이 점은 매우 확고하다고 본다. 복잡한 문법은 인간 언어의 특징이다. 야생에 사는 돌고래는 그들 나름대로 몇 가지 단순한 문법을 사용할지도 모른다. 몇몇 영장류, 특히 보노보는 인간 문법의 사용법을 몇 가지 배울 수 있다.

이 사실은 뭔가 아주 충격적인 의미를 전한다. 즉 이런 생물들이 인간들의 문법 일부를 정신적으로 조작하고 그에 맞춰 적절하게 대응하는 능력을 갖고 있다는 것이다. 트레이너들은 그것을 살살 달래어 인간들이 탐지할 수 있는 형태로 만들어 낸다. 이는 우리가 서로를 이해할 수 있는 능력과 너무나 비슷한 능력이다.

다른 동물들이 인간과 문법을 써서 소통할 수 있다고 해 봤자, 그 것을 자신과 같은 종의 동물들과 소통할 때 쓰지 않는다면 의미가 없다. 무슨 뜻이냐면, 우리는 이 문제를 아직 완전히 이해하지 못한 것 같다는 말이다.

아마 그들은 문법을 조금 다르게 사용하는지도 모른다. 이런 가 능성이 하나 있다. 많은 동물들은 상황을 조용히 평가하는 능력을 갖고 있으므로, '내가 너를 공격하면 내가 이길 거다'와 '네가 나를 공격하면 내가 패할 거다'라는 등등의 문장 간의 차이를 인식한다. 심지어 물고기도 '난 널 잡아먹을 만큼 크다'와 '넌 나를 잡아먹을 만큼 크다' 사이의 차이를 분명히 이해할 수 있다. 다분히 연령과 경 험에 따라 지위가 결정되는 복잡한 사회적 동물들 사이에서는 '나 는 그녀를 지배할 수 있고 그는 나를 지배할 수 있다'는 공동적 평가 에 있는 것과 같은 종류의 문법이 존재한다. 사회적인 상호행동 수 백 가지는 그런 관계들에 대한 정확한 평가능력에 의존한다.

코끼리나 원숭이가 수십 년을 살아가는 동안 사회적이고 전략적 인 결정에 걸리는 위험과 이익에 대한 평가를 얼마나 많이 내려야 하는지 생각해 보라! 그들은 도약하기 전에 주위를 살펴봐야 할 뿐 만 아니라 정상에 올라갈 확률이 얼마인지도 알아야 한다. 그들의 마음이 잠재적 시나리오 여러 가지와 여러 행위자를 가변적으로 짜 맞출 수 있고 그에 따른 결과를 판단할 수 있다는 것은 분명하다. 선 택picking과 고르기choosing와 구별하기distinguishing란 어떤 의미에서 일 종의 생존 문법이 아닌가? 인간들에게서는 단어의 순서가 바뀌면 단어 간의 관계가 바뀐다는 것을 그들이 배울 수 있는 이유는 그 때 문인가? 아마 이와 무슨 관계가 있을 것이다.

알겠는가? 풀은 여러 다른 우르릉 소리 사이에 여러 다른 나팔소리trumpet가 배치되는 것을 "단순한 형태의 문법으로 간주할 수 있다"고 말한다.[133] 코끼리들의 상이한 나팔소리trumpeting(딕시랜드 재즈는 없더라도 그 외 온갖 관악기 연주는 다 있는 것 같다)는 코끼리들이 어떤 사건에 부여하는 흥분과 '중요성'을 전달한다. 통사론이 단어들이 서로와의 관계 속에서 어디에 놓이는가에 관해 다루는 이론이라면, 맥락 자체가 문법의 일종이다. 의미는 다른 코끼리들과의 관계에서 그 개체가 어디 있는지에 달려 있다. 당신의 개는 문을 긁으면서 자신의 욕구에 대해 독백할 필요가 없다. 당신이 개가 문의 어느 편에 있는지만 알면 된다.

그러므로 이렇게 결론지을 수 있다. 인간은 문장으로 말한다. 다른 동물들은 구절을 사용한다. "연못 주변을 산책하고 싶다. 다른 개들을 몇 마리 만날 수 있을 것이다"라는 문장은 인간의 단어 '걸어, 연못, 개들'로 쉽게 축약될 수 있다. 아니면 말없이 문에 코를 대고 꼬리를 흔드는 것만으로도 의미가 전달된다. 개의 생각이 소통되는 것이다. 기본적으로는 어느 쪽이든 동일한 생각이며 동일하게 원하는 결과를 낳는다. 수천 가지 생물이 고도로 혹독한 환경에서, 단 하나의 부사도 동명사도 쓰지 않으면서 자신들의 의도를 명료하게 신호하면서 살아남아 왔다.

우리는 우연히 말을 하게 되었다. 하지만 우리가 떠들어대는 말은 거의 모두가 더 적은 수의 단어로도 말해질 수 있다(내 편집자가 강조하듯이). 우리가 매일 하는 생각 중에는 기억할 만한 가치가 있는 것이 거의 없다. 이야기하는 것들도 거의 대부분 너무나 하찮것없어서 차라리 말하지 않는 편이 더 나았을 것이다. 허비된 단어를 생각해 보라. 전문 상담사는 우리가 효과 잃은 언어가 휘몰아치는 급류 위에 놓인 다리를 건너가도록 도와주려고 애쓴다. 전쟁의 기술에서는 창과 폭탄이 곧 말이다. 수백만 마디의 말로도 인종적 불의, 이데올로기, 종교들 사이의 간극을 좁히지 못한다는 것이 입증되었다. 유엔을, 기후 대화를, 평화 협상을 생각해 보라.

사랑을, 진정으로 중요한 일들을 활짝 벌린 팔과 손가락 끝과 미소로 소통될 수 있는 방식을 생각해 보라. 아마 문장도 필요 없고 문법도 쓰지 않을 것이다. 이것이 진정한 의도가 가진 고요한 힘이다.

우리는 다른 동물들이 쓰는 단어를 무성의하게 취급하는 경향이 있다. 그저 개는 '짖거나' '낑낑댄다'고만 말한다. 그건 사람들이 '말'하거나 '비명을 지른다'고만 말하고 끝내는 것과 같다. 여러분의 반려견이 내보내 달라고 짖는 것과 현관에 갑자기 나타난 낯선 사람을 보고 짖는 것의 차이를 알아차리기는 어렵지 않다. 우리 귀에도 그 두 가지 짖음의 음정, 음향적 성질, 말의 강도는 다르고 쉽게 분간된다. 여러분의 반려견은 상황을 보고 그것을 여러분이 이해하게 해 준다. 나는 서재에 있어도 주드와 출라가 지나가는 사람을 보고 짖는지, 개를 데리고 지나가는 사람에게 짖는지, 배달원에게 짖는지, 나무 위로 쫓은 다람쥐를 보고 짖는지, 아니면 놀거나 가짜로 싸우는 척하면서 서로에게 짖는지, 짖는 소리를 듣고 분간할 수 있다.

그런데 다른 동물들의 단어에 대해 우리는 거의 음치나 마찬가지다. 우리는 그들의 다양한 소리를 '짖기', '우르릉', '울부짖기' 등 한두 개의 만병통치약 같은 단어로 처리해 버림으로써 그들의 의도와 이해에 대한 우리의 이해를 방해한다.

이제 코끼리 두 마리 혹은 두 그룹이 서로에게 접근할 때 대화가 어떻게 발전하는지 보라. 한쪽이 '접촉 호출소리'를 내기 시작한다. 통역하면, "난 여기 있네, 자네는 어디 있나?" 다른 코끼리가 이것을 듣고 머리를 갑자기 불쑥 치켜든 다음, 폭발적인 우르릉 소리를 내어 "나야, 난 여기 있네"라고 대답한다.[134]

그 다음, 처음 호출한 쪽의 자세가 편안해진다. 마치 이렇게 생각하는 것 같다. "오케이, 자네로군." 그녀는 마치 대답을 확인했다는 영수증을 주듯이 다시 응답할 수도 있다. 가까이 있는 가족 멤버들도 주거니 받거니 함께 응답하며 어울려 들 수도 있다. 동물들이 한곳으로 모여들면서 이런 대화가 몇 시간씩 계속 이어질 수 있다.

호출자들이 만난다. 이제 대화가 폭발하며, 그들의 단어는 강렬하고 겹쳐지는 일련의 환영 우르릉 소리로 변한다. 그 다음에 대화는 구조적으로 아주 판이하고 더 부드러운 우르릉으로 다시 변한다. 이 부분은 흔히 몇 분씩 계속된다.

코끼리에게 복잡한 문법은 없지만 단어는 있다. 그들은 수십 가지 몸동작 및 소리를 구비한 소통 장비를 단일하게도, 복합적으로도 구사한다. 우리는 왜 아직도 그들을 이해하지 못하는가? 다른 동물들의 소통 방법에 대한 인간들의 연구가 처음 시도된 이후 이제 겨우 20~30년밖에 지나지 않았고 그것은 너무 짧은 시간이어서, 코끼리 소통 분야의 개척자들의 연구도 아직 진행 중이다. 또 이 연구를 하는 사람 자체가 전 세계를 통틀어 몇 안 된다.

세월이 흐르면서 코끼리들이 그처럼 폭넓은 범위의 복합적 음향을 개발했는데도, 그것들이 아무렇게나 나오는, 의미를 담고 있지 않은 소리일 가능성이 있을까? 그렇지 않다. 그 의미 범위가 좁을 수는 있지만 이해의 여부가 때로 생사를 가르는 차이를 의미하기도 한다. 그렇지 않다면 그들의 동작과 음향의 레퍼토리와 보유고가 그처럼 교묘해졌을 까닭이 절대로 없다.

인상적인 사실인데, 코끼리들은 매우 먼 거리를 두고도 소통한다. 어떻게 해내는지는 아무도 모른다. 그들이 내는 우르릉 소리의 저주파수는 인간의 가청대역에 포함되지 않을 정도로 낮은 음정이지만, 음량은 크다(로큰롤을 라이브로 들을 때의 음량이 115데시벨인 것과 비교하라).[135] 이론적으로는 9.6킬로미터 떨어져 있는 코끼리들이 그런 호출을 충분히 들을 수 있을 정도로 크다. 코끼리의 발에 있는 파시니 소체小體, pacinian corpuscles(압박과 진동 자극에 민감한 촉각 수용체 — 옮긴이)라 불리는 특별한 수용체receptors(동물이 외계에서 자극정보를 받아들이는 특수 구조의 총칭. 감각기관에 해당하지만 자각적인 뉘앙스를 배제하는 신규 용어 — 옮긴이)가 지면을 통해 전달되는 코끼리의 우르릉 소리를 포착하는 데 도움을 준다는 사실을 우리는 알고 있다. 더 멀리까지도 전달되는 또 다른 호출 방법이 그들에게 있는가? 그들도 인간의 북소리 전달처럼 호출을 연계할까?

코끼리들의 소통에 관한 놀라운 이야기들을 우리는 어떻게 설명할 수 있을까? 예를 들어 보자. 짐바브웨에 있는 어느 개인 소유의 야생보호구역에 80마리가량의 코끼리가 살고 있었다. 그들은 유명 동물들이었고, 매우 느긋하게 주로 관광객 숙소 근처에 사람들이 만든 물웅덩이 주위에서 지내곤 했다. 그곳에서 144킬로미터 떨어진 왕기 국립공원Hwange National Park의 관리들은 그 공원의 코끼리 밀도를 줄이기로 결정하여 수백 마리의 코끼리에게 '몰아붙이기'culling

방식(대기하고 있다가 가족 전체를 죽이라는 지시를 받은 사냥꾼들 앞으로 코끼리들을 헬리콥터로 몰아가는 방법)을 쓰기로 했다. 멀리서 학살이 시작되자, 느긋하게 지내던 관광객 숙소의 코끼리들이 갑자기 사라졌다. 여러 날 지나 발견되었을 때 그들은 왕기 국립공원과 제일 먼 쪽의 보호구역에 똘똘 뭉쳐 있었다. 모스는 말했다. "코끼리들은 아주 먼 거리에서 들리는 괴로움의 호출소리를 탐지할 수 있고, 동료들이 살해되고 있을 때 그 사실을 완전히 알고 있어요."[136] 또한 여러 연구자들은 코끼리들이 어딘가에서 다른 코끼리들이 살해될 때 무슨 일이 벌어지는지 아주 잘 알고 있다고 말했다. 그렇다면 어떻게 아는 것일까?

아마 이와 비슷한 일일 텐데 '코끼리와 소통하는 사람'(엘리펀트 위스퍼러elephant whisperer)인 로렌스 앤서니Lawrence Anthony가 세상을 떠난 뒤, 거의 25마리가량의 코끼리들 — 그가 구조하여 자신의 광대한 사유지에 피신처를 마련해 준 코끼리들 — 이 두 그룹으로 나뉘어 이틀 연속 그의 집에 모여들었으며, 이틀 내내 그 주위를 떠나지 않았다.[137] 사람들은 말하기를, 그들이 그곳에 오지 않은 지가 1년이 넘었다고 했다. 코끼리들이 비통함을 느낄 수 있다는 것은 알고 있다. 그런데 인간을 위해 슬퍼한다고? 걸어서 12시간이나 걸리는 먼 곳에 있던 코끼리들이 한 인간의 심장이 멈추었다는 소식을 어떻게 전해 들었을까? 나는 의심이 많은 사람이기에 증거가 더 있기를, 더 나은 증거가 있기를 바란다. 이런 이야기가 정말 완전히 사실일까?

데이비드 셸드릭 야생동물 보호단체David Sheldrick Wildlife Trust에 의해 구조된 고아 코끼리들은, 나이로비 국립공원의 부설 육아원에서 여러 해 동안 인간의 손으로 젖을 받아먹은 뒤 차보 국립공원Tsavo

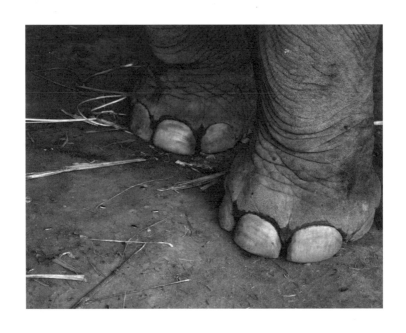

코끼리의 발에는 '파시니 소체'라 불리는 특별한 수용체가 있어서 지면을 통해 전달되는 소리를 포착하는 데 도움을 준다.

National Park으로 가서, 여러 해 먼저 같은 과정을 거쳐 방사되었다가 지금은 야생에서 살아가고 있는 다른 코끼리들과 합류했다. 그곳에서 그들은 더 정상적이고 여러 연령대가 갖춰진 코끼리 사회에 들어가 야생 숲지대에서의 새 삶을 시작했다. 육아원에서 나는 대단히 재능 있는 보호자인 줄리어스 시베가Julius Shivegha와 함께한 무리의 고아들이 있는 숲속으로 트레킹을 나갔다. "고아들이 차보 공원에 처음 오면 우리에게 와서 '여기가 어딘가요? 왜 우리를 여기 데려왔어요?'라고 묻습니다. 인간의 언어로 묻는 게 아니라 어디에 가든 우리를 따라다니는 방식으로 묻는 거지요. 나중에 그들이 다른 코끼리들을 만나 자기들 방식으로 소통하게 되면 그들은 모든 것을 이해하게 됩니다." 셸드릭도 덧붙였다. "더 나이 든 코끼리들은 이 고아들이 어디에서 왔는지 정확하게 알고 있어요. 자기들도 그 육아원을 거쳐 왔거든요."

더 나이 든 코끼리들이 정말로 육아원 시절과 자기들이 어떻게 차보 공원에 왔는지를 기억한다면, 이 신참자들이 어떤 일을 겪고 있는지를 이해한다면, 이는 그들이 자기들의 이야기를 마음속에 담고 있다는, 그리고 자기들이 그런 마음속 이야기를 갖고 있음을 안다는 뜻이 된다. 차보에서 코끼리들의 환영 인사를 본 동물 능력 회의론자들은 뭔가 설명할 수 없는 어떤 광경을 보았다는 확신을 품고 떠나게 된다. 육아원에서 고아들과 함께 일하는 사람들은 의심하지 않는다. 셸드릭은 수십 년간의 경험을 바탕으로 나이로비의 육아원을 떠나는 고아들 무리가 트럭에 실려 출발할 때, 차보에 있는 코끼리들은 그들이 그곳으로 온다는 것을 안다고 주장한다. 숲지대에서 야생으로 살던 어른들이 모습을 나타내어, 어린 신참 고아들이 도착할 때 마중할 차비를 한다는 것이다. 그녀는 그것을 텔레파시라 부른다. 나는 그녀의 주장을 내 마음속의 '있을 수 없는 이야기' 통에 분류해 두었다. 하지만 그 통은 어질러졌다. 코끼리에 관한 '있을 수 없는' 이야기가 많기 때문이다.

통상적으로 인간은 각 생물 종마다 호출소리가 한 세트씩 있다고 짐작하는 것 같다. 인간 사회에 있을 법한 사투리도 없고 상이한 언어도 없다고 생각하는 것이다. 또 암묵적으로 다른 동물들의 언어 활동이 선천적인 것이고 학습될 필요가 없다고 짐작하는 것 같다. 그러나 아주 어렸을 때 야생에서 인간 손에 들어온 동물들, 동물원의 원숭이나 서커스단에 있는 코끼리와 범고래는 다양한 음향, 몸짓, 맥락, 뉘앙스를 써서 소통하는 그들만의 고유한 방식의 중요한 특징들을 전혀 배우지 못했을 확률이 높다.

각기 다른 지역에 사는 새들은 저마다 다른 울음소리를 낸다. 범고래에게도 역시 몇몇 그룹에게서만 사용되고 다른 그룹들에게는 공유되지 않는 호출 단어들이 있다. 이런 차이는 우리 주위 어디에나 있지만 그 현상에 대한 연구는 아직 진행 중이다. 우리는 아직도 그런 행동의 목록을 작성하고 호출소리를 묘사하는 단계에 있다. 그래도 그들의 소통을 통역하는 것은 안타까울 정도로 달성하기 힘든 난제일지도 모른다. 지금으로서는 코끼리들이 무엇을 말하고 이해하는가 하는 것이 코끼리들이 무슨 말을 하는지를 우리가 이해하는 것보다 더 복잡한 문제다.

붙잡고 있기, 놓아주기

"제가 말하는 결속력 강한 가족이란 바로 이런 겁니다." 피시록이 열성적으로 말한다.

식사를 마친 코끼리들이 서로 가까이 모여든다. 어른들은 아이들을 가운데 두고 바깥쪽을 향한다. 진은 아주 천천히 졸렌 쪽으로 뒷걸음질하여 몸에 닿는다. "저들이 모두 함께 서 있으면서 서로에게 기대고 꼬리와 코를 맞대고 있는 걸 봐요……. 이건 완벽해요. 모두가 정말 안전하다고 느끼고 있어요. 아마 곧 선잠을 자겠지요."

아기들은 일족이 안전하게 지켜주는 가운데 큰대(大)자로 드러누워 평화롭게 졸고 있다. 어른들은 그냥 조용히 서 있다. 적어도 조용해 보인다.

"저 코끼리들의 귀가 모두 펄럭이는 모습 보여요?" 피시록이 말한다. "저건 저들이 대화하고 있다는 뜻입니다." 그렇지만 우리는 들을 수 없다.

라이얼 왓슨Lyall Watson(1939~2008: 남아프리카 출신의 식물학자, 동물학자, 인류학자, 생물학자. 어떤 접촉도 없던 원숭이들이 동시다발적으로 같은 행동을 하게 되는 현상, 고구마를 바닷물에 씻어 먹는 원숭이들처럼 어떤 행위를 하는 개체가 일정수에 이르면 그 행동이 특정 집단에만 국한되지 않고 확산되는 현상을 '101번째 원숭이 현상'으로 명명한 것으로 유명하다 — 옮긴이)은 남아프리카의 해변 절벽에서 고래를 지켜보다 경험한 아주 특별히 감동적인 만남을 설명한다.

내가 절벽 꼭대기에서 느꼈던 감정은 뭐랄까. 대기 중에 울려 퍼지는 그런 종류의 감정이었다. (……) 고래가 물속으로 내려갔는데도 내게는 여전히 어떤 감정이 남아 있었다. 이제 그 기묘한 리듬이 내 뒤에서, 육지에서 들리는 것 같다. 그래서 나는 몸을 돌려 협곡 저편을 보았다. (……) 심장이 쿵 내려앉았다…….

그쪽의 나무 그늘에 서 있는 것은 코끼리였다. (……) 코끼리는 바다 쪽을 뚫어지게 바라보고 있었다! (……) 왼쪽 어금니가 거의 밑동부터 부러진 암코끼리……. 난 그녀가 누구인지 안다. 분명히 그녀일 것이다. 내가 그녀를 알아본 것은 삼림수산부Department of Water Affairs가 발표한 '최후의 나이즈나knysna 코끼리'(남아프리카 소재 나이즈나 코끼리 공원에 속하는 코끼리 — 옮긴이)라는 제목의 사진 때문이었다. 이 코끼리는 바로 그 가족의 가모장이었다…….

그녀가 여기 있는 것은 숲속에 더 이상 대화할 상대가 없었기 때문이었다. 그녀는 대양 가장자리에 서 있다. 왜냐하면 그곳이 자기 일족 다음으로 가장 가까운, 가장 강력한 초음파의 원천이기 때문이었다. 낮게 우르릉대는 파도 소리는 그녀가 충분히 들을 수 있는 음역이었을 것이며, 코끼리 무리의 생명의 음향으로 마음을 편안케

해 주는 저주파수 음역에 잠기는 데 익숙해 있던 동물을 위로해 주는 향유 같은 소리였고, 지금으로서는 이것이 그녀가 찾을 수 있는 차선책이었다.

내 마음은 그녀에게 다가갔다. 수많은 코끼리를 낳은 이 할머니가 평생 처음으로 홀로 있다는 생각 자체가 늙고 외로운 다른 수많은 영혼의 환상을 불러내는 비극이었다. 그런데 내가 막 어쩔 수 없는 슬픔에 빠져들 찰나에 더욱 경이적인 일이 일어났다…….

박동이 다시 대기를 채웠다. 느낄 수 있었다. 그리고 왜 그런지 이유를 이해하기 시작했다. 흰긴수염고래가 다시 수면에 떠올라 해안을 향해 떠 있으면서 몸뚱이 전체를 뚜렷이 다 드러냈다. 가모장은 그 고래를 보러 여기 온 것이었다! 바다에서 가장 큰 동물과 육지에서 가장 큰 동물 사이의 거리는 94미터가 채 안 되었다. 난 그들이 서로 소통하고 있다고 확신했다! 초저주파 음파로 함께 소리를 내면서 큰 두뇌와 긴 수명을 공유하면서, 몇 안 되는 자손을 위해 모든 것을 쏟아 부었던 고통을 서로 이해하고, 복잡한 사회성이 가진 의미와 즐거움을 인지하는 이 희귀하고 사랑스러운 위대한 부인들은 이 바위 투성이의 케이프 해변의 뒷담 너머로, 여자 대 여자로서, 가모장 대 가모장으로서, 그들 부류의 거의 마지막 일원으로서 서로 공감하고 있었다.

나는 돌아서서 눈을 껌뻑여 눈물을 떨구고, 그들을 그 자리에 둔 채 떠났다. 일개 인간이 끼어들 상황이 아니었다…….[138]

이른 오후.

그들은 처음부터 이 장소에, 키 큰 풀이 자란 이 장소에 오려던 것이었다. 그들은 한동안 이곳에 있으면서 먹이를 먹고, 바로 근처에는 물이 없기 때문에 해오라기가 있는 곳으로 내려간다. 물은 거기 있었다. 물을 실컷 마신 뒤 그들은 커다란 원형 대형을 이루어 다시 이곳으로 와서 먹이를 좀 더 먹기도 한다. 이런 일은 어른들이 언제 물을 마시고, 언제 목욕하는지 결정하느냐에 따라 달라지게 된다.

코끼리들이 마침내 중요한 움직임을 할 준비가 되면 모두 같은 방향을 바라본다. 그래도 그들은 가모장이 움직이라고 최종 결정하기까지 기다린다. "저는 가모장이 '좋아, 가자'라는 신호를 내리기를 기다리면서 가족들이 줄을 지어 30분 동안 서 있는 걸 봤어요." 피시록이 말한다.

그리고 이제 그들은 간다. 11세 마켈렐레는 심하게 절름거리며 걷는다. 5년 전에 그는 오른쪽 뒷다리가 부러진 채 나타났다. 심하게 아팠을 것이고, 낫기는 했지만 끔찍하게 뒤틀려 버렸다. 마치 무릎이 뒤쪽을 향한 것처럼, 말 뒷다리의 닭무릎hock 같은 모양의 다리가 되었다. 그래도 그는 여기 있었고, 친구들로부터 조금씩 도움을 받아가며 살고 있다. "그는 속도가 느려요. 그가 그럭저럭 해 나가는 건 놀라운 일입니다. 가족들이 그를 기다려 주는 것 같아요." 피시록이 인정한다.

티토라는 이름의 또 다른 암보셀리 코끼리는 생후 1년이 되었을 때 다리가 부러졌다.[139] 아마 쓰레기 구덩이에 떨어져서 그랬을 것이다. 그는 느린 속도로 아주 힘들게 걸었는데, 걸을 때마다 아파서 그런 것 같다. 그의 어머니는 언제나 그를 기다려 주었고, 절대 그가 뒤처지게 하지 않았다. 그는 꼭 5년을 살았다. 마켈렐레는 그보다 두 배도 더 오래 살고 있다.

마켈렐레의 가족은 여기저기 많이 돌아다닌다. 탄자니아 안쪽으로 32~40킬로미터씩 간다. "그건 먼 길이에요." 피시록이 평가한다. 하지만 보아하니 그는 잘 해내고 있는 것 같다. 여전히 살도 통통하다.

마켈렐레는 적어도 가족에서 독립할 수 있을 만큼 오래 살아남을 것이다. 나는 마켈렐레에게 나쁜 다리보다 더 큰 어려움이 나타나지 않기를 바란다. 코끼리들의 출생률이 높지만 인구도 폭발적으로 늘었다. 거기에 인간이 상아에 욕심을 부리는 게 문제가 되고 있으니, 코끼리들 입장에서는 최고인 동시에 최악의 시절이기도 하다.

"당신은 그들의 생애에서 일어나는 좋은 일들을 보고 있어요." 아침식사 때 모스가 내게 말한다. "보살핌, 충성스러움, 연대감, 다정함, 협동심…… 이런 것들은 인간들도 자신의 삶에서 누렸으면 하는 것들이지요." 그들이 아기를 도와주고 서로를 도와주는 것을 본다. 또 아주 드물고 특별한 모습을 흘끗 보게 되기도 한다. 어느 코끼리가 코를 쓰지 못하는 다른 코끼리에게 먹이를 먹여준다. 어떤 코끼리가 죽은 코끼리에게 먹이를 먹이려고 애쓴다.[140] 다치거나 절망적인 상태에 놓인 인간을 만난 코끼리가 어떤 반응을 보이는지 앞에서 이야기한 바 있다. 이런 수십 가지 몸짓이 보여주는 것은 코끼리가 인간과 비슷하다는 의미가 아니다. 그런 몸짓은 코끼리들도 우리와 다르지 않게 그들 간의 관계를 알고 있고, 몸뚱이와 음성과 향취와 마음을 사용하여 그들의 사회적 가치를 유지하고 강화하고 협동하는 수많은 방법을 갖고 있다는 것을 나타낸다.

ⓒ 칼 사피나
가족들의 몸 그림자 속에서 쉬고 있는 새끼 코끼리들.

1980년경, 암보셀리 국립공원에 있는 한 숙소에서 관광객들에게 보여주기 위해 의도적으로 코끼리들을 먹이로 꾀어 로지 안으로 끌어들인 적이 있다. 그 코끼리들은 순진하게 돌아다니다가 얼마 안 가서 그 로지의 나무와 부엌 시설을 부쉈다. 사람들은 고함을 지르기 시작했고, 코끼리들에게 물건을 던져 쫓아내려고 했다. 심지어 막대기와 빗자루로 때리기까지 했다. 코끼리라면 누구나 그처럼 위협하는 인간을 귀찮은 모기인 양 쫓아 버릴 수 있었을 것이다. 그들은 충분히 그럴 만큼 도발당했고, 그렇게 할 기회도 얼마든지 있었다.

"하지만 터스크리스와 다른 코끼리들은 항상 인간을 때리는 일을 피했어요. 어느 날 타니아가 참을성을 잃고 어느 여성 관광객에게 달려든 적이 있어요. 그 관광객은 숙소 쪽으로 달아나다가 잔디밭에 넘어지고 말았죠. 고작 두어 피트 뒤에서 달려오던 타니아는 끼익 미끄러지며 급정거를 하더니 그녀 곁에 우뚝 섰어요."

그 코끼리는 뒷걸음질 치더니 돌아서서 가족을 향해 어슬렁어슬렁 걸어갔다. 살짝이라도 부딪혔더라면 그 관광객이 죽었을 확률이 컸다. 그 여자가 자신을 짜증스럽게 했는데도 타니아가 부딪히지 않으려고 얼마나 애를 썼던지, 땅바닥에 미끄러진 자국이 깊게 남을 정도였다.[141]

그들은 왜 그 같은 자제력을 보일까?

우리는 한 인간을 친절하게 행동하도록 만드는 동기가 무엇인지 다른 동물들은 이해하지 못할 것이라고 추측한다. 이와 비슷하게, 우리 인간들은 코끼리가 왜 참을성을 발휘하는지 이해하지 못한다. 코끼리들은 싸움을 삼가는 성향을 보이며, 양쪽 모두에게 피해를 입힐 수 있는 폭력을 굳이 쓰지 않고도 자신들의 생각을 주장하고 지배력을 보여 줄 사회적 기술을 갖고 있다.

가끔 우리는 다른 동물들에게서도 절제력을 본다. 화가 나도 공격하지 않는 개를 본 사람들도 많다. 수화sign-language(손짓 언어, 신호 언어) 사용 훈련을 받은 '님이'라는 침팬지는 실제로 물거나 공격하는 대신에 '물어'와 '화났다'라는 신호를 했고, 그러고 나면 분노가 사그라들곤 했다.[142] 신호를 쓰는 일이 분노를 표현할 필요를 충족시켜주는 것 같았다.

코끼리는 보복을 계획할 수 있다. 그렇다면 그들은 인간에게 해를 끼치면 차후에 자신들이 곤란해진다는 것도 꿰뚫어 볼 수 있는가? 타니아가 만약 그 여자 관광객에게 해를 입혔다면 틀림없이 목숨을 잃었을 것이다. 정말 상대가 인간이기 때문에 그녀를 다른 동물과 다르게 대한 것일까? 코끼리가 성가신 하이에나를 다치지 않게 하려고 급브레이크를 밟는다는 것은 상상하기 힘드니 말이다.

터스크리스(BB 가족에 속하는 부치의 어미인 빅 터스크리스와 혼동하지 말 것)와 타니아 및 그 가족은 모스의 연구 캠프에 꼬박꼬박 찾아왔다. 모스는 터스크리스가 "똑똑하고 용감하고 창의적이고 대담하며, 그러면서도 내가 이제껏 본 어떤 동물보다도 더 다정한 성품을 가졌다. 그녀와 가족들이 가끔씩 아무리 못되게 굴더라도 나는 그녀에게 진심으로 깊이 화를 낼 수가 없었다"라고 쓴 바 있다. 모스는 터스크리스에게 느끼는 자신의 감정을 "사랑과 경탄"이라고 설명하면서, "그들은 야생동물이지만 그들과 우리는 서로를 받아들이며 가끔은 어떤 일이 허용되며 어떤 일은 허용되지 않는지 이해한다"[143]라고 썼다.

하지만 코끼리가 자신이 해도 된다고 인식하는 일을 전달하려 할 때 그에 대한 인간의 반응은 대개 패닉에서 폭력에 이르기까지 다양하다. 1997년 1월의 어느 날, 사람들이 케냐 야생동물 보호청 Kenya Wildlife Service에다 어금니가 있는 수컷 코끼리가 자기들 소 한 마리를 죽였다고 불평했다. 보호청 직원이 현장에 도착해 보니, 새끼들을 거느린 암컷들 가족이 있었다. 직원들은 이들을 2시간 넘게 추격했다. 결국 탈진한 가모장이 자기 가족을 보호하려고 몸을 돌려 맞서자 그들은 총을 쏘아 그녀를 죽였다. 그 가모장이 바로 터스크리스였다.

터스크리스가 등장한 야생동물 영화는 100편이 넘는다. 암보셀리의 코끼리 중에서 그녀를 가장 많이 촬영해 갔고, 전 세계 그 어떤 야생 코끼리보다도 방문객들에게 더 많은 놀라움과 즐거움을 안겨 주었다고 모스는 말했다. 그녀의 죽음에 "도저히 상상 못할 정도로 가슴이 아파요"라고 모스가 덧붙였다.[144]

마사이족과 코끼리

오늘 아침 캠프에는 새 뉴스가 돌고 있다.[145] 지난 10년 동안 밀렵꾼들이 아프리카 코끼리 10만 마리를 죽였다는 내용이다. 그 10년 동안 중앙아프리카는 코끼리 중 65퍼센트가량을 잃었고, 그 외 지역에서도 개체 수가 줄어들었다.

그 숫자 앞에서 나는 정신이 멍해졌다. 그 잔혹상과 내가 사랑하게 된 이 친절하고 같은 종류의 영혼을 가진 생물 사이의 엄청난 간극으로 인해 나는 아무 생각도 할 수 없었다. 10만이란 어처구니없는 숫자, 내 마음이 자리 잡고 있는 세상과 양립할 수 없는 숫자였다.

사이얄렐은 코끼리가 계속 줄어드는 현실을 확인시킨다. "처음에는 큼직한 상아를 가진 큰 수컷들이 많았어요. 그런데 이제는 적어졌습니다. 비교할 수가 없어요."

상아, 가장 시커멓고도 흰darkest white 물건. 코끼리 살해는 아프리카 전역에서 또다시 급속히 늘었다. 상아 매매 금지령이 내리기 전인 1990년대 초반 수준으로 돌아갔다. 사이얄렐은 베이비붐이 있었든 없었든 앞으로 코끼리들이 살아남기가 힘들어질 것이라고 보았고, 이에 동조하는 사람들이 많다.

이 공원은 경계가 불분명하다. 코끼리들은 걸어서 들락거린다. 암보셀리의 코끼리들이 떠나고, 킬리만자로의 코끼리들이 들어온다. 그들은 탄자니아로 이리저리 돌아다니고, 차보 국립공원의 수컷들은 이쪽으로 넘어온다. 그런데 차보는 국립'공원'이지만, 코끼리들이 소풍갈 만한 분위기인 곳은 아니다. 밀렵꾼들은 코끼리를 죽이고, 경비대원들은 밀렵꾼을 죽이며, 밀렵꾼들은 경비대원을 죽인다. 순찰이 강화되고 있고, 총을 쏘면 위치가 발각되기 때문에, 밀렵꾼들은 다시 과거처럼 독화살을 쓴다. 2014년에 밀렵꾼들은 3개월 간격을 두고 독화살 공격을 두 차례나 가하여 케냐에서 가장 큰 코끼리인 사타오라는 수컷을 죽인 뒤, 90킬로그램에 달하는 그의 어금니를 가져갔다. 이것은 암살이나 마찬가지다.

그런데 그처럼 코끼리들에게 위험한 상황인데 왜 울타리를 쳐서 코끼리들을 안에 넣고 인간을 몰아내지 않는가?

"그건 자연보호가 아닙니다. 그런 건 정원 가꾸기지요." 피시록이 단호하게 말한다. "또 울타리 친 정원이 장기적으로 볼 때 동물원보다 더 잘 유지될 수 있을지도 알 수 없어요. 코끼리들을 이 이상 더 잃으면 안 됩니다. 이미 너무 많은 수를 잃었거든요."

암보셀리의 어느 수컷 코끼리가 이곳에서 직선거리로 약 136킬로미터 떨어진 나트론 호수로 갔다. 말하자면 이런 행동을 하는 게 진짜 코끼리다. 그들은 세상이 원래 그들을 만든 방식 그대로, 세상에서 그들이 만들어진 그대로 살아간다. 위험에 처한 것은 현실 그 자체다. 하지만 현실은 모래가 손가락 사이로 빠져나가듯 사라지고 있다.

남아 있는 코끼리 가운데 많은 수가 무척 겁에 질려 있는 것은 분명하다. 최근의 어느 연구에 따르면 지도자를 잃고 뒤에 남은 코끼리들은 최소한 15년 동안 스트레스 호르몬 수치가 높아져 있으며, 새끼를 더 적게 낳는다고 한다.[146] 여기서도 우리는 죽음이 생존자에게 어떻게 영향을 미치는지 본다.

내가 대학원에서 만난 리처드 루지에로Richard Ruggieroo는 중앙아프리카에서 코끼리들과 30년간 지낸 뒤 이렇게 말했다. "이들은 뭔가 끔찍한 일이 자신들에게 일어나려 한다는 것을 어떤 방법으로든 인식하는 동물이며, 종족 학살이 진행되고 있음을 정말로 아는, 지각력이 매우 뛰어난 동물이다."[147]

"그들은 이곳이 안전하다는 걸 알아요." 피시록이 말한다. "공원 밖에서 뭔가 좋지 않은 일이 발생하면 그들은 공원 안으로 달려 들어옵니다."

그러니까, 그녀의 말은 코끼리들이 죽어 쓰러지지 않으면 그렇게 한다는 뜻이다.

국립공원 안, 풀을 죄다 뜯어 먹힌 장소로 나왔다. 가축의 짓이다. 마사이족의 청년 전사이며 목축을 담당하는 모란moran 몇 명이 소와 염소를 데리고 걸어간다. 그들은 붉은색 슈카shuka를 입고 있고, 지금도 전통적인 창, 룽구rungu라는 몽둥이, 날이 넓은 시미simis라는 칼을 들고 다닌다. 그들은 전통적인 방식으로 머리를 길게 땋아 내렸으며, 금속 고리가 달린 머리띠로 장식을 했다.

그들의 가벼운 발걸음은 권위 있게 춤사위처럼 움직인다. 그들은 특정 시간에 가축을 끌고 공원 안에 들어와서 특정 장소에서 물을 먹이고, 가끔은 풀을 뜯게 해도 된다는 허가를 받았다. 규칙을 정하는 것은 그들이 아니므로, 그 법을 지키기도 하고 어기기도 한다. 마사이족은 자신들의 우물이 마르면 합법적으로, 또 가끔은 불법적으로 가축을 데리고 공원에 들어온다. 그들은 자신들이 공원에 들어오는 이유가 관리가 약속대로 우물을 관리해 주지 않았기 때문이라고 주장한다. 이는 의견 충돌과 불화의 또 다른 원인이 된다.

이 근처에서 코끼리들이 인식해야 하는 가장 중요한 위험요소는 토착 목축민, 즉 마사이족이다. 아이러니한 일이다. 그 아이러니 중 일부는 마사이족이 오랫동안 차지하고 있었던 엄청나게 넓은 지역에서 야생동식물이 번성했다는 데 있다. 마사이족인 사이얄렐은 마사이족이 야생동물 고기를 먹지 않는다는 점을 일깨워 주었다. 야생동물은 '신의 가축'으로 간주된다. 그래서 마사이족이 사는 지역에서는 야생동물을 볼 수 있다. 내가 1980년대에 처음 아프리카에 갔을 당시, 어느 마사이족 친구와 함께 지낸 적이 있다. 그때 우리는 로이타 힐스Loita Hills에서 얼룩말, 가젤, 마사이족의 가축들과 함께 자유롭게 돌아다녔고, 모닥불을 피웠다. 벽에 가축 똥을 바른 흙움막에서 잤으며, 옛날옛적 아프리카Old Africa의 꿈을 꾸면서 아침을 맞았다.

실제로 그렇든, 평판에 지나지 않든 사나운 마사이족은 외부에서 들어온 밀렵꾼을 용납하지 않을뿐더러 그들의 위장을 폭로하는 일도 많다. 마사이족은 밀렵을 감시해 왔고, 암보셀리의 코끼리들을 다른 많은 지역의 코끼리들에 비해 상대적으로 안전하게, 또 상대적으로 자유로이 이동할 수 있도록 지켜왔다.

과거에 마사이족은 현재의 탄자니아 중심부에서 960킬로미터 떨어진 남쪽 지역 케냐 중심부 지역을 차지하고 살았다.[148] 1904년에 유럽 이주민들을 정착시키기 위해 영국 식민행정당국은 마사이족을 과거 그들 영토의 10퍼센트에 불과했던 보호구역 두 곳에 몰아넣었다. 그리고 1911년에는 유럽인 농부들에게 줄 땅을 더 마련하기 위해 마사이족을 보호구역 한곳으로 몰아넣었다. 농부들은 부족민이나 코끼리 가족들에게 공간을 내주기 싫어했고, 본질적으로는 두 집단을 작물에 대한 해충 정도로 여겼다.

마사이족은 오랫동안 야생의 삶과 공존해 왔다. 그런데 유럽인들이 땅을 점령하고 동물들을 쏘아 죽이면서부터 야생생물의 수는 급격히 줄어들었다. 그러다가 유럽에서 야생생명을 보존해야 한다는 압력이 높아지자 마사이족의 땅에 관심을 갖게 되었다. 그곳은 케냐에서 야생 상태로 사는 동물의 밀도가 가장 높은 지역이었다. 이 쓰라린 아이러니를 알겠는가. 1940년대에 영국은 마사이족을 몰아내고 야생동물 보호구역을 지정하여 마사이족을 생존에 필수적인 수원지로부터 차단하기 시작했다. 1961년, 암보셀리 야생동물 보호구역의 중심부에 가축을 데리고 출입하지 못하게 되자 마사이족은 이에 항의하여 코끼리와 코뿔소를 창으로 잡기 시작했다. 마사이족에게 야생동식물 보호는 식민지적 불의의 불길한 유산이었다.

목축민들이 농부에게 양보하고 도시가 야생동물과 그들의 땅을 완전히 빼앗아 버렸지만, 마사이족 목동이 있기 때문에 이곳에 야생동식물이 아직 조금이라도 남아 있을 수 있는 것으로 보인다. 그들은 문제유발자가 아니다. 공원 경영이 그처럼 높은 수익을 내는 것은 마사이족의 전통적인 토지 운영 방식 덕분이다.

"생각해 보세요. 우리 코끼리들은 삶의 80퍼센트에 달하는 시간을 공원 밖의 마사이 땅에서 지내요. 여기 있는 감시원은 아마 40명 정도일 거예요. 저 바깥에는 마사이족 전사가 3,000명이나 있답니다." 피시록이 정의롭게 말한다.

코끼리들에게 공원은 너무 좁기 때문에 공원을 떠나지 않을 수 없다. 목축민들은 자신들의 땅에 물이 부족하기 때문에 공원으로 들어온다. 코끼리들은 공원 밖에서 목축민과 부딪히고, 공원 안에서도 목축민과 부딪힌다. 공존의 무시무시한 대칭성. 동일한 욕구가 상충하는 긴장 관계다.

피시록이 생각할 때 이곳 코끼리의 미래는 마사이족에게 그들 본래의 보호권custodian을 계속 가질 기회를 주는 데 달려 있다. 그렇다고 해서 코끼리와 마사이족의 관계가 언제나 평화로웠던 것은 아니다. 이 연구 프로젝트가 진행되어 온 지난 40년 동안 마사이족의 창은 수백 마리의 코끼리를 죽였다.

마사이족은 코끼리를 존경하지만 그들을 욕하기도 한다. 그들은 인간과 코끼리에게만 영혼이 있다고 믿는다. 마사이족 문화에는 집을 떠나는 신부가 절대 뒤를 돌아봐서는 안된다는 미신이 있다. 한 신부가 뒤를 돌아보았다가 최초의 코끼리가 됐다는 이야기도 전해진다. 코끼리의 젖이 인간의 젖가슴과 비슷하게 생긴 것도 그 때문이라고 한다. 또한 마사이족에게는 인간이나 코끼리 뼈를 보면 그 위에 풀을 덮어 존경심을 표하는 전통이 있다. 다른 동물에게는 이런 행동을 해 주지 않는다.

외부인을 잔혹하게 대한다는 마사이족의 이유 있는 명성 덕분에 이 땅은 수백 년 동안 열려 있었고 야생동식물로 가득 찬 곳이 될 수

성년식을 지내고 사춘기로 접어든 청년들을 가리키는 마사이족의 모란은 자신의 혈기 왕성함과 반항심을 코끼리에게 풀기도 한다.

있었다. 좋은 소식은 이 장소가 여전히 열려 있고 자유롭다는 사실이다. 나쁜 소식은 울타리는 없지만 다른 압박이 죄어들고 있다는 사실이다.

마사이족 땅의 많은 부분은 다시 여러 구역으로 나뉜다. 이제 마사이족 땅주인들은 각각 약 7만 3,000평씩 소유한다. 그런데 외부인들이 마사이족으로부터 땅을 사들이고 있다. 땅을 판 사람들은 현금은 쥐게 되지만 생계 수단은 잃게 된다. 땅을 떠난 그들은 오토바위 따위를 사곤 하는데 유지비가 많이 드는데다 소처럼 생계수단이 되어 주지도 못한다. 결국 많은 사람들의 생활수준이 급락하게 된다. 띄엄띄엄 널린 새 주인 소유의 작은 땅은 관광과 농경 용도로 개발되고 있다. 물론 관광객 숙소와 농장이 들어서면 식생을 계속 오염시키고, 야생동물의 이동도 차단할 것이다. 일을 잘못되게 만드는 대단한 시스템이다.

원래 마사이 문화에서 상아는 별 쓸모가 없었다. 그러나 상아의 자연적 공급이 줄어들자, 상아를 팔면 벌 수 있는 돈이 일부 사람들에게는 거절할 수 없는 너무 큰 유혹으로 다가왔다. 대개 '전사'로 번역되는 모란은 성년식을 지내고 사춘기로 접어든 청년들을 가리킨다. 몇 년 동안 그들은 전통적으로 그들 부족 공동체에서 수호자이면서 공격자 역할을 한다. 기본적으로는 전투원이다. 그런데 인구가 늘어나면서 그들은 할 일이 거의 없는 젊은 남자 집단이 됐다. 이런 상황에서 코끼리는 그들이 반항과 화풀이를 할 광고판이 될 수 있다. 보복심리부터 사춘기의 허세, 정치적 항의에 이르는 다양한 이유를 들어 마사이족은 종종 코끼리를 공격한다.

피시록은 에즈라라는 이름의 코끼리에 대해 말해 주기 시작한다.

"한창 발정기에 있을 때 그는 내 차로 걸어와서는 '안녕'이라고 인사하곤 했어요. 그는 정말 다정한 수컷이었지요."

이 이야기의 결말이 무엇일지 짐작해 보라.

"그는 46년 동안 이런 구릉지대를 걸어 다녔어요. 그는 어느 것도 조금도 다치게 하지 않았어요. 농작물을 뜯어먹는 부류가 아니었다고요……."

그러던 어느 날 몇몇 모란들이 정치적 항의의 의미로 그에게 창을 일곱 자루 던졌다. "사람들이 오랫동안 그를 따라다녔어요. 하지만 상처가 너무 심해서 정말 누구도 손을 쓸 수가 없었어요. 그는 그냥 한없이 피를 흘리더군요. 그냥…… 출혈이 너무 심해 죽었어요. 그를 마지막으로 본 곳을 지나갈 때마다 전……."

잠시 침묵이 흘렀다. 나는 습지대에서 코끼리들이 코끼리 방식으로 행동하고 있는 것을 바라보았다.

"그들은 자신들의 공동체가 존중받지 못한다는 것을 문제 삼았어요." 피시록이 말을 계속한다. "그러니까 제 말의 뜻은…… 그 점에 관해서는 그들이 옳다는 거예요." 국립공원 관리자는 어린 소년이 들소에 받혀 죽었다는 사람들의 말을 듣고 보상금 지불을 위해 사태를 파악하러 나갔다. 그리고 그 관리자는 가족들이 보상금을 노리고 아들을 죽인 게 아니냐는 암시를 흘렸다. "그 때문에 사람들이 굉장히 화가 났어요. 그건 정말 모욕적인 일이에요. 내 말 뜻은…… 마사이족은 좋은 종족입니다. 그들은 누구 못지않게 자기 아이들을 사랑해요. 여기서도 인간의 생명을 중요하게 여겨요." 그 관리자는 마사이족이 아니었다. 이 때문에 부족들 간의 편견이라는 더 큰 문제가 제기된다.

지난여름, 피시룩은 모란 300명이 항의의 의미로 창을 던질 동물을 찾아 공원으로 들어온 것을 보았다. "정말 보기 괴로웠어요. 이 젊은이들이 통제불능의 상태가 되면 우리가 할 수 있는 일이 전혀 없기 때문에 정말 무서웠어요." 참정권을 부여하면 코끼리가 있고, 참정권을 박탈하면 부작용이 생긴다.

다른 무엇보다도 암보셀리의 코끼리들은 마사이족을 두려워한다. 그럴 이유가 충분히 있다. 800미터가 떨어진 곳에서도 마사이족을 보거나 냄새를 맡으면 그들은 공포에 질려 달아난다.[149]

코끼리들은 여러 종류의 인간에게 각기 다르게 반응한다. 연구자 리처드 번Richard Byrne과 베이츠가 코끼리와 거의 교류가 없는 농경 부족인 캄바Kamba족 사람이 입은 티셔츠, 혹은 창을 휘두르는 마사이족이 입은 티셔츠, 또는 연구자들이 입은 티셔츠를 암보셀리 코끼리들 앞에 내놓자, 코끼리들은 마사이족이 입은 티셔츠 앞에서만 두려운 기색을 보였다. 그들의 냄새와 식별 감각은 그 정도로 뛰어나다. 또 마사이족에 대한 그들의 두려움도 그만큼 크다.

인간은 코끼리의 음성이 갖는 미세한 차이들을 쉽게 알아내지 못할 수도 있다. 하지만 코끼리들은 100마리가량의 다른 코끼리들을 각자의 음성으로 각각 식별할 수 있을 뿐만 아니라 인간의 언어도 구별할 수 있다. 마사이족의 언어나 영어로 하는 말을 각각 녹음해서 들려줄 때 확성기에서 나는 냄새는 언제든 똑같다. 그런데도 코끼리들이 연구자, 마사이족 목동, 캄바족 농부들의 음성 녹음 중 듣고 두려워하는 것은 마사이족의 음성을 들려줄 때뿐이다.[150]

연구자들이 마사이족의 소 방울 소리를 녹음해 열두 마리 이상의 코끼리 가족들에게 들려주자 그들은 순식간에 얼어붙었다. 그 다음에는 확성기를 마주하더니 머리를 이리저리 돌리면서 그 음성이 어디에서 나오는지 정확하게 알아내려고 애썼고, 그러는 동안에도 코를 쳐들어 공기를 검사했다. 그들은 서로에게 바싹 다가서더니 몸을 돌리고 뒤로 물러났다. 대개는 뛰어서 물러나는데, 270미터까지 멀어지기도 한다. 그곳에서 그들은 어린 것들을 가족 그룹의 중심부에 집어넣고 바싹 결집하여 뭉친다. 연구자들이 윌드비스트의 음성 녹음을 들려줄 때에는 코끼리들이 한 걸음도 멈추지 않았다. 아무도 소리가 나는 쪽으로 머리를 돌리지 않았다. 이는 코끼리들이 상황을 파악하는 능력이 얼마나 탁월한지 말해 준다.

어떤 높은 수준의 과제를 해내는 정신 능력high-performance mental abilities에 큰 두뇌가 꼭 필요한 것은 아니다(예를 들어 까마귀를 생각해 보라. 까마귀의 두뇌는 아주 작지만 그 정신 활동은 놀라울 정도로 뛰어나다). 그렇기는 해도 코끼리의 두뇌는 아주 크다. 거의 모든 포유류와 비교할 때, 신체 크기에 비례하여 짐작할 수 있는 것보다도 더 크다.[151] 코끼리의 두뇌는 다른 어떤 육지 동물의 것보다 더 크다. 피라미드 형태인 코끼리의 뉴런, 운동 조절motor-control과 인지와 재인지, 기타 다른 능력을 가능하게 도와주는 신경세포는 인간의 뉴런보다 더 크며, 훨씬 더 많은 연결에 적합하게 구축되어 있다. 코끼리의 고도 기능을 가진 기억 용량과 학습 능력은 이것에 의해 창출되는지도 모른다. 또 코끼리가 배워 왔고 기억하고 있는 일 가운데 하나는 인간은 똑같지 않고, 어떤 인간들은 위험하다는 사실이다.

이 코끼리의 코에는 갓 아문 창 상처 흔적이 있다. 그 상처에 대해 생각만 해도 너무 괴롭다.

"좀 나은 것 같군." 피시록이 평가한다. 예전에는 상처에서 진물이 흘렀다고 한다.

"코끼리는 가끔 인간을 죽이기도 합니다." 피시록이 내게 일깨워 줬다. "어떤 코끼리는 그냥 인간을 증오하고, 기회만 닿으면 해치려고 해요."

왜 그런지 물었다.

"나쁜 일이 있었던 거지요. 인간과 부정적인 접촉을 한 적이 없는 코끼리가 인간을 증오한다는 건 상상도 못할 일이에요."

인간들의 폭력을 겪었거나 본 적이 있는 코끼리의 비율은 얼마나 될까?

"흠……." 피시록은 생각한다. "AA 가족(AAs) 중 10세가 넘은 멤버들은 모두 인간 때문에 가족을 잃은 경험이 있어요. AA 가족은 공원 밖으로 나간 적이 거의 없는데도 말입니다. JA 가족 역시 공원을 떠나지 않지만, 잭슨의 귀에 있는 큰 구멍은 창 때문에 생긴 상처예요. EB 가족, EA 가족……. 정말로, 지금 생각해 보니 모든 가족이 인간 때문에 뭔가 부정적이고 폭력적인 일을 겪었네요."

즉 그들이 인간들의 공격을 목격했거나 그로 인한 공포를 겪은 적이 있다는 뜻이다. 일부는 상처를 입었고 고통을 느꼈다.

그리고 가끔 코끼리들도 기회가 생기면 입장을 바꾼다. 마사이족의 생활방식이 변하고 있지만 여전히 많은 마사이족이 목축민이며, 소가 그들 생계의 수입원이다. 그런데 페넬라라는 코끼리는 소를 죽이곤 했다. 결국 페넬라는 사라졌다.

코끼리가 왜 소를 죽였을까?

코끼리는 당나귀를 절대 죽이지 않는다. 당나귀는 여자들의 소유물이다. 그리고 여자들은 당나귀를 데리고 숲으로 절대 들어가지 않는다. 남편들이 좋아하지 않기 때문이다(남편들이 좋아하지 않는 이유가 딱히 자신의 아내들의 안전을 걱정하기 때문은 아니라고 짐작된다). 그래서 당나귀는 자기들끼리 돌아다니다가 돌아온다. 그러나 소는 남자와 소년들과 함께 숲으로 간다. 가끔은 9~10세 소년들이 목동 노릇을 하기도 한다. 그들이 가는 길에서 코끼리를 발견하기란 쉽지 않다. 기습은 나쁜 일이다. 건기에 마사이족은 마지막 남은 수원지에 소를 데려온다. 목동들이 물구덩이에서 코끼리를 밀어내려 하면 긴장감의 불길이 일렁인다.

그러니 남자들이 가축을 데리고 와서 코끼리들과 만나게 하는 것이다. 불씨 노릇을 하는 것은 남자들이다. 소가 등장할 때마다 코끼리가 인간들로부터 괴롭힘을 당하게 되면 그들은 소를 싫어할 수 있다. 가끔은 거부감을 표시하기도 한다. 그러면 인간은 창으로 응답한다. 그러면 코끼리는 다시 보복으로 소와 인간을 더 많이 죽이게 된다. 보복과 재보복은 악순환을 그리며, 부족 간의 전쟁이 그렇듯 좀처럼 꺼지지 않고 해답도 없다.

다만 돈은 해결책이 된다. 마사이족에게 소는 곧 돈이기 때문이다. 요즘 암보셀리 주변의 마사이족은 '위로금'을 받을 수 있는데 그 돈이면 코끼리를 보복의 악순환 밖으로 꺼내줄 수 있다. 마사이족과 코끼리의 화해를 목표로 하는 돈인 셈이다. 이제 이런 코끼리에게 던지는 창은 줄어들었다. 그 돈은 어디서 나오는가? 선물과 온라인 기부금에서 나온다.

그날 늦게 우리는 밤을 지내기 위해 숲 밖으로 나와 모여드는 큰 무리의 코끼리 떼를 만났다. 그들은 저무는 태양이 비스듬히 던지는 금빛 햇빛 속에서 평원을 가로질러 가고 있었다. 우리가 명백히 느끼고 볼 수 있는 것처럼 그들의 핵심적인 자치 원리는 단순했다. '우리도 살고 타인도 살게 한다'는 것이다. 코끼리들의 원리는 우리 것보다 더 소박하다. 코끼리들은 인간 중 빈민, 부족민과 비슷하다. 그들이 세상에 원하는 몫은 크지 않다. 그들은 세상의 것들을 우리보다 적게 가져간다. 그들은 나머지 세상과 더 잘 공명하며 살아간다.

수백 마리의 다른 코끼리들이 먼지 나는 평원을 가로질러 멀리 있는 언덕을 향해 터벅터벅 걸어갈 때, 무슨 이유에서인지 한 가족만 깊고 무성하게 식물이 자라는 샘물의 솟아나는 물구덩이에서 아직도 물을 뿌리며 뒹굴고 있었다. 아마 그들은 노는 것이 너무 재미있는 모양이다.

그들은 하마처럼 물에 잠겼다가 고래처럼 튀어나왔다. 굴렀다가 물을 뿌렸다가, 코만 내놓고 물속으로 파고들었다. 그들은 코를 잠망경처럼 쓰면서 스노클링처럼 공기를 들이마시고, 검은 잠수함처럼 움직인다.

그들은 한동안 그렇게 놀다가 한 줄로 서서 건너편 둑을 향해 움직이더니 방금 세차한 자동차처럼 반짝거리는 젖은 몸뚱이를 드러냈다. 하지만 한 마리는 아예 물에 들어가지도 않았다. 그녀는 새끼와 함께 둑에 남아 있었다. 새끼가 물에 들어가기를 망설였기 때문이다. 어미는 인내심이 있었다. 그녀는 코로 물을 건드리기는 했지만 기다렸다. 결국 어미가 물에 들어간다. 새끼도 따라간다. 새끼는 어미 곁에 다가가서 코로 어미의 코를 감아 지탱한다. 곧 물이 새끼를 띄워준다. 그리고 어미는 코로 새끼를 계속 인도해 준다.

상아를 둘러싼 전쟁

"전 그들에게 '이 남자는 책을 쓰고 있는 중이니 잘 대해 주세요' 라고 말할 수 없어요." 시베가가 말한다. "당신이 좋은 사람이면 그들은 당신을 좋은 사람으로 보겠지요. 당신이 마음에 들면 그들은 당신 자체만을 보고 좋아할 겁니다."

제일 어린 코끼리가 자그마한 코를 치켜들어 시베가의 입에 댄다. 보통 아기는 코를 어미의 입에 대어 어미가 씹는 먹이에서 나는 향을 맡고는 안전하고 영양분 많은 식물의 냄새를 배운다. 이 물음, '무얼 먹고 있어요?'는 나중에 코끼리의 코를 입에 대는 환영 인사가 되는데, 아마 인간들의 키스와 약간 비슷할 것이다. 시베가는 자그마한 코를 잡아서 그 속으로 장난스럽게 숨을 불어넣는다. 아기는 코에서 힘을 완전히 빼는데, 이는 강아지가 드러누워 배를 내놓고 긁어 달라는 의미를 지닌 코끼리의 동작이다. 시베가는 그에 응하여 아기의 코를 손바닥으로, 마치 제빵사가 밀가루 반죽을 비벼 바게트를 만들 때처럼 힘차게 비벼준다.

코에 마사지를 받고 있는 이 아기는 생후 2주가 되었을 때 치명적인 상처를 입은 어미 곁에서 발견되었다. 마체테 칼로 베인 자국도 있었다. 그리고 콴자, 바로 암보셀리에서 사진이 찍혀 유명해진 일가족 가운데 유일하게 살아남은 콴자가 있다. 콴자는 공격당했을 때 1세가 넘었기 때문에 공포와 혼란이 그녀의 마음에 생생하게 각인, 기록되었다. "그녀는 아직도 아주 불안정합니다." 시베가는 암팡진 몸뚱이를 이리저리 흔들어대는 콴자의 버릇을 설명하면서 이렇게 말한다. "코끼리들이 애도하거나 비통해할 때 그런 동작을 합니다. 즐겁거나 놀고 있다는 것은 그냥 보면 알 수 있어요."

이들은 모두 상아 때문에 부모를 잃은 고아들이다. 몇 안 되는 이들은 운 좋게 구조되어 이곳 나이로비의 데이비드 셸드릭 야생동물 보호단체로 옮겨졌다. 그들은 우리를 용서할 수 있을 만큼 어리지만, 또 그런 만큼 내가 도저히 감당할 수 없을 정도로 어리다. 하지만 그러면서도 그들을 단련시키기 위해 숲속으로 매일 데려가고, 다시 생활할 기회를 얻도록 언덕 지대와 골짜기 사이로 돌아다니게 하는 것 역시 우리들이다.

1960년대에 더글러스-해밀턴은 깊은 숲속에서 부드럽게 다져지고 너비가 최소한 4미터가 되는 산길을 발견했다.[152] 길이 난 지 수천 년은 된 것 같았다. 이런 코끼리 길은 과거에 대륙과 연결되었고, 수원지 사이를 이어 주었다. 인류가 등장한 뒤 우리는 아프리카 전역에서 코끼리가 만든 길을 따라갔고, 그 이상으로 개척할 때가 되었을 때에도 여전히 코끼리 길을 따라 나아갔을 것이다. 이제 그런 고대의 길은 거의 다 침묵에 잠겼다. 코끼리들이 살아 있는 곳에서 그들은 다른 코끼리들과 단절된 섬 같은 서식지에 매달린다. 지금까지 여러 세기 동안 그들은 포위된 상태로 살아 왔다.

로마제국 초기에 코끼리는 아프리카 전역에 퍼져 있었다. 지중해 안에서 희망봉에 이르기까지, 또 인도양 해안에서 대서양 해안까지, 오직 사하라 사막의 가장 황량한 마름모꼴 지역을 제외한 전역에 코끼리들은 발자국을 남겼다. 이제, 상아 손잡이가 달린 거대한 지우개를 상상해 보라. 1,000년 전에 이미 코끼리는 북아프리카에서 사라졌다. 1800년대에 남아프리카의 코끼리는 쪼개지고 고립되었으며, 몇 번의 사냥으로 최후의 오지에 있던 무리도 끝장나 버렸다. 동아프리카의 해안 지대 코끼리들 역시 큰 타격을 입었다. 어메이징 디스그레이스Amazing disgrace(놀라운 수치. 유명한 찬송가 〈어메이징 그레이스, 놀라운 은혜〉Amazing grace를 뒤집은 표현 — 옮긴이)다. 1900년이 되자 어떤 것도 잊지 않는 그 동물은 아프리카에서 태어난 거의 모든 아이들에게서 잊혀졌다. 1970년대와 1980년대는 인구밀도가 완벽히 폭발적으로 늘어났으며, 살상 무기도 늘었고 상아 가격도 높아졌으며, 국제 시장은 넓어지고 정부는 더 질이 나빠졌다.

지난 200만 년 동안 대략 12가지 다른 종류의 코끼리들이 지구 각지의 삼림지대에 서식했다. 지중해의 말타 섬에는 한때 키가 90센티미터인 코끼리가 살았다.[153] 또 지금 캘리포니아 주의 채널 제도Channel Islands에 해당하는 지역에는 피그미 매머드가 서식했다. 인도네시아에서 살던 코모도도마뱀은 나중에 개척 시대 초기의 모험가들 때문에 멸종한 피그미 코끼리 두 종을 잡아먹으면서 진화한 것 같다.[154] 대륙에서 코끼리는 맹수들보다 더 크게 자라서, 숨을 필요가 없을 정도로 몸집이 커졌다. 큰 몸집 덕분에 그들은 아주 유리했다. 하지만 포식자들의 포식자가 먼지 속에서 주먹을 쳐들자 코끼리들은 쉽게 숨을 수가 없었다. 인간은 코끼리 잡는 법을 알아냈고, 개중에는 지나치게 능숙해진 자들도 있었다. 체코슬로바키아에서 전략적으로 산맥 두 줄기 사이의 접점에 위치한 어느 매머드 사냥꾼들의 캠프에서는 매머드 900마리의 유골이 쌓여 있었다.[155] 최후의 매머드가 북극권에서 죽은 것은 고작 4,000년 전의 일이었다.[156] 그때쯤 이집트인들은 이미 대피라미드를 세웠다. 나는 북극권의 알래스카에서 어느 이누피아트족 소녀가 강둑에서 물에 씻겨 드러난 오래되어 시커멓게 된 작은 매머드 어금니를 갖고 가는 것을 본 적이 있다. 북극권에 사는 요즘 사람들은 매머드를 거의 기억하지 못하지만, 매머드의 상아를 탐내는 것은 언제나 그랬듯 여전하다.

코끼리는 인간과 만날 때마다 참패했다. 시리아에서는 2,500년 전에 마지막 코끼리가 멸종되었다.[157] 중국의 대부분 지역에서 코끼리가 사라진 것은 말 그대로 기원후 1년이 되기 전의 일이었고, 아프리카의 많은 지역에서는 1000년경에 사라졌다. 한편 인도와 남부 아시아에서 코끼리는 왕이 타는 동물이었고, 요새를 공격하는 탱크였고, 포로를 죽이는 처형자였고, 화살받이였고, 전쟁에서는 돌격대였다. 코끼리는 통나무 운반수단이었고 불도저였으며, 다른 노예들처럼 그들도 구타당하고 학대받으며 강제노역에 시달렸다. 로마시대 이후 인간은 아프리카의 코끼리 수를 아마 99퍼센트는 줄였을 것이다. 현재 아프리카 코끼리는 그리 오래전도 아닌 1800년에 코끼리가 살던 지역의 90퍼센트에서 모습을 감추었다. 그 이전에 많은 수가 줄었지만 그래도 그때까지는 대략 2,600만 마리가 그 대륙에 있었다고 추산된다.[158] 지금은 아마 40만 마리 정도일 것이다(선

사시대 이후 아시아 코끼리의 감소 추세는 훨씬 더 심각하다). 이 행성의 야수들은 마치 깨진 유리 파편 같은 신세가 되었다. 우리는 그 파편을 점점 더 작게 갈아대고 있다.

코끼리들이 마지막 희망을 담아 던지는 구조 요청을 알아들으려면 상아라는 취약점에 집중해야 한다. 로마 시대에는 엘리트층이 원하는 상아의 양이 어찌나 많았던지, 77년 대 플리니우스는 북아프리카에서 코끼리 수가 줄어든 상황에 경악했다. "사치품의 수요 때문에 우리가 사는 이쪽 세계에서 그 동물은 멸종되고 있다."[159] 그 첫 번째 경고가 발해지기 전 수백 년 동안에도 북아프리카에서 코끼리 수는 계속 줄어들었다. 그러다가 1,000년이 넘도록 아랍 상인들이 다우dhow 배(경사진 삼각형 모양의 돛을 달고 항해하는 아랍 전통 양식의 배 — 옮긴이)를 타고 동아프리카 해안을 내려가면서 상아와 인간을 맞바꾸었다. 1,400년쯤에는 아프리카 동부 해안 지대의 코끼리 수가 줄어들었다. 상아 교역로가 내륙으로 수백 킬로미터씩 뚫고 들어갔다.[160] 몇 세기 뒤인 1800년대에는 산업혁명이 일어났고, 플라이휠flywheel(속도조절용 금속 바퀴 — 옮긴이)과 기어와 벨트로 동력이 전달되는 기계들이 상아 머리빗, 상아 이쑤시개, 상아 단추, 상아 당구공, 면도 도구, 담배상자, 주전자 손잡이, 전신 키, 거울 틀, 그리고 수백만 대의 피아노 건반을 생산해 냈으며, 이런 것들의 재료를 대기 위해 사냥꾼들은 코끼리 수백만 마리를 죽였다. 중산층에게 상아는 당대의 플라스틱 같은 용도로 쓰이면서 일상화 되었다.

'상아'ivory라는 단어는 그 출처가 코끼리라는 사실을 멀고 불분명하게 느껴지게 만든다. 상아란 옥이나 금처럼 그저 재료이고 색깔 이름이다. 그것은 "99와 44/100퍼센트 순수하고" 정결하다virginal는 문구로 선전되는 비누의 이름으로도 쓰인다. '상아'라는 단어는 '코뿔소 뿔', '호랑이 뼈', '상어 지느러미'와는 비교할 수도 없을 정도로 원래 의미의 차원을 한참 벗어났다. 그것은 '코끼리 어금니'로 인식되지 않는다. 상아에 대한 설명이 필요한 이유는 아마 그 때문일 것이다.

"내 텅 빈 손바닥은 아직도 롤리타의 상아 같은 감촉으로 가득하다. 그 상아처럼 매끄러운 (……) 감촉, 얇은 천을 통해 감지되는 그녀 피부의 매끄러운 감각으로 가득하다"고 블라디미르 나보코프 Vladimir Nabokov는 썼다. 상아에는 백인 여성의 성적 기능에 대한 성적 은유가 가득 담겨 있다. 하지만 검은 가슴을 가진 여성에게 상아는 그저 고통으로 가는 또 다른 길일 뿐이었다. 1500년대 무렵 유럽인들은 인간 매매를 완전히 산업화했다. 몇 세기 동안 노예와 상아는 처절한 참상 속에서 공존했다. 거실의 숙녀들에게 상아를 가져다주는 것은 코끼리 어금니와 인간 모두를 취급하는 교역자들의 몫이었다. 아프리카는 상아와 노예를 공급하기 위해 서로 앞서거니 뒤서거니 하며 피를 쥐어짰고, 그동안 광대한 지역에서 코끼리 집단은 와해되었으며, 인간도 노예로 잡혀갔다. 어느 정도 규모가 있는 마을에 가려면 내륙의 길로 3주는 걸렸다.[161] 포획된 인간은 수확된 상아를 해안의 항구로 실어 날랐고, 둘 다 배에 실렸다. 그리고 상아는 그것을 강제로 운반한 인간보다 더 비싸게 팔렸고, 더 좋은 대접을 받았다.[162] 1844년에 매사추세츠 주 세일럼 출신의 아버지를 위해 잔지바르로 떠났던 마이클 세파드Michael Shepard는 이렇게 기록했다. "상아 하나와 그것을 해안으로 운반할 노예 한 명을 사는 것이 관행

코끼리의 어금니인 상아.

이다."[163] 1800년대에 어금니 하나의 무게는 흔히 36킬로그램이 넘었다[164](요즘 어금니는 약 12킬로그램이다.[165] 지금까지 기록된 것 중 제일 무거운 어금니는 1898년에 암보셀리에서 멀지 않은 킬리만자로 산기슭에서 어느 노예가 쏜 총으로 포획된 거대한 코끼리의 것이었는데, 한 쌍의 무게가 200킬로그램이 넘었다.[166] 그 어금니 사진을 보면 각 어금니의 길이가 3.3미터가 넘었고, 그 옆에 선 남자 두 명은 난쟁이 같았다).

그런 총체적인 잔혹성은 도저히 이해할 수 있는 수준이 아니었다. 1882년에도(여러 나라에서 노예제가 폐지되거나 제한된 뒤에도) 영국의 선교사 알프레드 J 스완Alfred J. Swann은 현재의 탄자니아에 해당하는 지역에서 끔찍한 광경을 보았다. 인간이 쇠사슬로 한데 묶여 있었고, 목에는 2미터 길이의 장대에 연결된 족쇄가 걸린 채 코끼리의 어금니를 운반하고 있었다. "남자만큼 여자도 많았는데, 그들은 상아뿐만 아니라 아기를 업고 있었다. (……) 발과 어깨는 온통 상처투성이였고, 그들을 따라가면서 상처에서 흘러내리는 피를 빨아먹는 파리 떼 때문에 고통이 더 심해졌다. (……) 지독히 비참한 광경이었다." 경악하여 "적어도 1,600킬로미터는 떨어진 상부 콩고에서 온 긴 여정에서 몇 명이나 살아남았는가"라고 큰 소리로 물은 그에게 우두머리는 "예, 많이 죽었어요"라고 답했다. 스완은 짐을 감당하기에 적합하지 않은 사람들이 많다고 말했다. 우두머리는 웃으며 대답했다. "저들에게는 달리 선택의 여지가 없어요! 가든지 죽든지 해야죠!" 그는 노예 상인들이 병자를 죽인다고 설명했다. 아주 논리적인 이유에서였다. "우리가 그렇게 하지 않으면 다른 자들도 짐을 지고 가지 않으려고 병든 척할 테니까요. 안 되지요! 그들을 절대 산 채로 두지 않아요." 하지만 스완은 계속 추궁했다. 여자들이 아이와 짐을 둘 다 운반하기 힘들 정도로 허약해지면 어떻게 할 것인가? 우선순위에 대한 스원의 생각이 허세로 보였던지, 우두머리는 이렇게 대답했다. "귀중한 상아를 길에 버려둘 수는 없지요. 아이를 창으로 찔러 어미의 짐을 가볍게 합니다. 상아가 첫 번째예요."[167]

그런 다음 상아와 노예는 배에 실려 잔지바르로 가서 판매됐다. 세파드는 이렇게 지적했다. 노예들은 "양 떼와 같은 방식으로 취급된다. (……) 죽은 자는 갑판 너머로 내던져 파도에 떠내려 보내고. (……) 원주민들은 장대를 갖고 와서 해안에 떠밀려 온 시체를 끌어낸다."[168]

결국 최후의 노예선이 돛을 내렸다. 상아 사냥으로 인해 이미 아프리카의 대부분 지역에서 코끼리가 멸종됐다.[169] 그런데도 상아의 수요는 계속됐고 어느 때보다 늘어났다. 지금까지 수천 년 동안 상아 사업은 코끼리의 멸종을 초래했다. 우리 시대에서 코끼리의 사연은 다음과 같다. 상아 때문에 섬멸되고 인간 인구의 팽창 때문에 쫓겨나서 '난민' 신세가 된다. 그들은 난민이다. 그런데 상아 때문에 피신처에서도 안전하지 않다. 또 인간의 팽창 때문에 어떤 피신처도 장기적으로 안전하지 않다.

암보셀리에서 아프리카 말똥가리augur buzzard가 나는 북쪽으로 곧장 480킬로미터를 가면, 시간을 초월한 듯한 삼부루 국립 보호구역Samburu National Reserve의 거대한 지형이 아처스 포스트Archer's Post(궁수의 주둔지)라 불리는 야한 싸구려 촌락에서 시작된다. 그곳에는 그곳을 집이라 부르는 몇 안 되는 상아 범죄자들과 처절하게 가난한 염소 목동들이 있다. 이 사람들은 굽은 어린 나무에다 쓰레기 봉지를 펴서 누더기처럼 지붕을 덮은 오두막에서 살았다. 보기만 해도 정신이 마비될 정도의 빈곤이었다. 그들에게는 코끼리든 누구든 무엇을 함께 나눌 만한 여유가 없다는 것이 분명하다. 인류가 처음 생겼을 때부터 바로 최근까지 아프리카는 공존하기에 충분한 공간을 제공했다. 그러나 인구가 급증하자 코끼리는 거점을 잃었다. 많은 사람들은 기회, 선택지, 인간존엄성과 같은 다른 모든 것을 잃었다. 노아의 방주에 대한 묘사에서는 항상 코끼리가 인간과 함께 안전하게 방주에 오르는 장면이 그려진다. 적절한 은유다. 그러나 세계의 모든 동물은 팽창하는 인간의 바다에 쓸려나간다. 빈민도 그들과 같은 배에 타고 있다. 내가 만난 사람들은 모두 친근했고, 아이들은 영민했으며, 강아지처럼 큰 눈을 하고 있었다. 창과 몽둥이와 날이 넓은 납작한 칼을 벨트에 차고 있는 삼부루족의 청년들은 내가 다가가면 환한 웃음을 지으며 양손으로 내 손을 잡아 흔들곤 했다. 어떤 청년은 내 나라에도 사자와 코끼리가 있는지, 아니면 내가 소를 몇 마리나 갖고 있는지 공손히 물어보았다(그리고 소가 한 마리도 없다는 내 대답을 듣고, 내가 가난한 모양이라고 짐작하여 놀라면서도 공손하게 굴었다). 그들은 모든 측면에서 나와 같은 인간이었지만 그들을 힘들게 만든 것은 '운'이었다. 나는 요행히 운이 좋았지만 그들은 자신의 운을 벗어날 가망이 거의 없었다.

삼부루는 암보셀리처럼 코끼리가 한 가지 감정, 즉 인간에 대한 두려움에 완전히 지배당하지 않고 살아갈 수 있는 마지막 몇 군데 보호구역 중 한곳이다. 그들은 여전히 그들의 감정 영역 전체를 느끼면서 살아갈 수 있다. 하지만 이곳에도 두려움은 있다. 너무 많다.

오후에는 공기에서 고운 먼지 맛이 난다. 모든 것에 먼지가 내려 앉는다. 그래서 이 가혹하면서도 환영하는 최후의 보루인 땅이 언제나 먼지로 살짝 덮여 있다는 점은 우리와 코끼리가 사는 곳의 공통점이다.

시프라 골든버그Shifra Goldenberg는 기어를 중립에 놓았다. 먼지가 가라앉자 그녀는 삼부루에서는 연구자들이 코끼리 가족들에게 이름을 붙일 때 글자보다 '주제'를 따른다고 설명한다. 예를 들면 강둑 위로 움직이고 있는 이 가족의 이름은 유명한 시인들의 이름에서 따왔다.

"이 가족은 밀렵 때문에 심한 피해를 입었어요." 골든버그가 내게 알려준다. "나이 든 암컷들이 모두 죽었거든요." 55세까지 살았던 에밀리 디킨슨은 죽었다. 버지니아 울프, 실비아 플라스도 죽었다. 앨리스 오즈월드Alice Oswald는 살아 있다. 마야 안젤루Maya Angelou는 죽었다……. 이제 살아 있는 멤버 열한 마리는 여기 있고 그 상태가 모두 기록되었지만, 이 가족의 현재 가모장인 웬디 코프Wendy Cope는 여기 없다. 그녀의 4세 새끼 역시 여기 없다(앨리스 오즈월드는 1966년에 태어난 영국의 시인, 마야 안젤루는 1928년에 태어나서 2014년에 세상을 떠난 미국의 시인이자 인권운동가, 웬디 코프는 1945년에 태어난 영국의 시인 — 옮긴이).

얼마 전에 웬디는 총에 맞았다. 그녀의 두 어린 새끼도 그랬다. 야생동물을 다루는 수의사는 그들을 마취시키고 치료했다. 웬디와 어린 새끼 한 마리는 회복했다. 연구자들과 코끼리들은 그녀의 다른 새끼가 죽어가는 것을 2주간 지켜보았다.

웬디는 위치를 정확하게 알려주는 목걸이를 걸고 있다. 이틀 전에 웬디는 가족 전체를 이끌고 샤바 국립 '보호구역'Shaba National 'Reserve'으로 들어갔다. 보호구역이라는 말에 작은따옴표를 친 것은 이제 샤바가 코끼리들에게 위험한 곳이 되었기 때문이다. 또 밀렵꾼들에게도 안전하지 않기 때문이다. 얼마 전에 케냐의 야생동물 관리 감시원들은 밀렵꾼 두 명을 사살했다. 웬디의 가족은 이곳으로 돌아왔지만 웬디는 오지 않았다. 그래서 그 가족은 마음이 불편하다. 머리 측면의 분비샘에서 평소보다 많은 체액이 흘러나오고 있는데, 이는 그들의 감정이 고조된 상태임을 의미한다. 그들은 물에도 가지 않고 먹지도 않는다. 그냥 강둑 위를 이리저리 움직이기만 한다.

골든버그는 삼부루 캠프에 있는 길버트 사빙가Gilbert Sabinga에게 전화한다. 그는 웬디의 목걸이 신호를 잡아보려는 중이라고 말한다. 우리는 기다린다. 골든버그는 밀렵꾼이 코끼리 가족들의 사회적 생활에 미치는 영향을 연구하는 대학원생이다. 사빙가는 더글러스-해밀턴의 코끼리 구조 단체Save the Elephants에서 일한다.

코끼리의 목걸이는 보이지 않는 여행에 대해 알려준다. 어느 수컷 코끼리는 나흘 동안 255킬로미터를 걸어갔는데, 주로 농경지를 지나다녔고 밤에만 움직였으며 낮에는 숨었다. 그는 자신이 위험지대를 지나가고 있다는 것을 잘 알고 있는 듯했다.

내가 20대이던 1980년대에 나는 어린 시절의 친구인 리처드 와그너Richard Wagner, 마사이족 친구인 모지스 올레 키플리언Moses ole Kipelian과 원래 각오했던 것보다 더 위험한 일들을 겪으며 찰비 사막을 사로지르는 긴 여행을 마친 뒤 우연히 삼부루에 간 적이 있다. 삼부루는 가장 야생적인 아프리카의 영원하고 진정한 잔재처럼 보였다. 해가 이미 진 터라 우리는 서둘러 낡아빠진 텐트를 쳤고, 밤새도록 울부짖는 사자 소리를 들으면서 잠도 거의 자지 못했다. 공원과 보호구역 밖에서 우리는 자유롭게 돌아다니는 영양과 얼룩말과 기린 무리를 실컷 보았다…….

그때까지만 해도 삼부루는 자동차 드라이브로 갈 만한 곳이 아니었다. 원정길이나 마찬가지였다. 지금은 다르다. 이 공원 바로 남쪽의 염소로 가득한 시골에서부터 더 많은 염소와 쓰레기와 목적 없는 빈민들과 과로한 실업자들이 길거리를 가득 메운 이시올로 읍내까지, 그곳에서 계속 남쪽으로 가면 예전에는 가젤과 쿠두가 뛰어다니고 그들 뒤로 금빛 그림자가 따라가던 곳까지, 그 땅은 이제 농경지로 바뀐 언덕의 팽팽한 곡선 위로 펼쳐져 있는 옥수수와 밝은 노란색 겨자밭으로 포장되어 있다. 그러니 코끼리들이 여기서 사는 일은 아이오와 주에서 돌아다니는 것과 마찬가지로 어려울 것 같다. 그곳에 시커멓게 땅을 뒤덮던 바이슨과 햇빛을 가리는 구름처럼 몰려오는 들비둘기와 창을 휘두르는 유목민들을 되살려낼 수 없는 것처럼 코끼리와 영양들도 이 부서진 땅에 되돌려놓을 수 없다. 까마득한 옛날부터 최근까지, 지금은 밀이 물결치는 그곳에 하나의 세계가 있었다. 우리에게는 얼마만큼의 세계가 있어야 충분한가? 인간과 코끼리는 이 질문에 다르게 대답할 것이다.

사빙가가 마침내 전화를 걸어 왔다. 그런데 문제가 있다고 한다. 오전 9시로 예정되어 있던 웬디의 목걸이에서 신호가 오지 않았단다. 다른 목걸이의 신호는 모두 들어왔는데.

관광객을 태운 여러 대의 밴이 근처의 숙소에서 나타나더니, 앞다투어 웬디 가족을 똑똑히 보려고 다가왔다. 찰칵찰칵 카메라가 소리를 냈다. 코끼리 죽이기에 경제적으로 경쟁할 수 있는 것은 오직 그런 지겨운 사진 촬영뿐이다. 관광객들에게 축복 있으라.

데이비드 다발렌David Daballen과 킹이 도착한다. 조용조용한 말소리와 예리한 정신을 지닌 다발렌은 코끼리 구조 단체의 현장 감독으로, 키가 크고 여러 언어를 할 줄 알며, 인종적으로는 삼부루인이다. 킹은 마을 주민과 코끼리 사이의 갈등을 줄이는 일을 하는데, 코끼리가 벌을 싫어하는 성향을 이용하여 촌락민들과 코끼리와의 갈등을 줄이는 동시에 촌락민들에게 꿀로 수입을 올릴 수 있는 상당히 뛰어난 방안을 고안했다. 킹은 오전 9시에 신호가 오지 않은 일로 문제해결사에게 전화를 걸었다. 다들 긴장한다. 갑자기 "세상에"라는 킹의 말이 들려서 나는 어떤 끔찍한 뉴스를 새로 듣더라도 감당하겠다는 마음의 준비를 한다. 그런데 알고 보니 그녀가 쓰는 인터넷 서버의 고객 서비스가 다시 대기상태로 돌아가서 그런 소리를 낸 것이었다. 좌절한 그녀는 전화기를 놓았다. 아무도 한 마디도 하지 않는다. "좀 걱정스럽군요." 킹이 마침내 말한다. 전형적인 영국인다운 절제된 표현이다.

휴대전화기로 통화하던 다발렌은 총잡이 두 명이 아탄Attan 습지대에서 코끼리 떼를 물 밖으로 몰아내어, 자기들이 도살할 수 있는 위치로 유인하기 위해 총격을 가했다는 소식을 들었다. 코끼리들은 혼란에 빠졌고, 밭에 나가 있던 농촌 여성들은 발을 굴러 대는 코끼리들을 보고 비명을 지르기 시작했다. 저쪽에서 말해 주는 소식을 들으면서 동시에 우리들에게 그 소식을 전해 주려고 다발렌이 애쓰는 와중에 내가 파악할 수 있는 것은 코끼리들이 북쪽으로, 이곳을 향해 달아나고 있다는 사실이었다.

다발렌과 킹은 강둑을 따라 계속 가기로 결정했다. 골든버그와 나는 계속 자리를 지키기로 했다.

몇 분 뒤, 골든버그의 전화기가 울렸다.

킹이었다. 그들은 버팔로 스프링스 국립 보호구역 안쪽 작은 개울인 이시올로Isiolo 강과 큰 강인 이와소 은기로Ewaso Ng'iro와 만나는 곳에서 웬디를 찾았다고 했다. 웬디는 무사하다.

우리 몸 전체가 안도하여 긴장이 풀리는 소리가 들릴 정도였다. 다발렌과 킹이 합류할 때쯤, 웬디의 목걸이에서는 다시 신호가 오기 시작했고, 킹은 그녀의 여행을 컴퓨터로 기록했다. 지난밤에 웬디 그룹은 25킬로미터 떨어진 곳에서 갑자기 쉬지도 않고 이곳으로 직행하여 돌아왔다. 그것을 '스트리킹'streaking이라 부른다. 킹은 지도를 보여주면서 설명한다. "그들이 보호구역 밖에서 움직이는 걸 보세요. 여기 이 습지대는 식생이 매우 풍요롭기 때문에 저들이 여기를 좋아해요. 지도의 저곳은 코끼리들이 있었던 곳입니다. 그리고 이제 자정부터 오전 3시 사이에는 지도의 이 부분을 보세요. 그들은 마을을 우회하고 있어요. 이건 위험한 땅이에요." 인간 거주 지역, 농경지라⋯⋯.

"즉 밀렵꾼들이 설치는 곳입니다." 다발렌이 설명을 보탠다.

"어둠 속에서 저들이 스트리킹하는 걸 봐요. 완전히 다급히 도망치는 거예요."

강둑에서 우리는 웬디 가족이 근육 하나도 움직이지 않는 채로 조는 모습을 실시간으로 2시간 동안 지켜본다. 그들은 지난밤에 먹이를 찾아 긴장 속에서 달려오느라 무척 지쳤을 것이다. 결국 그들은 강 속으로 어슬렁어슬렁 들어가서 물을 마시고, 강을 건너 건너편 둑으로 올라가 사라진다. 코끼리들의 하루살이다. 따라다니기에는 놀랍도록 어렵고, 이해하기도 힘들며, 사랑하기는 쉽고, 죽이기도 쉽다. 잃기도 쉽다.

오늘 코끼리 구조 단체와 디즈니 전 세계 보호구역 기금의 직원들은 밀렵꾼의 거점 근처인 아탄 마을에 사는 아이들을 삼부루 국립보호구역으로 데려와서 코끼리 관찰 여행을 할 수 있도록 마련했다. 그들의 교실은 개미가 파먹은 나무 벽, 흙바닥으로 꾸며진다. 그리고 엉성한 탁자가 그룹 책상으로 쓰인다. 아이들은 앙상하다. 다리가 나무 꼬챙이 같다.

아이들의 웃음 속에는 교과서에서는 찾아볼 수 없는 이해력에 관한 교훈이 있다. 우리의 박애사상에 대한 항의도 있다. 그들은 거의 모두 기회도 주지 않는 세상에서 내세울 만한 기술도 없이 자랄 것이다. 부족 간 전쟁과 밀렵은 젊은이들이 참여할 자격을 갖춘 몇 안 되는 기회에 속한다. 섹스는 다치기 쉬운 여성들이 언제든 쓸 수 있는 무기다.

아탄 마을은 버팔로 스프링스 보호구역에서 5마일도 되지 않는 거리에 있고 학교가 있는 읍내는 밀렵꾼의 거점이다. 또 주변의 농경지가 보호구역에서 그 바깥 습지대로 코끼리들이 지나다니는 통로에 있어서 위험 지역이기는 하지만, 또 코끼리와 농부들이 갈등을 벌이는 지역이지만 거의 모든 학생과 교사 들이 예전에 코끼리를 본 적이 없었다. 오늘 그들은 보호구역 안에서 코끼리를 보고, 그들에게 진흙 목욕을 시켜주는 기회를 얻었다.

코끼리에 대해 무엇이든 써 보라고 하자 거의 모든 아이들은 코리끼라는 동물에 대한 두려움과 그들이 행한 피해에 대한 분노를

표현했다. 코끼리를 좋아할 만한 부분은 전혀 없을까? 있다. 코끼리
는 그들에게 돈을 의미하니까 좋다. 관광객 덕분이든 상아 덕분이
든. 그들이 이 두 가자를 모두 얻을 수 있는 시간이 이제 그리 길지
않다는 것을 어떻게 깨닫게 할 수 있을까.

어젯밤에 멀리서 들리던 사자 소리는 깊게 잠들었던 나를 깨워
더 원초적인 장소로 데려갔다. 경외감을 불러일으키는 사자 울음소
리. 우우워어<u>흐흐흐흐</u>, 우우우우워어어어어어<u>흐흐흐</u>, 우우워워푸흐,
우우푸푸, 우우프, 우프. 그 울림이 저녁 이후 조용해진 강의 개구리
들을 깨우면서 다시 한번 합창이 시작되었다. 내가 그곳의 바위와
먼지와 물이 한밤중에 그토록 강력한 긍정의 목소리를 터져 나오게
할 수 있는 어느 행성에서 어떻게든 살아 있음을 깨달으면서, 그 숭
고한 고양감과 생생한 날 것 그대로의 공포심도 느꼈다. 이것을 표
현하기 위해서는 언어를 써야겠지만, 이 경험은 언어가 없는 차원
에서야 표현 가능했다. 그 음성들이 밤중에 칠흑같이 검은 산기슭
에서 강둑을 지나 내 두뇌로 파동 쳐 들어오는 것을 꿈처럼 몽롱한
의식 속에서 느끼면서, 나는 평소처럼 생각과 평가를 방해하는 잡
념의 급류 없이 거기에 귀를 기울였다. 그 소리는 내 마음속으로 바
로 들어왔고, 마음은 내가 듣는 것을 영상화했다. 창조적인 무의식
의 도움을 받아 나는 강한 감정적 반응을 경험했다. 이는 곧 내가 그
소리를 예리하게 느꼈고, 직접적으로 이해했다는 말이다.

오늘 아침, 우리가 아침식사를 하는 동안 원숭이들은 강을 따라
캠프 위로 우뚝 선 나무들 위에서 무언가 시급한 일로 분주하다. 멋
쟁이 수컷 버빗원숭이는 뿌연 청색의 고환을 과시하고, 암컷들은

자신들이 이제껏 알던 것보다 더 위험한, 우리 모두가 인식하는 것보다 더 불확실한 경이적 세계를 휘둥그레 뜬 눈으로 바라보는 어린 것들을 끌어안고 있다. 동료 영장류들이다. 친숙하면서도 언제나 경계심이 강한 코뿔새hornbill는 우리가 모두 원숭이를 관찰하고 있는 동안 참을성 있게 기다리고 있다가 경계가 느슨해진 바로 그 순간에 휙 날아 들어온다. 팬케이크 하나가 날아가는 게 보인다. 팬케이크를 낚아채어 달아나는 코뿔새가 무엇처럼 보이는지 아는가? 글쎄, 내 눈에는 스타트랙의 우주선 엔터프라이즈처럼 보이는데?

일요일 아침, 전화가 걸려오자 다발렌이 일어나서 전화를 받더니 계속 이야기하면서 식탁에서 멀어진다. 그러더니 금방 돌아와서 알려준다. "또 다른 코끼리 한 마리가 강 건너편 길 바로 밖에서 방금 죽은 채 발견되었다고 하네요."

충격적일 만큼 가까운 곳에서 일어난 일이다. 고작 4.8킬로미터밖에 안 되니까. "이건 지금까지 중에서도 최악의 상황이군." 다발렌이 투덜댄다. "우리는 잘못된 방향으로 가고 있어요." 지난 45일 동안 밀렵꾼들은 이곳 32킬로미터 이내에서 코끼리 27마리를 죽였다. 이번 주에는 거의 매일 한 마리씩이었다. 최근 밀렵이 이처럼 광적으로 행해지는 상황이지만 이번처럼 보호구역 안쪽 깊숙한 곳에서 벌어진 적은 없었다. 관광객 숙소, 연구 캠프와 이렇게 가까운 곳에서 말이다.

다발렌과 나는 물살을 가르고 강을 건넜다. 악어를 걱정할 필요는 없다. "악어들은 어른을 공격해 오지 않아요. 아이들에게는 가끔 그러지만." 다발렌이 안심시켜 준다.

다발렌은 반대쪽에 있는 버팔로 스프링스 국립 보호구역에 자동차를 세워 놨다. 우리는 차에 올랐다. 대략 1,000마리 정도의 코끼리 — 지금은 매주 여러 마리씩 줄어들지만 — 가 삼부루와 버팔로 스프링스 보호구역을 이용한다. 하지만 이런 보호구역은 아프리카의 다른 모든 보호구역처럼 너무 작다. 암보셀리에서도 그렇듯이 코끼리는 원래 이용하던 먹이와 물 장소 사이를 계속 돌아다닌다. 하지만 옛날부터 효율이 입증되어 온 생존 관행이 이제는 더 이상 생존을 약속해 주지 못한다. 보호구역 밖에서 그들은 확장되는 마을과 밀렵꾼들로 인해 어려움을 겪는다. 보호구역 안에서는 이런 마을에서 온 밀렵꾼들과 마주친다. 상아 가격이 그 어느 때보다도 높아진 지금, 코끼리 한 마리 한 마리가 살아남을 가능성은 그 어느 때보다도 낮아졌다.

우울하게 운전하던 다발렌의 말이 나를 놀라게 했다. "밀렵꾼들은 그저 교육을 받지 못한 젊은이일 뿐이에요. 그들도 저희만큼 영리합니다. 목숨 외에는 더 잃을 것이 없기 때문에 악당들에게 이용당하는 거예요."

상아는 빈곤, 민족 간 경쟁, 테러리즘, 내전과 관련된 물건이다. 이런 상황의 많은 부분을 사악한 자들 — 범죄자, 부패한 정부 관료, 공식적인 정부 — 이 조정한다. 이들은 야만적인 분쟁의 비용을 대기 위해 코끼리를 쥐어짠다. '피의 다이아몬드'가 그렇듯이 코끼리의 피가 인간의 피에 윤기를 더해 준다. 피의 상아blood ivory로 벌어들인 돈은 조지프 코니Joseph Kony(지난 20년간 온갖 악행을 저질러 온 우간다의 반군 지도자 — 옮긴이)의 로드 레지스탕스 아미Lords Resistance Army: LRA, 수단의 살인적인 잔자위드Janjaweed(수단 정부의 지원을 받아 다르푸르 지역에서 비이슬람계 주민을 학살한 이슬람계 무장민병대 — 옮긴이), 그리고 아마 알 카에다의 알 샤바브Al Shabab(소말리아에서 알카에다와 연계하여 비이슬람계를 공격하는 이슬람 무장조직 — 옮긴이) 분파에게도 흘러들어갔을 것이다. 이 모든 것에 연료를 대 주는 것은, 상아조각 없이도 사는 데 지장이 없는 소비자들의 상아조각을 갖고 싶다는 단순한 열망이다. 그러니 상아는 단지 코끼리와 관련된 문제만은 아니다. 그랬더라면 훨씬 더 단순했을 텐데.

물론 상아는 코끼리에 관한 일이기도 하다. 똑똑하고 민감하고 사회적이고 가족생활을 하며, 어미를 필요로 하는 코끼리. 1900년대 초반에는 대략 1,000만 마리가 있었다고 추산됐는데 현재는 100분의 1이 줄어 현재 아프리카에는 40만 마리가량의 코끼리가 있다. 1980년대의 상아 위기 동안 모스는 상아 연마기 속으로 들어간 코끼리가 매년 8만[170] 마리 정도였으리라고 추산한다. 탄자니아는 입이 딱 벌어지도록 많은 23만 6,000마리를 잃었다. 1970년대 중반, 탄자니아의 셀루스 야생동물 보호구역Selous Game Reserve에서 사는 코끼리는 1만 1,000마리였는데, 1980년대 후반이 되자 그 절반이 살해되었다. 같은 기간 동안 케냐의 코끼리 수는 16만 7,000마리에서 1만 6,000마리로 줄어들었다. 90퍼센트가 줄어든 것이다. 중앙아프리카 공화국의 코끼리 수는 10만 마리였지만 1만 1,000마리 이하로 줄었다. 우간다의 머치슨 폴스 '국립공원'Murchison Falls 'National Park'에는 1만 마리의 코끼리가 있었는데, 우간다 정부가 그 나라의 코끼리 가운데 85퍼센트를 죽여 공포정치의 자금으로 썼기 때문에, 25마리(그렇다, 25마리다)만 남았다. 시에라리온에서는 마지막 남았던 코끼리가 2009년에 살해되었다. 콩고민주공화국의 코끼리는 90퍼센트가 사라졌다. 가봉에서는 지난 10년 동안 전체 코끼리의 거의 80퍼센트가 살해되었다. 차드, 카메룬, 수단, 소말리아, 모잠비크, 세네갈의 코끼리들은 모두 총에 맞아 죽었고, 살아남은 것은 거의 없다. 이런 일은 코끼리의 존재도 앗아가지만, 인간에게도 손해다. 케냐에서만도 코끼리 관광산업에 직접 고용되어 있는 사람이 30만 명에 달한다. 관광객들은 모두 코끼리를 보고 싶어서 케냐에 방문한다. 돈 때문에 밀렵을 했지만 그 결과는 빈곤인 셈이다.[171]

지금 다발렌은 누군가와 전화 통화를 하다가 감시대원들이 밀렵꾼들의 이동 상황을 알아내 매복하고 있다는 내용을 들었다. 하지만 밀렵꾼들은 유턴을 해 버렸다……. 감시대원 한 명이 유명한 밀렵꾼의 형제였다. 나는 다발렌이 아는 것이 너무 많아 위험해지는 게 아닌지 걱정된다.

100년 전에는 주로 유럽인과 미국인 들이 상아를 구매했다. 이제 서양 문화는 그러한 단계를 넘어섰고 중국이 그 자리를 차지한다. 코끼리의 수는 한정되어 있어서 중국 사람들은 그들이 원하는 아름다운 상아 조각품을 모두 가질 수 없다. 얼마 전 한 아름다운 중국인 부인이 코끼리를 보려고 이곳에 온 적이 있다. 그리고 다른 정상적이고 인간적인 많은 사람들처럼 그녀 역시 상아는 코끼리가 자연적인 이유 때문에 죽은 뒤에 땅바닥에 널려 있는 것을 집어오는 게 아닌가 생각했었다. "사람들은 중국인들에 대해 아주 오만무례한 이야기를 합니다." 어느 날 저녁 캠프에서 더글러스-해밀턴이 내게 말했다. "그 사람들이 배려할 생각도, 배려할 능력도 없다고 말하지요. 그런 사람들은 절대 변하지 않을 거라고요. 글쎄요. 우리 선조들은 미국의 바이슨과 나그네비둘기를 죽여 없앴습니다. 지금의 중국인에 비해 그들의 탐욕이 작았던가요? 전혀 아니지요. 인간 역사가 주는 한 가지 교훈이 이런 거라고 생각해요. 사람들은 변합니다. 1943년의 독일과 1953년의 독일을 비교해 보세요. 아니면 이탈리아 사람들이 출산 통제하는 걸 봐요."

나도 여기에 동의한다. 인간은 변할 수 있다. 하지만 인간이 변할 만큼의 시간이 충분히 있을까?

상아 및 다른 '야생 제품'의 국제 무역은 멸종위기에 처한 종의 국제 무역에 관한 합의CITES: Convention on International Trade in Endangered Species(시티스라 발음한다)라 불리는 조약으로 규제되고 있다. 1980년대에 시티스는 상아 쿼터제 법안을 실행했다. 그러나 실효가 없었다. 코끼리의 수는 계속 급속히 줄어들었다. 상아 판매를 일부라도 허용하면 모든 상아의 합법화가 쉬워지기 때문이었다. 그것이 첫째 교훈이었다.

지금까지 유일하게 효과가 있었던 것은 힘들게 합의를 이루어 1990년에 실행된 전 세계적 상아 금지 조처였다. 어떤 상아도 허용되지 않았다. 그러자 상아 가격이 즉각 곤두박질쳤다. 코끼리 수는 서서히 늘어났다. 상아 금지 조처는 효과가 있었다. 두 번째 교훈.

하지만 그 조처는 1999년까지만 유효했다. 그 해에 시티스는 짐바브웨, 보츠와나, 나미비아가 재고 상아 5만 킬로그램을 일본에 팔도록 허용하면서 단 한번뿐인 기회라고 홍보했다. 그러자 중국도 끼어들었다. 2008년에 시티스 당국은 중국이 보츠와나, 나미비아, 남아프리카, 짐바브웨에서 재고 상아를 구입하도록 허용했다. 두 번째의 '단 한번만의 판매'였다.

그렇지만 교훈을 깨우친 사람은 아무도 없었다. 실수에서 배우지 못한다면 현명하지 못한 일이지만, 성공에서 배우지 못한다면 진정한 결단을 헛수고로 만든다.

'상아는 불법이다; 사지 말라'라고 하면 소비자와 법 집행자, 정부 들에게 명쾌한 메시지를 보내게 된다. 그러나 "일부 상아는 불법이지만 일부는 합법적"이라는 것은 코끼리를 죽일 완벽한 핑계를 제공하고 혼란을 빚어낸다. 중국에 재고 상아를 판매하자 불법적 어금니를 합법화할 수문이 열렸다. 순식간에 밀렵이 급증했고, 코끼리 수만 마리를 죽음에 몰아넣었으며, 인간들의 피의 분쟁에 기름을 부었다. 예를 들면 케냐에서는 코끼리 살해가 여덟 배로 늘었고, 2007년에는 죽임당한 코끼리 수가 50마리 이하였는데, 2012년에는 거의 400마리에 달했다. 이제 아프리카에서 매년 3만~4만 마리의 코끼리가 살해된다.[172] 15분마다 코끼리가 한 마리씩 죽는 것이다.

지금 우리가 향하는 곳에서 일어나는 일처럼.

맹금류가 거대한 회색 시체 위를 펄럭거리며 난다. 다발렌과 나는 먼지 나는 길에서 그쪽으로 다가간다. 필로였다.

필로는 15세 젊은 수컷으로, 그 나이는 짝짓기에 참여할 후보가 되기까지의 중간 단계다. 필로의 얼굴은 눈 바로 밑에서 완전히 잘려나갔다. 그의 기적 같은 코는 2~3미터 떨어진 곳에, 마치 낡은 보트장에 폐기된 밧줄처럼 놓여 있었다. 어금니는 사라졌다.

"이빨 두 개를 가져가고 4톤의 신체는 썩게 내버려 둡니다. 저렇게 바보 같은 짓이라니." 다발렌은 억눌린 분노를 조용히 삭이고 있다. 그의 분노는 단단하게 그을린 피부 아래에서 녹은 용암처럼 흐르고 있다.

필로가 걸어온 궤적을 거슬러 가면서 조사한 뒤 다발렌은 필로가 바로 근처의 오르막에서 총에 맞았고, 피를 흘리면서 180미터를 달려온 다음 쓰러졌다고 결론짓는다. 필로가 쓰러진 다음에도 그들은 그의 머리 뒤편에 여러 발을 더 쏘았다. 마치 처형하는 것 같다. 총알 구멍 중 하나에서는 아직도 진홍색 피가 흘러나오고 있다.

4일 전에 방문 연구자인 아이크 레너드Ike Leonard가 필로의 마지막 사진을 찍었다. 그 사진에 찍힌 필로는 전도양양한 젊은 수컷으로, 10대 소년 같은 약간의 허세를 경쾌하게 내보이고 있었다. 디즈니 동물왕국Disney's Animal Kingdom 소속 코끼리 사육사인 레너드는 플로리다 주 올란도에서 자신이 돌보는 코끼리들의 복지를 개선시킬 방법이 무엇인지 알고 싶어 이곳에 왔다. 그의 말에 의하면, "야생 코끼리들이 어떻게 살아가는지" 관찰하려고 온 것이다. 하지만 코끼리들이 어떻게 죽는지도 관찰하고 있다.

코끼리에게서 단기적인 사안은 상아다. 장기적인 사안은 그들이 살아갈 공간이다. 빈민이든 부자든 인간은 존재하는 데 비용이 너무 심하게 많이 드는 것 같다.

이처럼 날뛰는 광기를 아름다움이 어찌 상대할까?
—셰익스피어, 『소네트』 65 중에서

인간들이 점점 더 많이 밀려들다 보니 이런 보호구역들은 시간의 흐름 속에 고립된 섬으로 잘려 나갔다. 고작 40년 동안 이곳 케냐에

ⓒ 아이크 레너드

필로의 마지막 사진. 필로는 이 사진이 찍힌 후 4일 뒤, 밀렵꾼에 의해 사망했다.

서 인간의 수는 네 배로 늘었다.[173] 그동안 코끼리의 80퍼센트가 사라졌다. 내가 아프리카의 공기를 처음 마셨던 1980년대 초반 이후 코끼리는 아프리카 내의 거주 지역 절반 이상을 잃었고, 수는 절반 이하로 줄었다. 그들 중 누구도 어떤 종류의 인간의 광기에서, 여러 나라에서 여러 종족들이 공유하는 광기에서 안전하지 못하다. 인간과 코끼리 모두를 괴롭히는 이런 추세가 향하는 곳이 어디인지 궁금하다. 코끼리와 인간을 지금 우리보다 더 높이 평가할 여유가 우리에게 있는가? 그들을 더 낮게 평가할 여유는 있는가? 나는 문명을 아주 좋아하지만, 문명인들은 도대체 어쩔 심산인가?

코끼리께

물론 사람들 중에는 당신들이 쓸모없다고 말하는 자들도 있고, 당신들이 심한 기근으로 시달리는 땅의 작물을 망친다고 주장하는 자들도 있고, 인간은 자신들에게 닥친 문제만으로도 지쳐서 당신들 문제까지 살펴 줄 수 있으리라고 기대하지 말라는 경우도 있습니다. 이것은 정확하게 스탈린, 히틀러부터 마오쩌둥에 이르기까지 모든 전체주의 체제가 진정한 '진보' 사회에서는 개인적 자유라는 사치를 기대할 수 없다고 입증하는 데 썼던 바로 그 논리입니다. 그러나 인간의 권리는 곧 코끼리의 권리이기도 합니다. 동의하지 않을 권리, 독립적 사유의 권리, 반대하고 권력에 도전할 권리는 필요의 이름하에 아주 쉽게 목이 졸리고 억압될 수 있습니다. (……) 지난 제2차 세계대전 때 철조망 속에 갇힌 독일의 포로수용소에서 (……) 저희는 아프리카의 끝없는 평원을 천둥같은 소리를 내며 가로지르는 코끼리 떼에 대해 생각했고, 그런 저항할 길 없는 자유의 이미지는 저희가 살아남는 데 도움이 되었습니다. 만약 세계가 자연의 아름다움이라는 사치를 누릴 여유를 더 이상 갖지 못한다면 그것은 곧 그 자체의 추악함에 짓눌리고 파괴될 것입니다. 나 자신은 인간의 운명, 인간의 존엄성이 위기에 처했음을 깊이 느낍니다……

전체적 합리주의의 이름에서 보면 당신 코끼리들은 파괴되어야 하고, 인구과밀인 이 행성에서 모든 공간을 인간에게 넘겨줘야 한다는 데도 의심의 여지가 없습니다. 또 당신들이 사라지면 완전한 인공 세계가 시작된다는 것도 의심할 이유가 없습니다. 하지만 저는 이렇게 말합니다, 오랜 친구여. 완전한 인공 세계에서는 인간이 살아갈 공간도 없어진다고……

저희는 저희 자신의 창조물이 아니며, 절대 그럴 수 없습니다. 저희는 운명적으로 영원히 논리나 상상력으로 헤아릴 수 없는 신비의 일부가 아닐 수 없습니다. 그리고 저희와 함께 있는 당신들의 존재 역시 과학이나 이성으로는 설명될 수 없고, 당신들이 만들어 내는 반향은 오로지 경외, 경이, 존경의 기준으로만 이해될 수 있습니다. 당신들은 저희 최후의 순수함입니다……

저는 당신 편을 듦으로써 아니 그냥 제 편을 드는지도 모르겠습니다만, 제게 보수주의자라는 낙인이, 심하면 반동분자라는 낙인이 찍히리라는 것을 너무나 잘 압니다. 다른 시대, 아마 선사시대에 속하는 괴물이라는 낙인, 자유주의자라는 낙인 말입니다. 저는 그 낙인을 기꺼이 받아들이겠습니다. 또 그럼으로써 친애하는 코끼리여, 저희는 자신이, 당신과 제가 같은 배에 타고 있다는 것을 알게 됩니다. 진정으로 물질적이고 현실주의적인 사회에서 시인, 작가, 화가, 몽상가, 코끼리는 그저 성가신 존재에 불과합니다……. 친애하는 코끼리여, 당신은 최후의 개별자입니다.

　　　—당신의 아주 헌신적인 친구, 로맹 가리Romain Gary로부터.[174]

　다발렌, 골든버그와 나는 해가 지기 전에 강에 있었다. 마치 기적처럼 코끼리 무리가 계속해서 대열을 지어 나무 사이에서 나와 강을 건너 우리 쪽으로 다가온다. 어미, 아기, 모든 연령대의 코끼리들이 있다. 세상은 무슨 일을 해야 하는지 안다. 우리는 알고 있는가?

　강 상류와 하류에서 코끼리 대열들이 실타래처럼 천천히 흐르는 적갈색 물줄기 사이로 건너오고 물을 뿜어댄다. 250마리가량의 코끼리가 물을 마시며 서로 어울리고 있다. 코끼리들이 코끼리다운 행동을 하는 것은 얼마나 많은 선善이 남아 있는가를 알려주는 척도다.

　코끼리들은 혼란 속에서도 정상적인 생활을 계속하려 애쓴다. 인간들이 전쟁 중에도 생일 케이크의 촛불을 끄는 것처럼 그들이 아는 일이고, 또 좋아하는 일이기 때문이다. 한 걸음 내딛는 것마다 희망의 동작이고, 물 한 모금 마시는 것마다 믿음의 행동이다. 우리에게 있는 것이라곤 희망과 믿음 그리고 저기 있는 저들뿐인지도 모른다. 그래도 이 정도면 많다.

　강에서 나와 밤을 지낼 곳을 향해 기슭으로 걸어가며 천천히 풀을 뜯고 되새김질하며 한입 한입 먹고 한 걸음 한 걸음 거리를 줄여나가면서 그들은 자신들을 키운 낮은 구릉지대로 올라간다.

　나이 든 코끼리들은 지금은 가로막히고 밭으로 변하고 위험해진

길이자 그들이 젊었을 때 어미들을 따라갔던 길이 모두 하나의 나라였음을 기억한다. 그들의 나라였다. 그들은 현실을 이해하는가? 그래, 아마 그들 자신의 방식으로는 이해할 것이다. 안 그랬으면 좋겠다. 안타깝게도 우리는 이해하지 못하는 것 같다.

예상치 못한 안개가 빛을 고르게 펴주고 색조를 완화시키며, 풀이 얼마나 향기로운지 수많은 새들의 노래를 실어다주는 대기가 그 소리를 얼마나 잘 울려 퍼지게 해 주는지를 깨닫게 한다. 코끼리들은 점토로 만들어진 시간처럼 움직인다. 57세 바빌론, 성경에 나오는 도시의 이름을 가진 이 한 가족의 가모장은 무리 중에서 제일 나이 많은 생존 암컷이다. 그녀가 무엇을 봐 왔는지 나는 정말 알고 싶다. 그 내용은 아마 끔찍할 것이다. 꽃 일가, 폭풍우 일가, 스와힐리 일가, 히말라야가 이끄는 산맥 일가, 투르크 일가, 나비 일가도 다가온다.

다발렌은 시동을 끈다. 엔진 소음이 다가오는 가족들에게 신경을 거스를 것이라고 생각한 것이다. 엔진 소리를 껐는데도 그들은 돌아서서 긴장하더니 한데 뭉쳐서 주위를 살핀다. 엔진 소리 없이 사람 음성만 있으니 오히려 더 무서운 것이다. 관광객들은 안전한 존재로 공회전하는 엔진 소리를 내면서 다닌다. 반면 밀렵꾼들은 엔진 소리를 내지 않는다. 다발렌이 이를 깨닫고 시동을 다시 건다. 그러자 그들은 안심한다.

새끼를 데리고 우리 가까이 지나가는 암컷 한 마리는 공격적으로 쿵쾅거리며 걷고, 귀를 펄럭거린다. 그녀는 후진하고 덤불의 나뭇가지를 부러뜨려 짜증난 태도를 보이고 힘을 과시한다. 난 좀 불안해졌지만 다발렌은 그런 시위가 허세라는 것을 안다. 그녀는 대단한 허세꾼이다. 무슨 일이 있었기에 그녀는 인간이 가까이에 있으면 그렇게 불편해하는 걸까?

　이곳에는 여러 가족에 속하는 어린 코끼리들도 있는데, 이것은 심한 공격이 남긴 사회적 잔해다. 어른 암컷 다섯 마리를 잃은 가족도 있다. "일부 생존자가 새 가족으로 합류하는 경우도 있어요." 그가 이렇게 말하며 저쪽을 가리킨다. "우테라는 저기 있는 큰 암컷이 그런 경우인데…… 그녀는 자기 가족 중에서 유일하게 살아남은 어른 암컷입니다." 그녀의 가족 중 아즈텍, 잉카를 비롯해 다른 모두가 상아 밀렵꾼들에게 살해되었다. 그들은 공원 접경 지역에 있었다. "플래닛 가족에게는 아주 끔찍한 사연이 있습니다. 그들은 아주 큰 가족이었어요. 스무 마리가량 되었지요. 또 최고령자 암컷도 몇 마리 있었어요. 그러다 보니 돌아다니는 영역도 아주 넓었어요. 그들이 가장 심한 피해를 입은 건 그 때문이었습니다. 그들 중 마지막 그룹은 학살당했다는 말이 맞겠지요. 그 총격 사태가 일어난 때는 1년 전, 여기서 약 100킬로미터 떨어진 곳에서였어요. 아직 목숨이 붙어 있는 코끼리들은 총에 맞은 곳을 떠나 공원 쪽으로 달려왔어요. 하지만 돌아와야 할 거리가 너무 멀었습니다. 부상당한 몇 마리는 오는 중에 죽었어요. 또 어린 것들은 달려오느라 심한 탈수 상태였어요. 어미 없이 온 어린 것들이 많았지요. 그러니 그들에게는 트라우마가 남았고, 당연히 매우 불안한 상태였으므로 나타났다가 사라졌다가 했어요. 저희가 구조하기도 힘든 상황이었습니다." 결국 플래닛 가족은 거의 다 죽었다. "가족들이 와해되는 걸 보면 정말 슬픕니다. 남은 건 이 두 마리 암컷, 하우메아와 에우로파뿐이에요."

나는 작은 상아 조각품을 예닐곱 개가량 모았다. 모두 10~12센티미터 크기이다. 이중 절반은 20대 초반에 어느 나이 든 여자 분에게 받은 것으로 그 분과의 기억을 위해 소중히 간직했다. 그것들은 내 책상 위에 놓여 있다. 손을 뻗으면 만질 수 있다. 그중 하나는 코끼리들이 서로를 타고 넘으며 장난하는 모습이 깨알같이 정교하게 새겨진 공이다. 이런 물건에 담긴 아이러니는 고통스럽다. 캐나다에서 누군가가 특별한 선물이라면서 바다코끼리 어금니로 조각한 작은 돌고래를 준 적이 있었다. 상어 이빨 하나, 산호 한 조각, 또 같은 이유에서 조개껍질 하나도 절대로 사지 않을 내가 어쩌다 보니 이런 조각물의 소유주가 되어 버렸다. 마치 우리가 모두 길을 잃었다가 어찌어찌하여 다시 서로를 찾은 것처럼. 인간이 주인인 세상에서 아름다운 상아 조각은 모두 자연적인 이유로 죽은 코끼리 어금니로 만든 것인 양 여겨질 것이다. 그들은 죽으면서 더 크고 더 값진 어금니를 남길 것이다. 정말 아름다울 것이다. 하지만 오로지 우리 목에 박힌 가시처럼 빠지지 않는 우리 종족의 탐욕 때문에, 그런 일은 도무지 일어날 수 없다.

에우로파가 몸을 돌려 우리를 바라본다. 나는 코끼리를 보는 것이 아니다. 가슴이 아플 만큼 아름다운 존재를 본다.

다발렌은 우리가 보는 가족의 잃은 코끼리들 생각에 휩싸여 있는 것 같다. "정말, 정말로 슬픕니다……."

"당신은 세상에서 가장 경이로운 생물을 보호하기 위해 일하고 있잖습니까." 나는 다발렌에게 말한다. 그는 잠시 내 말을 알아듣지 못한다. "이 아기 세 마리 말입니다. 정말 경이롭습니다." 나는 그에게 말을 건넨다. "그래요," 순진함을 보며 비통함에서 빠져 나온 다발렌이 말한다. "저 아이들 노는 것 좀 봐요."

우리는 바라보고 있고, 시간은 이 장면을 스스로 기록하고, 차곡차곡 접어서 내 마음속에 쑤셔 넣는다.

다발렌이 덧붙인다. "그들이 공원 밖으로 나가면 아주 단단히 뭉칩니다. 공원 안은 더 안전한 안식처지요. 그러니 저들이 넓게 흩어져 있는 겁니다. 걱정할 필요가 없으니까요."

아기 코끼리가 오는 곳

암보셀리에서의 어느 날 아침, 킬리만자로에서 불어오는 바람에 구름이 흩어지고, 그 산의 6,000미터 정상에 있는 눈이 그 푸른색 어깨 위에 떠오르는 모습이 드러난다.

사이얄렌과 나는 펠리시티의 가족과 함께 있다. "정말 좋은 가족이에요. 당신이 그들을 알게 되어 기분이 좋아요." 사이얄렌이 말한다.

오전 10시 30분에 코끼리들은 다시 습지대로 달려 들어간다. 길이 45미터, 폭 9미터인 어느 웅덩이에는 회색 왜가리, 아프리카 흑따오기, 여러 그룹에 속한 코끼리들이 한데 섞여 물을 튀기고 도리깨질 하듯 물을 때리고, 소리를 지르고 진흙을 던진다. 물에 푹 잠겼다가 구르기도 한다. 웨인이라는 큰 수컷은 흙탕물을 계속 자기 몸에 뿜는다. 아기들은 괴물처럼 큰 물장구를 그저 보기만 하면서 물을 찰박거리고 있는데, 보는 것만으로도 워낙 재미있어서 웃는 것 같다. 뻑뻑한 흙탕물을 발라 윤기가 나는 그들은 서로에게 아무렇

게나 비틀거리며 기대고, 근사한 목욕을 하게 되어 기뻐하며, 질척
거리는 기슭에서 이리저리 비틀거렸다가 다시 미끄러져 다른 코끼
리들 위로 쌓인다. 평원에서 몸에 묻은 먼지가 축축해져 그들 몸뚱
이에서 다시 반짝거린다.

"이 모습을 보고 있으면 절대 지루하지가 않아요." 사이얄렐이 말
한다. "20년간 그랬다고 생각해 보세요." 회색 왜가리는 겁에 질려
웅덩이 가장자리로 내몰린 물고기 한 마리를 부리로 집어 올린다.
그 왜가리는 이런 일이 있을 줄 알고 있었다. 왜가리는 똑똑하니까.

"아, 저기 있는 건 아름다운 오톨라인이에요." 사이얄렐이 정답게
소근거린다. 그녀는 내게 미소 짓더니 말한다. "그녀를 알아보는 건
바로 그래서에요⋯⋯. 미인이거든요."

31세 오톨라인은 OB 가족의 가모장이다. 오조라와 오프라도 여
기 있다. "내가 오프라를 알아볼 수 있는 건 몸집이 굉장히 둥글고
귀가 크기 때문입니다." 사이얄렐이 설명하려고 애쓴다.

그런데 코끼리라면 다들 그렇지 않나?

이전의 가모장들인 오딜, 오모, 오메가는 마사이족이 던진 창에
맞아 죽었다. 오딜은 창 공격을 세 번이나 당했는데, 세 번째 공격에
서 죽임을 당했다. 그 이후로 그 가족에서 살아남은 어른 여덟 마리
는 불안해하면서 한사코 서로 떨어지지 않았다. 그들은 막 공원 밖
에서 밤을 보낸 참이다. 동지 의식과 혼란의 중간쯤 되는 상태에서
21세기의 월면보행moonwalk(사실은 뒤로 가는데 앞으로 가는 것처럼 보이
는 보행 방식 — 옮긴이)을 하면서 지샌 것이다.

"이 코끼리, 오라벨 말이에요. 제게는 그녀가 정말 미인으로 보여
요. 걸어가는 모습, 가족을 이끄는 모습이 좋아요. 제게 그녀는 그냥

아주 좋은 코끼리인 거지요. 그래요." 사이얄렐이 이렇게 말하며 오라벨을 가리킨다. 나도 그 말에 동의한다. "오오," 사이얄렐이 엄숙하게 숨을 쉰다. "이들은⋯⋯." 가족이 가까이 온다. "이들은 위대한 가모장 쿰쿼트가 이끌던 가족 중 살아남은 코끼리들입니다." 사이얄렐은 나를 향해 몸을 돌린다. "무슨 일이 있었는지 이야기 들었지요?" 다시 몸을 돌려 그들을 본다. "정말 심했어요. 저기 언덕이 보입니까?" 사이얄렐은 손가락으로 가리킨다. "저 언덕은 로모모라는 곳입니다. 저 가족은 여기에 와서 저 언덕 중간쯤에서 살해되었어요. 바로 저기. 별로 멀지 않아요." 그녀는 조용히 응시한다. 그녀의 마음에서 기억이 펼쳐지고 있었다.

바로 3개월 전의 어느 날 아침, 사진도 많이 찍힌 장엄하고 위엄 있는 46세 쿰쿼트와 어른이 된 그녀의 두 딸이, 아직 젖을 먹던 쿰쿼트의 어린 새끼인 퀸자와 6세 아들 코레스를 고아로 남긴 채 어금니를 노린 자들에게 살해되었다. 코레스는 사라졌는데, 다들 죽었으리라고 짐작했다.

그런데 그 코레스가 바로 며칠 전에 갑자기 다시 나타나서 WB 가족을 따라왔다. "그는 슬프고 절망적인 표정이었어요. 하지만 그가 살아 있는 걸 보니 전 눈물이 줄줄 흘렀어요."

이제 이 QB 가족을 이끄는 것은 코럴인데, 그녀는 쿰쿼트와 아주 친했다. "이 가족 때문에 너무나 슬픕니다. 어린 퀸자는 — 가뭄이 지난 뒤의 베이비붐에서 처음 태어난 아기이기 때문에, 피시록은 그녀에게 스와힐리어로 '첫 번째'라는 뜻을 가진 이 이름을 붙였다 — 발견되었을 때 10세인 그녀의 언니 시신 옆에 서 있었어요. 어미 없이 홀로 살아남기에는 너무 어린 나이예요. 그래서 나이로비에 있는 셸드릭 트러스트 코끼리 고아원에서 데려갔어요. 그곳에 그 아이를 보러 찾아가 봤지요."

"또 다른 가족을 생각해도 슬퍼집니다." 차를 타고 가는 동안 사이얄렐이 말한다. "여기 있는 사비타는 23세밖에 안 되었는데도 가모장입니다." 사이얄렐은 다시 머리를 절레절레 흔든다. "대부분이 가뭄 때 죽었어요. 이 다른 코끼리들은 거의 모두 부모 없이 자랐어요."

갑자기 사이얄렐이 흥이 나서 떠들기 시작한다. "오! 저것이 코레스, 쿰쿼트의 아들이에요! 오, 세상에. 다른 가족들을 전부 헤집고 다니면서 자기 가족을 찾고 있어요. 그의 가족은 지금 우리 뒤쪽, 그리 멀지 않은 곳에 있거든요. 헤어진 지 몇 달은 된 오늘쯤 마침내 그가 그들과 만나게 될 거예요. 오, 정말로. 좋아요."

우리는 계속 갔다. KB 가족의 33세 가모장인 칼리오페는 귀 가장자리가 한 토막이 잘려나갔다. 놀랄 만큼 낯을 가리고 의심이 많은 그녀와 자매는 우리를 면밀히 지켜본다. "칼리오페는 마사이족 때문에 힘든 일을 많이 겪었어요." 사이얄렐은 원망스럽게 말한다. "창에 세 번이나 찔렸어요. 어미도 살해되었고요."

우리는 차를 멈추고 한참을 가만히 기다린다. 그녀는 우리를 더 가까이에서 탐색한다. 30미터도 떨어지지 않은 곳에서. 하지만 우리가 엔진을 다시 켜자 그녀는 몸을 돌리고 아기 앞으로 가서 귀를 펄럭이고 머리를 흔든다.

"미안해, 칼리오페." 사이얄렐이 말한다. "이젠 괜찮아. 네게 힘든 시절은 이제 없을 거야."

그렇지만 이것은 소망이다. 약속이 될 수는 없다.

코끼리 가족의 모습.

여러 가족들이 함께 느릿느릿 움직이기 시작한다. 서로 섞이고, 계속 구성원이 늘어나면서 100마리가량의 큰 코끼리 무리를 엮어 낸다. 우리는 이 광대한 습지대 가장자리, 천천히 굴러가는 차량 위에서 그 모습을 관찰한다. 나는 그들이 보여주는 광경과 조망을 흡수한다. 그들에게 귀를 기울인다. 그들의 숨을 들이마신다.

어금니 한쪽이 없는 코끼리가 지나간다. 100마리 중 한 마리 정도는 평생 어금니 없이 살아간다. 어금니 없는 코끼리가 주위의 장엄한 어금니를 지닌 동료들을 보면서, 자신도 크고 아름다운 어금니 한 쌍을 가졌으면 하고 바라지는 않는지 궁금했다.

"그렇게 바라지 않으니 다행이에요." 사이알렐은 단호히 말한다.

코끼리 250마리의 거대한 군단이 두 번째 파도처럼 평원을 가로질러 물 가까이 다가온다. 앞쪽에는 PC 가족이 26세 페툴라의 인도를 받아 따라오고 있는데, 일곱 마리로 구성된 그 가족은 모두 가뭄을 이겨냈고, 다른 가족 멤버들을 앗아간 총알을 견딘 생존자들이다.

이 같은 상실과 마멸磨滅의 비가悲歌가 멸종을 향해하고 있는 생물 종의 프로필이다. 한두 세대가 지나면 야생 아프리카는 그리 멀지 않은 시절에 미국 평원에서 들소 떼가 노닐었고 야생 비둘기 무리가 하늘을 어둡게 뒤덮었으며 키를 넘는 들꽃 무리가 우거지고 들판 가장자리에 키 큰 밤나무 숲이 있던 기억처럼 철저하게 우리 뇌리에서 사라지게 될 것이다.

마지막으로 숨이 콱 막힐 만큼 많은 400마리의 무리가 거대한 두 파도로 나뉘어 우리를 지나갔다. 우리는 그들 곁에 있다가, 그 거대한 무리의 앞쪽으로 나섰다가 작은 산 위로 올라갔다. 그곳에서 우리는 자신들의 삶을 살아가고 있는 수백 마리의 코끼리가 파노라마처럼 행렬을 이루며 지나가는 것을 한참 지켜보았다. 그들은 먹고, 보살피고, 성장한다. 새끼들은 장난스럽게 서로 위에 타고 오른다. 수컷들은 서열 경쟁을 한다. 암컷들은 주의 깊은 경계의 눈길을 보낸다. 그리고 귀에서도, 코에서도 경계심을 거두지 않는다. 구름 없이 확 트인 하늘 높이 떠 있는 킬리만자로의 눈 덮인 정상이 물길의 수면에 비친다.

이 깊은 시간에 뿌리를 내린 장소의 축적된 지혜가 이 코끼리들 속에 깃들어 있다. 하지만 산이 만약 말을 할 수 있다면, 그것이 과거에는 어땠으며 지금은 어떤지 어떻게 말할까. 그것이 어떤 상태여야 하는지 알 만큼 나이를 먹은 것은 아마 저 산뿐인지도 모른다. 그것이 그 고고한 고지의 바위에서 힘들게 얻어 낼 수 있는 귀중한 의견일 것이다. 설사 저 높은 곳에서 얼음과 눈이 녹고 있더라도 그 산은 오랫동안 냉정한 머리를 유지해 왔다. 이런 시간을 초월한 평원에 깊이 파묻힌 말 없는 뼈들이 증언하듯이 시간은 다양한 척도로 움직인다. 지구의 기억은 여러 종류의 리듬으로 박동한다. 느리게 춤추는 자는 더 많은 것을 본다. 박자도 느리고 멜로디도 단조로운 노래에 흔히 더 많은 이야기가 담겨 있는 것처럼 말이다.

산기슭에 불어 내려오는 미풍과, 그 양쪽에서 불어닥치는 소용돌이 같은 먼지바람이 아마 그 산의 대답인가 보다. 그것이 땅의 이야기일 수도 있겠지만 나는 코끼리가 그들의 소리와 침묵을 통해, 베이스드럼 같은 발의 느린 박자와 풀을 뜯어먹으며 내는 리드미컬한 소리를 통해 내게 말하고 있는 것을 더 잘 이해할 수 있다. 그들은 수없이 많은 방식으로 "단순하게 살아. 요구할 것은 별로 많지 않

아. 요구하지 말았어야 했어"라고 말하고 있다.

말라붙은 웅덩이와 하얗게 바랜 뼈를 지나 운전하다 보면 곧 공원을 떠나게 된다. 별로 먼 거리가 아니다. 야생동식물은 공원 경계선에서 사라지지 않는다. 그건 확실하다. 공원 밖에는 상당한 수의 얼룩말, 기린이 보인다. 하지만 모든 것은 쉽게 부서질 것 같다.

기린에 대해 한 마디 하자. 그들은 백로를 등에 얹어 다니고, 주위를 선회하는 제비 떼에게 중력을 제공하는 코끼리처럼 워낙 크고 놀라운 동물이어서, 기린의 몸집 자체가 곤충을 쪼아 먹는 새들의 식사 장소가 된다. 그들의 목줄기에 앉아 다니는 새들은 붉은 딱지 황소쪼기red-billed oxpecker라 불린다.

우리는 마Maa족의 언어로는 붉은 바위 언덕이라는 뜻의 이름 ― 간단해서 좋다 ― 으로 불리는 산을 올라 탄자니아와 주위의 마사이족 땅과 붉은 대지를 바라보았다. 그곳은 우기가 되면 암보셀리 호수라는 이름의 거대한 얕고 넓은 물판으로 변하겠지만 지금 당장은 거친 먼지 악령이 회오리바람 속에서 소용돌이치는 활주로 같은 형상이다. 태양은 맑은 하늘을 통해 빛을 쏘아 보내며, 공기를 약간 움직이는 데 성공한다. 들리는 소리라곤 건조한 목으로 우는 벌레와 지잉지잉 하는 벌레들의 소리다.

아마 틀림없이 오랫동안 바로 이런 모습이었을 것이다.

바로

이런

모습이었다.

사이얄렐의 부드러운 음성이 갑자기 열기 속에서 부서져 거의 속삭임처럼 들린다. "에코가 죽을 때 전 거기 있었어요." 불어오는 건조한 미풍 속에서 그녀의 음성은 어쩌나 작았는지, 침묵을 더 깊게 만드는 것 같았다.

"그 머리를 들고 있었던 게 저예요. 2009년 5월 5일, 오후 2시. 어느 날 아침에 저는 두 딸과 함께 있는 에코를 보았지요. 하나는 9세, 다른 하나는 4세였어요. 에코는 늙은 할머니처럼 기신기신 걸어오고 있었어요. 전 그냥 머리를 흔들었지요. 가뭄이 지독했어요. 그리고 에코는 젊지도 않았어요. 64세였으니까요. 그녀와 함께 2시간 동안 있으면서 그녀가 한쪽 다리를 들어올리고, 그 다음에는 다른 다리를 들어서, 너무나 힘들게 걸어가는 걸 보았어요. 그 다음날, 6시 30분에 호출을 받았어요. '구부러진 어금니를 가진 코끼리 말예요…….' 그 말을 듣자 제 머리에는 그냥 '젠장'이라는 말밖에는 안 떠올랐어요. 그리로 달려갔지요. 에코가 저희가 살던 곳 근처에 쓰러져 있었어요. 그 자리를 알려줄게요. 에코는 바닥에 누워 다리를 버둥대면서 눈을 뜨고 몸을 일으키려고 애쓰고 있었어요. 사람들이 트럭과 로프를 갖고 왔어요. 그들이 말했어요. '그녀 몸 밑에 로프를 넣고 일으켜 세워 볼게요.' 저는 말했어요. '아니오.' 전 그녀가 죽는다는 걸 알았어요. 자연사예요. 가뭄으로 인한 자연사. '저희는 그냥 남아서 지켜보려고 해요.' 에코의 딸 둘도 그곳에 있었어요. 그들은 저희를 따라오지도 않았고, 저희를 쫓아내지도 않았어요.

감시대원들은 그녀에게 총을 쏘고 싶어하더군요. 전 '안 된다'고 했습니다. 그들에게 물었어요. '당신 할머니가 돌아가시려 한다면, 당신은 그녀를 죽일 겁니까?' 그들은 '아니오.'라고 하더군요. '그런데 왜 그녀를 쏘고 싶어 합니까? 그냥 평화롭게 죽게 놔둬요. 그러니 그녀 곁에서 밤을 새게 해 줘요. 그래야 하이에나가 그녀를 공격하지 않을 테니까.' 저희는 밤새도록, 그 다음날 오전 내내, 오후가 되도록 그녀 곁에 있었어요. 사람들이 먹을 걸 갖고 왔어요. 저는 에코의 머리를 잡고 있었어요. 그저 그녀를 위로하고 머리를 식혀줬던 거지요. 딸 에니드는 움직이지도 않았어요. 그녀는 엄마가 죽을 때까지 그곳에 있었어요. 애도하는 것처럼 말이에요.

에코의 머리에 팔을 두르고 있었는데, 그러다가 에코가 다리를 아주 천천히 뻗더군요. 그리고 눈을 껌뻑이면서 저를 봤어요. 그 모습을 봤을 때 어찌나 슬프던지. 그러다가 눈이 감겼어요. 그리고 죽었습니다.

에니드는 에코의 죽음에 정말로 심한 타격을 입었어요. 오오, 정말 그랬어요. 그 슬픈 얼굴. 뭐라 말을 할 수가 없어요. 가족이 죽어서 울고 있는 인간과 똑같았어요. 한 달 동안 그녀 표정이 바로 그랬어요. 아주 긴 시간이지요. 몸무게가 줄더군요.

에코의 자매인 엘라는 두어 주일 동안 탄자니아에 가 있었어요. 엘라와 에코는 사이가 좋았던 적이 없었어요. 엘라는 아주 제멋대로예요. 심술궂어요. 어떤 코끼리는 선한 마음씨와 차분한 두뇌를 가졌다고 할 수 있는데, 그들은 좋아요. 그런데 엘라는 심술궂어요.

엘라는 돌아와서 에코가 죽었다는 걸 알아차렸어요.

이제 이 가족 중에서 엘라가 제일 나이가 많아요. 41세였지요. 그녀는 스스로 가모장 행세를 하는데, 가모장답게 행동하지는 않아요. 유도라는 지금 40세인데, 그녀는…… 그걸 할 줄 몰라요. 지도자가 될 수 없어요. 그렇잖아요. 인간 중에서도 나이는 들었지만 자기 가족을 이끌지 못하는 사람이 있지요. 유도라가 바로 그래요. 방법을 몰라요. 유도라는 변덕스러워요. 아무도 그녀를 따르지 않아요.

가모장다운 처신을 하는 것은 에코의 딸인 에니드예요. 있잖아요. 사람이 죽을 때 자녀에게 이렇게 말할 수 있지요, '난 너를 떠나게 될 거야. 네가 남은 가족을 보살펴야 할 거다.' 에코는 에니드가 뒤를 이어받도록 훈련시켜왔어요. 아직 30세밖에 안 되었지만 에니드가 가족을 이끌고 있습니다. 에니드는 우유부단하지 않기 때문에 무슨 일이 일어나서 겁이 나면 가족들은 모두 에니드에게 달려가서 뭉칩니다. 그녀가 자신들을 보호해 줄 수 있다고 느끼는 거예요."

에코의 가족은 그녀의 리더십하에서 매우 잘 살았다. 1974년에는 고작 일곱 마리뿐이던 가족이 그녀가 죽을 무렵에는 40마리 이상으로 불어나 있었다. 에코가 잃은 가족은 에린뿐이었다. 이곳에서의 기준에서 보면 그녀는 아주 뛰어난 통치자였다. 가족을 관리하고, 그들의 믿음과 충성심에 보답하고, 살아가는 동안 생사가 걸린 고난을 현명하게 헤쳐 나가며 안전함이 보장되도록 확실하게 방향을 잡아 항해하는 탁월한 능력 덕분이었다.

이제 결정권자는 에니드다. 에니드는 가족을 데리고 다른 곳으로 갔는데, 이는 본거지를 잘 떠나지 않기로 유명했던 에코가 한번도 하지 않았던 일이었다. 그리고 에니드의 가족은 가끔씩 세 그룹으로 쪼개지는 것처럼 보인다. 에니드, 엘라, 에드위나가 각 그룹을 통솔한다. 그런데 그들은 지금 이곳에 없다. 사실 이미 석 달째 돌아오지 않고 있다. "우리는 에니드가 가족을 탄자니아로 데려간 건 아닌지 걱정이 돼요." 사이얄렐이 말한다. "돌아오면 없어진 멤버가 없는지 봐야 해요."

오후 늦게 우리는 캠프로 가서 피시록을 데려왔고, 이제 우리는 다시 야외로 나왔다.

공원은 먼지회오리로 가득했다. 우리 눈으로 볼 수는 있지만 아직 공원에 닿지 않은 비를 품은 전선 때문에 생긴 것들이다. 전선은 먼지투성이 평원에 먼지만 떨어뜨린다.

400마리의 코끼리들이 모인 굉장한 무리가 습지대의 중심지에서 물결처럼 행진하기 시작하여 잠을 잘 장소인 구릉지대로 움직인다. 나는 이처럼 많은 수의 코끼리가 한 자리에 모인 것을 다시는 보기 힘들 것이라고 확신한다. 그들은 바로 여기 있고, 우리는 헤아릴 수 없이 많은 코끼리 속에 있다. 그런데도 나는 벌써 그들이 그리워지기 시작한다.

난 그들을 엘eles이나 엘리ellies 라고 부르기 시작했는데, 이는 친근함을 담은 호칭이다. 이제 그들을 만나고 나니 내가 그들 없이 산다는 것을 생각할 수도 없기 때문이다. 멀리 있는 가족 같은 존재로 내 마음속에 있을 것이다. 그들은 나의 자기 인식 속에 자리를 차지하게 될 것이다. 그들은 가족과 함께 구성하는 그들의 공동체 속에서 자신이 누구인지 이미 알고 있다. 그들에게는 내가 필요하지 않다. 그들이 코끼리로서 사는 데는 인간이 필요하지 않다. 수백만 년 동안 그들과 가족과 친구들은 의미있는 삶을 살아왔고, 우리보다 훨씬 더 먼저, 더 나은 삶을 살아왔다.

바로 여기 있는 수십 마리가량의 엘로 구성된 이 작은 하부 그룹의 뒤에는 열다섯 마리가량의 수컷이 따라가고 있다. 아마 여기 있는 몇 마리는 에스트루스에 들어 있을 것이다.

피시록이 추측한다, "암컷들은 가끔 에스트루스에 든 척을 해요."

그 말이 이해되기까지는 시간이 좀 걸렸다.

"받아주는 자세를 취하거나 올라타기를 허용하지 않을 테지만 그래도 수컷이 관심을 보이는 걸 좋아하는 거지요. 이런 유혹하는 자세를 취한답니다."

관심 받는 것이 좋아서 성적인 상태를 위장하는 일은 머리를 많이 굴려야 한다.

팀이라는 출중한 수컷이 석 달 동안 보이지 않다가 돌아왔다는 말이 들려 우리는 군중 사이로 이리저리 살피면서 그가 어디 있는지 찾아보았다.

그리고, 이보다 더 쉬운 일은 또 없다는 듯이, 저기 그가 있다. 우리는 조금 가까이 다가갔다.

이제 나는 이해한다. 그는 굉장히 근사했다. 43세인 팀은 거대한 어금니 두 개를 가졌는데, 어금니의 높이와 길이는 약간씩 달랐다. 더 큰 쪽은 걸을 때 거의 땅을 긁고 지나간다. 각각의 어금니의 무게는 45킬로그램은 가볍게 넘을 것이다.

그는 더 이상 존재할 수 없는 동물, 동굴벽화에서 금방 뛰쳐나온 매머드 같이 생겼다. 그와 같이 몸집이 크고, 그처럼 큰 상아를 가진 수컷 코끼리가 살아남았다고는 상상도 하지 못했다.

달라진, 더 조용한 목소리로 피시록이 말한다. "그를 볼 때마다…… 그가 다시 모습을 보여 정말 마음이 놓여요……."

그녀의 눈에는 눈물이 어렸다.

"그에 대한 사랑이 얼마나 커질 수 있을까 생각하면 겁이 납니다……."

나는 팀을 보았다. 그는 시간이 무르익기를 기다리면서 어슬렁거리고 있었다.

피시록은 그를 칭찬한다. "이 녀석이 얼마나 근사한지 봐요. 그가 있기 때문에 저는 이 일을 처음부터 다시 새롭게 사랑하게 됩니다. 사람들은 제가 운이 정말 좋다고 하는데, 그 말이 맞아요. 하지만 우리가 받아들이는 이런 종류의 보호자 역할은…… 정말 걱정돼요. 상아 밀렵꾼들은 중앙아프리카를 해치운 다음 모두들 이리로 올 겁니다. 전 30년 동안 여기 있고 싶지요, 하지만 이런 속도로 나간다면 30년 뒤에는 이곳에 코끼리가 더 이상 없을 거예요. 전 코끼리 없는 세상은 원치 않아요. 더 볼수록 더 이해하게 됩니다. 그들의 연대감이 얼마나 깊은지, 개성이 얼마나 강한지, 매일매일 그들의 관계를 어떻게 더 심화시키는지를 더 잘 이해하게 됩니다."

팀은 머스트 시기여서 오줌을 줄줄 흘리면서 먹지도 않고, 그저 고도의 경계 상태를 유지하고 있다. 머스트 시기인 수컷은 턱을 안쪽으로 끌어당긴 채로 머리를 쳐들고 허세 부리듯 걷는다. 에스트루스 시기인 암컷은 흔들거리며 굴러가듯이, 아주 수줍게 씨암탉걸음을 걸으며 어깨 너머로 수컷을 힐끔거리며 보는데, 속눈썹을 찰싹대는 모습이 거의 보일 지경이다. 그런 광경을 처음 볼 때는 우습다. 거의 교태를 부리는 것처럼 행동하는데, 보면 재미있다.

팀이 우리 앞길을 가로지르니 그의 냄새가 흘깃 풍겨왔다.

"머스트 때는 방bhang(인도 대마, 마리화나―옮긴이) 비슷한 냄새가 나요." 피시록이 말한다.

뭐와 비슷하다고? 오…… 난 파촐리patchouli(인도산 꿀풀과 식물. 마음을 진정시키고 차분하게 만드는 효과를 가진 향유를 짜는 데 쓰인다―옮긴이) 냄새라고 생각했는데.

43세인 팀은 살해되지만 않는다면 앞으로 적어도 10년은 더 짝짓기를 할 수 있다. 또 거의 모든 암컷들의 주기적인 에스트루스가 시

© 칼 사피나
43세 팀. 그의 어마어마한 어금니는 상아 밀렵 시대에 그를 위협하는 요인이다.

작되는 우기 직후에 머스트가 시작되었기 때문에 그가 이곳에서 새끼를 배태시킬 확률은 아주 높다. 그들에게 거대한 어금니를 가질 유전자를 남기는 것이다.

아프리카에서 40세가 넘은 수컷이 아직 살아 있는 곳은 거의 없다. 결점도 많고 위험도 계속 높아지지만 그래도 그는 여기 있다. 아직은 코끼리를 유지할 수 있고, 코끼리 식의 생활방식을 여전히 누릴 수 있는 세상이다. 그들은 '보존되어야' 하는 존재가 아니다. 그냥 건드리지 않고 내버려두면 된다. 그들은 어떻게 하면 코끼리가 되는지 안다. 우리 아이들의 아이들은 우리가 서로를 조금은 이해하게 되었다는 것을 알 수 있어야 한다.

갑자기 코끼리들의 나팔소리가 나고 큰 소동이 벌어진다. 코끼리 수십 마리가 온 사방에서 몰려들어 어리고 몸집이 작은 암컷을 쫓아가는 수컷을 향해 달려간다. 암컷들은 몸집이 가벼워서 수컷들보다 더 빨리 달릴 수 있다. 수컷이 암컷을 따라잡는 것은 암컷이 즐거움을 위해 따라잡혀주기 때문이다.

그는 그녀를 따라잡고, 어금니를 그녀 등에 올려놓는다. 그녀는 걸음을 멈추고 그가 그녀에게 올라탄다. 이 일은 약 1분 만에 모두 끝난다.

나는 팀을 바라본다. 그는 자신의 거대한 한쪽 어금니 위에 거대한 코를 걸쳐두고 있다. 그가 왜 달려가서 그 밀회를 깨지 않았는지 이해할 수가 없다.

피시록은 말한다. "그는 상관하지 않아요. 그건 그녀가 에스트루스의 절정에 도달하지 않았다는 뜻이지요."

피시록은 팀이 더 작은 수컷이 있어도 신경 쓰지 않는다고 말한다. "그는 원한다면 자신이 그들을 물리칠 수 있다는 걸 알아요. 그가 신경을 더 쓰는 것은 자신과 비슷한 크기의 수컷들입니다."

살아남은 코끼리 중에서 그와 비슷한 크기의 수컷은 많지 않다. 팀이 그저 그 장소에 도착하기만 해도 머스트 시기인 다른 수컷을 기권시키기에 충분하다. 사회 인지도는 호르몬 수위에 영향을 미친다. 화물 열차를 상대로 마상 창시합을 벌일 위험을 감당하느니 경쟁에서 기권하는 편이 더 낫다.

짝짓기를 하고 나면 다른 코끼리들은 우르릉대고 나팔소리를 내어 대기가 시끄러워진다. 코끼리들은 흥분을 실컷 맛본 것이다. 매혹적인 향이 미풍에 떠다닌다. 젊은 수컷들은 모두 무도회의 왕과 여왕이 디딘 신성한 땅의 냄새를 맡아보고 싶어하고, 암컷의 상태를 확인하고 싶어한다. 하지만 그 암컷은 확인받고 싶어하지 않는다. 자기 가족 곁에 돌아가기를 원한다. 그녀의 흥분한 자매도 함께 돌아와서 짝을 지은 암컷을 건드리고 킁킁대며 냄새를 맡는다.

이것은 거대한 환영이다. 암컷들의 얼굴에 있는 모든 분비샘에서 체액이 줄줄 흘러내린다. 그들의 우르릉대는 소리가 내 가슴에도 강하게 공명한다. 그들의 기분은 전염되며, 축제처럼 긍정적이다. "〈난 예쁜 것 같아〉I Feel Pretty(뮤지컬 〈웨스트사이드스토리〉West Side Story에 나오는 노래 — 옮긴이)를 노래하는 것 같아요." 나는 웃으며 말한다. 만남에 대한 축하다.

코끼리들은 서로 성적인 매혹을 느낄 뿐 낭만적인 사랑은 하지 않는지도 모른다. 하지만 인간들의 성적 매혹에도 낭만적인 사랑이 없는 경우는 많다. 일부 인류학자들은 다른 문화에 속한 인간들에게 낭만적 사랑이 없다고 믿었고, 그렇다고 믿는 학자들이 지금도 있다. 몇몇 문화에서는 결혼을 사랑이 전혀 고려되지 않고 전적으로 가문의 실용적 이익에 봉사하는 업무로 처리한다. 다른 동물들이 구애자를 받아주거나 거부하는 자유는, 인간적 관행보다 확실히 우월하다. 하지만 이런 코끼리들이 방금 짝을 지은 딸에게 보여주는 이런 다정한 관심에는 어떤 감정이 들어가 있을까? 영장류와 앵무새의 짝짓기에는 어떤 감정이 수반될까? 이런 행동은 아주 밀접한 감정적 연대를 형성하는 데 기여한다.

"저 우르릉 소리 들려요?" 사이알렐이 갑자기 주의를 환기시킨다. "가족을 부르는 호출소리예요."

나는 그것을 듣기도 하지만, 공기의 진동으로 느끼기도 한다. 대다수 엘(암코끼리)들이 각자의 가족을 불러 모으는 것을 본다. 그 거대한 무리 가운데 각각의 코끼리들이 모여야 하는 개체들과 함께 모이고, 연대 그룹을 이루어 높은 지대로 올라갈 준비를 하는 과정에서 가족의 조합이 훨씬 더 눈에 띈다. 이런 진행 과정을 지켜보는 것은 정말 재미있다.

우리는 어느 연대 그룹을 따라 평원을 벗어나서 가시나무가 자라는 광활한 숲지대로 올라가는 팀의 뒤를 따라간다. 그곳은 우리 마음속에 심어져 있는 아프리카의 모습을 너무나 많이 닮아 있다.

나는 어린 것 두 마리가 서로를 쫓아다니며, 가는 도중에도 한 마리가 다른 쪽의 꼬리를 깨물려고 하고, 잠시 팔짝 뛰어올라 앞다리를 쳐들어 놀이 친구의 등에 올려놓으려 하는 모습을 본다. 장난치는 분위기다.

고아 코끼리가 더 생기고, 고통과 테러도 더 일어날 것이다. 코끼리들 중 몇몇은 인간을 죽일 것이다. 몇몇은 인간에게 죽임을 당할

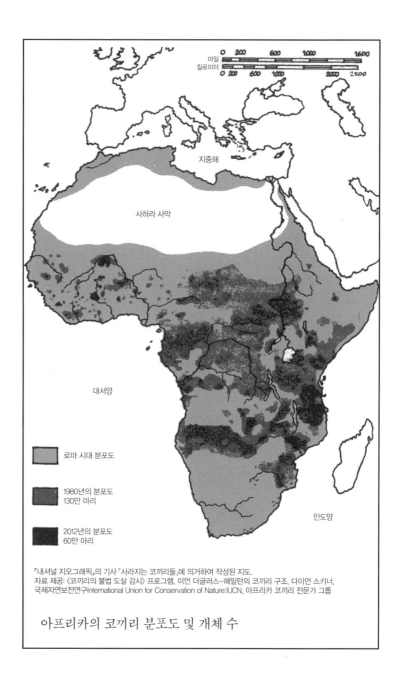

마일
킬로미터

지중해

사하라 사막

대서양

인도양

로마 시대 분포도

1980년의 분포도
130만 마리

2012년의 분포도
60만 마리

「내셔널 지오그래픽」의 기사 「사라지는 코끼리들」에 의거하여 작성된 지도.
자료 제공: 〈코끼리의 불법 도살 감시〉 프로그램, 이언 더글러스−해밀턴의 코끼리 구조, 다이언 스키너,
국제자연보전연구International Union for Conservation of Nature:IUCN, 아프리카 코끼리 전문가 그룹

아프리카의 코끼리 분포도 및 개체 수

것이다. 이것이 지금의 현실이다. 앞으로 올 나날, 앞으로의 수십 년 동안 그들의 생애에 어떤 일이 있을지 아무도 모른다.

"삼부루 보호구역에는 팀 같은 근사한 녀석들이 있었어요." 갑자기 피시록이 말한다. "그런데 그들은 모두 죽었어요." 하지만 적극적인 변화의 조짐이 보인다. 새 법안은 어금니 교역에 대한 범칙금 액수를 대폭 높였고, 밀렵꾼의 체포 건수도 크게 늘었다. 밀렵에 항의하는 케냐인들의 항의 행진과 전 세계에서 들려오는 우려의 목소리도 커졌다. "지금 이 순간은 모두들 평안해요. 야생의 코끼리들은 최선을 다해 잘 지내고 있어요. 앞으로 긍정적인 시간이 오리라는 느낌이 들어요."

사이얄렐은 말한다. "잘 가, 얘들아."

우리는 차를 타고 멀리 떠났다.

2부

늑대
의
울음소리

그들은 흔히 우리의 바로 눈앞에서 전설 같은 삶을 살았다.
─더그 스미스Doug Smith
『늑대의 10년』Decade of the Wolf

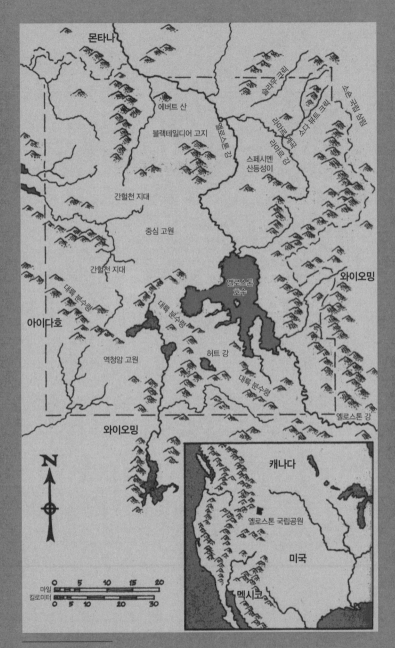

엘로스톤 국립공원 지도

홍적세 속으로

원초의 세계인 홍적세洪績世(1만에서 160만 년 또는 250만 년 전까지의 지질시대 — 옮긴이)의 어느 날 아침, 울창한 소나무 숲에서 코요테한 마리가 경보를 발령한다. 그리고 그 기슭을 망원경으로 조준하던 내 시야에 눈과 샐비어와 소나무가 지나가다가…… 늑대가 들어온다. 거의 1.6킬로미터는 떨어져 있지만 망원경으로는 예닐곱 마리의 다리가 긴 개의 원형元型들, 원형적이지만 너무나도 친숙한 모습이 골짜기 안으로 속보로 달려오는 것을 충분히 똑똑하게 볼 수있다. 그들은 편안하게 서두르지 않는 동작으로, 물 흐르듯 내려오면서 예상 못할 만큼 빠르게 거리를 먹어치운다. 나도 서두르지 않고 지켜보는 가운데 그들은 1분 1분 더 내게 가까워진다. 맨 앞에 서있는 늑대는 회색이다. 그 뒤로 검은 늑대 두 마리가 바싹 붙어 따라오고 있는데 그중 한 마리는 살짝 다리를 절고 있다. 또 그 뒤에는또 다른 회색 늑대 두 마리, 또 다른 검은 늑대 두 마리가 있다. 늑대여덟 마리. 내가 평생 처음 본 늑대다.

253

옐로스톤 국립공원 라마르 계곡Lamar Valley에 사는 늑대는 다른 어느 곳보다도 인간의 관심을 끈다. 그곳의 알파(우두머리, 으뜸 정도로 바꿀 수 있지만 여기서는 알파라는 말을 쓰기로 한다―옮긴이) 늑대 관찰자인 릭 매킨타이어Rick McIntyre는 이곳에서 매일 늑대를 따라다닌다. 날씨가 좋을 때 일주일에 5일 정도 따라다닌다는 말이 아니다. 매킨타이어는 지금까지 15년 동안 그야말로 매일, 해가 떠 있는 동안은 1분도 빼놓지 않고 매일같이 라마르 계곡에 있었다. 하루도 빠뜨린 적이 없다. 겨울에 눈보라가 치든, 여름에 피서객들로 붐비든, 세상 어디에 무슨 일이 일어나도 예외가 없었다. 각진 외모를 가진 60대 중반의 남자인 매킨타이어는 그 어떤 인간보다도 더 긴 시간 동안 야생 늑대를 관찰해 왔다. 아마 늑대 이외의 그 어떤 생물중 가장 긴 시간 그들을 보아왔을 가능성이 크다. 매킨타이어의 관찰 메모는 지금까지 행간도 띄우지 않고 빽빽이 타자로 친 종이 1,000페이지에 달한다. "각각의 늑대를 알게 되고, 그들의 자손까지도 보게 돼요. 그러면 계속 그들을 따라가고 싶어집니다." 그는 아주 간단한 일처럼 요약한다. "결코 끝나지 않는 이야기예요."

매킨타이어는 1.6킬로미터 떨어진 능선에 올라선 늑대를 망원경으로 바라보고, 금방 그게 누구인지 이름을 말할 수 있고, 그의 생애를 말해 줄 수 있다. 그는 데스밸리Death Valley부터 데날리Denali에 이르는 황야에서 일하는 직업을 가진 감시대원으로서, 이 공원의 최고 전성기 시절을 보았다. 그리고 매킨타이어는 옐로스톤에서 살던 야생 늑대가 멸종된 지 수십 년 뒤에 이곳으로 그들을 다시 데려와서 그들을 관찰해 달라는 제안을 받자, 이것이 평생 한 번 있을까 말까 한 기회임을 깨달았다. "이건 당신이 1860년대를 살아가는 역사가라고 할 때 링컨 대통령의 백악관에서 매일 지내며 역사가 일어나는 순간을 직접 목격할 기회를 얻는 것이나 마찬가지입니다."

매킨타이어가 본 대로, 늑대와 인간은 비슷한 삶의 문제를 처리하며 살아야 한다. "집을 떠나야 할 정도의 위험과 언제 마주할지 알아내거나, 세상에서 자신의 위치를 찾는 일 같은 것들 말입니다. 닮은 점은 끝없이 있어요." 그는 말한다. 그러면서도 늑대와 자신 사이에는 차이가 하나 있다고 지적한다. "제가 아는 어떤 늑대들은 제가 인간으로서 살아온 삶보다 훨씬 더 뛰어난 수준으로 늑대로서의 삶을 살아왔어요."

햇살 바른 사면의 눈 위에 누워 있던 다른 늑대 두 마리가 막 일어섰다. "좋았어, 누워 있던 회색 암컷 두 마리도 지금 내려오고 있군." 매킨타이어는 서로 교차하는 각도로 눈을 가로질러 미끄러지고 있는 늑대 한 쌍을 손가락으로 가리켰다. "꼬리를 치켜든 녀석이 820번, 바로 그녀예요."

이런 늑대들 중 몇몇은 연구자들이 그 행동을 이해하는 데 도움이 되도록 전자 목걸이를 차고 있고, 대개 그 목걸이 번호로 이름이 붙여진다. 수신기를 갖고 있으면 — 매킨타이어는 하나 갖고 있다 — 그 목걸이에서 나오는 삐삐 신호로 특정한 늑대들을 찾고 신원을 확인할 수 있다.

코끼리들에는 이름이 붙었고, 늑대들에는 번호가 붙었다. 이름과 번호 중에 더 객관적인 쪽은 무엇일까? 구달이 침팬지에 대해 쓴 첫 번째 학술 논문은 『뉴욕 과학 아카데미 연보』*Annals of the New York Academy of Sciences*에서 반려되었다. 침팬지들에게 번호가 아니라 이름을 붙였다는 것이 이유였다.[1] 편집자는 또 구달에게 침팬지들을

ⓒ 칼 사피나
매킨타이어는 15년이 넘도록 하루도 빼놓지 않고 옐로스톤의 늑대들을 지켜봤다.

'그'나 '그녀'가 아니라 '그것'이라 부르도록 종용했다. 이름이나 번호로 부르면 우리에게 편견이 생기는가? 아니면 우리가 그들을 제대로 보도록 도와주는가? 장미덤불에 '도로시'라는 이름을 붙이고 그것이 사랑이나 통찰력을 의미한다고 주장할 식물학자는 없을 것이다. 줄리엣이 로미오에게 했던 "아, 그대의 이름이 다른 것이었더라면!"이라는 호소는 쥐보다 인간에게 더 어울릴지도 모른다. 그러나 우리에게 동물을 명료하게 바라보는 시야가 필요하다면, 그들을 너무 가까이서 대하든 너무 멀리 떼어 놓든 양쪽 모두 편견을 조장한다는 것을 알아야 한다. 늑대를 '25번'이라고 지칭하면 늑대 관찰자들은 25번이 늑대의 이름이라고 생각하기 시작할 것이다. 왜냐하면 늑대들이 자신을 관계와 개성을 가진 개체로서 보여주기 때문이다. 늑대는 '누구' 동물이다.

2세에 이미 조숙했던 820번은 무리에서 두드러졌다. 한 살 많은 두 자매와 비교해도 그랬다. 70대 초반인데도 정규적으로 활동하는 골수 늑대 관찰자인 더그 매클로플린Doug McLaughlin은 거의 매일 아침 이곳에 온다. 그는 "820번은 그 어미와 정말 많이 닮았어요. 2세인데도 이미 자신감에 가득 찼고 독립적인 정신을 가졌지요. 그녀는 타고난 지도자 자질을 지녔어요. 또 이미 유능한 사냥꾼이에요. 그 어미인 06번(오식스)이 유명한 사냥꾼이었거든요"라고 말했다.

늑대 열 마리가 계곡 아래의 평지에 모여들고 있었다. 가슴팍이 두툼한 어른들과 홀쭉하고 목둘레 털이 아직 등판에 남아 있는 어린 것들이었다.

"오케이, 큰 회합이다." 매킨타이어가 자기 녹음기에다 구술을 한다.

늦대들은 활기차게 서로 환영 인사를 나눈다. 꼬리를 치켜들고 흔들며, 몸을 마구 비벼대고, 얼굴을 핥는다. 그들은 우리가 집에 돌아올 때 개들이 우리를 맞아주는 것처럼 서로를 맞아준다.

이것이 개와 늑대를 비교하면서 내가 받게 된 깊은 인상 가운데 첫 번째였다. 늑대들은 개가 인간 주인에게 하는 것과 같은 방식으로 연장자들을 바라보고 그와 유사한 태도를 보인다. 그러나 나이를 먹은 늑대들은 스스로 자신의 삶의 대장captain이 된다. 개는 영원히 인간에게 의존적이고 복종한다. 이 행위는 억제된 발달 과정의 단순한 대체물이었다. 개들은 끝내 자신들의 삶과 결정에 책임을 질 만큼 성장하지 못한 늑대 강아지들이다. 늑대는 책임을 진다. 그들은 책임을 져야만 한다.

매킨타이어는 흐릿한 얼룩처럼 보이는 털뭉치들의 행동을 풀어서 해설해 준다. "저 검은 것과 왼편에 있는 회색은 둘 다 암컷이고, 한 살이 다 되었어요. 회색은 820번 옆에 누워 있는 녀석이에요. 그녀는 820번의 여동생이고 목걸이를 달고 있지 않아요." 그녀는 아주 사교적이고 '나비'라는 별명이 붙었다. "앞발로 떠미는 걸 봐요. 저건 강아지들이 '난 놀고 싶어'라고 할 때의 동작과 유사합니다." 나비의 바로 오른쪽에 있는 "검은 녀석 두 마리와 회색. 저들은 한 살 더 많고, 나비를 키우는 걸 도와줬어요." 나비는 그들에게 몸과 귀를 낮추는 것 같은 복종을 뜻하는 자세를 보임으로써 존경심을 표해야 한다. 그런 동작은 인간의 절하기, 한쪽 무릎 꿇기, 예의 차리기, 시선 떨어뜨리기 등의 의식화된 행동과 비슷하다. 그런 행동에서 전해지는 메시지는 이런 것이다. "나는 공격하거나 도전할 위치가 아니다. 나는 당신에게 공격당할 수 있는 처지다." 그런데 "그런 동작은 그녀에게 문제도 되지 않아요." 매킨타이어가 설명한다. "그녀는 아주 사교적이고 모두와 친하거든요." 물론 그와 같은 복종의 명백한 표시는 지위 서열의 아래에 있는 개체가 공격당하지 않고 보호받는 데 도움이 된다. 대개는.

갑자기 늑대 한 마리가 급작스런 복종의 표시를 보였다. 머리와 귀를 낮추고 꼬리를 다리 사이로 집어넣은 것이다. 갑작스럽게 공격이 더 심해지자 그녀가 등을 바닥에 대고 드러누웠고, 늑대 세 마리가 그 위를 밟고 올랐다. 드러누운 것은 자부심 많고 조숙한 820번이다.

그들의 어미인 06번은 살아 있을 때 명백한 최강자였다. 이견의 여지가 없었다. 하지만 이것은 두어 달 전의 일이다. 이제 이 무리의 암컷들은 경쟁하는 중이다. 820번 위로 올라탄 세 자매 중 한 살 많은 한 마리는 매우 위세 등등했다. 그녀는 임신 중인 것 같다. 820번도 임신했을 가능성이 있다. 820번은 새로 온 수컷 두 마리의 관심을 받고 있었다. 이는 위계질서의 위반이다. 한 무리에서 어미 두 마리가 각각 새끼들을 낳을 경우, 무리 멤버들이 가져올 먹이를 놓고 즉각 경쟁이 벌어진다. 이런 모든 상황에서 820번은 언니의 지위를 위협하는 존재로 부상할 가능성이 있다. 그래서 그 언니는 검은 털 암컷 두 마리의 지원을 받아 이런 상황의 싹이 더 자라기 전에 꺾으려는 것이다. 등을 바닥에 대고 짓눌린 820번은 싸우지 않고 다리를 길게 뻗어 자매를 버텨 내려고 하고 있었다. 긴장된 정지 상태다.

그런데 갑자기 폭력이 치열하게 심해진다. 다른 늑대들이 820번을 격렬하게 물어뜯기 시작한다. 이것은 의도적인 힘의 과시가 아니다. 어느 한 늑대에게 자신의 지위를 깨닫게 만드는 것 이상의 행동이다. 820번은 고통으로 낑낑대고 허덕거린다. 자매 중 한 마리가 그녀의 배를 물었고, 다른 자매는 엉덩이를 물었다. 이제 언니가 목에 달려든다. 이것은 늑대가 다른 늑대를 죽이려는 상황이다.

820번은 움직일 기회가 생기자 달아난다. 하지만 얼마 가지 못한다. 그녀는 다시 돌아와서 강한 굴종의 자세로 쭈그려 앉아, 최소한 자신의 가족 속에 남아 있기를 허락받고 싶어한다. 그러나 자매는 어떤 타협도 받아들이지 않는다. 그들은 그녀를 쫓아내고자 한다. 이를 드러내고 으르렁거리며 위협하면서 그들은 의사를 명백히 밝힌다. 더 가까이 가는 것은 잘못이다.

820번은 눈이 덮여 울룩불룩해진 샐비어 덤불 속으로 사라진다. 지금 이 순간, 바로 친자매에게 축출되는 이 순간이 820번의 생애에서는 최종 전환점이 된다. 주된 전환점은 넉 달 전, 그들의 유명한 어미인 06번을 누군가 죽였을 때였다. 06번의 삶의 종식은 살아남은 그녀 가족들의 삶을 격심한 급류로 띄워 보냈다.

06번이 왜 그처럼 특별한 개체이고, 그녀의 죽음이 왜 그토록 큰 사건인지 이해하려면 그녀가 속한 가계의 고귀한 족보를 거슬러 올라 한 세대 전으로 가야 한다. 그녀의 할아버지는 옐로스톤에서 가장 유명한 늑대, 21번이었다.

슈퍼 늑대, 21번

"만약 완벽한 늑대라는 게 있다면 21번일 겁니다. 그는 소설 속의 캐릭터 같았어요. 그렇지만 실존한 동물이었다니까요." 매킨타이어가 말한다.

어깨가 우람한 21번의 프로필은 멀리서도 알아볼 수 있었다.[2] 자신의 가족을 보호하는 일이라면 추호의 두려움도 없었던 21번은 덩치와 힘과 기민함을 발휘하여 압도적으로 어려운 상황에서도 이길 수 있었다. "저는 21번이 자신을 공격해 오는 늑대 여섯 마리를 상대하여 그들 모두를 굴복시키는 걸 두 번 보았어요." 매킨타이어는 말한다. "그를 보고 있으면 뭔가 초자연적인 장면을 보고 있는 것 같아요. 예를 들면 브루스 리가 싸우는 걸 실제 제 눈으로 볼 때의 느낌 같은 거지요. '지금 내 눈앞에서 이 늑대가 하고 있는 이런 일을 실제 늑대가 해낼 수는 없는데'라고 생각하게 돼요." 매킨타이어는 더 자세히 설명한다. 21번을 보고 있으면 "무하마드 알리 Muhammad Ali나 마이클 조던 같은 최고의 천재가 자신의 전성기에 극한의 기량을 발휘하는, '정상'을 뛰어넘는 재능을 발휘하는 모습을 보는 것 같아요." 늑대 기준에서의 정상이란 인간에게서의 평균치 같은 것이 아니다. 모든 늑대는 직업 운동선수 같은 존재니까.

21번은 이중으로 특출했다. 우선 그는 한번도 싸움에서 진 적이 없었다. 그리고 패한 적을 한번도 죽인 적이 없었다. 21번은 슈퍼 늑대superwolf였다.

21번은 옐로스톤에서 가장 먼저 태어난 늑대 새끼들 중 한 마리였다. 그의 부모는 양쪽 다 캐나다에서 산 채로 포획되어 옐로스톤으로 이송되었다. 그 지역에 감당하기 힘들 정도로 엘크가 많아지는 바람에 균형을 잃은 생태계에 늑대를 다시 들여놓기 위한 특별 계획의 일환이었다. 늑대가 없는 채로 거의 70년이 지나자, 엘크의 수가 너무 늘어나서 식량 부족으로 겨울을 무사히 넘기기 힘든 상황이 되었던 것이다. 하지만 새로 들여온 늑대 쪽에서 보면 그런 불균형은 먹이가 풍부함을 의미했다.

하지만 인간이 거의 기억하지 못할 정도로 오랫동안 늑대가 부재했는데도, 21번이 태어나기 직전에 누군가가 그의 아버지를 쏘아죽였다. 홀어미 늑대는 제대로 살아내기 힘들다. 연구자들은 어쩔 수 없이 어미와 새끼들을 붙잡아다가 1,224평의 울타리 속에 넣어 두고 두어 달 동안 먹이를 주며 보살폈다. 그런데 인간들이 울타리로 먹이를 가져가면 다른 늑대들은 모두 반대쪽 울타리로 달아났지만 새끼 한 마리만은 울타리 속의 작은 둔덕 위로 걸어 올라가 인간들과 자신의 가족 중간에 자리 잡곤 했다. 이 새끼가 나중에 추적 목걸이 번호 21번을 달게 된다.

21번은 두 살 반이 되자 어미 ─ 그리고 양아버지 ─ 와 자신이 태어난 무리를 떠났다. 그리고 드루이드피크 무리Druid Peak pack의 알파 수컷이 불법으로 쏜 총에 맞은 뒤 이틀도 안 돼서 그 가족에게 적극적으로 접근했다. 드루이드피크 무리의 암컷들은 이 팔팔한 수컷 늑대를 환영했다. 새끼들도 이 덩치 큰 새 수컷을 좋아했다. 그는 새끼들을 자식으로 받아들이고 먹이 구하는 일을 도왔다. 21번은 집을 떠난 뒤 어떤 다툼도 없이 순식간에 이미 만들어져 있던 무리의 알파 수컷이 되었다. 이것은 그의 삶에서 큰 전환점이었다.

21번이 자기 무리의 멤버들에게 "놀랄 만큼 온화하게" 대했다고 매킨타이어는 말한다. 사냥감을 죽이고 나면 그는 흔히 다른 곳으로 가서 오줌을 누거나 누워 잠을 잤다. 사냥에 전혀 관여하지 않은 가족 멤버들이 실컷 먹을 수 있게 해 줬던 것이다.

21번이 제일 좋아했던 일 중 하나는 어린 새끼들과 씨름하며 노는 것이었다. "그가 정말 좋아한 일은 자신이 지는 시늉을 하는 거였어요. 그는 그런 놀이를 엄청나게 즐겼어요." 매킨타이어가 덧붙인다. 거대한 수컷 늑대가 있다. 그런 그가 어린 늑대들이 자기 위에 뛰어올라 털을 깨물게 내버려둔다. "그는 그냥 드러누워 발을 공중에 치켜들어요." 매킨타이어는 흉내를 낸다. "그러면 어린 것들이 의기양양하게 꼬리를 흔들면서 그의 위에 올라서는 거지요."

"시늉할 줄 안다는 것은 자신의 행동이 다른 늑대들에게 어떻게 받아들여지는지 이해하고 있음을 뜻합니다. 지능이 높다는 것도 알려 주지요. 저는 새끼들도 상황이 어떤지 알고 있었다고 확신해요. 하지만 이런 방식으로 그들은 자신보다 훨씬 더 큰 존재를 정복하면 어떤 기분이 드는지 배우게 됩니다. 그런 종류의 자신감은 늑대가 사냥하며 살아가는 모든 시간에 필요합니다."

21번이 알파 수컷으로 지내던 초반에 그의 무리에서 암컷 세 마리가 새끼를 낳았다. 이는 흔치 않은 일이었다. 대개는 알파 암컷, 혹은 '가모장' 한 마리만 새끼를 낳는다. 그런데 새끼를 세 배나 더 낳았다는 것은 먹이가 평소보다 더 풍부했다는 반증이다. 20마리라는 경이적인 수의 새끼가 살아남아서, 이미 상당히 컸던 무리가 믿기 힘든 규모인 37마리로 늘어났다. 이는 기록된 이래 가장 큰 규모였다. 그들 무리가 그 정도로 커진 것은, 늑대가 부재한 70년 동안 인위적으로 키워진 먹이 기반이 낳은 결과다. 따라서 37마리로 구성된 늑대무리wolf pack는 동서고금을 막론한 가장 큰 규모가 아닐까 싶다.

"그 정도로 큰 무리를 운영할 능력을 가진 것은 21번뿐이었어요." 매킨타이어가 말한다. 그러나 언제나 평화로웠던 것은 아니다. 늑대 밀도가 높았으므로 늑대들 간의 갈등도 보통 이상으로 늘어났다. 영토의 방어와 확장을 위해 21번은 수많은 싸움에 가담했다.

늑대의 영토 싸움은 인간의 종족 전쟁과 닮았다. 무리들이 싸울 때는 숫자가 중요하지만 경험도 엄청나게 중요하다.[3] 양쪽 무리의 어른들이 상대편에게 직행하거나 달아나거나, 생사를 걸고 싸우는 동안 어린 것들은 혼란 속에 내버려진 것처럼 보일 수 있다. 1세가 안 된 늑대 새끼들은 공격을 받으면 흔히 당황하는 기색을 보이고 (늑대도 배우지 않으면 폭력을 쓸 줄 모르는 것 같다), 공격자의 과녁이 된 어린 것은 그냥 포기할 수도 있다. 늑대들은 흔히 경쟁 무리의 알파 멤버를 과녁으로 삼는다. 노련한 지도자를 쫓아내거나 죽이면 승리를 차지할 수 있음을 충분히 아는 것 같다.

부족 그룹들 간의 생사를 건 투쟁은 인간이나 침팬지만의 일이 아니다. 로키산맥에서 늑대들이 사망하는 이유 중 두 번째로 많은 것이 다른 늑대에 의한 죽임이다(첫 번째 사망 이유는 인간에 의해 죽는 것). 하지만 앞에서 언급했듯이, 21번은 두 가지 면에서 다른 늑대와 달랐다. 그는 한번도 진 적이 없었고, 한번도 항복한 늑대를 죽인 적이 없었다.

항복한 경쟁자를 풀어 주는 21번의 절제력은 경이로워 보인다. 이것을 어떻게 설명해야 할까? 자비심일가? 더 우월한 입지에 서 있는데도 위협적인 상대를 압박하지 않는 인간을 가리킬 때 쓰는 용어로 표현하자면 '관대함'이다. 늑대가 관대할 수 있을까? 만약 그것이 가능하다면 왜 그럴까?

인간이 항복한 적을 죽이지 않고 풀어줄 때, 관망자들의 눈에 항복자는 지위를 잃은 것으로 보이지만 승리자는 그만큼 더욱 인상적으로 보인다. 승리하지 않으면 관대해질 수 없다. 그러니 승자는 승리함으로써 자신을 입증한 것이다. 자비심도 물론 베풀어지지만, 이 두려움 없는 태도는 엄청난 자신감의 표시이기도 하다. 제3자들은 그런 인물을 따르는 것이 좋겠다고 느낄지도 모른다. 정말 강하지만 용서해 주는 성향도 가진 사람을.

역사상 가장 높이 평가되고 높은 위치에 오른 지도자들은 히틀러, 스탈린, 마오쩌둥과 같은 무자비한 강자가 아니다. 설사 그들이 수천만 명을 지배했더라도 그렇다. 높이 평가받는 지도자들이란 바로 간디와 킹 목사, 만델라 같은 사람들이다. 평화적인 전사들은 폭력적인 전사들보다 세계적으로 더 높은 위치에 오른다. 세계에서 가장 명망 높은 인물로 꼽힌 인물인 무하마드 알리는 평화를 이야기하고 전쟁에 나가기를 거부한 의식화된 전투의 실천자였다. 그 결정 때문에 그는 수백만 달러와 헤비급 선수권 타이틀을 잃었지만, 전쟁을 거부함으로써 그의 지위는 전례 없이 높아졌다.

인간 및 다른 많은 동물들에게 지위는 엄청나게 중요한 문제로, 이것 때문에 각자의 마음이 점령당하고 시간을 잡아먹으며 에너지를 많이 소모시킨다. 또 많은 보물과 피가 그 대가로 치러진다. 늑대는 자신들에게 왜 그토록 지위와 지배가 중요한지를 이해하지 못한다. 인간도 마찬가지다. 우리의 의견을 청하는 일 없이 ─ 또는 근본적인 전략이 무엇인지 알려주려는 배려조차 없이 ─ 우리의 두뇌는 지위를 얻으려고 강력하게 추진하고 패권을 주장하기 위해 호르몬을 생성한다. 지배는 그것 자체가 목적처럼 느껴진다. 왜 그런지 알 필요도 없다. 사실 이유는 이것이다. 높은 지위는 생존에 도움이 된다는 것. 지위는 짝짓기와 먹이를 놓고 벌어지는 경쟁의 일상적 대리자다. 따라서 짝이나 먹이의 공급이 부족할 때는 높은 지위를 차지한 개체가 유리해진다. 중요한 것은 생존이며, 생존에서 궁극적으로 중요한 것은 자손번식이다. 짝지을 기회가 중요한 것이다. 지배는 먹이와 짝과 더 좋은 영토를 얻기 위한 경쟁에서 당신이 다른 개체들을 능가하게 해 준다. 그렇게 되면 자손번식도 늘어난다. 개가 자동차 타기를 좋아하는 이유는 차를 타면 신나는 장소에 가기 때문이다. 이와 마찬가지로 우리도 왜 그것을 원하는지, 어떻게 그렇게 되는지 굳이 이해할 필요가 없다. 그저 우리가 그걸 원한다는 사실을 알기만 하면 된다. 무엇이 우리 모두를 그렇게 하도록 몰고 가는지를 우리 자신이 잘 모르는 것처럼 늑대도 그것을 알고 있을 것 같지 않다.

그러니 다시 앞의 질문으로 돌아가자. 늑대는 관대할 수 있는가?

앞에서 지적했듯이 인간의 경우, 항복한 적을 풀어 주는 것은 힘과 자신감이 충분하고도 남는다는 과시다. 두 가지 모두 우리에게 귀중하다. 야생에서 살아가는 동물들이 여유분을 내보이는 것을 '핸디캡 원리'라 부르기도 한다.[4] 그들은 이런 말을 하려는 것이다. "내게 나누어 줄 만큼 여분이 있음을 알고 있으라. 사실 내게는 너무 많이 있어서 손해를 봐도 괜찮을 정도의 여유가 있다." 어떤 종류의 여분이든 귀중한 것이면, 용기든 아름다움이든 부이든 무엇이든 인상적일 수 있다. 인간이 여분의 부를 전시함으로써 자신의 지위를 높이는 것을 '과시적 소비'라 부른다. 하지만 골동품자동차를 수집하는 것의 의미는, 때까치가 먹을 생각도 없는 죽은 쥐를 한 무더기 모아 누구든 볼 수 있도록 나뭇가지에 걸어 놓는 것과는 좀 다르다.

많은 동물들이 여분의 축적(쥐나 저택), 여분의 아름다움(공작 꼬리깃털, 길고 풍성한 머리칼), 또는 여분의 위험(스포츠, 전쟁, 사업에서의 위험)을 과시함으로써 지위를 얻으려 한다. 이스라엘의 인습 타파적인 연구자 아모츠 자하비Amotz Zahavi는 아라비아 노래꼬리치레arabian babbler라는 군집형 새를 연구하면서 핸디캡 원리를 처음 인지하고 그 용어를 만들어 냈다. 그는 새들이 경쟁자와 싸울 기회를 얻기 위해 서로 경쟁한다는 사실을 알아차렸다. 그런 새들은 이타적으로 행동한다. 왜냐하면 전사들은 그들 집단을 위해, 말하자면 자신이 위험에 처하는 모습을 보여 줄 명예를 얻으려고 애쓰기 때문이다. 그들이 군인이라면 훈장을 달고 둥지로 돌아올 것이다. 자하비는 "이타적 행동은 사회적 특권을 얻기 위해서, 그 주장의 신빙성을 입증하는 투자(핸디캡)로 간주될 수 있다." 자신이 실제보다 더 많이 가졌다고 주장만 하는 게 아니다. 실제로 그렇다는 것을 입증하는

슈퍼 늑대, 21번. 그는 단 한번도 싸움에 지지 않았고, 싸움 상대를 죽인 적도 없었다. 그는 늙어서 자연사
했다.

것이다. 제3자들은 그러한 인상을 받는다. 마땅히 그래야 한다.

패배했지만, 치명적인 적이 될 잠재력을 가진 경쟁자를 풀어 주면 위험도가 크게 높아진다. 어떤 개체가 그런 비상한 자신감을 보여준다면 그의 지위는 크게 높아진다. 늑대는 이런 자신감 있는 동물에 속할 수 있다. 그중 몇몇은 슈퍼 영웅일 수 있다.

"배트맨은 왜 조커를 죽이지 않았을까요?" 매킨타이어는 교묘한 화법으로 질문을 던지더니 스스로 대답한다. "자신의 힘을 절제하는 영웅을 경탄함으로써 우리는 그 영웅의 힘에 감동하는 겁니다." 그가 말한다. "선인이 악인을 죽이는 이야기는 선인이 도덕적 딜레마에 처하는 이야기만큼 흥미가 없어요. 역사상 최고로 꼽히는 어느 영화에서 험프리 보가트는 그가 원했던 사랑을 얻었어요. 하지만 그는 상대편 남자가 아내를 잃지 않도록, 또 다치지 않도록 해 줍니다. 우리가 그에게 감탄하는 것은 이 때문이에요. 힘과 절제력이 합쳐진 사람을 볼 때 우리는 그를 추종하고 싶어집니다. 그런 태도는 그들의 지위를 크게 높여주지요." 매킨타이어가 이 문제에 대해 상당히 많이 생각해 온 것은 분명하다. 영화 속 인물은 자신의 윤리에 구애된다. 하지만 늑대에게도 도덕이, 윤리가 있는가?

매킨타이어는 그 질문에 큭큭 웃는다. "그렇다고 말하면 과학적인 이단자가 되겠지요. 하지만……."

21번이 살아 있는 동안 계속 매킨타이어를 성가시게 한 수컷이 있었다. 일종의 떠돌이 카사노바였다. 그는 굉장히 잘생겼고, 성품도 좋았으며, 언제나 뭔가 재미있는 일을 하고 있었다. "그를 표현할 최고의 한 단어는 카리스마예요." 매킨타이어가 말한다. "암컷 늑대들은 기꺼이 그와 짝을 지었어요. 사람들은 그에게 완전히 반해 버렸습니다. 특히 암컷들이요. 암컷들은 그를 한번 보고 나면…… 그에 대한 어떤 나쁜 생각도 못하게 돼요. 그의 무책임성과 불성실성 같은 것. 그런 건 문제가 안 되고 말아요."

어느 날 21번은 이 카사노바가 자신의 딸들과 함께 있는 것을 보았다. 21번은 그에게 덤벼들어 그를 붙잡아 물고 땅바닥에 눕혔다. 여러 멤버들이 함께 덤벼들어 카사노바를 때렸다. "카사노바는 몸짓이 컸지만 싸움을 못했어요. 그는 완전히 수적으로 압도당했고, 그 무리가 그를 죽이려 했죠." 매킨타이어가 말한다. "그때 갑자기 21번이 뒤로 물러섰어요. 동작을 완전히 멈췄어요. 무리 멤버들은 '아빠가 왜 멈췄지?'라고 묻는 듯 그를 쳐다보았어요." 그리고 카사노바 늑대는 뛰어 일어나더니, 그런 상황에 이미 익숙해진 것처럼 달아났다고 한다.

하지만 카사노바는 21번에게 계속 골칫덩이였다. 글쎄, 배트맨은 왜 조커를 그냥 죽여 버리지 않았을까. 죽였다면 더 이상 상대하지 않아도 되는데? 카사노바와 21번의 관계는 설명이 되지 않았다. 세월이 오래 흐르기 전까지는.

시간을 빨리 앞으로 돌려 보자. 21번이 죽은 뒤 카사노바가 잠깐 드루이드피크 무리의 알파 수컷이 된 적이 있다. 하지만 그는 유능하지 못했다고 매킨타이어는 회상했다. "그는 어떻게 해야 할지 몰랐어요. 지도자의 성품을 지녔던 게 아니었던 거지요." 결국 더 어린 동생이 나이 든 형을 물리치는 아주 드문 일이 그에게 일어났다. "타고난 알파 수컷의 자질 면에서는 한 살 어린 그의 동생이 그보다 훨씬 뛰어났어요." 그런데도 카사노바는 이 일에 상관하지 않았다. 그렇게 되면 마음대로 떠돌아다니고 다른 암컷을 만날 수 있을 테니까.

　나중에 카사노바는 다른 젊은 드루이드피크 무리의 수컷 몇 마리와 함께 다른 암컷들을 만나 블랙테일 무리를 만들었다. "그들과 어울리면서 그는 마침내 책임 있는 으뜸 수컷이자 위대한 아비의 모델이 되었어요." 매킨타이어가 회상한다. 한편 막강하던 드루이드피크 무리는 옴 때문에 세력이 약해지고 무리 내부에서 싸움이 일어나 규모가 줄었다. 최후의 드루이드피크 멤버는 2010년에 몬타나 주 뷰트Butte 근처에서 총에 맞아 죽었다. 싸움을 싫어했던 카사노바였지만 그도 경쟁 무리와 싸우다가 죽었다. 하지만 블랙테일 무리의 다른 모든 멤버는 다치지 않고 살아남았고, 그중에는 21번의 손자와 증손자도 있었다.

　늑대든 인간이든 이처럼 비비꼬인 구도를 예견할 수는 없다. 하지만 진화는 예견한다. 진화의 변화율은 장기적으로 평균치와 차이가 없어진다. 21번은 카사노바 늑대를 살려줌으로써 결과적으로 자신의 후손들이 더 많이 살아남는 데 기여한 것이다. 그리고 진화에서 유일하게 중요한 요소는 자손이 살아남는 것이다. 자손이 살아남는 데 기여한 모든 요소는 유전적 유산으로, 행동의 도구 상자에 들어가는 진화한 성향으로 보존된다.

　그렇다면 엄격하게 생존주의적인 기준에서는 늑대가 자신의 경쟁자를 풀어 '주어야' 하는가? 절제는 이익을 축적하기 위한 효율적인 전략인가? 내가 볼 때 이에 대한 대답은 '그렇다'이다. 그럴 여유만 있다면. 왜냐하면 오늘의 적이 내일은 당신의 유산을 전달할 도구가 될 수 있기 때문이다. 매킨타이어의 눈앞에서 그 세월 동안 벌어진 일은 늑대가 보여주는 관대함의 기초이며 인간에게서 자비의 핵심이 되는 종류일지도 모른다.

21번이 아직 어려서 어미와 양아버지와 함께 살고 있었을 때, 그들이 새로 낳은 새끼 중 한 마리가 정상적으로 행동하지 못한 적이 있다. 다른 새끼들은 그를 조금 무서워하면서 함께 놀지 않으려 했다. 어느 날 21번은 새끼들에게 줄 먹이를 가져와서 그들에게 먹인 다음 거기에 서서 뭔가를 찾으며 둘러보았다. 그러다가 그가 꼬리를 흔들기 시작했다. "그는 이 병약한 어린 새끼를 찾고 있었던 겁니다." 매킨타이어가 말한다. "그리고 그를 찾아내자 그쪽으로 다가가더니 한동안 그와 함께 놀았어요."

갑자기 매킨타이어는 내면으로 들어가서 뭔가 더 깊은 표현을 찾아내려 애쓰는 것 같았다. 그러다가 나를 보더니 단순하게 말했다. "21번에 대한 온갖 이야기 중에서 이게 내가 제일 좋아하는 겁니다." 강함은 우리에게 인상을 남긴다. 하지만 우리가 기억하는 것은 친절함이다.

늑대들은 대체로 싸우다가 죽는다. 늑대의 삶을 기준으로 봐도 격렬하고 다사다난했던 삶을 살았던 21번은 그러나 끝까지 특별했다. 그는 세월이 가면서 검은 털이 회색으로 변했고 노화로 죽은 몇 안 되는 옐로스톤 늑대 가운데 하나였다.

21번이 9세가 되던 6월의 어느 날, 그의 가족이 누워 있을 때 엘크 한 마리가 지나갔다. 그러자 가족은 다들 튀어 일어나서 그를 추적하기 시작했다. 그도 튀어 일어나기는 했지만, 그냥 서서 행동을 지켜보더니 다시 누웠다. 나중에 무리들이 둥지를 향해 돌아올 때쯤, 21번은 반대편 계곡을 건너가서는 혼자 어딘가의 목적지로 향했다. 그리고 시간이 좀 지난 뒤, 깊은 오지를 지나가던 여행자가 매우 드문 광경을 보았다고 전해 왔다. 늘대가 죽어 있었다는 것이었다. 매킨타이어는 말을 타고 조사하러 나갔다.

아마 그 마지막 날에 21번은 자신이 죽을 때가 되었음을 알았던 것 같다. 그는 마지막 남은 에너지를 써서 높은 산꼭대기로 올라갔다. 그곳은 그가 제일 좋아하던 가족들의 만남의 장소였고, 여러 해 동안 새끼들과 함께 지낸 곳이었다. 21번은 큰 나무 그늘 아래, 여름철의 풀이 무성하고 야생화가 만발한 속에 웅크리고 앉았다. 그리고 자신의 의사에 따라 최후의 잠 속으로 빠져들었다.

매킨타이어는 21번의 긴 생애 동안 사실상 매일 그를 보아왔고, 강아지 때부터 강한 권력자였던 모습까지, 그리고 계곡을 건너가던 마지막 여행도 지켜본 사람이었다. 그날 그는 말을 타고 조사하러 가기 전에 매클로플린에게 돌아와서 무엇을 보았는지 이야기하겠다고 했다. 나중에 매킨타이어가 초원에서 돌아오는 것을 본 더그는 약속했던 이야기를 들으러 매킨타이어에게 갔다. 그러나 매킨타이어는 자신의 차로 직행했다. 그리고 문을 열더니 채 들어가기도 전에 쓰러져서 흐느꼈다고 한다. 이 이야기를 내게 해 주던 매클로플린도 목이 메었고, 나도 땅바닥을 내려다보았다.

무리의 결성과 해체

늑대 무리 하나는 가족 하나인 셈이다.[5] 우리가 무리pack라 부르는 것의 가장 기본은 짝 짓는 한 쌍과 그 새끼들이다. 짝 짓는 배우자를 우리는 흔히 '알파' 수컷과 '알파' 암컷이라 부른다. 그러나 늑대 전문가들은 '알파'라는 용어를 구식이라고 여기며, 짝짓는 암컷을 그 무리의 가모장이라 부른다. 그녀가 결정을 주도할 때가 많기 때문이다.

전형적인 무리 형성은 이런 식으로 진행된다. 수컷이 암컷을 만나고, 새끼를 낳는다. 무리가 만들어진다. 그래, 그런 일이 일어난다. 하지만 늑대에게서는 어떤 일도 일어날 수 있다. 각 늑대들의 성격과 우연한 만남에 많은 것이 달려 있다. 가끔은 형제인 늑대 두세 마리가 다른 무리에서 온 자매 두세 마리와 새로운 무리를 이루기도 한다. 한두 해 안에 무리가 쪼개져서 그들 중 누군가가 새로운 무리를 형성해 나갈 수 있다. 이것이 늑대와 인간(코끼리도)의 '융합-분열' 측면이다.

알파 늑대 한 쌍은 방어와 지원의 문제에서 서로에게 지극히 충실하다(우리가 사랑하는 개가 가진 충성심, '베스트프렌드'가 되어 주는 성격은 개 속에 남아 있는 늑대의 면모다). 그리고 알파들은 사냥, 먹이, 강아지 보호, 영토 유지, 공격해 오는 경쟁자에 대한 방어 같은 핵심적인 문제에서 자녀들에게 크게 의지한다.

인간처럼 늑대도 규칙을 따르기도 하고 깨기도 하며, 가족으로 인한 변수가 많다. 인간들이 일부일처제를 쉽게 어기는 것처럼 늑대도 경계 밖에서 짝을 짓기도 한다. 수컷들은 무리 경계를 슬쩍 빠져나가 일탈을 찾는다. 암컷들은 일반적으로 떠돌이 수컷들을 용인한다. 수컷이 다른 무리의 경계 안에 들어가는 것은 매우 위험하다. 하지만 수컷들도 때로는 야밤의 밀회를 무릅쓰기도 한다.

확장형 자녀 양육은 늑대 사회와 가족생활의 중요한 부분이다.[6] 새끼들은 부모들과 여러 해 함께 지낸다. 나이 든 자녀들은 성년 초반까지 성장하는 동안 더 어린 것들을 돌보는 데 힘을 보태며, 여러 세대로 구성된 그룹을 형성한다. 나중에는 그들이 부모를 떠나 자신만의 가족을 꾸리기 시작한다. 다 큰 늑대들은 외진 곳에 있는 은신처와 만남의 장소에 아주 어린 새끼들을 숨겨두고 순번제로 사냥을 나가며, 무리의 먹이를 가져오고, 새끼들과 놀고, 짐짓 매복하는 척하고, 세상에서 제일 장난스럽고 끈질긴 새끼들이 꼬리를 갖고 노는 일을 견뎌낸다.

"늑대에게는 세 가지가 중요합니다." 옐로스톤 늑대 연구팀의 지도자인 더그 스미스Doug Smith는 손가락을 꼽으며 말한다. 그들은 "여행하고, 죽이고, 사회적입니다. 아주 사회적이에요. 그들의 생활에서 많은 부분이 그 사회성에 달려 있어요. 이런 말이 적절한지 모

늑대 무리는 하나의 가족으로, 짝짓는 한 쌍과 그들의 새끼로 구성된다.

르겠지만요. 그리고 30년이 넘게 늑대를 연구해 오면서, 제가 말할 수 있는 건 이겁니다. '늑대는 이렇게 한다'거나 '수컷은 이렇게 한다', '암컷은 저렇게 한다'고 말할 수 없다는 거예요. 늑대들은 제각각 환상적인 개성을 갖고 있습니다."

"포획된 늑대를 본 적이 있는지 모르겠지만, 그들은 끊임없이 이리저리 걸어 다녀요. 그저 가고 싶은 거예요."스미스가 말한다. 늑대는 하루에 7~8킬로미터를 돌아다닌다. "단지 사냥하기 위해서만이 아닙니다. 영토를 유지하기 위해서이기도 해요. 그들은 자기 영역을 방어하는 문제에 있어서 아주 경쟁심이 강합니다."

"늑대에 대한 네 번째 사실은 뭘까요?"스미스는 질문을 하고 그 답을 기다리기보다 자문자답하고 있었다. "그들은 억셉니다."

늑대 재도입 과정에서 연구자들은 야생에서 포획된 캐나다 늑대들이 풀려나면 곧바로 고향인 캐나다로 돌아가려 하지 않을지 우려했다. 그래서 이들은 여러 주일 동안 늑대들을 커다란 '순화용 울타리' 속에 가뒀다.[7] 거의 대부분의 늑대가 이 조처를 받아들였다. 하지만 도전적인 늑대 세 마리는 갇힌 상태를 도저히 참아내지 못했다. 한 마리는 아주 높이 뛰어올라 높이가 3미터인 울타리 안쪽으로 휘어진 구역에 매달린 다음, 몸을 웅크려 휘어진 철조망을 넘어 달아났다. 그리고 그는 바깥에서 울타리 밑을 파고 들어와서 동료들을 해방시켰다. 도전적인 늑대 세 마리는 철조망으로 된 울타리를 어찌나 쉬지 않고 갉았던지, 그들의 이빨이 지독하게 망가져서 거의 납작해질 정도가 되었다.

"저는 '워우, 이 녀석들은 한마디로 말해 인생이 끝났겠는데'라고 생각했어요."스미스가 회상했다. "하지만 풀려난 뒤 뭐든 잘못되었다는 흔적은 어디에서도 발견되지 않았어요. 저는 '도대체 이 늑대는 이빨도 없이 엘크를 어떻게 죽인다는 말이지?'라고 생각했어요." 늑대의 턱은 1제곱센티미터당 86킬로그램의 힘을 발휘하는데, 이것은 독일산 셰퍼드가 내는 힘의 두 배에 해당한다.[8] "무시무시한 힘입니다." 스미스가 덧붙인다.

스미스가 신호용 목걸이를 교체해 주기 위해 붙잡은 늑대에게서 부러진 다리가 치유된 흔적을 본 경우가 너덧 번 있었다. "첫 번째 목걸이를 달아준 이후 저는 그들을 내내 추적해 왔어요. 그런데 그들에게서 다리가 부러진 낌새는 전혀 보이지 않았어요!" 한번은 스미스가 달려가는 무리 위쪽에서 헬기를 타고 날아가고 있었다. "그들은 깊은 눈밭에서 일종의 힘찬 질주porpoising(돌고래들이 큰 바다에서 물 밖으로 뛰어오르기도 하면서 힘차게 헤엄치는 것 같은 전력 질주 — 옮긴이)를 하고 있었어요. 저는 목걸이를 달기 위해 맨 뒤쪽의 한 마리에게 주사기를 쏘았습니다. 그런데 지면에 내려가 그 녀석을 보니 다리가 셋밖에 없어서 깜짝 놀랐어요. 공중에서 볼 때 그 늑대가 달리는 모습에는 전혀 이상이 없었거든요." 세 다리 늑대가 속한 바로 그 그룹의 또 다른 늑대는 늦은 겨울에 어깨뼈가 부러졌는데, 아마 엘크나 바이슨에게 어깨를 걷어차였기 때문일 것이다. "그녀는 10세였어요." 야생에서 사는 늑대로서는 보통 이상으로 나이 든 편이다. "그녀는 그 다음해 봄과 여름 내내 살아 있었습니다. 아마 다른 늑대들이 도와주는 것 같았어요." 그러나 그녀는 가을에 모습을 감추었다.

"그들의 뼈를 조사하다 보면 이런 녀석들이 아주 거칠게 살아가고, 믿기 힘들 정도로 강인하다는 걸 알게 됩니다." 스미스는 다리가 부러져 대롱거리는 어느 알파 암컷을 본 적이 있다. 그녀는 자기 무리가 사냥하는 모습을 면밀하게 관찰하고 있었다. "그녀는 숨거나 상처를 돌보는 게 아니라 바로 그 현장에 있으면서 사태의 진행에 기민하게 대비하고 있었어요." 그녀는 치유되었고 살아남았다.

"늑대는 절대 자기연민을 품지 않아요. '아이고 내 신세야'라는 말은 절대 하지 않습니다. '앞으로 가!'라는 것이 언제나 그들의 방식입니다. 그리고 언제나 '다음은?'이라고 묻지요."

늑대 무리는 각기 독특한 성격을 갖고 있다. 드루이드피크 무리는 경계선이 어디든 아랑곳하지 않고 돌아다녔다.[9] 이와 반대로 몰리 무리는 고지대에 위치하여 여름에는 아름답지만 겨울에는 지독하게 황량해져 — 눈이 깊게 쌓이고 기온은 화씨 마이너스 40도까지 내려가는 — 엘크도 사라지는 영토를 차지했다. 스미스가 쓰는 표현을 빌자면 "강인하고 과도하게 몸집이 커진 거대 괴물"[10]인 큰 바이슨 두어 마리만 남았다. 여러 계절을 지나는 동안 몰리의 무리 늑대들은 실제로 450킬로그램짜리 겨울 바이슨을 잡는 유능한 사냥꾼이 되었다. 한번은 늑대 열네 마리가 수컷 바이슨 한 마리를 깊은 눈밭으로 거듭 몰아넣었는데, "그런 곳에서는 바이슨의 자세가 불편해지니 걷어차는 힘을 떨어뜨리겠다는 의도였다." 바이슨이 여러 번 반복해 "등에 올라탄 늑대들을 말 그대로 흔들어 떨어뜨렸지만" 늑대들도 끈질기게 물고 늘어졌고 9시간 동안 포위하여 공격한 끝에 그 바이슨을 죽이는 데 성공했다. 바이슨을 잡는 건 늑대 무리의 사냥 기술 중 최고 정점이며, 바이슨을 죽인 몰리 무리 늑대들은 옐로스톤에서 제일 덩치가 큰 늑대들이었다. 이는 아마 십중팔구 실전을 통한 자연선택의 결과였을 것이다. 즉 제일 덩치가 큰 늑대가 아니면 그 추위 속, 거대한 바이슨과 상대하는 싸움에서 1년 내내 살아남기 힘들다.

거의 모든 포식자들은 자신보다 덩치가 작은 제물을 사냥한다. 하지만 늑대는 자신들보다 훨씬 큰 동물을 사냥한다. 그들에게 잡히는 사냥감은 늑대 한 마리의 몸무게보다 다섯에서 열 배쯤 더 나간다. 그런 사냥은 협동을 필요로 한다. 늑대가 무리 지어 사는 것은 이 때문이다. 늑대가 된다는 것은 팀으로서 활동해야 한다는 뜻이다. 그래서 늑대는 매우 사회적인 동물이 되었고, 그 점 때문에 늑대가 특별하다.

자신보다 더 큰 동물을 사냥하는 포식자들은 사회적 구조와 작업 분업을 갖춘 조직적인 그룹을 이루어 사냥하는 경향이 있다. 이런 엘리트 동물의 범주에 드는 것은 극소수의 종뿐이다. 가령 아프리카의 얼룩개(종종 들개 혹은 얼룩 늑대, 리카온 픽투스Lycaon pictus라 불리기도 하는 종), 사자, 점박이 하이에나, 돌고래 여러 종류, 그중에서도 포유류를 사냥하는 범고래가 있다. 그리고 인간. 우리 또한 특별하다.

사자들은 '윙'wing과 '센터'의 대형으로 움직이는데 윙어winger들은 제물을 중앙으로 몰아가고, 센터는 매복하여 기다린다. 윙과 센터 역할을 전담하는 사자가 각각 따로 있고, 윙어는 다시 우익과 좌익 전담으로 나뉜다. 병코돌고래는 분업 체제로 활동하는데, 일부는 덫에 걸린 물고기의 탈주로를 가로막기 위해 앞뒤로 헤엄치며, 그동안 다른 돌고래들은 적극적으로 물고기를 잡는다.[11] 때때로 가로막던 돌고래가 자리를 옮겨 들어오며 다 먹은 돌고래들이 순번대로 가로막는 위치로 옮긴다. 돌고래들에게는 어떤 식으로든 포지션을 바꾸자는 신호 방법이 분명히 있는 것이다. 때로 그들은 역할을 '몰이꾼driver 돌고래'와 '장벽barrier 돌고래'로 나눈다. 몰이꾼 돌고래는 물고기 떼를 장벽 돌고래 쪽으로 몰아간다. 이런 그룹에서 개체는 각자 전문화된 역할을 계속 맡는 편이다. 혹등고래는 물고기 떼 아래로 깊이 잠수한 다음 원통형의 거품 소용돌이를 만들어 그 속에 물고기 떼를 가둔다. 이 거품 그물과 그 속에 빽빽이 갇혀 패닉에 빠진 물고기와 함께 고래들은 상승하여 입을 크게 벌리고 물고기 속으로 덤벼들어 마구 삼킨다.[12] 연구자들은 혹등고래가 가끔 고정적인 거품 그물 담당자를 둔다는 것을 알고 놀랐다. 즉, 같은 고래들이 같은 작업을 1년이 지나 다음 해가 되어도 계속 함께하며, 세월이 흘러도 계속 같은 위치에서 작업한다는 것이다. 연구자들이 혹등고래 여덟 마리가 사흘 동안 130번이나 먹이에 덤벼드는 모습을 지켜보는 동안에도 각 고래들은 동료들과의 상대적인 관계에서 언제나 같은 위치를 고수했다. 늑대에게서 그렇듯이, 이런 생물들은 사태가 어떻게 전개될지, 자신들이 어떤 일을 하고 있는지, 누가 그런 일을 하고 있는지를 정확하게 알고 있고, 생존 요소가 자신들에게 유리한 쪽으로 기울어지도록 최고의 기회를 만드는 것으로 보인다.

늑대 사냥은 처음에는 무질서해 보일 수 있다. 늑대 열 마리가 엘크 100마리에게 덤비기도 한다. 또한 관찰자의 눈에는 매킨타이어가 말하듯이 "모두 제각기 다른 엘크를 뒤쫓는 것처럼 보인다. 하지만 혼란 속에서 그들은 어떤 특정 엘크가 취약한지 알려주는 신호를 찾고 있다. 그리고 그들은 서로를 지켜보고 있다. 이것은 수많은 제물 후보자들을 아주 신속하게 분류하는 효율적인 방법이다."

거의 모든 포식자들이 자신보다 덩치가 작은 동물을 사냥하지만 늑대는 엘크나 코요테와 같이 자신보다
훨씬 큰 동물을 사냥한다. 엘크를 사냥하는 늑대의 모습.

늑대들은 작업을 나눈다. 덩치 큰 수컷들은 암컷이나 몸집이 더 가볍고 젊은 수컷들보다 속도가 느리다(암컷들은 몸무게가 대개 40~50킬로그램 정도다. 큰 수컷 — 수컷들은 4세 무렵에 최고 몸무게에 도달한다 — 은 54~58킬로그램이다. 제일 큰 것은 67킬로그램까지도 나가는데, 그보다 더 큰 경우는 거의 없다). 제물이 될 동물을 하나 선택한 뒤 빠른 속도로 진행되는 추격전에서는 대개 1세 새끼와 암컷들이 제일 앞에서 달리는 것을 볼 수 있다. 달아나는 엘크를 제일 먼저 따라잡는 것은 흔히 젊은 늑대들이다. 그들은 뒷다리를 물고 매달려서 속도를 늦춘다. 하지만 젊은 늑대들은 엘크를 가장 효율적으로 죽이는 방법을 모른다(그리고 처리가 늦어질수록 늑대들에게는 더 위험해진다. 늑대들은 뿔사슴에게 급소를 찔려 만신창이가 되거나, 단호하고 필사적으로 걷어차여 뼈가 부러지거나 이빨이 빠지기도 하는데, 그런 상처는 치명적인 종양으로 발전하기도 한다). 이런 상황이 되면 큰 늑대가 달려와 아이들을 제치고 엘크도 일단 지나쳤다가, 뿔사슴에게 몸을 돌려 덤벼들어서는 그 목줄기를 물어뜯는다.

원로들이 먼저 사냥에 발동을 걸 때도 많다. 가끔 무리의 젊은 멤버들이 전략을 제대로 이해하지 못할 때도 있다. 어느 날 매킨타이어는 정션 뷰트 무리Junction Butte pack의 알파 수컷인 퍼프가 자신의 무리를 높은 고지로 데려가려는 광경을 지켜보고 있었다. 당연히 아무도 따라가려 하지 않았다. 하지만 매킨타이어의 눈에는 엘크 몇 마리가 그 위에 있는 것이 보였다. 퍼프는 혼자서 높이 올라가더니 나무 사이로 사라졌다. 얼마 후 갑자기 엘크들이 깜짝 놀라서 뛰어 달아났고, 퍼프가 나무 사이에서 달려 나와 맨 뒤의 엘크를 추격했다. 어른 암컷이었다. "그녀는 달려가는 경로를 여러 번 잘못 선택하더군요. 그리고 그는 그녀를 따라잡고 있었어요." 매킨타이어가 말한다. 그때쯤이면 무리 전체가 무슨 일이 벌어지고 있는지 알아차린다. 퍼프의 배우자는 대각선 방향으로 속도를 높여 그 엘크의 엉덩이를 움켜쥐었다. 엘크가 그녀를 걷어찼지만, 속도가 느려져서 퍼프가 따라잡아 엘크의 목줄기를 물 수 있었다. 이때 세 번째 멤버가 덤벼들어 그들은 엘크를 쓰러뜨렸다. "나이 들고 노련한 늑대들이 생사가 걸린 문제를 어떻게 다루는지 관찰하는 것은 어린 것들에게 결정적으로 중요한 수업입니다." 매킨타이어가 지적한다.

'알파 수컷'이란 가장 공격적으로 자기주장이 강하고 지배력이 센 남자를 가리킨다. 아무에게나 소리 지르고 억압하는 가학적인 관리자, 틈만 생기면 자신이 모든 권력을 휘두른다는 것을 과시하고 싶어하는 유형 말이다. 그래서 이를 드러내고 으르렁대는 대장이라는 알파 수컷의 이미지가 만들어졌다. 그러나 늑대는 그렇지 않다.

늑대들은 이런 존재다. 알파 수컷은 상대를 죽일 때 중요한 역할을 담당할 수도 있지만, 상대를 죽인 이후에는 자리를 옮겨 다른 늑대들이 배불리 먹을 때까지 잠을 잔다. "알파 수컷 늑대의 가장 중요한 특징은 조용한 자신감, 조용한 자부심입니다. 자기가 무엇을 하고 싶은지 알고, 무리에게 무엇이 최선인지 아는 겁니다. 그런 역할에 아주 만족해요. 그가 존재하는 것 자체가 차분히 안정시키는 효과가 있습니다. 요컨대 알파 수컷은 놀랄 만큼 공격적 성향이 아니라는 겁니다. 그럴 필요가 없으니까요. 21번은 알파 수컷의 이상형이었어요." 매킨타이어가 설명한다. "그는 근방에서 최고의 강자였어요. 하지만 그의 주요 행동 특징 가운데 하나는 절제였습니다. 감정적으로 아주 안정된 남자나 위대한 헤비급 챔피언을 상상해 보세요. 그가 입증해야 했던 것은 이미 모두 입증되었습니다. 이런 식으로 생각해 봐요." 매킨타이어가 제안한다. "같은 종류의 두 그룹을 가정해 봅시다. 늑대 무리 둘, 인간 부족 둘, 무엇이든지요. 어느 그룹이 더 잘 살아남고 번식할까요. 멤버들이 더 협력적이고 더 잘 나누고, 서로에게 폭력성이 덜한 그룹과 멤버들이 서로를 때리고 경쟁하는 그룹 중에서 말이에요."

실제로 이곳에서 매킨타이어가 경험한 한 알파 수컷은 대개 자기 아들이나 양아들이나 형제인 다른 수컷들에게 과도하게 공격적인 행동을 거의 하지 않았다. 그는 다만 다른 수컷들이 인정할 만한 어떤 성격 유형을 가진 존재일 뿐이다. "그가 지배권을 주장하는 모습을 볼 확률이 제일 높은 때는 아마 짝짓기 철일 겁니다. 2인자가 교배할 암컷에게 접근하면 알파는 이를 드러내고 으르렁대겠지요. 아니면 그냥 바라보기만 합니다. 그 정도로도 충분하니까요." 만약 알파가 다른 수컷에게 공격적으로 움직이거나 상대방에게 다가갔을 때쯤이면 이미 다른 수컷은 바닥에 등을 대고 드러누워 있을 것이다. 알파는 상대의 갈기털이나 목을 잠시 무는데, 이는 서열을 알려주는 행동일 뿐 해치겠다는 뜻은 아니다. 다른 수컷은 절대 저항하지 않는다. 대개 복종하는 자세로 주저앉거나 슬그머니 빠져나간다. "개를 야단칠 때 보게 되는 주눅 든 표정 알지요? 늑대가 바로 그런 표정을 짓습니다." 매킨타이어는 결론짓는다. "폭력을 최소한으로 제한하면 그룹의 응집력과 협동이 증진됩니다. 무리가 유지되려면 그런 것이 필요해요. 알파는 폭력이 아니라 모범을 보입니다."

매킨타이어는 스미스가 그런 늑대와 비슷한 알파 수컷이라고 묘사한다. "스미스는 지금까지 제가 함께 일해 온 최고의 감독관입니다. 아주 편안하게 대하고 지원을 잘 해 줍니다. 누구에게도 소리를 지르는 법이 없어요. 다른 사람의 상황을 아주 잘 이해해 줘요. 온화한 관리자 스타일을 타고났어요. 최선의 의미에서의 자연스러운 자신감을 갖고 있어요. 일부러 애를 쓰지 않아도 그는 완전히 사람들을 움직이게 합니다. 사람들은 그를 위해서라면 아무 불평 없이 1주에 90시간도 기꺼이 일할 거예요. 제가 이런 말을 하는 걸 알면 그는 정말 민망해하겠지요."

나는 알파 본인에게 알파에 대한 2차적인 해석을 듣기로 했다. "옛날에는 사람들이 알파 수컷을 대장boss이라 부르곤 했어요." 스미스는 히죽 웃으면서 덧붙였다. "주로 남자 생물학자들이 그런 식으로 말했지요." 그러나 실제로는 무리 내에 두 종류의 위계가 있다고 그는 설명한다. "수컷들의 위계가 있고 암컷들의 위계가 있어요." 그러면 책임자는 누구인가? "좀 미묘해요. 하지만 거의 모든 결정은 암컷들이 내리는 것 같아요." 결정 내용에는 어디로 갈지, 언제 쉴지, 어떤 길로 갈지, 언제 사냥할지 같은 것들이 들어 있으며, 무리의 제일 중요한 결정인 소굴을 어디에 둘지도 포함된다.

어떤 암컷들은 다른 무리의 암컷들에 비해 무리 내에서 차지하는 비중이 더 커 보인다. "네페르세(네즈퍼스) 무리Nez Perce pack에서 알파 암컷이 죽임을 당한 적이 있어요." 스미스가 손가락으로 딱 소리를 낸다. "그러면 무리가 해체됩니다. 사라져요. 반면 레오폴드 무리Leopold pack의 경우, 알파 암컷이 죽어도 아무런 변화가 없어요. 그녀의 딸이 새끼 낳는breeding(번식자) 역할을 이어받아요. 바뀐 흔적도 없어요."

늑대를 아는 사람은 스미스가 내게 해 준 말과 유사한 이야기를 한다. '늑대에게는 성격이 중요하다'고 말이다. 각 늑대들의 성격은 어떻게 노는지, 어떻게 사냥하는지, 젊은 늑대가 부모들과 얼마나 오래 남아 있다가 자기 길을 개척하러 떠나는지, 또 그들이 어떻게 지도할 수 있을지에 영향을 미친다.

"두어 가지 예를 들어 보지요." 스미스가 제안한다.[13] "7번 늑대는 자기 무리의 지배 늑대였어요. 하지만 7번을 여러 날 계속 지켜본 다음에야 '그녀가 책임자인 것 같다'고 말할 수 있었습니다. 여러 해 동안 지켜보면서 저는 그녀가 책임자였다는 걸 알았어요. 그녀는 모범을 보여 무리를 이끄는 유형입니다. 그래서 제가 말하는 '가모장'의 의미는, 그녀의 성격이 전체 무리의 형태를 결정하는 늑대를 말합니다."

이와 대조적인 사례를 보기로 하자. 7번은 모범을 보임으로써 무리를 이끌었다. 반면 40번은 강철 권력으로 이끌었다. 스미스는 이 점을 천천히 강조한다. "7번과 40번은 성품이 아주…… 달라요……." 7번이 지도자인 걸 여러 날 관찰해야 알 수 있었던 이유는 그녀의 지도력이 그 정도로 섬세했기 때문이다. 이에 비해 "40번은 1시간만 봐도 알 수 있었어요. 그녀가 책임자이고, 나쁜 여자라는 걸 말입니다!" 지독히도 공격적인 늑대인 40번은 실제로 자기 어미를 밀어내고 최고 지위에 올랐다(자기 딸에게 밀려난 그 어미는 공원 밖에서 떠돌아다녔다. 12월의 어느 날 밤, 개가 짖어대자 사람들이 문을 열어 조명을 비추고 총을 쏘아 어미를 죽였다.).

40번은 3년 동안 드루이드피크 무리를 전제적專制的으로 지배했

다. 무리 멤버가 자신을 조금만 오래 쳐다보아도 40번은 상대를 땅
에 쓰러뜨리고 이빨을 드러내 목줄기에 갖다 댔다고 한다. "평생 그
녀는 언제나 우위를 차지하기로 치열하게 결심하고 있었어요. 우리
가 관찰한 그 어떤 늑대보다도 그 정도가 훨씬 심했지요."

40번이 가한 가장 혹독한 학대는 같은 나이인 자신의 여동생에게
쏟아졌다. 이 여동생은 40번에게 잔혹하게 억압당하며 살았기 때
문에 '신데렐라'라는 이름을 얻었다. 어느 해에 신데렐라는 중심 소
굴에서 갈라져 나와 소굴을 한 개 팠다. 이는 늑대가 새끼를 낳을 때
하는 행동이다. 그런데 소굴을 완성하자마자 언니가 와서 악명 높
은 린치를 가했다. 신데렐라는 전혀 반격하지 않았다. 언제나처럼
그냥 맞고만 있었다. 그 해에 40번의 여동생이 새끼를 낳았는지는
분명치 않다. 낳았다면 아마 40번이 새끼들을 죽였을 것이다. 아무
도 새끼 한 마리를 보지 못했다.

그러나 다음 해에 혹독한 언니(그때 5세)와 그 아래의 다른 자매들
과 신데렐라가 모두 새끼를 낳았다. 각 소굴들은 여러 킬로미터씩
거리를 두고 위치한다(앞에서 말했듯이, 이런 일은 아주 드문 사례인데
늑대가 재도입된 직후 초기에 엘크의 밀도가 비정상적으로 높았던 게 반
영된 상황이었다). 새로 어미가 된 늑대들은 끊임없이 새끼에게 젖을
먹이고 방어한다. 그들은 무리 멤버들이 가져다주는 먹이를 먹으며
살아간다.

그 해에 성질 나쁜 알파 암컷의 소굴에 찾아간 무리 멤버는 거의
없었다. 40번의 먹이를 거의 전적으로 조달한 것은 유명한 슈퍼 늑
대 21번 한 마리뿐이었다. 하지만 신데렐라는 어른이 된 언니들을
포함하여 무리 멤버들 여러 마리의 지원을 많이 받았다.

새끼를 낳은 지 6주 뒤, 신데렐라 및 함께 있던 무리 멤버 여러 마리는 그녀의 소굴과 떨어진 곳에 나갔다가 40번 소굴 근처에서 여왕과 마주쳤다. 40번은 즉시 "그녀의 기준에서 보더라도 지독하게 맹렬한 기세로" 신데렐라를 공격했다. 그런 다음 자신의 분노를 신데렐라와 함께 왔던 동생들 중 한 마리에게 퍼부었다. 곧 40번은 신데렐라의 소굴로 향했다. 어둠이 내려앉을 무렵 늑대들은 모두 신데렐라의 소굴로 쫓아갔다.

그 다음에 벌어진 일을 본 것은 늑대들뿐이다. 다음과 같은 일이 일어났으리라고 짐작된다. 전해와 달리 이제 신데렐라는 언니가 자신의 소굴에 들어와 6주밖에 되지 않은 새끼들을 죽이도록 수동적으로 당하고만 있지 않았다. 결국 소굴 근처에서 싸움이 터졌다. 두 늑대 사이에서 싸움이 터지면 다른 늑대들도 잽싸게 끼어들어 편을 들었다. 만약 1대 1의 싸움이었다면 신데렐라는 언니를 당해내지 못했을 것이다. 하지만 이번에는 적어도 늑대가 네 마리나 있었는데다 그들 중에 40번의 편은 없었다. 40번에게 보복할 시간이 온 것이다.

새벽에 40번은 간신히 목숨만 부지한 채 숨듯이 길가에 쓰러진 채로 발견됐다. 피를 뒤집어 쓴 모습이었는데, 상처를(목에는 척추가 보일 정도로 깊게 물린 곳도 있었다) 보니 끔찍할 정도로 맹렬한 공격을 받았다는 것을 알 수 있었다. 목에 난 상처 한 군데가 어찌나 깊었던지, 스미스가 "검지를 다 집어넣었는데도 한참 더 들어갈 수 있을" 정도였다고 했다. 그리고 바로 40번은 죽었다. 경정맥頸靜脈이 찢어진 채였다. 오래 박해받아온 자매가 결국 그녀의 목을 끊은 것이다.

연구자들이 아는 한, 어떤 무리의 멤버들이 같은 무리의 알파 늑대를 죽인 경우는 이번이 유일했다. 40번은 보통 이상으로 가혹한 늑대였다. 늑대 사회의 통상적인 규칙에서 벗어나서 행동하고 반란을 일으키겠다는 자매의 결정은 인정해 줄 만했다. 이것으로도 충분히 놀라웠다. 하지만 신데렐라는 이제 막 가모장의 역할을 시작했을 뿐이었다. 그녀는 죽은 자매의 새끼들까지 전부 받아들였다. 또 자신보다 서열이 낮은 자매와 그들의 새끼들도 전부 환영했다. 그래서 그해 여름에 드루이드피크 무리에서는 스물한 마리라는 전례 없이 많은 수의 늑대 새끼들이 한 소굴에서 자랐다.

40번의 잔혹한 통치에서 벗어난 서열 낮은 자매는 그 무리의 최고 사냥꾼이 되었다. 그녀는 나중에 지오드 크리크 무리Geode Creek pack의 자애로운 가모장이 되었다. 이는 다음과 같은 사실을 보여준다. 인간이 그렇듯이 늑대도 재능과 능력을 갖고 있어서, 그들의 운이 어떻게 개척되는지에 따라 시들 수도 있고 만개할 수도 있는 것이다.

"신데렐라는 최고의 알파 암컷이었어요." 매킨타이어가 말했다. "협동적이었고, 다른 어른 암컷들과 함께 나눔으로써 호의에 보답할 줄 알았고, 자매를 받아들여 서로의 새끼들을 함께 키우도록 했고, 굴복한 자매의 새끼들도 함께 길렀지요……. 그녀는 수용과 응집의 정책을 세워, 드루이드피크 무리가 기록상 최대의 늑대 무리로 커가도록 했습니다." 매킨타이어는 그녀가 "모두 진정으로 함께 잘 지낼 수 있게 도와줬다는 점에서 완벽했다"라고 말했다.

06번 늑대

새로 밝아오는 아침 햇살이 흘낏 비치자 얼음 왕국이었던 곳이 갓 내린 가루눈에 덮여 꿈속 세상 같은 곳으로 바뀐다. 바람도 없다. 완벽한 정적. 겸허히 바라보게 되는 풍경.

풍경은 아름다운데 시야에 들어오는 늑대는 없다. 그래서 우리는…… 늑대에 대해 이야기했다.

"그녀는 무리 안에서 무언가 잘못되어가고 있을 때 그것을 감지해내는 믿기 힘든 능력을 갖고 있었어요."『옐로스톤 리포트』 *Yellowstone Reports*에 늑대에 관한 뉴스를 싣는 골수 늑대 관찰자인 로리 라이먼Laurie Lyman이 말했다. 그녀가 말한 늑대는 물론 태어난 해를 이름으로 삼은, 유명한 '06번'이다. 06번은 위대한 21번의 가장 존엄한 손녀이며, 지금 우리 눈앞에는 없는 라마르 무리Lamar pack를 창설한 알파이기도 하다. 또 755번과 그의 덩치 큰 동생의 멘토이자 배우자였다. 지금은 추방된, 조숙한 820번의 어미로 자신은 모르는 사이에 원치 않는 순교자가 되기도 했다.

"그녀는 거의 전적으로 자수성가한 알파 암컷이었어요." 06번에게 찬사를 바칠 기회라면 놓치는 법이 없는 매클로플린이 동조한다. "그녀는 자기 식대로 일을 처리했어요. 그리고 훌륭하게 잘 해냈지요. 지켜보면 볼수록 더욱 더 감탄하게 됩니다."

"그러니 그녀를 잃은 건 큰 손실이고 정말 슬픈 일입니다." 라이먼이 회상한다. 고작 두어 달 전에 있었던 일이어서인지 이들의 얼굴에는 아직도 그로 인한 고통과 자책감이 나타났다. 라이먼은 털어 놓는다. "어떤 면에서 보면 저희가 그녀를 너무 좋아한 나머지 죽게 만든 겁니다. 국립공원 안에서 그녀는 사람들을 너무나 많이 봐왔거든요. 그러니 공원 밖에 나가서도 그녀는 사람에 대해 별로 걱정하지 않았을 거예요."

06번의 할아버지는 슈퍼 늑대였고, 06번 자신도 최상급의 사냥꾼이자 전략의 대가로서 자신의 힘으로 명성을 획득했다.

어느 날 매킨타이어는 몰리 무리Mollie's pack의 늑대 열여섯 마리 — 바이슨을 죽이는 이 무리들은 이미 다른 늑대들을 죽인 적도 있었다 — 가 라마르 무리의 소굴 쪽으로 가는 것을 보았다. 경쟁 무리의 소굴을 발견하면 늑대들은 종종 앞에서 마주치는 새끼들뿐만 아니라 어른들도 몽땅 죽이곤 했다. 이날 벌어지려고 했던 일도 바로 그와 유사한 상황이었다.

가는 길에 그들은 깊은 삼림 속으로 사라졌다. 그러자 갑자기 나무 사이에서 소굴과 반대편을 향해 늑대 열일곱 마리가 달려 나왔다. 06번이 제일 앞에 있었고, 한참 떨어져 있었지만 상대편 늑대 열여섯 마리가 그녀를 추적해 오고 있었으며, 그 간격은 순식간에 좁혀지고 있었다. 그녀는 넓게 뚫린 오르막 산기슭을 가로질러 달리고 있었는데, 그 산기슭은 높은 절벽으로 끝이 났다. 그녀는 곧바로 그 절벽을 향해 달려갔다.

"그녀가 당황해하는 모습에서 저는 그녀가 중대한 착오를 범했음을 알 수 있었어요." 매킨타이어가 그때 상황을 기억해냈다. "절벽 끝에 닿았을 때 그녀는 자신의 착오를 깨닫고, 할 수 있는 일은 오직 돌아서서 싸우는 것밖에 없다는 걸 알았겠지요." 하지만 열여섯 마리를 하나가 상대한다는 것은 희망이 없는 일이었다. "저희는 그녀를 평생 지켜보아 왔는데, 이제 그녀가 죽는 것까지 곧 보겠구나 싶었지요." 그가 말했다.

"그런데 저는 몰랐지만, 그녀는 그 절벽 사면을 가로질러 아주 좁은 도랑 같은 것이 나 있다는 것을 알고 있었어요. 그 도랑을 따라가면 계곡 바닥까지 내려갈 수 있었지요. 그녀는 그 도랑으로 뛰어 내려갔어요. 그러니 다른 늑대들은 절벽 꼭대기에 닿았을 때 그녀가 어디로 내려갔는지 도저히 알 길이 없었지요.

근본적인 문제는 남아 있었어요. 그들이 그녀의 냄새를 따라 되짚어 가서 소굴을 찾아낼 텐데, 그곳에 있는 새끼들을 도와줄 손길은 없었던 거지요.

그때 06번의 어른이 된 딸 한 마리가 나타나더니 제 생각에는 바보 같은 짓을 하더군요. 그녀가 자신이 훤히 잘 보이도록 그냥 서 있는 겁니다. 공격해 오던 늑대들은 그녀를 보고 달려갔지요. 그러자 그녀는 동쪽으로 달아났어요. 그녀는 아주 빠른 늑대였고, 어렵지 않게 다른 늑대들을 떼어 놓았어요. 그렇게 그들을 소굴과 새끼들로부터 멀리 떼어 놓은 거예요."

그 추격전이 끝날 무렵 몰리 무리는 혼란스럽고 피곤해지고 무질서해졌다. 그들은 계곡으로 들어가서 강을 헤엄쳐 건너가더니 돌아오지 않았다. 그때 어른들이 위장 전술로 공격자들을 따돌린 덕분에 목숨을 건진 새끼들이 지금 우리가 기다리고 있는 1세 늑대들 중에 있다.

06번은 옐로스톤 최고의 사냥꾼으로 명성을 얻었다. 늑대들이 사냥 한 번에 엘크 두 마리를 죽이는 것을 사람들이 목격한 적은 네 번뿐이었다. 그리고 예상하겠지만 사냥 한 번에 엘크 두 마리를 죽이려면 반드시 무리가 달려들어야 한다. "06번이 활약하기 전에는 그랬지요." 매클로플린이 뭔가 자랑스러워하는 표정으로 말한다. 06번이 한 번의 사냥으로 엘크 두 마리를, 그것도 혼자 힘으로 죽인 일이 세 번 있었다는 것이다.

어느 날 몸무게가 225킬로그램가량 되는 엘크 한 마리와 그 절반 정도 자란 어린 것이 나무 사이에서 나타났다. 그들 뒤 90미터 떨어진 거리에서 06번이 평상시 같은 보조로 따라 왔다. 엘크는 걸음을 빨리했다. 그녀의 목표는 강까지 간 다음 깊은 물속에 서 있으면서 늑대가 자신들에게 접근하다가 떠내려가게 하는 것이었다. 엘크는 어떻게 해야 하는지 알고 있었고, 그 목표를 달성했다. 06번은 기회가 올 때까지 기다리기로 작정한 모양이었다. 그녀는 예전에 엘크 한 마리를 물속에 4일 동안 묶어두었다가 결국 죽인 적이 있었다. 그녀는 강둑에 주저앉았다. 엘크 두 마리가 갈라졌다. 어미는 하류 쪽으로, 어린 것은 상류 쪽으로 갔다. 갈수록 더 약점을 드러내는 어린 것은 얕은 물에 닿자 긴장감이 고조되었다.

"그리고 순식간에 06번은 갑자기 어미 엘크에게 덤벼들었어요." 매클로플린이 말했다.

인간들은 더 취약한 어린 것에 관심을 집중했지만 06번은 상황을 다르게 구상했다. 자신이 어린 것을 공격해 물어 죽이려고 하면 그동안 말만한 크기의 어미가 분노로 가득 차서 날카로운 뿔을 앞세우고 날듯이 덤벼들 것이라고 본 것이다.

상황은 이런 식으로 전개되었다. 06번은 물속에서 어미를 붙잡을 수 없었으므로 땅 위에서 엘크를 못살게 굴어 덤벼들도록 자극했다. 당연히 엘크는 강둑으로 달려가서 앞다리로 맹렬하게 걷어찼다. 06번은 엘크의 빈틈을 노리다가 마구 휘둘러대는 다리 사이로 도약해 엘크의 목줄기를 물었다.

그 둘은 모두 강둑 아래로 굴러 물속으로 떨어졌다. 06번의 머리가 물에 잠겼다. 그러자 그녀는 즉시 물었던 것을 놓고 온몸을 써서 엘크의 머리를 물밑에 잠기도록 눌렀다. "우리는 그녀가 자신의 제물을 다루는 것과 관계된 모든 지식을 활용하는 것을 보았어요. 다른 어떤 늑대도 그렇게 하는 걸 전 본 적이 없어요." 매클로플린이 말했다. "그리고 그건 제가 이제껏 본 것 중에서 엘크를 제일 빨리 죽인 사례였습니다." 늑대들이 목을 물어 동물을 죽이기까지는 10분가량 걸린다고 한다. 하지만 "이 엘크는 고작 2~3분 만에 익사했"던 것이다.

하지만 06번에게는 깊은 물속에 잠긴 죽은 엘크가 있었다. 그녀는 엘크를 끌어내려 했지만 불가능했다. 그래서 그녀는 다른 방법을 찾아냈다. 엘크를 더 깊은 물로 끌고 가서는 하류 쪽으로 떠내려가게 하다가 기슭이 나오자 그 위로 끌어올렸다. 그녀는 엘크의 살점을 좀 뜯어먹은 다음 나머지는 강둑에 놓아두었다.

한편 새끼 엘크는 나름대로 궁리를 하는 것 같았다. "그것은 물에

서 나오더니 우리가 서 있던 곳으로 곧장 걸어왔어요."매클로플린
이 말한다.

06번은 어린 엘크가 어느 지점까지 갔다가 강으로 돌아가리라고
예상하는 것 같았다. 실제로 어린 엘크는 강으로 돌아갔는데, 자신
에게 유리한 깊은 물이 아니라 빨리 달리기에는 불편할 정도로 깊
지만 늑대가 충분히 건너갈 수 있을 정도로 얕은 물로 들어갔다. 어
린 엘크가 그렇게 하자마자 06번은 일어서더니 달렸다.

"엄청난 추격전과 물보라 또 앞서거니 뒤서거니, 또 거꾸로 가는
달리기가 벌어졌어요. 어린 엘크의 몸무게가 112킬로그램가량 나
갔으니, 06번이 그것을 죽이기까지는 시간이 많이 걸렸어요. 10분
정도. 그리고 06번이 엘크의 목줄기를 물자, 그것은 비명을 지르고
또 질렀어요. 그런데 이번에는 숨통을 완벽하게 물지 못했어요. 아
이들을 데리고 있던 구경꾼들은 떠나기 시작하더군요."매클로플
린은 음울하게 회상한다. "불쌍한 그 엘크가 죽기까지는 10~15분
가량이 더 걸렸어요."

매킨타이어가 06번과 코요테가 관련된 일화를 전해 주었다. 어느
봄, 이 계곡에 늑대 무리처럼 조직된 코요테 무리가 있었다고 한다.
그런 일은 아주 드문데, 소굴을 거점으로 예닐곱 마리의 코요테가
무리를 이룬 것이었다. 코요테는 대개 늑대를 두려워하는데 그럴
이유는 충분히 있다. 그런 상황에서 이 영리한 코요테들은 혼자 있
는 늑대를, 특히 06번이 새끼를 키우는 늑대 소굴로 향하는 한 살짜
리 형들을 공격적으로 괴롭히는 전략을 개발했다. 새끼들에게 가는
늑대는 언제나 그들에게 줄 먹이로 위장을 가득 채우고 있다(늑대는
위장에 고기를 9킬로그램까지 넣을 수 있다). 코요테들은 이런 늑대를 포

위하고 위협하곤 한다. 이것이 코요테의 강도짓이다. 늑대가 코요테 강도 떼에게 먹이를 토해 주면 그 늑대는 심하게 맞지 않고 안전하게 달아날 수 있다. 그런데 그 늑대가 다음에 또 코요테들의 눈에 띄었을 때 그의 위장에는 또 고기가 차 있을 확률이 높을 테고 그러면…… 대충 상황이 어떻게 전개될지 훤하지 않은가.

코요테들이 자기들끼리 웃으면서 이야기하는 소리가 들리는 것 같다. 미국 원주민의 민담에서 코요테는 흔히 재주꾼trickster으로 등장한다. 실제 생활에서도 코요테는 재주꾼일 때가 많다. 어느 날 늑대가 잡아먹고 절반쯤 남은 엘크 시체를 코요테 네 마리가 먹고 있었는데, 암컷 늑대 한 마리가 뛰어 들어왔다. 이는 대개 늑대에게 자리를 비켜주라는 신호다. 그때 코요테 한 마리가 함께 놀자는 듯이 늑대에게 가서 꼬리를 흔들더니, 늑대를 콱 물었다. "우리는 넷이니 물러나지 않는다고!"

06번은 웃지 않았다고 매킨타이어가 말했다. '어느 날' 06번은 무리 전원을 거느리고 소굴을 떠나서 코요테 소굴로 향했다. 그때 그는 "이제 더 이상은 참을 수 없는 것처럼 보였다"고 매킨타이어가 말한다. 소굴이 보이는 지점에 가자 "그녀는 자신의 무리에게 앉아서 지켜보라고 신호하는 것 같았어요. 어쨌든 그들은 그렇게 했습니다." 06번은 소굴로 다가갔고, 당연히 코요테들이 그녀 주위를 빙빙 돌며 자극하기 시작했으며, 이를 드러내고 으르렁거리며 머리를 낮췄고, 목덜미 털을 곤두세우고 공격 자세를 취하며 접근했다.

06번은 코요테들을 무시했다.

그녀는 그들의 소굴로 파고 들어갔다. 한 마리씩 한 마리씩 그녀는 새끼들을 끌어냈다. 그리고는 한 마리씩 한 마리씩 새끼들을 물더니 내리쳐서 죽였다. 코요테의 눈앞에서 그녀는 새끼들을 모두 잡아먹었다. "그녀는 몸을 돌리더니 자신을 기다리는 가족에게 종 종걸음으로 돌아갔어요. 마치 '이런 식으로 처리하는 거야'라고 말 하는 것처럼. 늑대가 코요테를 잡아먹는 것을 우리가 본 것은 그때 가 유일했습니다."

이런 생물들은 선조들의 고향에서든 그럴듯하게 복제된 곳에서 든 자신들의 행동을 잘 이해하고 있었다. 이들은 가끔 자신들이 가 진 직관 능력, 계획 능력, 자기들의 삶에 대한 이해 능력을 우리에게 흘낏 엿보게 해 준다. 그들은 전후 맥락을 지속적으로 그리고 우리 와는 다른 방식으로 파악한다. 그들은 자신들의 삶이 어떠한지 알 고 있다. 나는 그들과 입장을 바꿀 생각이 없지만(그들과 나는 맥락이 다르니까), 그들에게 감탄한다. 아주 많이 감탄한다. 그들은 맥락에 속한 존재다.

06번은 진정으로 그녀 자신의 기준에 따라 살았던 것 같다. 예를 들면 로맨스를 대하는 방식이 워낙 설명 불가능한데다 성적 성향도 기묘했던 탓에, 그녀는 라마르 무리를 창설한 가모장이 되었다. 젊 은 모험가였을 때 그녀는 나중에 실버 무리Silver pack에서 알파 수컷 이 될 아주 유능한 수컷과 짝을 지었다. 하지만 그녀는 그와 일주일 정도 함께 있었을 뿐, 독자적으로 행동했다. 그녀에게는 구애자가 많았다. 그중에는 지위나 기술 면에서 그녀에게 걸맞은 수컷들도 있었다. 어느 짝짓기 철에 그녀는 다섯 마리의 다른 수컷들과 짝을 짓는 모습이 목격되었는데, 이는 기록이다. 하지만 그들 중 누구와 도 연대하지는 못했다. 매킨타이어는 반쯤은 농담으로 말한다. "그 녀가 워낙 눈이 높아서 그들 모두를 거절한 거야." 이것이 진짜 이

유일 리 없다는 것을 그도 알고 있다. 그녀가 선택한 두 형제를 보면 눈이 높다는 말로는 설명되지 않는 면이 있기 때문이다.

754번과 755번은 최근에 그들이 태어난 무리에서 갈라져 나와 드루이드피크 무리에 남아 있던 암컷 네 마리와 짝을 지었다. 그 무렵 드루이드피크 무리의 암컷들은 옴 때문에 고생하고 있었다. 06번이 모습을 나타내자 754번과 755번은 그녀를, 이 건강하고 젊은 암컷을 한번 보더니 다른 암컷 네 마리를 떠나서 오로지 그녀만 따라갔다. 그들이 아니라 그녀 자신의 선택에 따라 06번은 늑대들 사이에서 아주 흔치 않은 일을 했다. 형제 모두와 짝을 지은 것이다.

왜 그녀가 754번과 755번 같은 변변찮은 수컷 둘을 선택했는지, 아무도 짐작할 수 없다. 자신이 확실한 주도권을 쥘 수 있는 상황이 정말 좋았는지도 모른다. 그녀는 4세에, 혼자 힘으로 잘 해내는 아주 숙련된 사냥꾼이었으니 말이다. 754번과 755번은 나이도 그녀의 절반인 2세에 불과했고, 사냥 기술은 발끝도 못 따라갔다. 그들의 기술이 부족하다 보니 그녀는 첫 해에 새끼들을 키우기 위해 자기 몫 이상의 사냥을 해야 하는 대가를 치렀다. 그리고 한번은 두 형제가 그녀가 죽인 엘크를 실컷 먹고 난 뒤 우스운 일이 벌어졌다. 두 형제는 소굴로 돌아와 먹은 고기를 토해내어 새끼들을 먹이는 일을 해야 하는 상황이었다. 하지만 754번이 도중에 06번을 만나자 그는 그녀에게 고기를 토해 주었던 것이다. 매클로플린이 회상했다. "그녀는 마치 '이 한심한 늑대야, 이 일은 저 위 애들 앞에서 해야 하잖아'라는 표정으로 그를 바라보았어요." 하지만 나중에는 그들도 제대로 해냈다.

좀 지나자 755번에게 별명이 붙었다. '사슴 살해자'. 그 별명을 얻은 것은 그가 사슴만큼 빠르지는 않지만 스태미나가 월등했기 때문이었다. "755번은 마라톤 선수처럼 날씬한 체격을 지녔어요." 매킨타이어는 말한다. "그가 저기 소다 뷰트 콘Soda Butte Cone 너머에서 사슴을 추격하기 시작하는 것을 보았어요. 사슴을 뒤쫓아 라마르 계곡 안쪽 깊이 들어왔지요. 사슴이 강물을 건너 다시 남쪽으로 가니까, 755번은 콘플루언스Confluence(소다 뷰트 크릭의 물길이 라마르 강으로 합류conflue하는 지점) 뒤의 언덕을 따라 올라가서는 한순간도 사슴에게서 눈을 떼지 않고 계속 추적하더군요. 그리고 사슴이 마침내 자갈 강둑 위에서 멈추자 늑대는 언덕을 달려 내려와서 평지로 나갔어요. 사슴은 그가 오는 걸 보았는데도 아무런 행동도 하지 않았고요. 완전히 탈진한 겁니다. 저항도 하지 않았어요. 아마 모든 늑대의 머릿속에는 사냥과 죽이기가 제일 큰 비중을 차지할 거라고 짐작하겠지요. 매일 같이 사냥하기를 좋아한다고 말입니다. 하지만 그건 사실이 아니에요." 대개 늑대 두세 마리가 거의 언제나 그 무리의 거의 모든 사냥을 담당한다. 그렇지만 먹을 때는 사냥감을 함께 나눈다. "몇몇 개성적인 늑대에게는 사냥이 별로 중요한 문제가 아닙니다." 매킨타이어가 설명했다.

예를 들어 754번은 형제인 755번보다 덩치가 훨씬 큰데도 새끼 늑대들과 함께 어울리는 편을 더 좋아했다. 그는 마치 양치기 개처럼 새끼들을 따라다녔고, 그들이 어디에 가든 함께 걸어 다녔다. 또 한 마리가 다른 새끼들에게서 떨어져 혼자 나가면 그는 그리로 가서 계속 지켜보면서 새끼들에게 필요한 보호를 제공했다. 그 덕분에 06번과 755번이 자유롭게 행동할 수 있었다. 어쨌든 그들이 더 빨랐으니까. 하지만 그들이 아주 큰 엘크를 끌어오느라 애를 먹을 때는 754번의 큰 덩치가 유용했다. 그는 달려들어 그것을 조각조각 냈다. 이것이 나이 든 늑대들이 중요한 한 가지 이유다.

06번, 754번과 그의 동생인 755번이 라마르 무리가 된 것도 이런 식이었다. 그녀는 말하자면 독립적인 전문직 여성이었고, 처음 새 끼를 낳았을 때가 4세였는데, 이는 어린 것들을 처음 키우기 시작하기에는 많이 늦은 나이였다. 그녀는 3년 동안 매해 새끼를 낳았다.

06번의 두 번째 출산에서 태어난 딸 중 하나가 그 조숙한 820번 이었다. 라마르 계곡에서 내가 처음 맞은 아침에 매킨타이어가 손 짓해서 보여준 그 늑대이자 자기 자매에 의해 무리에서 쫓겨나는 것을 지켜봤던 그 늑대였다.

매킨타이어와 매클로플린과 라이먼이 06번에 대해 해 준 이야기 는 내가 보아온 이 특정한 늑대들의 배후 역사 및 왜 그들이 함께 있 는지를 이해하는 데 도움을 주었다. 이제 나는 그 무리가 왜 지금 해 체되고 있는지를 배울 참이다.

약속의 와해

내가 이곳에 도착하기 넉 달 전인 11월이 되자 차가운 날씨가 공원을 꽁꽁 가두기 시작했다. 그해 겨울은 옐로스톤의 평균 겨울보다 지내기 힘들었다. 거의 모든 엘크와 사슴 들은 곧바로 더 낮은 지대로 내려가서 공원 밖의 더 나은 먹이를 찾으러 갔다.

06번과 다른 라마르 무리의 늑대들은 영토의 경계를 넘어갔다. 하지만 그들은 다른 무리들의 저항을 만나지 않았다. 오히려 그들에게는 사냥감이 더 많았다.

11월 둘째 주에 라마르 무리의 늑대들은 저항도 받지 않고 더 낮은 지대로 모험을 떠나, 공원 경계선 밖 24킬로미터까지 가보았다. 그들이 있는 곳은 더 윤택했다. 엘크도 훨씬 많았다. 완전히 새로운 영토였다. 그들은 이제껏 그곳에는 와 본 적이 없었다.

라마르 무리의 늑대들이 그들이 평소 지내던 영토의 동쪽 경계에 다른 늑대들의 저항이 없었던 이유를 알았을 리가 없다. 그들이 국립공원 안에서, 또 멸종위기에 처한 동물 법안으로 보호받던 상태에서 새로 시작된 사냥 시즌의 과녁이 되어 버렸음을 알았을 리가 없었다. 라마르 무리는 변한 게 없었지만, 인간들의 약속은 변했다. 옐로스톤에서 살아왔기 때문에 그들은 인간을 보는 데 익숙해져 있었고, 눈에 띄지 않으려고 유달리 주의하지도 않았다.

옐로스톤의 공동체를 표시하는 자랑스러운 아치로 들어오면 공원은 나라의 커다란 한 부분이라는 인상을 준다. 하지만 지도를 보면 그곳은 그냥 우표딱지만한 곳, 같은 손으로 얻었다가 잃었던, 한때는 광대하던 서부의 흔적에 불과하다는 것을 보여준다.

그림엽서에 나오는 것 같은 봉우리들에 둘러싸여 아늑하게 들어 앉아 있는 안전한 '공원'은 최근까지도 없었다. 세계만 있을 뿐이다. 1806년에 루이스Lewis와 클라크Clark가 지금의 몬타나 주 빌링스 근처에 있는 옐로스톤 강 ─ 현재의 공원 경계선을 한참 벗어난 곳 ─ 에 닿았을 때, 클라크는 귀중하게 간직해 온 잉크를 써서 우리에게 상황을 전해 줬다.[14] "내가 이 강에 있는 야생동물의 여러 다른 종류들, 특히 버펄로, 엘크, 앤틸로프, 늑대에 관해 평가하거나 언급하더라도 믿지 못할 것이다. 그러니 나는 이 주제에 관해서는 앞으로 침묵하려 한다."

옐로스톤은 커 보인다. 하지만 실제로는 너무 작다. 그 공원의 직선형 경계선은 옐로스톤의 가이저와 온천과 풍경이 주는 관광객용 매력을 기준으로 그어졌다. 그 공원이 야생동물의 삶에 얼마나 도움이 되지 않는지에 대해 1872년(국립공원으로 지정된 해 ─ 옮긴이)에는 사람들의 관심을 받지 못했다. 동물들이 매해 겨울, 먹이를 찾기 위해 공원을 벗어난들 누가 상관하겠는가? 야생 거위가 남쪽으로 날아가는 일과 유사하지 않은가? 그러나 사슴, 엘크, 바이슨에게 그

옐로스톤의 겨울은 혹독하다. 옐로스톤에서 겨울을 보내고 있는 늑대.

공원은 주로 한여름에 풀을 뜯는 초지였을 뿐 1년 내내 살 수 있는 목장이 아니었다. 2,300미터 높이에서 맞는 겨울은 너무 혹독하다. 가을이 오면 안쪽의 고원 평지는 전부 텅 빈다. 옐로스톤에 있는 엘크 가운데 7분의 6이 다른 곳으로 간다. 거의 모든 사슴과 대다수의 바이슨도 떠난다. 공원의 큰 동물들이 살기에 필요한 땅, '대 옐로스톤 생태계'the Greater Yellowstone Ecosystem는 그 공원의 여덟 배가량 되는 넓이다.[15] 늑대가 공원 안에서만 평생 살 수 있을까? 그럴 수 없다는 게 이미 확인되었다. 생육 가능한 늑대 인구가 공원 안에서만 존재할 수 있을까? 아니다, 공원은 너무 좁다. 늑대 역시 왔다가 간다. 동물들 중에는 갔다가 다시는 돌아오지 않는 것들이 많다. 그래서 가을마다 공원에 사는 더 큰 동물들은 저지대의 계곡과 주위를 에워싸고 있는 평지로 몰려가서, 겨울을 나게 해 줄 식량을 찾아낸다. 하지만 저지대로 나간다는 것은 총알의 세상으로 들어선 것과 마찬가지다.

11월 13일, 공원 밖에서 13마일 거리에 위치한 소숀 국립 삼림Shoshone National Forest에서 사냥꾼들은 몸무게가 대략 60킬로그램인 늑대 한 마리를 쏘아 잡았다. 그 늑대는 함께 다니던 무리에서 제일 큰 수컷이었다. 사냥꾼들이 갖고 싶었던 것은 그의 가죽뿐이었다. 그러나 그것은 그 늑대 무리의 어른 세대의 기술과 경험의 결정적인 구성요소를 모두 담고 있던 가죽이었다. 그 늑대가 바로 라마르 무리의 754번이었다.

라마르 무리의 남은 늑대들은 공원 안으로 후퇴했다. 하지만 잠시뿐이었다. 형제인 754번과 755번은 평생을 함께했고, 사이도 아주 좋았다. 754번의 부재는 그 무리 전체에 확연히 영향을 미쳤다.

하지만 사냥꾼들이 754번의 시체를 가져갔기 때문에 살아남은 라마르 무리는 그의 시체를 끝내 보지 못했다. 왜 그가 그곳에 없는지 알아낼 길이 없었다. 가끔 늑대들은 자기 무리에서 며칠씩 떠나 있다가 돌아오곤 한다. 라마르 무리 중 몇 마리가 총격을 보았는지, 보지 못했는지 아니면 그가 사라진 사실을 이해할 수 있었는지는 알기 힘들다.

라마르 무리는 공원 안에서 잠시 머문 뒤 다시 위험을 무릅쓰고 바깥으로 나갔다. 그들은 754번을 찾으러 가야겠다고 결정했는지도 모른다. 아니면 처음에 밖으로 나갔던 것과 동일한 이유로 나갔을 수도 있다. 그러니까 사냥하러 나갔을 수도 있다는 말이다. 애도하러 갔든, 그를 찾으러 갔든, 새 영토를 수색하러 갔든, 먹잇감이 더 많은 곳으로 사냥하러 갔든, 아니면 이 모든 동기들이 복합적으로 합쳐졌기 때문이었든, 요점은 그들이 돌아갔다는 것이다. 흥미롭게도 그들은 754번이 최후까지 살아 있던 바로 그 지점 근처로 갔다.

12월 6일, 누군가가 06번을 쏘았다.

그녀의 죽음은 그녀의 남은 가족들에게 경천동지할 변화를 일으켰다. 늑대 관찰자들에게도 마찬가지였다. 그들은 이런 시기를 한 번도 경험한 적이 없었다. 자신들이 그렇게 친밀하게 알고 있던 늑대가 그렇게 쉽게 총에 맞아 죽을 수 있다니.

멸종위기의 동물 보호법에 따르면, 어떤 동물의 "범위에 들어가는 모든, 혹은 대다수가" 멸종에 직면할 때 그 종을 멸종위기 동물이라 규정한다. 늑대는 확실히 이 규정을 충족시킨다. 늑대는 과거에 존재하던 개체 수의 거의 전부가 절멸했다. 유럽인들이 오기 전에는 미합중국 저위도에 있는 48개 주 전역에서 100만 마리가 넘는 늑대들이 돌아다녔다고 추산한다.[16] 서쪽의 미합중국과 멕시코에서만도 38만 마리가 활동했다. 1930년쯤 무렵 인간은 저지대의 48개 주에서 살던 늑대들 가운데 95퍼센트를 없애 버렸다.[17] 그들이 멸종 위기에 처한 동물로 수십 년간 계속 지적된 것은 이 때문이다.

　유럽인들이 북아메리카에 발을 디디기 전까지만 해도 원래 늑대는 대륙 전체를 돌아다녔다. 사실 75만 년 동안 늑대는 북반구 전체를 지배해 왔다. 대서양 연안의 유럽에서 동쪽 광대한 유라시아 대륙을 건너 태평양과 인도양 해안에 이르기까지, 그리고 북아메리카에서 북극권 서부 지역을 거쳐 그린란드에 이르기까지, 남쪽으로는 거대한 동부 삼림 전역에서, 서쪽으로는 대평원을 지나 로키산맥 봉우리들을 거치고, 사면을 내려가서 서부 해안으로, 또 남쪽으로는 멕시코에 이르는 전 지역에서 활동해 왔다. 늑대는 비상하게 잘 적응하고 융통성이 있으며, 지극히 성공적인 사회적 존재다.

　그들이 미국 서부의 일부 지역에서 다시 모습을 보이기는 했지만 아주 한정된 지역에 불과했고 그 수도 극히 미미했다. 그럼에도 불구하고 연방 정부는 최근 여러 해 동안 늑대 보호 조처를 약화시켰다. 이런 움직임 가운데 그들은 북부 로키산맥 전역에서 짝을 지은 30쌍과 늑대 300마리가 '회복된' 개체 수라고 발표했다(비교하면, 이전의 0.5퍼센트가량의 늑대가 남은 것이다. 미국 서부에서 한때 돌아다니던 38만 마리의 1,000분의 1의 10분의 8보다도 적다. 현재 옐로스톤 국립공원 지역에서 1871년부터 1872년까지 펠트 거래상들이 판매한 늑대 가죽은 500장이 넘는다[18]). 2012년 9월 30일에 미국 물고기와 야생동물 서비스

© 더그 매클로플린

늘대 754번과 06번은 옐로스톤 국립공원의 경계를 넘어 돌아다니다가, 눈에 잘 띄는 연구용 목걸이를 달고 있었는데도 총에 맞아 죽었다.

는 연방 멸종위기 동물 중에서, 와이오밍 주의 목록에 있던 '회색 늑대'를 지웠다. 그러자마자 10월 1일, 바로 와이오밍 주에 늑대 사냥 시즌이 열렸다. 어떤 갈까마귀라도 그 땅이 하나의 나라라는 것을 안다. 직사각형의 '옐로스톤 공원'과 '와이오밍'은 시간의 지형도와 기억의 등고선에 대한 거짓 증언을 담고 있다. 하지만 와이오밍 주 관리들은 그들의 직사각형에서 한 해 내내 늑대 사냥을 허용해 주었다. 허가증도 필요 없었다. 죽이는 수에 제한도 없었다.[19] 좋은 늑대만 있으면⋯⋯.

겨우 두 달 사이에 754번과 06번이 죽었다.

문학과 문화 속에서 '늑대'는 살아 있는 생물로서가 아니라, 인간이 문명의 불안정함에서 느끼는 공포의 투사물로 등장한다. 늑대는 무엇보다 집단 사냥꾼이다. 늑대는 가끔 가축을 죽이기도 했고, 인간을 공격한 적도 있었다. 특히 유럽 대륙에서는 그랬다. 물론 인간도 가축을 죽이고 다른 인간들을 공격한다. 하지만 늑대의 은유적인 위력은 너무나 강해서, 사람들은 그들의 본성인 사회적 사냥꾼을 있는 그대로 바라보는 일이 거의 없다. "가끔은 시가가 그냥 시가다."('있는 그대로 받아들이면 된다' 또는 '모든 행동에 저의가 있는 것은 아니다'라는 의미를 가진 동어반복적 문장의 활용 사례로 프로이트가 든 예—옮긴이) 정신분석가들은 인정한다. 하지만 늑대를 오롯이 늑대로만 생각하는 일은 거의 없다.

인간 심리 내면에서 늑대는 야생적인 문명 이전의 존재, 갱, 관습과 순응의 한계 밖에서 사는 사람들을 가리키는 은유로 작용한다. 인간이 늑대를 증오하는 이유는, 그들이 인간과 마찬가지로 가족에게 헌신하며, 우리와 같은 종류의 동물을 죽이고 먹으려 하기 때문인지도 모른다. 우리는 늑대에게서 자신의 모습을 너무 많이 보기 때문에 경쟁 부족이나 도둑을 대하는 것처럼 늑대에게 반응하는지도 모른다. 사람들은 늑대에게 악당 배역을 맡기고는 배우와 그들이 연기하는 캐릭터를 혼동한다. 하지만 오랜 세월이 지나는 동안 오늘의 악마가 루시퍼이든 연방정부이든 상관없이 '늑대'는 인간이 두려워하는 모든 것을 비춰주는 수면이자 증폭기가 되었다.

유럽의 중세 시대에 교회는 늑대를 '악마의 개'라 부르면서,[20] 사탄이 이곳 어딘가에서 돌아다니고 있다는 증거로 여겼다. 늑대는 그냥 멸종된 것이 아니었다. 그들은 처형당했다. 마녀와 이단자처럼 기둥에 묶여 불에 태워지거나 대중 앞에서 목이 매달아졌다. 그들은 물리적으로만 위험한 존재가 아니라 악행을 하게 만드는 유혹자였다. 늑대 마술사나 늑대인간이라는 의심을 받는 사람들도 종종 재판을 받았다. 수백 년 뒤에 미국에서 함정에 빠진 늑대는 불에 타 죽거나 아래턱이 잘려 철사로 칭칭 묶인 채 서서히 굶어죽었다. 스미스는 이런 행동을 "다른 어떤 동물도 받은 적이 없는 보복"이라 설명한다.

늑대가 하는 모든 행동은 늑대를 증오할 이유가 되어 주었다. 20세기 초반에 사람들은 동물 시체에 독을 넣기 시작했다. 그래서 늑대들은 자신이 잡은 동물 시체의 나머지를 먹기 위해 다시 돌아가면 안 된다는 것을 재빨리 배웠다. 독 넣은 동물 시체를 먹지 않고 그냥 가는 늑대는, '고기를 낭비한다'는 비난을 받았고, 더 나아가서 '재미로 동물을 죽인다'는 비난까지 받았다. '재미로 동물을 죽인다'는 것은 도덕주의의 위장을 둘러싼 분위기에서 일종의 중죄로 치부되었고, 늑대를 죽일 완벽한 이유가 되어 주었다. 그러나 사실은 늑대를 죽이는 것은 재밌어서였고, 지금도 그렇다. 내가 이 책을 쓰고 있던 해에 작가 크리스토퍼 케첨Christopher Ketcham이 아이다호에서 벌어진 '늑대 잡기 대회'wolf killing derby에 참가했을 때, 한 술집에서 어느 '선량한 노인'이 구호를 외쳤다. "저 빌어먹을 늑대를 마지막 한 놈까지 쏴 죽여라."[21] 늑대를 그냥 죽이지 말라. 고통스럽게 만들라.

사냥하는 동물에 대한 경멸은 주로 서구문명의 특징이다. 그리고 미국 서부는 서구문명을 가장 잘 구현하고 있다. "서부는 정치적으로 반동적이고 수탈적입니다. (……) 땅에 설명 불가능한 죄를 지었고 (……) 문화적으로도 미숙하지요." 이는 월레스 스테그너Wallace Stegner의 의견으로 그는 서부에 살았다. 언젠가는 서부인들이 "그 풍경에 걸맞은 사회"를 이루는 것이 그의 희망이었다.[22] 그는 헤밍웨이를 읽었는지도 모른다. 원근 각지로 여행한 헤밍웨이는 "언제나 국가가 그곳의 주민들보다 낫다"는 견해를 갖게 되었다.[23]

일부 사람들이 가진 늑대에 대한 증오는 너무나 심해서, 거의 인종 간 증오처럼 느껴진다. 그들은 서구의 특이한 문화 전쟁에서 늑대를 무기로 삼은 것이다. 언젠가 60대 여성 두 명이 등산을 갔다가 예정된 시간에 돌아오지 않자 서구의 어떤 뉴스 웹사이트는 이런 제목을 내걸었다. "리버럴의 늑대가 두 여성 등산객을 살해하다." 그 기사는 이렇게 시작되었다. "정치적으로 옳다는 따위의 쓰레기는 걷어치우자. 하지만 정신적으로 모자라는 늑대 애호 리버럴들이 아니었더라면 이 두 여성은 살아 있었을 텐데." 다른 웹사이트는 이렇게 단언했다. "늑대가 여성 등산객을 죽인다. 리버럴들은 이를 은

폐한다." 몇 주일 뒤 첫 번째 웹사이트는 이런 취소기사를 냈다(두 번째 사이트는 아무 말 없었다). "그들은 티셔츠와 청바지만 입은 채로 영하의 기온에 노출되었다. 야생동물과 만난 흔적은 없었다. (……) 두 여성의 사망 원인은 체온 저하였다."

의회가 1872년 옐로스톤 국립공원을 만들었을 때, 그곳을 보호 해 줄 연방 정부는 없었다. 상업적 용도의 밀렵이 너무 극성을 부려 1886년에는 미국 군대를 파견해 밀렵꾼들과 싸워야 했다. 대평원의 사냥꾼들이 수천만 마리의 바이슨을 죽인 뒤에야 옐로스톤에서 발견된 스물세 마리의 바이슨이 그 종을 구조하는 데 꼭 필요한 존재로 인정받았다.

포식자들은 다른 대우를 받았다. 의회가 1916년 국립공원관리청 National Park Service을 창설한 뒤 감시대원들은 퓨마, 스라소니lynx, 봅캣, 코요테, 그밖에 다른 맹수류를 잡아 죽이라는 지시를 받았다. 공원 관리청의 주요 간부 한 명이 옐로스톤의 곰을 좋아했기 때문에 그들은 멸종에서 구제되었다. 감시대원들은 늑대가 다니는 길을 찾아다녔고, 울부짖는 소리를 들었고, 소굴과 새끼들을 찾아냈다. 1926년 어느 공원 감시대원이 최후의 옐로스톤 늑대를 죽였다. 예전에는 수십만 마리가 살았던 미국 전역에 이제는 늑대가 없다.

69년 동안 옐로스톤에는 늑대 한 마리도 울부짖지 않았다. 그러니 그곳이 엘크의 낙원이었으려니 생각할 법도 하다.

"포식자가 없는 땅에서는 제물들에게도 평화가 없어요." 스미스는 말한다. "고통의 종류가 달라질 뿐이지요." 잡아먹혀서 죽거나 굶어죽거나. 잡아먹히는 것은 드라마틱하고 참혹하지만, 아사餓死

x

x

는 더 광범위한 고통을 야기하며 장기간 지속된다.

옐로스톤에 늑대가 사라지고 엘크 수가 폭발적으로 증가하자[24] 야생동물 관리자들은 엘크를 죽이거나 엘크가 완전히 사라진 지역인 아리조나나 앨버타 같이 먼 곳까지 그들을 실어나르기 시작했다. 1930년부터 1970년 사이에 옐로스톤 국립공원은 엘크 수천 마리를 죽이거나 이송시켰다. 그런 조처가 중단되자 엘크 수는 다시 폭증했다.

굶주린 엘크와 사슴이 옐로스톤의 버드나무와 사시나무 싹을 완전히 먹어치우는 바람에 물고기에서 새에 이르는 모든 동물의 삶이 그에 따라 재조정되어야 했다. 늑대가 없으면 엘크가 너무 많아진다. 엘크가 너무 많으면 비버가 먹을 먹이가 거의 사라진다. 그리고 댐을 만들 비버가 없으면 물고기가 번식할 곳이 없어지고, 그러면 또…… 어떤 상황이 올까.

엘크가 늑대를 두려워하는 것처럼 나무와 강도 엘크를 두려워한다고 할 수 있다. 알도 레오폴드Aldo Leopold(1887~1948. 미국의 작가, 과학자, 생태학자, 초기 환경운동의 선구자. 『모래 군의 열두 달』A Sand County Almanac의 저자 — 옮긴이)는 고전적인 에세이 『산처럼 생각하기』Thinking Like a Mountain에서, "내가 살아오는 동안 여러 개의 주에서 차례로 늑대를 없애 버렸다. 늑대가 없어진 새로운 산의 얼굴을 지켜보고…… 먹을 수 있는 모든 덤불과 새싹들이 뜯겨 나가고…… 먹을 수 있는 나무는 모조리 잎줄기가 뜯겨져 안장머리만큼 작은 키로 줄어들어 죽어 버리는 것을 보아왔다. 안전성을 과도하게 추구할수록 장기적으로는 위험이 야기될 뿐이다. 아마 이것이 늑대의 울음소리에 숨겨진 의미일 것이다. 산들은 오래전부터 알고 있었지

1872년에 만들어진 옐로스톤 국립공원. 이곳에는 69년 동안 늑대가 존재하지 않은 적이 있다. 그러자 엘크의 수가 급증했고, 비버가 먹을 수 있는 것들이 사라졌으며, 물고기가 줄었다. 늑대를 다시 들여오자 옐로스톤의 생태계는 균형을 되찾았다.

만 인간들은 거의 깨닫지 못한 의미 말이다."[25] 그는 기억될 만한 울림을 남기며 이렇게 제안한다. "늑대의 울음소리에 객관적으로 귀를 기울일 만큼 충분히 오래 산 것은 산뿐이다."

1995년 1월 12일, 바로 이 지점에서였다. 트레일러를 뒤에 단 픽업트럭 한 대가 막 정지했다. 그 트레일러에는 캐나다 앨버타 주에서 함정으로 잡힌 늑대가 타고 있었다. 알파 암컷 한 마리, 수컷 한 마리와 새끼 수컷 네 마리는 이곳 남쪽에서 1.6킬로미터 떨어진 곳에 있던 순화용 우리로 갔다가, 그곳에서 두 달 동안 갇혀 있은 후에 방사될 예정이었다.

방사된 늑대 무리는 라마르 계곡이 자신들에게 잘 맞는다고 판단한 것 같다. 수만 명이 그들을 보았는데, 늑대와 인간이 한번도 공유한 적이 없는 경험이었다. 1995년과 1996년에 전부 31마리의 늑대가 방사되어, 미국 의회 전체를 끌어들이고 불꽃 튀기는 소송을 야기한 20년간의 싸움을 종식시켰다. 그런 모든 작업은 (인간과 엘크 등에 의해) 학대받아온 직사각형의 땅 한 조각에 자연의 주된 사냥꾼을 다시 데려다놓기 위해서였다.

늑대가 돌아오면서 옐로스톤에는 토착 포유류들의 전체 목록이 다시 완성되었다. 퓨마는 1980년대 후반에 스스로 옐로스톤에 스며들어왔다(늑대도 결국 그렇게 되었을 가능성이 크다. 1990년대에는 캐나다에서 온 늑대들이 그들 자체적으로 미국의 로키산맥에 재도입되는 과정이 거의 끝나가고 있었다). 이제 옐로스톤에는 그곳에 살던 것들, 그곳에 속한 것들이 기본적으로는 모두 다 존재한다. 늑대가 옐로스톤에 그 리듬을 돌려준 것이다. 동물을 잡아먹는 일이 보기 좋다는 의미가 아니다. 그렇지만 포식은 수많은 아름다움을 만들어 내는 주체이기도 하다.

늘대의 이빨이 그처럼 예리하게
앤틸로프의 날렵한 다리에 박히지 않았더라면?

—로빈슨 제퍼스Robinson Jeffers

늑대의 수는 잘 불어났다. 엘크의 과밀 인구는 줄어들었다. 늑대는 사시나무, 솜나무 싹, 그밖에 다른 식물을 과잉 엘크 인구의 전제적인 식욕으로부터 해방시키는 데 기여했다. 식물들이 살아나자 비버가 돌아와서 둑을 쌓을 수 있게 되었다. 버드나무가 다시 바람에 살랑거리게 되었다.[26] 비버가 새로 댐을 쌓아 조용해진 웅덩이로 머스크랫, 개구리, 도마뱀, 물고기, 오리가 헤엄쳤다. 심지어 개울가의 명금류들stream bank songbird도 다시 나타났다. 옐로스톤에 사는 동식물들에게 인기투표를 하라고 하면, (엘크보다는) 늑대에게 표를 던지는 쪽이 더 많을 것이다. 2000년대 중반에 최대치에 달한 이후, 생태계의 균형이 재조정되고 다른 요인들도 간여하게 되자 늑대 수가 줄어들었다. 물론 사정은 더 복잡하지만 넓게 보면 그렇다.

"옐로스톤은 그 어느 때보다도 좋은 상태입니다." 늑대가 돌아오기 전부터 옐로스톤에서 진행되던 늑대 연구를 책임져온 스미스가 말한다. 이것이 전체적인 정산결과다.

달콤한 성공인가? 몇몇 엘크 사냥꾼들은 분명히 그렇게 생각하지 않는다. "늑대는 우리가 커피 한 잔을 마실 시간이면 달려가서 새끼 엘크 열두어 마리를 죽일 수 있습니다. 그건 살육의 축제예요."[27] 그러나 그런 식의 터무니 없는 말은 엘크를 보호하려는 목적보다는 누가 엘크를 쉽게 죽이는가 하는 주제에 더 많이 관련되어 있다. 일부 사람들은 옐로스톤이 기본적으로 국립공원에서 나와 자기들 총구 앞으로 이동해 줄 동물들을 길러주는, 엘크 농장 같은 기능을 해 준다면 아주 좋아할 것이다.

재도입 이후 미국 로키산맥의 북부에서 늑대가 다닌 궤적을 찾아낼 수 있게 되었다. 하지만 늑대의 입지가 취약한데도 — 그리고 사실은 그 때문에 — 서부의 주의회 의원들의 압력이 강해졌다. 정치권은 미국 물고기와 야생동물 관리청에 압력을 넣어 늑대 수가 '회복되었다'고 선언하게 만들었다. 2012년에 전례 없이 개입한 의회는 예산안에다 한 가지 기준을 추가하여 늑대를 멸종위기의 생물종 명단에서 제외하는 법안을 통과시켰다. 늑대가 멸종위기의 생물종 법안에 의한 보호를 받지 못하게 되자 사냥꾼과 덫 놓는 자들은 첫 6개월 동안에만 몬타나, 아이다호, 와이오밍 주에서 전체 늑대 약 1,700마리 중 550마리를 죽였다.[28] 미국의 서부에서 일어난 늑대의 죽음은 거의 모두 인간에 의한 일이다. 옐로스톤 국립공원 안에서 늑대들 사이에서 벌어지는 폭력은 늑대 죽음의 대략 절반 정도의 원인이었다(이는 늑대로서는 비정상적으로 높은 비율일 수 있다. 늑대를 재도입한 뒤의 초반에는 늑대의 제물이 될 동물이 부자연스러울 정도로 많았기 때문에 늑대의 밀도도 정상보다 더 높아졌고, 무리들이 자주 마주치게 되었다. 옐로스톤 바깥의 미국 쪽 로키산맥에서는 늑대 죽음의 원인 중 80퍼센트가량이 인간 때문이다.[29] 그런데 아이러니한 점은 늑대를 죽이면 살아남은 늑대들이 더 많은 가축을 죽이게 될 수 있다는 것이다.[30] 가장 노련한 사냥꾼을 잃어 무리가 와해되면, 불안정해지고 굶주린 늑대들이 혼자서 더 많이 돌아다니게 된다).

06번의 목걸이를 보면 그녀가 생애의 95퍼센트를 옐로스톤 국립 공원 안쪽에서만 보냈음을 알 수 있다. 2012년 겨울 시즌에 사냥꾼들은 공원 안에서 일곱 마리의 연구용 목걸이를 달고 있는 늑대를 쏘아 죽였다. 늑대 애호가들은 사냥꾼들이 무전기를 써서 늑대 목걸이에서 나는 삐삐 신호를 포착하는 것 같다고 의심했다. 그들의 의심에는 근거가 있었다. 웹사이트 헌트울브스닷컴HuntWolves.com에는 이런 기록이 있다. "목걸이형 신호발신기를 스캔할 수 있다면, 281.000에서 291.000메가헤르츠 사이를 검색해 볼 것. 구간은 .003 메가헤르츠로."[31]

"그들의 행동이 우리 연구에 피해를 주느냐고요? 줍니다. 아주 많이 줘요." 스미스는 『뉴욕타임스』New York Times와의 인터뷰에서 말했다. "엄청나게 큰 타격입니다."[32]

06번은 옐로스톤에서 제일 유명하고, 사람들이 제일 많이 지켜본 늑대였다. 그녀가 죽은 지 며칠 뒤 『뉴욕타임스』는 그녀에 대한 조의문이라고 할 만한 글을 실었다. 제목은 '어느 알파 암컷을 애도함'Mourning an Alpha Female이었다. 대부분의 인간 부고와는 달리 그녀의 조의문에는 망자와 애도자 들을 증오하는 사람들의 증언도 실렸다. 어떤 사람은 늑대에 대한 사랑을 '이단'이라고 비난했다. 몬타나 주 사격 스포츠 연합 회장은 06번을 "센트럴 파크에서 돌아다니면서 방심한 방문객의 목줄기를 찢는 싸이코 포식자"에 비유했다. 하지만 늑대를 찾는 관광객들을 안내하는 게 주수입원인 몬타나 주 가디너Gardiner 소재 옐로스톤 울프 트래커 투어Yellowstone Wolf Tracker

Tours의 네이선 발리Nathan Varley는 사냥꾼들이 '백만 달러짜리 늑대들'을 죽이고 있다고 불평했다.

백만 달러짜리 늑대라고? 『옐로스톤 사이언스』*Yellowstone Science*에 실린 어느 연구는 "외부에서 오로지 늑대를 보려고 또한 늑대 울음을 들으려고 공원에 오는 사람이 한 해에 대략 9만 4,000명"이라고 정산했다.[33] 그 관광객들은 3개 주에서 "총 3,550만 달러"를 쓰고 간다. 늑대가 죽인 가축과 양의 시장 가격(목장 주들이 그들을 도살장에 팔았더라면 받았을 가격)은 "대략 매해 6만 5,000달러"였다. 1인당 평균 375달러를 쓴 9만 4,000명의 방문객들이 1인당 70센트씩만 더 쓰면 그 비용은 쉽게 충당할 수 있었을 것이다. "증가한 관광업이 주는 경제적 영향과 가축 생산 및 큰 동물 사냥의 감소를 대비해 볼 때, 늑대 복원이 주는 총 영향은 긍정적이다. 관광객들의 직접적인 소비로 3,400만 달러의 수입을 올린다."

그 모든 상황이 라마르 무리가 왜 다른 늑대들의 저항을 받지 않은 채 동쪽으로 갈 수 있었는지를 설명해 준다. 이 같은 사정 때문에 그들은 상상 속의 직사각형 공원 경계를 넘어 거의 모든 제물들이 겨울을 나려고 간 곳으로 가려 했다. 그것이 그들의 제일 큰 수컷과 가모장이 총에 맞아 죽은 이유다.

전투는 크게 벌어진다. 와이오밍 주가 늑대에 대한 전쟁을 선포한 지 2년 뒤, 이 책을 내가 침대에 내려놓을 즈음에, 한 연방 법원 판사가 독자적인 선언을 발표했다. 그녀는 와이오밍 주의 늑대 관리 계획을 취소하고, 와이오밍 주에서의 멸종위기 생물 종 보호법안에 늑대를 다시 포함시켰다. 하지만 이것이 최종 결정이 되리라고 기대한 사람은 아무도 없었다.

이제 신성한 것은 없는가

원주민 사냥꾼들은 때때로 늑대에 대해(또 사자와 호랑이 등 다른 포식자들에 대해서도) 더 합리적이고, 더 영적이고 더 진실에 가까운 견해를 갖고 있었다. 최근에 미국 원주민 집단은 늑대 사냥의 개시를 막으려고 노력했다.[34] 위스컨신 주가 2012년에 늑대 사냥을 개시하자, 이에 대해 배드 리버 오지브웨족Bad River Ojibwe Tribe의 족장인 마이크 위긴스Mike Wiggins는 "이제 신성한 것은 하나도 없는가?"라고 답했다. 마인간Ma'iingan, 즉 늑대는 오지브웨족에게 신성한 존재다. "늑대를 죽이는 것은 형제를 죽이는 것과 같다"라고 부족원인 에시 레오소Essie Leoso가 말했다. 마인간은 최초의 인간과 함께 땅 위를 걸었다(그리고 실제로 늑대들은 최초의 인류 거주지 주위를 맴돌면서 음식 찌꺼기를 찾아 먹었다).

오지브웨족의 신앙은 한 존재에게 일어나는 일이 다른 존재에게도 일어날 것이라고 가르친다. 실제로 그러했다. 백인 이주민들은 오지브웨족을 마인간처럼 정복해야 할 경쟁 부족으로 다루었다. 서

320

구식 견해에는 흔히 상대방을 지배하거나 다 죽여 없애야 한다는 목표의식이 반영되어 있다. 반면 원주민들은 대개 다른 동물을 장기적으로 받아들이며 공존 가능한 존재로 본다. 원주민들의 견해가 더 과학적이지는 않겠지만, 깊은 관계를 인정한다는 점에서 그들이 쳐둔 믿음의 그물은 진실을 낚는다.

오랫동안 다른 동물들이 가진 힘은 인간들 속에 깊은 존경심을 심어 주었고, 그들과 일종의 휴전 상태를 유지하게 해 주었다. 이처럼 꿈으로 채워진 휴전과 마법 같은 협약이 유지되는 긴 시간 동안 우리는 더 강하고 더 재주 많은 생물들에게 우리를 적대시하지 말 것과 자기들끼리 평화롭게 지내기를 부탁해 왔다. 그러나 인간의 교활함이 늘어가자 존경심은 훼손되었다. 우리의 무기가 더 강해졌다. 우리는 더이상 그들의 힘을 경외할 필요가 없어졌다. 우리는 늑대와 고래와 코끼리 및 다른 동물들을 죽인다. 그들이 우리보다 열등하기 때문이 아니라 우리가 그들을 죽일 수 있기 때문에 죽인다. 우리가 그럴 수 있기 때문에 우리는 그들이 우리보다 열등하다고 스스로 말한다. 인간이 다른 인간을 대할 때처럼, 지적 능력과 도덕적 우월성은 중요한 문제가 아니다. 대개 살상능력이 어느 정도인지, 강한 자가 어떤 전리품을 가져가는지가 가장 중요시된다. 17세기의 네덜란드 철학자 베네딕트 드 스피노자는 이렇게 썼다. "짐승들이 느낀다는 것을 나는 부정하지 않는다. 내가 거부하는 것은 우리 자신에게 이로워지도록 의논하지도 않고 제멋대로 써 버리는 일이다."[35] '힘은 정의'라는 말은 매력적이며, 이는 고기에서 인간에 이르는 모든 것에 관한 결정을 내릴 때 문제를 단순하게 만들어준다.

다른 동물들은 협상 능력이 없지만, 그것은 중요한 문제가 아니다. 인간은 협상할 수 있지만 협상의 기준은 오직 힘뿐이다. 억압된 자, 노예가 된 자, 수탈당하는 자. 복잡한 문법을 가진 언어를 사용하여 자신을 위해 발언하는 능력에는 한계가 있다. 발언권을 가진 것은 돈이고 총이며, 둘 중 어느 것도 자신의 주장을 관철하는 데 문법을 필요로 하지 않는다. 우리는 동물들이 말을 하지 못한다는 것을 핑계로 삼아 버린다. 하지만 진실은 그들이 우리에게 반항하여 싸울 수 없다는 데 있다. 약한 사람들도 흔히 압도당하고 평가절하되고 비인간화된다. "동양인들은 서양인들만큼 생명에 비싼 값을 매기지 않는다"라고 베트남에서 산업전쟁을 치르고 있던 미국 장군 윌리엄 웨스트모얼랜드William Westmoreland가 말했다. "동양에서는 목숨 값이 싸다. (⋯⋯) 생명은 중요하지 않다."[36] 그가 자신의 임무를 수행할 수 있었던 것은 그런 착각 덕분이었다.

'우리를 인간으로 만들어 주는 것' 중 하나는, 강한 자가 약한 자를 지워 버린다는 점이다. 인간은 굉장히 훌륭한 일과 끔찍한 일을 모두 한다. 다른 동물, 땅, 물에 대해 우리는 계획성 있게 행동한 적이 없기 때문에 고의로 나쁘게 굴지도 않는다. 하지만 우리는 이부자리에서 담배를 피우는 것처럼 살아가면서 미래의 삶의 바탕을 불로 태워 구멍을 내고 있는 것이다.

다른 동물들이 우위를 점하는 상황인데도 인간이 동물을 배려하는 능력보다 동물이 인간을 배려하는 능력이 더 뛰어나다고 여겨지는 경우가 가끔 있는데, 이는 정말 예상을 넘어서는 일이다. 가령 오지에서 혼자서 늑대와 마주칠 때가 있다.[37] 스미스는 실제로 그런 일을 경험했다. 하지만 미국의 저위도 48개 주에서 늑대에게 공격당한 인간은 한 명도 없었다. 북아메리카의 늑대는 인간을 보면 언제나 즉시 달아났고, 인간을 자신들이 잡아먹을 제물로 보지도 않았다[38](1940년대에 알래스카인 두 명이 공수병에 걸린 늑대에게 물린 적은 있다). 야생에서 살아가는 늑대가 북아메리카에서 인간을 죽인 적은 단 두 번이었다. 2005년에 사스케체완에서 한 번, 2010년에 알래스카에서 또 한 번이다. 인간 사망 원인 중 늑대에게 죽임을 당한 경우는 그 사망 원인보다 적다. 당연히 늑대 무리들은 공격받기 쉬운 등산객들의 흔적을 탐지할 때가 많다. 그럼에도 그토록 많은 능력을 지닌 포식자 무리가 계산적인 낯가림이나 절제력을 보이는 것은 좀 당혹스럽다. 그들이 무슨 생각을 하고 있는지 궁금해진다.

근대 이후 사람들이 스스로 세상으로부터 단절되고 유배된 삶을 살다 보니, 옛날에는 인간에게 있던 다른 동물의 마음을 인식하는 능력이 점점 저하된 것 같다. 하지만 인간을 제외한 동물들은 인간의 마음을 알아채는 것처럼 보인다. 존 베일런트John Vaillant(미국의 기자, 작가. 다큐 영화 〈사선에서〉Conflict Tiger를 만들었고, 이것이 『타이거』Tiger라는 책으로 나오기도 했다—옮긴이)는 『타이거』에서 아무르 호랑이가 그 지역 주민들과 까마득한 옛날부터 서로 이해해 온 관계라고 묘사한다. 우데게Udeghe와 나나이Nanai 사냥꾼 같은 부류의 사람들은 아무르 호랑이와 오랫동안 함께 살아오다 보니, 호랑이가 다니는 길을 피하는 게 좋다는 것을 알면서도 일부러 사냥한 고기를 호랑이가 다니는 길에 한 덩이씩 남겨두기도 했다.[39] 서로 주고받는 관계였던 것이다. 인간 사냥꾼들이 호랑이가 죽인 짐승의 남은 고기를 가져오기도 했으니까. 깊은 타이가 삼림지대에서 이루어지는 힘과 배려의 균형은 일종의 상호 예의 같은 것이자 상호 비폭력에 대한 이해였다. 호랑이가 225킬로그램의 육식성 몸집 속에 들어 있는 육식동물성 마음을 가지고 살아간다는 점을 생각하면 이런 평화는 더욱 인상적이었다.

하지만 1600년대에 러시아 정착민들이 들어오기 시작하자, "이런 신중하게 관리되던 합의가 와해되기 시작했다"라고 베일런트가 말했다.[40] 모피, 황금, 목재를 찾는 정착민과 선교사들은 점점 빠른 속도로 지역 동물들의 섬세한 균형 문화와 삼림 공동체 안에서 인간 이외 멤버들 모두에게 무자비한 폭력을 가했다.

그 협약을 어긴 데는 결과가 따랐다. 그 결과로 우리는 그 협약이 진정한 쌍방향 이해였음을 미루어 알 수 있다. 베일런트는 아무르 호랑이의 지속적 보복 능력이라 부른 것에 대해 이야기하면서,[41] 현대의 어떤 사냥꾼이 호랑이가 잡은 사냥감을 발견하여 호랑이를 쫓아 보내고 그 고기를 가져갔다가 뒤에 어떤 일을 겪었는지에 대한 이야기를 전해 준다. "호랑이는 덫을 망가뜨리고, 우리가 둔 미끼에 다가오는 동물들을 겁주어 쫓아 버렸다. 동물이 가까이 오면 그는 으르렁 소리를 내었고, 그러면 다들 달아났다. 우리는 힘들게 교훈을 얻었다. 그 호랑이는 그 한 해 내내 우리에게 사냥을 허용하지 않았다. 아주 똑똑하고 또 아주 앙심이 깊었다." 마치 호랑이가 사냥꾼만이 아니라 그 사냥 영토의 관리자인 것 같다.

사냥감이 드물던 시절에 어떤 사냥꾼이 자신과 경쟁하는 것 같은 호랑이를 없애기로 결심한 적이 있다. 그는 호랑이가 선을 건드리면 총이 발사되도록 덫을 설치했다. 그런데 호랑이가 선을 건드렸는데도 총알이 그의 털만 그슬리고 지나간 일이 있었다. 호랑이가 두 번째로 선이 있는 지점을 통과할 때 그 호랑이는 다시 선을 건드렸다. 눈 위에 난 그의 동선 궤적을 보면 호랑이가 천천히 뒤로 물러났다가, 자신을 죽이려 한 것이 누구인지 알고 있는 것처럼 사냥꾼이 다니는 길을 따라가지 않고 사냥꾼의 움막으로 곧바로 갔음을 알 수 있다. 사냥꾼은 호랑이를 보자 간신히 움막 안으로 피신했다. 호랑이는 여러 날 동안 움막 밖에서 기다리다가 그 지역을 떠났다. 호랑이의 공격을 조사한 어느 전직 조사관이 베일런트에게 말했다. "사냥꾼이 호랑이에게 총을 발사하면 호랑이는 그의 발자국을 따라 옵니다. 두세 달이 걸려도 상관하지 않아요……. 호랑이는 앉아서, 자신에게 총을 쏜 바로 그 사냥꾼을 기다립니다."

총에서 나는 쾅 소리가 해를 입히려는 의도를 담고 있음을, 또는 고통스러운 상처가 실제로는 멀찌감치 떨어져 서 있는 중간 크기의 직립 생물 때문에 생겼음을 호랑이가 이해한다는 것은 호랑이가 추상적 사유나 정확한 직관을 할 수 있다는 뜻이 아닐까. 가장 이상한 점은 그 지역에서 호랑이를 잡고 유인하고 추적목걸이를 달고 방사한 생물학자들은 호랑이에게 추적당하거나 공격받은 경험이 전혀 없다는 사실이다. 이런 일화가 모두 사실이라면 호랑이는 해를 입히려는 의도를 알아챌 수 있다는 뜻이 된다. 어떤 호랑이 한 마리는 분명히 그랬다.[42] 그 호랑이는 블라디미르 마르코프Vladimir Markov라는 밀렵꾼에게 상처를 입자 마르코프가 장기간의 사냥 여행에서 돌아올 때까지 그의 오두막 밖에서 여러 날 동안 기다렸다. 마르코프가 자신의 집에 다가오자 그 호랑이는 배가 고파서가 아니라 보복을 위해 그를 공격했고, 밀렵꾼의 유해를 먹지 않고 해체하여 움막 뒤의 넓은 땅 위에 산산이 흩어 놓았다. "마치 빨랫감 더미 같았어요······. 철저하고 끔찍하게 파괴해 버린 거지요."

헤아릴 수 없는 세월 동안 산San족은 칼라하리 사막의 깊고 광대하고 오래된 공간 좌표 어딘가에서 사냥꾼으로 살아왔지만, 그들에게 사자는 사냥감이 아니었다. 그들의 예의에는 보답이 있었다. 어떤 경위인지는 모르지만 사자와 산족은 확고한 정전협약을 만들어 놓았다.[43] 사자가 노리는 사냥감을 빼앗아 와야 할 때도, 심지어 사자의 수가 더 많을 때도 산족은 사자에게 확고하지만 존경심을 담아 말을 했다. 그런 태도는 표범이나 하이에나에게는 베풀어지지 않는 존경이었다. 산족은 표범이나 하이에나 등은 그냥 무시하고 사냥했다. 그러나 누구도 사자가 인간을 죽였다는 말은 듣지 못했다. 표범은 간혹 밤에 사람을 죽인다. 그러나 사자는 절대로 그렇지 않다.

물론 백인들은 그런 정전협약에 대해 전혀 몰랐다. 1950년대에 10대 시절을 보냈던 엘리자베스 마셜 토마스Elizabeth Marshall Thomas는 주와Juwa족 및 기크웨 산Gikwe San족과 함께 살았다. 그녀는 그들에게서 옛날 방식을 보았고, 그것이 허물어지는 것도 보았다(개척자적인 인류학자인 로나 마셜Lorna Marshall이 그녀의 어머니였는데, 엘리자베스는 자신의 저서 『해롭지 않은 사람들』The Harmless People과 『옛날 방식』The Old Way에서 자신의 경험을 연대기적으로 적었다).

한번은 토마스가 자기 가족 및 어느 아프리카너 한 명과 함께 캠핑을 떠났을 때 사자 다섯 마리가 접근한 적이 있다. 사자들의 존재는 오로지 모닥불 저편에서 빛나는 눈빛으로만 드러났다. 토마스와 가족들이 기겁하는데도 그 아프리카너는 즉각 어둠 속으로 총을 발사하여 사자 두 마리를 맞추었다. 다친 사자 두 마리가 주위에 있는 위험한 상황을 만들어 놓고서도 그 아프리카너는 토마스 및 그의 가족들과 함께 수색하러 가기를 거절했다. 그래서 겁에 질린 마셜, 마셜의 오빠, 또 다른 남자 한 명이 별빛을 따라 도보로 길을 나섰다. "마침내 우리는 약한 신음소리를 들었다." 부상이 심해 일어나지 못하는 젊은 어른 수컷 한 마리가 플래시 불빛에 보였다. "그가 풀잎을 씹고 있는 걸 보니 통증이 심한 것이 분명했다." 그를 죽이기까지는 여러 방을 더 쏘아야 했다. 토마스는 회상했다. "우리가 그의 위에 서서 총을 쏠 때 사자는 머리를 돌려 우리의 눈을 피했다. 눈길을 돌림으로써 우리의 공격성을 줄이려는 생각이었는지 궁금하다." 그는 총알이 사자를 맞출 때마다 울었다.

그들은 다른 사자를 찾지 못하다가 새벽이 되어서야 두 번 크게 도약한 사자의 궤적을 발견했다. 그녀의 몸은 두 번째로 도약한 저편에 죽은 채 누워 있었다. 그녀의 모피와 주위의 풀은 차갑고 이슬로 젖어 있었지만 그녀 몸 곁의 한 지점에 따뜻하고 마른 부분이 있었다. 그곳의 풀은 방금까지 눌렸다가 다시 일어서려 하고 있었다. 다른 사자 한 마리가 막 그녀 곁을 떠난 것이다. 눌린 자국의 크기로 미루어 볼 때, 방금 떠난 사자는 엄청나게 컸다. "이 거대한 사자는 (……) 죽은 암사자 곁에 머물러 있었다. 우리 캠프가 보이는 곳에서, 우리가 오가는 소리를 모두 듣고, 총격과 비명을 전부 듣고 있었다. (……) (그러면서도) 죽은 암사자의 몸을 쓸어 주었는데, 털이 곤두서도록 반대 방향으로 쓸었다."

산족은 절대 사자를 사냥하지 않았고, 사자들은 산족을 절대 죽이지 않았다. 아마 양쪽은 상대편이 잠재적으로 위험한 존재임을 알고 있었는지도 모른다. 양편 모두 상대방의 한계를 시험해 볼 수도 있었을 것이다. 하지만 그렇게 하지 않았다. 토마스는 다음과 같이 썼다. "누구도 그 정전협정에 대해 설명할 수 없었다. 이해하는 사람이 아무도 없었으니까." 하지만 그들은 서로를 도발하지 않기로 선택했고, 그렇게 하여 잘 살아갔고, 그런 관습을 자녀들에게도 물려주었다. 이렇게 설명할 수밖에 없을 것이다. 그처럼 단순한 문제였을 것이다. 그러나 이제는 그렇지 않다. 그들이 더 이상 존재하지 않으니까.

"1950년대 가우차Gautscha 지역의 사자들은 하나의 연속적 공동체에 속해 있었다. 그 대부분이 단절되지 않고 하나의 나라를 이루는 단일한 사자 민족이었던 것이다." 토마스는 또 이렇게 썼다. 그러다가 유럽인들이 와서, 발 빠른 동물들의 땅에 가축을 데려오고, 그 거주자들로부터 땅을 빼앗아 더 많은 목장과 농장을 만들었다. 그리고 "한때는 방해할 자 없는 사자 나라이던 곳이…….점점 더 위태로워졌다." 새로 생긴 목장 주위의 사자들은 번성하는 영토를 갖고 있었다. 과거에 사자들은 가끔 1.6킬로미터 이상 한 줄로 넓게 퍼져 포효하면서 서로 연락하곤 했다.

하지만 농장이 점점 확대되자 "그곳에 살던 사자들은 불행해졌다……. 빈민이 된 것이다." 농부들이 사자의 땅을 빼앗고, 그들의 먹이였던 영양과 다른 동물들을 쏘아 잡았으며, 사자의 경제와 문화와 사자 자신을 산산이 부숴놓았다. 유럽인 이주민들은 주와 '부시맨', 기크위Gikwe '부시맨'에게도 같은 짓을 자행했다. 토마스가 사자를 지켜보던 중에 하품을 하자 그 사자가 금방 따라서 하품을 했고, 그것도 여러 번 따라하는 모습을 본 토마스는 이렇게 썼다. "사자들은 뛰어난 관찰자이고, 관찰은 그들에게 중요한 일이다. 그들의 공감 능력은 그 덕분이다."

추방자들

06번이 죽자 라마르 무리의 알파 수컷인 755번은 당장 처지가 굉장히 곤란해졌다. 그의 짝이자 사냥 파트너와 형이 모두 죽은 것이었다. 적합한 암컷을 찾아내어 무리에 합류시키더라도 어른이 된 딸들이 그녀를 받아들이지 않을 수도 있었다. 라마르 무리에서 살아남은 다른 아홉 마리는 딸 여덟 마리와 그 해 봄에 태어난 수컷 새끼 한 마리였다. 딸 중 두 마리는 거의 3세가 다 되었다. 그들도 각자의 짝과 더 높은 지위를 얻고 싶어 할 것이다. 755번의 상황은 절박했다.

지도자급 어른 두 마리가 죽고 아버지가 영토를 방황하면서 사태를 수습하려고 애쓰는 동안 딸들은 옐로스톤 밖 와이오밍 주 선라이트 분지에 거점을 둔 후두 무리Hoodoo pack에서 떠나온 한창 때의 수컷 두 마리를 만났다. 몸집이 크고 회색털을 가진 관리 대상 늑대였고, 다른 한 마리는 거대하고 희끄무레하며, 성질은 온순했다. 짝짓기 시즌이 다가온다는 것을 그들 모두 느끼고 있었다.

라마르 무리의 암컷들은 후두 수컷들을 반갑게 맞았고, 그들 앞에는 풍성한 기회의 문이 열렸다. 하지만 딸들의 이익은 그대로 아버지인 755번의 손해로 돌아갔다. 새 후두 수컷들이 무리에 들어오자 가족 내에서 755번의 자리가 사라졌다.

매 순간 더 추워진다. 영하 15도다. 이것이 '건조한 추위'라는 사실을 안다고 해서 덜 춥게 느껴지는 건 아니다. 새로 산 부츠는 내한등급 60 이하다. 그러나 내 발은 내한이 아니다. 발이 시리다. 춥지 않은 적이 한순간도 없다. 단 늑대가 보일 때는 그렇지 않다. 어떤 늑대라도 보이는 동안에는 내가 따뜻하지 않다는 사실을 잊는다. 방설 바지를 입고 셔츠 세 장을 껴입고, 조끼와 파카와 귀마개와 목도리를 두르고 어부의 모자를 써서 귀마개와 목덮개를 내리고 후드를 썼다. 그러나 지금은 늑대가 한 마리도 보이지 않는다.

기온은 낮다. 그렇지만 관찰자들의 사기는 높다. 그 사기는 늑대에게서 온다. 그들은 우리가 살인적인 추위를 겪고 있다는 사실을 알아차리지 못하는 것 같다.

잠깐 755번의 상황이 호전되는 듯했다. 그는 몰리 무리에서 예전에 만났던 암컷 한 마리를 꾀어냈다. 그들은 짝을 지었고, 그녀는 새끼를 가졌고, 그는 그녀를 라마르 계곡으로 데려왔다. 소굴이 있는 곳은 늑대에게 강력한 유인력을 발휘하는 특별한 장소다. 755번은 그녀에게 15년 동안 자기 가족이 사용해 왔던 소굴을 보여주었다. 755번은 계속 자신의 영토에서, 그 계곡의 알파 수컷으로 지낼 수 있을 것처럼 보였다. 딸들과 후두 출신의 수컷들은 공원 밖에 나가 있었다. 다들 자신들에게 필요한 것을 가졌다.

몰리 무리 출신의 암컷이 라마르 무리의 소굴에서 출산할 다음번 암컷이라는 사실은 아이러니했다. 라마르 무리와 몰리 무리는 원래 사이가 나빴다. 06번이 절벽 사면의 도랑을 타고 빠져나갔을 때 이 몰리 암컷도 아마 라마르 소굴에 쳐들어오던 추적자들 중에 있었을 것이다.

격동적인 3개월을 보낸 뒤 라마르 딸들과 후두 출신의 수컷들은 달라진 무리가 되어 옐로스톤에 돌아왔다. 아버지와 함께 있는 새 암컷을 보자, 그들은 몰리 무리가 공격해 왔을 때의 냄새를 기억했는지도 모른다. 아닐 수도 있다. 아마 그들은 단순히 그녀를 자기들 소굴에 들어온 침입자로 여겼던 것 같다. 06번의 죽음이 남긴 불안정한 영향은 살아남은 늑대들에게 계속 여파를 미치고 있었는데, 이는 인간 사회에서 족장이나 왕자가 살해되어 생긴 권력의 공백이 피바람을 불러오게 되는 것과 비슷하다.

어두워지기 전에 라마르 암컷들이 몰리 암컷을 공격하여 심하게 부상을 입혔다. 하지만 관찰자들에게는 라마르 무리의 검은 1세 수컷 새끼에게서, 말하자면 "아빠를 보고 싶어하는" 모습이 보였다. "755번이 저희 뒤에서 길게 울어대고 있었어요"라고 스미스는 회상한다. "그리고 무리 중 많은 수가 그에게 화답했지만, 거리를 유지하고 있더군요. 그렇지만 그 어린 녀석은 마치 '난 강아지니까 아빠를 보고 싶어'라고 결심하는 것 같았고, 나머지 무리에서 튀어나와 냄새를 따라 3.5킬로미터 정도의 거리를 달려 아버지에게 갔어요."

그런데 아버지에게 갔는데 새로운 암컷이 있자 그는 "혼란스러워졌습니다." 그녀의 냄새는 그가 아는 냄새가 아니었으니까. "그는 그녀의 흔적을 따라가다가 돌아와서 아버지의 흔적을 따라갔어요.

그는 또 이 새로 온 낯선 늑대가 누구인지 알아내고 싶었지만, 뭔가 매복에 걸리는 게 아닌지 불안해하는 눈치였어요." 그래서 그는 머뭇머뭇 전진했고, "마침내 아버지와 눈이 마주치게 되자 이렇게 말하는 것 같았습니다. '아빠! 그런데…… 저건 누구야?'" 어린 늑대는 배를 깔고 강한 복종의 표시로 아버지에게 기어가서 양쪽 연장자 모두에게 자신은 위협할 뜻이 전혀 없음을 표시했다. 고위급 늑대들이 한동안 보지 못한 가족 멤버들에게 지배권을 재확인할 때 좀 거칠게 대하기도 하지만, 755번은 그저 꼬리를 흔들었다. 아마 그는 마음이 놓였을 것이다. 아마 그 나름대로 가족 모두가 그리웠는지도 모른다.

어린 것이 몰리 암컷에게 다가갔을 때 그녀는 그의 누나들에게 심한 상처를 입혔다. 그래서인지 그녀는 어린 늑대를 살짝 물어 거리를 뒀다. 하지만 그녀 역시 그가 자신을 해치려고 온 것이 아님을 이해한 것 같았다. 그가 어리고 지위가 낮으며, 자신이 신뢰하는 새 동반자와 아는 사이이고, 좋아하는 늑대라는 것을 이해한 것이다. 해가 져서 어둠이 덮일 때의 상황은 거기까지였다. 새벽이 되기 전에 몰리 암컷의 신호는 다른 언덕에서 나타났다. 얼마 안 가서 라마르 무리의 일부가 바로 그 언덕에서 내려왔다. 좋은 신호가 아니다.

첫 동이 트기 직전 어둠 속에서 755번이 길 위에 모습을 보였다. 그의 자녀 네 마리가 그를 찾아가 길에 서 있었다. 하지만 후두 출신 구애자 두 마리는 이 새 장인을 용납할 의사가 없었다. 그런데도 후두 수컷들은 망설였다. 그들은 길을 건너 언덕 위에 있었고, 공원 밖에서 자랐기 때문에 길을 좋아하지 않았다. 그들이 지켜보던 사회적인 행동은 그들에게 당혹스러웠을지도 모른다. 그들은 755번과 자신의 여자 친구들과의 관계를 이해하지 못했을 수도 있다. 아니면 그의 냄새를 맡아 그들도 사정을 알게 되었을지도 모른다. 아니면 다른 늑대들이 그 앞에서 행동하는 친근하고 존경하는 태도로 미루어 알았을지도 모른다.

후두 수컷들은 먼저 내려오지 않았다. 그들이 마침내 내려오자 755번은 조금 비켜섰다. 그는 어떻게 해야 할지 확실히 결정하지 않은 것 같았다. 이것은 자신의 가족이었다. 그의 계곡이었다. 그럼에도 이곳에 있으려면 한창 때의 수컷 두 마리를 자기 혼자 상대해야 한다는 것이 핵심이었다.

755번은 더 이상 움직이지 않았다. 그의 가족도 움직이지 않았다. 후두 수컷들도 전진하지 않았다.

"그러던 그때, 755번이 길을 건너 후두 편으로 갔어요. 그리고 그들은 그냥 서로를 바라보더군요." 매클로플린이 회상한다.

그 다음 755번은 돌아서더니 종종걸음 쳐서 멀어졌다.

"그들이 그를 죽이고 싶었다면?" 라이먼이 말한다. "그들은 단숨에 그에게 덤벼들었을 겁니다. 755번은 죽는 걸 겁낼 늑대는 아니에요. 하지만 그는 신중할 필요가 있었어요. 이 수컷들이 거대했거든요."

확실히 755번은 신중했던 것 같다. 그는 외톨이 늑대로서 서쪽으로 계속 가면서 속도를 늦추지 않았고, 새 배우자를 찾기 위해 돌아오지도 않았다. 그는 아마 새벽 무렵에 그녀가 죽었음을 알았을 것이다. 포식자들에게는 행동을 통해 죽음을 알아차리는 감각이 있는 것 같다. 그들 스스로가 제물의 투쟁을 끝내려고 애쓴다. 그러다가 제물이 축 늘어지면 죽이는 모드에서 먹는 모드로 태도를 바꾼다.

　늑대가 죽음에 대해 인간과 유사한 개념을 갖고 있을 것 같지는 않지만, 그들에게 죽음이라는 개념이 없을 거라고 생각하지도 않는다. 죽음은 늑대의 삶의 일부이기 때문이다. 늑대는 '살아 있는 것'과 '죽은 것'을 실무적으로 알아야 한다. 아마 늑대는 '더 이상 움직이지 않는다와 죽이는 것을 멈춰도 된다'는 차이를 알고 있을 것이다. 사냥하는 동물을 보고 있으면 그들이 숙련된 전문가이자 그 일에 정통한 노련한 전문가라는 것을 느낀다.

　그렇다고 내가 늑대들이 죽음에 대한 직관을 가졌다거나 자신들도 죽음을 피할 수 없는 존재임을 안다고 말하는 것은 아니다. 어쨌든 그들이 우리보다 더 많은 것을 이해할 것이라고 기대할 수는 없지 않은가? 인간 대부분도 자신의 끝을 인식하지 못한다. 거의 모든 인간이 자신이 천국에서든 업과 환생의 윤회 속에서든 영원히 존재하리라고 믿는다. 이것이 인간적 상상력의 폭이자 한계다. 우리는 존재한다. 우리는 언젠가 자신이 존재하지 않는 상황을 상상할 수 없다. 우리 모두에게서 인간 마음의 개념적 한계는 우리가 이미 경험한 것에 의해, 일상적인 방식으로, 매우 크게 제약되어 있다.

　늑대는 자신의 짝이 죽을 때 어떻게 느끼는가? "이 의문은 내내 저를 떠나지 않았어요." 스미스가 회상한다. 하트레이크 근처에서 활동하던 어느 옐로스톤 늑대 무리에는 아주 늙은 알파 수컷이 있었다. 그의 검은 털은 청회색이 되었다. "그래서 저희는 그를 올드 블루Old Blue라고 불렀어요."[44] 올드 블루는 초자연적이라 할 정도로 늙은 나이인 11.9세였다(늑대는 8세만 되어도 아주 늙었다고 본다). 자기 무리의 보조를 따라가려고 무척 애쓰는 그의 모습이 보이곤 했

늑대는 죽음을 어떻게 인식할까? 늑대는 자신이 속한 무리의 멤버가 죽으면 어떻게 느낄까?

다. 그러던 어느 날 올드 블루가 죽었다. 그 다음날 그의 짝인 14번은 그때까지 어떤 늑대 연구자도 본 적이 없는 행동을 했다. 떠난 것이다. 그녀는 자기 영토를 떠났고, 자기 무리에서 낳은 아이들을 떠났다. 9개월 된 새끼도 버려두고 갔다. 일찍이 들은 적이 없는 행동이었다. "그녀는 눈을 헤치고 서쪽으로 가서, 너무 황량해서 다른 동물의 흔적을 하나도 찾을 수 없는 그런 지형을 헤매고 다녔어요." 스미스가 이야기한다. 여러 킬로미터를 간 뒤 그녀는 피치스톤 고지의 바람에 깎인 사면에서 혼자 멈춰 섰다. 그 다음 그녀는 다시 서쪽으로 24킬로미터를 더 갔다. 1주 뒤 그녀는 돌아와서 자신의 가족과 다시 만났다. "우리 누구도 그녀가 상을 치르는 중이라는 말은 하고 싶지 않았지만, 제가 보기엔 그랬던 것 같아요." 스미스가 말한다.

매킨타이어는 다른 무리에게 죽임 당한 어느 알파 암컷의 이야기를 해 준다. 그 알파 암컷이 죽자 그녀의 짝은 여러 날 동안 길게 울고 또 울었다. 그래서 한 마리는 짝을 잃고 방랑했고, 한 마리는 짝을 잃고 울었다. 여러 날 동안. 내가 아내인 패트리샤와 처음 함께 여행을 떠나면서 우리 집에 와서 지내는 친구에게 개를 돌봐달라고 부탁하고 갔는데, 언제나 행복하고 언제나 게걸스럽게 먹던 출라가 이틀 동안 아무 것도 먹지 않았었다. 그녀는 어떤 기분이었을까?

우리가 사람이나 특별한 애완동물이 죽을 때 슬퍼하는 이유는 사랑하는 존재를 잃었기 때문이다. 다른 동물들 역시 죽어 버린 가까운 동반자를 그리워하는 것이 분명하다. 그들이 살아 있을 때 그들은 서로를 부르고 서로를 바라보며 같은 둥지나 소굴로 돌아갔다. 그들의 행동은 자신들이 짝과 소굴과 거처를 눈으로 보고 있음을 분명히 보여준다. 그들은 짝이 돌아오기를 고대한다. 짝이 사라지면 생존자들은 계속 찾는다. 생존자들은 자신들이 찾는 게 누구인지 안다. 다른 말로 하면 그들은 사라진 대상을 그리워하는 것이다. 그렇지만 그 이후에는 우리가 그렇듯이 그들도 그 상황에 적응하고 삶은 계속된다. 때로는 삶이 아주 다른 방식으로 진행되기도 한다.

755번은 헬로링크릭Hellroaring Creek을 한참 넘어 블랙테일디어 고지Blacktail Deer Plateau에 계속 다가가면서 낯설어진 가족과 자신 간의 거리를 벌려 나갔다. 직선거리로 대략 32킬로미터 정도였다. 그는 평생 이곳에 와 본 적이 없었다. 고작 몇 주 전까지만 해도 그는 라마르 계곡 전체의 자랑스러운 알파 수컷이었고, 옐로스톤의 최고 사냥꾼과 짝을 지었으며, 거대하고 온화한 형과 세 세대의 자손이 그의 뒤를 받쳐 주고 있었다. 지난 넉 달 동안 그는 형과 짝을 인간에게 잃었고, 그 때문에 그는 새로 만난 짝을 친딸들의 손에 잃었으며, 결국 그 딸들은 자신이 다룰 수 없는 적대적인 수컷을 끌어들였다. 그는 더 이상 자신의 집과 가족 사이에서 안전하지 않았다. 고통스러운 늦겨울에 사냥을 도와줄 손도, 사냥할 영토도 없었다. 새끼 낳을 철이 되었는데 짝도 없었다. 기본적으로 그의 삶은 끝났다.

그리고 우리는 질투심 많은 자매가 자매 중 조숙한 820번을 추방하는 것을 본 적이 있다.

"사냥꾼들은 알파를 쫓아내도 문제가 없다고 말하기를 좋아하지요." 전직 교사인 라이먼이 지적한다. "그런데 문제가 생깁니다. 알파를 쫓아내면 그 무리는 교사 없는 교실로 변해요."

아이러니하게 라마르의 가장 유능한 생존자 두 마리가 이제 추방자가 되었다. 알파 수컷인 755번과 그의 조숙한 딸인 820번은 난폭

하기 짝이 없는 방식으로 추방되어 각자 외톨이가 되었고 그들의
전망은 암담해졌다.

나는 늑대 무리가 하나의 가족으로서, 번식하는 짝과 그 자손들
로 구성되며 그 자녀들은 다음 세대의 어린 것들의 양육을 도와준
다는 것을 알고 있었다. 자손들이 성장하면서 그들은 각자의 삶을
살기 위해 떠나서 독자적인 무리를 시작한다는 것도 알고 있었다.
그러나 내가 생각도 못했던 것은 그것과 관련된 정치, 개성, 보복과
연대, 비극이 일어난 뒤의 가족적 격동, 충성심과 불충이었다. 그것
들은…… 모두 너무나 인간적인 것처럼 보인다. 그리고 부분적으로
는 인간적이다. 인간들이 촉발한 사건이니까. 인류학자 세르주 부
샤드Serge Bouchard가 주장했듯이, "인간은 인간에게 늑대인데, 여러
분도 동의하겠지만 그 늑대는 실제 늑대에게 그리 친절하지 못하
다."

밤새 가벼운 눈이 내려 사면과 계곡을 다시 겨울로 만들었다. 아
침의 첫 햇살이 비치자 가루눈은 분홍빛으로 물들었다. 섭씨 영하 9
도.

동쪽으로 수천 킬로미터 떨어진 지점의 해수면 높이에 있는 해안
가 내 집에서는 봄의 습지에서 오는 청개구리들의 소리가 3월 중순
의 저녁에 활기를 불어넣고 있고, 돌아온 물수리가 거대한 둥지를
다시 보강하고 있을 것이다. 하지만 2,300미터 높이의 이곳에서는
겨울이 아직도 버티고 있다. 예닐곱 마리의 야생 거위가 머리 위에
서 선회하는 데서 봄이 온다는 미약한 신호를 읽을 수 있을 뿐이다.
하지만 새로 내린 눈은 길어지는 낮 시간에 저항하려는 속임수일

뿐이며, 깃털로 덮인 거위들은 태양이 알려주는 것이 더 진실한 소식임을 안다.

힘을 합쳐 찾아다닌 끝에, 우리는 고지대의 사면에 늑대들이 엎드려 있는 것을 발견했다. 후두 무리의 수컷들은 유전적으로 라마르 무리인 늑대들 사이에서 아주 편안해 보였다. 톨 그레이는 눈 절벽snowdrift 가장자리에서 새로 내린 가루눈 위에 턱을 얹은 채 자고 있었고, 앞발은 능선 너머에 걸치고 있었다. 그는 알파 행세를 한다. 1세 수컷이 존경을 표하자 새로 온 후두 수컷 두 마리는 모두 그를 환영했고, 친근하게 얼굴을 핥아주며 꼬리를 흔들었다. 이 무리는 안정되었고, 관계는 거의 정리되었다.

갑자기 무선이 지직거렸다. 늑대 두 마리가 계곡 위쪽 2마일 지점에 나타났는데, 그들의 목걸이 신호가 그들의 정체를 알려준 것이다. 755번과 축출되었던 그의 딸 820번이다. 우리는 그쪽으로 간다.

탁 트인, 눈 쌓인 경사면 위 높은 능선, 망원경으로 보아도 거의 보일락말락하는 지점에 그들이 있었다. 그들은 길을 가고 있었다. 755번은 어제부터 이미 놀랄 만큼 먼 거리를 돌아다녔다. 헬로링크릭까지 갔다가 돌아왔으니 아마 왕복 64킬로미터는 될 것이다. 그는 이 계곡을 자신의 집으로 알고 있고, 820번이 자신의 딸이라는 것도 알고 있다. 그러니 이 엄청나게 먼 거리와 눈 덮인 산과 나무와 샐비어 덤불 사이에서 그들은 서로 만난 것이다.

시간당 9.6킬로미터의 속도로 그들은 넓은 지역을 지나오고 있다. 820번은 꼬리를 똑바로 치켜 올리고 함께 속보trot하며 간다. 이것은 알파의 자세다. 그녀는 기분이 좋다. 2세인 그녀는 늑대로서 한창때에 도달했고, 어깨에서 등허리까지 고전적인 회색 무늬와 더 어두운 점박이 털로 덮여 있으며, 뺨은 더 밝은색이다. 755번의 털은 원래 검은색이었는데 나이가 들면서 회색이 섞이기 시작했다. 2주만 더 있으면 그는 5세다. 그들은 이제 눈 덮인 사면을 지나 나무 사이를 달리고 있다.

그들이 서로를 찾아내다니, 얼마나 늑대다운가. 그들이 다시 만나서 안도하는 기분을 함께 느낄 수 있으니 우리도 정말 인간적이지 않은가. 하지만 예언하건대, 이 행복한 시간은 길지 않을 것이다. 새로운 삶의 시작은 그리 간단한 문제가 아니다. 820번의 알파다운 성격으로 보건대, 그녀는 자신의 아버지가 새 짝을 얻는 것을 허용하지 않을 가능성이 크다. 이와 비슷하게 820번 자신이 새 짝을 얻으면, 이 상황이 그녀의 아버지에게 감당하기 힘들어질 것이다. 또 영토의 문제도 있다. 그들은 어디서 사냥할 수 있을까. 820번과 755번은 이제 그들의 가족으로부터 고작 1.6킬로미터 떨어진 곳에 와 있다. 그들에게 그처럼 많은 고난을 안겨주었던 가족들 말이다.

한편 라마르 무리의 주력은 다시 잠이 들었다. 우리는 추위 속에서 계속 버티면서 늑대들이 자는 것을 지켜봤다. 1세 늑대 한 마리가 깨어 일어나서 숨겨진 틈새로 종종걸음을 쳐 가더니 엘크 정강이 한쪽을 물고 나타나서는 엎드리고 앉아 마치 뼈다귀를 얻은 개처럼 기분 좋게 물어뜯는다.

오후 세 시경, 라마르 무리는 일어나서 대열을 갖춘다. 그런 다음 무리는 울어대기 시작한다. 인간들은 조용해진다.

그들의 목소리는 나를 놀라게 한다. 내가 예상했던 깊고 가슴에서 나오는 소리보다 높았던 것이다. 또 예상치 못하게 다양했다. 어떤 것은 구슬프게 길게 짖고, 또 다른 것은 깨갱대기도 한다. 어떤 것은 파도처럼 기복 있는 소리를 내고, 다른 것들은 길게 노래하다가 가늘게 끝낸다. 이 가수들이 부르는 노래는 각기 너무나 다양하다. 그리고 눈을 감고 가만히 듣고 있으면 단순히 늑대의 소리라기보다는 다양한 목소리가 있다는 인상을 받는다.

계곡을 가득 채우는 긴 울음이 인간인 내 두뇌에는 성당에서 낭송되는 송가처럼 엄숙하고 간절하게 들린다. 그 소리는 곧바로 가슴에 스민다. 나는 여기서 긍정과 애도를 느꼈지만, 그들은 어떻게 그런 의미를 담아낼 수 있는가, 또 그들은 무엇을 듣고 있을까? 구호 외치기? 감정 분출? 경고? 그들이 말하는 게 무엇이든 늑대들이 그것을 어떻게 듣든, 내게는 어떤 오래된 이야기이자 새벽에 꾸는 꿈처럼 말 없는 이야기처럼 느껴졌다.

만약 820번과 755번이 되받아 울부짖는다면 지금 이 계곡이 자신의 것이라고 주장하고 있는 늑대들을 상대로 격렬한 싸움을 도발할 수 있다. 관련된 모든 늑대는 그 역학 관계를 이해한다. 820번과 755번은 영리하게도 침묵한다. 하지만 그들이 돌아다니면 체취가 남지 않을 수 없으니 이 계곡에서 숨어 있기란 불가능하다. 조만간 추방이 진행될 것이다. 늑대든 인간이든 최종 담판을 원한다. 820번과 755번의 처지가 딱하다.

그녀는 깊은 숲속으로 들어간다. 그도 따라간다. 긴 울음은 공기가 다시 햇빛과 추위로만 가득할 때까지 계속 이어진다.

오후 6시경, 820번은 긴 울음을 시작한다.

이는 820번의 전략적인 실수다. 라마르 무리는 즉각 일어서서 반응한다. 그런 다음 전투태세를 갖춘다.

후두 형제들은 820번과 다툰 적이 없다. 그럼에도 암컷들이 선두에 선 라마르 무리는 사라진 자매의 외침이 들린 곳으로 직행한다.

그들은 어떤 낮은 숲속으로 사라졌다가 넓은 경사면을 띠처럼 두른 눈 덮인 평탄면 위에서 우뚝 모습을 나타낸다.

그리고 상당한 거리를 두고 820번이 모습을 보인다. 그녀가 낸 오후의 외침은 아마 755번을 부르는 소리였을 것이다. 하지만 그는 철저하게 사라졌다. 아무 신호도 없다. 그녀의 울음은 위험을 감안한 행동이었지만 오판이었다. 그녀는 세상에서 유일한 자기편을 끌어오지 못했다. 그녀는 새로운 적들만 끌어왔다.

820번은 비슷한 야심을 가졌지만 능력은 변변찮은 평균적 자매들 중에서 더 우수한 늑대였다. 늑대의 정치는 까다롭다. 그들의 기준에서 너무 뛰어난 늑대는 대가를 치러야 한다. 우리는 이 무리의 정치에서 그런 진리가 실행되는 것을 바로 눈앞에서 보고 있다. 빛이 사라지면서 820번은 길을 떠난다. 이번에는 꼬리를 다리 사이로 감추고 있고, 사기가 떨어져 보이고, 불행해 보인다. 내게는 그 무리가 보이고 그녀도 보인다. 그들이 서로를 보았는지는 모르겠지만, 서로 누가 어디 있는지 아는 것은 분명하다.

동물들의 도구 사용법

820번과 그녀의 아버지가 함께 있었던 시간은 채 하루도 되지 않았다. 이제 755번의 목걸이 신호는 겨울 대기 속에서 움직이는 휴대용 안테나로도 포착되지 않는다. 그는 이 계곡을 떠났다. 그가 어디에 있는지 추적은 되지만 친구가 없는 820번은 시야에서 벗어났다. 그녀가 임신했다면 — 역시 임신한 언니가 그녀를 공격했던 이유일수 있는 상황 —, 그리고 혼자 지내기 때문에 먹는 양이 격감한다면 그녀의 몸은 아마 태아를 유산시키고 흡수해 버릴 가능성이 크다.

754번과 06번의 죽음은 이 무리의 정치에서 삶의 계산법을 완전히 뒤집어 놓았다. 죽음은 죽임 당한 늑대의 삶만 앗아가는 것이 아니다. 그것은 살아남은 자들 또 그 자손들의 게임과 전망도 바꾼다. 늑대는 '그것'이 아니다. 늑대는 '누구' 동물이다.

라이먼은 갈까마귀raven처럼 계곡을 조사하여, 온갖 흔적과 약간의 움직임과 나무에 앉은 독수리 밑 땅바닥을 꼼꼼하게 살핀다. 어떤 흔적이든 놓치지 않는다.

그러나 내 눈에는 아무 것도 보이지 않는다.

라이먼이 "찾았다"라고 말하면 마치 모자에서 토끼를 끄집어내는 것처럼 들린다. 나는 묻는다, 어디서? 그녀가 보는 곳을 나도 보고 있지만 내 눈에는 여전히 아무 것도 보이지 않는데.

그녀는 이리 오라는 손짓을 하며 옆으로 비켜선다. 그녀의 망원경에 눈을 대니 3.2킬로미터 떨어진 곳에 있는 늑대 여덟 마리가 사냥하는 모습이 보인다. 믿을 수 없다. 그 방향으로 내 쌍안경을 댔더니 길쭉한 검은 얼룩이 보인다. 눈에 뿌려진 검은 후추. 갈까마귀들.

늑대가 추적하던 동물을 죽일 무렵이면 갈까마귀들은 이미 도착해 있다. 이런 일이 워낙 오래 계속되다 보니 갈까마귀는 '늑대새'라 불린다. 늑대의 사냥은 흔히 갈까마귀를 수십 마리씩 불러온다. 하지만 사람들이 엘크 시체를 놓아두어도 갈까마귀들은 대체로 무시하고 지나간다. 갈까마귀는 늑대를 신뢰한다. 그렇지만 인간은 신뢰하지 않는다.[45] 갈까마귀 교육 과정에 독이 든 시체를 알아보는 수업이 포함되는 게 틀림없다.

언제나 이런 방식은 아니다. 북유럽신화의 신인 오딘Odin은 모든 신의 아버지이면서도 시력과 기억력과 지식이 조금 부족했다.[46] 오딘은 와인만 마시고 시로만 이야기했다. 그는 존재하기 위해 도움을 필요로 했다. 신으로서의 단점을 보완해 주는 것은 그의 두 갈까마귀 후긴Hugin과 무닌Munin(마음과 기억)이다. 그들은 그의 어깨에 올라앉아 넓은 세상의 소식을 물어온다. 또 늑대 두 마리도 그의 곁에 있다. 그들은 고기와 영양분을 보급해 준다. 신과 인간과 갈까마귀와 늑대로 이루어진 최고의 집단superpack이었다. 그 힘은 그 연대가 이뤄낸 힘에서 나온다. 생물학자이자 작가인 베른트 하인리히

늑대가 추적하는 동물을 죽일 때쯤이면, 갈까마귀들은 이미 그곳에 도착해 있곤 한다. 이런 일이 워낙 오래 계속되다 보니, 갈까마귀는 '늑대새'라고 불리기도 한다.

Bernd Heinrich는 오딘 신화가 '강력한 사냥 연대'의 존재를 표현하는 것이라고 짐작했다. "수렵 문화를 포기하고 농경과 목축민이 되면서 오래전에 잊어버렸던 과거 말이다." 그리고 목장주인이 되기 전의 과거.

연구자 데렉 크레이그헤드Derek Craighead는 갈까마귀 한 쌍 중 더 젊은 쪽이 산의 반대쪽 사면에 있는 다른 갈까마귀가 사는 둥지에서 가끔 밤을 보낸다는 것을 알고 놀랐다고 한다. "우리는 언제나 갈까마귀가 텃새라고 생각해 왔어요. 하지만 그들은 광대한 네트워크 조직을 가진 사회를 이루는 것 같습니다. 우리가 생각하던 것처럼 단순한 조직이 아닌 것 같아요."

늑대, 영장류, 코끼리, 고래는 분명히 똑똑하다. 하지만 새들은 훨씬 작은 두뇌를 가지고도 많은 일을 행한다. 특히 늑대새와 그 까마귀족 친척들인 어치jay, 까치magpie, 갈까마귀, 떼까마귀rook가 그렇다. 그들은 영리하다. 눈썰미가 있고, 돌고래나 코끼리, 특정 포식자들과 같은 종류의 추론, 계획구상, 융통성, 직관, 상상력을 갖고 있는데, 이는 영장류의 지적 수준에 해당하는 도구 상자다.

옐로스톤에서의 수천 번의 겨울동안, 그들은 눈의 흰 페이지 위에 찍힌 검은색 감탄부호처럼 내려앉으면서 뭔가 새로운 것을 스스로 익혔다. 등산객의 배낭 지퍼를 어떻게 여는지 알아낸 것이다. 갈까마귀와 그 친척들에게서 '사고'가 이루어지는 부위인 전두엽의 크기는 앵무새를 제외한 다른 새들의 것보다 상당히 크다. 갈까마귀의 두뇌는 신체 무게 비례로 본다면 침팬지의 두뇌 비중과 맞먹는다. 어떤 과학자들은 이렇게 커진 전두엽 덕분에 그 까마귀 가족들이 '영장류와 비슷한 지능'을 갖게 되었다고 본다.[47]

어떤 실험에서는 갈까마귀들 앞에 그들이 예전에 한번도 본 적이 없는 물건인 끈에 매달린 고기를 갖다 놓았다. 먹이를 얻으려면 부리로 끈을 조금 잡아당겨 한쪽 발로 끈을 밟는 동작을 고깃덩어리가 닿을 때까지 계속 반복하는 수밖에 없다. 몇몇 까마귀들은 처음 이 상황에 처했을 때 해법을 알아냈다. 이는 그런 설정을 보기만 해도 원인과 결과를 이해하고, 해법을 궁리해 낼 수 있다는 뜻이다. 그들은 시행착오를 거듭하면서 설치고 돌아다니지 않는다. 또 다른 실험에서 까마귀들은 어떤 퍼즐을 신속하게 풀었는데, 2~3세 아이와 푸들 두 마리(퍼즐의 구성요소를 예전에 익히 본 적이 있는)에게 그 퍼즐을 제시했더니 그들은 "풀어야 할 퍼즐이 있는지조차 몰랐다."[48]

이제 개별 사례로 들어가 보자. 뉴칼레도니아 까마귀인 베티는 문제를 추리하기 위해 이전에 했던 실험을 활용한다.[49] 갈고리가 무엇인지 배웠으므로 그녀는 직선 철사를 구부려 튜브 안에 들어 있는 먹이를 끌어낸다. 철사 여러 개를 앞에 갖다놓자 베티는 자신이 해결해야 할 과제를 풀기에 적합한 길이와 직경의 철사를 골라낸다.[50] 베티가 뉴칼레도니아 까마귀 중에서도 특히 영리한 건 아닌지 의심할 필요는 없다. 그녀는 그저 몇몇 인간들과 함께 실험적 상황을 통해 찾아내게 되었을 뿐이다. 뉴칼레도니아 까마귀는 먹이를 얻기 위한 8단계 퍼즐을 해결하는 데 도구를 활용할 줄 안다[51](인터넷에서 그 광경을 찾아볼 수 있다).

까마귀와 닮은 떼까마귀는 튜브에 돌을 떨어뜨리면 먹음직스러운 애벌레를 한 마리씩 풀어 주는 투명한 플라스틱 기구의 사용법을 어렵지 않게 알아냈다. 게다가 그들은 돌멩이 여러 개 중에서 제일 큰 것을 고르기까지 했다. 실험자들이 직경이 작은 튜브를 쓰자 네 마리 중 세 마리는 즉시 더 작은 튜브에 맞을 더 작은 돌을 골랐다.[52] 그들은 예전에 쓰던 큰 돌로 시험해 보지도 않았다. 돌 대신에 막대기를 주면 시험 대상인 떼까마귀는 다들 즉시 막대기를 튜브 속에 밀어 넣고 눌러 애벌레를 풀어줬다. 실험자들이 그들에게 너무 큰 돌과 적당한 막대기나 적당한 돌과 너무 짧은 막대기를 주면, 모든 새는 첫 시도에서 먹이를 얻는 데 적합한 도구를 골랐다. 양쪽에 곁가지가 있어서 사용하기 전에 가지를 쳐내야 하는 막대기를 준다면 모든 떼까마귀는 대개 처음 시도하기 전에 쉽사리 그 가지를 꺾어 버렸다. 튜브 속의 작은 양동이에 애벌레가 있는 상태에서, 떼까마귀에게 직선 철사 토막을 주면, 그들은 모두 양동이 손잡이에 걸 수 있도록 갈고리를 만들고 간식거리를 손에 넣었다. 그들은 자신이 원하는 것을 알고 그것을 갖기 위해 자신들이 무슨 일을 하는지 이해했다. 이것은 진정한 통찰이다. 앵무새과인 코커투 역시 자물쇠와 나사와 빗장으로 구성된 한번도 본 적 없는 퍼즐을 푸는 데 통찰력을 발휘한다.[53]

까마귀들은 표식을 달고 측정할 목적으로 그들을 잡아와서 취급한 연구자들의 얼굴을 기억한다.[54] 이 사람들이 캠퍼스를 걸어가는 것을 보면 까마귀들은 시끄럽게 짖어대며 그들을 야단친다. 다른 까마귀들도 이런 야단치는 까마귀들로부터 위험해 보이는 나쁜 인간이 누구인지 배워서, 그들이 보이기만 하면 경고 신호를 발한다. 그래서 연구자들은 오랫동안 야단맞는 신세를 면하기 위해 까마귀를 잡을 때 가면을 쓰거나 다른 의상을 입는 방법을 썼다.

이런 새들과 우리 영장류들의 두뇌는 구조가 다르다(우리는 영장

류 팽창ape enlargement이 있는 포유류 신피질mammal neocortex을 갖고 있고, 새
들은 까마귀 팽창corvid enlargement이 있는 조류 니도팔리움bird nidopallium 두
뇌를 갖고 있다). 하지만 위대한 정신들이 비슷한 사유에 도달하는 것
처럼, 정신 능력 몇 가지에 관해서는 일치했다. 두 연구자는 이렇게
썼다. "뉴칼레도니아 까마귀와 떼까마귀는 물리적 과제 수행 면에
서 침팬지와 대등했고, 일부 경우에는 능가했다. 그리하여 우리는
지능의 진화에 대한 우리의 판단에 의문을 품게 되었다."[55] 과학자
들은 까마귀, 갈까마귀 그리고 그 친척들은 큰 영장류와 "비슷한 지
적 행동을 보여준다"라고 결론지었다.[56] 이런 줄 누가 알았겠는가?
그렇다면 우리는 또 무엇을 모르고 있는가?

지금까지 우리는 도구를 사용하는 조류에 대해 이야기해 왔다.
그리고 이것은 도구 사용 상황 전반을 잠시 돌아볼 핑계로 충분하
다. 행동에 관한 다른 주요 개념이 그렇듯, '도구'라는 용어의 정의
에 대해서는 하나로 합의된 바가 없다. 내가 내린 정의는 이것이다.
신체에 속하지 않지만 목표를 달성하기 위해 사용하는 어떤 물건.
1960년에 구달은 침팬지가 개미를 끌어내는 데 나뭇가지를 사용
한다는, 다른 말로 하면 도구를 쓴다는 '소식'으로 세계를 뒤흔들었
다. 그때까지 과학자들은 인간만이 도구를 만들고, '우리를 인간이
게 해 주는' 것이 도구라고 믿어왔다. 그런데, 잠깐 기다려! 1844년
에 라이베리아에 파견된 선교사 토마스 세비지Thomas Savage가 야생
침팬지들이 "인간이 쓰는 것과 똑같은 방식으로 돌을 써서" 껍질이
딱딱한 열매를 깬다고 기록했다.[57] 과학은 한 세기가 넘도록 그 선교
사의 견해를 다시 들춰보지 않았다. 그리고 1887년에는 또 다른 관

찰자가 짧은꼬리원숭이macaque monkey들이 썰물 때 일상적으로 돌을 써서 굴 껍질을 깨뜨리는 것을 보았다고 보고했다.[58] 서면으로 보고된 그런 일이 어찌 기억에서 삭제될 수 있었을까? 아마 우주 시대가 되어 인간이 자연으로부터 너무나 철저하게 소외되기 전까지는 도구 사용이라는 것이 그리 놀라운 일로 보이지 않았기 때문인지도 모른다. 어쨌든 세상은 그런 발견에 대해 잊어버렸다. 그러다가 구달의 재발견을 계기로 하여 저명한 인류학자 루이스 리키Lewis Leakey는 유명한 응답을 남겼다. "이제 우리는 도구라는 것을 재규정하고, 인간을 재정의해야 하며, 침팬지를 인간으로 받아들여야 한다." 그로 인해 추론과 문화에 대한 인간의 독점도 재평가되지 않을 수 없었다. 그 덕분에 우리는 조금 덜 특별한 존재로 보이게 되었다. 하지만 그 일에서 진정으로 '새로운' 요소는 우리가 그것을 깨달은 부분이었다. 침팬지는 수십만 년 동안 도구를 만들어 왔다. 그리고 우리는 영장류, 코끼리, 해달, 돌고래, 여러 종류의 조류, 문어, 심지어 곤충들까지도 간단한 도구를 쓴다는 것을 이제야 알았다.

구달이 관찰했던 탄자니아 침팬지는 도구를 쓰지만 돌은 도구로 쓰지 않았다. 기니와 코트디브와르 같은 다른 지역에서 침팬지는 솜씨 있게 돌멩이와 나무망치를 써서 딱딱한 열매 껍질을 깬다. 그들이 먹이를 먹는 시간 중 10~15퍼센트는 열매 껍질을 깨는 데 소모된다.[59] 그리고 한창 때의 서너 달 동안 침팬지 한 마리는 그렇게 깨뜨린 지방분으로 가득 찬 먹이로 하루에 3,500칼로리씩 섭취한다. 열매 깨뜨리기 기술 덕분에 침팬지는 도구를 쓰지 않았더라면 손에 넣을 수 없었던, 적어도 여섯 종류의 열매를 먹을 수 있게 되었다. 그렇게 해서 살이 찐 덕분에 침팬지는 번식률이 더 높아지고 더 많은 수가 무리를 이루고 살아가는 습관을 갖게 되었다. 그렇게 아프리카 전역에서 그런 돌과 나무와 열매를 접할 수 있는데도 바로 눈앞에 있는 영양분 풍부한 열매나 잠재적인 도구를 전혀 활용하지 않는 침팬지가 많다. 한곳의 침팬지는 막대기를 써서 땅바닥에 구멍을 내고, 유연한 나뭇가지를 그 구멍에 꽂아 넣어 개미를 훑어낸다. 또 다른 곳에서는 침팬지들이 미리 도구를 만들어둔다. 때로 한 가지 일을 달성하기 위해 도구 두 개를 함께 쓰기도 한다. 개미를 찾으러 나뭇가지를 꽂아 넣고 야자열매를 깨뜨리는 것부터, 잎사귀를 스폰지처럼 써서 물을 빨아들이고, 나무 구멍에서 갈라고원숭이 bushbaby를 잡아내기 위해 창을 쓰는 데 이르기까지, 일부 침팬지는 그렇게 하고 일부는 하지 않는다. 기술은 학습되는 것이다. 그것은 문화적인 요소다.

침팬지와 아주 비슷하고 영리한데도 야생 보노보는 도구를 쓰지 않았다. 거의 모든 사람들은 고릴라도 도구를 쓰지 않는다고 생각하지만, 피시록과 동료들은 고릴라가 늪의 물 깊이를 알아내기 위해 막대기를 쓰고, 물위로 몸을 내밀기 위해 장대를 쓰며, 질척한 곳 위로 통나무를 걸쳐 다리처럼 쓰는 것을 발견했다. 포획된 어느 고릴라는 혼자 힘으로 도구를 발명하고 몽둥이와 모루 기술을 써서 열매를 깨뜨리는 데 숙달되었다.[60] 카푸친 원숭이들은 열매 깨는 장소까지 무거운 돌을 가져와서, 적절한 크기의 돌은 모루로 쓰고 각기 다른 크기의 열매를 깨뜨리는 데 각기 적절한 무게의 돌을 망치로 쓴다.[61]

튜브 안에 들어 있는 먹이가 앞에 있을 때 오랑우탄은 튜브 안에 물을 흘려 넣어 먹이가 손닿는 곳까지 떠내려오게 만든다. 떼까마귀와[62] 어치는[63] 비슷한 실험에서 같은 결과를 얻었다. 그들은 돌을 집어넣어 수위를 올려 물에 떠 있는 먹이를 잡을 수 있을 때까지 계속하는 방법을 썼던 것이다. 우리 집에 사는 앵무새들은 물을 완화제緩和劑로 쓴다. 앵무새에게 마른 빵조각을 주면 앵무새 케인은 그대로 물로 갖고 가서 떨어뜨린다. 조금 지난 뒤 그는 축축해진 빵조각을 물고 새장의 반대편으로 가서 자기 모이그릇에 놓은 다음, 모이가 물에 젖어 촉촉해지면 먹기 시작한다. 또 다른 앵무새인 로즈버드도 종종 같은 행동을 한다(나는 앵무새를 사러 시장에 갔던 게 아니었는데, 애완동물 가게에서 케인이 의도적으로 먹이를 물에 적셔 부드럽게 하는 것을 보고는 너무나 호기심이 생겨 두 마리 모두 집으로 데려오게 되었다. 분명 그들 중 한 마리가 그 방법을 만들었을 것이고 다른 한 마리는 따라서 했을 것이다. 그들은 다른 생물 종이다. 수컷은 퀘이커앵무새quaker이고 암컷은 초록뺨앵무새green cheeked conure(그린칙 코뉴어)다. 그러니 그들의 먹이 담그기는 종을 넘나드는 문화적 전이轉移라 할 수 있는데, 과학에는 이런 현상이 알려져 있지 않은 것 같다. 여러분은 여기서 처음 읽는다!).

코끼리들은 도구를 최소 여섯 가지를 만드는데, 거의 모두 벌레를 긁고 떼어내는 데 쓰인다.[64] 어떤 날에는 등 긁개를 만들기도 하고 다음 날에는 바위나 통나무를 써서 전기 울타리를 납작하게 짜부라트리기도 한다.[65] 해달은 바다에 드러누워 둥둥 뜬 자세로 돌로 조개껍질을 깨뜨린다. 뉴칼레도니아 까마귀와 딱따구리는 나무 구멍을 파내어 벌레를 잡아내기 위해 가시를 사용한다. 또 다른 종류의 까마귀들은 열매 껍질을 깨기 위해 자동차를 이용하기도 한다.[66] 자동차가 지나다니는 도로 위에 열매를 떨어뜨려두는 것이다. 갈매기는 대합, 가리비, 쇠고둥 같이 껍질이 단단한 먹이를 단단한 바닥에 떨어뜨린다. 그런 방법을 쓰지 않으면 요새로 쌓여 있는 먹이를 얻을 수 없을 것이다. 바위처럼 단단한 먹잇감을 물밑에서 움켜쥔 그들은 명백한 의도하에서 높이 날아오른 다음, 해야 하는 작업을 달성해 줄 만한 단단한 바닥 위로 날아가서 먹잇감을 떨어뜨리고, 중력을 가속화 도구로 활용한다. 한번에 성공하지 않으면 그들은 다시 날아오른다.

나는 갈매기들이 바위 해안이나 도로, 평평한 지붕(그러나 평평한 지붕에만 떨어뜨린다. 내 이웃은 자기 집 지붕에 가리비 폭격이 얼마나 자주 일어나는지를 보고 가리비 풍년이 될지 아닐지를 판정할 수 있다. 나는 운 좋게 경사진 지붕 아래에 산다)에 조개를 떨어뜨려 깨는 모습을 수없이 많이 보았다. 흰색 청소부 맹금류는 달걀을 돌로 깨뜨린다. 녹색 왜가리는 곤충을 미끼로 쓰거나 깃털, 심지어는 빵까지도 수면에 떨어뜨려 미끼로 삼아 물고기를 잡는다. 온라인에 올라와 있는 어느 놀라운 동영상을 보면 왜가리가 빵 한 조각을 써서 물고기를 끌어들이는 모습이 있다. 그 왜가리는 아주 끈질겨서 큰 물고기를 낚을 때까지 미끼를 여러 번 다시 놓곤 했다(물고기를 잡는 녹색 왜가리green heron catching fish를 검색해 보라).

혹등고래는 거품을 둥그렇게 뿜어 올려 형성한 '그물'로 먹이가 될 물고기 떼를 잡는다. 일종의 '울타리에 몰아넣어 혼란스럽게 만들기'corral and confuse 전략이다. 그들은 한입에 대량으로 삼키기 위해 자신들이 만든 거품 그물을 뚫고 위로 솟아오르면서 거품 그물의 뚜껑을 바다 위로 터뜨려 거대한 물의 폭발을 일으키는데, 이는 세계에서 가장 근사한 장관 중 하나다.

그리고 여기서 누구도 이제껏 짐작하지 못한 것이 있다. 바하마에서 병코돌고래는 모래를 꼬리 또는 지느러미발로 쳐서 회오리를 일으키고, 마치 모래 토네이도처럼 물이 소용돌이를 이루어 움직이게 만든다. 그 토네이도는 바닥을 따라 움직이다가 멈춰 서서 그 자리에서 맴돈다. 그렇게 제자리걸음 하는 곳을 돌고래는 주둥이로 파들어 간다. 왜 그렇게 하는가? 알고 보니 소용돌이는 구멍을 만나면 생기는 압력 낮은 지점으로 이끌리는 성질이 있는 것이다. 돌고래는 눈에 보이는 소용돌이를 만들어 물고기가 숨어 있는 구멍을 찾는 도구로 쓴다! "그것은 내가 이제껏 본 중에서 제일 놀라운 일 중의 하나였다. 하지만 돌고래들에게는 지극히 일상적인 일인 것 같았다."[67] 허칭이 기록했다.

도구를 쓰는 많은 동물들은 막대기와 돌을 갖고 놀면서 기술자 생애를 시작한다. 이는 어린아이들이 분명치 않은 소리를 중얼거리면서 말을 배우고, 블록을 갖고 놀면서 물리적 세계를 체험하며, 어떤 압박도 받지 않고 자신들의 능력을 탐험할 수 있는 것과 비슷하다.

한 과학 논문에는 피가로라는 앵무새가 대나무 한 토막으로 막대기처럼 생긴 도구를 만들고 개조하여 먹이를 자기 새장으로 긁어오는 과정을 담은 놀라운 동영상이 실려 있다(다른 두 코커투에게도 대나무를 주었지만 그들은 긁어오는 도구로 쓰지 않았는데, 이것을 보면 새에게도 우리처럼 통찰력의 편차가 다양하다는 것을 알 수 있다). 나는 오랑우탄 한 마리가 손이 닿지 않는 곳에 놓인 먹이를 짚으로 쓸어오는 것을 보고 놀랍다고 생각했는데, 아메리카 어치blue jay도 이와 비슷한 행동을 한다. 그들은 먹이 덩어리를 긁어모으기 위해 종이를 가늘고 긴 조각으로 찢는다.[68]

도구를 쓰는 많은 동물들이 막대기와 돌을 갖고 논다. 나뭇가지를 쓰고 있는 보노보(위)와 대나무를 도구로 만들어 먹이를 긁어 오려는 피가로(아래).

물고기 중에서는 놀랍게도 노래기 중 몇몇 종이 돌과 산호를 모루로 삼아 성게와 조개를 깨뜨려 연다.[69] 노래기는 또 몸무게에 비해 상대적으로 큰 두뇌를 갖고 있는데, 이는 도구 사용 조류나 영장류와 비슷하다. 관상용 시클리드cichlid와 메기는 알을 잎이나 작은 바위에 풀로 붙여놓고, 둥지에 위험이 닥치면 그것을 들고 다른 곳으로 옮긴다. 물총고기archerfish는 물위에 드리워진 잎사귀와 나뭇가지에 있는 곤충을 입으로 물총을 쏘아 맞혀 떨어뜨린다.

곤충의 도구 사용은 놀랍다. 왜냐하면[70] 워낙 예상치 못했던 종류인데다 너무나도 의식적인 행동으로 보이기 때문이다. 여러 종류의 개미들은 썩은 과일과 같이 액화된 먹이를 만나면, 돌아갔다가 몇 분 뒤에 잎사귀나 모래 알갱이, 또는 액화된 물질을 흡수시킬 부드러운 나무조각 같은 것을 들고 돌아온다. 개미 한 마리는 자기 몸무게만큼의 액화된 먹이를 둥지까지 운반할 수 있다. 다른 개미들은 모래를 경쟁자들의 둥지 입구에 갖다 두거나 그들의 경제 활동 도구에 던져 그들을 괴롭히고 시간과 노동을 소모하게 만든다. 또 다른 개미들은 땅속에 둥지를 만드는 벌이 자신들의 안전한 은신처에 오지 못하게 멀리 꾀어낸다. 존 피어스John D. Pierce는 그들이 이런 일을 어떻게 처리하는지 설명한다. "개미는 벌 둥지를 발견하면, 보통 둥지 가장자리에 여러 초 동안 멈추어 서 있다가 주변 지역으로 돌아다니면서 작은 흙덩이를 집어든 다음 (……) 둥지 입구로 직행하여 입구 위로 흙을 쳐든다. (……) 그리고 약 1초 정도 머뭇거린 다음 흙을 떨어뜨린다." 2~3초 뒤, 개미는 흙을 더 가져오려고 돌아간다. 그동안 다른 개미들이 온다. 벌은 이제 지표에 올라와 턱을 내밀고 돌진한다. 이것은 용 전투의 축소판이라 할 만하다. 이제 부서진 둥지에서 벌이 튀어나오면 개미들이 공격하여 벌을 죽인다.

일부 말벌은 조약돌과 흙을 써서 제물을 알과 함께 구멍 속에 가두어 둔다(알에서 깬 애벌레는 제물을 먹고 자란다). 다시 피어스의 말을 들어 보자. "중요한 알덩어리는 은신처 깊은 곳에 보관하고 더 작은 물건들을 그 위에 둔다. (……) 때로 암컷은 보관된 것들을 단단히 쟁여놓기 위해 조약돌을 해머처럼 써서 다진다." 침노린재과의 벌레assassin bug는 개미를 사냥할 때 처음에는 위장복을 입듯이 개미 둥지의 부스러기를 자기 몸에 붙여, 개미 둥지와 비슷한 냄새가 나도록 한다. 개미 한 마리를 잡아 체액을 빨아먹고 껍질만 남으면 노린재는 자기 머리 앞에 개미 시체를 쳐들고 "'애태우기'라 부를 만한 방식으로 살짝 흔든다." 다른 개미가 그 시체를 붙잡으면 노린재는 개미를 꾸준히 끌어당겨, 거기에 매달린 일개미를 둥지에서 서서히 끌어낸다. 일개미의 머리가 손에 닿기만 하면 "노린재는 그것을 신속하게 붙잡고" 시체 미끼를 던져 버린 후 자신의 독을 주입한다.

이런 것은 곤충의 도구 사용을 말해 주는 몇 가지 예일 뿐이다. 개미집, 벌집, 거미집 등등의 놀라운 구조, 통기성, 먹이 생산, 보온 기능 같은 것에 대해서는 새삼스레 말할 필요가 없다. 이것은 도구를 사용하는 곤충이 매우 영리하다는 뜻인가? 아니면 도구를 사용하는 게 반드시 지능을 전제하지는 않는다는 뜻인가? 아니면 깨알만한 두뇌를 가진 곤충도 할 수 있는 일이니 도구제작이 그리 인상적이지 않다는 의미인가? 그리고 이런 깨알만한 두뇌는 어떤 것인가? 그들은 자각하는가? 얼마나 자각하는가? 그들은 어떻게 결정을 내리며, 어떻게 작업을 진행하려고 판단하는가? 과학이 보여주는 것처럼 우리 자신의 두뇌는 결정을 내린 다음 우리의 의식적인 마음에 그것을 알려주어서 우리가 그것을 생각해냈다고 믿게 만드는 것인가?

아이러니하게도 최고의 도구제작자인 우리는 짐승들 중에서 가장 대책 없는 존재다. 우리는 우리의 노력을 도와주고 목표를 달성하게 해 줄 도구와 수단에 의지하지 않으면 잠도 자지 못하고 먹지도 못하고, 심지어는 배설도 할 수 없다. 황야에서 벌거벗은 채 도구도 없이 땅바닥에 누워 하룻밤은 간신히 살아남았다고 해도, 우리가 제일 시급하게 해야 할 일은 스스로 살아남게 해 줄 도구를 만드는 일이다. 그런데 우리는 도구를 만들기보다 남들이 만들어 놓은 도구를 그냥 사용한다. 자연에 있는 재료를 가지고 인간에게 필요한 가장 기본적인 도구를 만들어 낼 수 있는 사람은 거의 없다. 불, 끈 한 토막, 칼, 의복 등을 말이다. 사실상 우리 중에서 뭔가를 발명한 사람은 아무도 없다. 나는 지금 이 순간 컴퓨터를 쓰고 있다. 그러나 컴퓨터가 어떻게 작동하는지, 어떻게 만들어졌는지 전혀 모른다. 하나의 종으로서 인간은 아주 인상적이다. 하지만 개인으로서 우리 대부분은 둘둘 말아놓은 옷감 뭉치가 생긴들 입을 만한 셔츠 한 벌도 만들어 내지 못한다.

그런데도 우리는 집단으로서 인간이 이룬 성취를 놓고 스스로를 축하한다. 하지만 그런 성취, 우리 대부분이 이해하지도 못하는 성취에 우리 개개인은 어떤 기여도 하지 못했다. 반면 인류의 집단적 참상에 대해서는 관대하게도 자신에게 책임이 있다고 인정하기 싫어한다(20세기에 문명인은 다른 문명인 1억 명을 죽였고, 이번 세기의 출발도 그리 좋지 않았다). 그보다는 비행기, 컴퓨터를 만들 수 있는 우리의 능력에 집중하는 쪽을 더 좋아한다. 비행기와 컴퓨터를 실제로 만들 줄 모르는 사람들에게는 이것이 더 위안이 되는 착각이지만, 그래도 별 상관은 없다. 개는 인간이 자동차를 만든다는 것을 모른 다. 자동차를 한 대 조립하려면 무엇이 필요한지에 대해, 광물 채굴, 제련, 화학, 디자인, 조립, 공장 창설, 분배에 대해 개가 아는 지식과 우리가 가진 지식의 분량 차이는 아주 작다. 우리도 그냥 차에 뛰어 올라타고 가는 수준이니까.

늑대의 음악

우리는 차에 뛰어올라 동쪽으로 갔다. 계곡을 곧장 가로지르면 검은 까마귀들이 흰 눈 위 붉게 물든 지점을 에워싸고 있는 것을 쉽게 볼 수 있다. 내 망원경의 초점을 맞추니 얼굴이 붉게 물든 라마르 무리의 늑대 여러 마리가 갓 잡은 엘크의 늑골에 머리를 파묻고 게걸스럽게 먹어치워 순식간에 뼈 무더기로 만드는 모습이 보였다. 날카로웠던 엘크의 뿔 왕관은 이제 완전히 망가졌다. 엘크의 잘린 머리가 옆에 치워둔 트로피처럼 위쪽을 보고 눈 위에 놓여 있었다. 갈까마귀와 까치들이 먹을 것이 거의 남지 않은 것 같지만, 그들이 인내심을 발휘하며 그곳에 있는 모습을 보니 찌꺼기가 충분히 남는 모양이라고 확신하게 된다. 그런 사냥감을 처리하는 일이 그들의 전문이었다. 전부 다 해서 늑대 아홉 마리가 식사에 가담했다. 일곱 마리는 이미 배가 불러 주변의 눈 덮인 땅 위에서 만족스럽게 어슬렁대고 있었다.

현재 상황의 전체 구조를 잠깐 생각해 보자. 엘크는 지금 자신들을 쫓아오고 있고 전적으로 자신들과 같은 동물을 재료로 하여 형성된 운명을 피하기 위해 목숨을 걸고 달아나는 엘크를 추적하는 데 몰두하는 늑대에게 잡아먹혀 그의 살과 뼈와 신경으로 바뀐다. 포식자는 보르그Borg(미국의 TV프로그램 〈스타트랙〉Star Treck에 나오는 사이버 외계인 종족, 상대방의 생물학적, 기술적 특성을 모조리 흡수하여 저항을 무용지물로 만들어 버리는 불도저 괴물의 대명사 — 옮긴이)의 전조다. 머리 위 하늘은 역시 엘크를 재료로 삼는 장난스러운 까마귀 떼로 활기가 넘친다. 나중에 포식자가 쓰러지면 과거 엘크를 재료로 했던 늑대, 갈까마귀, 곰이 모두 해방되어 잠시 풀에 흡수된다. 풀의 포식자인 엘크는 풀을 뜯는다. 풀은 다시 엘크가 되고, 영원Forever이 돌리는 수많은 물레바퀴 가운데 하나가 다시 한 바퀴 온전히 돌아간다. 물론 인간은 영원의 방해자가 되고 보르그를 먹는 슈퍼 보르그가 된다.

나는 추위에 못 이겨 내 발이 아직 제대로 붙어 있는지 확인하기 위해 발을 굴러본다. 늑대들이 식곤증으로 곯아떨어지기를 기다리며 서 있는 동안 우리 관찰자들은 또다시 관찰하고 이야기하고 간식을 먹고, 장화와 장갑을 서로 비교해 본다. 그러니까 할 수 있는 일을 다 해 보지만 따뜻해지지 않는다. 매킨타이어는 가슴에 삼각형 모양으로 난 흰 털 때문에 트라이앵글이라는 이름이 붙은 병약한 1세 늑대에 대해 이야기하기 시작한다. 시절이 좋지 않았다. 그 무리에는 옴이 유행하여 다들 시달리고 있었고, 경쟁자 늑대들이 이들의 가모장을 죽였다.

어느 날 아침, 1세 트라이앵글과 3세인 그의 누나 앞에 사이가 나쁜 늑대 세 마리가 들이닥쳤다.[71] 트라이앵글과 누나는 달아났는데,

전략일 수도 있고 당황했기 때문일 수도 있는데, 그들은 두 방향으로 갈라졌다. 그리고 침입자들은 누나를 쫓아갔다. 그녀는 그 무리에서 제일 빠른 늑대였지만, 결국 공격자 중 한 마리가 그녀를 잡아서 쓰러뜨렸다. 그녀는 금방 뛰어 일어나서 한 바퀴 재주를 넘더니 강으로 달아났다. 그는 그녀를 두 번 더 잡았다. 그녀는 매번 뛰어 일어나서 죽어라 달아났다.

그녀가 네 번째 공격당했을 때 공격자 셋이 모두 그녀에게 덤벼들었다. 이제 그녀는 등을 대고 드러누워 처절하게 싸웠다. 늑대 두 마리는 그녀의 배와 엉덩이를 격렬하게 물고 흔들었고, 제일 큰 늑대가 다가와서 그녀의 목을 물어 죽이려 했다.

그렇게 그녀와 계속 싸우던 중에 큰 늑대가 뒤로 물러섰다. 그녀의 무선 목걸이를 깨문 것이다. 그는 그것이 무엇인지 알아차린 것 같았고, 목걸이가 없는 쪽으로 다시 물려고 턱을 갖다 댔다. 매킨타이어는 망원경으로 내내 지켜보고 있었는데, 바로 그 순간에 작고 검은 얼룩이 나타나 온통 혼란스럽게 만들었다. 그것은 작고 약한 1세 트라이앵글이었다. 죽음의 아가리에서 큰 누나를 구하려 한 것이었다.

그가 오는 바람에 공격자들의 주의가 흩어졌고, 그들 중 두 마리는 공격을 멈추고 그를 추적했다. 그녀는 뛰어 일어나서 강 쪽으로 달아났다. 트라이앵글은 공격자 세 마리의 주의를 잠시 분산시켰을 뿐이었다. 그들은 그녀가 막 강둑에 닿았을 때 결국 따라잡았고, 네 마리는 한꺼번에 강물에 떨어졌다. 그녀가 그들 모두를 상대해 이길 가능성은 없었다. 이때 트라이앵글이 다시 뛰어들었다. 혼란 속에서 그녀는 강물을 헤치고 건너가, 가슴팍에 피를 철철 흘리면서 계곡을 가로질러 달아나서는 북쪽 사면을 달려 올라가 자신의 가족의 소굴이 있는 쪽으로 피신했다.

그동안 수컷 세 마리는 모두 트라이앵글을 뒤쫓았다. 운세를 반전시키는 분야의 기록이라 할 만한 그 경주에서 그 작은 늑대는 가해자들보다 더 빨리 달렸다. 그들은 포기하고 느린 속보로 계곡을 가로질러 남쪽으로 떠났다.

10일이 지난 뒤 트라이앵글의 큰 누나는 모습을 드러냈다. 그녀는 부상을 이기고 회복되었다. 트라이앵글은 사냥을 계속했고 여러 달 동안 무리와 함께 있는 모습을 보였지만, 시간이 지날수록 더 극성을 떤 옴과 싸움에서 얻은 부상 때문에 몸이 쇠약해져서 결국은 쓰러졌다.

매킨타이어는 트라이앵글을 '영웅'이라 여긴다.

흠…… 인간은 영웅이 될 수 있다. 하지만 트라이앵글은 무슨 생각에서 그렇게 행동했을까?

매킨타이어는 말한다. "우리는 영웅을 의도가 아니라 결과로 판단합니다." 소방관들은 알지도 못하는 사람의 아이를 구조하러 불타는 집안으로 달려 들어가면서 무슨 생각을 할까? 생각할 시간조차 없는 그 순간에 다른 사람의 생명을 위해 자신의 목숨을 거는 사람이 영웅이라면, 트라이앵글도 큰 누나를 구한 병약하고 작은 동생도 그렇지 않은가. 여러분이 말해 보라.

2시간 정도 잠을 잔 뒤, 라마르 무리는 일어서서 열정적으로 반가운 인사를 주고받고, 두어 걸음씩 거리를 두고 앉아 길게 울기 시작했다. 인간들의 말소리는 금방 침묵 속으로 잦아들었고 우리는 들었다. 깊은 홀림이 느껴진다. 하지만 설명은 불가능하다. 늑대의 목소리는 떨리고, 음정이 바뀐다. 환희와 슬픔이 모두 느껴진다. 마음을 사로잡는다.

우리는 온 신경을 집중하여 그들의 노래를 듣는다. 어떤 의미에서든 그것은 우리에게 중요하다. 우리가 그것에 보이는 반응은 다른 동물들이 인간의 음악을 무시하는 것처럼 보이는 현상과 정반대다. 그러니 음악이, 우리를 그토록 감동시키는 음악이 '우리를 인간으로 만드는가?' 아니면 '긴 울음이 늑대들의, 늑대에 의한, 늑대를 위한 음악인가?'

분명히 말해 우리의 음악은 인간의 가청 음역대에 속하며, 대개 인간의 심장박동이나 발걸음에 상응하는 속도 및 언어의 성질에 비교되는 패턴과 억양으로 이루어진다. 이런 음향, 속도, 음정의 성질들은 기술적으로 '준언어적인 특징들'paralinguistic features이라 불리며, 그것들은 모두 '프로소디'prosody(운율, 음절에서의 강약, 리듬의 차이 — 옮긴이)라는 넓은 개념하에 들어간다.[72] 프로소디란 인간 발언의 음향적 성질을 가리킨다. 프로소디는 예를 들면 어떤 언어에서든 고함소리와 자장가를 구별할 수 있게 해 주는 근거다. 피아노, 바이올린, 색소폰, 기타 독주가 가사가 없는데도 신비하게 사람이 이야기를 하고 있는 것과 비슷하게 들리는 이유도 이 때문이다.

소리는 때로 종의 경계를 넘어 감정을 전달한다. 사람들이 싸우면 개도 상황을 파악한다. 우리도 동물의 으르렁 소리가 경고인 줄 알아듣는다. 동물이 내는 소리에 실려 있는 감정적인 무게 가운데 일부는 그 근원이 아주 오래되었다. 그것을 지각할 수 있는 우리의 공통된 능력은 우리가 가진 뿌리 깊은 유산에 속한다. 수신하는 귀

긴 울음을 내고 있는 늑대들.

가 인간의 것이든 개의 것이든 말의 것이든, 짧고 상승하는 음정이 몇 번 계속되면 흥분감이 고조된다. 길게 음정이 낮아지는 소리는 차분하게 안정시키며, 돌연히 짧게 한번 나는 소리는 버릇 나쁜 개나 과자 통에 손을 넣고 있던 아이의 동작을 정지시킬 수 있다.

이런 근원과 공유된 지각을 연구하는 심리학자는 '인간보다 앞선 프로소디의 기원'을 이야기한다. 인간과 다른 동물들 모두 그 주형鑄型은 태내에서부터 준비되어 있다. 인간은 세상에 나오기 직전까지 어머니의 심장박동, 음성 톤, 걸음걸이의 속도와 패턴을 들어왔다. 어머니의 음성 톤에서 의미를 감지하는 능력은 출생 때 이미 갖춰져 있다(대다수의 새는 새끼가 알껍질에 깨알만한 구멍을 뚫자마자 그에게 지저귀기 시작한다). 여러 문화에서 거의 모든 악기는 200~900헤르츠의 소리를 내는데, 이는 어른 여자 음성의 주파수 대역이다. 우연의 일치가 아니다.

더 명백하게 말해야 할 때는 가사가 그것을 담당한다. 하지만 포르투갈어를 모른다고 해서 브라질풍의 보사노바bossa nova 가수가 부르는 노래를 들으면서 감응하지 못할까? 또는 이해하지 못하는 가사를 읊는 종교 송가나 월드뮤직을 듣고, 또는 알아듣지도 못할 언어로 노래하는 오페라나 로큰롤을 듣고, 가사가 이해되지 않는다고 감동받지 않을 사람이 있는가? 다른 언어로 노래하는 것은 가장 순수한 프로소디를 체험하게 해 준다. 가사를 알아듣지 못하기 때문에 전적으로 음성의 소리와 리듬 패턴에만 반응하는 것이다. 때로는 가사의 언어적 의미를 언어 장벽의 저편에 남겨두는 것이 그 음성이 보내는 음악을 정화시킨다고도 할 수 있다. 가사가 제일 중요한 요소라면 그냥 시 낭송을 들으면 된다. 아니면 그냥 대사를 읽거

나. 하지만 그렇지 않다. 소리가 중요하다.

어떤 의미에서 음악은 우리 삶의 어조와 리듬을 추출하여 순수하게 감정을 도발하는 청각적 자극의 묶음을 만들어 우리에게 돌려준다. 음악을 듣는 것은 우리 두뇌의 화학적 성분을 변화시켜, 예를 들면 노에피네프린norepinephrine(노르아드레날린이라고도 한다. 부신수질에서 분비되며 스트레스를 느낄 때 분비되는 호르몬 — 옮긴이) 수치 및 그와 연관된 행복감을 높여준다. '음악성'musicality이란 그 음악의 소리가 감정을 얼마나 잘 포착하고 전달하고 자극하느냐를 무의식적으로 가리키는 단어다. 하지만 음악의 감정적 내용이 청자에게 얼마나 많이 전달되느냐 하는 것은 청자가 음악의 프로소디에, 그 톤과 리듬적 성질에 얼마나 문화적으로 친숙하냐에 조금은 의존한다. 인간이 지닌 음악적 프로소디는 일부는 보편적이지만 일부는 문화적이다. 어떤 주어진 문화에서 악기는 흔히 그 언어의 톤 성질을 반영한다. 동양 악기가 탕twang하고 울리는 소리나 미국의 컨트리 뮤직과 웨스턴 뮤직에서 쓰는 페달 달린 스틸 기타의 느릿느릿하게 질질 끄는 연주drawl를 생각해 보라.

다른 동물들은 왜 인간의 음악에 공감하지 않을까? 인간의 노력이 부족하기 때문은 아니다. 가령 연구자들은 "바흐의 오르간을 위한 〈토카타와 푸가 D단조〉와 스트라빈스키의 오케스트라 버전 〈봄의 제전〉을 구별하도록 훈련받은 비둘기는 결국 두 작품을 구별할 수 있었지만, 학습 속도는 느렸고 고급 연주 수준에는 이르지 못했다"라고 말한다.

일부 동물은 음악에 공감한다. 내 친구인 대럴Darrel은 자신이 기르는 거북이가 "멕시코 음악을 아주 좋아"하며, 그 음악을 틀어 놓으면 여기저기 돌아다닌다고 말한다. 내가 키우는 초록빰앵무새인 로즈버드는 강한 비트의 음악을 들을 때, 특히 내가 타악기 장난감을 꺼내오면 신나게 춤추기 시작한다. 인터넷에는 유황색의 가슴털을 가진 코커투cockatoo인 스노우볼 같이 춤추는 앵무새의 동영상이 잔뜩 올라와 있다.

하지만 솔직히 말하자면, 다른 많은 동물들은 우리 음악을 들려주어도 무관심함과 짜증스러움의 중간쯤에 해당하는 반응을 보인다. 두 종류의 원숭이에게 여러 가지 음악 중에 선택하라고 하니 빠른 것보다는 느린 음악을 좋아했고, 로큰롤보다는 모차르트의 음악을 좋아했다. 하지만 다양한 종류의 음악과 음악이 없는 것 중에서 선택하라면 그들은 없는 쪽을 선호했다.

그러나 이것은 그들이 인간의 음악을 들어야 했기 때문으로 보인다. 인간의 음악은 인간의 특징에 상응하는 음향과 리듬을 들려준다. 타마린원숭이에게 차분한 인간의 음악과 선동적인 인간의 음악을 들려주었더니 둘 중 어느 음악을 들어도 차분해졌다. 인간을 흥분시키는 '빠른' 음악은 원숭이를 안정시키는 심장박동에 들어맞는 비트를 갖고 있었다. 인간은 그것이 활력을 준다고 느끼지만 타마린원숭이가 듣기에는 흥분할 요소가 전혀 없었다.

인간의 음악이 인간에게 호소력을 가지는 부분을 통역하여 원숭이의 음악으로 만든다면 어떨까? 글쎄, 연구자들은 그런 일도 해 보았다.

그들은 솜머리타마린원숭이cotton-top tamarin monkey의 음성 주파수 대역, 속도, 음정 변화와 심장박동 수를 조사했다[73](예를 들면 거의 모든 인간 음악이 200~900헤르츠에 자리 잡고 있는 데 비해 타마린원숭이의 위협성 외침은 1,600~2,000헤르츠에 위치한다). 그런 다음 연구자들은 그 범위 내에서 음악을 만들었다. 그들은 타마린원숭이의 호출 소리를 모방하지 않았고, 인간의 음악 기술을 사용했다. 그러니까 대위법 선율이라든가 화음의 종결로 한 프레이즈를 끝맺는다거나, A-B-A 같은 구조를 적용했다는 말이다. 그렇게 하여 원숭이들을 차분하게 만들 음악과 흥분시킬 음악을 만들었다. 그리고 첼로로 그 음악을 연주했다. 세계 최초의 타마린 음악이었다. 원숭이들은 작곡가들의 의도대로 그 음악에 반응했다. 차분해지는 원숭이 음악을 들은 뒤 그들은 덜 움직이고 더 많이 먹었다. 흥분시키는 음악을 들은 뒤에는 일어나 앉아서 주의력이 높아지는 경향을 보였다.

원숭이를 위해 작곡된 음악은 의도된 감정 반응을 불러일으키는 것처럼 보였다(연구자들은 지적했다. "타마린 음악을 들은 우리나 다른 사람들은 그것이 특별히 듣기 좋다고는 생각하지 않았는데, 아마 타마린원숭이들이 인간의 음악에 보이는 반응도 이와 비슷하지 않을까 짐작된다"). 음향은 분노, 공포, 기쁨, 애정, 슬픔, 흥분 같은 감정 및 이런 감정의 다양한 정도를 전달할 수 있다. 음악은 이런 감정을 포착하고 전달할 수 있다. 연구자들은 "음악은 이제껏 알려진 감정 소통 방식 가운데 최고에 속한다"라고 지적했다.[74] 음악에 담긴 감정은 당신 자신의 감정에 영향을 준다. 신나는 음악은 당신을 신나게 만든다. 이것은 '감정적 전염'의 또 다른 사례다. 실제로 음악은 감정적 전염에 의존하는데, 그런 전염은 감정적 결합emotional match을 자극할 수 있는 인간 두뇌의 능력에서 나오는 현상이다. 감정적 결합을 이루는 능력을 한마디로 하면 공감이다. 음악을 느껴 보라.

마음을 사로잡는 울음소리가 희박한 공기 속으로 사라진 뒤 늑대들은 조금 더 먹고, 펄쩍펄쩍 뛰면서 놀았다. 그러다가 또 한번 식곤증이 몰려왔다. 코요테 두 마리가 먹이 잔해로 왔지만, 뼈 무더기에서 10미터도 안 되는 눈 위에 누워 있던 늑대들은 배가 부른 나머지 신경도 쓰지 않았다. 그들은 그 다음날과 밤까지 내내 먹고 잘 것이다. 나는 그들이 늑대의 꿈을 꾸도록 내버려둔다. 목소리는 왔다가 간다. 노래는 남아 있다. 하지만 노래 역시 조용해질 수 있다.

새벽 기온은 섭씨 영하 19.2도였다. 또 하루, 겨울 같은 봄날이 시작된다. 또 한번 요정 같은 눈가루가 라마르 계곡에 내려앉았다. 정적. 고요.

나는 혼자 있다. 이 철벽같은 추위 속에서 나 혼자 힘으로 늑대를 찾아보겠다고 결심했다. 나는 계곡의 먼 사면을 망원경으로 훑어보면서 늑대를 보지 않음으로써 늑대를 찾는다. 새로 눈이 내린 곳 어딘가에 어느 무리의 흔적이 없는지 찾고 있다. 갈까마귀가 모여든다거나 하는 흔적 말이다.

매클로플린이 도착한다.

내가 그보다 먼저 뭔가 좋은 걸 찾아내려는 욕심에 나는 어느 눈밭 한곳을 쭉 훑어내리고 있는데, 그가 말한다. "찾았다."

젠장.

나무 위 멀리 있는 눈 덮인 능선 위로 늑대 한 마리가 걷는다. 내 눈은 활강하는 대머리 독수리를 따라가서 눈 덮인 사면으로 내려간다. 그 사면의 발가락쯤 되는 부분이 넓은 계곡 바닥과 만나는 지점에서 나는 어지러운 늑대 궤적을 발견한다. 또 털과 피가 넓게 묻은 곳과 갈까마귀도 발견한다. 그 뒤 아래쪽에 아주 약간 솟아오른 무언가가 방금 내려앉은 독수리의 머리가 뭔가를 열심히 끌어당기는 모습을 본다. 그러니 시체의 본체는 여기 있었군. 시야를 막 벗어난 곳에.

그곳에서 곧바로 사면을 올라간 곳 미루나무가 지붕처럼 덮인 곳에 자리한 커다란 나무 둥지에 그 독수리의 짝이 이미 알을 품고 있었는데, 매클로플린은 이것도 알려주었다. 나는 봄과 겨울이 이처럼 강력하게 충돌하는 곳에 와 본 적이 없었다. 코요테 한 마리가 종종걸음으로 들어와서 독수리가 뜯기 시작한 시체 토막을 뜯어먹기 시작한다.

이제 전부 아홉 마리, 검은색 네 마리, 회색 다섯 마리인 라마르 무리가 막 숲속에서 나와 긴 사면을 따라 내려가기 시작한다. 눈 위에 새로 길을 만들면서 털과 피가 흩어진 장소를 지나, 마치 잠깐 샐러드바에 다시 들러보려는 것처럼 사체를 향해 느리게 걷는다. 지도자격인 자매는 왼쪽에 서서 어느 모로 보든 알파 행세를 하고 있다. 그녀보다 더 서열이 낮은 한 배에서 나온 자매인 미들 그레이는 그녀 옆에서 걸어간다. 그들은 지금 당장은 서로에게 평화로운 관계로 보인다.

잔해를 뜯고 있던 코요테는 늑대들의 우월한 자신감을 감지한다. 자신들의 핵심 영토에 모여 있고 배불리 먹었으며 따뜻한 털가죽으로 감싸인 그들은 주도권을 쥐고 있고 본질적으로 건드릴 수 없는 존재다.

뒤쪽의 작은 경사면에서 늑대 한 마리가 엘크의 벌건 흉통과 척추를 눈에 보이도록 끌고 나왔다. 머리는 없었다. 다른 늑대 한 마리는 커다란 가죽 조각을 끌어당긴다. 다른 늑대는 갈비뼈를 낱낱이 뜯어먹거나 다리뼈를 찾아내어 주저앉아서 만족스럽게 씹는다. 이 늑대들에게 필요한 양은 매주 엘크 세 마리 정도다. 배가 잔뜩 부른 늑대들로부터 1.6킬로미터도 채 안 되는 곳에 엘크 세 마리가 그 강의 버드나무가 다시 자라난 둑 위에서 평화롭게 풀을 뜯고 있는 것이 보인다.

늑대들이 식사를 하고 또다시 식사를 한 뒤, 1세 어린 것들은 집에 있는 우리 개들과 똑같이 술래잡기나 이빨 자랑bitey-face(으르렁대기 놀이 — 옮긴이)을 한다. 우리 생각으로는 늑대가 현실에서 그만큼 큰 동물을 사냥하고 대규모의 전투를 치렀으니 자신들끼리 소소한 손장난을 할 필요가 없지 않을까 싶은데. 하지만 오로지 일만 하고 놀지 않을 수는 없는 법……. 늑대에게도 삶의 균형이 필요한 모양이다.

장난을 친 뒤 그들은 몇 미터 떨어진 곳으로 옮기더니 털뭉치처럼 아무렇게나 흩어져서 해변에 있기라도 한 듯 큰대자로 드러눕는다. 눈 위에 누워 있으면서도 웅크리거나 체온을 아끼려는 시도는 전혀 없다. 조신하지 못하고 살찐 늑대들. 그들은 춥지도 배고프지도 않다. 그들과 나의 한 가지 차이점이 그것이다.

미들 그레이가 잠에서 깬다. 그녀는 성품이 다정하고 새끼들을 사랑하는 3세 늑대다. 그녀가 서열이 낮은 것은 독재적인 그녀의 언니, 820번을 봐주지 않던 바로 그 자매 때문이다. 미들그레이가 언덕 위로 사라진다.

"그녀가 820번을 찾는 걸까?" 라이먼은 큰 소리로 물으며 궁금해한다.

약 2시간 뒤 무리의 나머지 멤버들도 일어나서 기지개를 켜고 소변을 본다. 그들은 대열을 갖추고 꼬리를 흔들며 얼굴을 핥아준다. 잠시 동안 풀쩍풀쩍 뛰어오르며 놀기도 한다. 그 다음 몇 분 동안 모두 길게 울음소리를 낸다. 그리고는 모두 휴식한다. 1시간 뒤, 매킨타이어는 820번에게서 오는 강한 신호를 받는다. 그녀는 그 사면에서 자고 있는 늑대들과 같은 노선에 있다. 그들에게 접근하는 걸까? 분명히 충돌이 생길 텐데.

그녀의 숙적인 자매는 계속 잠들어 있다. 조금 지난 뒤, 820번이 나머지로부터 어느 정도 거리를 둔 채 그 자리에 머무는 게 분명해진다.

"그런데 755번은 어디 있는 건가?" 라이먼은 알고 싶다. 755번은 신호를 보내지 않는다. 어제부터 소식이 없다.

"그는 겁을 낼 이유가 충분해요." 매클로플린이 말한다. 그들은 망원경에서 눈을 떼지 않는 채, 820번이 조금이라도 보이는지 찾으면서 말하고 있다.

"그래요." 라이먼은 잠정적으로 동의한다. "하지만 저 수컷들이 정말로 그를 죽이고 싶어하나요? 그랬다면 지난번에 해치웠을 텐데요."

늦은 오전, 폭설이 내린다. 아무도 움직이지 않는다.

좀 전에 누군가가 콘플루언스의 버드나무 사이에서 회색 그리즐리 곰이 움직이는 것을 보았다. 아무 것도 안 하고 있으니 차라리 눈보라 속에서 움직이는 게 나으니까, 우리는 그곳으로 3~4킬로미터 움직였다. 그곳은 수양버들이 길게 늘어선 소다뷰트크릭의 물길들이 라마르 강으로 흘러들어가는 지점이었다.

3월의 물속에서 수달이 눈보라를 뚫고 상류로 헤엄치고 있었다.

곰은 눈을 뚫고 삐져나온 오래된 엘크 뼈대 근처로 왔다. 봄이 되어 동면에서 깨어났지만 아직 겨울 같은 날씨이니, 곰은 아마 밤새도록 척수를 깨뜨려 해골의 얼어붙은 골수를 빨아먹었을 것이다. 이곳에서 겨울에 죽은 시체는 몇 주일이 지나도 신선도를 유지하여 많은 동물에게 먹이가 되어준다. 늑대, 코요테, 여우, 갈까마귀, 독수리, 까치…… 삶은 죽음에 의존한다. 늑대가 거두고 늑대가 뿌린다.

우리가 방금 떠나온 그곳에서 잠자고 있던 검은 라마르 무리의 늑대 한 마리가…… 여기 있다! 뭐라고? 그 무리는 무슨 수를 썼는지 눈 속에서 우리보다 먼저 이동해 왔다. 우리는 그들을 그곳에 남겨두고 운전해 왔다고 생각했는데. 그들은 이미 여기 있다. 마술 같다.

심하게 빗겨 들이치는 눈 속에서 그들은 거의 공중부양한 것처럼 길을 간다. 그 어느 때보다 더 우리와 가까운 위치에 있다. 그들과의 거리는 고작 90미터밖에 안 된다. 후두 무리 출신의 수컷인 톨 그레이가 수양버들 덤불을 따라 속보로 가는 것이 쌍안경으로 보인다. 그는 호박색 눈으로 나를 똑바로 쳐다본다. 하지만 아무런 흥미도 보이지 않고, 눈길은 고정되어 있지 않다.

얼어붙은 뼈에 킁킁대며 냄새를 맡은 뒤, 그들은 모두 눈보라 속에서 만족스럽게 퍼져 눕는다. 우리 집의 양탄자 위에서 출라와 주드가 아늑하게 누워 있는 것 같다. 늑대에게서 나를 무섭게 하는 부분은 그들의 편안한 태도다. 그것과 대비되면 나의 허약함이 너무나 극명하게 부각된다.

안개와 더 심하게, 거의 수평으로 들이닥치는 눈보라가 잠깐 동안 마치 무대의 장막처럼 내려덮인다. 그 장막이 걷히자 늑대들은 모두 시야에서 유령처럼 사라졌다.

오후 3시 30분에 나는 더 이상 라마르 계곡에 있지 않다. 멀리서 보이지 않는 늑대 두 마리가 허공을 사이에 두고 주거니 받거니 하며 울부짖었다. 울부짖음은 약간 희미해졌다가 또 약간 강해진다. 이 늑대들은 이동 중이다. 누구일까? 음향의 연기 신호처럼 긴 울음이 시간 간격을 두고 계속 허공에 솟아오른다. 그 메시지를 우리는 아직 판독하지 못한다.

울창하게 수풀이 우거진 사면의 작은 공터를 가로지르는 검은 늑대가 흘낏 보인다. 갈기털이 없고 여위어 보인다. 이 늑대는 2세가 채 안 되었다. 하지만 우리가 알 수 있는 것은 그것뿐이다. 이 늑대는 그를 따라가는 것처럼 보이는 다른 호출자로부터 멀어지고 있다.

망원경에서 눈을 떼고 나는 움직이는 검은 점, 능선 위로 사라지는 늑대를 지켜본다. 우리는 산의 반대편 사면이 보이는 곳으로 3.2킬로미터쯤 운전해 가서, 기온이 내려가는 동안 그 검은 점이 다시 나타나기를 고대하면서 기다린다.

2시간 뒤에도 우리는 여전히 기다리고 있고, 이제 그 같은 늑대들의 간헐적이고 약해진 울음소리를 가끔씩 듣고 있다. 그들이 오고 있다.

처음 본 지 4시간 째. 가끔씩 울음소리가 교환된다. 더 이상 눈에 보이는 것은 없다. 우리가 본 그 검은 늑대가 여전히 길을 가고 있고 길게 우는 소리를 들을 수 있다.

저기 검은 늑대가 다시 나타났다!

그리고 검은 여행자로부터 적어도 1.6킬로미터는 떨어져 있지만 지금 갑자기 훤히 잘 보이는 언덕에서 이상한 외침이 솟아오른다. 부분적으로는 긴 울음이고 또 부분적으로는 비탄이다. 길고 고통스럽고 갈망하는 음향의 혼합물이다. 고통스럽다는 말. 그 외침의 주체가 느끼는 감정이 그것인가?

저기 위쪽에…… 홀로 있는 회색 늑대가 우리 위의 스카이라인 위로 걸어올라, 계곡 아래를 굽어본다. 조금 전에 나타났다가 사라진 검은 늑대가 어디 있는지 찾는 것이다. 계속 울음소리를 내지만 보이지 않는 검은 늑대는 회색 늑대로부터 계속 멀어지고 있다.

나는 회색 늑대를 올려다본다. 그는 이쪽 저쪽을 보면서 집 잃은 개처럼 우유부단한 태도를 보인다. 회색 늑대는 마침내 돌아서기로 결정하고, 속보로 그것이 홀연히 나타났던 능선 뒤로, 자기가 왔던 곳으로 돌아간다.

"저 검은 늑대는 분명히 제트 블랙일 겁니다." 라이먼이 말한다. 정선 뷰트 무리에 속하는 젊은 암컷이다.

"저 회색은 분명히 755번입니다." 그것이 매클로플린 의견이다.

긴 침묵이 가라앉는 것 같았다. 그런데도 내가 아직 그의 소리를 듣고 있는 걸까 아니면 내 귀가 장난을 치는 걸까? 그의 애절한 울부짖음이 내 머리에 들어와 박힌 것 같고, 미풍이 불 때마다 계속 그 소리가 거의 들리는 것 같다.

동료들은 머리를 흔든다. 내가 듣고 있는 소리를 그들은 듣고 있지 않았다.

매킨타이어가 부른다. 755번의 신호가 들어오고 있다. 정션 무리에서 멀지 않은 곳이다. 또 820번의 신호도 들어오고 있다. 아버지로부터 멀지 않은 슬라우Slough(진구렁이라는 뜻의 옐로스톤 내의 지명 — 옮긴이)에 있다.

그가 뒤돌아선 것은 그 때문인가?

황혼이 덮여 이 질문들은 허공에 그대로 남는다.

사냥꾼의 외로운 마음

매킨타이어의 무선은 755번이 라마르 계곡 서쪽 멀리, 이곳에서 약 11킬로미터 떨어진 지점에서 탐지되었다고 알려준다. 우리는 간다. 낮은 언덕으로 걸어가니 755번이 눈 위에 새로 남긴 흔적을 바로 우리 주위에서 발견된다. 우리 중 몇몇은 깊고 울림이 풍부한 긴 울음소리를 동쪽의 수풀이 우거진 언덕에서 들은 적이 있다고 생각한다. 난 확신할 수 없다.

그러다 정선 뷰트 무리에 속하는 또 다른 늑대 한 마리가 안개로 일부분을 에워싼 산에서 대답하는 것처럼 울어댄다.

이제 우리는 망원경으로 정선 뷰트 무리의 늑대 여러 마리를 볼 수 있다. 그들은 1.6킬로미터가량 떨어진 키 큰 나무로 우거진 능선의 눈밭을 따라 오고 있다. 정선 무리의 두 알파, 수컷인 퍼프와 눈에 띄게 발을 절름거리는 배우자인 래기드 테일은 회색 두 마리와 검은 늑대 세 마리를 이끌고, 밝은 햇살 속에서 갓 내린 가루눈 위에 새 길을 내면서, 폭포처럼 생긴 벤치라 불리는 계단식 지형을 내려오고 있다. "그는 좋은 지도자예요." 여전히 망원경에 눈을 바싹 붙인 채 매킨타이어가 말한다. "그는 무리의 선두에 나서서 전진하기를 좋아하지요."

어느 한 벤치의 절벽 높이, 광활한 세이지 평원과 바이슨이 점점이 흩어져 있고 굽이쳐 흐르는 크리스털 크릭Crystal Creek의 강둑을 굽어보는 곳에서, 정선 무리의 늑대들은 자신들의 위치를 감탄하는 듯한 자세로 앉아 있다.

머리를 뒤로 치켜들고, 넓은 하늘을 향해 1분이나 지속되는 합창을, 원초 세계의 아침 같은 소리인 합창을 부른다. 그들 삶의 주인이며 그들을 유지해 주는 장소의 지킴이들이다. 진정한 최초의 원주민들First Nations(퍼스트 네이션은 캐나다 원주민을 통칭하는 말. 에스키모인 이누이트나 원주민과 백인의 혼혈인 메티스와는 다른 종족으로 아메리카 인디언도, 애보리지니도 아닌 그 지역의 원래 주인, 북미대륙에 최초로 들어온 종족이라는 의미에서 퍼스트 네이션이라 불리기를 원하며, 634개 부족의 대표자들로 의회를 구성하여 캐나다 정부와의 협상에 응한다. 흔히 미국 북서부의 원주민들도 이 이름을 쓰곤 한다 ─ 옮긴이)이다. 1시간 이상 그들은 숲속에서 나왔다 들어가며, 길 가다가 길게 울기를 교대로 계속했다. 때로는 둘 다 한꺼번에 하기도 한다. 넓은 지형 속으로 그들은 계속 더 낮은 곳으로 내려와서 잠시 멈추어 길게 울다가 훤히 트인 눈밭을 가로질러 내려가고, 다시 울다가 키 큰 샐비어의 미로 속으로 들어가더니…… 사라졌다.

우리도 물론 소지품을 챙기고 떠난다. 약 1.6킬로미터 떨어진, 그들이 틀림없이 다시 나타날 만한 곳에서 그들을 기다릴 것이다. 한편으로는 내가 너무나 추웠기 때문에, 또 한편으로는 그들이 보이지 않기 때문에, 나는 그들을 계속 보고 또 보려는 우리의 고집스러운 결심에 대해 의문을 품는다. 우리는 왜 늑대를 보고, 소리가 들리면 그냥 반가워하는 정도가 아니라 땡잡았다고까지 말하는가? 그들이 다음에 어디 있을지가 왜 우리에게 신비하게 여겨지고 흥미를 끌까? 매일매일 이 일은 더 특별해졌다. 뭔가 진정한 것이, 뭔가 진짜가 여기 있다. 뭔가 깊이 입증되고 더 건전하고, 더 영속적인 것이 있다. 그들은 그들 자신에 대한 일종의 믿음을 갖고 산다. 그들은 버텨왔다. 그래서 나는 그 다음 그들을 목격할 수 있는 곳에서 기다리는 데 합류한다. 라이먼은 우리가 이 일을 계속하는 이유가 늑대들이 어떤 일을 하기 때문이라고 말한다. 늑대들이 아무 일도 하지 않을 때 우리는 그들이 다음에 무슨 일을 할지 알고 싶어한다. 그녀는 덧붙인다. "누군가가 제게, '저기, 바로 길 저 아래쪽에 그리즐리 곰이 있어요!'라고 말하면 제가 알고 싶은 것은 오로지, '늑대도 함께 있나요?'라는 것뿐입니다."

바이슨과 큰뿔 사슴을 우리는 본다see. 하지만 늑대는 지켜본다watch. 바이슨과 큰뿔 사슴도 늑대를 지켜본다. 우리가 늑대를 지켜보고 있지 않을 때는 지켜볼 늑대가 올 때까지 기다린다. 라이먼이 말했다. "제가 초등학교 교사였을 때, 저는 아이들을 지켜보는 걸 아주 좋아했어요. 그들이 모두 어떻게 적응하는지를 지켜봤어요. 어떤 아이는 모래상자를 좋아하고 어떤 아이는 서로를 쫓아다니기를 좋아해요. 저는 그들이 해가 가면서 발전하는 걸 지켜보았어요. 저는 늑대도 그런 방식으로 바라봅니다. 어떤 면에서는 같은 일이에요. 우리가 따라다니는 것은 늑대만이 아닙니다. 그건 늑대의 이야기예요."

긴 울음은 끊어졌다 이어졌다 하면서 계속되고, 늑대들은 자신들의 이야기를 말하고 있다.

갑자기, 동쪽에서 — 우리 뒤쪽 — 수정처럼 맑은 공기를 뚫고 정선 무리의 합창보다 더 울림이 크고 더 구슬픈 대답이 들려온다. 755번이다. 우리는 그가 보이지 않는다. 그렇지만 그의 소리는 얼마나 개성 있고 독특한가!

늑대에게는 언어가 없을지도 모른다. 그들에게 있는 것은 인지, 동기, 감정, 심상, 그들이 다니는 지형의 마음속 지도, 그들 공동체의 출석부, 기억과 학습된 기술의 저장고, 의미가 각각의 정의로 부착되어 있는 냄새의 목록이다. 개에게서 보이듯이, 그것은 평생 누가 누구이고 무엇이 어디 있는지 이해하기에 충분하고도 남는다.

1시간이 넘도록 그들은 대화를 주고받으며, 차례로 또는 말을 겹치기도 하면서 계속 이어갔다. 인간은 음악을 연주하고 때로는 오랜 시간 즉흥 연주를 이어가기도 한다. 나도 그렇게 해 본 적이 있다. 그건 아주 사회적인 경험이었다. 전체 부족이 소집된다. 청중이 모여든다. 그것에서 우리는 많은 걸 얻어내야 한다. 그 경험은 서로에게 또 그 자리에 있으면서 연주를 듣는 자들에게 소리를 보내기 위해 연주자들이 들인 시간에 값할 만한 가치가 있기 때문이다. 거기에는 일종의 이야기가 있다. 언어는 없지만 삶으로 가득하다.

755번의 목소리는 덩치 크고 길게 우는 늑대가 가졌으리라고 상상하던 바로 그 바리톤 음성이다. 너무나 독특하여 내일도, 또 그 다음날도 나는 그의 목소리를 쉽게 알아들을 것이다. 그의 노래에서 최근에 그가 겪은 비극이 들린다. 하지만 다른 늑대들도 그의 페이소스를 들을까? 내가 내 감정을 투사하는 걸까? 아니면 그가 그렇게 하는 걸까?

755번은 계속 모습을 보이지 않고, 울창한 숲속에서 경사진 나무 그림자가 드리워지고 육중한 바윗덩이가 박힌 사면에서 울음소리만 들린다. 망원경을 통해 우리는 그런 그림자를 세밀하게 조사한다. 내 조사에서는 소득이 없었지만 라이먼이 말한다. "찾았다."

라이먼의 거의 초자연적인 시력은 그녀의 능숙한 설명 능력보다 더 뛰어나다. "저 바위 왼쪽에 있는 큰 나무 곁에"라는 그녀의 말을 들어도 큰 나무와 바윗덩이가 삐죽삐죽한 전체 산 사면에서 수색 범위를 어디로 좁혀야 하는지 아는 데 별 도움이 되지 않는다. 그냥 그녀의 망원경을 들여다보는 편이 더 쉽다. 그래서 나는 그녀 쪽으로 가서 보았다.

어느 소나무 가지 아래 한줄기 햇빛이 비치는 곳에 바위가 하나 있는 것이 보인다. 그리고 은빛으로 변한 털 한 줌도 보인다. 그리고 거기에서 755번이 갑자기 실체화된다. 현관 문 앞에 웅크리고 있는 강아지처럼 바위 위에서 앞발로 턱을 고이고 웅크리고 앉아 쉬고 있는 그를 내 눈으로 잠시 보아야만 그릴 수 있는 것처럼 말이다. 기다리는 걸까? 생각을? 결정을? 몇몇 동료를?

"도대체 당신은 어떻게 그를 본 겁니까?"

"모르지요. 그냥 털이 보였어요."

755번은 그 큰 바윗덩이 위에 똑바로 올라앉는다. 그는 그곳에 마치 털이 복슬복슬한 개처럼 한 줄기 햇빛 속에 자리 잡고 앉아 있으면서, 울어대는 정선 무리들을 향해 계곡을 건너다본다.

그는 태어날 때는 검은색이었지만, 중년을 지나면서 회색으로 변하고 있어서, 어떤 각도에서 보든 두 가지 색으로 보인다. 특이하게

늑대 755번. 그의 형과 배우자가 살해되자 그의 인생이 뒤바뀌었다.

두 가지 색으로 된 얼굴이다. 이마, 귀, 주둥이는 검은색인데, 아래 턱에서 양쪽 뺨의 갈기까지는 옅은 회색이어서 대조를 이룬다. 어깨털은 검은색이며 꼬리도 검은색이지만 옆구리는 크림색 빛이다. 아주 특이한 늑대다. 그는 머리를 뒤로 치켜든다. 그의 긴 울음소리가 내 귀에 들리기까지는 1~2초가 걸린다. 그러니 그는 여기서 약 500~600미터 정도의 거리에 있다.

그는 내 망원경을 똑바로 본다. 사람들은 내게 늑대는 당신을 똑바로 쳐다본다고 말했다. 하지만 내가 무얼 깨달았는지 여러분은 아는가? 그건 늑대가 우리에게 관심이 없다는 점이다. 인간은 항상 자신이 누군가의 눈에 제일 중요한 존재가 아니라는 사실을 받아들이기 힘들어한다. 그에게 나는 똑바로 쳐다볼 만큼 중요한 존재가 아니다. 그는 나를 보지만 그대로 스쳐간다. 그의 노란 눈은 그냥 잠시 나를 감지하기만 한다. "인간이군." 어부가 쓸모없는 물건을 내버리면서 말하는 것 같다. "먹지 못하는 물건이야."

정션 무리의 암컷인 제트 블랙은 가면서 길게 울고, 샐비어 평원 쪽으로 이동하여 개울의 깎아지른 둑을 건너 수양버들 속으로 들어간다. 이것은 755번이 어제 따라다녔지만, 이제는 그로부터 멀어지고 있던 바로 그 늑대였다.

이제 정션 무리는 모두 계곡 바닥으로 이동하여, 그들의 알파 커플인 래기드 테일과 퍼프와 함께 어울려 수양버들 숲을 들락날락하고 종종 울음소리를 내기도 하면서 길을 간다.

755번은 정션 무리가 간헐적으로 내는 호출소리에 계속 경계 태세를 보이며, 머리를 조금 돌렸다가 삼각측량을 하듯 계곡 안에서 그들이 정확하게 어디로 움직이는지 주시하는 눈길을 놓치지 않는다.

그는 머리 각도를 다시 맞추어 마치 내 망원경을 정면에서 들여다보는 것 같다. 그를 계속 바라보면서 눈길을 돌리지 않다보니 — 저 눈, 저 얼굴 — 바람 때문에 눈물이 난다. 눈물을 닦으러 잠시 눈을 돌렸다가 다시 망원경으로 들여다보았더니 아무도 없는 빈 바위뿐이었다. 755번은 사라졌다.

홀연히, 믿을 수 없게도, 그는 우리가 서 있는 바로 이 낮은 능선을 가로질러, 우리 왼쪽으로 고작 180미터 떨어진 곳에서 산보하듯 오고 있다. 나는 몸을 돌려 내 망원경 렌즈 정중앙으로 그를 포착해 측면으로 빛을 받는 그의 모습을 연속 촬영했다. 앞쪽에 주의를 집중하고 있고, 내가 본 다른 어떤 늑대와도 다른 두 색깔로 된 얼굴이었다. 샐비어 덤불을 뚫고 긴 다리를 느긋하게 움직여 큰 보폭으로 신속하게 달려오는 그는 제트 블랙을 가리고 있는 수양버들을 향해 똑바로 오고 있었다. 우리가 있는 언덕에서는 그와 그녀와 정션 무리 모두를 볼 수 있었다. 하지만 계곡 바닥에 있는 그의 각도에서는 그들이 크리크 강둑 너머에 있기 때문에 시야에 들어오지 않는다.

퍼프의 몸이 딱딱하게 굳어지더니 나가서 그에게 접근한다. '퍼프'는 우스운 이름이지만 그는 생존자이고, 라이먼의 말에 의하면 "몸집 크기에 비해 대담한 늑대"였다. 갑자기 퍼프가 빠르고 강하게 달려 샐비어 덤불로 공격해 들어간다. 755번은 샐비어 속에서 튀어나와 훤히 열린 공터로 나온다. 퍼프가 딸 제트 블랙을 따라가는 모습이 마치 그녀를 야단치려는 것 같다. 이제 그는 추적을 멈춘다.

정션 무리의 1세 어린 것들은 함께 대열을 갖추고 서서, 꼬리를 흔들고 코와 몸뚱이를 서로 비빈다. 어른들이 하는 행동이 그들을 불안하게 하는가?

그것은 나를 불안하게 한다.

755번은 그들이 있는 방향으로 곧바로 달려간다. 그는 접촉을 해보기로 굳게 마음먹은 것 같다. 그는 샐비어 덤불 속 깊숙이 몸을 낮춘다. 정선 무리들은 그가 어디 있는지 모르는 것처럼 둘러본다.

래기드 테일의 부숭부숭한 꼬리가 갑자기 그녀 뒤에서 치켜 올라간다. 그를 본 것이다.

755번은 갑자기 몸을 기울인다. 그는 큰 위험을 감수하고 있다. 아니면 그가 자신의 불리함을 알고 있는지도 모른다. 그는 아마 정선 무리와 아는 사이일 가능성이 크다. 퍼프는 좀처럼 싸우지 않는 늑대로 유명하다(그가 아직 살아 있는 이유가 그것일지도 모른다). 그렇기는 해도 755번은 조심해야 할 이유가 있다. 하지만 그는 구애하기로 작정한 것으로 보인다. 그는 배우자가 필요해 여기 온 것이다. 그는 자신이 원하는 상대가 누구인지 안다. 그는 매혹과 공포 사이에서 갈등하는 것 같다. 논리적으로도 그럴 것이다. 설사 퍼프가 아주 공격적인 늑대는 아닐지라도 755번은 안심할 이유가 없다. 그는 수적으로도 불리하고 다칠 여지가 많다.

매킨타이어가 언급한다. "만약 당신이 높은 수준의 사회적 지능을 가진 수컷이라면, 복종의 태도를 보여줌으로써 한 무리에 받아들여질 수도 있어요. 아니면 다 큰 딸을 꾀어낼 수도 있어요. 이런 일이 일어나곤 합니다." 또 덧붙인다. "그러니 늑대와 당신이 인간의 행동에 대해 이미 알고 있는 것들 사이에는 비슷한 점이 많아요."

여러 해 전에 드루이드피크 무리와 슬라우 무리Slough peak가 숙적이던 시절에, 드루이드피크 무리의 수컷 한 마리가 슬라우 무리의 새끼 늑대 전부와 친해졌다. 그러다가 어른 암컷들과도 모두 친해 졌다. 매킨타이어가 말한다. "그렇게 되기까지 시간이 좀 걸렸지요. 하지만 그는 큰 수컷들과는 거리를 두었어요. 큰 수컷이 가까이 오면 그는, 말하자면 꼬리를 말고 걸어가서 자신이 전혀 위협할 의사가 없음을 보여주고 뒤로 물러났어요." 나중에 알파 수컷이 접근하자 "그는 주저앉더니 등을 대고 구르고, 큰 수컷의 얼굴을 핥더군요." 그리고 그 동작이 효과가 있었다. "다르게 행동했더라면 그는 아마 죽었을 거예요."

늑대에게 멀리 내다보는 사회적 전략이 있을 수 있다고 생각하는 것은 아니다. 매킨타이어는 인정한다. "하지만 실제로 그들을 매일 같이, 한 해 또 한 해 지켜보고 있다 보면 그들에게 전략이 있을 수 있다는 것이 그들 행동에 대한 가장 적절한 설명이라는 생각이 듭니다. 때로 그들이 전략을 갖고 있고, 어떤 의미에서는 개별적인 개성들이 그 기량을 어떻게 발휘하는지에 따라 그 결과가 달라진다고 설명할 수 있다는 거예요."

755번은 갑자기 그 무리의 가모장인 래기드 테일과 크리크 강둑의 절벽 꼭대기에서 정면으로 마주하게 되었다. 그들의 만남은 우호적이지만 냉정한 만남이었다고 묘사할 수 있겠다. 공격은 없었다. 하지만 퍼프는 왜 공격하지 않는가? 그는 755번이 자기 배우자를 만나고 있는 것을 분명히 알 텐데.

755번이 보이는 태도가 어느 집안의 딸과 데이트를 하기 전에 그 안주인을 만나러 온 불안한 구애자 같다는 인상을 지울 수 없다. 755번과 제트 블랙은 서로에게 모두 관심이 있지만 거리를 두고 있

소리와 몸짓

는 것 같다. 나는 그들이 예전에도 만난 적이 있다고 생각한다. 라이먼은 그녀를 미스 개성이라 부르지만, 아직 2세도 안 되었으므로 정션 무리의 암컷 위계에서 서열이 제일 낮다.

그러니 제트 블랙의 결정에는 큰 위험이 따른다. 그녀 앞에는 자기 부모와 형제를 떠나서 자기 무리도 없고 영토도 없는 외톨이 수컷과 짝을 이루어 새끼를 낳거나, 아니면 무리 속의 낮은 지위에 그대로 있으면서 본질적으로 부모들의 조수로 살아가는 두 가지 선택지가 있다. 그러나 핵심 단어는 '산다'live는 것이다.

놀랍게도 755번과 제트 블랙은 잠시 어울렸다. 아주 짧은 시간이었다. 암수 알파 두 마리가 즉시 모습을 보인다. 그리고 외견상으로는 그들이 755번을 돌려보내는 것처럼 보인다. 퍼프와 래기드 테일은 자신의 무리를 계속 묶어두려는 생각인 것 같다. 무리 멤버를 떠나보내는 것은 도움이 되지 않는다.

755번은 눈 덮인 샐비어의 미로 속으로 돌아간다. 그의 기분이 어떤지 궁금하다. 그러나 이것이 이야기의 끝이 아님을 나는 안다.

살기 위한 의지

3월 하순, 늑대 조직은 여전히 전면적인 변화를 겪는 중이었다. 3월 셋째 주의 어느 날 아침, 봄이 섭씨 영하 27도에 잠겨 있기로 작정하는 동안, 매클로플린은 늑대들이 폭발하듯이 820번을 뒤쫓는 것을 봤다. 후두 수컷 중 제일 큰 녀석과 820번의 지배적인 큰 언니가 가담했다. 버터플라이도 가담했다. 하지만 그 공격은 예전처럼 잔혹하지는 않았다. 그래도 확실한 것은 화해할 여지가 없어 보였다는 사실이다. 820번은 그들을 따라가려 했지만 그들은 다시 그녀를 거부했다.

그 다음날 우리는 820번이 타워 정션 너머에서 정션 늑대들이 죽인 시체를 뜯어먹고 있는 것을 봤다. 위험했다. 820번은 예전에 그곳에 간 적이 한번도 없었다. 그녀는 자기 아버지의 냄새를 따라 온 것 같았다. 그는 헬로링 크릭에 가 있었다.

라마르 무리는 헬로링 크릭의 반대 방향인 동쪽으로 향하여, 공원을 벗어나서 후두 수컷들이 온 곳으로 갔다. 그곳은 진짜 위험이 있는 곳, 낯선 상상 속의 장소, 와이오밍이라는 곳이다.

3월의 마지막 주에 820번의 신호가 여전히 공원의 서쪽 부분에서 가끔씩 들어왔다. 755번은 여전히 정선 무리의 주위를 맴돌면서 제트 블랙에게 구애를 하고, 퍼프를 피하느라 많은 시간을 보내고 있었다. 한편 퍼프는 그냥 쫓아내기만 하는 데 만족하는 것 같았다. 다들 그는 싸우기 좋아하는 늑대가 아니라고 말했고, 실제로도 그랬다.

4월 초순, 엘크 수백 마리가 공원으로 돌아오기 시작했다. 좀 혼란스럽게도 755번은 처음 보는 암컷과 어울리고 있었는데, 그녀가 그에게 젊은 활력을 약간 회복시켜주는 것 같았다. 그들은 눈 덮인 사면에서 놀다가 아래쪽까지 미끄러져 가기도 한다. 그러다가 그녀가 그에게 올라탔다. 지금은 짝짓기철도 아닌데. "누구인지는 몰라도 쾌활한 늑대군요." 라이먼이 말했다.

그동안 820번은 언니인 미들 그레이 및 거대한 새 회색 수컷과 만났다. 예전에 한배에서 태어난 지배적인 언니 밑에서 위축된 지위로 살고 있던 미들 그레이는 820번을 공격적으로 대한 적이 한번도 없다. 그녀는 검은색 자매 한 마리를 함께 데리고 왔지만, 그 자매가 820번에게 위압적으로 대하기 시작하자 미들 그레이는 그녀를 땅바닥에 깔아뭉개고 그녀 위에 올라섰다. 미들 그레이는 자신을 새 알파로 여기는가? 라마르 무리는 계속 분열하는 걸까?

이 상황은 820번에게 유리하게 작용할 수 있다. 하지만 늑대든 인간이든 이성이 전적으로 지배하는 것은 아니다. 그리고 아마 그 검은 자매도 위압적인 태도를 완전히 중단하지는 않을 것이다. 어쨌든 오래지 않아 820번은 또다시 사라졌다.

그녀는 서쪽을 향해 돌아서서 혼자 멀리 갔다. 그리고 헬로링 근처에서 그녀는 새 암컷과 함께 있는 아버지와 만났다. 새 암컷이 820번을 경쟁자로 대하는 것 같았다. 다음날 820번은 보이지 않았다.

왜 이 가족은 함께 지내지 못하는가? 그들은 사이가 좋았다. 사냥꾼들이 그 무리에 총을 쏘기 전까지는.

슬라우에서는 한 무리의 엘크가 틈새로 들어오는 늑대 일곱 마리를 풍향계처럼 날카롭게 대치하고 서 있다. 후두 수컷 중에서 톨이라 알려진 더 큰 녀석이 걸음을 빨리했다. 2세 검은 자매 중 하나는 반대 방향으로 달리기 시작했다. 그 다음에 무리에서 떨어진 엘크 한 마리가 물이 있는 곳을 향해 평원을 가로질러 힘껏 달렸다. 엘크 뒤로 검은색 줄이 꾸준히 따라간다. 긴 추격전이다. 검은 늑대는 엘크의 뒷다리 무릎을 물고 늘어져, 엘크가 위아래로 뒤흔드는 통에 펄럭이는 잎사귀 신세가 되는데도 버티고 있었다.[75] 엘크가 막 크리크에 닿을 참에 다른 늑대들이 모여들었다. 물에 푹 젖은 늑대 몇 마리가 과업을 완수한다.

깜짝 등장처럼, 미들 그레이가 갑자기 나타났다. 임신한 것 같다. 그리고 라마르 무리의 늑대 모두로부터 아주 따뜻한 환영을 받았다. 그녀의 거대한 새 수컷은 어디 있는가? 무슨 일이 벌어지고 있는가? 6개월 전에 라마르 무리는 응집력 있는 그룹이었다. 이제 그 부족은 계속 변동하고 있다.

4월 18일 기온은 섭씨 영하 21도, 얼어붙는 듯 춥고 바람은 앙심을 품은 듯 불고 있다. 겨울은 옐로스톤의 목줄기를 단단히 죄고 있는 것 같다. 하지만 내부의 시계 소리에 귀를 기울이는 그리즐리 곰의 어미와 새로 낳은 새끼들이 동면에서 깨어나 여기저기서 모습을 보인다. 프롱혼 '앤틸로프'(가지뿔영양)도 라마르 계곡에 돌아와 있다.

라마르 무리는 갓 태어난 바이슨을 보려고 속도를 늦춘다. 늑대가 바이슨 새끼를 잡는 것은 쉬운 일로 보이겠지만 바이슨도 그들 나름의 생사 감각을 갖고 있고, 모든 인간들처럼 그들도 사는 편을 더 좋아한다. 바이슨 어른들의 작은 무리가 늑대에게 달려들어 손쉽게 그들을 쫓아 버린다. 매클로플린이 내게 말해 준 바에 따르면, 바이슨은 가끔 '장례식'을 치르기도 한다. 그들은 무리를 이루어 쓰러진 동료를 엄숙하게 검사하는 행동을 하는데, 이는 코끼리들의 습관을 연상시킨다. 나는 전혀 몰랐다.

한편 라이먼은 퍼프의 이름을 바꾸고 싶어하더니, '사냥꾼'Hunter이라는 이름을 골랐다. 늑대가 하는 일이 원래 사냥이라서, 내가 보기에는 이것이 개별 늑대에게 특화될 만한 이름은 아닌 것 같다. 그래서 그의 어떤 행동을 보고 그 이름을 떠올렸는지, 라이먼 본인의 설명으로 들어 보도록 한다.

"퍼프는 막 달리기 시작한 엘크 무리를 쪼개고 들어가서 건강한 1세 엘크를 고릅니다. 엘크는 그 몸무게가 이미 퍼프의 두 배는 나갈 것이고, 달리는 속도도 로켓처럼 빨랐어요. 하지만 퍼프는 속도를 더 빨리해서 간격을 좁혔어요. 그는 잠시 목을 한번 물었고, 다음에는 다리를 물었어요. 하지만 어른 암컷 엘크 두 마리가 방어하러 왔어요. 한 마리는 퍼프를 짓밟는 것 같았어요. 그 덕분에 1세 엘크는 튀어 달아날 수 있었지요. 그리고 그 엘크와 퍼프 사이에는 거리가

한때는 자부심 높고 조숙했던 늑대 820번은 친자매들에 의해 출생 무리에서 내몰리며 일생의 전환점을 맞았다.

많이 벌어졌어요. 그 시점에서 엘크는 당연히 달아났어야 합니다. 그런데 믿지 못할 일은, 퍼프가 다른 엘크를 빙 둘러 돌아가서 그가 공격했던 엘크를 따라간 겁니다. 그는 또다시 속도를 내더니 곧 질주하는 1세 엘크 옆으로 갔어요. 퍼프는 뛰어오르더니 엘크의 목줄기에 달라붙었지요. 하지만 그 1세 엘크는 강했고, 전혀 쓰러지려 하지 않았지요. 그러자 퍼프는 몸을 격렬하게 비틀어 엘크를 자기 몸으로 가로막았어요. 그래서 엘크는 걸려 넘어졌지요. 퍼프의 무리가 따라잡아서 모두들 배가 묵직해지도록 먹었어요. 퍼프는 덩치가 큰 늑대는 아니에요. 지독한 옴을 이기고 살아남다 보니 퍼프(불룩한 혹이라는 의미 — 옮긴이)라는 이름이 붙었지만 무자비하고 지극히 효율적인 사냥꾼으로 성장한 겁니다."

5월에 755번과 820번은 공원의 북서쪽 경계 근처인 에버트 산에서 번갈아 신호를 보내고 있다. 아버지와 딸은 다시 만난 것 같다. 하지만 시간을 함께 보내는 것 같지는 않다. 아마 820번이 아버지의 새 짝과 편안하게 어울리지 못할 것이다. 820번은 북쪽으로, 공원 밖으로 방랑한다.

한편 라마르 무리의 미들 그레이는 예전의 드루이드피크 무리 소굴에서 새끼를 낳았다. 새끼를 본 사람은 아무도 없지만, 그녀가 새끼에게 젖을 먹이는 것은 분명하고, 그녀의 짝과 검은 자매가 소굴로 먹이를 잔뜩 날라주고 있다. 라마르 무리의 나머지는 다시 와이오밍 주에 속하는, 후두 수컷들이 온 곳인 공원 밖 동쪽에 나가 있다.

어떤 사람이 페이스북에 예의 바르게도 "미들 그레이로 근사한 양탄자를 만들 수 있겠는데"라고 올렸다. 이런 악담을 보면 늑대를 총으로 쏘는 것이 단순한 사냥이 아님을 알 수 있다. 그것은 늑대만이 아니라 자신들과 다른 사람들까지 괴롭히고 싶은 욕구에서 나오는 행동방식이다.

7월경, 820번은 공원 밖인 몬타나 주 자딘 근처에서 한동안 머물렀다. 인간 가까이 살았고, 평생 도로를 건너다닌 820번 같은 늑대를 착각하게 만들 위험이 자딘에는 많이 있다.

『빌링스 가제트』, 8월 26일자.
1시간 전 소식 — 목걸이를 건 젊은 암컷 늑대 한 마리가 최근 들어 여러 채의 주택 가까이에 접근하는 일이 있은 후 자딘 지역 주민의 총에 맞았다……. 늑대는 닭을 잡아먹고 있던 중에 총격당했다.

그 소식을 들었을 때 나 자신도 치킨으로 식사를 한 뒤였으므로 닭을 먹었다는 이유로 총에 맞았다는 사실이 뇌리에 남았다. 그 기사는 겨울과 여름 내내, 그리고 최근 이 총격으로 인한 죽음에 이르기까지 늑대들 사이에서 벌어졌던 격동을 그 이전에 있었던 죽음들과 분명히 연결 짓지는 않으면서, 다음과 같이 언급한다.

라마르 무리의 다른 멤버 두 마리도 지난 가을 와이오밍 주의 사냥 시즌 동안 총에 맞아 죽었다. 그중 한 마리는 그 무리의 알파 암컷이었다. 공원 주위의 주에서 사냥꾼들은 옐로스톤의 공원 경내에서 일부 시간을 보낸 늑대 12마리를 총으로 쏘았다. 12마리 중 6마리는 관찰용 목걸이를 찬 늑대였다.

820번의 슬픈 발라드는 이렇게 끝난다. 더 좋은 세상이었더라면 훌륭한 늑대 가업을 이끌도록 성장했을 조숙한 늑대였다. 그녀는 그 유명한 어미와 삼촌이 죽었음에도 인간이 살해자라는 것을 끝내 배우지 못했다.

늑대를 좋아한다면 그리고 나는 좋아하는 사람이니까 말인데, 행복한 이야기도 있다. 755번은 마침내 제트 블랙과 지속적인 관계를 이어가고 있다. 그녀는 정선 무리의 가장 낮은 서열의 늑대였다. 그런 약자이지만 그래도 응원할 가치가 있는 귀중한 존재다. 그녀와 755번은 서로 만날 때면 꼬리를 흔들고 행복하게 서로에게 뛰어오른다. 그런 죽음과 비극 속에서도, 그들이 매일 새로이 행하는 만남의 의식에는 진정한 구원이라 할 뭔가가 있었다. 그들이 서로를 긍정하는 모습은 쉽게 공감된다. 우리 모두가 그것을 느낀다.

그 전해 가을에 그와 그의 무리에게 닥친 재앙으로 그의 삶이 끝장날 것 같았지만, 755번은 계속 버틸 것이다. 그가 짝과 형과 무리와 영토를 잃은 지 2년 후에 나는 이 책을 마무리했다. 어느 날 나는 라이먼의 옐로스톤 리포트Yellowstone Reports에 로그인했다. 그랬더니 거기 그가 있었다. 755번. 그 모든 불운에 맞서 자신을 입증하면서 여전히 살아 있고 건강했다. 그것을 보니 스미스가 열정적으로 강조하던 요점이 상기되었다. "늑대는 억셉니다." 그는 내게 말했다. "아 — 주 억세요."

늑대와 개

　늑대의 성품, 능력, 사회적 역학에서 나는 성장할 기회를 얻어 그들 자신의 삶을 책임지게 된 자율성 있는 개의 모습을 알아보았다. 그들에게는 자체 가족이 있고, 자체의 사회적 질서, 정치, 야심도 있다. 그들은 독자적으로 결정을 내리고 스스로 생계수단을 획득한다. 그들은 자신의 삶의 완전한 대장이며, 때로는 서로에게 잔인하고 폭력적이지만 대개는 친근하고 충성스럽고 서로를 돕는다. 그들은 누구를 보호할지, 누구를 공격할지에 대해 알고 있다. 그들은 스스로의 주인이고, 최고의 친구다. 언제나 속박받지 않는 존재다. 밥그릇도 없다. 그들은 자유를 가졌고, 자유와 함께 위험도 온다. 늑대는 두 가지 모두 풍부하게 가졌다. 그들은 언제든 무엇이든 진심으로 한다.

　늑대와 개의 유사성은 뿌리가 깊다. 개는 모두 길들여진 늑대이기 때문이다. 우리가 개에게서 보는 소통하는 자세, 가령 주저앉으면서 놀자고 청하는 자세, 꼬리를 다리 사이로 말아 넣고 등 뒤로 드러누워 구르는 복종 자세, 그 충성스러움, 이런 것들은 우리가 함께 사는 길들여진 늑대에게서도 살아남아 있는 행동양식이다.

계속 진행하기 전에 먼저 이야기해야 할 아주 중요한 요점이 하나 있다. '길들여졌다'domesticated는 말은 야생의 선조로부터 선택적 번식에 의해 유전적으로 변화했음을 뜻한다. 이렇게 생각해 보자. 동물원에는 포획된 야생동물이 있고, 농장에는 길들여진 동물이 있다. 수목원에는 야생 식물이 있고 농장에는 길들여진 식물이 있다. '길들여진'이란 말이 양순하다tame는 뜻은 아니다. 포획된 상태에서 태어나고 젖병으로 길러져서 완전히 양순해진 늑대는 포획된 늑대다. 그것은 길들여진 것이 아니다. 애완용 앵무새는 포획된 상태에서 번식했다 하더라도 길들여진 것이 아니다.

길들임이라는 단어는 자연에 존재하지 않는 동물과 식물의 다양성이나 품종을 인간이 의도적으로 만들었다는 의미를 담고 있다. 전통적으로 그런 결과를 얻는 수법은 선택적 번식이었다. 하지만 요즘 기술자들은 유전공학도 활용한다. 농부, 사육자, 연구자들은 자신들이 원하는 특질을 골라내어 그것을 촉진시킨다. 그런 특징을 함께 갖고 있는 개체를 번식시켜 길들여진 닭, 암소, 돼지, 비둘기, 실험용 쥐, 테리어, 양식된 연어, 옥수수, 쌀, 밀 등등을 다양하게 만들어 내는 것이다. 이들은 모두 자연 속에서 진화해 온 그들의 야생 선조와 유전적으로 달라진다.

개의 길들임은 아주 흥미로운 현상이다. 개는 스스로를 길들인 유일한 생물인지도 모른다. 또…… 그런 생물이 그들만은 아닌지도 모른다.

그러니까 모든 개는 야생의 회색 늑대에게서 길들여졌다. 그들

인간과 개는 서로 가까워지는 방향으로 진화한 것일까?

의 길들임이 일어난 때는 최대 1만 5,000년 전쯤이며, 두어 번에 걸쳐 일어났을 수도 있고 한 번으로 완결되었을 수도 있다. 모든 개는 늑대의 길들여진 변종이다. 매우 변화무쌍한 변종이다. 외형적으로는 늑대와 너무나 다른 개가 많기 때문에, 과학자들은 처음에 개가 늑대와 다른 종일 것이라고 생각했다. 분류학자는 길들인 개를 '카니스 파밀리아리스'canis familiaris라 불렀다. 회색 늑대는 '카니스 루푸스'canis lupus라 불린다. 그리고 개의 여러 품종 — 그레이하운드, 마스티프, 닥스훈트 — 은 당연히 유전적으로 서로 다르다. 하지만 개의 DNA를 분석한 과학자들은 시각적인 차이는 크지만 유전적인 차이는 극히 적다는 것을 알았다. '종'種이라는 단어의 정의를 놓고 많이 논쟁한다. 하지만 늑대와 길들여진 개 사이에서 유전적으로 변한 것은 거의 없다. 차이가 너무나 작다보니 과학자들은 개의 라틴어 학명을 다시 늑대로 바꾸고 그들의 원래 이름 canis lupus을 되살렸다. 이는 우리가 개를 입양하기 전에 그들이 누구였는지, 그들이 진정으로 누구인지 말해 준다. 개는 이제 카니스 루푸스 파밀리아리스canis lupus familiaris다. 늑대. 하지만 파밀리아리스라는 수식어는 그들이 우리의 늑대임을 의미한다.

사람들이 개가 회색 늑대의 직계 후손임을 처음 알아냈을 때, 그들은 석기시대 사람들이 늑대 새끼를 발견하여 동굴로 데려와서 최초의 애완동물로 삼았으리라고 상상했다. 하지만 우리가 아는 한, 개의 기원은 그보다 다음과 같은 방식으로 이루어졌다. 늑대가 인간들의 숙영지와 동굴 근처에 머물면서 버려진 뼈와 도살된 동물의 잔해를 찾아먹었다. 겁을 덜 내는 늑대들은 더 가까이 와서 더 많이 찾아냈다. 배가 든든한 늑대는 새끼를 더 많이 길러내며, 그런 새끼들은 겁을 덜 내는 성격 덕분에 먹이를 더 잘 얻는 성공적인 유전자를 갖고 태어났다. 그렇게 살짝 변화한 새끼들은 인간과 가깝게 지내며 성장했고, 점점 더 친근한 상호작용을 유발했다.

낯선 사람이나 맹수가 접근하면 경고하는 늑대들의 성향은 사람들에게도 귀중했을 것이다. 인간들은 남은 음식을 더 주면서 그런 경비들이 근처에 함께 있도록 유도했을 것이다. 여분의 먹이를 얻을 수 있으므로 인간과 친해진 늑대 새끼의 생존율은 더 높아졌을 것이다. 이런 과정이 오랫동안 계속되었다. 이런 인간친화적인 늑대는 새로운 먹이 공급원으로 인간을 활용하는 전문가가 되었다. 인간들의 숙영지는 늑대의 새로운 서식지가 되었다. 친근함은 먹이를 얻을 가장 좋은 방법이었다. 결국 그들은 숙영지 근처에 정규적으로 오는 손님이 되어, 인간의 숙영지를 마치 자신들의 영토처럼 지켜주기 시작했다. 또 사냥하러 갈 때도 함께 따라가곤 했다. 그런 친근한 유전자는 왕성하게 번식했다. 이제 연구자들은 최초의 개가 이런 식으로 출현했다고 믿는다. 늑대는 의도치 않게 스스로를 길들이는 첫 도입부를 연출하고 인간에게 적응했다.

하지만 그 의도치 않았던 최초의 길들임은 전적으로 일방적인 것만은 아니었다. 개는 생존 면에서의 이점이 있었기 때문에 인간에게 가까워지는 방향으로 진화했다. 그리고 인간도 개 덕분에 생존에 유리해졌기 때문에 개에게 가까워지는 방향을 취하게 되었다. 또 그들이 흔드는 꼬리로 전하는 속삭임에 우리의 고유한 감정이 반응하듯이 그들이 우리를 길들인 면도 있었다.

개는 방향을 지시하는 것과 같은 인간이 주는 신호를 알아들었다. 그런 신호는 놀랍게도 침팬지조차도 알아듣지 못한다(코끼리 역

시 인간의 방향지시를 따를 수 있다).[76] 늑대 또한 훈련받지 않아도 숨겨
진 먹이를 찾아내기 위해 인간의 지시를 따를 수 있다.[77] 때로 늑대
는 길들인 개보다 더 잘 해내기도 한다. 어쨌든 야생의 늑대는 서로
의 관심이 어디로 향하는지를 아주 세심하게 살펴야 하니까. 개는
인간의 관심이 어디에 집중하는지 완전하게 이해한다. 그러니 공을
던지고 돌아서면 당신의 개는 그 공을 물고 당신이 바라보고 있는
곳으로 가져갈 것이다. 하지만 늑대 연구자들이 "길들임은 인간 같
은 사회적 인지social cognition를 갖기 위한 필수 전제조건은 아니"라고
하는 점이 제일 중요하다. '인간과 같은 사회적 인지'라는 점을 기억
하라.

한편 인간은 개와 아주 가까워졌다. 하지만 인간이 실제로 개와
가까워지는 방향으로 진화했는가? 나는 이런 식으로 생각한다. 암
소, 닭, 토끼, 염소, 돼지가 자신들의 몸을 움직여 우리에게 개가 꼬
리를 흔들 때 우리가 느끼는 감정과 유사한 것을 주는가? 물론 개
를 좋아하지 않는 사람도 있다. 어떤 사람은 고양이의 골골대는 소
리나 돼지의 생김새를 좋아한다. 하지만 많은 사람들은 개와의 연
대를 가족 간에 느끼는 연대와 같은 종류라고 여긴다. 인간의 기분
은 개의 기분과 더 밀접하게 일치한다. 거의 모든 사람들은 다른 어
떤 생물 종보다도 개에게서 감정적 전염을 ─ 다른 말로 하면 공감
을 ─ 더 많이 체험하는 것 같다.

그러니까 나는, 그래, 어느 정도는 인간과 개가 공동진화했다고
생각한다. 인간은 개에게 의지하게 되었으며, 개 의존적이라고 해
도 될 정도다. 개는 수색꾼이자 사냥의 동반자였고, 경보 시스템이
고 든든하게 무장한 경비원이었다. 개는 인간의 아이를 보호하고

늑대와 개의 유사성은 뿌리가 깊다. 개는 모두 길들여진 늑대라고 할 수 있다.

함께 놀아주었다. 개는 청소를 해 준다. 개는 품에 넣고 있으면 따뜻한 온수 물병이었다. 인간은 개에게 먹이를 주고, 개는 안전요원이자 안내자 역할을 했다. 그리고 먹이를 얻는 일도 도와주었다.

일단 인간이 개를 얻자 개가 인간을 얻었다. 우리는 그들 없이는 살 수 없다. 인간은 개를 지구 끝까지 동반했다. 사냥꾼들은 개가 없었더라면 북극권을 지나다니지 못했을 것이다. 극북 지역에서 개는 수송을 담당했고 화물 운반자였고, 가장 힘든 시절에는 식량도 되어주었다. 개는 오스트레일리아에도 갔다(신대륙인데다 경쟁자가 없다 보니 일부 개는 다시 야생으로 돌아가서 딩고dingo가 되었다). 개는 베링 해를 건너 아메리카 대륙으로 넘어갔다. 『여름 달의 제국』*Empire of the Summer Moon*에서 귄S. G. Gwynne은 1860년에 어느 코만치족 숙영지에 군대가 쳐들어왔을 때의 일에 대해 썼다. "한창 싸움이 벌어지는 와중에 인디언 숙영지에서 나온 개 열 대여섯 마리가 백인 병사들에게 달려들어 공격했다. 그들은 인디언 주인들을 보호하려고 맹렬하게 싸웠다. 그들은 거의 모두 총에 맞아 죽었다."[78] 충성심과 정체성 때문에 '개'들은 적에 맞서는 전투원이 된 것이다. 개는 인간이 있는 곳에는 어디든 있는 것 같다. 나는 예전에 파푸아뉴기니로 가서 바다거북을 연구한 적이 있다. 그 황량한 해안에서 기껏해야 20~80명 사이의 주민들이 사는 마을들이 몇 시간씩 걸어가야 하는 거리를 두고 띄엄띄엄 떨어져 있었다. 그런데도 각 마을 주위에는 반쯤은 야생인 개들이 돌아다니면서 찌꺼기 음식을 주워 먹고살았다. 그 선조들이 수만 년 전에 그렇게 시작했던 것과 마찬가지였다.

수천 년이 지난 지금도 우리가 아직 찾아내지 못한 개의 숨은 능력은 여전히 많다. 보더 콜리border collie 종의 어떤 개는 처음 듣는 단어에 반응하여 처음 보는 해당 물건을 골라낸다. '닥스dax를 가져 와!'라고 하면 개는 다음과 같은 식으로 추론하는 모양이다. "여기에 공이 있다. 그런데 그녀는 공을 달라고 하지 않는다. '닥스'란 내가 전에는 보지 못했던 다른 물건을 뜻하는 게 분명하."[79] 과학자들이 쓴 글에 따르면, 그런 식의 추론 기술은 "예전에는 언어를 배우는 과정의 인간 아이들에게서만 발견되던 기술이었다."

하지만 개에게도 지각의 갭이 있다. 인간이 아닌 큰 영장류는 숨은 먹이의 위치를 잘 추측한다. 예를 들면 판자 하나가 납작하게 놓여 있고 다른 판자가 약간 위로 치켜들려 있다면 이는 그 밑에 뭔가가 놓여 있음을 가리킨다는 식이다. 개는 그런 일에는 아주 무능하다(이것은 시각적 신호인데, 개는 냄새로 찾는 분야에서는 아주 뛰어나다). 갈까마귀 — 늑대새 — 는 여러 개의 끈이 엉켜 있어도 어느 끈이 먹이에 연결되어 있는지 알아낸다. 영장류는 그런 과제를 쉽게 해낸다. 개는 이런 과제에도 아주 무능하다(이것 역시 순전히 시각적인 과제다). 하지만 갈까마귀는 장님을 인도하여 길을 건너가게 하거나 발작이 일어나려는 상황을 경고하지 못할 것이다. 개는 이런 일을 수월하게, 자랑스럽게 해낸다.

늑대는 사회적이고 인간은 엄청나게 사회적이다. 개와 인간은 둘다 서로를 이해할 수 있을 만큼 사회적이기 때문에 개가 인간에게 의지할 수 있다. 그러나 인간에게 의존하려면 대가를 치러야 한다(우리도 모두 알고 있듯이). 의존은 자유와 자제력과 자율성의 포기를 요구한다. 개와 늑대 앞에 먹이를 넣고 잠근 상자를 놓으면, 개는 거의 즉시 혼자 상자를 열기 위한 노력을 포기하고 인간과 상자를 교대로 쳐다본다. 마치 "당신이 좀 도와줄 수 있어요?"라고 말하는 것 같다. 늑대는 테스트 시간이 끝날 때까지 계속 과제를 풀어보려고 애쓴다. 늑대는 실제적인 문제해결과 기억력 테스트에서 개만큼, 혹은 개보다 더 성적이 좋다. 개의 사회적 기술은 그들이 늑대에게서 물려받은 재능이다. 하지만 개의 인간 지향성은 길들임의 결과다.

우리는 어떤 특별한 관계에서 이상한 위치에 있다. 개는 스스로를 길들였다. 개는 자신들만 길들인 것이 아니다. 개는 인간도 길들였다. 우리에게 의존하게 되면서 그들은 우리도 그들에게 의존하게 만들었다. 우리는 서로와 비슷해졌다.

옛날, 개가 처음 길들여지던 동안 변화한 유전자는 역시 변화 중이던 인간의 유전자와 "일치하는 부분이 많다."[80] 이런 유전자 중에는 사냥꾼이던 인간과 그들의 개가 농경 잡식동물로 전환함에 따라 전분의 소화 및 대사 작용에 관여하는 유전자도 있다. 또 특정한 신경작용 과정과 암에 영향을 미치는 유전자 및 식단 속의 콜레스테롤을 운송하는 데서 핵심적 역할을 담당하는 유전자도 있다.

개의 친근함은 유전적으로 변화한 그들 두뇌의 화학작용의 결과물이다. 우리 경우도 마찬가지다. "인간은 스스로를 길들여야 했다"라고 코넬대학교의 애덤 보이코Adam Boyko가 말했다.[81] "이는 개와도 비슷하다. 타인의 존재를 감내해야 한다." 인간과 개 둘 다 같은 유전자가 세로토닌을 수송하는 단백질, 핵심 신경전달물질을 통제한다. 이 유전자의 변이는 공격성, 우울증, 강박편집장애, 자폐증의 병증을 일으킨다. 놀랍게도 개와 인간은 같은 종류의 강박장애를 여러 개 가지며, 동일한 항우울제 약물, 세로토닌 재흡수 금지제 같은 약물에도 비슷하게 반응한다. 나는 야생에서 살아가는 동물이 왜 감정적 장애나 정신적 문제를 절대로 겪지 않는지 궁금할 때가 많았다(인간과의 상호관계 속에서 광기를 부리게 된 코끼리는 예외일 수 있지만). 이제 그런 문제들은 사람들과 밀접하게 살아가는 과정에서 생기는 부산물로 보인다. 세로토닌을 연구하던 어느 연구자는 인간의 장애에 대해 이해해 보려고 할 때 개로부터 얼마나 많은 것을 배울 수 있는지에 대해 언급하면서 이렇게 결론짓는다. "동물 왕국에 사는 우리의 가장 친한 친구는, 인간의 진화와 질병에 대한 우리의 이해를 밝혀주는 아주 마법 같은 시스템 가운데 하나를 알려줄지도 모른다."

우리의 동반자인 개와 마찬가지로 늑대들도 어떤 고유하고 의미 심장한 방식으로 인간의 대화에 가담하게 된 것 같다. 그리고 놀랍게도 우리는 서로를 아주, 지겹도록 잘 이해하고 있다.

그러나 왜 개들은 늑대가 아니라 개처럼 보이기 시작했을까? 그것 또한 독자적으로 일어난 일이기도 하다. 그런 일은 누구도 예견할 수 없는 일이고 실제로도 예견하지 못했다. 결과적으로 말해, 친근함 유전자를 가지면 동물의 모습이 달라지더라는 것이다. 인간과 친근하게 접하고 싶어하는 욕구를 전달하는 유전자는 일련의 밀항자 신체 특징stowaway physical traits과 한 두름에 묶여 이동한다. 다윈은 『종의 기원』On the Origin of Species 1장, 가축의 선택적 짝짓기를 논의하는 부분에서 이렇게 지적했다. "인간이…… 계속 선택해 나간다면 그는 상호관련의 신비스러운 법칙 덕분에 의도치 않게 신체 구조의 다른 부분들을 거의 확실하게 수정하게 될 것이다."[82] 기묘한 일이지만 다양한 포유류에서(개만이 아니라) 공포심과 공격성을 줄이고 친근함을 늘리는 호르몬을 생성하는 유전자는 축 늘어진 귀, 도르르 말린 꼬리, 점박이 무늬, 더 짧은 얼굴, 더 둥근 머리통도 만들어

낸다.

왜 그런지는 이해하지 못했지만(당시에는 유전자라는 것이 알려져 있지 않았으므로) 다윈은 "어느 나라에서든 가축치고 귀가 축 늘어지지 않은 동물은 하나도 없다"라고 주장했다. 이제 어른 야생동물도 결코 축 늘어진 귀를 갖고 있지 않다. 하지만 우리는 늘어진 귀를 아주 좋아하지 않는가? 개를 보면 그토록 사랑스럽고, 껴안아주고 싶어지는 몇 가지 이유는 친근함의 유전자와 순전히 우연적으로 공존하게 된 바로 그런 형질들 때문이다. 늘어진 귀를 볼 때 우리가 느끼는 감정 반응은 마치 개에 대한 우리의 친근함이 정말로 우리에 대한 그들의 친근함과 함께 진화해 온 것처럼 보이게 한다. 그래서 가장 친근해 보이는 동물에게 우리는 긍정적인 감정 반응을 하게 된다. 그런 동물은 실제로 가장 친근하다. 그리고 내가 언급했듯이 흔들어대는 꼬리에 우리가 즉각 보이는 반응은 또 어떤가? 보아하니, 인간과 개는 뿌리 깊은 유전적인 방식으로 서로를 사랑하는 법을 배운 모양이다. 틀림없이 그런 식으로 느낄 수 있다.

하지만 친근함, 축 늘어진 귀, 도르르 말린 꼬리가 유전적으로 서로 관련이 있다는 것을 우리는 어찌 아는가? 이를 설명하려면 저 유명한 러시아여우를 데려와야 한다. 1959년에 시베리아의 과학자들은 행동의 유전적 기초에 관한 10년 기한의 장기적 실험을 시작했다.[83] 친근함이 유전적 기초를 갖는지 알기 위해 그들은 포획된 여우 두 그룹을 구성했다. 한 그룹에서는 자기들 마음대로 교배하게 했다. 다른 그룹에서는 인간에 대해 덜 공격적이고 덜 겁을 내고 더 친근하게 행동하는 여우들만 짝을 짓게 했다. 연구자들은 외모는 상관하지 않고 공격성의 변화 여부에만 관심을 가졌다. 그런데 그들은 기대 이상의 결과를 얻었다.

여러 세대가 지나면서 여우들은 기대했던 것보다 더 빠르게 더 친근해졌다(그저 포획되었기 때문은 아니었다. 수십 년 뒤에도 자유롭게 교배한 여우들은 외모와 행동 모두에서 계속 야생 여우와 같았다). 하지만 과학자들을, 그리고 모든 사람들을 정말 놀라게 한 것은 세대가 지나면서 친근한 여우들의 계보에서 외모가 달라지기 시작했다는 점이다. 귀가 축 늘어진 여우, 각기 다른 질감의 무늬 박힌 털가죽, 도르르 말리고 흔들어대는 꼬리, 더 짧은 다리, 더 작아진 두뇌와 머리통, 그리고 더 작은 이빨과 더 짧은 얼굴이 생겨났다. 그리고 털이 곱슬곱슬해진 것뿐만 아니라 생각도 곱슬곱슬해졌는지, 짝짓기 철이 아닌데 임신시키지도 않는 성적 행동(더 이상 상상하지 말 것)을 하곤 했다. 친근한 여우들은 어른이 되었는데도 계속 어린 것들처럼 행동하여, 복종적인 태도를 보이고 찡얼대고, 높은 음성으로 짖었다. 다른 말로 하면, 여우가 개와 더 비슷해졌다는 것이다.

친근함의 기준에 맞게 교배된 여우들에게서, 과학자들은 공포와 싸움에 영향을 미치는 다양한 호르몬(글루코코티코이드, 아드레노코티코트로픽 호르몬, 스트레스에 반응하는 아드레날린)의 혈중 수치가 줄어든 것을 발견했다. 그들은 또한 감정과 방어 반응을 규제하는 두뇌 구역에서 화학적 활동이 변한 것도 발견했다(이런 변화는 세로토닌과 노라드레날린과 도파민 전달자 시스템에 영향을 주었다). 인간과 친근한 성향을 갖고 태어난 여우들이 인간을 무서워하고 인간에게 공격적인 여우들과 비교했을 때 두뇌화학 활동이 다른 것은 놀라운 일이 아니다. 그러지 않을 수 없을 것이다. 왜냐하면 행동의 성향은 두뇌 화학활동의 산물이니까.

요약하자면, 친근한 태도를 지향하는 눈에 보이지 않는 두뇌 변화를 낳는 유전자는, 여우의 외모에서 매우 현저한 변화를 낳는다. 러시아 과학자들은 각 여우의 생김새에는 전혀 상관하지 않고 오로지 친근한 행동만 선택 기준으로 삼았다. 변화한 외모는 친근함의 유전자와 한 덩어리로 묶여 부수적으로 따라온 것이다.

어떤 연구자들은 친근함 유전자에 편승한 특징들의 조합 전체를 '길들임 신드롬'이라 부른다.[84] DNA 차원에서 일어나는 통제된 혼돈의 사례에는 기분에 영향을 미치는 도파민 같은 호르몬이 털 색깔에도 영향을 미친다는 주장인 멀티태스킹 효능 같은 것이 있다.

연구자들과 농부들은 자기들이 온화한 성격을 고른다고 생각했을지도 모르지만 실제로는 아이 스타일의 어른을, 영원한 강아지 같은 존재를 고르고 있었던 것이다. 암소와 돼지, 염소, 토끼 등에서도 비슷한 신체적 변화가 일어나는데, 그 변화의 과정은 추적 가능하다. 인간 교배자는 '물지 마'라고 말하지만 게놈genome은 그 명령을 '절대 자라지 마'라는 뜻으로 알아듣는 것이다. 그러니 '길들임 신드롬'보다는 '피터팬 신드롬'이 더 나은 이름인지도 모르겠다.

어떤 늑대는 스스로 길들여져 개가 되었다. 그 과정에서 그들은 우리를 자신들에게 길들였다. 그리고 이런 일 중에서 미리 계획되었던 것은 하나도 없었다. 그냥 이렇게 일어난 것이다. 공격적 성향의 개체들이 짝짓지 못하도록 막는 것만으로도 결국은 더 아이 같은 어른들의 집단이 생길 수 있다는 말이다. 어떤 종이든 모두 마찬가지다.

같은 목줄의 양 끝

위험도를 좀 더 높여 보자. 즉 개에게서 영장류로 넘어가 보자는 말이다.

전혀 훈련받지 않은 침팬지도 로프를 잡아당겨 묵직한 먹이 상자를 손에 넣을 줄 안다. 하지만 좀처럼 그렇게 하지 않는다. 그들에게는 문제가 있다. 그들이 스스로에게 최대의 적일 수도 있기 때문이다. 침팬지들은 다음과 같은 상황이 아니라면 로프를 끌어당기도록 협력하지 않을 것이다. 1. 먹이를 나누어 먹을 수 있거나, 2. 동반자가 서로에게 닿을 수 없거나, 3. 동반자들이 그 전에 먹이를 나누어 먹은 적이 있거나. 이런 조건이 충족되지 않으면 침팬지는 협력하지 않는다.[85] 왜냐고? 복종적인 침팬지는 지배자에게 공격당할 위험을 무릅쓰지 않을 것이고, 지배자 침팬지는 먹이에 달려드는 부하들을 공격하려는 충동을 통제할 수 없으니 말이다. 설사 협력하지 않으면 지배자도 전혀 먹이를 얻지 못한다고 해도 그렇다. 그들은 실제로 아주 이기적인 목적 아래 협동하라고 해도 협력하지 못한다. "착하게 굴어, 그러면 모두 먹을 수 있어"라는 말은 침팬지에게는 너무 지나친 요구다.

침팬지들에게는 개가 지닌 인간 닮은human-like 기술이 없다. 왜냐하면 침팬지는 개에게 있는 인간 닮은 협력적 성향을 갖고 있지 않기 때문이다. 우리는 늑대가 그렇듯이 개가 협력적 성향을 가졌음을 알고 있다. 그런데 인간들의 인간 닮은 기술이라는 것은 도대체 어디서 오는 걸까?

일부 연구자들은 초기 인류에게서 소통과 협력을 잘 하는 행동이 그처럼 엄청난 장점을 가져다줄 수 있었던 이유가 유화적이고 친근하고 인간 닮은 기질이 먼저 진화했기 때문이라고 믿는다.

글쎄, 만약 그 장점이 그처럼 엄청나다면, 왜 침팬지는 유화적이고 친근하며 인간과 닮은 기질을 발전시키지 않았을까? 살펴보면 일부는 그렇게 한 것 같다. 그리고 이것은 인간 관찰을 위해서도 유익하다. 혹시 당신은 침팬지는 그토록 못되게 구는 경우가 많은 반면 보노보는 서로에게 너무나 친근하고 섹시하게 구는 이유가 뭔지 궁금해한 적 있는가? 자기 길들임이라는 것이 이 질문의 대답인 것 같다.[86] 보노보는 늑대처럼 스스로를 길들인 것 같다는 말이다. 보노보의 경우에는 더 놀라운 것이, 그들의 자기 길들임은 인간과 전혀 상관없이 이루어졌다는 점이다. 보노보는 약 100만년 전 콩고 강이 형성되어 침팬지 무리가 강 남쪽에 격리되고 난 뒤에 진화한 종이다. 보노보에게서는 그 이후 많은 것이 변했다.

침팬지들은 대체로 어른이 되면서 장난기가 줄어들고 나누는 것을 참지 못한다. 보노보는 충분히 어른이 되지 않은 침팬지와 비슷하다. 어른 보노보는 아동 침팬지들이 노는 것과 비슷하게 서로 어

보노보(위)와 침팬지(아래). 보노보들이 서로에게 친근하고 섹시하게 구는 반면 침팬지들은 서로에게 못되게 구는 경우가 많다.

울려 논다. 보노보는 여러 가지 섹스 놀이에 탐닉하고 임신시키지 않는 성행위를 하는 것으로 유명하다. 이런 성적 태도는 서로에 대한 긴장감을 크게 완화시키며, 그룹들 간의 먹이 공유와 협동과 친근한 만남을 부추긴다. 침팬지들이 먹이가 든 상자를 손에 넣기 위해 로프를 끌어당겨야 하는 과제에서 각자의 공격성을 극복하지 못하여 협동하지 못했던 바로 그 실험을 보노보에게 했을 때, 보노보는 놀면서 미리 연습해 본 다음 어린 것들처럼 먹이를 행복하게 나누어 먹었다. "어른 보노보의 행동은 아동기 침팬지의 수준에 해당한다"고 연구자들은 말한다.[87] 만약 전투적이고, 시기심 많고 정치적인 사촌인 침팬지와 비교한다면, 보노보는 놀이하는 아이들이나 협동적인 아이들과 비슷하다. 이것이 요점이다.

침팬지는 다른 그룹들과 만나면 언제나 긴장하고, 조금만 불씨가 생겨도 금방 전투태세에 들어간다. 자기 그룹의 지원을 받지 못하는 수컷이 다른 그룹에 잡히면 죽임을 당하기도 한다. 그리고 수컷들은 다른 그룹의 새끼들을 죽이기도 한다. 그러나 보노보는 이와 반대로 낯선 다른 보노보 그룹을 만나게 되면 대개 그냥 자기 영토로 돌아간다. 하지만 가끔은 그런 기회를 사회적 사교 행사grooming and horsing의 기회로 활용하여, 다른 그룹들끼리 서로 어울리고, 애교 부리고, 유쾌하게 쩔고 까불기도 한다. 그리고 분위기가 맞으면 공손한 — 그래도 침팬지의 기준에서 보면 야단스럽다고 하겠지만 — 난교 행위를 벌이기도 한다.

침팬지는 시기심 많고 야심적이고, 자신들 그룹 내에서도 공격성을 보일 때가 자주 있다. 침팬지 그룹을 지배하는 것은 수컷이다. 수컷들은 각기 연대하여 다른 수컷들에 맞서며, 지배는 주로 가임可姙

암컷을 독점하는 문제와 관계된다(그래서 지배자 수컷은 균형이 깨질 정도로 많은 자손을 가진다. 그들의 공격성이 갖는 주요 이점이 바로 이 지위 추구 측면이다). 보노보 그룹의 지배자는 절대로 수컷이 아니고 언제나 암컷이다. 암컷들이 서로 연대하여 지배하고 평화를 유지하며, 수컷들을 사회적으로 순종하는 위치에 있다. 암컷의 권위는 수컷의 공격성을 누그러뜨린다.

수컷 보노보는 자신의 어미와 평생 가장 가까운 관계로 지낸다(범고래와 같다). 보노보 사이에서 싸움은 드물게 일어나고, 다양하게 결합된 성적 관계를 통해 흔히 분쟁이 조정된다. 암컷들은 누구와 짝을 짓고 싶은지, 언제 할 것인지를 결정하며, 그리 까다롭게 굴지 않는다. 암컷들은 배를 맞대는 교합을 선호하며, 섹스를 먼저 주도할 때가 많다.[88] 이는 자존심 있는 암컷 침팬지라면 도저히 생각도 못할 일이다. 보노보는 말하자면, 삼성애자다. 그들은 누구든지, 어떤 방식이든지 시도해 본다. 나눔은 곧 보살핌이다. 그룹 내의 여러 수컷들은 다들 비슷한 수의 어린 것들의 아비가 된다.

침팬지가 콩고 강 남쪽에 격리된 주로 암컷들만 있는 작은 그룹의 보노보들의 선조였는가? 그렇다 하더라도 어떻게 암컷의 지배와 리더십이 제도화되었을까? 수수께끼다.

우리 모두가 그렇듯이, 보노보 성격의 매개변수는 두뇌에 관련된 것이다. 침팬지와 비교할 때, 보노보의 두뇌는 타인들의 불편함 감지에 관련되는 구역에서 회백질gray matter이 더 많다.[89, 90] 보노보는 공격적 충동을 통제하기 위한 신경 통로가 더 넓어, 타인에게 해를 끼치지 않게 억제한다. 이것은 스트레스를 줄이고, 긴장을 풀어 주고, 불안을 줄여 섹스와 놀이를 즐길 여유를 가질 수 있는 수준까지 이르게 한다.

보노보에게서는 어른이 되어도 두뇌 호르몬과 혈중 화학물질이 전형적인 아동기 수준으로 유지되어, 공격성을 억압하는 세로토닌 수치가 더 높고 스트레스 호르몬 수치는 더 낮다. 아동에게 전형적인 두뇌 화학성분은 장난스럽고 친근하고 신뢰하는 것 같은 아동 특유의 행동을 도발한다. 그 기저에 있는 유전적 변화가 행동적, 내부적, 신체적인 특징들의 조합을 낳게 된다. 예를 들면, 침팬지에 비해 보노보는 신체적으로든 정신적으로든 사회적으로든 성숙해지는 속도가 더 늦으며, 기술 학습 속도도 늦다. 아동 특유의 두뇌 화학성분을 만들어냄으로써 공격성 수준을 낮추는 바로 그 유전자는 더 아동 같은 신체 특징도 만들어 낸다. 어른 보노보의 두개골은 사춘기 시절의 침팬지 두개골과 닮았다. 그들의 머리는 형태나 크기 면에서 아동의 머리와 같고, 보노보는 송곳니의 크기가 더 작다(어른 침팬지의 이빨보다 20퍼센트 더 작은 크기다). 침팬지와 비교하면 보노보는 더 평평한 얼굴에 턱의 크기도 더 작다. 암컷 침팬지는 어른이 되면서 대음순이 없어지지만, 보노보는 인간처럼 어른이 되어도 그대로 있다. 암컷 보노보의 클리토리스와 외음부는 침팬지의 것보다 더 앞쪽에 위치해 있어서, 그들이 섹스할 때 배를 맞대는 정상 체위를 좋아하는 이유가 이것으로도 설명된다.[91] 보노보는 입술 색소를 잃었기 때문에 매력적인 핑크빛의 입술을 갖게 되었다.

보노보가 어떻게 자기 길들이기를 해냈는지는 아직 분명하지 않은데, 불확실한 짐작이지만 보노보가 이리저리 헤매다가 일종의 먹이가 잔뜩 있는 에덴동산 같은 곳에 들어가게 되었을 가능성이 있다. 그런 짐작은 좀 과장이지만, 먹이가 풍부한 생활 여건이 차이가 생긴 원인이었을 수는 있다. 어른 침팬지는 보노보보다 먹이가 숨겨진 곳을 훨씬 더 잘 기억하는데, 이로 미루어보아 침팬지들은 먹이가 더 귀했기 때문에 더 많이 찾아야 했고 더 많은 기술과 노동이 필요한 여건에서 살았을 것이라고 짐작할 수 있다. 또 실제로 보노보는 시간도 더 적게 들이고 더 좁은 지역만 수색하여 먹이를 얻는다. 보노보가 사는 곳에는 고릴라가 없다. 그러니 고릴라와 침팬지의 먹이가 중첩되는 점을 감안하여 말하자면, 고릴라가 없는 지역에 사는 보노보는 먹이를 더 많이 얻을 수 있다. 침팬지들 사이의 싸움은 심각한 부상이나 죽음을 가져올 수 있다. 침팬지들은 먹이를 찾아다닐 때도 서로 간의 간격을 멀리 두며, 암컷들은 상당히 많은 시간을 혼자서 보낸다. 보노보의 먹이는 더 좁은 범위에 집중되어 있으므로 먹이 수색을 나가는 그룹의 규모가 커지는 경우가 많다. 그러니 보노보는 더 가까이, 더 자주 접촉하는 데서 생기는 긴장감과 마찰을 해결해야 할 필요가 많았을 것이다. 이 때문에 개체간의 관계를 더 평화롭게 유지할 능력이 필요해졌다. 어떤 방식으로든 보노보는 이 과제를 달성했고, 그들 스스로 폭력으로부터 거의 완전히 해방되었다.

영장류 전문가인 리처드 랭엄Richard Wrangham의 설명에 따르면 보노보는 "평화로 가는 통로 셋을 가진 침팬지이다.[92] 그들은 양성 간의 관계에서, 수컷들끼리의 관계에서, 그리고 공동체들 사이의 관계에서 폭력의 수위를 낮추었다." 야생의 침팬지와 보노보 두 종을 모두 연구한 유일한 영장류 연구자인 일본의 타케시 후루이치Takeshi Furuichi는 간명하게 주장한다. "보노보에게서 모든 것은 평화롭다. 보노보들은 삶을 즐겁게 누리는 것 같다."

"이 추론 노선을 따라가다 보면,"[93] 브라이언 헤어Brian Hare와 마이클 토마셀로Michael Tomasello는 아주 조심스러운 말투로 어떤 제안을 내놓는다. "현대 인간 사회의 진화에서 중요한 첫걸음은 일종의 자기 길들임이라는 가설을 진지하게 주장할 수 있게 됩니다."

어째서 그럴까? 헤어와 토마셀로는 친근한 성품을 가진 개체들만이 살아남아 교배하게 되었던 러시아여우의 사례를 상기시키면서 이렇게 주장한다. 인간은 "지나치게 공격적이거나 독재적인 개체는 죽이거나 따돌렸다. 따라서 길들여진 개처럼 더 양순한 감정적 반응을 선택함으로써 우리의 인간 선조들은 새로운 적응 공간에 오게 되었다." 그렇게 함으로써 "사회적 상호작용과 소통의 더 인간적인 형태"의 진화를 위한 기초를 마련하게 되었다는 것이다.

글쎄, 지나치게 공격적인 개체를 죽이는 것이 그리 친근한 태도로 보이지는 않는다. 그러나 사실 보면 민주주의 및 인간 자유와 존엄성을 향한 투쟁의 역사 전체가 그런 식이 아니었던가? 그리고 오늘 우리는 살해의 업무를 정부에게 맡기고, 우리 중에서 지나치게 공격적인 자들을 감옥에 가두어 격리시키지 않는가? 이루 말할 수 없는 인간적 참상의 어둠을 지나오면서도 언제나 우리는 때때로 생각난 듯이 평화를 찾고 우리 자신을 길들일 더 완벽한 방법을 찾아 헤매지 않았던가? 자기 길들임은 정말로 인간 프로그램의 일부로 여겨진다. 문명이란 곧 좀더 공손해지는 과정이다.

나는 오래전부터 인류가 아동 단계에 있으며, 어떤 식으로든 성숙해가는 과정이 진행되고 있다고 추측해 왔다. 그런데 만약 자기 길들임의 가설이 옳다면, 그것은 우리가 아동 단계에 있는 것은 맞지만 점점 더 아이가 되어가는 방향으로 가고 있다는 뜻이다.

어른 인간의 아동적인 특징은 이미 1926년에 어느 과학자가 다음과 같이 요약한 말에 확연히 드러나 있었다. "내 생각의 기본 원리를 좀 강하게 표현해 본다면, 나는 신체 발달 면에서 볼 때 인간은 성적으로 성숙해진 영장류의 태아primate fetus라고 말하겠다."[94]

실험에 쓰인 여우, 우리가 집에서 보는 개, 야생 보노보는 모두 친근함의 유전적 성향 외에 부수적이고 선택되지 않은 변화들이 DNA의 같은 구간에 끼어들어 곁다리로 따라간다는 사실을 보여준다. 결과적으로, 인간에게서 비롯된 더 양순한 생활에 따라오는 어떤 특징들의 집합이 모든 가축에게 나타난다. 여러 세대에 걸친 길들임을 통해 거의 모든 포유류(소, 돼지, 양, 염소, 심지어 기니피그까지도)의 체구는 실제로 더 작아졌고, 야생에서 사는 선조 친척들의 더 억센 골격에 비해 골격이 더 가늘어졌다. 전형적인 특징을 말하자면 두뇌를 담는 두개골 크기가 더 작아졌고, 두뇌 자체도 작아졌다. 주둥이는 짧아져서 얼굴이 상대적으로 납작해졌다. 이로 인해 이빨이 들어설 공간이 비좁아지자 이빨 크기가 작아졌다. 수컷과 암컷 간의 덩치 차이는 줄어들었다. 털 색깔과 질감은 다양해졌다. 피하와 근육에서의 체지방 보유량은 늘어났다. 활동이 줄어들고 양순함이 늘어났다. 짝짓기철은 길어졌고, 그와 함께 구애 행동과 성적 자극과 임신시키지 않는 성행위와 다둥이 출산과 젖의 분비량도 늘어났다. 놀이와 수컷 공격성의 저하 등 아동 같은 행동은 어른이 된 뒤에도 계속 남아 있다.

길들여지는 과정에서 개는 늑대에 비해 몸무게 대비 두뇌 용량이 최대 30퍼센트까지 줄어들었다. 돼지, 족제비도 대략 비슷하다. 밍크는 20퍼센트가량, 말은 15퍼센트가량 줄었다. 야생으로 돌아간 가축의 두뇌 용량은 원래대로 다시 커지지 않는데, 이로 보아 그 손실은 정말로 유전적인 차원에서 일어난 것이다.[95] 야생 선조들에 비하면 길들여진 기니피그는 공격에 관심이 적고 섹스에 더 흥미를 보이며, 주위 환경에 대한 주의가 덜하다. 내분비 시스템을 변화시킨 유전적 변화는 가축들을 그런 차이를 갖도록 몰아간다.

홍적세 후기에 이와 비슷한 신체 변화가 일부 인간들에게서도 수 없이 나타났다.[96] 인간 화석 기록을 살펴 보자. 문명이 인간의 덩치를 더 키웠다고 생각하는 경향이 있지만, 사실 초기의 인간은 그전보다 작아졌다. 1만 8,000년 전 유럽에서 인간은 신장이 총 10센티미터 밖에 되지 않는 경우가 있었다. 이런 축소 지향성은 농경사회로 이행하는 동안 계속되었다. 지구온난화는 축소의 원인 가운데서 아마 배제될 수 있다. 확연히 알아볼 수 있는 예외는 있지만 온난 기후에 대한 인간의 진화상의 반응은 대체로 키가 더 커지는 쪽이었다. 왜냐하면 팔다리가 더 길면 체온을 떨어뜨리는 능력도 커지기 때문이다. 이로 미루어보아 인간의 키가 작아지게 된 원인에 변화가 있었을 것이라고 짐작할 수 있다(지난 200년 동안 건강과 영양분 섭취가 나아진 덕분에 유럽인들은 다시 구석기시대의 선조들만큼 커졌다).

인간이 현대적인 외모를 갖게 되면서 다른 변화도 일어났다. 미국의 인류학자 오스비요른 피어슨Osbjorn Pearson에 따르면, 네안데르탈인과 비교할 때 13만 년 전의 최초의 현생 인류는 "얼굴이 훨씬 작았다."[97] 홍적세 말경에는 어떤 인간 그룹과 그들에게 결부된 동물들이 계속 크기와 신장 면에서 나란히 줄어드는 현상을 보이기 시작했다. 얼굴과 턱이 짧아지고 치열이 비좁아지고, 이빨 크기도 작아졌다. 피어슨은 우리 얼굴과 치아 크기의 축소는 정착 생활로 향하는 긴 이행기 동안 시작되었다고 말한다.

전문가들은 인간의 체중 대비 두뇌 크기가 줄어들었는지 아닌지를 놓고 논쟁이 분분하다. 하지만 어떤 경우든 우리는 네안데르탈인보다 두뇌 용량이 작다. 가령 오스트레일리아 남자들은 홍적세부터 우리가 사는 지금 시대인 충적세에 이르기까지, 유목생활을 할 때나 정착생활을 할 때나 모두 두개골 크기가 9퍼센트 줄어들었다. 대략 1만 2,000년 전에 그런 변화는 거의 모든 인간의 전형이 되었다. 크기가 1,350cc인 우리 현대인의 두뇌는 과거에 네안데르탈인이 가졌던 1,500cc에 비해 10퍼센트 줄어들었다. 농경생활과 함께 그런 신체적 변화의 속도가 전반적으로 빨라졌다.

가축화 초기의 동물들은 거처를 얻었고, 농업 문화 속에서 식단도 달라졌으며 상대적으로 속박당하는 대신 포식자로부터 보호받게 되었다. 이로 인해 감각이 발달할 필요가 줄어들었고, 계속 더 길들여지는 데 편리해졌다. 길들여진 동물들이 활동과 자극이 줄어든 생활에 안착했듯 인간도 그렇게 되었다. 인간은 가축에게 더 안전하고 더 정착형인 생활여건을 마련해 주면서, 스스로에게도 같은 여건을 마련했다. 속박은 상호적이었다. 자연에서 벗어나 농장에 정착하면서 우리는 진정한 의미에서 또 하나의 농장 동물이 되었다. 캘리포니아 공대의 두뇌 연구자인 존 올먼John Allman은 농경 및 생존의 일상적 위험을 줄이는 다른 방식을 통해 인간은 자신들을 길들였다고 말한다. 이제 우리는 먹이와 거처를 마련하기 위해 타인들에게 의존한다. 그런 면에서 우리는 푸들과 많이 비슷하다.[98]

가축화된 생물은 생존을 위해 스스로 재능을 발휘할 필요가 없다. 그들에게 필요한 것은 도도함이 아니라 자신들의 운명을 수용하는 것이다. 소와 염소는 주위 환경에 그다지 민감해 보이지 않는다. 그럴 필요가 없다. 그들을 키우는 인간들도 마찬가지다. 고고학자 콜린 그로브스Colin Groves는 쓴다. "인간의 환경적 인식environmental awareness은 가축화된 종과 나란히, 그리고 같은 이유로 줄어들었다."[99] 그는 가축화란 일종의 동반자 관계로서, 그 관계 속에서 "각 동반자는 어느 정도까지 서로와의 연합에 의해 보호받는다." 그로브스는 우리는 안전을 얻는 대신에 감각이 어느 정도 둔해지는 대가를 치러야 했다고 말하면서, 두뇌의 변화로 인해 인간들에게서의 "환경에 대한 올바른 평가environmental appreciation의 정도가 낮아졌다"라고 설명한다.

나는 그의 발언이 주목할 만하다고 생각한다. 그는 "환경적"이라는 단어를 우리를 둘러싸고 있는 환경 전체를 가리키는 의미로 쓴다. 하지만 나는 자연 세계에 대한 우리의 인식에 대해서도 생각한다. 오래전에 에머슨이 주장하기를, "진정으로 말하자면, 어른 가운데 자연을 볼 줄 아는 사람은 거의 없다. 거의 모든 사람들은 해를 보지 않는다"라고 했다.

나는 항상 인간이 자연으로부터 소외된 것이 그냥 습관 탓이라고 생각해 왔다. 생활세계와 밀접하게 공명하면서 살아가는 수렵채집 부족민들이 최근까지도 분명히 있었다. 그렇지만 자연으로부터의 소외라는 문제, 에덴동산에서의 추방이라는 생각이 인간의 실제 본성 속에 박혀 있는 것이라면? 우리의 본성은 자기 길들임에 의해 변화한 것인가? 우리는 우리 자신의 가축에 의해 가축화되었는가? 만약 '길들임 신드롬'이 인간의 본성이라면 어떻게 되는가?

제퍼스의 말을 들어 보자.

인간이라는 종은

충격과 고뇌에 의해 (……) 만들어졌고 (……)

그들은 짐승을 도살하여 그들이 인간을 도살하고

세상을 증오하게 만들었다.

　그리하여, 우리가 문명을 만드는 '길들여짐'에 안착하는 과정에서 스스로에게 부과한 변화가 실제로 체내지방축적, 성적 특질, 잦은 다태多胎 출산, 감각 능력의 저하, 빽빽한 치아를 가진 납작한 얼굴, 가축들에게서 보는 것과 비슷한 온순함을 특징으로 하는 변화를 인간에게 가져왔는가?

　이것은 확실하다. 우리가 자신들을 진화 이후의 존재, 순수하게 문화적인 생물, 선택의 압박에서 벗어나서 자신의 운명의 통제권을 쥔 존재로 보는 견해는 틀렸다. 우리는 인간이 진화하다가, 진화를 멈추고 문화를 시작했다고 생각하는 경향이 있다. 전혀 그렇지 않다. 농경의 시작과 문명 속에서 꽃을 피운 문화는 그 자체가 환경의 엄청난 변화였고, 선택의 압력을 크게 바꾸었다. 사냥꾼의 덩치와 힘과 감각을 유지해야 할 압박이 느슨해졌고, 반면 협력적으로 처신하고 사회적 기술을 확대하고, 폭력적 충동을 억누르라는 압력이 강해졌다. 매머드 사냥에 필요한 힘을 기준으로 하면 작고 날씬하고 골격이 가는 사람들은 우수한 인재가 아닐 것이다. 하지만 열량을 더 적게 소모하는 사람들은 흉년에도 더 잘 살아남을 수 있었을 것이다. 다윈이 '자연선택'이라는 용어를 고안한 것은 그가 자연에서 일어나는 일의 역학체계를 가축 사육에 응용되는 인위적 선택과 비교했기 때문이었다. 하지만 제대로 말하자면, 자연은 선택하지 않는다. 환경은 필터 기능을 갖지만, 환경이 변하면 그 필터는 다르게 작용한다. 요컨대 압력의 변화와 함께 우리는 계속 형성되는 과정 중에 있다.

거울 속에서 진화하는 생물을 보라. 우리가 서로에게 보편적으로 잘 처신하기까지는, 아니면 보노보처럼 서로와 재미있게 지내기까지는 갈 길이 아직도 한참 멀다.

생물들 중 늑대와 인간만큼 닮은 종은 없다고들 한다. 아름다움과 적응력의 측면에서만이 아니라 잔혹성 측면에서 늑대를 보더라도, 이 결론은 피하기 힘들다.

가족 무리를 이루어 살아가고, 우리 속의 인간 늑대를 막아서 차단하고, 우리 속의 늑대를 통제하며 살아가기 때문에 우리는 진짜 늑대들의 사회적 딜레마와 그 지위 추구라는 성질을 쉽게 알아볼 수 있다. 아메리카 원주민들이 늑대를 인간과 형제인 영혼으로 본 것도 의외가 아니다.

수컷 늑대와 인간의 유사성을 생각해 보자. 그 유사성은 아주 놀라울 정도다. 수컷들이 암컷이나 어린 것들의 생존을 1년 내내 직접 지켜주는 종은 거의 없다. 예를 들어 조류를 보면 거의 모든 수컷이 짝짓기 철에만 암컷과 새끼들에게 먹이를 가져다준다. 물고기와 원숭이 몇 종류의 경우에는 수컷이 적극적으로 어린 것을 보살피지만, 새끼가 작을 때만 그렇게 한다. 부엉이원숭이의 수컷은 새끼를 안고 다니며 보호하지만 먹이를 먹여주지는 않는다. 여우원숭이 수컷은 포식자들에게 맞서서 암컷이 달아날 수 있게 해 주지만, 먹이는 가져다주지 않는다.

1년 내내 먹이를 잡아오고, 새끼들에게 먹이를 가져다주며, 어린
것들이 완전히 성장할 때까지 여러 해 동안 도와주고, 암컷과 자손
들의 안전을 위협하는 개체들에게 맞서 그들을 보호하는 행동은 어
떤 종의 수컷에게서도 아주 보기 드문 완결된 행동의 조합이다. 그
렇게 행동하는 것은 인간의 수컷과 늑대의 수컷이 전부다. 그리고
그 둘 중에서 더 믿을 만하고 충실한 것은 인간이 아니다. 더 충실하
게 헌신하여, 어린 것의 양육을 돕고 실제로 암컷이 살아남을 수 있
도록 도와주는 것은 늑대 수컷이다.

침팬지는 인간과 훨씬 더 가까운 사이로 보이지만, 수컷 침팬지
는 새끼에게 먹이를 주는 것을 도와주지 않고, 거처에 먹이를 가져
오지도 않는다. 늑대와 인간은 서로를 훨씬 더 잘 이해할 수 있다.
우리가 침팬지가 아니라 늑대를 우리 삶에 받아들인 이유 중 하나
가 바로 이것이다. 늑대와 개와 우리. 우리가 서로를 발견한 것은 놀
랄 일이 아니다. 우리는 서로를 만날 자격이 있다. 우리는 서로를 위
해 만들어진 존재다.

부엌에서, 마룻바닥과 소파에서, 무릎과 침대에서, 우리의 열성
적인 애완동물의 고대적 기원을 잊어버린 인간들 눈에는 보이지 않
는 개의 탈을 뒤집어쓴 늑대는, 우리의 집에 구멍을 내고, 우리 가족
과 심장을 변형시키고, 사랑스러운 꼬리를 흔들고, 우리의 작업 동
반자가 되고 제일 친한 친구가 된다. 늑대처럼 폭력적인 생물이 스
스로를 길들여 인간의 가장 사랑받는 동반자가 될 수 있다는 것은
보기보다 아이러니하지는 않다. 우리에 대해서도 같은 말을 할 수
있으니까. 개라는 아바타의 모습을 한 늑대는 그룹 안팎에서의 생
활에 대한 기민한 선천적 이해력을 통해 인간과 융합된다. 늑대는

누구를 보호하고 누구를 공격할지, 죽을지언정 누구를 보호해야 하는지를 안다. 친구와 적을 기필코 구분하려는 집착은 늑대와 우리의 공통점이다. 그렇기 때문에 우리는 서로를 이해할 수 있으면서도 서로를 겁낸다. 우리가 까마득한 옛날부터 늑대를 보호자에서 신에 이르는 온갖 존재로 보아온 것도 이 때문이다.

야생 늑대를 지켜보는 것은 동종의 생물 한 마리가 매혹적이다가 무시무시하다가 사랑스럽게, 차례로 변신하는 모습을 지켜보는 일과 같다. 또한 우리가 기르는 개의 성향과 재능 가운데 얼마나 많은 수가 야생에서 완전히 형성되었는지, 그리고 우리집에 있으면서도 전혀 변하지 않고 그냥 남아 있는지 보는 일이기도 하다.

개의 품종은 엄청나게 다양해졌다. 그레이트데인과 치와와를 생각해 보라. 그런데도 멀리 떨어진 곳에서도 개는 개 — 어떤 품종이든 상관없다 — 와 고양이의 차이를 알아보는 것 같다. 아이들도 그렇다.

매킨타이어는 사람들에게 개를 키우는 가정이 많기 때문에 우리는 이미 "둘 다에 대해 알고 있다"고 즐겨 말하곤 했다. 내가 묻는다. "당신이 말하는 건 늑대와 개의 둘 다입니까? 아니면 늑대와 인간의 둘입니까?"

"둘 다 맞아요." 그가 대답한다.

"제 개는 저를 좋아합니까, 아니면 그냥 별식을 먹고 싶은 겁니까?" 기후 변화 전문가인 — 개 전문가가 아니라 — 어느 교수가 최근에 이런 질문을 해 왔다. 나 스스로도 그 질문을 자주 한 적이 있다. 간단하게 답해 보자. 당신 개는 당신을 정말 사랑한다. 그 이유 중 한 가지는 당신이 친절하기 때문이다. 당신이 포학한 사람이라면 개는 당신을 두려워할 것이다. 하지만 그러면서도 당신을 사랑할 수 있다. 의무나 필요 때문에. 이는 학대받는 인간이 그런 관계에서 갖는 감정과 별로 다르지 않다. 하지만 그 질문에 솔직하게 답하려면, 개의 두뇌에 대해 우리가 아는 내용, 그들의 두뇌 화학성분, 길들임으로 초래된 그들의 두뇌에서의 변화는 그렇다고, 그들이 우리를 사랑한다고 대답한다. 개가 인간에게 사랑을 느낄 수 있는 능력은 부분적으로는 늑대가 늑대들에게 사랑을 느끼는 데서, 또 부분적으로는 길들여진 그들 선조의 유전적 변화에서 온다. 우리는 개를 우리가 되고 싶어하는 인간과 닮은 존재로 길러냈다. 충성스럽고 열심히 일하며, 주의 깊고 맹렬하게 보호적이며 직관적이고 민감하며 다정하고 도움이 필요한 사람에게 도움이 되어 주는 그런 존재 말이다. 그런 감정이 어떻게 생겨난 것이든 그들의 감정은 진실하다. 당신의 개는 당신을 진정으로 사랑하며, 당신 또한 길들여진 상태에서 당신 두뇌의 깊고 오래된 부위를 활성화시켜 당신 개를 사랑한다.

몬타나 주 보즈만 바로 외곽에서, 크리스 반Chris Bahn과 그의 아내인 메리-마사Mary-Martha는 하울러스 인Howlers Inn이라는 B&B 숙소를 운영한다. 그들은 자기 집 바로 옆에 있는 4,896평의 땅에 울타리를 치고, 포획된 상태에서 태어난 늑대 여러 마리에게 필요한 안식처를 제공한다. 반과 메리-마사는 이런 늑대들을 생후 3주 때부터 직접 안아서 젖병으로 먹이면서 키웠다. 그들은 개와 늑대의 교배종이 아닌 순종 늑대들이다. 내가 그들의 집에 가자 그 늑대 새끼들은 강아지처럼 호기심에 가득 차서 울타리로 달려왔다.

러시아의 도르르 말린 꼬리를 가진 여우 및 스스로를 가축화한 친근한 여우 이론에 대해 읽어보았고 그런 것이 모두 완벽하게 타당한데도, 나는 온순하지만 가축이 되지 않은 늑대와 인간이 교류하는 모습을 처음 보는 일에 준비되어 있지 않았다.

반은 울타리에 들어갈 때 늑대들의 놀랍도록 길고 날카로운 발톱이 열렬하게 달려드는 것을 방어하기 위해 캔버스천으로 된 내리닫이 옷을 입고 있었다. 내가 제일 놀란 것은 그들이 보이는 개와 비슷한 친근함이었다. 그들은 꼬리를 흔들면서 반 주위에 기쁘게 모여들었다(나는 밖에 있어야 했다).

"늑대는 표현력이 굉장히 풍부해요." 벌 떼처럼 자신에게 달려드는 늑대의 바다 속에서 무릎을 꿇고 나를 올려다보면서 반이 말했다. "아마 개보다 더할지도 몰라요. 늑대가 무슨 생각을 하고 있는지 언제나 알 수 있습니다. 그들이 행복한지, 편안한지, 불편한지 알 수 있어요."

6세 알파 수컷이 다가와서 기운차게 몸을 비벼대더니 벌렁 드러누워 배를 드러냈다. 반은 쭈그려 앉아서 요청에 부응하여 배를 긁어 주었고, 다른 늑대들은 그의 얼굴을 핥았다. 내가 집에서 출라의 배를 긁어 주노라면 옆에서 주드가 하는 것과 똑같은 행동이었다. 나는 반에게 그 무리의 서열에서 그가 어디쯤 있는지 물어보았다. 그는 자신이 서열에 속하지 않는다고 했다. 그는 지배하는 역할을 하지도 않는다. 돌보는 사람일 뿐이다.

이런 늑대를 보면서 나는 인간 서식지 근처를 맴도는 버릇을 들인 늑대들이 오랜 세월이 흐르는 동안 이중국적을 갖기 시작했으며, 점차 인간의 사회적 범주 속으로 통합되어 들어옴으로써 원래

ⓒ 칼 사피나

반과 늑대들. 반은 자신이 운영하는 숙소에서 늑대들을 직접 키워 왔다.

출신지를 떠난다는 설명이 완전히 그럴듯하다고 느꼈다. 그런 과정은 훌륭한 이직移職이었을 것이다.

3부

우리

의

오해와 편견

우리가 현재 다루는 주제는 매우 불분명하다. 하지만 중요한 주제이기 때문에 좀 길게 논의되어야 한다. 또 우리가 모르고 있는 것을 명료하게 파악하는 것은 언제나 바람직하다.
—찰스 다윈, 『인간과 동물의 감정 표현』*The Expression of the Emotions in Man and Animals*

문제는, 규칙은 간단하지만 동물은 간단하지 않다는 점이다.
—베른트 하인리히Bernd Heinrich, 『비버 보그의 거위』*The Geese of Beaver Bog*

마음 이론 절대 반대

실험에 따르면, 늑대는 숨겨둔 먹이를 찾는 놀이를 할 때 처음에는 그곳을 가리키는 인간의 손을 알아채지 못했다. 개는 쉽게 알아챘다. 이런 차이가 있는 이유는 인간과 늑대 사이에 울타리가 있었기 때문이다. 개는 물론 사람과의 울타리가 없었고, 대개 개와 제일 친한 인간 동반자와 함께 실험을 받았다. 실험자들이 마침내 경기 여건을 동일하게 조성하자 늑대는 개만큼 숨겨 놓은 먹이를 잘 찾아냈다.[1] 훈련을 받지 않았는데도 말이다.

실험은 행동을 이해하는 데 큰 힘을 발휘할 수 있다. 하지만 울타리 속에 늑대를 가둬두고 진행한 경우처럼, 실험 여건에 제약이 너무 많고 인위적으로 행해지면 능력이 드러나지 않을 때가 많다. 실제 생활에서의 행동과 결정이 언제나 실험에서도 동일하게 들어맞지는 않는다.

야생에서 살아가는 동물을 지켜보는 생태학자라면, 야생동물 모두 자신과 새끼가 계속 살기 위해 노력하면서 세계와 얼마나 깊이 있게, 또 얼마나 섬세하게 협상하는지, 또 인간의 관찰이 놓치는 헐거운 틈새를 얼마나 쉽게 빠져나가는지를 보고 겸손해질 것이다. 반면 실험실에서의 연구는 '자기 인식'self-awareness이나 내가 제일 싫어하는 '마음 이론'theory of mind(자신의 사고, 믿음, 의도 등의 정신 상태를 기초로 타인의 정신 상태를 추론할 수 있다고 보는 인지 능력. 니콜라스 험프리, 데이비드 프리맥, 가이 우드루프 등이 처음 제안한 용어 — 옮긴이) 따위의 학술적인 용도로 만들어진 개념을 '테스트'하는 일에 매몰되어 있는 것 같다. 그런 아이디어가 도움이 되지 않는다는 말이 아니다. 도움이 된다. 문제는 동물은 인간들이 세운 학술적 분류와 테스트의 설정에 상관하지 않는다는 데 있다. 그들은 머리카락처럼 가늘게 나눠진 범주를 놓고 벌어지는 논쟁에 아무 흥미가 없다. 예컨대 해달이 대합을 돌로 내리치는 것은 도구를 사용하는 사례지만 갈매기가 대합을 돌 위에 떨어뜨리는 것은 도구 사용이 아니라는 식의 논쟁이 그들에게 의미가 있을까. 그들이 관심 있는 것은 생존이다. 반면 몇몇 학술 연구자들은 개념을 수많은 조각으로 쪼개 버리는데, 그걸 보다 보면 무슨 시시 케밥 요리사인줄 착각할 지경이다. 그러니 3부에서 나는 행동주의 과학자들이 만들어 낸 혼란 몇 가지로 재미있게 놀아보려고 한다. 요점을 흐리게 만드는 연기를 날려버리고 왜곡되게 보여주는 거울을 부수려는 것이다. 그리고 케밥 이야기가 나왔으니 말인데, 첫 번째 꼬치가 꿰는 것이 바로 '마음 이론'이다.

'마음 이론'은 정말 괴상한 용어로, 하나의 아이디어다. 그것이 어떤 아이디어인가에 대한 답은 누구에게 질문하느냐에 따라 결정된다. 자폐아들을 연구하는 나오미 앵고프 셰드Naomi Angoff Chedd에게 질문한다면 그녀는 "다른 사람이 자신과 다른 생각을 할 수 있다는 것을 아는 것"이라 말할 것이다.[2] 그 정의는 마음에 든다. 도움이 된다. 돌고래 연구자인 다이애나 라이스Diana Reiss는 마음 이론이 "당신 마음에 무슨 생각이 들어 있는지 내가 알 것 같다"고 느끼는 능력이라고 말한다.[3] 이것은 또 다른 정의다. 또 다른 사람들은—내가 보기에는 이상한데 — 그것이 "타인의 마음을 읽는" 능력이라고 주장한다.[4] 언론의 관심을 제일 많이 받는 것은 이 '독심술' 진영이며, 스스로 가장 으쓱해하는 것도 이 입장의 추종자들이다. 이탈리아의 신경학자이자 과학자인 비토리오 갈레제Vittorio Gallese는 '우리의 복잡한 독심讀心 능력'에 대해 글을 썼다.[5]

나는 당신에 대해 모르고(이게 내 요점일 것 같다), 나는 누구의 마음도 읽지 못한다. 경험과 보디랭귀지를 근거로 삼고, 정보에 근거하는 짐작이 실제로는 우리가 할 수 있는 최대치이다. 인상이 분명치 않은 낯선 사람이 길을 건너 우리 쪽으로 다가올 때 우리가 맞닥뜨리는 첫 번째 문제는 그들이 무슨 생각을 하는지 알 수 없다는 것이다. '마음 이론'이 그가 당신과 다른 생각을 가졌음을 이해한다는 정도의 의미라면 그건 좋다, 그 정도면 된다. 하지만 '복잡한 독심 능력'이 인간에게 있다고 주장하는 것은 터무니없다. 우리가 사람들을 만날 때 '어떻게 지내니?'How are you? 라고 묻는 것은 독심 능력이 없기 때문이다.

'마음 이론'을 만든 사람은 1978년, 침팬지를 테스트하던 연구자들이었다.[6] 침팬지에게 어떤 것이 의미 있는지, 어떤 것이 적절한 맥락일지에 대한 인간의 이해력이 심각하게 부족한 상황에서, 그들은 손이 닿지 않는 곳에 있는 바나나를 잡으려고 애쓰는 인간 배우

실험실에서 실험을 받고 있는 침팬지의 모습.

들이나, 전원이 꺼져 있는 상태로 음반을 틀려고 하는 사람, 또는 난로가 고장이 나서 벌벌 떠는 사람의 동영상을 침팬지에게 보여주었다. 그들의 가정에 따르면 침팬지라면 문제에 대한 해결책이 될 사진 하나를 골라내어 각 인간이 처한 문제를 이해했음을 입증하게 되어 있었다. 예컨대, 난로가 고장 난 사람의 동영상을 보면 침팬지는 '고장 난 난로에 불을 켤 라이터'의 사진을 고를 것이라고 짐작했던 것이다. 연구자들의 주장은 그냥 장난으로 하는 말이 아니었다. 침팬지가 옳은 사진을 고르지 않는다면 연구자들은 이것을 침팬지가 동영상 속 인간 배우의 문제를 이해하지 못했다는 뜻으로 보았고, 이는 '마음 이론'을 갖고 있지 않기 때문이라고 선언했다 (자, 당신이 침팬지라고 상상해 보라. 방으로 인도되어, 인간이 난로 곁에서 벌벌 떠는 동영상을 보고 문제가 무엇인지 알아내야 하고, 실험 내용이나 불의 사용에 대해 설명해 주는 사람 하나도 없이 당신이 라이터를 고를 것이라고 기대하고 있다고 상상하라. 마찬가지로, 당신이 전원이 꽂혀 있지 않은 축음기를 작동시키려고 애쓰는 사람의 동영상을 보게 된 토마스 제퍼슨의 입장이라고 상상해 보라. 당신은 자신이 무얼 보고 있는지 전혀 감을 잡지 못할 것이다). 그 이후 수십 년 동안 또 수많은 연구가 나온 뒤, 이 분야의 과학자들은 마침내 그 실험의 결과가 실험 설정에 영향받았을 수도 있겠다고 주장했다. 과학은 계속 전진한다. 그래, 반갑군.

지금까지 일부 과학자들은 마음 이론 능력 ― 기본적으로는 타인이 자신과 다른 생각이나 동기를 가졌음을 이해하는 능력 ― 이 영장류와 돌고래에게는 있다고 인정했다. 또 다른 몇몇은 코끼리와 까마귀에게도 있다고 인정했다. 가끔 개에게도 있다고 인정하는 연구자도 있다. 하지만 많은 연구자들은 마음 이론이 '인간만의 고유한 것'이라고 계속 주장한다. 이 글을 쓰고 있는 지금도 과학저널리스트인 캐서린 하먼Katherine Harmon이 "과학자들은 거의 모든 동물 종에게서 어렴풋한 증거의 흔적도 찾아내지 못했다"[7]라고 하듯이 말이다.

어렴풋한 증거의 흔적도 없다고? 눈이 멀어 버릴 정도로 많은데? 증거를 보지 못했다면 그것은 관심을 기울이지 않았기 때문이다. 그렇지만 프란스 드 발Frans de Waal은 관심을 기울였다. 그는 침팬지들이 자신에게 의심 없이 다가오는 동물원 관광객들에게 물 뿌리는 장난질을 하는 것에 대해 "복잡하고 우리에게도 낯익은 내면생활"을 반영한다고 말했다.[8]

침팬지와 개, 다른 동물들이 '마음 이론을 갖고 있다'고 연구자들이 생각하는지 아닌지는 별로 중요하지 않다. 중요한 것은 이것이다. 그들이 무엇을 가졌으며, 그것을 어떻게 갖게 되었는가, 개는 무슨 행동을 하는가, 어떤 동기에서 그렇게 행동하는가와 같은 것들 말이다. 개나 침팬지가 인간의 눈길을 따라가는지 아닌지를 묻기보다는, 개와 침팬지가 서로의 관심을 어떻게 끄는지를 묻자.

인간은 개의 마음보다 인간의 마음을 읽는 데 더 능숙하다. 돌고래는 돌고래의 마음을 더 잘 읽는다. 침팬지는 침팬지의 마음을 더 잘 읽는다. 우리는 인상이 불분명한 낯선 사람의 의도가 친근한지 사악한지를 그들의 몸짓을 통해 판단한다. 하지만 개도 마찬가지다. 다른 동물들 역시 고도로 숙련된 몸짓 독해자들이다. 잘못 독해하면 그들의 생사가 위태해질 수 있는데 누구에게 물어볼 수도 없다. 부모를 잃은 너구리인 매덕스(나는 매덕스를 젖병으로 먹여 키우기는 했지만 한번도 가둬둔 적은 없었다. 이 녀석은 제멋대로 돌아다니며 살았다)는 내가 어떤 생각을 하면 거의 즉각 내 의도를 알아차리곤 한다. 내가 어떤 신호를 줬는지는 나도 모른다. 내가 이제는 매덕스가 부엌에서 그만 놀고 문밖으로 나가야 할 때라고 판단하는 순간, 그녀는 갑자기 털을 곤두세우고 등을 똑바로 한다. 나는 독심술사 너구리를 키운다고 농담하곤 했다(내가 자기를 보는 눈길에서 분명 뭔가 느낀 모양이지만, 와우, 그 녀석은 정말 예리하다. 또 이빨도 그만큼 날카롭다).

야생동물이 자신의 입장에 맞게 세계와 타협하는 것을 보고 있으면 그들의 정신 능력이 얼마나 풍부한지 알게 된다. 당장 당신 집 주위를 돌아다니면서 호소하는 눈길로 당신을 이리저리 재보고, 당신의 반응을 기다리고 있는 녀석들을 관찰하는 것에서 시작해 보라. 내 말이 틀리지 않다는 것을 알 수 있을 것이다.

아침마다 나는 커피를 내린다. 날이 쌀쌀해서 창문의 스크린을 올리고 방풍창을 내린다. 전화벨이 울리고 내가 전화를 받는다. 출라는 나를 따라다니며 내 눈을 바라보고는 내 동작에 자신의 반응을 원하는 힌트가 있는지, 아니면 간식 단지 쪽으로 움직이려는지를 알아내려고 한다. 출라는 커피나 스크린이나 전화는 이해하지 못한다. 역사 속 대부분의 사람들 혹은 공격받지 않고 부족생활을 누리고 있던 1880년의 아메리카 원주민이나 지금까지도 남아 있는 수렵채집인도 내가 하는 행동을 전혀 이해하지 못할 것이다. 그러나 나의 정신 나간 개와 크레이지 호스Crazy Horse(1349~1877, 수우Sioux족 인디언 부족의 추장. 리틀빅혼 전투에서 카스터 장군Gen. G. Custer의 기병대를 전멸시킴 — 옮긴이) 사이에는 차이가 있다. 호스가 우리 시대에 살았다면 내가 하는 어떤 일이든 배울 수 있었으리라는 점

© 퍼트리샤 파라다인스
칼 사피나와 그의 개 주드(왼쪽), 출라(오른쪽)

말이다. 하지만 여기서도 요점은 개가 우리와 똑같냐는 문제가 아니다. 요점은 그들이 그들 자신과 비슷하냐는 점이다. 흥미 있는 질문을 던져 보자. 그들은 무엇과 비슷한가?

20세인 내 딸 알렉산드라는 우리가 키우는 또 다른 개인 주드가 스크린도어에 모습이 비치는 것을 보면 그가 들어오고 싶어한다고 짐작한다. 우리 개는 대개 두 마리가 함께 나가 있거나 함께 들어와 있지만, 언젠가 주드가 스크린에 비쳤을 때 출라는 마침 집 안에 있었던 적이 있었다. 알렉스는 전체 상황을 보고 이렇게 묘사한다. "주드는 안에 들여보내 달라고 낑낑대요. 출라는 스크린에 다가가서 주드를 빤히 바라보며, '하'라고 합니다. 마치 막 함께 놀기 시작해 놀리는 것처럼 말이에요. 그러다가 출라는 앞발을 문에 올려놓는데, 사람이 문을 열 때 그러듯이 가볍게 발을 올립니다. 그렇게 문만 열어 주고는 몸을 돌려 물어뜯고 있던 뼈로 돌아가요. 그녀는 자기가 무슨 일을 하는지 알고 있어요. 주드가 들어왔을 때 그녀는 이미 돌아섰어요. 그녀는 그냥 문을 열어 주러 갔던 거예요. 마치 '좋아, 들어와'라고 말하는 것처럼." 알렉스는 강조한다. "정말 흥미 있었던 점은 출라가 주드에게 문을 열어 주고 돌아서서는 그전에 하던 일로 돌아가는 그 방식이었어요. 내가 주드에게 문을 열어줄 때와 똑같은 태도였어요."

우리가 윗도리를 손에 쥐면 출라와 주드는 신이 난다. 우리가 자신들을 데리고 나가서 뛰어놀게 해 주기를 고대하는 것이라 봐도 무리가 없다. 나는 문을 열고 말한다. "차". 그러면 그들은 차의 뒷문으로 달려간다.

강에 닿으면 우리는 그들을 차 밖으로 내보낸다. 그들은 이렇게 노는 것을 물론 아주 좋아한다. 백조는 개들이 기슭으로 달려오는 것을 본다. 그리고 그 백조는 허둥지둥 물 쪽으로 걸어가서, 개가 닿지 않는 곳으로 헤엄쳐 간다. 개들은 물에 들어가 배까지 잠기는 깊이에 서서 백조를 보고 몇 번을 짖는다. 백조는 강의 흐름을 거스르며 한 자리에 멈춰 있고, 발헤엄을 쳐서 떠나가지도 않고 물살을 타고 흘러가지도 않는다. 기슭에 가까운 그 지점에서 멀어지고 싶지 않아서인지, 개들을 비웃고 있는 것인지, 개들에게 도전했다가 달아나는 것 사이에서 갈등하는 것인지는 모른다. 하지만 지금은 알을 품는 시즌도 아니고 백조는 영토싸움을 하는 부류도 아니다. 그렇다면 왜 백조가 개들을 비웃는 것처럼 보일까? 백조를 그렇게 하도록 붙들어 두는 것이 무엇인지 나는 모른다. 그러나 백조는 분명히 알고 있을 것이다. 이것이 백조에게는 재미있는 일일까?

출라는 백조가 있는 곳까지 헤엄쳐 가면 어떨까 고려해 본다. 다음에 어떻게 할지 궁리하는 표정이 보인다. 출라는 거의 목이 닿는 깊이까지 물을 헤치고 들어가 보지만, 원하는 대로 잘 되지 않으리라는 사정을 이해하는 것 같다. 백조는 출라에게 그 방법이 효과가 없으리라는 것을 분명히 알고 있다. 몇 번만 물을 헤면 닿을 거리에 있는 출라를 빤히 바라보고 있으면서도 깃털 하나 까딱하지 않고 있으니 말이다. 곧 개는 이것이 더 이상 재미있는 일이 아님을 깨닫고, 기슭으로 첨벙거리며 올라와서 뛰어다니며 논다.

방금 백조는 자신이 개를 피해야 한다는 것을 이해했고, 물에서는 개가 행동하는 데 제약이 있다는 것을 안다는 것도 보여 줬다. 백조가 만약 뭍에 있었다면, 개는 두 걸음 만에, 아마 0.5초만에 갈 수 있을 정도로 가까운 거리에 있는 것이었겠지만, 백조는 물에 있었기에 완전히 안전했다. 자신이 안전하게 있을 수 있도록 물을 활용하는 방법을 알고 있는 것이다. 마음 이론과 매체에 통달했다는 증거다.

출라는 기슭의 아래쪽 청둥오리 몇 마리가 떠 있는 물속으로 뛰어들었다. 그들 역시 출라가 더 깊은 물로 헤어 들어가도 날아가지 않는다. 기슭을 따라 180~270미터 더 내려가면 강은 롱아일랜드 협만으로 흘러 들어간다. 강 하구의 길이는 90미터 정도일 것이다. 강 중류에는 700~800마리의 검은머리흰죽지scaup — 또다른 종류의 오리 — 가 홍합mussel(늪말조개)을 잡으려고 자맥질하고 있다. 그들은 개를 무시한다. 하지만 인간 네 명이 먼 기슭에 나타나자 오리는 모두 놀라서 날아오르고, 강과 가까운 곳을 떠나 협만으로 날아간다. 그들이 또다른 검은머리흰죽지 무리와 긴꼬리오리 무리가 앉아 있는 곳을 지나가자, 공포감이 넓게 확산되어 그 오리들 역시 협만 건너편을 향해 날아간다.

왜 그 오리들은 해묵은 적인 늑대(길들여진 형태지만)가 나타나면 그냥 헤어 멀어지면서 인간이 먼 기슭에서 모습만 보여도 패닉에 빠지는 걸까? 오리들은 개에게 한계가 있음을 알고 있지만, 인간은 먼 거리에서도 자기들을 죽일 수 있음을 학습했기 때문이다. 이것이 이유다. 그들은 인간의 심중에 피해를 입히려는 의도가 있음을 알고 있고 죽음, 공격, 큰 위험이라는 개념도 갖고 있다. 그런데 그들이 수백만 년 동안 진화해 오면서 총을 경험했던 적은 없으므로, 개와 인간으로부터 유지해야 하는 안전거리가 서로 다르다는 정확한 판단은 학습된 것이고 또 최근의 일이다. 그렇다면 오리들은 '마

백조(위)와 청둥오리(아래)는 자신을 위협하는 존재가 누구인지 알아보고 피할 수 있다.

음 이론'을 갖고 있는가? 행동과 인식의 풍부함이 더 확연해지면서 질문은 덜 흥미로워진다. 새는 무엇을 하며, 왜 그것을 하는가? 이것이 바로 흥미로운 지점이다.

산책 후 집에 돌아가면 나는 출라의 몸을 타월로 닦아준다. 출라의 털에는 모래가 잔뜩 붙어 있고, 찝찔한 물로 축축해져 있다. 출라는 내 행동을 참아내지만 좋아하지는 않는다. 하지만 내가 출라의 몸을 닦은 타월을 풀기가 바쁘게 주드가 그 타월로 뛰어든다. 꼬리를 크게 흔들고, 턱을 딱딱거리며, 타월 옷을 입은 유령처럼 펄쩍거리고 뛴다. 주드는 장님 술래잡기를 아주 좋아한다. 장님 술래잡기란 주드가 눈을 가린 채 턱을 딱딱거리는 동안 그의 주둥이를 잡았다가 놓는 놀이다. 타월을 벗겨내면 그는 딱딱거리기를 멈추고, 다시 타월을 뒤집어쓰려고 애쓴다. 출라는 이 놀이에도, 또 그처럼 바보같이 놀고 있는 주드에게도 흥미가 없다.

나중에 개들은 집 주위의 마당에서 전혀 하지 않아도 되는 놀이를 하면서 서로를 뒤쫓는다. 그들은 오두막이나 헛간 주위를 빙빙 돌면서 서로를 속인다. 출라는 주드를 앞질러 튀어나오려고 몰래 돌아오겠지만, 주드는 멈추어 서서 출라가 어느 쪽으로 오는지 볼 것이다. 그들은 무슨 일이 벌어지는지 알고 있고, 다른 쪽이 자신을 속이려 하는 줄도 알고 있는 것 같다. 이것 역시 '마음 이론'이다. 하나는 상대편이 무슨 생각을 하고 있는지를 평가하고 있지만, 그 상대편은 또 어떻게 하면 자기가 어디로부터 공격해 들어갈지 믿게 하여 속일 수 있는지를 명확하게 이해하고 있음을 보여주고 있다. 놀이이기 때문에 그들의 행동에는 영리함과 유머가 모두 포함되어 있다(감각이나 지각 없이 서로 대응하는 무의식적 기계 두 대가 아닌 한 그렇다. 그래도 어떤 사람들은 '확신할 수가 없다'고 우길 것이다. 그런 태도를 나는 부인否認이라 한다).

공이 무엇인지 한번도 본 적이 없는 개는 공을 가져와서는 사람의 발밑에 놓아두지 않을 것이다. 하지만 공으로 놀아본 적이 있는 개는 사람에게 공으로 함께 놀자고 한다. 그들은 놀이를 머릿속에서 그려보고, 그것을 시작할 방법을 구상하고, 자기들이 볼 때 그 놀이를 할 줄 아는 인간 파트너와 함께 계획을 실행한다. 바로 마음 이론이다.

플레이 바우play bow(앞발을 구부리고 땅에 잠시 주저앉았다가 뛰어올라 다시 착지하는 동작. 놀자는 신호 ― 옮긴이)를 하는 개는 모두 당신이 함께 놀아 줄 수 있다는 것을 이해한다(플레이 바우는 엄격하게 말해 오로지 개만의 놀이는 아니다. 너구리인 매덕스도 자주 이런 놀이를 하자고 한다). 개와 또 다른 동물들은 나무, 의자 등과 같이 움직이지 않는 물건과는 플레이 바우를 하지 않는다. 나의 반려견 에미는 내가 처음 공을 자기 쪽으로 굴려주자마자 플레이 바우를 시작했다. 그녀는 마루 위에서 그토록 목적을 갖고 움직이는 것이라면 살아 있는 게 분명하다고 짐작했다. 하지만 그런 짐작은 딱 한 번뿐이었다. 금방 이것이 아주 근사한 새로운 일이지만 살아 있는 물건은 아니며, 의식적인 반응을 하거나 스스로 놀 능력이 없음을 이해했다. 따라서 더 이상 놀자고 하거나 배려할 필요도 없고, 깨물거나 던지거나 그 위를 밟아도 저항하지 않는다는 것을 알았다.

줄라는 콘크리트로 만들어진 실물 크기의 개를 보고 짖은 적이 있었지만, 그것도 그때 한 번뿐이었다. 냄새를 킁킁 한번 맡아 보고 모양과는 전혀 다른 것임을 안 것이다. 개, 코끼리는 사물의 정체를 흔히 냄새로 확인한다. 토끼를 쫓아가는 것을 좋아하는 개는 도 자기로 만들어진 토끼를 보면 형식적으로 냄새를 한번 맡아볼 것이다. 개는 눈으로는 토끼를 금방 알아보지만 워낙 영리해서 위조품에는 속지 않는다. 오리처럼 생겼고 오리처럼 꽥꽥대지만 오리 같은 냄새가 나지 않는다면 개는 그것을 오리로 여기지 않는다.

이런 자잘한 이야기들은 개에게 마음을 가진 것과 갖지 않은 것을 알아보는 기민한 능력이 있음을 보여준다. 그러니 마음 이론이 있다는 것이다. 헤엄치는 백조와 자맥질하는 오리 떼를 실험실로 데려갈 수는 없다. 가끔은 동물을 그들 자신답게 있지 못하게 하는 진기한 장치와 억지스러운 설정에 집어넣어 '실험'할 것이 아니라 그냥 우리가 흥미를 느끼는 개념을 단순하게 규정하고, 그들의 삶에 어울리는 야생 상황에서 지켜볼 수도 있다. 다른 동물들이 서로 다른 생각과 어젠다를 가졌으며, 심지어는 속을 수도 있음을 이해하는 모습이 보이는가? 그렇다. 그런 일은 우리 주위에서는 어디서나, 24시간 내내, 일주일 내내 일어나고 있고, 눈이 멀어 버릴 것처럼 명백하다. 하지만 당신은 눈을 훤히 뜨고 있어야 한다. 실험실 심리학자와 행동의 철학자들은 실제 세계에서 지각이 어떻게 작동하는지 모르는 것 같을 때가 많다. 나는 그들이 밖으로 나가서 관찰하고 좀 재미있게 지내면 좋겠다.

명백한 소통

우리 집의 강아지 두 마리는 봄에 보호소에서 데려왔다. 그들은 여름 동안 성장했고, 따뜻한 날씨가 계속되는 동안 개구멍을 통해 집 안을 들락거릴 수 있었다. 그들은 집 밖에 내보내 달라고 부탁할 필요가 없었다. 아주 드물게 문이 닫혀 있었던데다 밖으로 나가고 싶을 때면 문 옆에 가서 섰다. 문을 열어 달라고 짖을 필요는 한 번도 없었다. 오후 10시경에 마지막으로 나갔다 오면, 침실로 올라가서는 마룻바닥의 쿠션 위에 올라앉아 밤잠을 잔다. 푹 쉬다가 동이 트면 활기를 회복하여 일어난다. 태어난 지 첫 해의 10월 어느 날 저녁, 우리가 예상보다 더 늦게 돌아와서 매우 이례적으로 그들에게 늦게 밥을 준 적이 있었다. 평소의 스케줄이 깨지자 그들은 오전 4시에 나가고 싶은 충동을 느껴 아래층으로 내려가 문으로 갔다. 그들 중 하나가 여러 번 짖어서 나는 그들의 욕구를 알게 되었다. 그전에는 내보내 달라고 짖은 일이 한번도 없었다. 그럴 필요가 없었던 것이다. 그런데 그때는 왜 짖은 걸까? 우리가 2층에서 잠들어 있으며, 아래층 문이 닫혀 있음을 보고는 우리 주의를 끌어야 한다는 것을 이해한 모양이었다. 그래서 그들은 우리가 받아서 이해할 수 있는 메시지를 보냈다. 그것이 소통의 정의다.

패트리셔가 혼자서 개를 데리고 레이지포인트Lazy Point에 있는 우리 산장에 운전해 간 적이 있다. 나는 며칠 전에 이미 그곳에 혼자가 있었다. 그녀가 도착하자 출라는 내 차를 보고는 깜짝 놀라는 듯하더니 곧바로 나를 찾아다녔다고 한다. 나는 산책하러 나가 산장에 없었지만, 출라는 신이 나서 산장의 방마다 돌아다니며 나를 찾아내어 인사하고 싶어했던 것이다. 패트리셔가 보기에는 그랬다.

당신의 개가 무슨 생각을 하는지는 알 수 없다. 그래도 알 수 있을 때는 알 수 있다. 산책하러 갈 참이거나 차에 들어가려 할 때는 둘다 안다. 당신이 그들에게 먹다 남은 음식을 주려고 챙기고 있을 때도 둘 다 이해한다. 그 외 거의 모든 시간에 나는 그들이 무슨 생각을 하고 있는지 정말 모른다. 하지만 거의 모든 시간 동안 나는 내아내가 무슨 생각을 하는지, 나를 얼마나 사랑하는지, 저녁식사로 무엇을 먹고 싶어하는지 모른다. 그녀는 내게 말을 해 주거나 보여줄 수 있다. 사랑과 식사는 우리 개에게도 있을 수 있는 일이지만 개의 말하는 능력에는 한계가 있다. 보여주는 능력은 조금 더 낫다. 하지만 그럼에도 불구하고 그들은 자기들 나름의 생각을 갖고 있다. 그리고 우리는 몇 안 되는 단어와 동작과 우리의 깊은 사랑과 신뢰만으로도 함께 삶을 누리는 데 충분한 통화通貨를 찾아낸다.

주드는 내가 아는 가장 사랑스러운 개 중 하나지만 제일 영리한 개는 아니다. 우리는 그를 시인이라 부른다. 늘상 백일몽을 꾸는 것같이 보이고, 주위 상황에 관심이 거의 없기 때문이다. 적어도 나는 그렇게 생각한다. 어느 날 나는 그와 출라를 해변으로 데려가서 달리게 했다. 해변까지 가는 도중에 그들은 사슴 냄새를 맡고는 절벽 꼭대기의 숲속으로 사라졌다. 대개 그들은 사라져도 5분 안에 돌아온다. 그런데 이번에는 내가 내내 불러 대도 20~25분이 되도록 돌아오지 않았다. 나는 마침내 절벽을 기어 올라갔다. 부르고 또 불렀다. 아무 대답도 없었다. 그러다가 해변 아래쪽에 주드가 있는 게 보였다. 그는 그들이 달려가던 방향으로 전속력으로 질주하고 있었다.

좀 이상한 상황이었다. 언제나 앞서가고, 나를 찾아 먼저 돌아오는 쪽은 주드가 아니라 출라였는데. 주드를 부르니 그는 즉시 걸음을 멈추고, 내가 덩굴이 뒤엉킨 기슭을 기어 내려가는 동안 달려 올라왔다. 나는 걱정이 되었다. 출라는 어디 있는가? 나쁜 일이 일어날 수 있으니까. 다쳤을까, 이름표는 언제나 달고 있지만 길 잃은 개라고 생각한 누군가가 잡아갔을까, 달리는 차에 치었을까. 1분이 뼈를 깎는 듯 느리게 흘러갔다. 출라는 보이지 않았다. 혹시 차로 돌아갔는지도 모른다. 주드와 잠시 헤어진 일이 있었는데 그때 그렇게 행동했던 적이 두 번 있었다. 나는 차까지 800미터가량을 걸어 돌아가기로 작정했다. 출라를 찾지 못하면 주드를 차에 태워 놓고 돌아오려는 생각이었다.

주드는 내 말을 도무지 듣지 않으려 했다. 내가 방향을 바꾸려고 하니 항의했다. 그는 아주 명백하게 우리가 원래 가려던 방향으로 계속 가고 싶어 했다. 그는 지금 이 상황이 너무 재미있어서 그런 걸까? 그건 아닐 것이다. 이 정도로 많이 움직이면 그는 대개 내게 다가와 집에 가자고 하는 편이다. 그런데 지금은 계속 앞으로 가겠다고 고집하니 이상했다. 그 순간 해변 저 멀리, 우리가 이제껏 걸어간 것보다 훨씬 더 먼 곳에서 출라가 이쪽저쪽으로 갈짓자(之)를 그리며 아주 열심히 달리는 것이 보였다. 얼마나 마음이 놓였는지. 그런데 그녀는 우리에게서 멀어지는 중이었다. 나는 팔을 휘두르며 최대한 큰 소리로 불렀고, 내 목소리가 바람에 실려 그녀에게 닿기를 바랐다.

출라가 내 목소리를 들었는지 즉각 몸을 돌려 내가 팔을 휘두르는 것을 보더니 우리 쪽으로 열심히 달려오기 시작했다. 그녀는 자신이 숲속에 있던 시간 내내 내가 같은 방향으로 계속 걸어가리라고 생각했음이 분명하다. 실제로 그들이 잠깐씩 달아났을 때 나는 대개 그렇게 했었다. 그녀는 나와 마주칠 것으로 예상한 지점쯤인 해변으로 돌아온 모양이었다. 그처럼 빨리 달리던 모습으로 보아 출라는 나를 따라잡아서 만나려고 했던 것 같았다. 주드는 출라가 저 아래쪽에 있다는 것을 알았던 걸까? 그는 내가 출라를 버려두고 갈까봐 겁을 낸 것일까? 알 길은 없지만 그는 분명히 그렇게 여겨지도록 행동했다. 그래, 예쁜 녀석, 나는 네 이야기를 하고 있어(그는 이 글을 쓰는 지금, 내 책상 옆에 누워 있다). 돌이켜 보건대 나는 개들이 그동안 자기들이 무엇을 하고 있는지 내내 알고 있었다고 생각한다. 혼란에 빠진 것은 나였다.

우리는 개들과 노는 시간을 잠시 할애해 잡지 『사이언스』*Science*에서 '개는 독심술사가 아니다'Dogs Are No Mind Readers라는[9] 제목의 새 기사를 읽어 본다. 그래, 개의 마음을 읽는 인간이 있는가? 이게 뉴스인가? 마치 어떤 실험이 개에게 예지력이 있음을 입증했을 수도 있었을 텐데, 라는 식이다. 소문에 따르면 그 기사는 "개가 믿을 만

하지 못한 인간을 계속 신뢰하는 것을 보아, 개에게는 소위 말하는 마음 이론이라는 것이 없음이 입증된다"는 실험을 집중 조명한다. 우리는 버니 메이도프Bernie Madoff(역사상 최대 규모의 다단계 금융사기인 폰지ponzi 사기를 벌인 사람 — 옮긴이)의 의뢰인이나 하찮은 사기꾼의 제물들이 소위 말하는 마음 이론을 갖고 있지 않았는지 물어보고 싶은 유혹을 무시하려고 한다. 그 기사의 필자가 전하려던 것이 인간은 신뢰감이 없는 인간을 절대로 신뢰하지 않는다는 뜻일까? 때로 사람들은 괴상한 이중 기준을 적용한다. 사람들은 다른 동물들이 인간만큼 영리하지 않다는 전제를 세운 다음, 그들에게 더 높은 수행 표준을 적용한다. 그런데 사실 알고 보면, 그 기사에서 실험을 통해 밝혀졌다고 말한 내용은 그 실험에서 실제로 밝혀진 내용이 아니었다. 연구자들은 24마리의 개를 시험했다. 그들은 음식과 똑같은 냄새를 풍기는 양동이 두 개 중 한 양동이에만 음식을 넣었다. 양동이 옆에는 그 개가 한번도 만난 적이 없는 인간들이 서 있었다. 그들 중 절반은 언제나 먹이가 든 양동이를 가리켰다. 나머지 절반은 언제나 빈 양동이를 가리켰다. 전체 5회차, 총 120회의 테스트 과정을 통해 모든 개는 모든 인간들과 만나게 되었다. 테스트에는 진실을 말하는 자와 거짓말쟁이가 섞여 있었다. 개들은 90퍼센트 이상 진실을 말하는 자의 손을 따라갔다. 거짓말쟁이와 처음 만난 테스트에서 개들이 그의 손길을 따라간 것은 80퍼센트에 그쳤고, 언제나 거짓말하는 인간에게 다가가는 시간은 두 배가 넘게 걸렸다(진실을 말하는 자에게 다가가기까지 6초가 걸린 데 비해 거짓말쟁이에게 다가가기까지는 14초가 걸렸다). 시간이 흐르면서 잘못 알려주는 인간에 대한 신뢰를 잃게 되자 거짓말쟁이가 가리키는 양동이로 가는 개는 점점 줄어들었다. 마지막 테스트 세션에서 개들은 기본적으로는 기만적 인간을 무시하고 선택했는데, 대략 50 대 50의 확률이었다. 연구자들은 "개들이 협력자와 기만자를 다르게 대우하는 법을 배운다"라고 결론지었다. 정상인이라면 다들 그렇게 생각할 것이다.

하지만 그때의 연구자들은 결과를 비틀어, "개들이 인간을 신뢰하지 않게 된 것은 인간이 무슨 생각을 하는지를 직관할 수 있기 때문이 아니라, 그저 특정 인간들과 먹이를 얻지 못하는 결과를 결부시킬 줄 알게 되었기 때문"이라고 주장했다. 잠깐! 이런 설정에서 어떤 사람도 다른 사람이 무슨 생각을 하는지 '직관'하지는 않는다. 실험에 참여한 인간들은 자신이 믿을 만한지 아닌지를 보여주었다. 그리고 개들은 누가 믿을 만한지 아닌지를 배웠다(어쨌든 개는 예전에는 한번도 거짓말하는 인간을 만난 적이 없었으니까). 하지만 연구자들은 개는 자신이 마음 이론을 가졌음을 '입증'하기 위해 인간들의 생각을 읽었어야 했다고 말한다. 그건 터무니없는 소리다. 맙소사.

연구자들은 어떤 식으로든 개들이 마음 이론을 가졌음을 실제로 입증한다고 보여주는 데 실패했다. 개들은 자신의 먹이가 어디 있는지 모르더라도 인간은 알 수 있다는 사실을 이해했다. 이것이 마음 이론이다. 어떤 인간의 지시가 믿을 만하지 않음을 이해하는 것, 이것이 마음 이론이다. 개가 마음 이론을 갖지 않은 것이 아니다. 요점을 흔히 놓치는 것은 인간이다. 거짓말하는 인간 앞에서는 개 중 5분의 1이 어느 양동이든 고르기를 거부했다. 비기술적 용어로 말하자면 그들은 뭔가 문제가 있음을, 인간이 자신들을 골탕 먹이고 있음을 어떤 차원에서는 이해한 것이다. 연구자들은 그 실험에서

"개가 인간의 의도를 이해한다는 생각을 지지하는 어떤 근거도 나오지 않았다"라고 결론지었다.[10] 그러므로 또 다른 실험을 시도해 보자. 우연히 당신의 개에 걸려 넘어진 다음 일부러 그를 걸어 차 보라. 그리고 개가 얼마나 확실하게 당신 의도를 이해하는지 보라.

어떤 실험은 연구자들에 대해 더 많은 것을 말해 준다. 연구자들이 동물의 생각이나 관점을 꿰뚫어 볼 수 없을 때, 그것은 많은 인간들이 인간 아닌 존재에 대한 마음 이론을 갖고 있지 못함을 보여준다. 하지만 수많은 동물은 (우선 포유류와 조류로부터 시작하자면) 다른 동물들이 자신을 바라보고 있다는 것을 깨달으면 상대를 바라본다. 그리고 그들은 그들의 관심이 언제나 일치하지 않음을 깨닫는다(새클턴Shackleton의 개처럼 신뢰를 배웠고 충성심만 알고 있는 경우는 제외다).

새클턴의 결정

어떤 시점에 이르자 그는 자신이 개를 더 이상 키울 수 없다고 판단했다. 누군가 개를 한 마리 한 마리 얼음 더미 뒤로 데려가서 쏘아야 했다. 나는 한번 내려앉아서는 좀처럼 걷히지 않던 북극의 밤을,

그들의 옷에 달라붙은 어둠을 상상하려 애쓴다. 어떤 남자들은 반대한다.

개는 따뜻함과 사랑이기 때문에,

부드러운 침대에서 잠을 자고, 따뜻한 식사로 배도 부르던

과거 생활을 상기시켜 주기 때문이다. 개의 꼬리는

기쁨으로 만들어졌고, 그들의 몸뚱이는 희망의 털로 감싸였다.

나는 개가 기꺼이 죽음으로 걸어 들어가고, 지시에 따르고,

한 마리는 이빨 사이에 낡은 장난감을 물고 있더라는 이야기를 읽

으면

책을 내려놓아야 한다. 그들은 신뢰했다.

그들을 이 흰색 위험 속으로,

이 황량한 추위 속으로 끌고 들어간 남자들을.

신이여, 그들은 보급품이 가득 실린 썰매를 끌었고,

바다표범에게 짖어대어 쫓아 버렸다.

누군가에게 줄

보급품이 부족해졌으니, 그리고 모닥불 주위에 모여 앉은 개들은,

친절함으로 혀가 촉촉한 개들은

배신에 대해서는 아무 것도 모르니 개를 죽이자고 말했다.

그들이 아는 것은 일어나 앉는 법,

기쁘게 해 주는 법, 머리를 숙이는 법,

그 자리에 가만히 있는 법이었다.

—페이스 시어링Faith Shearin

호랑이에게 마음 이론이 있다고 주장한 사람은 아무도 없다. 호
랑이에게 마음 이론이 있다면, 호랑이는 자신이 당신을 뒤쫓고 있
음을 당신이 알 수 있고, 또 당신이 그 깨달음에 의거하여 행동할 수
있다는 것까지도 알 것이다. 음, 그런데 그들은 갖고 있다. 인도의

457

순다르반 델타 지역의 숲에서 일하는 마을 주민들은 할로윈 스타일의 가면을 머리 뒤쪽에 써서 눈과 얼굴이 뒤통수에 붙어 있게 하는 방법으로, 호랑이에게 공격당할 심각한 위험을 물리쳤다. 호랑이는 자신들이 감시당하고 있다고 생각하면 누군가를 공격하지 않을 거라고 예상한 것이다. 이전에 그곳에서 호랑이는 매주 한 명씩 사람을 죽여 왔다. 하지만 가면 전법을 채택한 뒤로는 호랑이가 가면 쓴 사람들을 뒤쫓기는 했지만 아무도 공격하지 않았다.[11] 그리고 같은 기간 동안 호랑이는 가면을 쓰지 않은 사람을 29명 더 죽였다(오래된 습관은 좀처럼 바꾸기 힘들다고 하면서 왜 다들 가면을 마련하지 않았을까?). 내 '뒤통수에도 눈이 달렸다'고 아이들이 믿게 만들고 싶은 엄마들처럼, 수많은 나비와 딱정벌레와 애벌레와 물고기와 심지어는 새도 눈에 확 띄는 안점眼點을 주로 뒤쪽에 갖고 있다. 그 안점은 포식자들을 속여 먹이가 될 동물이 뒤를 노려보고 있으니 기습에 의한 이득을 볼 수 없다고 생각하게 만들려는 시도다. 종합적으로 말해, 다양한 포식자들은 제물들이 가끔은 자신이 몰래 잠복하려는 것을 볼 수 있고, 제물도 그 정보에 근거하여 독자적으로 행동할 수 있다는 광범위한 이해 위에서 행동한다. 그것이 '마음 이론'이다. 포식자들이 왜 몰래 다가오는지, 왜 그들이 숨는지, 왜 뒤에서 접근하는지 등등은 이것으로 정확하게 설명된다.

탄자니아의 은고롱고로 분화구에서 어느 날 아침에 나는 어떤 사자 가족이 잠에서 깨어 일어나더니, 서로에게 인사하는 것을 지켜보았다. 인사 후 그들은 한 줄을 이루어 낮은 풀이 무성한 언덕 능선으로 걸어갔다. 언덕 너머로 약 800미터 떨어진 곳에는 얼룩말이 작은 무리를 이루어 풀을 뜯고 있었다. 별다른 신호도 없이 사자 한 마리가 앉았다. 다른 사자들은 능선을 따라 계속 걸었다. 그러다 다른 사자 한 마리가 앉았다. 이런 식으로 계속 언덕 위에 사자가 한 마리씩 고른 간격을 두고 키 큰 황금빛 풀밭 속에 똑바로 앉아서 멀리 있는 얼룩말을 지켜보는, 사자 버전의 말뚝 울타리 같은 것을 만들었다. 그중 사자 한 마리는 앉지 않았다. 그녀는 얼룩말 쪽으로 내려갔다. 그때 내가 본 것은 사자들이 치밀하게 계획된 매복을 실행하는 과정이었다. 걸어가는 사자가 맡은 업무는 얼룩말을 겁주어 언덕 쪽으로 몰아오는 일이었다. 기다리던 사자들은 키 큰 풀의 위장 속에 숨어 시야를 훤히 잘 볼 수 있었고, 언덕 위로 달려 올라갈 수밖에 없을 어떤 얼룩말에게 언제든 언덕 아래로 질주하여 달려들 수 있는 위치를 선점하고 있었다. 전략적으로 정교해 보였다. 하지만 얼룩말도 결코 바보가 아니었으므로, 추적하는 사자를 일찌감치 탐지하여 언덕에서 더 먼 곳으로 이동했다.

지켜보라. 그러면 당신은 포식자가 사냥하려는지, 아니면 그냥 길을 가고 있는지 또는 경쟁자가 불안해하는지 아니면 공격할 계획인지를 판단하는 데 여러 생물의 생사가 달려 있음을, 또 동물도 다른 존재의 의도에 대해 기타 여러 가지 중요한 판단을 내린다는 것을 쉽게 알 수 있다.

리처드 와그너Richard Wagner의 연구에는 새들의 실제 생활을 지켜보는 일이 포함되어 있다. 우리는 10세 때부터 아는 사이였다. 20대 때 우리는 함께 바닷새를 연구했고, 케냐 전역을 여행하며 대단한 모험을 함께했다. 지금 그는 우리 집 뒷마당 단풍나무 그늘에 앉아서 내게 큰부리바다오리razorbills라는 바닷새에 대해 말해 주고 있다. 그는 수많은 시간과 날과 달과 해를 거듭하면서 그들의 짝짓기 군체群體를 연구해 왔다. "큰부리바다오리를 지켜볼 때는 누가 좋은 전사戰士인지, 누가 좋은 짝인지, 누가 겁쟁이인지 보게 돼. 암컷 한 마리가 자신의 짝이 다른 암컷과 짝짓는 것을 봤다고 하자. 그녀는 자신의 짝을 밀쳐 내겠지. 그리고 다음날 그녀가 바로 그 암컷을 다시 만나면 그녀는 상대가 누구인지 알아보고는 상대에게 돌진하여 서 있던 바위 아래로 밀어뜨려."

그녀는 왜 상대를 꺼리는가? 자신의 짝이 다른 암컷이나 새끼에게 먹이를 몰래 빼내 줄까봐? "그런 일은 없어. 나는 그들을 수천 시간 동안 지켜보았고, 그들의 행동을 지켜보았어. 그런데 그런 일은 없었어."와 그녀는 말한다. 와 그녀는 암컷이 공격적으로 행동한 이유가 내년에 수컷이 다른 암컷과 달아날지도 모른다는 데 있었음을 알아냈다. "금년의 교미는 내년의 짝 연대pair bond로 이어지는 거야. 암컷은 자신의 짝 연대를 지키지. 한편 수컷이 자신의 짝을 보호하는 이유는 자신의 부성父性을 수호하기 위해서야."새가 실제로 와 그녀의 이야기대로 생각할까? 아마 아닐 것이다. 하지만 나는 그들도 우리가 질투라고 하는 기분을 느낀다고 장담한다. 어쨌든 인간이 그들 자신의 짝을 지키도록 동기를 부여하는 것은 진화적 유전학에 대한 확률적 이해가 아니라 질투심이다.

"큰부리바다오리는 스쿨버스에 같이 타는 아이들이 서로를 잘 아는 것처럼 서로를 잘 알아."와 그녀는 설명한다.

"그들은 실수를 범하지 않아. 큰부리바다오리는 사회적이야. 그들은 서로 매일 만나는 사이라고. 같은 바위를 둥지로 삼지. 수명이 20년이나 된다고! 자신들이 땅에 내려앉기 전에 누가 날아드는

지 알고 있어. 예를 들어 암컷 한 마리가 도착한다고 하자. 수컷 a가 그녀 위에 올라가. 수컷 b가 수컷 a를 밀쳐 버리고, 자신이 그녀 위에 올라가. 그런데 수컷 c가 수컷 b를 올라타. 수컷 c는 방금 수컷 b가 자신이 수컷이라고 시위하는 것을 봤어. 그러니 그 올라타기는 싸우는 와중에 정신없이 저질러진 실수가 아니야. 싸움의 전술이지. 올라타기를 당한 새는 대중이 보는 앞에서 지배당한 존재가 된 거야. 결과적으로는 다른 수컷에 올라타면 짝짓기의 경쟁률을 낮추는 데 도움이 되는 모양이야. 다른 수컷에게 올라타기를 더 많이 당한 수컷일수록 짝짓기 바위에 덜 나타나게 돼. 우리식으로 보면 모욕당한 것과 비슷한 기분일 수도 있어. 지위를 잃는 거야." 우리 역시 지위를 얻으려고 분투하지만, 저 새들이 자신의 충동을 이해하지 못하는 것처럼 우리도 자신의 충동을 진정으로 이해하지는 못한다. 지위는 번식을 부추기지만, 우리는 진화가 충동이라는 커닝페이퍼에 적어준 일생 동안의 번식률 평균 수치lifetime reproductive averages를 체감하지는 못한다. 우리는 질투심이 자극되는 것을 느끼고, 지위를 얻고 싶은 욕구를 느낀다. 또 우리는 자신이 하고 싶은 충동을 강하게 느끼는 행동을 흔히 실행한다.

우리는 다른 동물들에 대한 마음 이론을 갖고 있지 못한 쪽에 가깝지만 그들은 인간에 대한 마음 이론을 갖고 있는 것처럼 보인다. 그들은 우리가 알 수 있다는 것을 아니까 말이다. 어느 날 내 친한 친구인 존과 낸시는 그들 집 마당에 야생 청둥오리 한 쌍이 있는 것을 보았다. 그들은 오리들에게 빵을 좀 주었다. 그러자 다음날 오리들이 또 왔다. 그들은 옥수수를 빻아서 먹였다. 청둥오리들은 그들 마당에 꼬박꼬박 들르는 손님이 되었다. 이런 일은 그다지 특별한

카푸친원숭이.

게 아니다. 그런데 어느 날 존은 문에서 노크 소리를 들었다. 그가 앞문을 열고 스크린도어로 내다보았지만, 노크한 사람은 보이지 않았다. 그 스크린도어는 아래쪽 절반이 금속으로 된 형태였다. 노크 소리가 다시 들리자 존이 내려다보았다. 오리가 그곳에 있었다. 자, '의식이 없고' '스스로 인식하지 못하'거나 '아무런 마음 이론이 없는' 오리가 뒤뚱뒤뚱 앞문까지 걸어와서 노크를 할 수 있을까?

트리니다드의 카푸친원숭이가 무리에서 빠져나와 우리 머리 위로 자란 나무에 올라가서 가지를 분질러 우리에게 내던지기 시작한다면, 그 원숭이가 우리를 보았고 우리를 잠재적인 위험인물로 보았으며, 나뭇가지를 던져 위협함으로써 자신들을 쫓아오지 않게 하려고 애쓰고 있다는 것은 분명하다. 그가 자신의 동료들을 보호하기 위해 의도적으로 그랬는지는 분명치 않지만, 내가 받은 인상으로는 그랬던 것 같다. 그는 명백하게 '저리 가'라는 뜻을 전달하고 있었다.

내가 박사과정을 밟을 때 지도교수였던 조애나 버거는, 거의 말라붙은 아주 작은 물웅덩이에 모이는 카푸친원숭이들의 행동을 지켜보곤 했다. 원숭이들은 그녀가 관찰용 위장막을 치고 숨어 있는 것을 좋아하지 않았다. 그녀가 그냥 나무에 기대 있을 때는 덜 불편해했다. 자신들도 그녀를 볼 수 있으니까. 매일 새벽이 되기 1시간쯤 전 원숭이들이 근처에 없을 때, 버거는 웅덩이 근처에 플라스틱 물통을 갖다놓고 다른 곳에서 양동이로 길어온 물을 채워두었다. 덕분에 원숭이들은 몸이 다 들어갈 정도로 깊이 내려가야 했던 웅덩이 대신 물통에서 물을 마실 수 있었다. 물론 그녀는 원숭이들을 관찰하는 동안에는 양동이를 어느 나무 뒤에 숨겨 놓았다.

그런데 관찰을 끝내던 마지막 날, 버거는 관찰할 시간이 부족해 물통을 채워두지 못했다. 그때 물통에 물이 없는 것을 본 원숭이 한 마리가 나무 뒤로 가더니 양동이를 가져와서는 그녀 앞에 놓았다. 이는 명백한 소통이었다. 상대방이 알고 있다는 것을 아는 것이다.

자만과 기만

앞에서 이야기했던 문을 노크하는 오리와 양동이를 교수 앞에 가져다놓는 원숭이는 자신이 원하는 결과를 미리 그려보는 것 같다. 그들은 바로 눈앞의 현실과 다른 미래의 상황을 머릿속에 그려볼 수 있는 것이다. 때로 동물들은 자신들의 욕구를 우리에게 전할 수도 있다. 우리 개들이 다른 방에 있는 우리를 찾아올 때, 그들은 우리를 발견하리라고 상상한 것이다. 그들은 당장 그 순간 자신의 관심에 더 잘 부합하는 어떤 것을 찾고 있고, 그것이 무엇인지를 알고 있다. 그들의 머릿속에 있는 그림, 원인과 결과와 원하는 결과물이라는 상상 속 시나리오, 이것이 그들의 생각이다. 처음에는 이것, 다음에는 저것을 거쳐 원하는 어떤 것에 닿는 경로를 상상하는 것은 어렴풋하게나마 이야기를 구성한 흔적이라고도 할 수 있다. 이 '녀석들'이 하는 다른 이야기에는 또 무엇이 있을까?

주드와 출라가 서로 으르렁거리고 물어뜯으면 시각적으로나 청각적으로나 싸우는 것처럼 보인다. 손님들은 놀라서 묻는다. "저 애들이 싸우나요?" 그렇지만 개들은 자신들이 놀고 있는 줄 알고, 우리도 그것을 안다. 우리는 그들의 으르렁대는 톤을 알아듣기 때문에 쉽게 판단할 수 있다. 우리는 그들의 농담 범위 안에 들어 있는 것이다. 그 의도가 모두 이해된다. 우리 인간 역시 자신의 언어 놀이를 알아듣는다. 인간으로서 우리는 은유를 이해하고, 선한 의도에서 나온 농담의 유머와 냉소적인 농담의 공격성 사이의 차이를 탐지한다. 하지만 미묘한 신호를 포착하는 능력이 인간의 전유물은 아니다.

심지어 우리는 개와 영장류가 의도를 표현하고 이해한다는 생각에서 이미 큰 보폭이 벌어졌는지도 모른다. 하지만 예를 들어, 물고기라면 어떨까?

우리는 영장류가 영리하다고 생각한다. 그들이 영리하기 때문이다. 또 우리와 모습이 비슷하기 때문이다. 하지만 인지과학은 다른 동물에서도 '영장류의 비슷한 행동'에 대한 보고가 숱하게 늘어나고 있다고 본다. 그런 보고 가운데 최신의 것은 어떤 물고기를 다룬다. 몸짓으로 동료의 관심을 촉구하는 존재들의 길지 않은 목록, 인간, 보노보, 돌고래, 갈까마귀, 아프리카 사냥개, 늑대, 가축화된 개의 목록에 이제는 그루퍼grouper(농어무리의 어류 — 옮긴이)도 포함시켜야 한다.[13] 맞다, 생선튀김 샌드위치에 들어가는 바로 그 물고기 말이다. 그들은 제일 영리한 축에 든다.

그루퍼는 잡아먹으려던 제물이 산호초 틈새로 달아나면, 빙빙 돌면서 제물이 숨은 곳을 콕 찍어 동료에게 가리킨다. 도와줄 동료가 없으면 그루퍼는 자신이 아는 자이언트 모레이 일giant moray eel(몸뚱이가 장어처럼 긴 곰치과의 물고기. 길이가 1.5미터에 달하기도 한다 — 옮긴이)이 낮에 쉬고 있는 은신처로 가서 급히 모래를 흔들며 말한다. "따라와." 좁은 틈새를 비집고 들어갈 수 있는 모레이 일은 대개 그루퍼를 따라와서 숨은 제물을 찾아간다. 그루퍼는 뒤를 돌아보면서 모레이 일이 확실히 따라오는지 확인한다. 모레이 일이 자신의 의도를 분명히 파악하지 못했다면 그루퍼는 때로 "예전에 가리켜 보였던 틈새가 있는 방향으로 모레이 일을 밀고"가기도 한다. 숨은 제물이 있는 곳에 도착하면 그루퍼는 그 지점을 마주보면서 머리를 흔든다. 그루퍼와 모레이 일은 잡은 먹이를 나눠 먹는 것이 아니라 그 절차를 분담한다. 가끔은 모레이 일이 제물을 잡고, 가끔은 숨어 있던 물고기가 튀어나오면 그루퍼가 낚아챈다.[14]

근처에 모레이 일이 없으면 그루퍼는 산호초를 깨뜨릴 만한 힘이 있는 나폴레옹 피시Napoleon Wrasse(나폴레옹이 쓰던 모자처럼 생겨 붙은 이름. 큰 덩치에 비해 성질은 온순하며, 황제 물고기라 부르기도 한다 ― 옮긴이)나, 엠페러 피시emperor fish를 불러오기도 한다. 그루퍼는 그들이 도움을 줄 때까지 계속 신호를 보내다가 도움이 오면 신호를 즉각 중단한다. 이런 동작들은 의도적인 것으로 자발적으로 반응할 만한 물고기에게만 신호를 보낸다. 그루퍼 무리 가운데 이런 행동을 하는 것이 적어도 두 종류 더 있다. 연구자들은 홍해에서 그루퍼가 "정규적으로 다른 물고기 종들과 협력하여 사냥"하며, 파괴될 위기에 처한 오스트레일리아의 그레이트 베리어 리프Great Barrier Reef에서는 "낙지(문어)와도 협동한다"고 말한다. 더 나아가, 숨은 사냥감을 잡을 동반자가 지나갈 때까지 최대 25분까지도 기다리는 그루퍼의 참을성은, "기억력이 필요한 과제 수행에서의 영장류와 비슷한 수준"임을 시사한다. 새 실험에서 연구자들은 어느 모레이 일이 좋은 협력자인지 아닌지를 그루퍼가 어찌나 빨리 익히는지, 더 효율적인 동반자를 고르는 그루퍼의 능력이 "거의 침팬지의 능력과 같을"정도임을 알아냈다.[15] 그런 면에서 그루퍼의 사냥 협업은 새롭고 놀라운 소식으로 들린다. 하지만 그루퍼는 아마 200~300만 년째 사냥 동반자를 안내해 오고 있었을 것이다.

그루퍼와 그 동반자가 보여준 융통성 있는 종간 種間 협동은 워낙 희귀한 사례다. 심지어 인간의 경우에도 그런 종류의 협업이 이루어지는 것은 고작 두세 종과의 관계에서뿐이다. 꿀잡이새 honeyguide(벌앞잡이새)는 오소리와 인간을 벌집이 있는 곳으로 인도하여 벌집을 부수게 한 다음, 꿀 잔치에 함께한다. 인간은 개나 맹금류(매 같은 종류 — 옮긴이)를 데리고 사냥하지만, 사냥을 통제하고 사냥물을 가져가는 것은 인간이다. 그러나 돌고래는 인간을 이용하여 — 그리고 몇몇 경우에는 인간을 훈련시키기까지 하여 — 자신들이 먹이를 잡는 데 도움이 되도록 상황을 통제하고 사냥물을 가져간다.

브라질과 모리타니아에 사는 돌고래들은 숭어 떼를 어부들의 조업선 쪽으로 몰아간다. 브라질 해안에서는 돌고래가 어부들을 조련시킨 것처럼 보인다. 모리타니아의 해변에서는 어부들이 돌고래를 조련시킨 것 같다.[16] 브라질의 병코돌고래는 머리와 꼬리로 물을 쳐서, 언제 어디에 그물을 던져야 하는지를 어부들에게 알려준다. 돌고래들은 그물 때문에 혼란스러워지거나 몸에 상처가 난 물고기를 낚아챈다. 석호lagoon에 사는 돌고래 가운데 어미로부터 인간의 어부가 되는 법을 배운 일부만 이런 일을 하며, 어부들은 돌고래들과 워낙 잘 알게 되어 각자에게 '카로바니 스쿠비' 같은 이름도 붙여주기도 한다.[17] 모리타니아에서 숭어를 본 어부들은 수면을 막대로 때려 병코돌고래와 혹등고래를 불러온다. 그러면 그들은 숭어 떼를 어부들의 그물 쪽으로 몰아가서 소득을 나눈다. 그들은 1847년 이후 내내 이처럼 동업 관계를 맺어왔다.

가장 특이한 점은, 1800년대 중반 이후 약 100년 동안 세계 최대의 돌고래인 범고래가 오스트레일리아 이든 근처의 바다인 투폴드 베이에서 인간을 조련시켜 사냥 동반자로 만든 일이다. 범고래는 큰 고래들을 만 안쪽으로 몰아간 다음 실제로 인간 고래잡이들에게 가서 알렸다. 그러면 그들이 와서 공격을 했다. 범고래는 고래잡이들이 잡은 고래의 일부를 자신들에게 나눠주리라는 것을 알고 있었다.[18] 범고래는 심지어 작살에 꿰인 고래에 묶인 로프를 잡아당겨 공격당한 거인의 속도를 늦추어, 포획하는 것을 도와주기까지 했다고 한다.

통념상 의식적으로 계획을 짜는 것은 인간뿐이라고들 한다. 하지만 어치는 쉽게 상하는 먹이와 상하지 않는 먹이 중에 쉽게 상하는 먹이를 먼저 해치운다. 이는 그들이 음식 성분을 평가하고 상이한 먹이의 저장 가능 시간에 따른 범주를 설정해 행동한다는 뜻이다. 스웨덴의 푸루비크 동물원에 있는 어떤 침팬지는 돌을 한데 모은다. 경계심 없이 지나가는 동물원 관광객에게 그 돌을 던지려는 계획을 짜는 것이다(다행히 침팬지의 겨냥 실력은 형편없다).[19] 10년 동안 그는 돌 폭탄 무더기 수백 개소를 쌓았다. 매일 아침 동물원이 개장하기 전에 관리사들은 침팬지 서식처를 수색하여 그의 돌 수집품을 치워야 했다. 또 다른 동물원에서는 어느 오랑우탄이 동물원 보일러실의 잠긴 걸쇠 둘레에 철사 한 토막을 감고 잡아당겨, 오랑우

인간만이 계획을 짜고 그대로 실
행할까? 어치, 오랑우탄, 검은두
견이 등도 모두 저마다 계획을 세
우고 자신의 목적을 달성한다.

탄 친구들과 함께 밖으로 나와 동물원 정원의 나무 위에서 난동을 부린 적이 있었다.[20] 당혹한 관리사들이 어떻게 그가 나왔는지 알아낼 때까지 이런 장난을 여러 번 했다. 그는 철사 토막을 숨겨두었는데, 이는 자신이 너무나도 통찰력 있게 만들어 낸 이 도구를 계속 사용할 확실한 의도가 있었기 때문이다.

그 오랑우탄은 솜씨가 좋았고 은밀했고, 약간은 기만적이기도 했다. 기만은 타인의 마음에 고의로 거짓 믿음을 심어 주려는 시도를 포함한다. 바로 그 때문에 기만은 인간에게 '마음 이론'이 있음을 보여 주는 증거다. 인간은 거짓말하는 재능이 탁월하므로, 우리는 매일 같이 기만을 상대한다. 거짓말하는 정치인, 협잡을 부리는 영업 사원, 우리의 자녀들. 자연도 기만으로 가득 차 있다. 보호색에서 영리한 거짓말에 이르기까지. 심지어 의도적인 기만도 인간의 전유물이 아니다.

검은두견이fork-tailed drongo(두갈래꼬리 드롱고)라는 새가 미어캣이나 꼬리치레babbler 같은 새들이 먹이를 갖고 있는 것을 보면, 그들의 특정한 경보 소리를 흉내내어 그들이 은신처로 급히 달아나게 만든다.[21] 그러면 드롱고가 휙 날아들어 그들의 먹이를 훔쳐간다. 물떼새plover는 해변에 사는 새로, 날개가 부러진 시늉을 하여 모래밭에 있는 자신의 둥지와 새끼로부터 포식자들을 멀리 유인하는 전술을 쓴다. 그들이 장애자 시늉을 하는 주 목표는 거짓 인상을 주어 포식자를 좌절시키려는 것이다. 포식자가 그 기만에 얼마나 잘 속아넘어가느냐에 따라 그들 연기의 정도와 방향에는 층차가 다양하다. 나는 그것을 여러 번 보았다. 나도 자주 그들의 과녁이 되었다. 일을 제대로 할 줄 아는 녀석들이다.

471

사회적 그룹 속에서 살아가다 보면 거짓말을 해야 하는 이유와 거짓말을 할 대상이 생기기 마련이다. 버빗원숭이는 자신의 무리가 다른 무리와 싸우다가 지게 될 때 종종 '표범'이라고 소리 지른다.[22] 이 교활하게 전략적인 거짓 경보가 발동되면 다들 서둘러 숲속으로 들어가므로 싸움이 끝나 버린다. 어느 버빗원숭이는 과일나무를 두고 벌어지는 경쟁을 끝내기 위해 '독수리!'라고 소리지르는 것으로 알려져 있다. 그러면 다른 원숭이들이 흩어지고 그는 재빨리 자기 얼굴을 숨긴다. 이와 비슷하게 상자 안에 먹을거리가 숨겨져 있는 것을 아는 원숭이들은 다른 원숭이들이 주위에 함께 있을 때는 그 상자를 '무시했다'. 그래야 다른 원숭이들이 그것을 어떻게 여기는지 보지 못할 테니까.

유명한 곰비 스트림 국립공원Gombe Stream National Park에서 침팬지를 연구하는 연구자들은 리모컨을 써서 먹이 상자를 잠그고 열어왔다.[23] 언젠가 그들이 상자를 열 때 침팬지 한 마리가 옆에 있었는데, 침팬지는 지배적인 수컷이 오는 낌새를 차리자 바로 상자를 닫고 다른 곳으로 갔다. 지배적인 수컷이 지나가고 나서야 침팬지는 상자를 열고 바나나를 잔뜩 꺼냈다. 그런데 지배자 수컷은 지나간 것이 아니라 보이지 않는 곳에 숨어 있었다. 결국 그는 달려와서 과일을 빼앗아갔다.

리서스원숭이가 인간 두 명 중 누구에게서든 포도를 훔쳐갈 수 있게 한 실험에서, 원숭이는 자신들이 하는 짓을 볼 수 없는 위치에 있는 사람에게서 포도를 훔쳤다.[24] 이는 원숭이가 인간이 절도에 반대할 것이며, 그래서 몰래 훔쳐야 한다고 믿는다는 것을 보여준다. 이와 비슷하게, 원숭이들은 소리가 나지 않는 그릇에서 먹이를 가져오는 쪽을 좋아한다.[25] 몰래 훔칠 때는 아무도 모르게 하는 편이 좋다는 것을 이해하고 있음을 알려준다. 이와 비슷하게 개도 인간이 지키고 있을 때보다 인간이 다른 곳을 보고 있거나 그 자리에 없을 때 먹지 말아야 할 음식을 낚아챌 가능성이 더 크다.[26] 그들은 우리가 이해하고 있음을, 또 우리의 목표가 자신들과 다를 수 있음을 이해한다.

친구들을 속이는 것이 포유류만은 아니다. 서양 스크럽 어치 western scrub jay는 자신들이 먹이를 숨기는 모습을 다른 어치가 지켜봤다는 것을 알게 되면, 그 구경꾼이 떠난 뒤에야 먹이를 다른 곳으로 옮길 것이다. 하지만 그렇게 하는 어치는 다른 새의 먹이를 훔친 적이 있기도 하다. 그들은 자신의 경험에 기초하여 절도라는 개념을 형성한 것이 분명하며, 기본적으로 "저 새는 내 먹이를 훔질지도 모른다"는 것을 알게 된 것이다.[27] 때로 그들은 먹이를 다른 곳으로 옮기는 척만 하기도 한다. 다른 어치가 숨겨놓은 먹이를 지켜보기는 했어도 훔쳐본 적이 없는 어치는 먹이를 다른 곳으로 옮기지 않는다. 이는 자신들의 훔치려는 동기를 다른 새가 내리는 결정에 투영시켜야만 가능한 일이다. 한 어치가 다른 어치의 관점을 상상해야 하는 것이다. 과학자들은 이것을 '정신적 귀착'mental attribution 또는 '관점 취하기'라 부르며, 아주 큰 문제로 여긴다. 하지만 어치에게는 큰 문제가 아니다. 그저 자신과 같은 어치 '주민들'이 신뢰받지 못하는 세상에서 해야 하는 일일 뿐이다. 그들은 다른 새들이 알 수 있음을 안다. 그리고 주위에서 벌어지는 일들이 일어날 수 있는 일임을 알고, 삶이 공정하지 않으리라는 것도 알 것이다.

공정함을 기준으로 할 때 몇몇 동물이 또 다른 특별 그룹에 들어간다. 어느 연구자는 한 카푸친원숭이1에게 얇게 썬 오이를 주었다. 음…… 그 원숭이는 오이를 좋아했다. 옆에 있던 원숭이2에게는 포도를 주었다. 원숭이1은 원숭이2가 포도를 맛있게 먹는 것을 봤다. 그리고 원숭이1에게 오이 조각을 하나 더 주니까 그는 그것을 받아들었다가 연구자에게 도로 내던졌다.[28] '공정하지 못해! 오이도 좋지만 동료는 더 달콤한 걸 먹잖아'라고 표현하는 것 같았다. 갈까마귀, 까마귀, 개 역시 동일한 과제를 수행한 뒤 공정한 대가를 받는 문제에 민감하게 군다.[29] 인간은 물론 무엇이 공정한지 알 수 있다. 그러니까, 우리가 알고 싶을 때만 말이다. 왜 모든 인간은 여성이 남성과 동일한 노동을 했음에도 더 적은 보수를 받도록 강요당할 때 그것이 불공정하다고 보지 않을까? '우리를 인간적으로 만드는' 또 다른 것은 이중 기준을 만들어 내는 능력인가 보다.

영장류는 영리한 것 이상이다. 그들은 통찰력이 있고, 전략적이고, 정치적일 때가 많다. 때로는 자신을 속여 치명적인 피해를 입히려는 인간들과 목숨을 보전하기 위해 그 인간 사기꾼들을 속여 넘기려는 영장류 사이에서 벌어지는 매우 위험한 작전 도중에 그런 특성이 나타나기도 한다. 아기 고릴라 한 마리가 밀렵꾼의 덫에 걸려 죽은 일이 있었다. 그 며칠 뒤 환경보존 관리자들은 르웨마라는 4세 수컷이 덫을 작동시키는 막대기인 굽은 나뭇가지를 부러뜨리는 것을 봤다. 그 사이 비슷한 또래 두코레라는 암컷은 그 덫의 로프를 못쓰게 만들었다.[30] 그 다음 이 한 쌍은 또 다른 덫이 근처에 있는 것을 알아챘다. 르웨마와 두코레는 10대 고릴라인 테테로와 합세하여 그 덫을 못쓰게 만들었는데, 그들의 솜씨는 신속하고 '자신감이 넘쳐서', 지켜보던 연구자는 그들이 그런 비통할 일을 스스로 모면

한 것이 이번이 처음이 아니라고 생각하게 되었다(누가 더 나은 인간일까, 덫을 놓는 인간인가, 아니면 인간적으로 자신과 가족들을 보호하는 고릴라인가?).

점박이 하이에나는 늑대나 다른 육식동물들보다 훨씬 더 복잡한 사회에서 살아간다.[31] 점박이 하이에나 씨족에는 최대 90마리까지도 모이는데, 그들은 서로 모두를 구별한다. 그들은 친족과 서열 관계를 이해하고 활용하여 결정을 내린다. 점박이 하이에나는 거짓말도 한다. 야생 하이에나를 연구하는 연구자들은 다음과 같은 장면을 관찰했다. 서열이 높은 하이에나들이 먹이를 먹고 있을 때 서열이 낮은 하이에나 한 마리가 거짓으로 경보를 울려 그들을 흩어지게 만든 다음, 곧바로 시체에 달려가서 씨족 동지들이 아무 위험이 없다는 것을 알기 전에 몇 입 서둘러 뜯어먹었다. 자신의 새끼들과 싸우고 있는 하이에나의 주의를 흩어 놓기 위해 어미가 거짓 경보를 발동한 것이다. 먹이가 어디 숨겨져 있는지 알고 있던 어느 서열이 낮은 하이에나는 함께 있는 하이에나들을 엉뚱한 곳으로 인도하여 헤매게 만든 다음, 자신 혼자만 먹이를 가지러 다녀오는 것이다. 언젠가 연구자들이 어떤 그룹이 길을 가는 것을 지켜본 적이 있었는데, 서열이 낮은 수컷 한 마리가 강바닥에서 어린 윌드비스트를 죽인 뒤 시체 옆에 꼼짝 않고 엎드려 있는 표범 한 마리를 보고 있는 걸 보았다. 다른 하이에나들은 아무도 표범을 보지 못했다. 서열이 낮은 하이에나는 표범과 그것이 잡은 먹이를 똑바로 쳐다보면서 가던 길을 계속 갔다. 다른 하이에나들이 강바닥에서 한참 멀어진 뒤에 그 서열이 낮은 수컷은 돌아서더니 곧바로 달려가서는 다른 서열이 높은 동료들과 경쟁할 필요 없이 표범 옆에서 그 시체를 뜯어

먹었다.

그렇지만 — 믿을 수 없게도 — 이 모든 현상을 묘사했던 연구자들은 이렇게 결론짓는다. "그러나…… 점박이 하이에나는 다른 동물의 생각이나 믿음을 이해한다는 흔적을 보여주지 않는 것 같다."

뭐라고? 그들이 방금 묘사한 것이 하이에나의 기만 기술 아닌가.

설명할 수 없는 일이지만, 연구자들은 "우리는 하이에나가 (다른 하이에나들의) 현재 정신 상태나 장래의 의도에 대해 조금이라도 알고 있다는 증거를 갖고 있지 않다……. 그런 정보를 그들에게 제공하는 감각 신호를 직접 감지한다면 모르지만."

글쎄, 출발 지점이 어디인가? 내가 당신의 정신적 상태나 의도에 대해 '조금이라도 알 수 있는' 유일한 방법은 감각 신호를 감지하는 것, 즉 내가 당신을 보고 당신의 상호작용을 보는 것뿐이다. 누가 봐도 명백한 사실 아닌가? 내 질문은 이것이다. 왜 연구자들은 다른 동물의 정신적 행동을 인간이 도저히 도달할 수 없는 표준에 맞추어 판단하는가? 거짓말을 한다는 것은, 그 거짓말쟁이가 다른 동물의 관심사와 자신의 것이 경쟁 상대가 될 수 있음을 이해한다는 증거다. 그래서 자신이 이익을 차지할 수 있도록 그들에게 정보를 감출 수 있는 것이다. 이것이 '마음 이론'이다.

탄자니아에 사는 서열이 높은 수컷 침팬지 두 마리는 서로 경쟁 관계인데, 어느날 누구든 지배권을 유지하려면 어떤 특정한 서열이 낮은 수컷의 지지를 받아야 하는 상황이 벌어졌다. 양쪽 수컷은 그 부하에게 가임기의 암컷에게 접근할 권한을 줌으로써 그의 환심을 사려고 했다. 서열이 낮은 수컷은 자신이 지지하는 수컷이 조금이라도 인색하게 굴면 다른 쪽과 연대하는 수법을 써서 섹스를 계속 누릴 수 있었다. 연구자 크레이그 스탠포드Craig Stanford는 한 하위급 침팬지가 지배자에게 도전하려는 것처럼 행동하는 광경을 관찰한 적도 있다. 이 때문에 진짜 지배자 수컷은 그룹 전체에 대한 자신의 지배권을 과시하는 데 정신이 팔린 나머지, 그 서열이 낮은 침팬지가 혼란을 틈타 암컷과 몰래 섹스를 나누는 것을 보지 못했다.[32] 30년 넘게 침팬지들끼리 서로를 얼마나 아는지의 문제를 다룬 연구 수십 편을 검토한 어느 연구팀은, 침팬지들이 이미 모든 것을 알고 있다고 결론지었다. "침팬지는 다른 침팬지들의 목표와 의도 및 다른 침팬지들의 지각 내용과 지식도 모두 알고 있다."[33] 침팬지는 권력을 추구하며, 총애가 오가는 흔적을 "워싱턴에 사는 어떤 사람들 못지않게 줄기차게" 계속 파악하고 있다.[34] 프란스 드 발은 말한다. "그들의 감정은 정치적 지지에 감사하는 마음부터 누군가가 사회적 규칙을 위반할 때 느끼는 분노에 이르기까지 다양하다." 또 "이런 동물의 감정생활은 과거에 예상했던 것보다 훨씬 더 우리와 비슷하다."

침팬지에게는 우리와의 이런 비슷함이 영광인가, 아닌가? 침팬지는 우리에게 거울을 들이대며 거울에 비친 원숭이를 보라고 요구한다. 흔히 우리는 자신을 인식하지 못한다. 침팬지는 로마의 원로원(로마 공화정 시대의 입법·자문 기관 — 옮긴이) 의원들만큼이나 음험하고 치명적인 야심을 품을 수 있다. 마치 그들 속에 에덴과 현세의 삶 양쪽에 매달려 있는 인간 하나가 갇혀 있는 것처럼, 램프에서 풀려나 세상에서 활개치기를 고대하는 요정이 들어 있는 것처럼 말이다. 하지만 우리 인간은 이미 램프 밖으로 나와 있다. 자신이 누구이며, 어떤 존재인가라는 문제에서 우리는 자부심과 수치를 느낄 이유가 많다. 잔인함과 파괴성이 악이라면 인간은 이 행성에 살고 있는 생물 종 가운데 타의 추종을 불허하는 최악의 종이다. 자비와 창조성이 선이라면 인간은 또 누구도 따라올 수 없을 만큼 선한 최고의 종이다. 하지만 우리는 단순히 좋지만도 단순히 나쁘지만도 않은 존재다. 그 모든 성질들의 총합, 그것도 불완전한 총합이 인간이다. 우리 모두에게 이 질문을 던지고 싶다. 인간의 저울은 선악 중 어느 쪽으로 기울어져 있는가?

터무니없는 아이디어

나는 통제하에 수행되는 공식적인 과학 연구가 매우 유용하다는 것을 절대 부정하지 않는다. 또 동물의 실제 생활을 실험실에서 적절하게 재현하는 비용이 너무 많이 든다는 사실도 항상 염두에 둘 것이다. 그럼에도 많은 행동주의자 학자들은 실험실에서만 연구한다(아니면 더 심한 경우, 철학만 하기도 한다).

지구상에서 지능을 가진 생명체를 찾는 일을 하다 보면 어이가 없어 웃을 일이 생긴다. 개를 사랑하는 어느 연구자가 인근 공원에서 2년간 개의 동영상을 찍고 다음의 결론에 도달했다. 개가 자신 앞에 있는 다른 개와 놀고 싶을 때는 대개 '놀이 초대' 동작을 한다(우리도 잘 아는 절하기 동작, 앞부분은 낮게 주저앉고 뒷부분은 치켜드는 자세). 함께 놀고 싶은 개가 다른 쪽을 보고 있다면 그 개의 주의를 자신에게로 먼저 돌린다. 예를 들면 앞발로 건드리거나 짖는 식이다. 과학은 계속 전진하리라. 그런데 그 도중의 어떤 지점에서 그 연구자는 "그들은 명확한 인지 상태distinct cognitive states에 반응하는 것

479

같다"고 분석한다.[35] 이를 일상 언어로 바꿔 표현하면 2년간 동영상을 촬영하고 분석한 결과 그녀가 알아낸 것은, 개가 다른 개의 얼굴과 엉덩이를 구별할 수 있다는 말이다. 이렇게 말해도 될지 모르겠는데, 개의 엉덩이는 명확한 인지 상태에 있지 않았다. 개는 다른 개와 함께 놀기 전에 먼저 다른 개의 관심을 끌려고 한다고 말하지 않았던가? 너무 뻔한 말이어서 과학처럼 들리지 않는가?

'마음 이론'을 다루는 공식적인 학술 문헌을 찾기 시작하자마자 전형적인 최근 연구 하나가 튀어나왔다. 논문의 제목은 '인간 아닌 동물들에게 마음 이론과 조금이라도 닮은 요소가 있다는 증거의 부족에 관하여' On the Lack of Evidence That Non-Human Animals Possess Anything Remotely Resembling a 'Theory of Mind' 로『왕립학회의 철학적 교류』 Philosophical Transactions of the Royal Society 에 실렸다. 글은 이렇게 시작한다. "마음 이론은 관찰될 수 없는 정신 상태와 관찰 가능한 사건 사이의 인과관계를 추상적이고 이론 형식으로 표현하는 데 기초하여 다른 주체의 행동에 대한 합리적인 추론을 만들 능력을 필요로 한다"(통역하면, 다른 존재의 행동을 지켜봄으로써 우리는 그들이 무슨 생각을 하고 있는지 추측할 수 있다는 말). 그들은 계속 주장한다. "우리는 어떤 유기체의 상태가 동적인지 정적인지, 집중적인지 분산되어 있는지, 상징적symbolic인지 연결주의적connectionist인지, 심지어 그들이 애당초 표현적 성질이나 정보적 특징을 갖고 있는지 아닌지에 대해서조차 완전히 무지하다(지금 우리의 현재 목표에 관해서는 어쨌든 그렇다). (……) 물론 생물학적 유기체의 행동을 형성하는 데 기여하는 다른 요소들은 수없이 많다."

나는 이 연구를 이해할 수도 있겠지만, 그러고 싶지가 않다.

러트거스대학교(내가 박사학위를 받은 학교인데, 그러다 보니 호의적으로 대하게 되는 학교)에 소속된 두 남자가 「자신의 마음 읽기: 자기 이해의 인지 이론」Reading One' Own Mind: A Cognitive Theory of Self-Awareness 이라는 논평을 발표했다. 다음이 그 내용이다. "먼저 자기 이해에 대해 가장 널리 인정되는 설명인 '이론 이론'Theory Theory: TT을 검토하는 것으로 시작하려 한다.[36] 자기 이해의 TT가 성립되는 기본 발상은, 사람들이 자신의 마음을 파악하는 경로를 타인이 어떤 정신 상태일 것이라 여길 때 중심 역할을 하는 인지 메커니즘에 의거한다는 생각이다. (……) TT 이론가들은 TT가 정신의학과 심리학의 발달과정에 대한 증거들의 지지를 받는다고 주장한다. (……) 그런 까닭에 우리는 TT를 반대하고 우리의 이론을 지지하는 논지를 전개한 뒤, 최근 문헌에서 찾아볼 수 있는 자기 이해의 다른 두 이론을 살펴보려 한다."

아니, 그만하겠다! 이론에 대한 이론적 분석은 생물들의 모습을 실제로 지켜보는 것에 비하면 형편없이 빈약한 대체물 같다.

'마음 이론'은 아마 인간 심리학에서 가장 과대선전된 개념인 동시에 인간 이외 존재들의 마음에서는 가장 과소평가되고 흔히 부정되는 측면일 것이다. 우리는 모두 "나는 내가 그녀에게 어떤 위치에 있는지 모르겠다"거나 "그에게 무엇을 기대해야 할지 모르겠다"고 생각하는 관계를 겪은 적이 있다.

존 로크John Locke가 1600년대에 말했듯이, "한 인간의 마음은 다른 인간의 신체로 들어갈 수 없다." 화가 폴 고갱Paul Gauguin은 타이티 출신인 13세 아내에 대해 이렇게 썼다. "나는 이 아이를 통해서 보고 생각하려고 무척 애를 쓴다." 조니 미첼Joni Mitchell(1943~: 캐나다의 싱어송라이터, 화가 — 옮긴이)은 노래했다. "이해란 없어, / 그냥 뼈와 피부와 눈에 얼마나 가까이 있느냐일 뿐 / 그리고 입술에도 닿을 수 있지. / 그런데도 여전히 너무나 고독하군." 로마의 시인 루크레티우스Lucretius는 — 예이츠Yeats가 "성교에 대해 쓰인 묘사 중 최고"(훌륭한 번역임은 말할 것도 없고)라 말한 글(17세기의 영국 시인, 문학평론가, 번역가인 존 드라이든John Dryden이 번역한 루크레티우스의 사랑에 관한 시를 말한다 — 옮긴이)에서 — 황량한 말투로 진술한다.[37]

> 그들은 움켜쥐고 쥐어짜고, 축축한 혀를 빨아들이고,
> 각자 상대방의 심장에 닿으려고 저마다 분투하지만
> 소용없다. 그저 해안에서만 항해할 뿐,
> 몸은 꿰뚫을 수 없고, 몸속에서 사라지지 않는다. (……)
> 언제나 노력하지만, 그저 입증할 뿐,
> 영원한 사랑의 비밀스러운 고통을 치유하지 못한다는 것을.

예이츠는 "성교의 비극은 영혼이 영원히 처녀라는 데 있다"라고 탄식했다. 또 다른 시인인 폴 발레리Paul Valéry는 "인간들 사이에서 인간적인 것들이 상호교환되려면 두뇌는 꿰뚫어 볼 수 없는 것이어야 한다"라고 지적했다. 시인들이 훌륭한 과학자인 점을 찬양하라. 과학자 니콜라스 험프리Nicholas Humphrey는 말했다. "하나의 의식과 다른 의식 사이에는 문이 없다. 모두 자신의 의식은 직접 알지만 다른 사람의 것은 모른다!"

내가 당신을 몰래 기습하고 싶다면, 애교를 떨다가 반해 버린다면, 또는 당신의 것을 훔치고 싶다면, 내 마음은 반드시 판독 불가능

해야 한다. 다른 사람의 마음을 더 많이 열 수 있을수록 우리 두뇌는 일어나서 문을 잠글 방법이 더 많이 필요해진다. 그러니, 맞다. 우리는 관찰하고 공감하지만, 결국은 짐작할 뿐이다. 그것이 우리가 할 수 있는 최선이다. 우리는 자신을 드러내는 쪽을 선택할지 내 손에 쥔 패를 숨길지, 둘 중에서 선택할 수 있다. 하지만 선택은 자신의 몫이다.

이렇게 표현해도 될지 모르겠는데, 침팬지는 대체로 침팬지 마음 이론을 갖고 있다. 돌고래는 주로 돌고래 마음 이론을 갖고 있다. 그렇지만 인간은 인간의 욕구를 이해하거나 다른 사람의 행동을 예측하는 데도 어려움을 겪는다. 그리고 다른 동물에게는 의식이 없다고 추정하는, 아니면 그들이 가진 의식적 체험 능력을 무시하는 사람들을 통해 우리의 마음 이론 능력이 얼마나 오류가 많은지가 드러난다.

일본인과 페로 제도Faeroe Islands 주민들은 돌고래와 파일럿고래의 척추에 철봉을 박아 넣어 그들이 고통과 두려움에 못 이겨 비명을 지르고 몸을 뒤틀다 죽게 한다(일본에서 돌고래를 죽일 때처럼 고통스럽고 잔인하게 소와 돼지를 죽이는 것은 불법이다). 돌고래와 고래에 대한 이 같은 자비심의 결여는 인간의 '마음 이론'이 불완전함을 시사한다. 우리에게는 공감이 부족하고 자비심도 결핍되었다. 또 인간에 대한 인간의 폭력과 학대, 인종적이고 종교적인 이유로 자행되는 학살, 이 모든 것이 우리 세계에 너무나 널리 퍼져 있다. 어떤 코끼리도 제트기를 조종할 수 없다. 그러니 당연히 어떤 코끼리도 제트기를 몰아 미국의 세계무역센터 빌딩을 들이받지 않을 것이다.

우리는 자비를 더 넓게 베풀 능력을 갖고 있지만 최선을 다하지 않는다. 인간의 자아는 왜 다른 동물들에게 생각하고 느끼는 능력이 있다는 것에 그토록 큰 위협을 느낄까? 다른 마음의 존재를 인정하면 그들을 학대하기가 곤란해지기 때문인가? 우리는 너무나 미완성이고 너무나 방어적인 존재로 보인다. 아마 불완전함은 "우리를 인간이게 하는" 것 중 하나인 모양이다.

대부분의 사람들은 어디에서나 인간과 같은 마음을 지닌 존재를 찾아낸다. 우리 마음은 구름이나 달, 심지어 음식에서도 인간처럼 생긴 얼굴을 자동적으로 찾아낸다.[38] 많은 사람들이 바위, 나무, 개울, 화산, 불, 또 다른 것들이 생각을 갖고 있고, 모든 것에는 마음이 있으며, 우리에게 나쁜 쪽으로 행동할 수도 있는 혼령이 그 속에 깃들어 있다고 믿는다. 그런 믿음이 범심론汎心論, panpsychism이다. 이 원초적인 인간의 가정에서 유래하는 종교가 범신론汎神論, pantheism이다. 부족 단계에 있는 수렵채집 민족에게서 이런 유형의 종교가 흔히 보이는데, 현대에도 여전히 많이 살아 있다. 나는 하와이의 킬라우에아산 정상에서 제물로 바쳐진 돈과 술을 본 적이 있다. 인간 세계를 지켜보고 혜택을 베풀고 가끔은 보복도 행하는 신이 화산 속에 있다고 믿는 사람들이 가져다 놓은 것이다. 그 신을 무시하다가 화산이 미쳐 날뛰게 만들지 말라는 것이다. 술을 한 잔 따르고, 돈을 몇 푼 놓고, 꽃을 바치고, 음식과 가끔은 구운 돼지도 바치면 불같은 화산의 여신인 펠레Pele의 비위가 아마 가라앉을 것이다. 그런데 이건 미국에서나 해당되는 일이다. 미국에서는 누구나 관광객 안내소에 들어가서 화산 지역을 알아볼 수 있는 나라이니까 말이다 (공원 감시대원들은 방문객들에게 음식과 돈과 꽃과 향과 술을 킬라우에아에 놓고 가지 말라고 부탁했다.[39] 그런 제물은 사실 여신보다 쥐와 파리와 바퀴벌레의 차지가 되는 게 더 분명하기 때문이다). 그럼에도 초자연적인 존재에 대한 깊은 믿음은 우리에게 자연스러운 현상인 것 같다.

"인간 아닌 동물은 증거에 의거하여 믿음을 가질 것이다. 하지만 그 증거가 정말 그 믿음을 입증하는지 자문할 수 있고, 그에 따라 자신의 결론을 수정할 수 있는 동물이 된다는 것은 한 단계 더 나아간 일이다." 철학자 크리스틴 코스카드Christine M. Korsgaard는 이렇게 썼다.[40] 하지만 증거가 믿음을 정당화하는지의 여부에 따라 결론을 수정할 능력이 없는 명백한 쪽은 수많은 인간이다. 인간 외 다른 동물들은 거의 완벽하다고 할 정도로 굉장한 현실주의자다. 정반대 사실을 가리키는 온갖 증거가 있는데도 전혀 그에 아랑곳하지 않고 도그마와 이데올로기에 매달려 꼼짝도 않는 것은 인간뿐이다. 합리성과 믿음 사이의 거대한 균열은 일부 사람들이 합리성보다 믿음을 선택하며, 또 일부 사람들은 그와 반대로 선택하는 데서 비롯된다.

다른 동물들의 행동과 믿음은 증거에 근거한다. 그들은 증거가 정당화해 주지 않는 어떤 것도 믿지 않는다. 다른 동물들은 실제로 알려지는 것에 대해서만 인식한다. 개가 거실 소파에서 잠들어 있는 사람을 깨우려고 짖을 때, 소파에게 도움을 청하는 일은 절대 없다. 화산에게도 도움을 청하지 않는다. 그들은 생물과 불활성 물건을, 심지어는 사기꾼과도 쉽게 구별한다. 실제로 숙련된 오리 사냥꾼이 위장하거나 오리 울음을 흉내내면 지나가는 오리를 속여 사정거리 안으로 불러들일 수 있지만, 그렇게 되려면 위장을 아주 교묘하게 해야 한다. 그렇지 않으면 효과가 없을 것이다. 아주 공들여 만든 인공 미끼가 진짜처럼 보이고 움직인다고 해도 물고기를 속이기는 쉽지 않다.

오래전에, 이동하는 매에게 꼬리표를 달기 위한 연구를 하면서, 살아 있는 찌르레기를 그물에 묶어 매를 꾀어 들인 적이 있었다. 겁에 질린 찌르레기들에게는 그 일이 즐겁지 않았고, 나 역시 마찬가지였다. 그래서 나는 봉제 찌르레기 인형을 끈에 달고 날개를 펼쳐 날아가는 자세로 그물 뒤에 설치해 두었다. 물론 자연 속에서 깃털로 덮였고 반짝이는 눈을 가졌고 위아래로 움직이는 것은 절대적으로 새뿐이다. 결국 봉제완구 새는 단 한 마리의 매도 꾀어 들이지 못했다. 그들은 단번에 그것을 꿰뚫어 보았고, 어떤 이유에서건 '진짜가 아님'을 알고 무시했다. 그런 재능은 인상적이다. 동물들은 포식자, 경쟁자, 친구들을 알아보고 반응하는 데 비상하게 뛰어나다. 그들은 강물이나 나무에 자신들을 지켜보는 혼령이 살고 있다고 믿는 따위의 행동을 절대 하지 않는다. 이런 식으로 동물들은 자신이 다른 마음으로 가득한 세상에 살고 있다는 지식 및 다른 마음에 대해 자신이 지식을 갖고 있음을 계속 입증하고 있다. 그들의 이해는 진짜와 가짜를 구별하는 문제에 있어 우리보다 더 정확하고 실용적이고, 솔직하게 말하면 더 나은 것 같다.

그래서 나는 궁금하다. 인간이 정말로 다른 동물보다 더 높은 수준의 마음 이론을 갖고 있는가? 사람들은 동그라미 하나와 삼각형 하나가 움직여 다니면서 서로 반응하는 것 외에는 아무 것도 없는 만화를 보면서, 거의 언제나 동기와 인격과 성별을 가진 이야기의 암시를 끌어낸다. 아이들은 인형을 상대로 몇 년씩이나 대화한다. 그들은 인형이 자신의 말을 듣고 느끼고, 비밀을 털어 놓을 상대가 될 자격이 있다고 반쯤 믿거나 굳게 믿는다. 수많은 어른들이 조각

상을 앞에 두고 기도하며, 그것이 자신의 기도를 들어준다고 열정적으로 믿는다. 내가 10대였을 때 이웃집 사람들(뉴욕에서 태어나고 자란 미국인들)은 방마다 성모상을 비치해 두었다. 침실만 예외였는데 그 이유는 성처녀가 인간의 정욕을 지켜보면 안 되기 때문이었다. 이 모든 상황은 의식적 마음과 비활성의 물건을 구별하지 못하는, 증거와 난센스를 구별하지 못하는 인류 공통의 무능력을 가리킨다.

아이들은 흔히 완전한 상상 속의 친구, 자신의 말을 들어 주고 생각한다고 믿는 친구와 이야기한다. 일신교는 그런 행동의 어른 버전일 것이다. 우리는 세계가 선하든 악하든 상상 속의 의식적 힘과 존재로 가득 채운다. 거의 모든 현대인들은 자신들이 죽은 친척, 천사, 성인, 영적 안내자, 악령, 신에게 도움받거나 방해받는다고 믿는다. 세계에서 가장 기술적으로 앞서 있고 가장 유식한 나라에서도 절대다수의 사람들이 육신 없는 혼령이 그들을 지켜보고 판단하고 대신 행동한다는 것을 당연시한다. 현대 국가의 거의 모든 지도자들은 하늘의 신에게 재난과 다른 나라와의 분쟁에서 자신의 나라를 보호해 달라고 요청할 수 있다고 믿는다.

이 모든 것이 고삐 풀린 '마음 이론'이다. 의식이라 추정된 것을 마치 몰이꾼이 없는 소방마차의 말처럼 날뛰면서 소방전의 물처럼 온 우주에다 뿌리고 다닌다. 인간들의 '우월한' 마음 이론은 부분적으로는 병적 증상이다. 자주 반복되는 "인간은 합리적 존재"라는 표현은 아마 우리 자신에 관해 절반만 맞는 단언일 것이다. 자연상태에서는 정상성이 압도적이지만 인류사회에서는 흔히 기초를 훼손하는 불건강이 존재한다. 우리는 다른 어떤 동물에 비해 비합리적이고 왜곡하고 착각하고 걱정하는 일이 가장 잦다.

그래도 나는 또 궁금하다. 거짓 믿음을 만들어 내는, 또 존재하지 않은 것을 궁리하는 우리의 병적 능력이 인간 창조성의 뿌리일까? 상상하고 또 거짓에 매달리기까지 하는 우리의 성향이 우리의 모든 독창적 천재성의 뿌리인가?

아마 거짓을 믿는 것은, 아직 존재하지 않는 것을 그려보고 더 나은 세상을 상상하는 우리의 특이하고 기묘하게 뛰어난 능력과 한 세트로 묶이는지도 모른다. 창조성의 기원이 어디인지 설명한 사람은 아무도 없지만, 인간의 마음 중 일부는 녹슨 기차 바퀴가 불꽃을 튀기듯 이리저리 뒤뚱거리면서 새 아이디어를 피워 올린다. 인간의 고유한 특성은 합리성이 아니라 비합리성이다. 존재하지 않는 것을 그려보고, 비합리적 아이디어를 추구하는 것은 결정적으로 중요한 능력이다.

아마 인간 외 다른 동물들은 행동이 논리적이기 때문에 논리를 꾸며낼 필요가 없는지도 모른다. 그들은 각기 나름의 특별한 능력으로 자족적이기 때문에 도구가 필요 없다. 인간은 논리와 도구가 없으면 살아남지 못하기 때문에, 다른 말로 하면 지금의 우리만큼 성공할 수 없기 때문에, 논리와 도구를 필요로 하는 것 같다. 아마 이런 것이 전락轉落의 설화에, 다시 말해 인간도 다른 동물들처럼 자족적인 존재였으나 새로운 지식을 얻을 새로운 통로가 필요해지고, 많은 기술과 노력으로 우리의 독특하게 인간적인 능력이 우리의 독특하게 인간적인 취약함을 보상해 줄 수 있는 것으로 변신해 왔다는 이야기에 직관적으로 표출되어 있을 것이다.

다른 영장류, 늑대, 개, 돌고래, 갈까마귀, 다른 몇몇 생물들의 통찰력은 정도는 각기 다르지만 그곳에 존재하지 않는 것을 보는 능력에 의존한다. 귀소歸巢라든가 잠시 자리를 비운 짝을 기다리는 것도 마찬가지다. 인간이 갖는 통찰의 깊이는 그곳에 있지 않은 것을 상상할 뿐만 아니라 오히려 고집하고, 매인 곳 없는 믿음을 열성적으로 붙들고 추구하는 능력을 주는 유전자와 함께 오는지도 모른다. 존재하지도 않는 멜로디, 하늘을 날겠다는 꿈, 영상의 빛을 고정시키는 것, 음악 공연을 녹음하여 여러 번 다시 들을 수 있게 하는 것, 바다 깊이 잠수하고 물밑에서 숨을 쉬는 것, 이런 것보다 더 비합리적인 일이 또 있을까? 그런 일을 인간 외에 누가 상상할 수 있을까?

인간은 상상할 수 있다는 고유한 능력에 편승하여 전적인 탁월성과 철저한 광기를 만들어 낸다. 그리고 다른 어떤 것보다도 "우리를 인간이게 하는 것"은 터무니없는 아이디어를 만들어 내는 우리의 능력이다.

거울, 거울

꼬치에 꿰어 회전구이를 해 버리고 싶을 만큼 짜증나는 또 다른 것이 '거울 표시 테스트'mirror mark test이다. 이 테스트의 열성 신도들은 어떤 생물이 '자기 이해'를 가졌는지를 거울 테스트로 알아낼 수 있다고 말한다. 먼저, 인간이나 생물에게 표시를 한다. 가령 3~4세 아이의 이마에 몰래 얼룩을 묻히는 것이다. 나중에 그 생물이 거울을 보고 얼룩이 있는 것을 알아채 그것을 지우려고 애쓴다면, 그것은 거울이 그 자신의 이미지를 보여준다는 것을 명확하게 이해했다는 뜻이다. 사실이다. 영장류, 돌고래, 새와 이따금씩 코끼리도 그렇게 한다. 만약 동물이 그 얼룩을 닦아내지 않으면 그들은 자기 이해와 자기 인식self recognition 능력이 부족한 것으로 평가된다. 글쎄, 이런 평가는 상당한 비약이다. 거울 테스트만으로 그 생물이 자기 인식을 가졌는지 아닌지는 드러나지 않는다. 오히려 거울 테스트는 그와 정반대로 해석될 때가 많다. 뒤에서 설명하겠다.

먼저, 정의의 문제가 있다. 심리학 교수이자 1970년대에 거울 표시 테스트를 고안한 고든 갤럽Gordon Gallup은 이렇게 말했다. "자기 이해는 과거를 성찰할 능력, 미래를 투사할 능력, 다른 사람들이 무슨 생각을 하는지 추측할 능력을 준다."[41] 이는 좀 굉장한 정의다. 그런데 이것을 거울 속에서 찾는다고 해 보라. 혼란 스펙트럼의 반대쪽 끝은 '내성'內省 학파다. 위키피디아의 내성 항목에는 이렇게 전형화되어 있다. "자기 이해는 내성의 능력이며, 자신을 환경에서 분리된 개체로서 인식하는 능력이다." 내성은 빛을 반사하지 않는다. 자신을 거울 속에서 알아보는 것이 자신이 환경에서 분리되었음을 이해하는지 아닌지 보여주지는 않는다. 그러니 별 문제 없는 용어였던 '자기 인식'이 고작 두 개의 정의를 거치고 나니 다음과 같은 것들을 가리키는 용어가 되어 버린다. 시간을 이해할 능력, 누군가가 무엇을 생각하는지 짐작할 능력, 자신의 마음을 검토하고, 당신이 세계의 나머지와 구별된다는 것을 이해할 능력 등이다. 그러나 이중 그 어느 것도 거울 속에서 보이지 않는다.

우리의 목적을 위해 '자기 이해'는 말 그대로의 의미로 사용할 것이다. 당신이 한 개인임을, 타인들 및 세계의 나머지와 구별되는 존재임을 이해한다는 의미이다. 자기 인식은 그저 당신이 자신의 자아를 다른 모든 것과 구별해 인식한다는 의미다. 쉽군. 계속 나가보자.

어느 가을날 아침, 집 근처의 해변에서 도요새sandpiper 24~25마리가 파도가 쏠려오는 사이에서 잔걸음으로 종종대고 있었다. 갑자기 그중 한 마리가 경보를 발했다. 그러자 그 무리가 급속히 날아오르고, 빽빽한 무리를 지어 큰 바다 위로 날아갔다. 몸을 돌리니 송

골매 한 마리가 군집을 이룬 동료들에게 합류하지 못한 세가락도요
sanderling 한 마리에게 힘차게 달려드는 것이 보였다.

이 세가락도요는 당시 상황이 매우 좋지 않았다. 넓은 물위, 엄폐
물도 전혀 없는 곳에 혼자 있는데다가 매가 빠른 속도로 아주 단호
하게 다가오고 있었으니까. 세가락도요는 최대한 빨리, 수평으로,
시속 90킬로미터 정도의 속도로 날아갔다. 송골매는 생물 중에서
최대한 빠른 동물이라는 유리한 조건을 갖고 있다. 세가락도요의
상황은 절망적이었다.

세가락도요는 자신을 따라잡던 매가 발가락을 활짝 펼치는 바로
그 순간, 오른쪽을 향해 심한 예각으로 방향을 틀었고, 송골매가 워
낙 빠르다 보니 그 속도에서 방향전환이 불가능하여 그대로 날아
지나갔다. 세가락도요는 돌연 방향을 바꾸었다.

송골매는 실패한 접근 그대로 하늘 위로 치솟아, 중력에 의한 위
치 에너지를 힘들이지 않게 더하고, 고도의 이점도 활용했다. 세가
락도요가 방향을 바꾼 탓에 둘 사이의 간격이 커졌지만, 이 새는 달
리 갈 곳이 없었다. 위로 치솟는 2~3초 동안 날개를 쉰 송골매는 새
로 공격을 개시했다. 세가락도요는 극한까지 힘을 계속 써 버린 탓
에 더 불리했다. 송골매는 실수를 해도 메울 여유가 있었다. 세가락
도요에게는 그럴 여유가 없었다. 그리고 결국 세가락도요는 지쳤
다.

송골매는 다시 한번 세가락도요를 따라잡기 위해 힘차게 내리꽂
아 도요의 바로 뒤로 내려왔다. 세가락도요는 다시 방향을 바꿨다.
매는 휙 지나쳐 갔다가 다시 날개 한번 펄럭이지도 않고 하늘 위로
치솟았다.

세가락도요는 선회하여 반대 방향으로 속도를 더했다. 그리고 매가 반쯤 몸을 굴려 수평으로 비행하면서 그 다음번 공격으로 들어갈 때는 이미 90미터나 멀어져 있었다. 세가락도요가 이런 수준의 노력을 계속 유지할 수는 없다. 불가능하다.

하지만 세가락도요는 다시 한번 방향을 바꿨고 매는 그대로 지나쳤다. 이것은 뒤쪽에서 시속 160킬로미터로 달려드는 황소와 목숨을 걸고 싸우는 투우와 같다. 비행, 시력, 완벽한 타이밍을 조합한 세가락도요는 스스로가 절망적인 제물이 아니라 완벽한 상대자임을 입증했다.

그때 송골매와 내가 상황을 오판했던 것 같다. 세가락도요의 힘이 지금쯤이면 바닥을 드러냈으리라고 확신했던 시점에도 그의 비행 속도는 전혀 변하지 않았다. 아마 속도가 전부가 아닌 모양이다. 보통 공격할 때마다 나타나는 송골매의 우월한 속도가 추격전에서 차이를 만드는 절대적 원인이라고 생각할 것이다. 하지만 세가락도요는 송골매의 속도를 거꾸로 활용했다. 정확하고 섬세하게 시간을 맞추어 위치변경을 함으로써 세가락도요는 송골매의 속도를 불리한 점으로 거듭 바꿨다.

매가 다시 접근했다. 그리고 결국 놓쳤다.

그들은 넓은 하늘 공간을 날아다녔다. 나는 약 3분간 여섯에서 여덟 번의 공격이 실행되는 것을 봤다. 각 공격에 소요된 거리는 400미터가량이다. 세가락도요의 아주 갑작스러운 방향전환만이 ― 그리고 내 쌍안경도 ― 드라마를 유지했다.

송골매가 또 한번 놓쳤다. 세가락도요는 가던 방향으로 계속 날아갔다. 그런데 송골매가…… 결국은 포기했다!

송골매(위)와 세가락도요(아래).

놀랍군!

각 동물은 자신의 일에 있어서 전문가다. 송골매가 사냥에 성공하느냐, 쫓기던 새가 도망치느냐는 전적으로 각 생물이 정확하게 자신을 이해하는지, 다른 것과 다른 특징이 있는지, 그리고 공간, 속도, 또 그 여건의 다른 측면들을 능숙하게 활용하는지에 달려 있다. 송골매와 인간은 오래전부터 사냥 파트너였다. 둘은 세계를 이해하는 방식이 공존 가능하기 때문이다. 당신이 조련한 매를 데리고 밖으로 나가면, 당신도 그들의 기대와 흥분을 공유한다. 당신과 매, 둘 다 자신이 염두에 둔 어떤 것을 기준으로 세계를 살펴보고 있으니까.

어쨌든 거울 테스트는 동물에게 '자기 이해'가 있는지를 판단하는 기준이 되었다. 이건 우스운 일이다. 이 테스트로는 그런 것을 구별할 수 없다. 자기 개념이 없는 생물은 자신을 다른 무엇과 차별화할 수 없을 것이다. 그러니 반영된 이미지가 자신이라고 추정할 것이다. 하지만 동물 중에 다른 것과 자신을 구별할 수 없는 생물은 존재 불가능하다. 그것은 현실 세계를 헤쳐 나가지도 못하고, 도망갈 수도, 짝을 지을 수도, 살아남을 수도 없다. 확연히 많은, 수많은 동물들은 자신과 나머지 세계가 다르다는 것을 안다. 하지만 그들 중에 자신을 거울 속에서 알아보는 동물은 극히 적다. 심지어 인간도 거울을 처음 볼 때는 그 속에 비친 모습이 무엇인지 온전히 이해하지 못하지 않았던가. 실제로 뉴기니 부족민들은 거울을 처음 봤을 때 '공포'에 질렸다.[42] 그러니 거울 속에서 자신을 인식한다는 것은 뭔가 다른 의미임이 분명하다.

그것은 확실히 다른 의미다. 어느 개인이 그 반영을 인식'하지 못할' 때, 그것은 오직 그가 반영이라는 현상을 이해하지 못한다는 사실을 입증할 뿐이다. 반영된 자신의 모습을 인식하는 생물 종이 극소수이기 때문에, 또 자기 이해가 없다 보니 혼란스러워지기 때문에 과학 필자들은 자기 이해가 희귀한 현상이라는 인상을 심어준다.

그러나 실제로는 더없이 흔한 일이다. 하루 종일, 어디에서나 생사는 고도의 자기 이해와 자아와 환경과 다른 것들을 면도날처럼 예리하게 구분하는 데 달려 있다. 그리고 그 어디에도 거울은 없다.

거의 모든 동물은 반영을 이해하지 못한다. 어쩌면 다른 동물들은 그저 상관하지 않는지도 모른다. 우리가 주드를 데려온 지 얼마 지나지 않은 어느 날 아침, 일어나 보니 그가 침실에 있는 키 큰 거울을 마주보고 있었다. 내가 일어나 앉으니 그의 얼굴이 거울 속에 보였다. 몸을 돌리지 않은 채 그는 꼬리를 흔들기 시작했다. 그가 거울에 비친 나를 알아본 것이다. 그는 나를 보려고 몸을 돌리지 않았다(내가 어디 있는지 알고 있었고, 내가 일어나 앉는 소리를 들었는데도). 마치 그 순간 거울 속에 비친 내 모습을 보고 즐거운 것 같았다.

거울로 자신을 알아보는 능력이 개에게 '결여'되어 있다는 것은 누구나 '안다.' 하지만 이제 나는 의심이 생긴다. 강아지는 비디오에 나오는 동물을 알아보지만 금방 흥미를 잃는데, 아마 그 영상이 상호적이지 않고 냄새가 없기 때문일 것이다. 아마 개는 거울에 비친 모습이 자신임을 알지만, 별로 상관하지 않는지도 모른다. 개는 자신의 거울 이미지가 다른 개라고 착각하지 않는다. 그들은 흔히 새들이 그러듯이, 거울에 비친 영상을 보고 인사하거나 공격하려 들지 않는다. 개가 워낙 후각 지향적이다 보니 자신들을 시각적으로 살피는 데 흥미가 없는지도 모른다.

마주보는 거울 속에 비친 내 모습을 본 주드가 꼬리를 흔들었을 때 내가 혼란스러워진 것도 이 때문이다. 주로 냄새를 기준으로 진위를 구분하는 동물들은, 거울 영상에서 진위를 확인해 주는 냄새가 나지 않으면 뭔가 이상하다고 느낄지도 모른다. 흥미 있는 사실은 개가 이미지를 알아볼 수 있다는 것이다.[43] 그들은 자신이 아는 개와 인간의 컴퓨터 사진을 알아본다. 내게 더 인상적인 것은 어떤 품종의 개든 다른 생물 종과 구별되는 '개'의 범주에 속하는 개의 사진을 알아본다는 점이다.[44] 개가 거울 속의 자신을 알아보는지에 의거하여 자기 이해를 가졌는지를 판정하는 것은, 개의 눈에 비친 우리가, 음, 자신의 셔츠 냄새를 킁킁대며 맡지 않는 걸로 미루어 보아 인간에게는 자아 개념이 없다고 판단하는 것과 마찬가지다.

영장류는 거울 속의 모습이 자신임을 알아낸다. 1세기가 넘도록 동물원 관리자들은 영장류가 거울 속에서 자신의 모습을 알아보고, 자신의 입안을 점검하는 등 각자 좋아하는 행동을 하는 것을 보아왔다.[45]

하지만 침팬지 네 마리를 대상으로 공식적 테스트를 행한 것은 1970년이 처음이었다. 연구자들은 비밀리에 침팬지의 이마에 물감으로 표시를 해 놓았다. 나중에 익히 보던 거울에서 자신의 모습과 마주한 침팬지들은 물감 표시가 있는 자신의 피부 위 지점에 손을 댔다. 연구자는 이것이 "인간 아닌 동물에서 실험으로 입증된 최초"의 일이었다고 결론지었다.[46] 그렇게 결론을 낼 일이 전혀 아니었음에도 전혀 그 주장은 그 이후 하나의 교조가 되었다. 사람들은

개들은 거울에 비친 자신의 모습을 알아볼 수 있을까?

동물 우리에 거울을 넣어두고, 그들이 '저건 나야!'라고 소리치는지 보려고 한다. 그렇게 소리치면 그들은 '자아 개념'을 갖고 있는 것이다. 소리치지 않으면, 그들은 거의 모든 연구자들의 말처럼 '불합격'이다. 자기 이해가 없다는 것이다.

음, 아니다. 예를 들어, 새가 거울을 공격한다고 하자. 새들이 그렇게 행동하는 이유는 거울에 반사된 모습이 그 자신이 아니라 다른 개체라고 믿기 때문이다. 이는 자신이 다른 개체와 구별된다는 것을 그가 이해한다는 증거다. 그것은 자아 개념의 존재를 입증한다. 거울에 비친 자신의 모습을 공격한 동물은 자신self과 자신이 아닌 것nonself의 차이를 명료하게 안다. 그래서 자신이 아니라고 생각하는 것을 공격했던 것이다. 그 주체가 원숭이와 몇몇 새들처럼 반영된 모습에 대한 두려움을 느끼거나 거울 속 영상과 함께 놀려고 한다면, 그것은 그런 식으로 자아 개념이 있음을 입증한다. 그냥 반영 현상을 이해하지 않는 것일 뿐이다.

모든 거울 테스트에서 드러나는 것은 동물이 자신의 반영을 이해했는지와 그 반영에 대해 신경 쓰는지의 여부다. 거울은 마음의 복잡성을 이해하기 위한 도구로써는 지극히 원시적이다. 거울에 비친 자신의 모습을 이해하지 못하는 동물이 자신과 자신 아닌 것을 구별하지 못한다는 말은 터무니없다. 자신을 인식하기 때문에 늑대는 자신의 다리가 아니라 엘크의 다리를 뜯어먹는 것이다. '자아' 개념은 절대적으로 기본적인 것이다.

여러 해 전의 어느 날 아침, 나는 내 집에서 멀지 않은 거리에 있는 내가 자주 지나다니는 길 위로 뻗은 나뭇가지를 잘랐다. 그리고는 다시 집으로 가서 평소처럼 개를 데리고 산책하러 다시 나왔다.

그 개는 언제나 나보다 2~3미터 앞에서 종종걸음으로 가곤 했다. 잘린 나뭇가지가 있는 곳에 다다르자 그는 나무 냄새를 여러 번 맡았다. 아마 거기서 방금 묻은 내 냄새를 맡고 놀란 것 같았다. 다시 말해 내가 분명 자신의 뒤에 있는데도 거기서 내 냄새가 나니 어찌 된 연유인지 이중으로 후각 테스트를 하는 것 같았다. 시각은 개의 주된 지각 방식이 아니다. 그리고 후각은 우리의 주된 방식이 아니다. 하지만 거울이 있든 없든 그들은 자신을 알고 자신의 친구들도 잘 안다.

거울에 비친 자신의 모습을 차츰 알아보는 동물들도 처음에는 자신이 다른 개체를 보고 있다고 짐작한다. 그들은 사교적인 반응을 끌어내거나 상대해 보려고 하다가, 대개 거울 뒤로 돌아가 본다. 하지만 반영 현상을 이해하는 특별한 그룹들 — 영장류, 돌고래, 코끼리, 몇몇 다른 종류들 — 은 마침내 거울 속의 개체가 자신이 하는 모든 일을 그대로 하고 있음을 깨닫는다. 그들은 흔들기, 빙빙 돌기, 머리를 까딱거리기, 입 벌리기, 혀 놀리기 같은 과장되고 명백한 동작을 하여 자신이 깨달은 가설을 시험해 본다. "저게…… 나인가?" 그리고 곧 그들은 그것이 자신임을 깨닫는다.

그 다음 그들은 우리 모두가 하는 일을 한다. 거울이 없으면 보기 힘든 곳, 특히 자신의 입안, 성기 같은 곳을 본다.[47] 돌고래는 자신의 숨구멍을 비추어보기도 한다(인간 아이들은 콧구멍을 들여다보기를 좋아한다). 다이아나 레이스의 연구 대상이던 어느 돌고래는 피루엣을 연습하는 발레리나처럼 거울에 눈을 고정시킨 채 뱅글뱅글 돌기를 좋아했다.[48] 만약 큰 거울 속에 비친 자신의 몸을 보기를 좋아하는 돌고래에게 당신이 큰 거울을 치우고 작은 거울을 가져다 놓아서 그들이 자신의 몸 일부밖에 보지 못하게 하면, 그는 자신의 몸 전체가 보일 때까지 뒤로 물러날 것이다.[49] 돌고래들은 자신이 무슨 행동을 하는지 정확하게 알고 있다.

아이러니하게도 거울 테스트를 주장하는 열성분자들은 아마 제일 흥미로울 법한 부분을 간과한다. 반영 현상을 이해한다는 것은 반영된 모습이 당신 자신이 아님을 이해한다는 것이다. 그것이 당신을 표상한다represent는 사실을 이해하는 것이다. '표상'representation을 이해한다는 것은 거울 보는 자의 마음에 상징 능력이 있음을 뜻한다.

이는 더 큰 문제다. 거울 속에서 당신 종에 속하는 누군가를 보고 그 모습이 당신이 하는 모든 일을 하고 있기 때문에 그것이 당신을 표상하고 있다는 사실을 깨닫는다면(설사 당신이 자신의 을 그 전에 한번도 본 적이 없는 경우에도), 그것은 아주 희귀한 가추추론abductive reasoning(귀추적 추론, 유비추리. 어떤 문제가 있을 때, 현실에서 그 문제에 대한 해결책을 어느 정도 예측하는데, 그 잠정적 해법이 곧 가설이다. 그 가설의 타당성을 검토하기 위해 데이터를 수집해 확인한다. 이런 식으로 문제를 해결하기 위해 문제에서 가설로, 가설에서 해결로 나아가는 방식의 추론을 말한다 — 옮긴이)이 존재한다는 증거다. 그러므로 영장류와 돌고래와 코끼리는 그들의 거울 이미지가 '나'의 표상임을 인식한다. 이들은 모두 영리한 동급생들이다. 까치의 행동 역시 지켜보고 있자면 거울 속에 또 다른 누군가가 숨어 있는지 궁금해진다.[50]

거울을 매우 잘 다루는 생물 종은 거울로만 자신을 보지 않는다. 그것은 달에서도, 구름에서도 자신을 본다. 그것은 우주 전체가 자신을 중심으로 돌아간다고 생각한다. 아마 거울은 대체로 어떤 생물 종이 최대의 나르시시스트인지를 알려주는 테스트인지도 모르겠다.

뉴런에 대해

세계에서 활동하는 주체는 누구든 '나'me와 '나 아닌 것'not-me을 감지하는 방식이 있게 마련이다. 동물은 해자(마음에 있는 자신self / 자신 아닌 것not-self의 경계선)로 둘러싸인 요새(신체, 면역체계)를 지어야 하지만 우리는 자신이 자신 아닌 것과 어우러질 때, 예를 들면 앞으로 동맹자, 경쟁자, 짝이 될 수 있는 누군가의 기분을 판단해야 하는 상황에서는 도개교跳開橋가 필요하다. 이 도개교는 '거울 뉴런'mirror neurons이라는 이름을 갖고 있는 두뇌 속의 신경세포들로 만들어졌다.

'거울 뉴런'에 대해 이야기할 때의 문제는 이에 대한 논의가 미친 듯이 과장되어 있어서 상당히 많이 축소해야 한다는 것이다. 그렇지만 거울 뉴런을 둘러싼 허세에 대해 알면 도움이 된다.

'거울 뉴런' 및 그것들의 허세에 대해 이야기하기 전에, 그것에 대해 다음과 같이 생각해 보고, 그것에 어떤 이름을 붙이든 상관하지 않는다면, 과학의 최신 수준에 맞출 수 있을 것이다. 그것은 우리를 다른 사람들과 감정적 공조 상태에 있게 도와주는 두뇌 속의 특정한 신경 네트워크다. 이것은 엄격히 인간만의 능력인가? 힌트 하나. '거울 뉴런'은 원숭이에게서 가장 먼저 발견되었다. 또 다른 힌트. 내가 반려견 출라를 안아주면 주드는 자신의 꼬리를 흔든다. 패트리셔와 내가 말다툼을 하면 두 마리 다 가구 밑에 들어가 쭈그리고 앉는다.[51] 이것이 포유류만의 행동인가? 또다시 힌트 하나, 앵무새는 때로 미칠듯이 질투한다. 수많은 새들의 군집 형성coordinated flocking, 수많은 물고기들의 군집과 협동 사냥coordinated hunting, 특정 거북에 대한 특정 인간들의 선호, 인간에게서 사랑의 감정을 유발하는 두뇌 화학물질이 어떤 벌레에도 존재하여 같은 기분을 조성하는 사례. 이 모든 현상은 다른 존재에게 주파수를 맞추는 행동의 뿌리는, 종들 간의 경계가 불분명해지며 시간의 의미가 무의미해질 정도로 깊숙하게 자리한다는 것을 보여준다. 우리는 모두 똑같지 않지만 그렇다고 다른 존재도 아니다. 서로 관련이 있다는 의미의 다리와 연결선이 있다. 주위를 돌아보라. 당신 눈에 보일 것이다.

거울 뉴런은 짧은꼬리원숭이macaque monkeys에게서 발견된 현상이지만, 발견되자마자 연구자들에 의해, 또 수많은 대중들의 글에서 "우리를 인간으로 만든 위대한 진화적 도약"으로 찬양되었다.[52] 그런데 사실 샌디에이고 소재 캘리포니아대학교의 라마찬드란V. S. Ramachadran(친구들은 그를 라마Rama라고 부른다)은 거울 뉴런에 대해 할 말이 많다. 너무 많은지도 모르겠다. 그는 그것들이 7만 5,000년 전 이래로 공감을 창조하고, 우리가 타인을 모방하게 해 주고, 인간 두뇌의 진화를 가속화하고, 우리 선조들에게서 문화가 폭발하게 만들었다고 한다. 대단한 업적이다. 다른 건 또 없는가? 설마 없겠는가! 도구와 불과 언어의 사용, 주거, 또 다른 사람의 행동을 해석할 능력. 이 모든 것이 "정교한 거울 뉴런 시스템이 갑자기 등장함"에 의해 촉발된 것이다. "이것이 문명의 기초다." 이런 세포 덕분에 가능해진 또 다른 것은 없는가? "나는 그것들을 간디 뉴런이라 부른다."라마찬드란은 말한다. 오우케이······ 그런데 왜? "그것들이 인간들 사이의 장벽을 없애주기 때문이다."정말로? "추상적 은유적인 의미에서만이 아니다."정말로. "그리고 이것은 물론 수많은 동양철학의 기초를 이룬다."철학이라! "당신의 의식과 다른 누군가의 의식 사이에는 진정한 차이가 없다. 그리고 이건 무슨 우상숭배 같은 것이 아니다."누가 그렇다고 했나? 하지만 거울 뉴런의 승리가 좀 과장되지 않았는가?[53] 그는 대답한다. "나는 그것이 과장되고 있다고는 생각하지 않는다."[54] "오히려 과소평가되었다고 생각한다."

일부 연구자와 미디어가 원숭이 두뇌에서 발견된 신경세포를 "우리를 인간으로 만들어 주는 그것"으로 이용하고, 이 점을 가지고 "공감이라는 비상한 인간 능력"을 설명하는 건 좀 이상하다.

우리는 진화상의 빈 연결고리를 메워줄 만한 것을 찾는 일에 강박적으로 집착한다. "○○○는 우리를 인간으로 만든다"는 것이다. 왜? ○○○을 덮고 있는 은박지를 긁어내 "우리를 인간으로 만들어 주는 것" 집착증에서 무슨 냄새가 나는지 맡아 보라. 바로 우리의 불안감이다. 우리가 정말로 말하고 있는 것은 "우리를 다른 모든 생명과 확실히 구분된다는 것을 증명해 줄 이야기를 제발 좀 해 주세요"라는 것이다. 왜? 우리는 너무나 특별한 존재라고, 너무나 빛나고, 투명하고, 명료하고, 신이 내린 영감을 받았고, 영원한 영혼이

거울 뉴런은 짧은꼬리원숭이에게서 발견된 현상이다.

가볍게 스며들어 있는 존재라고 필사적으로 믿고 싶어하기 때문이다. 그런 차원에 미치지 못하는 것은 모두 무섭고 생존을 위협하는 공황을 유발한다면서 말이다.

제발 부탁인데, 모두들 좀 침착해지자. 인간이 되고, 노력하며, 친절하고 자비롭게 행동하고, 봉사하고, 이따금씩 춤을 추고, 할 수 있는 한 삶을 즐기고…… 이것이 여기서의 최선이다. 이것이 우리에게 주어진 근사해질 기회다. 그런데 내가 본론에서 벗어났군.

거울 뉴런에 관한 사실 하나는 이것이다. 솔직히 말해, 그것이 실제로 무슨 일을 하는지는 아무도 모른다. 내가 사람들이 왜 거울 뉴런을 인류의 인간성 배후에 있는 추진력으로 찬양하는지를 이해하기 위해 공부하는 동안 20년간의 연구를 총괄한 논평 한 편이 발표되었는데, 그 논평의 결론은 다음과 같다. "거울 뉴런의 기능(들)은…… 아직 해명되어 있지 않다."[55]

거울 뉴런에 관한 또 다른 사실은 이것이다. 하나의 독자적인 세포 유형으로서 거울 뉴런은 사실 존재하지 않을 수도 있다. 원숭이가 목표지향적인 어떤 행동(손을 움직이는 것 같은)을 수행하거나 다른 원숭이나 연구자가 그런 행동을 수행하는 것을 바라볼 때 원숭이 두뇌의 여러 부위에서 다양한 유형의 뉴런에 전원이 들어온다. 그것들은 왜 전원을 켜는가? 그것은 무엇을 의미하는가? 마음이 다른 존재의 행동을 인식하도록 하기 위해 전원을 켜는가? 아니면 그런 인식이 마음의 다른 어떤 곳에서 발생하는가? 아직 아무도 모른다는 것이 현재 밝혀진 사실이다. 실제로 알려진 것과 일부 연구자들이 안다고 주장하는 것 사이의 간극은 커다란 크레바스(빙하의 표면에 생긴 깊은 균열 ― 옮긴이)와 같다.

왜 대중 잡지 필자들은 거울 뉴런이라는 과장된 수사를 향해 그 토록 열심히 돌진하는가? 라마 박사는 "부분적으로는 내게 책임이 있다"[56]라고 인정했다. "완전히 진지한 태도는 아니었지만, 생물학에서 DNA가 했던 일을 심리학에서는 거울 뉴런이 하게 될 거라고 장난스러운 발언을 내가 했으니 말이다." 그런데 다음과 같이 덧붙인 걸 보면 아마 그는 아직도 장난스러운 모양이었다. "결과적으로는 내가 옳았다. 하지만 많은 사람들은 자신이 이해하지 못하는 것이 있으면 거울 뉴런 탓이라고 말하곤 한다." 그런 사람들 중에 아마 당신도 포함되지 않을까? 그런데 거울 뉴런이 처음 시작되던 지점을 뒤늦게 기억해낸 것처럼 그는 이렇게 말했다. "거울 뉴런이 공감과 언어 등의 온갖 일과 관련되어 있다면 원숭이는 이런 일에 매우 우수해야 할 텐데." 음…… 맞다. 그는 거울 뉴런의 역할이라고 자신이 말했던 것들이 전적으로 거울 뉴런의 담당이 아님을 보여준다고 지적했다. 그렇다면 그는 혼란이 생긴 점에 대해 혹시 미안해하는가, 그런가? "그런 종류의 오류는 아주 흔히 일어나지만 괜찮다. 이 과정이 과학이 발전하는 방식이니까. 사람들은 과대발언을했다가 쉽게 수정한다." 가끔은 그렇게 한다.

하지만 신중하게 따져보면 그런 세포를 발견한 것은(논의하는 것은 아니더라도) 중요하다. 이런 식으로 생각해 보라. 우리 두뇌는 어떤 식으로든 우리와 타인들이 무슨 일을 하는지, 또 왜 하는지에 대한 이해를 만들어 낸다. 이 작용과 관련된 다양한 종류의 뉴런을 '거울 뉴런'이라 부르는 것은 우리 주위에서 벌어지는 일을 이해하는 기술이 우리에게 '그냥 생기는' 것이 아님을 깨우쳐준다. 이해가 가능하려면 전문화된 신경세포의 네트워크가 있어야 한다. 정신적 장애는 상이한 뉴런들이 상이한 일을 하는 것을 보는 데 도움을 준다. 특정한 자폐증을 가진 사람들은 타인의 목표나 욕망, 사회적 규범을 감지하지 못한다. 그런데 그런 사람도 두뇌의 다른 영역은 제대로 작동하는 경우가 흔하다. 두뇌는 아주 다양하며, 엄청나게 복잡하게 서로 그물망처럼 엮인 다중 시스템의 신디케이트 조직이다.

현실적 의미로 '두뇌''the' brain라는 것은 없다. 그것은 '하나의' 기관이 아니다. 가령 간은 어느 부위를 잘라보더라도 대체로 같다. 그러나 두뇌는 그렇지 않다. 두뇌는 여러 층으로 되어 있고, 각 부문별로 나뉘어 전문화되어 있다. 그 구조와 기능을 살펴보면 그것들이 어떻게 진화해 왔는지 알 수 있다. 두뇌는 머리통 안에 자리 잡고 앉아 있지만, 그런 신체 부위들이 이루는 조합 속에서 각 상이한 부위들은 모 기업 내에서 각자 다르게 작동하는 다양한 회사들을 대표한다. 생물체가 생긴 까마득한 옛날부터 비교적 최근까지 각 부위들이 획득되고 융합되고 새로 추가된 결과가 지금의 우리다. 저마다의 방식은 있겠지만 다른 모든 생물 종의 두뇌도 같다. 많은 종들은 공통의 조상으로부터 내려오는 유산을 공유한다. 그 공통된 핵심 위에서 진화는 "우리를 인간으로 만들어" 주거나, 침팬지로 만들어 주는, 아니면 '오 캐나다, 캐나다, 캐나다'Oh Canada, Canada, Canada 라고 지저귀는 흰목참새로 만들어 주는 서명과도 같은 표현 몇 가지를 각 종에게 추가했다.

다른 종에서 '지능'을 찾으려 할 때 우리는 '인간이 만물의 척도'라고 믿는 프로타고라스의 오류를 흔히 범한다. 우리가 인간이기 때문에 우리는 인간 아닌 것들의 인간 같은 지능을 연구하는 경향이 있다. 그것들이 우리와 같은 식의 지능을 가졌는가? 아니다, 그러니까…… 우리가 이긴다! 우리는 그들과 같은 방식의 지능을 가졌는가? 상관없다. 우리는 고집한다. 그들이 우리식의 게임을 해야 한다. 우리는 그들의 게임을 하지 않겠다.

다른 동물들이 무엇을 배워야 하는지, 어떤 문제를 풀어야 하는지, 그런 문제를 그들이 어떻게 푸는지는 제각기 엄청나게 다르다. 인간은 창을 만들어야 한다. 알바트로스는 둥지를 떠나 먹이를 찾기 위해 6,400킬로미터를 갔다가 대양 전체를 건너 돌아와서 800미터 너비의 섬에 도착해 수천 마리 새끼 중 자신의 새끼를 찾아낸다. 돌고래나 향유고래나 박쥐는 우리가 밤이 되면 멍하니 앞을 제대로 보지도 못하는 상황을 불쌍하게 여길 것이다. 그들의 두뇌는 고화상도 음향 세계high-definition sonic world를 초고속으로 영상화하여 어둠 속에서도 다른 것들을 알아 볼 수 있고, 빨리 움직이는 먹이를 잡을 수 있으니 말이다. 우리는 그들이 언어가 없어 불편할 것이라 여기지만, 그들의 눈에는 우리가 정말로 중요한 능력을 전혀 갖지 못한 존재로 보일 것이다. 하지만 실제로 그들은 어떤 면에서는 우리가 감히 견줄 수도 없을 정도로 지극히 유능하다. 우리는 시각, 청각, 후각, 반사시간, 잠수, 비행능력, 음향능력, 이동과 귀소歸巢 능력(바다 밑에서도 마찬가지) 등의 면에서 많은 생물들에게 비교도 못할 정도로 뒤떨어진다. 많은 동물들이 최고의 사냥꾼이다. 극한의 운동선수이기도 하다(인간은 두 다리로 달리는 분야에서 최고다. 물론 타조를 제외하고). 다른 두뇌는 다른 능력을 중요시하며, 상이한 생물들이 상이한 상황을 활용함에 뛰어나게 해 준다. 이런 점에서 타자를 존중하고 인정하며 세계를 공유할 여지와 이유가 있다.

우리가 다른 동물의 경험을 인식할 수 없다는 주장은, 토머스 나겔Thomas Nagel이 쓴 「박쥐로 산다는 것은 어떤 기분일까」What Is It Like to Be a Bat?라는 유명한 논문에서 제기되었다. 박쥐의 삶은 우리와 너무나도 다르기 때문에, 이 질문에 우리는 대답을 하려고 시작도 못한다는 것이 그 논문의 기본 생각이다. 우리가 알 수 있는 것은 오로지 인간으로 사는 기분뿐이다. 그런데 우리는 인간으로 사는 것이 어떤 기분인지를 정말 아는가? 인간으로 산다는 것이 무슨 의미인지 우리가 정말 아는가? 어느 정도까지는 알고, 어느 정도까지는 모른다. 북극권의 원주민들을 찾아갔을 때나 폴리네시아인들과 배를 타고 다닐 때, 나는 우리에게 기본적인 공통점이 있지만 세부적으로는 다르다는 것을 알아냈다. 차이는 많지만 닮은 점만으로도 충분하다. 나는 그들로 사는 것이 어떤지 완전히 알지는 못한다.

우체국과 슈퍼마켓에서 내가 보는 진열대와 선반은 내 이웃들의 집을 청소하는 이웃들이 보는 것과 동일하다. 우리는 같은 세상을 보고 그 속에 거주한다. 하지만 나는 그들이 되면 어떤 기분일지 모른다. 그들은 내가 되면 어떤 기분일지 모른다. 대공황 때 자살한 이민자의 딸로서 뉴욕에서 자라는 것은 어떤 기분일까? 내게 생명을 준 어머니는 그런 다른 삶을 살았다. 뉴욕 필하모닉 오케스트라에서 하프를 연주하면 어떤 기분일까? 소년병이 되면 어떤 기분일까? 나는 나이로비 빈민가에서 사는 굶주리고 절망적인 사람의 기분보다는 교외의 가정에서 키우는 배고픈 푸들의 기분을 더 잘 알 것 같다. 개들이 행복한지 지쳤는지는 금방 눈에 보인다. 나 자신이 행복하거나 지치면 어떤 기분인지 안다. 하지만 굶주리고 절망적인 것이 어떤 기분인지 나는 사실 잘 모른다. 그것을 짐작하는 것도 고통스럽다.

그러므로 우리와 다른 존재인 박쥐가 되면 어떤 기분일지에 대해서도 할 말이 많지만, 우리와 다른 인간이 되면 어떤 기분일지에 대해서도 할 말은 많다. 박쥐는 편안함, 휴식, 흥분, 배설, 모성의 충동을 느낀다. 포유류니까 우리와 기본적인 공통점들이 있다. 그런데 우리가 거론하는 박쥐는 초음파를 이용해 곤충을 잡는 박쥐인가, 아니면 화분수정을 해 주는 박쥐인가, 아니면 과일박쥐인가? 박쥐는 포유류 전체의 약 20퍼센트를 차지하므로, 좀 건방지게 들리겠지만, 구체적으로 명시해야 할 것 같다. 어떤 종류의 박쥐를 말하는가? 박쥐의 종은 1,200가지가 넘으니까.

철학자 루트비히 비트겐슈타인Ludwig Wittgenstein은 이렇게 말한 것으로 유명하다. "사자가 말을 할 수 있다고 한들 우리는 알아듣지 못할 것이다."[57] 거의 모든 철학자들이 그렇듯이 그에게도 데이터가 없었다. 더 문제는 그는 사자를 안 적이 없었던 모양이다. 그러나 그런 장애물도 절대로 철학자들이 잠시 발언을 멈출 이유는 되지 않았다. 그래도 좋다. 그는 적어도 인간은 서로를 이해한다고 암시하니까. 그런데 우리는 서로를 이해하는가? 우리의 언어로는 실패할 때가 많다. 아랍인과 이스라엘인이 대화할 때 그들은 서로를 이해하는가? 수니파와 시아파가 서로 이야기할 수 있는가? 자신의 부모나 자녀와 제대로 소통하지 못하는 사람들이 많다. 그러니 비트겐슈타인이여, 그만두게. 우리는 모두 음식과 물, 안전과 짝을 원한다. 우리는 지위를 원한다. 그래야 음식과 물과 안전과 짝을 얻을 유리한 입지에 설 수 있기 때문이다. 사자가 말을 할 수 있다면, 그도 아마 세속적인 이야기로 우리를 지루하게 만들 것이다. 물웅덩이, 얼룩말, 아프리카 흑돼지, 월드비스트 등도 마찬가지일 것이다. 그들의 관심사인 음식, 짝, 자녀, 안전 등은 우리의 관심사이기도 하다. 어쨌든 사자도 같은 평원에 있고, 둘 다 같은 사냥감을 쫓고 있고, 서로의 사냥물을 훔치고 있는데, 우리는 인간이다. 우리는 공통점이 많다. 어떤 인간이 나중에 철학자가 된 것은 사자의 탓은 아니다.

오래된 나라의 주민

초겨울이다. 나는 방금 집필실을 나왔다. 강아지 출라와 주드는 최근에 떨어진 낙엽 더미 위 햇살 바른 곳에 누워 있다. 여름이라면 그늘에 있었겠지만 지금은 그렇지 않다. 그들은 우리가 했을 법한 행동을 똑같이 하고 있다. 기울어지기 전의 햇볕에 흠뻑 젖어 기분이 좋다(그들이 딱딱한 바닥보다는 베개에 누워 자는 것도 그 편이 기분이 좋기 때문이다. 여름에는 딱딱한 바닥이 더 시원하므로 그쪽을 더 선호하지만). 그러다 그리로 걸어가 낙엽 몇 장을 밟아 부스러뜨린다. 그리고는 나를 쳐다본다. 출라는 내 눈을 똑바로 보고, 내가 뭘 원하는지, 아니면 자신들에게 무엇을 해 줄지 궁금해한다. 내가 가만히 서 있으니 출라의 눈길은 길 쪽으로 움직인다. 스쿨버스의 소리는 우리 모두에게 익숙하다. 그녀는 그게 무엇인지 알고 있고, 그래서 가서 알아볼 필요가 없다는 것도 안다. 익숙한 영토에서, 익숙한 소리를 우리가 모두 듣는 주파수 대역에서 들으며 겨울 햇살의 온기를 즐기고 있는 우리는 대체로 같은 순간을 공유한다. 우리는 같은 감각을 사용하고 있다. 시각, 후각, 촉각, 청각. 나는 다양한 색깔을 본다. 그들은 다양한 냄새를 맡는다. 그들의 청각은 나보다 더 예민하다. 우리의 경험은 똑같지 않다. 하지만 비교 가능하게 생생하다.

오늘 아침, 내가 우리 집 닭장에서 달걀을 꺼내다가 실수로 깨뜨리자 강아지들은 즉각 그곳으로 와서 핥아먹었다. 우리는 미각도 공유하는 것이다. 공유된 감각들. 이것이 아니라면 그들이 눈과 귀, 코, 감각적 피부, 사랑스럽게 축 늘어진 혀, 그 모든 것이 두뇌에 연결될 이유가 달리 있겠는가? 나는 겨울밤에 장작난로 곁에 앉은 출라가 너무나 졸려서 거의 눈도 뜨지 못할 정도가 될 때 어떤 기분인지, 짐작 이상으로 잘 안다. 나중에 불을 끄고 잠자리에 들 때 그들이 어떤 기분인지, 나도 우리가 함께 사는 집에서 같은 침실에서, 같은 일정에 따라 똑같은 일을 하고 있으니 잘 안다. 그리 힘들여 짐작할 일도 아니다.

하지만 출라가 갖는 경험의 다른 측면들, 가령 산책을 나가서 그녀가 코를 킁킁거릴 때 무엇을 느끼는지, 그런 냄새가 촉발하는 생각과 감정이 어떤 것인지 나는 정확하게 알 수 없다. 하지만 주드는 내 감정을 알 수 있다. 내가 기쁘면 함께 기뻐하고, 사랑을 함께 나눌 때는 사랑한다. 그런 일은 충분히 많이 있다. 그들은 자신의 죽음을 성찰하거나 다음해 여름에 무엇을 할 것인가에 대해서는 상상하지 못할 수도 있다. 그런데 나 역시 마찬가지다. 그들은 순간순간 지각력이 매우 높고 기민하다. 물론 그들이 햇볕 바른 잎사귀 더미 위에서 코를 골고 있을 때는 제외해야겠지만. 내 개들은 내 친구이고 가족의 일부다. 솔직히 말하자면 나는 우리집 건너편에 사는 남자보다 그들에 대해 더 잘 안다. 나는 할 수 있는 한 그들을 보살피고, 안전하고 편안하게 해 주려고 한다. 그들은 나의 인간 친구들보다도 내 삶을 더 많이 공유한다. 거의 모든 인간 친구들처럼 내 개와 나는 우연히 함께하게 되었지만 그들과 함께하는 것을 즐긴다. 그들과 함께 있으면 나는 기분이 좋아진다. 왜 그런지 정확하게 설명할 수 있을까? 개만 알 뿐이다. 가령 주드가 깔개와 소파 둘 중에서 선택해야 하는 상황에 놓일 때 나타나는 그의 모든 행동, 그가 우리가 올라가지 말라고 금지해놓은 소파 위에 있다가 느닷없이 들이닥친 우리를 보고 보이는 반응까지도 모두, 선택에 대한 그의 의식과 두뇌의 감각지각의 논리를 보여준다.

새벽에 일어나 물고기 지느러미들이 만드는 소용돌이를 보러 나가면 내 눈은 물수리osprey와 제비갈매기common tern를 따라간다. 그들 역시 새의 시점이라는 유리한 입지에서 내가 찾는 물고기와 같은 물고기를 찾고 있다. 나는 오랜 시간을 들여 제비갈매기를 연구해 왔는데, 그들과 내게 공통점이 많다고 느꼈다. 제비갈매기가 되면 어떤 기분인가? 난 잘 모른다. 다만 어떤 부분은 알 것 같다. 나는 그들이 만든 둥지 가까이에서 수백 일을 함께 지냈고, 구애하고 새끼 기르는 모습을 여러 해 거듭하여 지켜보았다. 나는 그들이 얼마나 열심히 일하는지 보았고, 그래서 아침에 배를 몰아 물고기가 어디 있는지 아는 녀석들을 따라다닌 날도 많다. 그들은 달인이고 운동선수이고 전문가다. 나는 그들로부터 배운 것이 많다. 그들이 아는 그들의 세상에 대해, 또 우리가 함께 살고 있는 세상에 대해 배웠다.

우리에게 파악되는 맥락에서 배고프고 행복하고 무서운 행동을 하는 수많은 생물들은 그들이 마치 인간 같은human-like 감정을 느끼는 듯이 행동한다. 가령 족제비나 어린 오소리와 함께(어떤 포유류든 새나 파충류와도) 놀다 보면, 그들이 얼마나 재미를 많이 느낄 수 있는지, 또 그들의 놀이에 유머의 요소가 있는지 느낄 수 있다. 어미를 잃어서 우리가 직접 키운 다람쥐 벨크로는 거의 매일 아침저녁, 나무에서 내려와 먹이를 받아먹고 한동안 우리와 함께 논다. 벨로크는 우리의 무릎과 어깨 주위를 뛰어다니고, 손과 씨름을 하고 배를 긁어달라고 몸을 뒤집으면서 1시간은 너끈히 논다. 우리는 벨크로의 목소리를 다람쥐의 웃음의 일종으로 해석한다(벨크로는 확실히 우리를 웃게 만든다). 자기들끼리 놀거나 인간 연구자들에게 간지럼을 당한 쥐들은 인간 아기들의 웃음소리와 아주 비슷한 소리를 낸다(쥐의 웃음소리는 인간 가청역대를 넘어선 곳에서 나오지만, 연구자들은 그 음역대를 낮추어 인간 가청역대로 가져올 수 있다). 설치류의 웃음은 인간이 기쁨에 의해 흥분되는 두뇌 영역과 같은 영역을 흥분시킨다.

다람쥐의 기쁨, 쥐의 기쁨, 인간의 기쁨이 비슷하다고 느껴지는가? 재미있게 노는 것처럼 보이는 설치류는 정말 재미있는 것 같다. "우리가 간지럼을 태운 어린 동물들은 우리와 놀랄 만큼 친근해진다." 대표적인 연구자 자아크 팽크셉J. Panksepp이 썼다.[58] 우리의 다람쥐 친구 벨크로는 아무리 오래 놀아도 성에 차지 않는다. 가끔은 크고 오래된 메이플나무에 그 녀석을 억지로 올려놓고 가야 할 정도다. 우리는 출근도 해야 하고 오전 내내 무작정 놀기만 할 수는 없지 않은가. 그럴 때 보면 벨크로가 해야 하는 일의 우선순위는 우리 것보다 더 좋아 보인다. 즐겁게 사는 방법을 아는 게 분명하다. 다람쥐에게 그처럼 서로 장난치는 성질이 있으리라고는 생각도 못했지만, 벨크로는 우리가 직접 키웠기 때문에 우리에게 많은 면모를 드

다람쥐는 인간의 언어를 써서 말을 할 수는 없지만 인간과 함께 놀 수 있다.

러냈다.

하지만 제대로 된 유머로 말하자면, 영장류는 대개 그런 장난꾸러기들이다. 드 발은 샌디에이고 동물원에 있는 젊은 수컷 원숭이 칼린드가 가끔 원로 수컷 보노보가 원숭이 우리의 건조 해자로 내려간 사이 그가 다시 올라올 때 필요한 쇠사슬을 재빨리 끌어올리곤 하던 일을 이야기한다. 드 발은 "그는 해자 벽면을 두드리면서 입을 벌리고 해자 아래를 내려다보곤 한다. 이 표정은 인간이라면 웃음에 해당한다. 칼린드는 대장을 놀리고 있는 것이다. 유일한 다른 어른인 로레타가 달려가서 쇠사슬을 도로 내려뜨려 자신의 짝을 구해 올리고, 그가 다 올라올 때까지 지키고 서 있어야 했던 일이 여러 번 있었다."[59]

인간만이 의식을 갖고 있고, 삶을 즐길 수 있고, 계속 그렇게 하려는 욕구를 가지는 감정 있는 존재라고 결론지을 증거는 진지하게 부인해야 한다. 다른 말로 하면, 삶, 자유, 그리고 행복을 추구한다는 증거 말이다. 개나 다람쥐나 쥐와 놀면서도 동물이 의식을 갖고 있지 않다고 믿는 인간은, 그들 본인이 어떤 의식을 결여한 것이다. 그런 인간은 우리 개와 다른 동물들이 넘치도록 갖고 있고, 우리에게도 자연스럽게 허용하는 폭넓은 공감이 확실히 특이하게 인간적인 방식으로 결여되어 있다.

그런데 문제는, 사자나 다람쥐가 — 출라도 — 말을 못한다는 점이다. 소통은 한다. 그러나 말은 못한다. 특히 인간들에게는 못한다. 어떤 특정한 새들(까마귀, 구관조, 앵무새 같은 새)과 몇몇 포유류(돌고래, 코끼리, 일부 박쥐)는 새로운 다른 소리를 익히고 발음할 수 있다. 그러나 거의 모든 원숭이와 영장류는 그다지 바뀔 수 없는 본능적 호출소리를 갖고 있는 것 같다. 인간은 보편적인 본능적 호출소리 — 불편하다는 외침, 웃음소리, 울음소리 — 를 갖고 있고, 그에 더하여 언어를 습득한다.

인간은 언어 습득에 필요한 보편적 두뇌 주형鑄型을 갖고 있다. 이 주형 위에서 우리는 이탈리아어, 말라가시어 등을 말하는 법을 익힌다. 인간은 개가 짖고 고양이가 야옹거리는 데 쓰는 것과 동일한 신체 구조를 써서 말을 한다. 음향 생산을 통제할 수 있는 비상하게 섬세하고 유연한 인간의 능력은 그저 비상한 두뇌 배선도 덕분인 것 같다. 다른 영장류의 것과는 다르게 배열된 인간 두뇌에서는 자발적인 움직임과 관련되는 두뇌피질 부위(측면 운동 피질 부위 the lateral motor cortex areas)와 성대 혹은 '소리상자'voice box의 운동 통제 motor control를 용이하게 해 주는 '의문핵'nucleus ambiguus이라 불리는 두뇌 부위가 직접 연결되어 있다. 다른 영장류, 심지어는 쥐에도 인간의 언어활동을 촉진하는 FOXP2라는 유전자가 있지만, 인간 버전에는 음성 통제 측면에서 엄청난 차이를 만들고 언어 능력을 촉진하는 미세한 변이인 아미노산 변이가 두 종류 더 있다. 인간 계보에서 일어난 이 혁신은 말하고 노래하는 데 필요한 전제조건이었던 것 같다. 어떤 의미로 영장류에 있는 음성 도구 — 턱, 입술, 혀, 근육, 뇌에서 오는 신경 — 는 성대 속에 자리 잡고 있으면서 섬세한 자의적 통제를 받으려고 기다리고 있었다고 할 수 있다.[60] 그것이 이루어지자 발화發話, speech가 가능해졌다.

인간 외 거의 모든 동물들은 실제로 발화를 위한 신체적 능력을 갖고 있지 않다. 보노보인 '칸지' 같은 영장류는 인간이 말한 수백 개의 단어를 이해하고, 키보드 신호를 사용할 줄 알지만 인간의 말을 하지는 못한다. 다른 동물과 인간 사이에는 작은 차이밖에 없고, 그것도 정도의 차이일 뿐이지만, 그 작은 정도 차이가 결국은 큰 차이를 만들어 낸다. 복잡한 발화는 우리 두뇌에 마음을 네트워크로 조직하게 하고 다른 동물들에게서 작동하는 학습된 전통보다 훨씬 더 복잡한 여러 세대에 걸친 기억을 형성할 수 있게 해 주었다. 복잡한 언어는 복잡한 이야기를 할 수 있게 해 준다. 그저 원숭이나 새의 '이봐, 뱀이 보이네' 같은 현재형 문장만이 아니라, 다른 인간에게 '어제 독사를 봤어, 그러니 조심해'라고 전해 줄 수 있는 능력 말이다.

원숭이가 전체적으로 인간 같은 소리를 만들 수 없기 때문에, 1960년대의 연구자 앨런과 비트릭스 가드너Allen & Beatrix Gardner, 그리고 그들의 제자인 로저 포츠Roger Fouts, 또 그의 아내이자 연구 파트너인 데비Debbi는 가족 차원에서 침팬지 한 마리를 키워 사인 언어를 가르쳤다. 그 침팬지가 세계적으로 유명한 워슈Washoe다. 나중에 워슈는 다른 침팬지들에게 사과를 줘, 같은 손짓 신호를 가르쳤다. 침팬지들은 신호를 조합하여 '과일' 더하기 '사탕'이 '수박'이 되도록 만들었다. 신호를 사용하는 침팬지가 만든 몇몇 문장은 길게는 6~7개 단어까지도 사용한다.[61]

'내게 사과를 줘'는 명료한 신호지만, 그 복잡성 정도는 야생 침팬지들이 공격할 준비를 하는 것을 미리 알고 두려움 속에서 미친 듯이 야단하는 콜로부스원숭이들의 도주 루트를 차단하기 위해 협동하는 침팬지들의 정신적 과정과 집단적 협동 절차에 비하면 한참 수준이 낮다. 침팬지는 우리의 공동체에서 우리와 함께 살 수 없고, 우리도 그들 공동체에서 함께 살지 못할 것이다. 하지만 그들은 자신이 무엇을 알아야 하고 해야 하는지를 아주 상세히 인지하고 있다. 침팬지들은 과일나무 1,000그루 정도의 위치를 알고 있고, 그 과일이 여러 주일에 걸쳐 숙성하는 과정도 계속 주시하고 있으며,[62] 넓은 영토를 순찰하기도 한다.

포획된 영장류에 대한 인간들의 연구는, 연구 대상이 새끼 때 유괴되어 자신들의 사회적 맥락과 문화사를 박탈당한 채 실험실과 동물원에서 살아온 매우 사회적인 동물들이라는 점을 기억하라. 상이한 위치에 사로잡혀 한꺼번에 노예가 된 사람들은 "거의 어떤 문법도 없는 인간 언어의 가장 엉성한 그림자"라 불린 수단으로 소통한다.[63] 이로 유추해 보건대 어미가 살해되고 아기 때 유괴되어 온 이런 영장류들은 자연적이고 유서 깊은 영장류 공동체에서 볼 수 있는 소통 기술에 담긴 풍부한 내용과 섬세한 뉘앙스를 개발할 기회를 갖지 못했을 확률이 크다.

야생에서 사는 침팬지는 특정한 정의를 가진 단어를 쓰지 않는다. 그들은 수십 가지 호출소리와 동작을 사용하는데, 그 의미는 부분적으로는 맥락에 의존하지만 많은 정보를 전달한다. 최근 영장류 연구자들(영장류를 연구할 뿐만 아니라 그들도 실제로는 ─ 공식적으로 ─ 영장류인)은 그들 언어의 통역에서 돌파구 하나가 생겼음을 발표했다. 모든 영장류는 소통하는 데 몸 동작을 쓴다.[64] 이런 몸짓을 그 그룹 내의 모든 개체들은 이해한다. 그들은 특정한 개체를 향하며, 그 개체들은 그것을 이해한다. 또 그런 몸짓은 의도적이고 융통성 있게 사용된다. 우간다의 연구자들은 침팬지가 쓰는 몸짓 66가지로 최초의 '어휘록'을 만들었다. 그 몸짓들은 '여기 와', '저리 가', '놀자', '저것 내게 줘', '안아주면 좋겠어' 같은 의미를 가진 메시지

19가지를 전한다. 고릴라는 의미를 담은 동작을 100개 이상 사용한다.[65] 또 보노보는 다른 보노보를 자신에게 오라고 부를 때 인간처럼 손을 흔들고, 그런 다음 손바닥을 발랄하게 비틀어, 상대방에게 사적으로 은밀한 섹스 밀회를 하러 가자는 방향을 암시한다.[66]

보노보 칸지는 포획된 상태에서 태어나서 조지아에 있는 연구소 시설에서 어미와 함께 자랐다. 연구자들과의 집중적인 만남을 통해 그는 특별한 터치스크린을 써서 300개의 어휘를 구사하며 발언하고 요청하고 단어까지 혼합했다. 그는 영어 단어를 1,000개 이상을 이해했는데, 그 단어 중에는 문법이 있는 문장도 포함된다. 어느 동영상에는 수 세비지-럼보Sue Savage-Rumbaugh가 그와 함께 소풍을 나간 모습이 찍혀 있다. 세비지-럼보가 그에게 햄버거를 마련하고 불을 켜라고 부탁하자 그는 그렇게 한다. 영장류 전문가 스탠포드는 이렇게 썼다. "칸지가 이해한 것과 서너 살짜리 인간이 이해한 것 사이에 차이가 있을지 모르지만, 과학자들은 그 차이를 아직 알아내지 못했다."[67] 하지만 나는 안다. 우리는 대개 3~4세 아기에게 라이터를 맡기지는 않는 법이다(유튜브에는 칸지가 문법을 구사하고, 부싯돌을 쓰고, 돌칼을 쓰는 훌륭한 동영상들이 올라와 있다. 동영상 〈칸지와 새 문장들〉Kanzi and Novel Sentences과 〈도구제작자 칸지〉Kanzi the Toolmaker를 찾아보라).

인류학자 돈 프린스-휴스Dawn Prince-Hughes는 어렸을 때 자폐증 때문에 언어 습득에 어려움을 겪었는데, 시애틀의 우드랜드공원 동물원에 있는 고릴라 그룹과 일종의 동질성을 느끼고, 나중에는 고릴라 사육사로 취직했다.[68] 그녀는 고릴라들을 "내가 처음 가졌던 최고의 친구들이다. (……) 오래된 나라의 주민들이다"라고 말했다.

조지아에 있는 연구소 시설에서 어미와 함께 자란 보노보 칸지는 터치스크린을 써서 300개의 어휘를 활용할 줄 안다.

한편 조지아 실험실에 있던 칸지는 고릴라 코코의 동영상을 보았고, 그의 인간 친구들은 자신이 모르는 사이에 코코가 쓰는 미국식 손짓 언어를 몇 가지 익혔다(칸지가 키보드 신호를 사용하여 소통하는 법을 배웠음을 기억하라). 칸지가 프린스-휴스를 만났을 때 그는 그녀의 버릇처럼 된 몸짓을 잠시 지켜보더니 이렇게 신호했다. "너 고릴라, 질문 있어?"

1982년경 워슈는 새끼 두 마리를 낳았지만 둘 다 죽었다. 한 마리는 심장병 때문에, 또 한 마리는 감염 때문이었다. 연구소 조수인 캣 비치Kat Beach가 임신하자 워슈는 그녀의 배에 큰 관심을 보이면서 이렇게 신호했다. "아기." 그런데 안타깝게도 비치는 유산했다. 로저 파우트Roger Fout는 이렇게 썼다. "워슈가 새끼 두 마리를 잃었음을 알고 있던 비치는 그녀에게 사실을 말해 주기로 결심했다. 내 아기 죽었다. 비치는 그녀에게 신호했다. 워슈는 땅바닥을 내려다보았다. 그러다가 그녀는 비치의 눈을 바라보면서 울음이라고 신호하고, 눈 바로 아래쪽 뺨을 만졌다. (……) 그날 캣이 퇴근하려 할 때, 워슈는 도무지 그녀를 놓아주려 하지 않았다. 제발 인간 안아줘, 그녀는 이렇게 신호했다."[69]

몇몇 인간 아닌 존재가 인간의 언어 몇 개를 쓰는 법을 배울 수는 있지만, 광범위한 언어 구사 능력은 인간에게 독보적인 것 같다(내가 '언어'라고 할 때 그것은 문법과 통사론을 가진 광범위한 어휘 체계를 뜻한다). 인간 아이들은 복잡한 발화를 직관적으로 알아듣고 숙달한다. 과거시제를 쓰기 시작한 아이가 '나는 생각했어'I thought가 아니라 '난 생각했어'I thinked라고 할 때,[70] 그들은 한번도 배운 적이 없는 문법 규칙을 적용하는 것이다. 하버드대학교 심리학자 스티븐 핑커

Steven Pinker는 어린아이에게 언어 구조를 만드는 능력이 있다는 것은 인간 두뇌가 문법을 터득하도록 프로그래밍되어 있음을 뜻한다고 믿는다. 아마 인간은 언어 본능을 갖고 태어나는 모양이다. 그것이 거의 사실이라면 우르릉거림rumbling과 나팔소리trumpeting가 코끼리에게, 긴 울음howling과 그르렁 소리growling가 늑대에게, 또 딸깍 소리로 음파탐지하는 법이 돌고래에게 자연스럽게 익혀지는 것처럼 인간에게는 인간의 언어가 자연스럽게 익혀진다. 이는 생각해 보면 당연한 일이다.

하지만 그 속에 함축된 의미는 마음을 불편하게 한다. 아마 우리가 진정으로, 깊이, 생물학적으로 다른 종들이 자신의 소통을 감지하는 그 풍부함을 이해하지 못하고, 그들 역시 우리 종을 이해하지 못하는지도 모른다. 그들의 소통 형식이 우리가 벅벅 뭉개버릴 수는 있지만 절대로 진정으로 넘어서지는 못하는 그런 경계선이라면 어찌 해야 하는가? 인류의 가장 큰 꿈 가운데 하나인 동물과의 대화가 메뉴에서 빠지게 될지도 모른다. 동물과의 대화가 불가능한 것은 그들이 우리에게 이야기할 수 없기 때문만이 아니라, 코끼리가 비가 올 전망에 대해 영어로나 파르시어로 우리와 대화할 수 없는 것처럼 우리가 코끼리와 대화를 나눌 능력이 없기 때문일 것이다.

그래도, 그래도 조금은 가능성이 더 있다. 인간들이 돌고래와 바다사자에게, 그들의 수조에 있지 않은 물건을 찾아달라고 부탁하면, 그들은 굉장히 열심히 찾거나 그냥 무시해 버린다. 이는 그들이 찾으려는 물건이 무엇인지 알고 있거나, 찾도록 지시받은 물건이 그곳에 없다는 것을 알고 있음을 시사한다. 중요한 것은, 공ball이라는 단어에는 둥근 요소가 전혀 없으니 인간의 언어는 추상적 표상abstract representation, 즉 상징symbol이다. 하지만 '공'이 공임을 이해하는 어떤 동물도 그 추상적 상징을 알아듣는다.[71] 침팬지는 '음식'과 '도구' 같은 추상적 개념을 형성할 수 있고, 사물 및 사물의 상징을 이런 범주하에 분류할 수 있다.

"우리가 동물들에게 무엇을 부탁하면 그들은 흔히 우리의 말을 알아듣는다." 엘리자베스 마셜 토마스는 썼다.[72] 그렇지만 "그들이 우리에게 무엇을 부탁할 때 우리는 그것이 무슨 의미인지 잘 모를 때가 많다." 오랑우탄은 인간이 자신의 몸짓을 얼마나 잘 이해하는지 평가할 수 있다.[73] 몸짓으로 의도가 전달되지 않을 경우, 그들은 때로 인간이 자신들에게 해 주기를 원하는 것을 팬터마임으로 나타내기도 한다. 인간이 그들의 의미를 전부 다 알아듣지 못하는 것처럼 보일 때, "오랑우탄은 신호signal의 범위를 좁혀 이미 사용된 적이 있는 몸짓에 집중하고 그것을 자주 반복한다"라고 연구자들은 썼다. 그러나 자신의 의도가 오해되는 경우, 오랑우탄들은 새 신호를 가져온다. 오랑우탄은 공통적으로 이해되는 의미를 확정할 능력이 있다. 만약 그들이 표현하려고 애쓰는 것을 인간들이 이해할 수 있다고 우리가 입증할 수 있다면 말이다.

인간과 다른 동물들이 서로 공유하는 의미. 이해. 그것이 우리가 추구하는 목표다.

4부

범고래
의
호출소리

이 고래에게 부여된 이름은 예외로 해야 할지도 모르겠다.
(……) 우리 모두가 살해자killer 니까.

—허먼 멜빌Herman Melville, 『모비딕』Moby-Dick

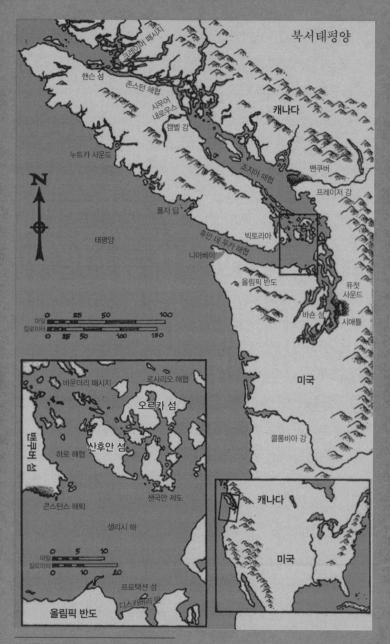

북서태평양 연안, 밴쿠버 근처 지역의 지도

바다의 왕

켄 밸컴 Ken Balcomb은 사슴 목장 안에 있는 수달의 집처럼 은폐되어 있으면서도 높이 날아오른 독수리의 눈으로 보듯 높은 시야를 확보한 집에 산다. 이 집은 바다를 굽어보는 능선 위 소나무 사이에 들어앉아 있어서, 산후안 섬 San Juan Island부터 하로 해협 Haro Strait까지 확 트인 경관을 볼 수 있다.

오늘 하로 해협에는 흰 물거품을 날리는 파도가 가득하고, 바람이 비를 쪼개며 불어 젖히고, 갈매기는 폭풍우에 휩쓸리고 있다. 해협 건너편에 있는 캐나다의 밴쿠버 섬은 푸른 하늘과 푸른 물 사이의 푸른 산맥 너머에 있는 산들처럼 보인다. 이 해협의 확실한 거주자로는 세계 최대의 해양성 스타들인, 이 행성에서 가장 거대한 문어 그리고 세계 최대의 돌고래, 즉 범고래가 있다. 한쪽 기슭에서 반대쪽 기슭까지, 수면에서 해저까지, 범고래는 이 전체를 하나의 나라로 여긴다. 자신들의 나라인 것이다.

그 어떤 누구의 거실에서도 이곳에서 만큼 생생하게 바다에 있다고 느낄 수 없을 것이다. 낮은 커피테이블 위에 두개골이 놓여 있다. 길이는 1미터, 무게는 70킬로그램 정도 된다. 그 엄청난 크기와 서로 교차해 나 있는 여러 줄의 이빨을 보고 있자니, 살아 있었다면 티라노사우루스 렉스와 아주 비슷한 존재였을 것 같다. 그런데 이것은 바다의 왕이다. 그리고 지금도 살아 있다. 저 바깥 어딘가에 지금도 이런 두개골을 휘두르며 헤엄치는 생물, 이 거대한 턱과 엄지만큼 굵은 단검 같은 이빨로 삶을 영위하고 있는 존재가 있는 것이다. 지금 이 시대에 바다에서 가장 큰 고래도 무서워하는 존재인 범고래는 6,500만 년 전에 공룡이 사라진 이후 누구도 따라가지 못할 힘을 휘둘렀다.

하지만 범고래는 섬세하고 민감한 측면이 있어, 티라노사우루스 렉스는 절대 모방할 꿈도 꾸지 못했을 수준의 복잡한 특징들을 지닌 사냥꾼이 될 수 있다. 그들은 지적이고, 모성애가 있고, 수명이 길고 협동적이며, 치열하게 사회적이고 가족에게 충실하다.[1] 우리처럼 따뜻한 피를 가졌고 젖이 나오는 동물이며, 우리와 성격이 별로 다르지 않은 포유류다. 그저 몸집이 훨씬 클 뿐이다. 그리고 우리보다 확연히 덜 폭력적이다. 역시 우리보다 훨씬 더 큰 범고래의 두뇌는 가족, 지리, 사회적 네트워크, 음향을 미세하게 분석하는 과제를 처리해 낸다.

밸컴은 방금 고래가 어떻게 초음파를 만들고 활용하는지 설명하기 시작했는데, 내 눈길은 창문을 넘어 움직이는 물로 옮겨갔다.

기슭과 가까운 해초밭 바로 너머에서 내 눈에 갑자기 증기를 팍 품는 것이 들어왔다. 그런데 지느러미가 보이질 않는다. 까치돌고래Dall's porpoise인가? 그때 증기가 다시 한번 길게 뿜어진다. 나는 범고래가 높이 치솟은 등지느러미를 보여주지 않고도 숨을 쉴 수 있다고는 상상도 못했다. 하지만 바로 그 순간, 바다가 갈라지더니 흑백이 뚜렷한 머리가 튀어나온다.

세상에! 왜 그들은 자신들이 오는 것을 알리지 않았을까? 밸컴의 부엌 창문턱에 달린 스피커는 근처 물속에 줄줄이 설치된 하이드로폰hydrophone이라는 수중마이크microphone에서 포착한 소리를 오르카사운드 넷OrcaSound.net을 통해 중계하여 계속 들려주고 있다. 지금까지 그 스피커가 전해 준 것은 오직 쉭쉭거리는 바다의 백색소음뿐이었다.

밸컴은 부엌 창문 삼각대 위에 설치된 쌍안경으로 서둘러 달려와 두루 살핀다. "'과객'過客, transient(떠돌이, 이동형 무리)이었을 수도 있어요." 그는 집중하며 말한다. "그런 녀석들은 대개 조용합니다."

이제 지느러미 두 개가 보인다.

"그들이 북쪽이나 남쪽으로 가자고 딱히 정해 놓는 건 아니에요." 밸컴은 거의 혼잣말처럼 말한다. "갈매기가 두어 마리 따르고 있군요. 빨리 가고 있지 않네요. 그냥 둘러보는 건지……." 그는 상황을 꼼꼼히 살피더니 덧붙인다. "저 수컷에는 밑둥이 아주 넓은 지느러미가 있네요. 잠수 시간이 길겠어요. 점점 더 과객처럼 보이는데요."

과객이라. 이들은 포유류를 잡아먹는다. '터줏대감'resident(정착형 무리, 토박이, 상주형 무리, 상주 집단) 범고래는 물고기를 먹고살며 주로 연어를 쫓는다. 그들은 대개 수다스럽고 아주 말이 많다. 반면 과객들은 소리 내지 않고 사냥감을 추적할 수 있다. 자신들이 쫓는 물개나 돌고래, 바다사자, 가끔은 돌고래에게도 침묵을 휘감은 채 다가간다. 뒤쫓는 대상의 숨소리와 거품소리를 듣는 것이다.

우리는 밸컴의 부엌 데크로 나간다. 거의 배의 갑판에 있는 것 같은 기분이다. 낮은 햇살이 바다 위에서 반짝거린다. 밸컴은 삼각대 위에 설치된 카메라 다리를 넓게 편다.

어선 한 척이 근처를 지나간다. 하지만 숨소리도, 지느러미도 보이지 않는 채 몇 분이 지나간다. 나는 묻는다. "어떻게 그들이 그냥…… 사라질 수 있어요?"

"아, 과객들은 그렇게 할 수 있어요. 숨도 조용히 쉬지요. 당신이 처음 본 그 숨처럼 말입니다. 지느러미를 곧추세우지도 않고 오래 잠수해요. 주의 깊은 관찰자들도 과객들은 많이 놓치곤 합니다."

15분이 지난 뒤에 그들이 한참 떨어진 곳에서 다시 나왔다.

"아……." 밸컴이 숨을 쉬고, 눈을 쌍안경에 파묻는다. "저건…… 아마 T-19일 겁니다." 바람에 닳은 흰 정수리로 정체를 확인하는 것은 불가능할 것 같은데. "저기 지느러미가 살짝 왼쪽으로 기울어진 게 보입니까?"

'T'는 과객을 의미한다. 그들에게는 노선도, 일정도 없다.[2] 끊임없이 움직인다. 갑작스럽게 사라질 수도 있다. 그러다가 또 갑작스럽게 나타난다.

지느러미가 더 꼿꼿한 수컷이 한 마리 더 있다. 또 한 마리 더, 아마 젊은 수컷일 것이다. 천천히 들어온다. 기슭과 가까이. 더 먼 쪽에는 암컷 두 마리가 있다.

"아, 맞네요, 예, 예." 밸컴이 말한다. 눈을 쌍안경 렌즈에 딱 붙인 채 말이다. "아이고, 세상에!" 이렇게 전업으로 고래를 연구하는 사람이라면 흥분할 일이 많지 않으리라고 생각할 것이다. 하지만 다시 생각해 보니 흥분을 덜 하는 사람이라면 40년씩이나 여기 계속 있지도 않을 것 같기는 하다.

수컷보다 훨씬 앞에서 물범이 머리를 곧추세우더니 주위를 돌아본다. 수컷 범고래들은 실제 속도보다 더 느리게 움직이는 것처럼 보이기에 물범은, 말하자면, 한참 멀리 있다고 할 수 있다.

"저 물범은 아직 범고래가 자신 위에 있다는 걸 알아차리지 못……." 밸컴이 말하기 시작한다. "반사행동이 아주 중요해요, 그런데……."

물범이 수면에서 빗방울처럼 미끄러진다. 이곳의 수중 가시거리는 고작 3미터 정도에 불과하다. 물범과 제일 가까운 고래는 약 90미터 거리에 있다. 여기서는 때가 중요하다. 넓은 바다에서 반사파 영상분석echo-imaging(음파를 쏘아 그 반사파로 형체를 그리는 기술 — 옮긴이) 능력이 있는 거인 셋이 방금 모퉁이를 돌아왔다. 음파탐지 능력이 있는 고래에게 물범은 그저 빛의 화면에 비친 검은 실루엣 하나 정도로 보일 것이다. 고래들은 자신이 탐지되지 않도록 방공 관제 같은 침묵을 휘감은 채 움직이지만 그들은 지극히 정교한 민감성과 분석 능력을 발휘하며 헤엄치는 청각 기지국이다. 그리고 사냥 경험이 없는 물범을 기습할 때도 고래는 훈련된 대로 움직인다. 이런 종류의 물범이 그들 식사의 절반 이상을 차지한다.

갑자기 가까이 있던 수컷 세 마리가 매끈하게 쭉 펴진 물길을 따라가며 물범에게 덤빈다.

"음, 저 물범은 즉각 행동했어야 해요." 밸컴이 조문을 읊듯 말한다.

지느러미를 세운 채 헤엄치는 범고래들.

실시간으로 벌어지는 자연선택. 갈매기 두 마리가 잠수한다. 고래 한 마리가 바다 표면을 치고 나오는데, 턱에 물범의 일부가 물려 있다. 해체는 그들이 지닌 특권이다. 그들은 나누어 먹었다.

이웃이 전화를 한다. 그녀도 그 장면을 보았다. 지느러미를 치켜세운 수컷들이 퍼레이드라도 하는 듯 지나가는데, 또 다른 이웃 부부가 작은 보트를 타고 밸컴의 집 바로 북쪽에 있는 곳에서 갑자기 돌아 나왔다. 고래들 옆에 있으니 그 보트는 난장이처럼 보인다. 이 수컷들은 길이가 8~9미터, 몸무게는 7,600킬로그램 정도다. 그들이 방금 뜯어먹은 물범은 아마 보트에 탄 인간 둘을 합친 정도의 무게가 나갈 것이다. 그런데 수수께끼처럼 어떤 야생 범고래도 인간을 죽인 적이 한번도 없었다.

나는 그들이 사냥에 성공한 뒤에는 소리를 낼 거라고 생각했다. 하지만 수중마이크에서는 이 고래들이 끽끽거리는 소리가 한마디도 들려오지 않았다. "사냥감을 좀 더 찾는 게 분명해요." 밸컴이 말한다. 물범을 사냥하는 범고래는 매일 대략 112킬로그램이 나가는 물범 한 마리를 먹어야 한다. 그들은 하루에 예닐곱 번은 물범을 추적하고 잡고, 나누어 먹어 치운다. 어른 동물들이 음식을 나누어 먹는 경우는 보기 드물고 희귀하다.[3] 그런 행동을 하는 동물의 명단은 짧지만 종은 다양하다. 무리 지어 사냥하는 극소수 종 — 사자와 하이에나 늑대 같은 동물 — 은 큰 사냥물을 나누어 먹는다. 흡혈박쥐는 토해 낸 피를 친지들과 나누고, 나중에 보답도 한다.[4] 곤충들은 먹이를 공유한다. 몇몇 원숭이도 그렇게 한다.[5] 인간도 공유한다. 몇몇 집쥐는 '선물'을 가져온다. 침팬지는 가끔 고기를 나누어 먹는다. 그 상대는 주로 정치적 동맹자나 섹스 파트너뿐이며 대개 마지못한 기색으로 나눈다. 이와 반대로 보노보는 혼자서 음식을 다 먹기보다는 옆방에 있는 아무 관계없는 보노보까지 풀어 주면서 함께 먹자고 한다.[6] 그리고 드물게 관찰되는 사례들도 있다. 어느 온라인 동영상에서는 말이 마구간의 이웃 칸막이에 있는 말에게 먹이를 먹여 주는 장면이 나왔고,[7] 다친 까마귀가 먹이의 좋은 부위를 울타리 그물에 갖다 놓아 야생 까마귀가 집어가도록 해 주는 장면도 나왔다.

범고래는 언제나 나누어 먹는다. 한입에 삼킬 만한 연어를 잡았더라도 가족들과 나누어 먹는 것이 전체의 70~80퍼센트다. 가끔 범고래는 그룹의 한 멤버가 긴 잠수를 하러 내려갔다가 물고기를 물고 올라와서 다른 동료에게 줄 때까지 수면에서 기다리기도 한다. 아르헨티나에서 마가라는 범고래는 2시간 동안 바다사자 새끼 열 마리를 잡아서는 매번 기다리고 있던 유년기 범고래들에게 주고, 다시 또 다른 바다사자를 잡으러 기슭으로 돌아간 적이 있다.[8]

범고래의 영어 이름 killer whale에 들어 있는 킬러killer라는 단어 때문에 마음이 불편한 사람들은 그 라틴어 학명인 '오르키누스 오르카'Orcinus orca를 따라 오르카orcas라 불러 왔다. 하지만 오르카라는 단어도 지하세계의 악령을 가리키는 것이니 별로 칭찬할 만한 이름은 아니다. 과학자들은 아마 오르키누스 고래의 여러 다른 품종을 공식적으로 인정하겠지만, 오르카라는 이름을 갖는 것은 범고래 한 종뿐이다. 그렇다면 오르카가 아닌 고래를 오르카라 부르는 것도 이상해진다.

장미와 코끼리처럼 그들에게도 여러 다른 이름이 붙었다.[9] 이 지역에서 어부들은 그들을 블랙피시blackfish라 부른다(혼란스러운 작명이다. 파일럿 고래도 블랙피시라 불리며, 범고래는 온통 검은색도 아닌데다 둘 다 어류가 아니다. 또 블랙피시라 불리는 물고기가 있다). 크와키우틀Kwakiutle 원주민들은 그들을 막시눅스max'inux라 부르며, 하이다Haida족은 스카아나ska-ana라 부른다. 서태평양 쿠릴 열도에 사는 아이노Aino족은 그들을 두쿨라드dukulad라 부른다. 동부 북극권 전역에서 이누이트Inuit족은 그들을 아를루크arluq라 부른다. 남아메리카의 맨 끝인 티에라 델 푸에고에서 아흐간족은 그들을 샤마나지shamanaj라 부른다. 여러 다른 코끼리 품종들이 모두 코끼리라 불리는 것처럼, 연구자들은 상이한 범고래들을 그냥 범고래라 불러 왔다. 그들은 돌고래족 가운데 가장 큰 품종이고 눈에 확 띄는 흑백 무늬를 갖고 있으니, 나더러 이름을 지으라고 했다면 '도미노돌고래'라 불렀을지도 모르겠다. '바다 팬더'라는 이름으로 불러 보려 한 적도 있었다. 하지만 부정할 수 없는 사실은 그들이 저 바깥에서는 제일 성질 나쁜 고래라는 점이다. 바다에서 그들을 사냥하려는 존재가 아무도 없을 정도로 못된 바다생물이다. 그래서 나는 그들을 킬러라고 생각한다. 그 이름으로 불릴 자격이 충분히 있다. 이제 그런 모습을 보여 주려고 한다.

밸컴은 5분도 안 돼서 자신이 찍은 사진을 다운로드하여 물범을 사냥하던 고래의 정체를 밝혔다. 그 사진을 자신의 디지털 데이터베이스로 가져가서 대조하여 등지느러미의 비대칭성과 뚜렷한 흰색인 '안장'saddle 부분(등지느러미의 바로 아래의 등쪽 부분 ― 옮긴이)을 맞추어 본 것이다. 이 작업은 지난 수십 년 동안 찍어온 100~200만 장의 사진 덕분에 가능해졌다. "저건 T-19, T-19b, T-19c, T-20……." T-20는 약 50세다. 밸컴은 고래들의 사진과 계보가 담긴 페이

© 칼 사피나
40년 동안 범고래를 연구해 온 밸컴.

지를 주루룩 클릭하며 지나간다. 출생, 사망, 가족관계에 대한 정보
가 나온다.

역시 수수께끼다. 1984년 이전에 T-20이 속한 파드pods를 본 사
람은 아무도 없다. 그런데 이제 그들은 매년 나타난다. T-61이라는
고래 한 마리는 13년 동안 보이지 않더니…… 돌아왔다.[10]

밸컴의 VHF 무선에서는 48킬로미터 밖의 애드미럴티 인렛
Admiralty Inlet에 나가 있는 고래관찰선 선장들의 이야기가 가끔씩 지
직지직 들린다. 그들은 일부 범고래가 퓨짓 사운드Puget Sound(미국
워싱턴 주 북서부에 있는 만 — 옮긴이)를 향해 움직이고 있다고 말한
다. 밸컴은 소리 듣는 일을 전문으로 하는 사람의 귀로 선장들의 말
과 바다 자체의 소리를 듣는다. 하지만 지금까지 바다는 그저 그 지
속적인 쉭쉭 소리만 내고 있다. 밸컴 — 덩치 크고 호감 가는 사람이
며, 서글서글한 성격인 — 은 냉전 기간 동안 미해군에 8년 있으면서
잠수함 소리를 듣기 위해 대양에 귀를 기울였다. 밸컴은 또 다른 것
도, 고래 소리도 들을 수 있었다. 하지만 그 프로젝트는 기밀이었다.
"내가 무엇을 듣는지 아무에게도 말할 수 없었어요." 그는 말한다.

이제 밸컴은 범고래가 소리의 생산과 분석에 얼마나 뛰어난 달인
인지 설명한다. 모든 돌고래가 그렇듯이 그들은 자신이 만들어 낸
청각적, 음향적 지형에서 산다. 차갑고 초록색이고 대개는 흐릿한
물의 세계에서도 그들은 가시거리보다 훨씬 멀리 있는 사냥감의 정
체를 밝히기 위해, 또 수십 킬로미터 떨어져 있는 동료 및 아이들과
연락을 유지하기 위해 음향을 만들어 낸다.

밸컴은 범고래 두개골의 윤곽이 어떻게 음향을 생산하고 받아들
이는 용도에 맞춰 다듬어졌는지 보여준다. 인간이나 다른 포유류의

성대에서 만들어지는 음성과 달리, 고래와 돌고래는 두개골에서 음향을 생산한다. 고도로 전문화된 음향이다. 밸컴은 이런 고래들이 아마 음향줄기를 어느 한 지점에 집중하도록 형성할 수 있을 거라고 믿는다고 말한다. 일부 연구자들은 범고래들이 음향을 집중시켜 터뜨림으로써 물고기의 방향감각을 혼란시키거나 기절시키는지도 모른다고 주장했다. 원한다면 돌고래는 220데시벨이 넘는 소리를 발생시킬 수 있다.[11] 그것은 물속에서 가까이 들으면 괴로울 정도로 큰 소리다. 밸컴은 그들이 자신들의 음향폭발을 어느 정도까지 크게 들을 수 있는지를 조정할 수 있는 것 같다고 생각한다. 거대한 3차 신경trigeminal nerve을 사용하여 귀에 들어오는 소리 강도를 조절할 수 있기 때문이다(그 두개골의 3차 신경 구멍trigeminal nerve cavity은 하도 커서 내 손가락 두 개가 들어갈 정도였다).

밸컴은 포유류를 잡아먹는 과객과 물고기를 먹는 터줏대감의 차이를 설명한다.[12] 과객들의 호출소리는 터줏대감의 호출소리와 다르다. 과객 그룹은 안정적인 '파드'를 이루지 않고, 쪼개졌다가 융합한다. '분열-융합'이 더 많은 유형이다. 또한 과객들은 소규모로 조용히 사냥한다. 터줏대감들은 흔히 수다스럽고 장난기 많고, 여러 파드가 함께 가담하는 공격부대를 형성한다. 과객들은 15분씩 숨을 참는 일이 흔하지만 터줏대감들은 5분 이상 물밑에 있는 경우가 거의 없다. 이는 큰 차이다.

포유류를 잡아먹는 과객들은 물고기를 먹는 터줏대감들의 쾌활한 수다가 몇 킬로미터 저편에서 들리면 우회하거나, 아예 돌아서기도 한다. 포유류를 잡아먹는 녀석들이 더 사나울 거라고 생각하겠지만 ― 과객들의 턱 근육이 더 억세기는 하다 ― 터줏대감들이 더 큰 무리를 지어 움직인다.

한번은 어느 터줏대감 파드의 멤버 열 마리가 갑자기 빠른 속도로 헤엄쳐가기 시작했다. 그들은 아주 흥분한 파드의 멤버들이 모여 있는 3.2킬로미터 저편의 어느 만을 향해 가서 한데 합치더니 만 안쪽으로 계속 돌진했다. 갑자기 과객 T-20 — 내가 본 물범 사냥꾼 중의 하나 — 이 T-21 및 T-22와 함께 수면에 떠올랐다. 그들은 확실히 터줏대감들로부터 달아나고 있었다. 고래들이 어찌나 흥분했던지, 연구자 그레임 엘리스Graeme Ellis는 엔진 소음 속에서도 그들이 물속에서 불러 대는 호출소리를 들을 수 있었다고 한다. 과객들은 간신히 달아날 수 있었는데, 추격하는 터줏대감들은 180미터 뒤까지 바싹 따라붙었다. 그리고 터줏대감들은 그냥 허세에만 그치지 않았다. T-20과 T-22의 몸뚱이에는 새로 이빨 상처가 났다(이 경우가 야생 범고래들 사이에서 벌어진 신체적인 공격으로 기록에 남은 유일한 사례인 것 같다). 하지만 과객들이 만에서 달아나자 터줏대감들은 더 이상 따라가지 않았다. 대신 공격 때는 그 자리에 없던 자신들의 파드 멤버 중 하나가 갑자기 나타나서 그룹에 합류할 때까지 30분가량 크게 빙빙 돌았다. 그것은 암컷인 J-17과 갓 태어난 새끼였다. 그녀는 숨어 있었던 걸까? 그녀 파드가 공격을 벌인 이유는, 포유류를 먹는 고래가 자신의 가족 중 신생아 근처에 있어 불안해졌기 때문일까?[13]

또 한번은 고래 전문가이자 작가인 알렉산드라 모튼Alexandra Morton이 터줏대감인 A 파드에 속하는 마흔 마리가 '활기 방장하게' 물을 튀기며 놀다가 갑자기 사라진 것을 본 적이 있다. 그들이 다시 나타난 곳은 멀리 떨어진 해변이었는데, 빠른 속도로 움직이며 물

© 칼 사피나

사진 속 범고래는 과객 T-20으로 15세로 추정된다. 이 사진이 찍히기 직전, 그는 물범 한 마리를 동료들과 함께 잡아먹었다.

도 튀기지 않고 아기들을 단단히 감싸 보호하며 밀집 대형을 이루고 있었다.[14] 그들은 제일 처음 만난 만안으로 들어갔다. 모튼이 방향을 돌렸더니 과객 네 마리가 보였다. 이번에도 T-20이 그중에 있었다. 그는 이 지역에서 돌아다닌다. 고래들이 서로의 예정된 일정을 모두 정확히 알았던 것일까? 고래들이 우리에게 답해 줄 의무는 없다. 하지만 이런 상황을 달리 더 잘 설명할 방도가 있는가?

우리는 사진 작업을 조금 했고, 범고래에 대해 이야기했고, 범고래가 물범 한 마리를 죽이는 것을 부엌에서 지켜보았다. 밸컴의 집에서는 이런 것이 전형적인 일요일의 일과다. 이 둥지에서 밸컴은 범고래를 찾아보면서 삶의 대부분을 보냈다. "그는 어떤 의미에서 인간보다 그들과 더 가까워요." 어느 친구가 말한다. "밤에 창문이 열려 있을 때, 그는 잠에서 깨어 말하지요, '저들이 여기 왔군.'"

밸컴이 성년이 되던 무렵인 1960년대까지만 해도 캘리포니아에서는 고래잡이가 허용되었다. 어느 교수가 죽은 고래의 조직 샘플을 가져오라고 밸컴을 보내기도 했다. "섬뜩했어요." 밸컴이 회상한다. "그래도 저는 비위가 튼튼했으니까." 그러다가 1972년에 밸컴은 긴수염고래가 살해되는 장면을 현장에서 보았다. "전 고래가 우리를 그런 눈으로 바라보는 것을 볼 준비는 안 되어 있었어요. 마치 '너희들은 왜 이런 짓을 하는가?'라고 묻는 것 같았어요. 전 일종의 감정 파열 같은 것을 겪었어요. '우리가 방금 무슨 짓을 한 걸까?' 마치 제가 아우슈비츠나 그 비슷한 처참한 데서 일하는 사람 같은 기분이었어요." 교수가 퓨짓 사운드에 있는 범고래의 수를 세는 연구비를 따내자 그는 그 일에 덤벼들었다. "그때로부터 거의 40년이

지났는데도, 처음 시작했을 때보다 물어볼 게 더 많아졌어요." 그는
말한다.

다양하고 복잡한

북서부 지역에서 고래 연구의 길이 처음 열리기 시작하던 1970년대 전까지만 해도 인간의 상상 속 범고래는 훨씬 단순한 모습이었다.[15] 그 맹렬한 이빨이 닿는 범위 내에서 헤엄치는 고래든 또 인간이든 당연히 죽일 수 있을 정도로 사나운, 세계 어디에나 있는 생물종이라는 모습. 공격적인 지배자 수컷은 여러 암컷을 거느리고, 그암컷들은 지도자의 새끼를 낳는다고 말이다. 그런데 틀렸다. 수십년 동안 그들을 지켜보고 소리를 듣고 꼬리표를 달고 목록을 작성하고 유전자 검수를 거친 연구 결과, 베일에 걸혀 드러난 것은 하나의 새로운 범고래가 아니라 수많은 새로운 범고래들의 모습이었다.

알고 보니, 북태평양에는 여러 '유형'type의 범고래가 헤엄쳤다. 우리는 이미 넓은 지역을 돌아다니는 '과객'을 만난 바 있다. 캘리포니아의 몬터레이에서 모습을 보인 개체들이 1,500마일 떨어진 알래스카의 글라시에 만에서 나타났다. '터줏대감'의 활동 범위는 남북으로 대략 1,600킬로미터 정도다. 그들은 여름과 가을 동안 서로 가까이 있으면서, 수정을 하기 위해 해안의 강을 향해 거슬러 올라가는 연어 부대를 따라 섬들 사이의 미로를 헤엄친다. 한 해의 나머지 기간에 그들은 여기 없다. 하지만 과객과 터줏대감을 구분해 주는 것은 그들의 이동 경로가 아니라 식단이다. 과객들은 포유류를 잡아먹기 때문에 물고기에는 관심이 없다. 그들의 턱은 더 크고 더 잡기 힘든 사냥감을 잡기에 적합하게 만들어졌다. 반면 터줏대감들은 포유류를 먹는 데는 흥미가 없다. 그들의 식단에서는 새로운 놀라움이 계속 발견된다. 마치 러시아 인형 같다. 인형 속에는 놀랐지! 하고 놀리듯 다른 인형들이 들어 있다. 비슷하게 생겼지만 조금씩 다른 인형들이다.

그러니 일단, 범고래에는 과객과 터줏대감으로 나눈다. 그리고 더 있다. 북태평양에서 노니는 것 중에는 거의 알려지지 않은, 1988년까지는 이들이 존재한다는 사실을 아는 사람도 없던 '앞바다족'offshores이 있다.[16] 1988년에 연구자들은 다른 종류의 호출 소리를 내고 상어를 사냥하는 더 작은 고래가 어떤 존재인지 의문을 품게 되었다. 최대 100마리는 되는 큰 무리를 지어 움직이는 그들은 베링해부터 남아메리카까지 해안에서 먼 바다를 배회한다. 1988년에 멕시코에서 목격된 고래가 3년 뒤에는 5,300킬로미터 떨어진 페루에서 다시 목격되었다.[17]

여러 다른 '유형들'types의 활동 무대는 중첩된다. 하지만 그들이 섞여 어울리는 모습을 아무도 본 적이 없다. DNA 연구에 의하면 북태평양의 터줏대감 범고래와 과객 범고래는 거의 50만 년 동안 교잡을 피해 왔다. 사실 북태평양의 과객들은 세계의 모든 범고래 중에서 유전적으로 가장 특이한 존재다. 야생동물들이 서로 자유롭게 교잡한다면 그들은 같은 종species이다. 교잡하지 않으면 이는 다른 종이다. 이제 보면 거의 모든 범고래 '유형들'은 분명히 예전에는 종으로 인식되지 않았던 것 같다.

현장 안내서에는 지금도 하나의 종인 전 세계적 범고래 오르누스 오르카만 나와 있다. 과학자들이 언젠가는 각기 다른 종의 존재를 인정하고 범고래의 각 종에게 새 라틴어 학명을 부여할 만큼 충분한 데이터를 모을 가능성이 많다. 그전까지는 과학자들이 다양한 '유형들'을 북극권 유형 A, B, C, 부빙浮氷 범고래pack-ice killer whale, 다른 고래들 등등으로 지칭할 것이다. 북극권의 바다에만도 적어도 다섯 가지 유형이 헤엄치고 있다.[18]

'부빙' 범고래는 소규모의 사냥그룹을 이루어 남극권 바다를 헤엄치며, 머리를 쳐들어 얼음 위에서 쉬고 있는 물개를 찾는다. 물개를 찾으면 고래는 그것을 검토한다. "그 물개가 자신들이 좋아하는 종류인지 확인하는 모양"이라고 범고래 전문가 밥 피트먼Bob Pitman이 말한다. 그것이 웨델 물개Weddell seal라면 고래는 자리를 떠나 약 20~30초 동안 동료들을 불러 모은다. 2~3분 뒤, 그룹이 모이면 모두가 물개를 살펴본다. "1~2분 동안 집단적인 평가를 거친 뒤 그룹은 내버려 둘지 공격할지를 결정한다." 공격하기로 결정했다면 그들은 유빙遊氷과 물개로부터 최대 50미터 거리로 물러난다. 그랬다가 "마치 신호를 받은 것처럼" 그들은 갑자기 유빙을 향해 몸을 돌리고 동시에 꼬리로 물을 때린다. 동시에 움직이는 고래꼬리 위로 약 1미터 높이의 파도가 만들어진다. 고래는 마지막 순간에 얼음 밑으로 잠수한다. 파도는 유빙 위에서 부서지며 대개는 물개를 물속으로 휩쓸어간다.

범고래에게는 공격적이고 사나우며, 누구든 죽일 수 있는 동물이라는 낙인이 찍혀 있다. 그런 범고래가 한번도 인간을 죽인 적이 없다면 믿을 수 있겠는가? 그렇다면 범고래의 진짜 모습은 무엇인가?

이와는 다른 종류의 범고래, 부빙 고래에 비해 크기가 절반 정도인 또 다른 고래가 남극대륙의 겔라크 해협에 살면서 펭귄을 사냥한다. 피트먼에 따르면, "놀랍게도 그 고래들은 가슴살만 먹고 시체의 나머지는 버리는 모양이다." 로스 해의 범고래는 지금껏 알려진 것 중 제일 크기가 작은데(다 큰 수컷도 고작 6미터 밖에 안 되며, 몸무게는 더 큰 유형의 범고래의 3분의 1에 불과하다), 얼어붙은 바다에 생긴 여러 킬로미터 길이의 틈새를 뚫고 들어가서 몸무게가 90킬로그램 정도 되는 남극권의 이빨물고기toothfish(시장에는 칠레 농어Chilean sea bass로 나와 있음)를 사냥한다. 북해에서 범고래는 청어 떼를 단단한 공처럼 될 때까지 몰아붙인다. 다른 유형들도 있다.

그러니 검토해 보자. 전 세계에는 한 가지 범고래 유형이 퍼져 있다고 알려져 있었다. 그런데 이제 보니 여덟 개가량의 '유형들'이 있는 것 같다. 각 유형은 주로 먹는 먹이도 다르고, 다른 종일 확률이 높다. 이것이 제일 큰 놀라움이다. 지구상에서 가장 큰 미발견 종 몇 가지가 바로 등잔 밑에 숨어 있었던 것이다. 놀랍다.

저녁식사 전에 수중마이크 시스템은 바다의 깊고 모호하고 정적이고 외로운, 생명 없는 소음만 계속 전해 주고 있었다. 항성 사이에 흩어진 우주의 분자 같은 소리다. 보터보트가 지나가면서 내는 소리가 들릴 때 밸컴은 대수롭지 않은 듯하다. "저 보트는 아, 165데시벨 음역대에서 1에서 4킬로헤르츠를 발산하고 있어요." 보트의 소리는 강해졌다가 다시 약해져서, 그 전과 같은 정적인 백색소음으로 돌아갔다.

인간은 40~50에서 2만 헤르츠에 이르는 음역대의 소리를 듣는다. 음악에서의 깊은 베이스는 80~100헤르츠에 위치한다. 우리의 말소리는 대체로 500~3,000헤르츠에 걸쳐 있다. 범고래의 '주파수 음정' — 그들이 가장 잘 들을 수 있는 소리 — 은 20킬로헤르츠 부근이다. "그들은 다른 주파수 대역도 잘 들을 수 있어요. 하지만 20킬로헤르츠 부근을 제일 잘 듣지요." 밸컴이 말한다. 그들의 음파탐지기는 그 범위 안에 들어 있다. "그 대역의 소리가 아주 잘 해석되기 때문입니다." 그것은 일반적으로 인간이 들을 수 있는 범위를 넘어서는 음역대다.

우리는 한 줄기 공기를 내쉬며 목소리를 내고, 그 다음에는 숨을 다시 들이쉬어야 한다. 우리는 입을 통해 말한다. 돌고래는 다르다. 돌고래는 공기를 자신들의 머릿속에 있는 통로로 밀어보낸 다음, 이마에 있는 둥근 모양의 특수 지방질인 '음향 렌즈'acoustic lens(이것 때문에 돌고래가 '멜론 모양의' 둥근 머리를 갖게 된 것)를 통해 진동을 처리하고 증폭시킨다. 에너지는 음향 빔이 되어 돌고래 머리를 나간다.

그들이 듣는 방식은 더 괴상하다. 진동은 그들의 아래턱을 두드리며 들어와서 속이 빈 턱뼈에 들어 있는 기름에 흡수되고 내이內耳로 전달된다. 그들의 턱뼈는 다른 포유류의 외이外耳가 하는 것과는 아주 다른 방식으로 나름대로의 음향수집 기능을 수행한다고 해도 될 것 같다.

음향탐지 기능을 쓰는 '이빨고래들' — 돌고래류(물론 범고래도 포함), 참돌고래porpoise, 향유고래 — 의 귀에 있는 신경섬유의 수는 육지 포유류들보다 세 배 이상 많다. 그들의 거대한 청각신경은 어떤 종류, 어떤 생물의 신경보다도 직경이 더 크다. 왜 그렇게 수가 많고 왜 그처럼 클까? 과학자들은 "많은 분량의 음향 정보를 매우 빠른 속도로 전달하기 위해서"라고[19] 말한다. 이에 비하면 우리 두뇌의 활성화는 아주 느린 모뎀 수준이다. 일부 돌고래는 그들이 평소에 쓰는 주파수 대역에서 소음이 많이 발생하면 음파탐지기의 주파수를 바꾸는 능력도 있는 것 같다. 이는 마치 당신이 양방향 라디오를 쓰던 중에 주로 쓰는 채널이 너무 번잡해지면 다른 채널로 옮기는 것과 좀 비슷하다. 한편, 다른 포유류들이 후각에 사용하는 신경과 두뇌 구조가 그들에게는 없다. 그들은 냄새를 거의 맡지 못할 수도 있다.

거대한 '수염고래들'baleen whales은 인간이 들을 수 없을 정도로 낮은 주파수 대역의 음향을 만들 수 있다. 하지만 고래가 음향으로 무엇을 할 수 있는지 알면 코끼리도 놀랄 것이다. 큰 고래는 중형 선박만큼 큰 소리를 낸다.[20] 그래도 당신 귀에는 그 소리가 들리지 않는다. 주파수 대역이 너무 낮기 때문이다. 하지만 고래들은 아주아주 멀리 떨어져 있어도 서로의 소리를 들을 수 있다. 긴수염고래들끼리는 수백 킬로미터씩 사이를 두고 각자 헤엄치면서도 '함께' 이동할 수 있다. 여행하는 도중에도 호출소리를 냄으로써 계속 연락을 취할 수 있기 때문이다. 동물왕국은 정신 활동이 교향곡처럼 실행되는 곳인데, 그 수백만 가지 주파수 중에서 우리가 이해할 수 있는 것은 아주 작은 틈새뿐이다.

우리는 저녁식사 후, 자러가기 전에 노트북도 닫은 채 밸컴의 부엌에 앉아 그냥 이런저런 이야기를 나누며 와인을 마시고 있었는데, 작은 스피커에서 정체적인 백색소음을 뚫고 모든 대화를 중단시키는 휘파람 한 줄기가 들려 왔다.

서서히 차오르는 음향의 홍수처럼 부드러운 소근거림이 스며들기 시작한다. 조용하던 한밤의 부엌은 끽끽대는 소리, 수다, 왁, 징징, 휘파람, 낑낑대는 소리, 비명들로 가득 찼다. 마치 텅 비고 어두운 길에서 딕시랜드 악단이 저 멀리 길모퉁이를 막 돌아온 것 같은 상황이다. 가까이 올수록 소리가 더 커진다.

저 어두운 바깥에서 20분 동안 그들은 휘파람을 불고 열대우림의 새들처럼 짹짹거리면서, 자신감 있고 활기찬 목소리로 떠들며 퍼레이드를 벌이듯 우리 곁을 지나갔다. 그들의 크레센도(점점 세고 활기 있게)와 디미누엔도(점점 여리게)는 계속 쌓여 올라가서 절정에 달한다. 그것은 그와 같은 존재의 상당수가 이곳에서 우리와 함께 살아남아 있다는, 놀랄 만큼 마음 놓이는 긍정이었다. 그리고는 소리가 사라지기 시작한다. 그 살아 있는 음악의 마지막 소리가 우리에게 들렸다가 사라질 때, 나는 그들을 잃는 것이 우리에게 어떤 의미일지에 대해 생각한다.

쉭쉭거리는 소리가 다시 우리를 에워싸는데, 소리가 변한 것 같다. 더 이상 텅 빈 소리가 아니라 가능성을 잔뜩 머금은 소리다. 그것은 유능한 어부가 아무도 건드리지 않은 낚싯줄 위에서, 지금 당장 무엇이든 일어날 수 있다는 거대한 잠재력, 사냥꾼의 참을성과 함께 그를 홍수처럼 가득 채우는 잠재력을 느끼는 것 같은 느낌이다. 말하자면 고래가 날 낚았다. 난 걸려들었다.

서명 휘파람 소리

아침에 밸컴은 목욕가운을 입은 채 활기차게 뛰어내려 왔다. 그러면서 이렇게 외쳤다. "커피 한 잔 한 다음에…… 고래를 만나요!"

그는 여기에서 남쪽으로 3~4킬로미터 떨어진 라임 킨Lime Kiln에 설치된 수중마이크에 다이얼을 맞추었다. 창문틀에 설치된 그의 스피커는 우리에게 찡얼찡얼, 휘파람, 으윽…… 등의 추상적인 청각 타피스트리tapestry(여러 가지 색실로 그림을 짜 넣은 직물 — 옮긴이)를 짜서 보여준다.

누구일까?

밸컴은 손가락 하나를 치켜세우며 날더러 그대로 있으라고 한다. "아, 저건 K 파드예요. 고양이 새끼들처럼 냐옹거리는 것 같은, 미약하게 들리는 호출소리 들려요? 어, 지금 저기에 있는 파드가 하나만이 아니군. 조금 지나면 더 잘 알게 되겠지." 그리고는 잠시 기다린다. "저건 J 파드입니다." 밸컴이 주장한다. "J 파드와 L 파드의 호출소리는 자동차 경적 소리와 비슷해요." 잠시 휴지기. "오케이. J, K, L 파드의 소리가 들립니다. 전부 세 파드예요!"

우리는 밸컴의 부엌 데크로 올라가서 해협을 내다본다. 고래는 없다. 하지만 그때, 틀림없이 앞쪽이 넓게 펼쳐진 형태로 줄을 지은 범고래들이 남쪽 1.6킬로미터 지점에 있는 곳을 돌아, 가파른 흰 파도를 가르며 활기차게 약진해 오고 있다. 매번 깜짝 놀라게 만드는 저 해적깃발 같은 높고 검은 지느러미는 그들이 만드는 폭발적인 물보라를 햇살 속으로 날려 보내며 거품을 가르고 온다. 이것은 고래들 무리 중에 큰 규모다. 왼쪽에서 오른쪽까지 그들은 내 쌍안경의 시야를 가득 채운다. 심지어 먼 거리에서도 몇 마리 더 보인다.

"와우, 저기 있는 고래가 예순다섯, 일흔다섯 마리는 되겠어요!"

"여기로 전부 나온 것 같아요." 밸컴이 흥분하며 말한다.

정말, 이곳 바다에서 목격된 '터줏대감'인 파드 셋 — J, K, L 파드 — 에 속하는 범고래들이 전부 다 우리 쪽으로 오고 있다. "슈퍼 파드야!" 밸컴이 소리 지른다.

고래 행동을 판단하는 나의 능력 수준은 입문자에 불과하지만, 내가 봐도 고래들은 기분이 좋은 것 같다. 슈퍼파드 모임이 열리는 동안 "서로 어울리기를 좋아한다"고 밸컴이 해설한다. "여러 달씩 서로 보지 못했던 암컷들은 며칠씩 계속해서 한데 모여 있고, 마치 겨울 내내 자신들이 무엇을 하고 지냈는지 말하고 싶어하는 것처럼 수다를 떨어요. 어린 것들은 구르고 뒤집고 술래잡기하기를 좋아해요."

파티를 벌이는 중에는 놀이와 사랑도 자유롭게 흘러간다. 범고래 부모들의 지도는 엄격하지 않은 편이며, 다른 돌고래들이 그렇듯 범고래의 놀이는 청소년관람불가 등급을 받을 만한 수준의 것들이 많다. 젊은 수컷 범고래는 초기 유년기 때부터 섹스 놀이를 시작한다. "1세 범고래들도 젖을 떼고 얼마 지나면 작은 성기를 꺼내 놓고 장난치는 일이 많아요." 더 나이 든 수컷들도 서로 앞에서 억제하는 일이 별로 없다. "수컷 고래 무리들이 3피트 길이의 생식기wanger를 서로에게 걸쳐 놓고 있는 모습을 봅니다. 우리는 그걸 핑크 플로이드라 부르지요." 다른 돌고래들처럼 범고래도 동성 섹스에 자주 탐닉하며, 친구의 지느러미발이나 주둥이로 도움을 받곤 한다. 여러 야생 돌고래들은 정기적으로 다른 물건에 대고 자위를 하며, 밸컴은 심지어 발기한 고래들이 자신들이 타고 있던 보트에 몸을 문지르는 일도 겪은 적이 있다. 정력적이기는 했어도 공격적인 태도는 아니었다.

다이애나 레이스가 수조에 큰 거울을 넣어보았더니 7세 청소년기의 수컷 병코돌고래인 팬과 델피가 거울 정면에 자리 잡고 자신의 모습을 바라보면서, 서로에게 섹스하는 행위를 흉내냈다[21](병코돌고래는 다른 어떤 생물보다도 동성애 행위를 많이 한다). 허칭이 결론지었듯이 "돌고래는 섹스를 좋아하고 또 많이 한다."[23]

범고래 암컷은 10대에 들어서면 성적인 행동을 시작하며, 절대로 멈추지 않는다. "가임기가 지난 할머니들이 수컷 옆에서 미끄러지듯 따라가면서 몸을 비벼대기 시작하면 아주 재미있어요." 밸컴이 내게 말해 준다. 범고래 버전의 '쿠거'cougars(퓨마의 다른 이름 또는 30~40대의 독신 여자 세 명이 남자와 섹스에 대해 이야기하는 오프브로드웨이 뮤지컬 제목 ― 옮긴이)처럼, 늙고 폐경기에 접어든 암컷 범고래가 더 젊은 수컷에게 섹스 놀이를 하자고 꾀어내는 것이다. 밸컴이 말한다. "어떤 난잡한 젊은 녀석이든 좋아요. 가끔은 5~6세의 어린 수

오랜만에 만난 범고래들은 서로 붙어서 장난치며 놀곤 한다.

컷도 있어요. 그들은 수컷들을 완전히 흥분시키지요. 우리는 실제 짝짓는 광경은 보지 못했어요. 하지만 거꾸로 누워 있거나 뒤집어 눕거나 모로 누워 있는 고래 위에 페니스가 걸쳐져 있는 건 많이 보았어요. 그들이 몸을 돌리면 음부가 부어오른 걸 볼 수 있고요. 섹스는 실제로 자손번식의 목적보다 훨씬 많이 행해집니다. 그들은 그냥 성적 에너지가 아주 왕성한 거예요."

지구상에 북서태평양 지역의 물고기를 먹는 범고래와 같은 사회를 이루고 사는 생물은 없다. 범고래 역시 코끼리와 마찬가지로 기본적인 사회 단위가 가족으로, 원로 암컷인 가모장이 이끌고 그녀의 딸과 외손자녀들로 이루어진다. 그런데 코끼리와는 큰 차이가 있다. 젊은 수컷 코끼리는 어른이 되면 가족을 떠난다. 반면 수컷 범고래는 태어난 가족 곁에 평생 남는다(그들은 다른 가족과 사교하면서 짝을 짓지만 곧 어미 곁으로 돌아온다). 모자간의 연대는 지극히 강하며 평생 유지된다. 사실 딸과 아들이 평생 어미와 함께 지내는 생물은 그 어디에도 없다.

코끼리도 그랬듯이, 모든 범고래 가족에서 결정권자인 원로 가모장은 그 가족의 생존 매뉴얼을 기억에 담고 있고, 그 지역에 관한 지식, 경로, 섬 사이의 통로, 연어가 계절에 따라 집결하는 강 등에 대한 지식을 보유하고 있다. 그녀는 흔히 맨 앞에 나선다. 밸컴은 상황을 평가하고 결정하는 것이 가모장이라고 본다. 예를 들면 "여기는 물고기가 많지 않군. 콜롬비아 강에는 어떤지 보기로 하자." 이런 식이라는 것이다. 그렇게 결정하면 이틀간 여행해야 한다. 그들은 헤엄쳐서 하루에 120킬로미터를 가며, 넓은 지역을 장악한다.

터줏대감 사회에서 음성 호출소리는 가족 바로 위의 등급에 기묘하지만 중요한 역할을 한다. 우선, 모든 고래가 쓰는 특정한 공통 호출소리가 있다. 하지만 몇몇 호출소리는 특정 그룹에서만 쓰인다. 다른 가족들은 쓰지 않는 특정한 호출소리 몇 개를 공동으로 쓰는 여러 가족은 '파드'라 불리는 안정적인 연합을 이룬다(밸컴의 연구 조수인 데이브 엘리프릿Dave Ellifrit는 내게 이를 장담한다. "숙련되지 않은 귀로 들어도 아주 다르게 들려요"). 각각의 터줏대감 파드는 7~17개 정도의 호출소리를 각기 별도로 사용한다. 하나의 파드에 속하는 모든 고래는 완전히 동일한 호출소리 레퍼토리를 가지며, 그 파드의 호출소리 레퍼토리를 전부 다 구사한다.[24] 다른 파드끼리 몇 가지 호출소리를 공유할 수는 있지만 다른 파드의 호출소리 레퍼토리 전체와 똑같은 것을 쓰는 파드는 없다.

따라서 범고래의 파드는 정규적으로 사교하는 여러 가족으로, 코끼리의 연대 그룹bond group과 상당히 비슷하다. 범고래 가족들이 흔히 독자적으로 여행하기는 해도 파드는 진정한 결속력을 가진 사회 단위다. J 파드의 가족들이 프레이저 강 하구로 함께 여행하며, K 파드의 가족들은 로사리오 해협으로 가는 것이 그런 사례다.

그 다음 층위는 '씨족'clan이다. 씨족은 그 멤버들이 다른 씨족들은 공유하지 않는 음성 호출 세트를 사용하는 여러 파드로 구성된다. 이따금씩 서로 어울리는 씨족들은 한 '공동체'community에 속한다. 다른 공동체들끼리는 서로 어울리지 않는다. 여기 북서부에는 북부와 남부 터줏대감이라는 별개의 두 공동체가 있다. J, K, L 파드의 80마리가량의 고래가 모두 합쳐 남부 터줏대감을 이룬다. 캐나다의 밴쿠버 섬 남쪽 끝부터 아래로 캘리포니아의 몬터레이까지가 그들 구역이다. 북부 터줏대감은 대개 밴쿠버 섬부터 알래스카

남동부까지에서 활동하며, 전부 16개의 파드, 260마리의 고래로 이루어져 있다.

그리고 이것 역시 괴상한데, 또 다른 문제는 이런 물고기를 먹는 터줏대감 공동체들은 이웃 공동체와의 교류를 기피한다는 점이다. 이는 순전히 문화적 이유, 그들 자신의 특이한 격리를 초래하는 학습된 습관 때문인 것으로 보인다. 북부와 남부 터줏대감이 900미터도 채 안 되는 가까운 거리에서 먹이를 먹는 광경이 목격되었지만, 한번도 서로 어울리지 않았다. 이곳의 고래들은 수십 년 동안 빈틈없이 관찰되어 왔으니, 그들이 서로 어울렸다면 많은 사람들이 알아차렸을 것이다. 이런 교류하지 않는 이웃들은 DNA상으로, 유전적으로 같은 종이다. 통상적인 행동적 정의로 볼 때 "자유롭게 교잡하지 않는 두 집단"은 곧 다른 종이라 해야겠지만 북부와 남부 고래들은 같은 종인데도 교잡하지 않는다.

우리는 공개적으로 상이한 종으로 분리되는 과정에 있는 범고래를 보고 있는지도 모른다. 그들이 계속해서 이처럼 철저하게 서로를 기피하다가 나중에 두 공동체가 모두 살아남는다면(남부 공동체는 현재 위기에 처해 있다), 이 상이한 공동체는 상이한 종으로 진화하게 될지도 모른다(10만 년 뒤에 다시 살펴 보기로 하자). 한편, 그들 사이의 유일하게 식별 가능한 차이는 문화적인 차이, 그들의 음성 사투리다. 그들은 다른 모든 것은 공유하는 것으로 보이며, 서로 사교하는 것을 서로 경멸하는 태도도 똑같다. 이런 안정적인 문화 그룹의 자기 격리는 너무나 특이해서, 연구자들은 "인간 이외에는 그와 비슷한 형태가 없다"고 말한다.[25]

당신은 이것들이 전부 이해되는가? 커너리 제도에서 활동하는 파일럿 고래에도 역시 서로 교류하지 않는 터줏대감(자주 보이는 무리)과 과객(좀처럼 보기 힘든 무리)이 있는 것으로 보인다.[26] 향유고래는 서로 교류하지 않는 방대한 씨족을 이루며 산다.[27] 가령 태평양의 향유고래 연구자들이 '음향 씨족' 여섯 개를 확인했는데, 각 씨족은 그들이 내는 따각따각 소리로 구별되며 활동 범위는 수천 킬로미터에 달하고, 각 씨족은 아마 1만 마리 정도로 이루어질 것이다. 과학자들이 아는 한 그런 대양 같은 규모로 이루어지는 안정적인 문화 그룹은 어디에도 없다. 병코돌고래는 해안 형태와 앞바다 형태가 있는데, 그것들은 영역이 중첩되는데도 교잡하지는 않는다. 그런 점은 '다른 종'의 정의에 들어맞지만, 그것 역시 아직 다른 종으로 공식 인정되어 있지 않다. 알락돌고래spotted dolphin와 긴부리돌고래 spinner dolphin 역시 상이한 '형태'forms로 존재한다. 그들은 이곳에 우리와 함께 있는, 크고 영리한 존재인데 우리는 그들을 거의 모른다.

요약해 보자. 범고래는 침팬지보다 더 복잡한 사회구조를 유지한다. 그리고 더 평화롭다. 엄청난 몸무게와 이빨이라는 무기를 갖고 있으면서도 그들은 서로 가까이 있게 되면 사교하거나 한쪽이 떠난다. 연구자들은 오래전부터 야생 범고래에게 공격성이 없다는 점에 감명받아 왔다. 밸컴의 조수인 엘리프릿은 수컷 두 마리가 "쿵 소리가 나도록 부딪혔는데, 그런 다음 각자 제 갈 길을 가는" 모습을 보았다. 그게 끝이야? 공격성이 나타난 다른 사례를 말해 달라고 내가 조르자 엘리프릿은, 어미는 쉬고 싶은데 아기가 계속 어미를 귀찮게 구는 것을 딱 한 번 본 적이 있다는 이야기를 해 주었다. "어미가 머리로 아기를 한 번 쥐어박더군요. 마치 '나 좀 내버려 둬!'라고 하는 것 같았어요." 20년이 넘도록 야생 돌고래를 지켜본 그의 눈에 띈 공격성은 그것이 전부였다. 수십 년 동안 범고래의 소리를 듣고 관찰해 온 모튼은 가족 멤버들이 시간을 맞춰 동시에 숨 쉬던 일, 모든 고래가 헤엄치면서 계속 서로에게 몸을 대던 일, 꼬리로 동료의 옆구리를 가볍게 주욱 훑던 일, 또 몸 전체를 맞대던 일 등에 대해 쓴다. 또 종속적이거나 하위 계급이 없는 범고래들 간의 관계에 대해서도 쓴다. 그녀는 어미와 자식 간의 가까운 상호행동에 대해 쓴다. 그녀는 범고래의 "수용적 태도, 존중, 평화"에 주목한다.[28]

상이한 신체 형태, 상이한 언어, 상이한 문화, 가족적 가치. 자신의 종족을 대상으로 하는 난폭한 공격성이 없다는 점을 제외하면, 앞의 항목들을 보고 범고래가 곧 인간이라고 생각할 법하다. 일부 원주민들은 그렇다고 믿는다. 아마 그들은 범고래의 안정적이고 중층적이고 문화적인 자체 규정에 따라 이루어진 그룹들이 인간 사회와 닮았음을 직관으로 꿰뚫어 봤을 것이다. 아마 그들이 옳을 것이다.

파티를 벌이고 놀던 슈퍼파드 고래들이 마이크에서 사라진다. 이는 그들이 우리 쪽으로 오고 있음을 뜻한다. 우리는 계속 지켜본다. 그리고 그들은 한판 벌인다. 고속 기어를 넣고 폭풍처럼 질주하면서 인상적인 쇼를 상연한다. 그들이 집 바로 앞에 왔을 때, 우리와 제일 가까운 녀석은 기슭에서 고작 800미터 거리에 있었다. 각각 16~30미터씩 간격을 둔 그들은 약 1.6킬로미터 폭으로 일자 대형을 이루고 있었고, 커다란 저인망 어부들처럼 다들 음향 빔을 발사하면서 연어를 찾고 있었다. 해협 밖에서는 더 많은 고래가 느슨한 연합을 짜서 움직인다. 갑자기 가까이 있던 모든 고래가 한꺼번에 잠수하는 것 같았다. 나는 그들이 연어 군집을 중심에 두고 원을 급속히 좁혀들면서, 차례로 하나씩 물고기 사이로 넘나들며 잡아먹고 나누는 것을 본다.[29] 1분도 채 안 되어 여러 마리가 수면 위로 솟아오르고, 그 무시무시한 절편 같은 등지느러미가 모습을 나타내자 곧이어 날숨이 내뿜어지면서 구름 같은 증기가 뒤따른다. 수컷 한 마리가 머리를 내밀고 돌아본다. 마치 동료들이 몇 마리나 올라와 있는지 찾아보는 것 같다. 몇 마리가 더 올라와서 가까이 달라붙는다. 갈매기 두어 마리가 수면으로 달려들어 물에 뜨는 물고기 조각을 움켜쥔다. 고기 잡이에 성공한 덕분인지 고래들은 가볍고 흥겨운 기분인 것 같다. 물보라를 튀기고 어울려 노는 모습이 느슨하게 편안해 보인다.

벨컴이 채널을 돌려 우리 북쪽에 있는 그 다음 수중마이크 세트에 맞추자, 북향으로 이동하고 있는 고래들 소리가 마치 가라오케 주점에 들어섰을 때처럼 확실하게 들린다. 의문이 생긴다. 범고래 및 돌고래들의 복잡한 소리와 두뇌는 복잡한 내용을 소통하는 것인가? 그 대답은 예이기도 하고 아니오이기도 한 것 같다. 글쎄, 복잡한 문제다. 돌고래는 "네 꼬리로 프리스비를 건드린 다음 뛰어넘어" 정도에 해당하는 손짓언어 문장의 문법을 이해할 수 있다.[30] 돌고래는 터무니없는 명령을 무시할 정도의 이해력을 갖고 있다.[31] 그들은 인간 단어 수십 개를 익히고 짧은 문장을 알아듣는다. 하지만 돌고래의 진짜 세계와 사회는 인간 한두 명과 장난감 몇 개만 있는 수조에 비교할 수 없을 만큼 더 많은 게 요구되고, 더 많은 차원이 있으며, 위험도도 높다.

돌고래는 수조에서 연구자들이 쓰는 손짓과 상징을 익히고 인간 언어 몇 가지를 파악했지만[32] 우리는 돌고래들끼리 서로 소통하기 위해 음향을 어떻게 사용하는지, 그들의 암호가 무엇인지에 대해서는 하나도 판독하지 못했다. 그들은 서로에게 말을 하고 서로에게 명령과 지시를 내리고 이야기를 나누는가? 우리는 모른다. 그들이 무슨 생각을 하는지 우리는 모른다. 그들이 말하는 내용을 우리는 모른다. 알기를 시작할 수나 있을까?

인간 아기처럼 아기 돌고래도 휘파람을 토막토막 웅얼거리다가 성장하면서 점점 더 체계를 갖춰 소리를 내게 된다. 생후 한 달에서 2년까지 병코돌고래, 대서양알락돌고래, 또 다른 돌고래들은 그들 각자의 구별되는 개인적 '서명 휘파람'signature whistles을 개발한다. 서명 휘파람 소리는 그들이 스스로에게 만들어 주는 이름이다. 그 소리는 제각기 다르며, 돌고래들은 이것을 평생 바꾸지 않는다. 그들은 그 소리로 자신의 존재를 나타낸다.

돌고래는 다른 돌고래가 자신의 서명 휘파람 소리를 내는 것을 들으면 되받아 대답한다.[33] 제3자 돌고래의 서명 휘파람 소리를 내는 돌고래에게는 반응하지 않는다. 다른 말로 하면, 그들은 서로를 이름으로 부르고, 자신의 이름이 불리는 것을 들으면 대답한다는 것이다.[34] 돌고래는 가까운 친구들과 떨어져 있으면 그들의 이름을 부른다. (우리가 아는 한) 다른 어떤 포유류도 그렇게 하지 않는다. 돌고래는 물의 여건만 맞다면 16킬로미터 이상 떨어져 있어도 서로가 부르는 소리를 들을 수 있다.[35] 대서양알락돌고래는 여러 개체의 이름을 한꺼번에 부를 수 있는 것으로 보인다.[36] 무리가 바다에서 만나면 그들은 서로 통성명을 한다.[37]

돌고래들은 각자 자기만의 '서명 휘파람'을 개발해 그 소리로 자신의 존재를 드러낸다.

암컷 병코돌고래는 어미의 그룹에 평생 남아 있다. 그들은 어미의 것과는 전혀 다른 서명 휘파람을 개발하는데, 그렇게 해야 함께 이동할 때 구별하기가 쉽기 때문이다. 출생 그룹을 떠나게 될 수컷 병코돌고래는 어미의 것과 비슷한 시그내처를 개발한다.

최근 연구자들은 다양한 박쥐 종도 개별화된 호출소리를 포함하는 노래를 부른다는 것을 알아냈다. 가령 나투지우스의 집박쥐nathusius's pipistrelle라 알려진 유럽 박쥐는 여러 성부로 구성된 노래를 부른다. 그것은 인간의 말로 하면 다음과 같을 것이다. "너는 들으라, 나는 피피스트렐루스 나투지이pipistrellus nathusii, 구체적으로는 수컷 17호이고, 이 공동체의 일원이며 사회적 정체성을 공유한다. 여기 착륙하라."[38] 조류 중에서는 앵무새의 여러 종이 이웃과 각 앵무새를 확인하기 위해 서명 호출소리를 쓴다. 일부 연구자들은 서명 호출소리를 쓰는 앵무새가 350종이 넘는다고 본다. 연구자들에 따르면 "인간 부모들이 아기 이름을 짓는 것과 놀랄 만큼 비슷한 방식"으로[39] 초록혹등앵무새green-rumped parrotlet 부모들도 새끼들에게 이름을 붙이고, 어린 것들은 주어진 이름으로 자신을 지칭한다. 오스트레일리아의 어느 아름다운 요정굴뚝새fairy wren는 알에서 부화하지 않은 새끼들에게 암호를 알려주고, "암호를 더 잘 익히는 쪽에게 먹이를 더 많이 준다."[40] 당연히 돌고래와 요정굴뚝새 사이에는 엄청난 격차가 있지만, 우리가 지금까지 보지 못한 것, 지금도 전혀 들어 보지도 못한 일들이 훨씬 더 많은 것은 분명하다.

물론 개나 다른 동물들도 자신들의 이름을 쉽게 알아듣는다. 우리의 영리한 개 출라는 내가 "가서 주드 데려와"라고 말하면 달려가서 찾아온다(주드는 출라의 양오빠). "가서 엄마 데려와"라고 해도 그렇게 한다(엄마는 출라의 여성 돌보미이고…… 솔직히 말해 내 돌보미이기도 하다). 그리고 그들은 '물', '장난감' 같은 단어를 알아듣는다. 그리고 '간식'은 확실히 알아듣는다. 우리 강아지 애미가 '장난감'이라는 단어를 배우자 그것은 제일 가까이에 있는 아무 물건, 가령 신발이나 양말 같은 것에 달려들지 않고 상자 안이나 마룻바닥에서 자신의 장난감을 찾아보았는데, 이는 다른 많은 것들은 배제하는 어떤 개념, 범주를 이해했음을 보여준다.

돌고래는 다른 돌고래의 서명 휘파람 소리를 평생 기억하고 알아듣는다.[41] 어떤 실험으로 이 사실이 밝혀졌다. 포획된 병코돌고래들은 함께 수용되었던 돌고래들의 서명 휘파람 소리의 녹음을 20년이 지난 뒤에도 알아들었다. 그들은 격리되기 전에 잠깐 알았던 돌고래의 소리도 기억하고 거기에 반응했다. 그 실험을 수행한 제이슨 브룩Jason Bruck은 "돌고래는 서로를 평생 기억할 수 있는 능력을 갖고 있다"고 결론지었다. 그것이 인간 아닌 동물들에게서 사회적 기억이 20년씩 지속됨을 보여주는 최초의 공식 연구였다.

하지만 더 의미심장한 것은, 영장류와 코끼리와 다른 몇몇 종이 여러 해 전에 헤어진 뒤에 잃었던 동료나 인간 돌보미와 다시 만났을 때 보이는 매우 감동적인 반응이었다. 그런 가슴 저미는 재결합의 장면 동영상은 인터넷에서 쉽게 찾아볼 수 있다. 부모를 잃은 코끼리들이 나이로비 셸드릭 재단의 코끼리 보육원에 있다가 차보 국립공원으로 옮겨 가면 젖 먹던 시절에 알았던 선배 고아 야생 코끼리들을 만난다. 내가 찾아갔을 때 그곳 관리인 시베가는 설명했다. "코끼리들은 서로 인사를 나눈 뒤 이렇게 말할 거예요, '아, 너구나. 널 알아볼 수 없었어. 이렇게 크게 자랐으니 말이지!' 아이 때 이후로 오랫동안 보지 못했던 사람들이 다시 만날 때와 똑같아요."

내면의 눈

많은 사람들이 우리 자신에 관한 어떤 점 때문에 바다에서 헤엄치는 존재가 우리보다 낫다고 믿는다. 인간 자신의 실패에서 비롯된 불안감 때문에, 무언가, 누군가, 우리보다 더 완벽한 어떤 존재가, 하늘에든 바다에든 있다고 간절히 믿고 싶어지는 모양이다. 걱정할 필요 없다. 제각각의 유효한 방식으로 우리보다 나은 존재가 될 자격을 갖추고 있는 생물은 수없이 많다. 특정 인간들도 그중에 포함된다. 그리고 내 반려견들이 끊임없이 증명해 주는 것처럼, 가장 중요한 수많은 일은 언어 없이 말해진다. 그리고 돌고래는 특정한 일에는 더 우수하지만 말하는 일과 관련해서는 그렇지 않다.

현재 우리가 가진 모든 지식에 의거할 때, 돌고래의 휘파람은 단순하고 반복적인 정보를 전달하는 것으로 보인다.[42] 그 정보는 복잡하지도 구체적이지도 않으며, 풍부한 단어와 어휘를 기초로 하거나 문법을 갖춘 언어도 아니다. 하지만 나를 포함해 돌고래를 사랑하는 사람 가운데, 이 사실을 진심으로 인정하고 싶어하는 사람은 거의 없다. 그 호출소리는 너무나도 복잡하고 다양하게 들리니까 말이다. 그래서 우리는 기다리면서, 언젠가 좀 더 듣기를 바라면서, 귀를 기울이는 것이다.

어떤 사람들이 고래 소리를 듣는 데 많은 시간을 투입해 왔다는 점은 인간이나 돌고래에 대해, 아니면 둘 다에 대해 많은 이야기를 해 주는 것이 분명하다. 1970년대에 과학자들은 혹등고래가 구조를 가진 노래를 부른다는 사실을 깨달았다.[43] 이상하게도 서로 수천 킬로미터 떨어진 곳에서 짝짓기를 하러 모여드는 수컷들은 모두 같은 노래를 부르고 있었다. 혹등고래의 노래는 각기 일관된 상이한 주제 열 개가량으로 구성되어 있고, 각 주제는 열 개가량의 서로 다른 음표로 이루어진 약 15초 정도 길이의 프레이즈의 반복으로 만들어졌다. 노래는 10분 정도 이어졌다. 노래가 끝나면 고래들은 다시 시작했다. 구애 시즌이 되면 고래들은 대양에서 여러 시간 동안 노래를 했다. 각 대양의 노래는 서로 다르고, 여러 달, 여러 해를 지나면서 각 대양의 수천 마리 고래들에 의해 같은 방식으로 변했다. 그 노래는 어떻게 해서든 완전한 협력에 의해 계속 만들어지고 있는 지속적인 작업인 것이다.

가끔 그 변화가 갑작스럽고 급격하게 일어나기도 했다. 2000년에 연구자들은 오스트레일리아 동부 해안에서 들리던 혹등고래의 노래가 오스트레일리아 서부 해안의 인도양 혹등고래가 부르던 노래로 "급속히 완전히 대체되었다"고 발표했다.[44] 아마 몇몇 '외국인들'이 서쪽으로 가던 경로를 바꾸어 동쪽으로 갔는데, 동쪽 고래들 사이에서 서쪽 고래들의 노래가 즉각 히트를 쳐서 다들 따라 부르게 된 모양이었다. 연구자들은 "그와 같은 혁명적인 변화는 동물의 문화적 음성 전통에서 전례 없는 일"이라고 썼다. 또 노래에서 프레이즈 하나가 사라지고 나면 20년을 넘게 엿들어도 다시는 들을 수 없다. 그 노래는 무엇을 의미할까? 연구자 피터 티악Peter Tyack은 말한다. "우리는 수컷들이 부르는 노래의 음악 특징에 대한 암컷 혹등고래들의 심미적 감수성이 여러 세대에 걸쳐 진화해 왔음에 감사해야 할 것이다." 그런데 혹등고래의 노래를 녹음한 씨디는 수백만 장이 팔렸다. 우리도 그들의 미적 감각에 공감한다. 이것은 가장 큰 수수께끼인 동시에 우리와 그들이 비슷한 마음의 소유자라는 최고의 증거일 것이다.

한 그룹에 속하는 범고래가 활동하는 범위는 360평방킬로미터에 달한다. 그리고 그들은 모두 음성으로 연락을 취한다. 수중마이크를 통해 나는 그들의 찍찍chirps, 휘파람 소리, 빵빵honks, 이크whoops, 젖은 손으로 라텍스 풍선을 쥘 때 날 법한 소리를 듣고 있다. 거의 모든 호출소리에는 갑작스러운 음정의 변동과 흐름이 있어서, 배경 소음과 구별되고 알아들을 수 있게 해 준다. 고래들은 어떤 노래를 부르는가? 그들의 기원을 말해 주는 어떤 서사시를 낭송하고 있는가? 암호가 있는지 없는지 모르지만, 있다고 해도 푼 사람은 아직 없다. 밸컴이 어느 정도 해독한 것을 제외하면. "1956년에 처음 녹음한 뒤 그들은 같은 내용을 줄기차게 거듭 말해 왔어요. 저는 '저들은 새로 할 말이 없는 거야?'라고 생각했지요. 그들은 서로에게 '여기 큰 물고기 있다' 따위의 이야기를 하는 것 같지는 않았어요. 또 '사냥감'이나 '헬로' 같은 용도의 호출소리가 각각 따로 있는 것 같지도 않았어요." 고래들이 음성을 발할 때마다 각각의 호출소리가 들릴 수도 있다. 그들이 무엇을 하고 있든 상관없다. 그러나 밸컴은 확신한다. "그들은 그게 누구이고 무슨 일인지, 그냥 슬쩍 보기만 해도 알아요. 우리가 사람의 음성이 저마다 다르고 그것을 식별할 수 있는 것처럼 그들도 저마다 음성이 다르고 이것으로 서로를 알아볼 수 있는 거라고 전 확신합니다. 또 다른 돌고래들이 그렇듯이 범고래에게도 각각 이름이 있다고 아주 확신해요. 지금 당장 우리가 반복적으로 듣고 있는 것 중 일부는 그런 서명 호출소리라는 것도요."

감정이 전달되는 경우에는 소통될 내용이 더 많을지도 모른다. "어떤 호출소리는 '이-라이Ee-rah'i, 이이-라이ee-rah'i'처럼 들리기도 해요." 밸컴이 말한다. "그것이 뭔가 구체적인 내용을 뜻할까요? 아니면 그 어조의 강한 정도에 따라 의미가 전해지는 걸까요? 파드가 소집될 때는 강렬함과 흥분감이 느껴집니다. 파티를 벌이는 것 같은 소리가 나요. 흥분하면 호출소리는 더 높고 더 짧아집니다. 다른 말로 하면 고성을 질러 대는 거지요." 호출소리에는 문법이 없을지 모르지만, 고래들 사이에서 소통되는 것은 누구, 어디, 기분, 그리고 아마 음식물의 종류일 것이다. '피투우우'pituuu는 고래들이 동시에 행동할 때 주로 나는 호출소리다("우리는 지금 이걸 하고 있다. 이걸 계속 함께하자"). '위-우-우오'wee-oo-uuo는 고요함과 느슨한 접촉의 호출소리다("어때-좋아? 좋아").[45] 그것으로 협동과 결속과 그룹의 정체성과 통합성을, 수십 년 동안 유지하기에 충분하다.

우리가 듣고 있는 이 호출소리는 그들이 물고기를 찾을 때 쓰는 음파탐지기인가?

"아니오, 음파탐지기는 이런…… 소리가 나요." 밸컴은 빠른 속도로 혀를 끌끌 찬다. "때로 그들은 스피커 앞에 와서 클릭클릭하는 소리를 냅니다. 그건 그들이 물고기를 '찾고 있다는' 뜻이지요."

클릭소리는 두뇌가 정보를 추출하는 데 쓸 수 있는 메아리를 반사한다. 음파탐지기를 쓰는 돌고래는 90미터 거리에 있는 탁구공을 찾을 수 있다.[46] 대부분의 인간은 그 정도 거리에 있는 공을 보지 못한다. 그들은 빠른 속도로 헤엄치는 물고기를 따라가서 잡을 만큼 잘 추적할 수 있고, 고속으로 헤엄치면서도 장애물을 피할 수 있다. 그들은 빠른 속도로 클릭소리를 낸다. 클릭 한번에 걸리는 시간은 1,000만 분의 1초밖에 안 되며, 범고래는 1초당 최대 400번까지 클릭소리를 낸다.[47]

터줏대감 범고래는 7~10초 동안 클릭소리를 계속 이어서 내는데, 연구자들은 이 연속 클릭을 '클릭 열차'라 부른다. 터줏대감들은 클릭 열차를 과객들보다 스물일곱 배나 더 자주 만들고 열차의 지속 시간도 두 배는 더 길다. 과객들의 클릭소리는 더 불가해하다. 과객들은 가끔 단 한번, 더 부드럽게 클릭소리를 내기도 한다. 새우나 다른 생물들의 자잘하게 폭폭거리고 바스락대는 소리가 끊임없이 들리는, 때로 대양이라는 프라이팬에서 뭔가가 튀겨지는 것처럼 들리는 상황 속에서 청각적으로 위장된 작은 클릭소리 한 번을 물개와 작은 돌고래가 듣기란 쉽지 않다. 자크 쿠스토Jacques Cousteau가 대양을 '고요한 세계'라 부른 것은 유명하지만, 음향은 대기 중에서보다 물속에서 훨씬 더 잘 이동하며 많은 바다생물들은 대양의 음파 초고속도로를 매우 쓸모 있게 이용한다. 또는 그것에게 배신당한다.

범고래는 그냥 클릭소리만 내는 것이 아니다. 그들은 다른 동물의 물보라나 날숨소리를 들으려고 언제나 귀를 기울인다. 재능이 뛰어난 범고래와 그들의 제물이지만 영민한 돌고래 사이에서는 언제나 음향적 무기경쟁이 벌어진다. 포유류를 사냥하는 범고래는 가끔씩 까치돌고래를 사냥한다. 까치돌고래 역시 음파탐지기를 쓰므로, 범고래의 입장에서는 그것이 마치 저녁식사를 알리는 종소리 같을 것이다. 하지만 그들의 클릭소리는 범고래의 가청역대를 넘어서 있다. 그런 격리가 진화하고 유지되는 논리는 아주 단순하다. 범고래가 들을 수 있을 만큼 낮은 음역대에서 클릭소리를 내는 까치돌고래는 잡혀 먹히니까 고음역대의 호출소리를 가진 까치돌고래들만이 살아남을 확률이 높다.

비교적 최근 들어서야 인간은 동물의 음파탐지기에 대해 알게 되었다. 연구자들은 1960년까지도 돌고래의 음파탐지기에 대해 알지 못했다. 1773년에 이탈리아의 라자로 스팔란차니Lazzaro Spallanzani는 완전히 깜깜한 방에서 부엉이는 아무 일도 못하지만 박쥐는 자유롭게 날아다니는 것을 관찰했다. 그는 나중에 놀랍게도 눈이 먼 박쥐도 눈이 보이는 박쥐와 똑같이 장애물을 잘 피할 수 있음을 발견했다. 그런데 어떻게 그렇게 할 수 있을까? 1798년에 스위스의 샤를 쥐랭Charles Jurine이라는 실험가가 박쥐의 귀를 막아보았다. 그랬더니 그들은 물건을 들이받았다. 그는 박쥐들이 아무 소리도 내지 않는 것처럼 보였기 때문에 당황했다. 그리고 그가 박쥐의 청각이 그들의 항법 능력과 어떤 상관이 있다고 발표하자, 그의 발견은 처음에는 조롱받았고 한 세기 동안 잊혀졌다(나중에 진리로 판명될 새로운 발상이 처음에 거부되는 역사를 보면, 지금 보기에 터무니없는 것 같은 의견을 너무 섣불리 기각하지 않도록 주의해야 할 것이다. 그런 새로운 의견 중에 유명한 것으로는 현미경으로 봐야 하는 '균'들이 질병을 일으킬 수 있으니 의사와 외과의사는 손을 씻어야 한다는 주장이 있다. 이 책의 뒷부분에서 읽게 되겠지만 고래들은 얼핏 말이 안 되는 것 같은 행동을 하는데, 이것도 아직 인간의 이해 범위를 넘어선다). 1912년에 공학자 하이럼 맥심 경Sir Hiram Maxim은 박쥐가 인간이 들을 수 없는 소리를 만든다고 생각했다. 하지만 그는 그 음향이 그들의 날개에서 나오지 않을까 짐작했다.

'스팔란차니 박쥐 문제'는 1938년에 하버드대학교의 피어스G. W. Pierce와 그리핀에 의해 풀렸다. 그들은 특별한 마이크와 리시버를 써서 박쥐가 인간의 가청역대를 넘어서는 음향을 발산하는 것을 녹음했다. 박쥐가 그 청역대의 소리를 들을 수 있음을 입증하자 박쥐 음파탐지기에 대해 우리가 쓰고 있던 눈가리개도 풀렸다. 제2차 세계대전 때 인간들은 그와 유사하게 메아리를 기초로 하는 음파탐지기와 레이더 시스템을 고안하여 군사용도로 사용했다. 피어스와 그리핀의 발견이 있은 지 10년쯤 뒤 플로리다 주에 있는 마린 스튜디오Marine Studios(나중의 마린랜드Marineland)의 아더 맥브라이드Arthur McBride는 포획된 병코돌고래가 깜깜한 밤에도 그물망을 피하고 뚫린 부분을 찾아낼 수 있음을 알아차렸다. 1952년에 두 연구자가 최초로 "까치돌고래가 박쥐처럼 반향정위反響定位, echo-location(박쥐 등이 초음파를 발사하여 그 반사파로 물체의 위치를 알아내는 방식 — 옮긴이) 방법을 써서 주변 사물에 대한 상대적 방향 파악을 하는지도 모른다"는 가설을 공개적으로 설정했다.[48] 그 다음 실험에 의해 돌고래가 인간의 가청역대보다 높은 음향을 들을 수 있음이 입증되었다. 그리고 마린랜드의 연구자인 포레스트 우드Forrest Wood는 포획된 돌고래가 그들의 수조에 있는 물건들을 "반사파를 써서 탐사echo-investigating"하는 것 같다고 주장했다.

포획된 돌고래가 죽은 물고기에 다가가면서 음향 박동을 발산하고, 수조 주위에 설치한 투명한 유리 패널의 위치가 바뀌었는데도 그것을 피할 수 있고, 어둠 속에서도 줄에 매달린 장애물을 피해갈 수 있고, 좋아하는 물고기를 좋아하지 않는 종류와 섞어 줄 때 좋아하는 쪽을 구별할 수 있다는 보고서가 처음 나온 때는 1956년이었다(훨씬 더 인상적인 사실은 대다수 야생 돌고래가 어두운 밤중에 작고 날쌘 물고기들을 추격해 잡는다는 것이다). 1960년에 케네스 노리스Kenneth Norris는 돌고래 눈에 고무로 된 흡착식 덮개를 씌워 보았는데, 그들은 여전히 잘 헤엄쳤고 음향 박동을 발산했으며, 매달린 물건을 피해갔고, 미로를 헤엄쳐 지나갔다. 1960~1990년대 행해진 다른 실험에서도 이와 비슷하게 눈을 가린 돌고래, 벨루가돌고래, 까치돌고래, 또 다른 종류의 고래들은 물에 던져진 물고기와 장난감을 받아먹었고, 장애물 코스를 헤엄쳤고, 눈을 감고 있어도 아무 어려움을 겪지 않는다는 것이 밝혀졌다. 이제 우리는 향유고래, 범고래, 다른 돌고래들, 박쥐가 음향에 의해 길을 찾는 것이 사실임을 알고 있다. 이전 세대 인간들은 살아 있는 음파탐지기의 세계에 대해 깜깜 무식이었다.

돌고래 머리의 하드웨어와 두뇌 장비의 워낙 많은 부분이 수중음향의 생산과 분석에 할애되어 있기 때문에, 마치 각각의 개체가 저마다 복잡한 수중 스파이 기지 역할을 하는 것 같다. 하지만 인간도 나름대로 음향 분석의 수단을 잘 갖추고 있다. 우리는 오케스트라나 로큰롤 밴드의 녹음을 듣고, 스피커의 진동만으로도 어려움 없이 바이올린, 호른, 건반악기, 드럼의 일관성 있는 음향풍경을 재조합하고, 영웅 대접을 받는 기타리스트나 선풍적인 인기를 끄는 가

수의 음악을 즉각 알아들을 수 있다. 우리가 친구와 가족의 음성을 알아듣는 것과 아주 비슷하게 고래도 자신의 친구와 가족의 음성을 알아들을 확률이 높다. 어쨌든 연구자들이 그들의 호출소리를 듣고 어느 파드가 말하고 있는지 알아내기는 쉽다.

하지만 우리는 워낙 시각적 항법visually navigating에 길들여진 동물이기 때문에 음파탐지 항법sonar navigation은 상상하기 어렵다. 우리의 분석은 시각적이다. 빛이 모든 것에서 반사될 때 일부는 우리 눈에 들어가고 우리 두뇌는 주변 세계에 지극히 상세한 시야를 만들어준다. 우리는, 말하자면 빛의 메아리를 본다.

손전등을 들고 어두운 곳에 간다고 생각해 보라. 당신이 비추는 불빛 빔이 주위에 반사되어 당신은 두루 살펴보며 무엇이 있는지 본다. 이제 불빛 빔 대신에 당신 몸이 음향 빔을 만들어 내며 당신 두뇌는 그 빔을 반사시키는 것에 대한 상세한 평가를 구축할 수 있다고 생각해 보라. 그것은 이미지가, 아마도 시각적 이미지는 아니겠지만, 거기에 무엇이 있는지를 아주 정밀하게 말해 주기에 충분하다.

음파탐지 신호가 느려져서 인간도 들을 수 있게 되면, 인간 역시 반사파의 소리에 따라 반사되는 과녁이 강철 재질인지, 황동인지, 알루미늄인지, 유리 재질인지를 95~98퍼센트까지 정확하게 판단할 수 있다.[49] 인간의 청각은 차이를 아주 잘 식별해 낸다. 우리가 전화기로 들리는 음성을 얼마나 쉽게 알아내는지를, 또 시끄러운 식당에서도 대화를 이어나갈 수 있는 것을 생각해 보라.

우리는 동물이 시각에 의지하지 않고 음파를 탐지하는 방법을 상상할 수 없다. 대체로 반사파를 듣고 일종의 아주 세밀한 청각적 음향 지도를 만들기 때문에 듣기만 해도 날쌘 물고기를 잡을 수 있는 것이라고 짐작된다. 우리는 고래가 음파탐지 기관을 써서 우리가 시각 속으로 집결시키는 빛의 그림처럼 예리하게 초점이 맞추어진 음향 '그림'을 그린다고 생각한다. 하지만 궁금한 것이 있다. 그들이 실제로 자신들의 음파탐지 기관을 볼까?

생각해 보자. 눈은 보지 않는다. 두뇌가 본다. 또 생각해 보자. '빛'에는 원천적으로 '시각적인 것'이 전혀 없다.

우리가 '가시광선'이라 부르는 것은 전자기 스펙트럼 가운데 아주 작은 일부분인 좁은 범위의 파장이다. 인간이 볼 수 있는 파장의 위아래에는 가시광선과 똑같이 실재하는 감마파, 엑스선, 적외선, 자외선, 라디오파, 기타 다른 것들이 있다.[50] 인간의 눈은 그런 것에 관한 자극을 만들지도 못하고 시신경을 따라 두뇌로 자극을 보내지도 못하기 때문에 그것들을 볼 수 없다. 다른 몇몇 종은 자외선과 적외선을 볼 수 있다. 곤충, 어류, 양서류, 파충류, 조류 — 그리고 적어도 일부 설치류, 유대류, 두더지, 박쥐, 고양이, 개를 포함한 포유류 몇 종도 — 는 자외선을 본다. 몇 종류의 뱀은 눈이 아니라 구멍 기관pit organ(독사류의 눈 또는 콧구멍 조금 아래, 얼굴 양쪽에 있는 구멍으로 열을 감지한다 — 옮긴이)을 이용하여 핀홀 카메라처럼 따뜻한 몸체가 발산하는 적외선 에너지를 시각화할 수 있다.

빛의 지각과 시력의 경험은 인간 두뇌 내부에서 일어난다. 눈을 감고 있어도 우리는 여전히 욕망과 두려움을 '마음의 눈'으로, 또 꿈에서도 볼 수 있다. 통 속에서 이리저리 뒤지면서 무언가를 찾을 때도 자신이 '찾고 있는' 어떤 눈에 익은 것을 머릿속에 그려본다. 눈꺼풀이 열리면 우리 눈은 홍채에 와서 부딪히는 전자기적 파장의 패턴을 기초로 하는 자극을 만들어 낸 다음 시신경을 통해 그 자극을 두뇌 속의 시각중추로 보내고, 이 중추는 그 자극을 판독한다. 두뇌는 그림을 만들어 낸 다음 그 그림을 우리의 의식적 마음에 보여 주어 보는 쾌감을 느끼게 한다. 그러므로 눈은 사실 '그 대상'을 보는 것이 아니다. 반사된 에너지를 가지고 이미지를 만들어 내는 것은 두뇌다. 그리고 우리가 빨강이라고 보는 파장에 '빨간색'인 것은 전혀 없다. 색상 지각은 우리 두뇌가 특정한 파장이 제공하는 자극을 어떻게 색상암호화 하는가colorcode에 관한 문제다. 비디오카메라는 전선을 통해 그 자극을 모니터로 보내어 그림으로 전환시킨다. 당신이 모니터를 볼 때 당신의 눈과 신경과 두뇌는 즉각 같은 일을 한다.

빛처럼 음향도 파동으로 들어온다. 시각처럼 청각도 두뇌 속에서, 두뇌에 의해 만들어진다. 우리는 어쩌다가 '볼' 수 있게 된 전자기적 파장을 '빛'이라 부르고, 어쩌다가 듣게 된 진동적 파장을 '음향'이라 부른다. 우리가 듣고 볼 수 있는 것 위아래에는 세계를 가득 채우고는 있지만 우리 감각 범위 안에 들어오지 못하는 다른 파장들이 있다.

고래와 박쥐의 두뇌가 음파탐지 반사파로 얻은 자료를 써서 실제 시력을 만들어 낼 수 있을까? 내가 보기에는 그렇게 못할 이유가 없다. 고래의 두뇌는 어떻게 빛으로부터 신경 자극을 받는 것과 똑같이 음파탐지 반사파로부터 신경 자극을 받아들이고, 그것을 이미지로 전환하여 고래 또는 박쥐가 그 이미지를 볼 수 있게 할까? 소리 sound와 광경sight은 흔히 생각하듯이 분리되어 있지 않다. 특정한 음악을 들으면 특정한 색상을 떠올리는 사람들이 있다. 그것을 공감각synesthesia이라고 한다. 내 배에는 음향 박동을 발사한 다음 돌아온 반사파를 수집하고 그것을 다시 전기 자극으로 전환시켜 전선으로 연결된 기계로 보내어 처리하는 음파탐지기가 있다. 음향 수집기, 전선, 처리기는 각각 귀, 신경, 두뇌처럼 작동한다. 처리된 반사파는 시각 이미지로 전환되어 스크린에 나타난다. 기계의 도움을 받을 때 나는 음파탐지기를 이용하여 해저의 윤곽, 바윗덩이, 물고기가 사는 사면, 물속에서의 물고기 위치를 볼 수 있다.

아마 인간들 가운데 반향정위를 가장 경이적으로 해내는 사람은 대니얼 키시Daniel Kish일 것이다.[51] 그는 1세 때부터 눈이 멀었는데, 생애 초반기에 클릭소리를 내면 움직이는 데 도움이 된다는 것을 알아냈다. 그가 스스로 클릭소리를 내면서 걸어가는 것을 보면 그의 두뇌에서 많은 부분이 음향에 재적응되어 있는 게 분명함을 알 수 있다. 그는 복잡한 교통 상황 속에서도 자전거를 탈 수 있고(상상하기도 힘들지만), 장님들이 다른 장님들에게 각자의 음파탐지기를, 간단하게 말하면 그들 내면의 돌고래를 사용하도록 가르치는 월드 엑세스World Access for the Blind(WAFTB: 캘리포니아 주에 본부를 둔 시각장애인들의 신체적, 정신적, 인격적 발전을 위해 노력하는 비정부기구이자 비영리단체. 시각장애인들의 활동을 위한 반향정위 기술을 가르치고 발전시키는 것을 1차 목표로 한다 — 옮긴이)를 설립했다. 그의 설명에 따르면, 혀로 내는 클릭소리가 "온 사방의 물건 표면에서 반사되어 희미한 메아리처럼 내 귀에 돌아온다. 두뇌는 그 메아리를 역동적인 이미지로 전환한다. (……) 나는 사방 수백 피트 내에 있는 온갖 주위 사물의 3차원 이미지를 구성한다. 나는 가까이에 1인치 굵기의 장대가 있다는 것을 탐지할 수 있다. 15피트 거리에 차와 덤불이 있는 것이

탐지된다. 주택은 150피트 거리 내에서 포착된다." 이런 것은 모두
너무나 상상 불가능한 수준이어서, 다들 그의 말이 사실인지 궁금
해한다. 하지만 그런 사람이 그 혼자만이 아니며, 그의 주장은 사실
인 것 같다. 그는, "내가 얼마나 빨리 답을 얻는지 보고 학생들이 놀
란다. 나는 반향정위 능력이 우리에게 잠복해 있다고 믿는다. (……)
신경 하드웨어는 거기 있었던 것 같다. 나는 그것을 활성화시키는
쪽으로 개발한 것이다. 시력은 눈에 있지 않다. 그것은 마음에 있
다."

그렇다면, 범고래 같은 돌고래가 실제로 반사파를 볼 수 있을까?
가능하다. 그러나 이에 대해 아는 사람은 없다. 세계에 대해 동물들
과 우리가 공유하며, 비교 가능한 감각들에 대해 말할 수 있는 것은
기껏해야 인간은 거의 모두 시각적이고 듣기도 잘하는 반면, 그들
은 거의 모두가 청각적이고 볼 수도 있다는 정도다. 감각은 같은데
강조되는 부분이 다른 것이다.

수백만 년이 지나면서 이루어진 아주 느린 변화로 인해 일부 포
유류는 영장류가 되고 다른 일부는 고래가 되었다고 가정한다면,
이제 우리는 서로 많이 멀어졌고 서로에게 거의 낯선 존재가 된 것
같다. 하지만 정말 많은 시간이 흘렀고 큰 차이가 있는 걸까? 피부
를 벗겨내고 나면 근육은 대동소이하며, 골격 구조는 거의 동일하
다. 현미경으로 보면 두뇌 세포도 구별되지 않는다. 그런 상상 과정
을 아주 빠른 속도로 돌려보면, 뭔가 진정한 것이 보인다. 둘 다 동
물로서, 척추동물로서, 포유류로서 이미 긴 역사를 공유해 온 돌고
래와 인간, 같은 기능을 하는 같은 뼈와 기관, 같은 태반, 똑같이 따
뜻한 젖을 만들어 낼 수 있는 돌고래와 인간은 기본적으로 동일하

며 형태의 비율 차이만 있을 뿐이다. 그것은 인간으로 따지자면 등산복을 입은 사람과 스쿠버다이빙용 수트를 입은 사람 정도의 차이에 불과하다.

고래는 외부 윤곽을 제외한 거의 모든 면에서 우리와 거의 같다. 심지어 손뼈도 우리 것과 똑같은데 그저 모양만 약간 다르고, 손이 벙어리장갑 속에 숨겨져 있을 뿐이다. 그리고 돌고래는 지금도 그 숨겨진 손을 써서, 손으로 하는 것처럼 만지고 진정시키는 위안의 동작을 한다(긴부리돌고래는 어떤 무리든 전체의 3분의 1가량이 지느러미로 쓰다듬거나 몸을 접촉하고 있는데,[52] 이는 영장류들의 털 고르기 동작과 비슷한 면이 있다). 영장류들부터 망아지, 펭귄, 청개구리, 펍피시 pupfish(미국 동부에 사는 송사리과의 민물고기 — 옮긴이)에 이르기까지, 순환계와 내분비계는 비슷한 방식으로 작동한다. 그리고 세포 내부에서는? 아메바부터 세쿼이아, 포트벨로 버섯에 이르기까지 거의 같은 구조를 갖고 있고 기능도 거의 같다.

생명은 놀랄 만큼 다양하지만 다르게 보이는 층위를 벗겨내고 나면 더욱 놀라운 유사성을 만나게 된다. 고래의 뒷다리가 극도로 줄어들어 헤엄치는 몸이 될 수 있게 된 것은, 유전자 하나가 없어지면서 나타난 결과였다(유전학자들은 그 유전자를 '음파고슴도치'sonic hedgehog(체내 신호전달물질 — 옮긴이)라 부른다[53]). 당신 몸에서는 바로 이 유전자가 당신이 '정상적'인 팔다리를 갖게 해 주었다. 그러니까, 인간으로서의 정상적인 팔다리 말이다. 인간, 코끼리, 돌고래의 두뇌를 각각 나란히 그려놓고 보면, 그 유사성이 차이를 압도한다. 우리는 본질적으로 같은 존재인데, 오랜 경험에 의해 또한 상이한 외부 환경에 적응하기 위해 외부 형태가 달라지고 특정한 재능과 능력을 갖도록 각각의 장치가 설치되었을 뿐이다. 하지만 피부 밑으로 내려가면 동족이다. 우리와 같은 다른 동물은 없다. 하지만 잊지 말아라. 어떤 동물이든 그들과 똑같은 동물은 없다는 것을.

다양한 마음

범고래의 각 유형이 택하는 먹이의 범위는 아주 좁다(인간의 인종 적, 부족적, 종교적 그룹들이 가지는 다양한 음식 관습과 금기도 이와 비슷 하다). 범고래 유형 중에는 포유류 사냥꾼이 있고 상어 사냥꾼이 있 고, 펭귄 사냥꾼, 물고기 사냥꾼, 그중에서도 특정한 물고기만 먹고 다른 물고기는 거의 먹지 않는 — 가령 이곳 터줏대감들의 경우에 는 킹새먼king salmon(왕연어)만 먹는다 — 유형들이 있다. 전 세계의 바다에서 다양한 유형의 범고래가 청어에서 큰 고래에 이르는 온갖 것들을 먹는데, 어떤 범고래도 이것들을 모두 먹지는 않을 것이다. 각자가 전문으로 삼는 사냥감에 대해 고래들은 전략적 먹이징발 의 전문 기술을 보여준다. 예를 들면, 노르웨이 앞바다에 사는 범고 래는 흔히 수천 마리의 청어 떼를 수면 가까이에서 공 모양으로 조 밀하게 뭉치게 만든다. 그런 다음 대부분의 고래들이 청어 떼 주위 를 빙빙 돌며 헤엄쳐서 그들이 공 모양을 계속 유지하게 만드는 동 안 — 과학자들은 이 작업을 '회전목마'carousel라 부른다[54] — 몇몇 고래들이 그 공의 가장자리를 꼬리로 때린다. 그리고는 그렇게 기절시킨 물고기로 식사를 한다.

북서부의 과객들은 대개 몸무게가 45~90킬로그램인 물범을 사냥하지만 가끔은 450킬로그램 이상 나가는 바다사자도 공격하는데, 그런 바다사자의 억센 송곳니는 덩치가 한참 더 큰 회색곰의 송곳니와 닮았다. 이곳에서 과객들이 먹는 식사의 5분의 1은 지극히 날렵한 까치돌고래와 돌고래들이다.[55] 긴밀하게 협업하는 고래들은 흔히 사냥감 그룹들을 쪼갠 다음 한 그룹을 해변으로 몰아붙인다. 겁에 질린 돌고래들은 기슭으로 튀어 올랐다가 죽는다. 덩치 큰 바다사자를 사냥할 때, 이 포유류 사냥꾼들의 작업은 사납게 이빨을 드러내어 고양이를 구석으로 몰아 공격하는 것과 비슷하다. 나는 한쪽 눈을 잃은 범고래 사진을 본 적이 있다. 고래는 여러 시간동안 바다사자를 때려 그것이 탈진하여 익사하게 만들곤 한다.

어느 날, 보기 드물게 큰 열한 마리 과객 군단이 크와치 만Kwatsi Bay으로 갔다. 모튼이 그들을 따라갔다. 우두머리 고래는 길을 멈추고, 고래들이 전부 다 올 때까지 9분 동안 기다렸다. 한동안 모두 그곳에 모여서 숨만 쉬고 있는 것 같았다. 그러다가 갑자기 무슨 신호라도 받은 듯이 고래들이 모두 등을 뒤집어 잠수했다. 이는 그들이 긴 잠수를 계획하고 있다는 뜻이다.

내가 밸컴과 함께 보았듯이, 과객들은 15분씩이나 물밑에 있곤 했다. 모튼의 스톱워치가 15분을 넘어가 그녀가 막 쳐다보려는 찰나에 "하얀 물의 벽이 터져 올랐다."[56] 450킬로그램짜리 바다사자 한 마리가 완전히 뒤집어진 채 공중에 날아올랐다. 모튼이 마법에 걸린 듯 넋을 놓고 바라보는 앞에서 고래들은 하늘로 솟구쳐 올라

바다사자 세 마리를 머리로 들이받고, 다른 고래들은 묵직한 꼬리 지느러미로 그들을 때렸다. 완전히 기습당했고 수적으로도 압도적인 열세였지만 그 바다사자들은 한데 뭉쳐 공격자들을 송곳니로 베려고 무척 애를 썼다. 고래들은 바다사자의 송곳니를 피하려고 노력했다. 45분간 이어진 전투를 수중마이크로 듣고 있던 모튼은 범고래orca들이 반 톤 무게의 바다사자를 흔들어 껍질을 벗기고, 몸뚱이를 물어뜯는 소리를 들었다. 그녀는 썼다. "지금까지 나는 범고래의 위력을 제대로 알지 못하고 있었다. 나는 그곳에 완전히 놀라움에 잠겨 앉아서, 범고래orca들이 이런 위력을 인간에게 발휘한 적이 한번도 없음에 감사하고 있었다."

범고래가 큰 고래를 사냥하는 일은 아주 드물다. 하지만 그렇게 할 때 그들의 끈질김은 무자비하다. 밍크고래('핑키'와 운율이 맞는)는 지구력이 더 뛰어나기 때문에 장거리 추격전을 벌일 때 범고래 한 마리 정도는 따돌릴 수 있다. 하지만 사냥에 성공할 확률이 높다고 판단된다면 범고래 무리는 날랜 밍크고래 한 마리를 여러 시간 추격할 수도 있다.[57] 브리티시 콜롬비아의 연구자들은 범고래 두 마리가 출구가 없는 만에 들어온 밍크고래 한 마리를 빠른 속도로 추격했다가 격렬하게 몰아붙여, 필사적으로 피하려던 밍크고래가 기슭에 올라가게 만드는 것을 지켜보았다.[58] 8시간이 넘도록 범고래는 근처에 있었다. 밀물이 차오르자 밍크고래는 몸을 움직여 더 높은 곳으로 올라갔다. 밤이 되었는데도 범고래들은 여전히 만안에서 맴돌았다. 다음날 아침, 추격자들은 보이지 않았다. 하지만 스스로 뭍에 올랐던 밍크고래는 죽었다. 그 밍크고래가 왜 패닉에 빠져 자신이 처한 곤경을 오판하고 잘못된 전략을 택했는지 사람들은 궁금해한다.

　고래들은 어미를 따라다니면서 이동 경로를 배운다. 태평양회색 고래Pacific gray whales의 경우, 길고 고통스럽기도 한 경로를 배워야 한다. 목욕물처럼 따뜻한 바쟈Baja의 석호에서 새끼를 낳은 뒤 출발하여 알래스카의 알류샨 열도를 거쳐, 운이 좋으면 북극해의 먹이가 풍부한 터전에 도달하는 1만 6,000킬로미터 경로인 것이다. 그들은 수렵채집 단계의 유목민과 같은 복잡한 삶을 보고, 알고, 다룬다. 이동하는 도중에, 그리고 저 알류산 협곡의 좁은 길목에서 범고래가 그들을 위협한다.

　범고래가 어린 회색고래를 익사시키려면 먼저 새끼를 어미로부터 떼어 놓아야 한다. 이는 힘들고 위험한 작업이다. 회색고래 어미들은 등뼈를 부러뜨릴 정도로 강한 꼬리지느러미를 휘둘러 매우 공격적으로 새끼를 보호하기 때문이다. 회색고래들은 자신에게 불리한 요소를 줄이기 위해[59] 해안을 따라가는 경로를 고수한다. 얕은 물에서는 범고래가 회색고래를 익사시킬 수 없기 때문이다. 범고래는 회색고래가 이런 피난 경로를 유지하지 못하도록 회색고래의 가슴지느러미 앞쪽을 물고 늘어져 그 큰 고래를 뒤쪽으로 몰아간다. 이를 피하기 위해 회색고래는 몸을 뒤집고 배를 위로 하여 가슴지느러미를 쉽게 잡지 못하게 하거나, 스스로 기슭에 올라가기도 한다. 위력과 공포 그리고 그것에 반격하는 마음.

　자신의 새끼를 보호한다는 것이 어떤 의미인지 알고 있는데다가 개념을 형성하는 능력까지 갖고 있는 범고래가 그러한 자신들의 능력을 사냥감에게도 적용하는지 아닌지 궁금해진다. 다른 말로 하면, 그들은 먹이를 죽인 뒤에 기분이 언짢아진 적이 있을까? 그렇지 않을 것 같다. 인간 중에서도 그런 기분을 느끼는 사람은 거의 없다. 증거로 볼 때 범고래는 그렇게 느끼지 않는다.

내 친구들인 고래와 바닷새 전문가 피트먼, 리사 밸런스Lisa Balance, 새라 메스닉Sarah Mesnick은 캘리포니아 앞바다에서 범고래 35 마리(그들 전체에게 필요한 하루 식량은 약 3,150킬로그램)가 향유고래 암컷 아홉 마리를 4시간 동안 공격하는 것을 지켜보았다.[60] 수적으로 압도당한 향유고래는 머리를 한데 모으고 꼬리를 바깥쪽으로 하여 수면에서 허들을 형성했다. 암컷 범고래들은 너덧 마리씩 무리를 지어 공격하면서 '치고 빠지기' 전략을 사용했다. 향유고래가 내리치는 꼬리를 피하면서 그들을 과다출혈로 죽게 만들려는 것 같았다. 범고래가 향유고래 한 마리를 그룹에서 끌어내올 때마다 다른 향유고래 한두 마리가 "거의 즉각 따라 나오며 대열을 이탈했다. 그렇게 하여 격렬한 공격을 받으면서도 먼저 고립된 동물 옆에 바싹 붙어 그를 다시 대열 속으로 데려오곤 했다."

암컷들이 공격하는 동안 어른 수컷 여러 마리는 거리를 두고 멀찍이 떨어져 있다. 하지만 관찰자의 글에 따르면, 거의 죽어가는 향유고래 한 마리가 뒤집어지자 곧 "어른 수컷 범고래가 돌진하더니 그것에 쾅 들이받아 향유고래를 격렬하게 측면에서 흔들었다. 그런 다음 공격하던 암컷 누구에게서도 보지 못한 엄청난 힘을 과시하면서 거대한 물보라를 공중에 일으키고 그것을 표면에서 뒤집었다." 길이가 거의 10미터에 달하는 수컷 범고래의 무게는 9,000킬로그램 정도였을 것이다. 향유고래는 10미터가 넘는데다 몸무게는 최대 1만 3,500킬로그램에 달한다. 믿기 힘들겠지만, 다른 향유고래 한

향유고래.

마리가 대열에서 빠져나와 이 운이 다한 고래를 다시 데려가려다가 그 자신도 사납게 공격당했다. 인간사회에서 다른 인간을 도와주려다가 자신을 큰 위험에 노출시키는 것은 본능에 따른 행동으로, 우리는 그것을 영웅적이라 부른다.

그 다음에 이어진 일은 너무나 치열한 혼돈과 혼란이어서, 향유고래 두 마리 중 어느 쪽이 죽임을 당했는지도 불분명하다. 그 어른 수컷 범고래는 커다란 죽은 향유고래를 입에 물고 헤엄쳐 갔다. 결국 범고래는 향유고래 한 마리를 죽여 잡아먹었고, 나머지 향유고래 모두에게 부상을 입혔으며, 그중 몇 마리에게는 참혹한 상처를 남겼다. 관찰자들은 이렇게 썼다. "살아남은 자들 중 적어도 서너 마리는 그때 입은 상처 때문에 결국 죽었으리라고 짐작한다. 그 공격에서 입은 부상의 결과로 무리 전체가 죽었을 가능성도 상당히 크다"(그런 상황은 가담자들 모두에게 참혹하다고 밖에는 묘사할 수 없다).

그 연구자들은 또 다른 때에 범고래 다섯 마리가 약 800미터 떨어져 있는 소규모 향유고래 그룹을 향해 움직이는 것을 보았다. 향유고래들은 분명 경보를 발했을 것이다. 또 다른 향유고래 그룹이 신속하게 첫 번째 그룹 쪽으로 이동한 것을 보면 그렇다. 그들은 함께 모여 빙글빙글 돌면서 몇 마리는 물위로 머리를 쳐들어 각기 다른 방향을 바라보았고, 다른 것들은 꼬리로 수면을 치고 있었다. 마치 힘의 과시를 신호하려는 것 같았다. 암컷 어른 범고래 한 마리가 향유고래들 사이로 들어와서 한 마리를 깨문 것 같았다. 멀리 있던 다른 그룹의 네 마리가 전속력으로 돌진해 와서 주력 그룹에 가담했는데, 그중 하나는 6.4킬로미터도 더 떨어진 곳에서 달려왔다. 1시간이 넘도록 다른 그룹들도 계속 합류하여, 향유고래는 50마리로 불어났다. 그렇게 잘 소통되고 단합된 집결 사태를 보자 범고래들은 떠났다.

잉그리드 비서Ingrid Visser는 뉴질랜드 앞바다에서 돌고래를 사냥하는 범고래(그녀는 오르카orca라는 호칭을 선호한다)의 특정한 사중주 전략을 묘사한다.

오르카들은 소규모 돌고래 그룹을 향해 초연하게 헤엄쳐 간다. 돌고래들은 달아나지만 속도는 그리 빠르지 않다. 만약 범고래들이 사냥하려는 게 아니라면 공연히 관심을 끌고 싶지 않기 때문이다. 돌고래들을 30분가량 뒤따라간 뒤 스텔스라는 암컷 오르카는 다른 고래들이 숨 쉬러 수면에 떠오를 때 함께 떠오르지 않고, 다음번에도, 또 그 뒤 10분 동안도 수면에 올라오지 않는다. 그리고 남은 세 오르카가 고속으로 돌고래들을 향해 돌진한다. 그들이 수면을 가르며 달려드는 모습은 믿을 수 없이 드라마틱하다. 돌고래들은 목숨을 걸고 달아나고 있었다. 그들은 물 밖으로 날듯이 헤엄쳤고, 다시 날아오를 때도 거의 수면에 닿지 않는 듯했다. 오르카 세 마리는 빠르게 돌고래들과 거리를 좁히고 있었다. 그런데 갑자기 앞에 섰던 돌고래 한 마리가 마치 테니스공이 된 것처럼 날아가면서, 공중제비를 하듯 공중에서 몸을 뒤집는다. 스텔스는 아래에서 그 돌고래를 들이받은 뒤 그 역시 공중으로 뛰어올랐다가 몸을 비틀며 따라간다. 그녀는 돌고래를 공중에서 움켜쥐고 턱에 문 채로 물로 떨어진다. 오르카 네 마리는 함께 게걸스럽게 먹이를 먹는다.[61]

비서는 덧붙인다. "전 그들이 먹이를 놓치는 것을 한번도 본 적이 없어요."

그렇다면 범고래들이 카약을 뒤엎은 적도, 노 젓는 배를 뒤집어 사람들을 물에 빠뜨린 적도, 인간을 먹어치운 적이 없다는 것도 이상하다. 그것은 아마 우리의 수수께끼 같은 행성에서 가장 수수께끼 같은 행동이 아닐까.

우리는 상당히 큰 무리를 이룬 고래들이 북쪽으로 가는 길에 집 앞을 지나가는 것을 지켜보고, 수중마이크를 통해 그들의 소리를 엿듣는다. 그리고 우리는 트럭에 올라타서 상록수숲과 신중하게 둥지를 틀고 앉은 집들을 등지고 달리다가 바위로 된 작은 만 안쪽에 위치한 작은 보트 계류장으로 갔다. 예쁜 장소였다. 나는 밸컴의 조수인 캐시 바비악Kathy Babiak, 엘리프릿과 함께 밸컴의 보트에 올라탔다. 우리는 만을 막 벗어나자마자 깜짝 놀랄 만큼 바로 코앞에서 15~20마리의 범고래와 마주쳤다. 이처럼 가까이에서 보니 그들은 입이 딱 벌어지도록 컸다. 인간보다 다섯 배는 길고 몸무게는 백 배 이상이다. 물을 밀고 나갈 때 그들의 머리는 물 더미를 밀어붙인다. 솟아오른 등은 어찌나 넓은지 마치 차양에서 흘러내리는 물처럼 바다가 쏟아지는 것이 보인다. 가파른 전나무숲이 우거진 경사면 아래 깎아지른 화강암 절벽을 앞에 따라가는 그들이 남기고 간 숨이 그들 뒤의 대기 중에서 머물고 있다. 그들의 아름다움과 기세에 마주하고 있노라면 너무나도 철저하게 경외심밖에는 느껴지지 않아서, 나는 그냥 조용히 바라보기만 한다.

앞서 가고 있는 다른 고래들도 있다. 여기 있는 물고기를 먹는 터줏대감 35마리인 L 파드 전체다. 지느러미가 우뚝하고 등지느러미의 으뜸 변leading edge에 흠집이 하나, 지느러미 뒤쪽 빗변trailing edge에 흠집이 두 개 있는 이 수컷은 L-41이다. 그는 36세다. 그의 바로 왼

ⓒ 칼 사피나
높은 등지느러미를 가진 36세 L-41번과 42세 L-22번, 그리고 L 파드의 다른 두 멤버가 하로 해협을 지나가고 있다.

쪽에 돌진하는 암컷은 L-22으로 42세다. 범고래는 50세가 넘도록 사는 경우가 많다. L-12는 1980년대에 79세로 사망했다. K-7이 죽었을 때 다들 그가 98세였다고 믿었다. L-25는 이제 85세다. 이런 고래들은 원래 살아남도록 만들어진 존재임을 느낄 수 있다. 그들이 남아 있을 수 있는지 아닌지 모를 뿐이다.

수명이라는 주제로 이야기하던 중에, 밸컴은 자신의 ID 가이드에 들어 있는 사진 한 장을 손가락으로 톡톡 치면서 말한다. "이게 가모장 J-12입니다." 암컷들은 대개 40세까지 새끼를 낳는다. 그런데 40년 전 밸컴이 연구를 시작한 이후로 J-12가 새끼를 낳은 적은 없다. 그녀의 마지막 자손이자 연구 대상 가운데 가장 오래 살았던 수컷이 2010년에 죽었는데, 과학자들은 그때 그의 나이가 60세였다고 판단했다. 그를 낳았을 때 J-12가 대략 38세였다고 가정하면 그녀는 1912년경에 태어난 것이다. "저희는 그녀가 100세 정도일 거라고 생각합니다."

동물들이 폐경기 이후까지 사는 경우는 매우 드물다. 그런 일은 할머니가 어린 가족 멤버들이 살아남는 것을 도와주는 동물들에게서만 일어날 수 있다.[62] 인간, 범고래, 들쇠고래short finned pilot whale의 암컷은 보통 짝짓기가 끝난 뒤에도 상당 기간 살아간다. 범고래와 파일럿고래의 가임기는 인간과 비슷하게 대략 25~30년이며, 그 뒤 30년 정도 더 살 수 있다. 그리고 밸컴이 방금 설명했듯이, 어떤 종은 훨씬 더 오래 산다. 그룹의 암컷 가운데 4분의 1 정도는 가임기가 끝난 상태다. 이 고래들은 죽을 날만 기다리는 것이 아니라 자손들이 살아남도록 도와준다. 아이들이 흔히 할머니의 보살핌을 받듯이, 범고래 할머니도 손자들이 더 잘 살아남도록 도와준다.[63]

범고래 사회의 약간 변칙적인 특징은 어미의 존재가 어른이 된 자녀들의 생존에 결정적으로 중요하게 작용한다는 점이다. 연로한 범고래 암컷이 죽으면 그 어른 자녀들, 특히 수컷들의 사망률이 높아지기 시작한다.[64] 어미가 죽을 때 아직 30세가 안 된 수컷 범고래들은 어미가 아직 살아 있는 동년배 수컷들에 비해 사망률이 연간 세 배는 높아진다. 그런데 30세가 넘어 어미가 죽은 수컷 범고래는 어미가 아직 살아 있는 동년배들보다 사망률이 여덟 배는 높아진다. 30세 이하의 딸들은 어미가 죽은 뒤에도 사망률이 높아지지 않는다. 하지만 어미가 죽을 때 30세가 넘은 딸들은 어미가 죽을 때 나이가 같았던 암컷에 비해 사망률이 두 배는 더 높다.

수컷은 암컷보다 등지느러미와 가슴지느러미가 더 길고 덩치도 워낙 크다 보니(몸무게가 9,000킬로그램 정도인 수컷은 암컷보다 3,000킬로그램은 더 무겁다.) 여분의 먹이가 더 필요하다는 불리한 조건 때문에 어미에게 먹이를 더 의존하게 되는 것 같다. 암컷들은 수컷 같은 약점은 없지만 어린 것을 키우는 동안에는 가임기가 끝난 어미가 나누어 주는 먹이에 의존할 수도 있다. 어른 암컷들은 본질적으로 잡은 물고기를 모두 나눠 먹고, 반 이상은 새끼들에게 준다. 어른 수컷이 잡은 것을 나누는 경우는 전체의 15퍼센트에 그치며, 대개는 어미들과 나눈다. 어미를 잃은 이후에 나타나는 그들의 이상한 사망 패턴에 대해 완전히 이해한 사람은 아직 없지만, 부모의 지극한 보살핌을 더 받을 수 없다는 점이 근본 원인이 아닐까 싶다. 이빨고래류는 양육 분야에서 세계 최고의 챔피언이다. 들쇠고래는 새끼를 마지막으로 낳은 뒤에도 길게는 15년까지 계속 젖이 분비되는데 그것을 다른 암컷들의 새끼들에게도 먹이는 모양이다.[65]

병코돌고래와 대서양알락돌고래(연구가 계속되면 다른 종류의 돌고래도 포함될 수 있을 것이다) 가운데 일부 암컷들은 평생 한번도 새끼를 낳지 않는다. 허칭은 그들에게 '경력직 암컷들'career females이라는 별명을 붙였다. 그들이 사회에서 갖는 역할에는 어미 노릇이 포함되지 않기 때문이다. 그들은 불임일지도 모른다. 아니면 동성애자일 수도 있다. 하지만 그들은 아주 중요한 역할을 담당한다. 바로 아기를 많이 돌보는 것이다. 언젠가 허칭이 자신을 찾아온 9세 여자아이를 데리고 바다로 나간 적이 있는데 그때까지 "영원한 베이비시터인 화이트패치는 내가 어린 인간을 돌보는 모습을 한번도 본 적이 없었다. 그래서인지 그녀의 흥분한 목소리가 들리기도 했고 전기 신호로도 들렸으며, 우리 주위를 계속 빙빙 돌면서 내 곁에 붙어 있는 어린 인간을 계속 쳐다보았다"[66](연구자들은 가끔 베이비시터를 '이모'라 부른다. 실제로도 인간 세계의 친척 아주머니 정도가 될 것이다). 향유고래의 경우, 어미들이 깊이 잠수하는 동안 베이비시터의 역할이 특히 중요하다. 새끼들은 수면 근처에서 기다려야 하는데, 그런 곳에서는 범고래와 큰 백상아리에게 공격당할 위험이 크기 때문이다.[67] 향유고래에게는 한 가지 더 나은 상황이 있다. 암컷은 그 그룹의 어린 것 여러 마리에게 젖을 먹일 수 있다. 실제로 13세 향유고래의 위장에서 젖의 흔적이 발견된 적도 있다.

2~3세 무렵 어미를 잃은 어린 범고래는 다른 가족 멤버들의 보살핌만으로도 흔히 살아남는다. 트윅Tweak(정식 호칭은 L-97)이 아기였을 때 26세 어미 누트카Nootka가 자궁탈출증으로 죽었다. 새끼를 낳다가 죽은 것이다. 트윅은 아직 젖만 먹을 때였다. 그의 할머니가 그를 데리고 다녔지만 젖을 줄 수는 없었다. 트윅은 야위어 갔다.[68] "우

리는 9세인 그의 형이 물고기를 잡아다가 어린 트윅에게 먹이려고 애쓰는 모습을 보았어요."밸컴이 말한다. 더 큰 고래가 연어를 잘게 찢어 물에 뜬 살점을 트윅에게 주기도 했다. 하지만 트윅은 너무 어려 먹을 수가 없었다. 결국 그는 살아남지 못했다.

운이 좋은 고래도 있었다. L-85가 3세였을 때 그의 어미가 죽었다. 그 뒤로 30세 형이 그를 특별히 보살폈다. "이 3세인 어린 것이 거대한 수컷과 함께 다니는 걸 보곤 했어요."밸컴이 회상한다. "거의 어미 같았지요." L-85는 지금 22세다.

운이 좋은 또 다른 고래 L-87이 이쪽으로 온다. 그는 21세다. 어미가 8년 전에 50세의 나이로 죽은 뒤 그는 살아남았다. 인간들이 아는 한 파드를 바꾼 범고래는 그가 유일하다. 그는 K 파드와 2~3년 돌아다녔고, 지금은 대개 J 파드와 함께 돌아다닌다. 밸컴은 감탄하는 어조로 말한다. "그에게는 개성이 많아요. 그는 항상 보트를 살펴보면서 염탐하고 있어요. 가끔은 갑자기 푸쉬phoosh~! 하고 바로 곁에 머리를 불쑥 내밀고 튀어나와요. 분명히 장난하는 거지요. 그는 인간들이 보이는 반응을 좋아해요. 유머 감각이 있어요. 다들 그렇지는 않거든요."

범고래의 그룹에는 수컷, 암컷, 아기들이 있다. 코끼리와 인간처럼 아기가 있으면 가족은 더 활기가 넘친다. "제일 좋은 것은 아기들이 있는 겁니다." 캐시가 확언한다. 범고래는 새끼를 보면 희열을 느끼는 것 같다. 데이브는 덧붙여 말한다. "한 어미가 보트만 보이면 갓 태어난 새끼를 데리고 배 옆 수면에 올라 오던 때가 있었어요. 마치 저희에게 자신의 새끼를 자랑하려는 것처럼 말이지요."어미 범고래는 가까운 곳에 물고기를 잡으러 가거나 사교하러 잠시 다녀올 때 아기들을 보트 옆에 놓아두기도 했다. 한번은 데이브가 J 파드와 함께 흘러가고 있었는데, "어린 새끼를 데리고 있던 어미들이 오더니, '오케이, 여기야. 이제 우리는 이 보트 주위에서 모두 노는 거야'라는 정도의 말을 하는 거예요. 그리고는 1~6세까지의 새끼 네다섯 마리가 보트를 둘러싸고 어미와 함께 먹이를 찾고 놀더군요." 밸컴이 덧붙인다. "그 새끼들은 뱃머리에서 마구 까불다가 배 뒤편으로 돌아가는 등 아주 재미있게 놀았어요. 서로의 위에 뛰어오르고 덤벼들면서 미친듯이 놀더라고요."

새끼를 낳은 직후에 여러 암컷들은 흔히 갓 태어난 새끼를 수면에 데리고 올라와서 첫 숨을 쉬게 해 주려고 힘을 보탠다. "암컷들이 어찌나 많은지 누가 어미인지 알 길이 없어요. 다들 새끼를 온통 쓰다듬어 대니까요."[69] 모튼은 출산 과정을 본 이야기를 해 준다. 새끼를 키우는 어미들은 새끼들을 자주 주둥이로 이리저리 밀친다. 어느 연구자는 범고래 세 마리가 갓 태어난 새끼 한 마리를 코에 올려놓고 공기 중에서 균형을 잡도록 도와주는 것을 보았다(갓 태어난 범고래 새끼가 2.7미터에 180킬로그램 정도인 걸 생각하면 이는 대단한 묘기다). 그리고 최근에 J 파드에서 새로 태어난 새끼에게 이빨자국이 있었는데, 아마 가족 가운데 한 마리가 산파 노릇을 하면서 생긴 것 같다. 어미에게서 태아를 끌어당기려고 한 것이다.

어떤 종류의 돌고래든 그들에게는 끌어안을 팔이 없지만 감정적인 연대감을 가지고 새끼들의 몸을 비비고 보살핀다. 그들의 두뇌는 우리의 두뇌에 흘러넘치는 것과 똑같은 사랑의 호르몬에 젖어 있으며, 새끼들은 따뜻한 젖을 찾아서 빨며, 동료들은 우리와 비슷한 흥분과 관심을 가지고 수선스럽게 보살핀다. 우리와 똑같다. 사춘기 나이의 돌고래는 사춘기 나이의 코끼리와 인간 10대들처럼 "아기 돌보기나 아이와 가까이 있는 일에 아주아주 관심이 많다"고 들 한다.

어린 돌고래가 어른들의 인내심의 한계를 건드리면, 어미와 베이 비시터들은 그들을 따라가서 잡아 꾸짖는다.[70] 인간은 돌고래가 아 픈 새끼들을 수면으로 밀어 올리는 모습을 수천 년 동안 지켜보았 지만, 알락돌고래 어미가 잘못된 행동을 한 새끼를 바닥으로 내리 누르는 모습은 아무도 본 적이 없었다!

놀이와 여흥은 그들 레퍼토리의 일부다. 밸컴은 고래들이 깃털 하나로 재미있게 노는 모습을 본 적이 있다. 깃털을 코 위에 놓고 균 형을 잡다가 날아가게 한 다음 지느러미로 그것을 잡았다가 다시 놓아주고, 또다시 꼬리지느러미로 잡는 것이다. "몸무게가 7,600킬 로그램이나 나가는 고래가 깃털 하나를 갖고 논다고요." 밸컴은 감 탄한다. "그렇게 정교하게 동작을 컨트롤하다니, 그것도 빠른 속도 로! 그렇게 그들이 그저 재미있게 노는 때가 있어요."

어떤 놀이든 돌고래는 아주 잘 한다. 놀이는 ― 적절하기도 하고 수수께끼 같기도 하지만 ― 영리함의 일부다. "놀이는 지능의 등 록상표이고 창조성의 필수 요소다."[71] 심리학자 스털링 버넬Sterling Bunnell이 썼다. "고래목 동물에게서 놀이 본능이 눈에 띄게 발달한 것을 보면, 그들은 신체적으로뿐 아니라 정신적으로도 장난기가 많 을 것이다." 젊은 병코돌고래들은 가끔 물 밖으로, 선창 위로 자신 의 몸을 밀어 올린다. 돌고래들이 그렇게 하면 다른 젊은 돌고래들 이 그를 도로 물에 끌어 넣는다.[72] 이것은 인간 아이들이 수영장에서 하는 놀이의 돌고래 버전이다.

그리고 거품 놀이가 있다. 병코돌고래는 그냥 거품만 부는 것으로 그치지 않는다. 그들은 거품 놀이의 달인이고 숙련된 거품 재주꾼이다.[73] 그런데 거품 놀이를 하려면 연습이 필요하다. 그래서 그들은 연습을 한다. 주로 어린 것들이 그렇게 한다. 아마 처음에는 우연히 거품고리를 불었고, 그것이 수면으로 올라가는 것을 주의 깊게 지켜보았을 것이다. 그러다가 완벽한 거품고리를 불려고 노력했을 것이다. 그 다음 함께 해 보고 따라해 보고, 기술을 발전시키면서 놀았을 것이다. 나도 똑같이 거품 고깔을 불어서 그게 고리로 변하는 걸 볼 거야. 난 꼬리로 물을 좀 휘저어서 그 소용돌이 중간에다 거품을 불어 보낼 거야. 그 거품이 원 속으로 끌려가는 걸 봐. 고리를 솟아 오르게 만들고 그 속에 물고기를 떨어뜨리면 어떻게 될까. 물고기가 빙빙 돌더니 솟아오르네! 비스듬히 거품을 불어넣는데 똑바로 솟아오르면 어쩌지? 주위의 물을 주둥이로 건드려서 그 반짝이는 고리를 빙빙 돌리면 어떨까? 내가 그 고리를 주둥이로 깨물면 어떻게 될까? 그것을 작은 고리 두 개로 쪼개면? 구불구불하게 솟아오르는 은빛 물뱀 같은 끈을 만들어 볼까? 발명하고 시험하고 평가하고 수정하고…… 이런 온갖 일을 그들은 한다. 순번제로 차례로 시도해 본다. 이건 어떤가. 나는 커브에서 빠르게 헤엄쳐서 등지느러미 주위에 소용돌이를 만든 다음 재빨리 퀵퀵 턴을 하고, 그 빙빙 도는 소용돌이 속으로 공기를 쏘아 보낸다. 와우, 긴 은빛 나선고리가 내 바로 앞에서 쏘아져 나오네. 저거 따라 해봐(아무도 못한다. 팅커벨이나 할 수 있을까)! 마음에 들지 않는 거품 하나를 불었어? 터뜨려. 그냥 사라지게 해. 아주 훌륭한 거품을 불었군? 두 번째 거품을 거기 합쳐봐. 떠나보낼 준비되었어? 첫 번째 고리가 수면에 닿기 전에 그걸 물어야 해. 에치어스케치Etch A Sketch(에칭스케치 스크린. 국내에는 매직스크린이라는 이름의 상품으로 출시된 제품. 아래에 있는 손잡이 두 개로 화면에 그림이나 글씨를 그렸다가, 흔들면 그린 그림이 지워져 새로 그릴 수 있게 해 주는 물건 — 옮긴이)를 지워. 끝났군. 유리의 다른 쪽에서는 어린 아기가 큰 아이들의 거품 재주를 보고는 입이 벌어져 자신도 거품을 두어 개 불어본다. 두어 개 더 불어본다. 어느 것도 고리로 변하지 않는다. 아마 언젠가는 될 테니까, 애야, 계속 노력하렴.

바하마의 야생 대서양알락돌고래는 자주 연구자들과 공 뺏기 놀이를 한다. 어느 날 그들이 살아 있는 쥐치 한 마리를 가져 왔다. "돌고래들은 그것을 입에 아주 살짝 물고 가져와서 우리 앞에 내려놓고는 우리더러 그 겁에 질린 물고기를 잡으라고 했다." 허칭이 썼다. "그러나 우리 중 하나가 손을 뻗어 그 불쌍한 물고기를 잡기 직전에 돌고래들은 수중에서의 우월성을 과시하면서 물고기를 낚아채기 위해 덤벼들었다." 이런 야생동물이 인간들을 함께 놀 만한 놀이동무로 본다는 것은 정말 특별한 일인 것 같다. 그들이 그렇게 하는 데는 마음이 마음을 이해한다는 큰 함의가 내포되어 있다. 여기 저들이 있고 저들이 누구인지 인식하며, 그들 나름의 기준에 따라 종들 사이에 놓인 다리를 건너와서 초청장을 건네고, 그들의 놀이를 우리에게 제안하며 그들의 규칙에 따라 노는 것이다. 그들은 이런 일을 많이 해 왔다. 한편 겁에 질린 물고기는 돌고래에게서 몸을 숨기려고 힘껏 노력함으로써 그들 나름대로 누구를 무서워해야 하는지 알고 있음을 보여준다. 인간의 수영복 속으로든, 비디오카메라와 인간 얼굴 사이로든 숨으려 했고, 그동안 돌고래들은 그 살아 있는 장난감을 도로 가져가려고 붕붕대며 이리저리 찔러 대고 있었다. 허칭은 물고기가 불쌍하기는 했지만 그것을 돌고래에게 돌려주는 것이 "예의 바른 행동으로 보였다"고 말했다.[74]

어느 날 밸컴은 범고래 여러 마리가 연어를 잡으려고 집중하는 모습을 보고 있었다. 모두 다 연어를 잡고 있었는데 10대 수컷인 J-6만 예외였다. "그는 이 보트 저 보트 돌아다니며 머리를 불쑥불쑥 내밀고는 모든 사람을 그냥 쳐다보았다. 그냥 자랑하고 있었다." 고래들이 사람들이 줄 지어 서서 박수치며 소리 지르곤 하는 육지의 특정한 지점을 지날 때 "고래들은 훨씬 더 흥분하여 곡예 재주를 벌이고 정말 근사한 쇼를 펼치곤 한다"고 밸컴은 주장한다. 사람들이 해변을 따라 달리고 있으면 고래들은 꼬리를 펄럭이고 지느러미로 물을 철썩 때리며 뛰어오른다. 환호하는 사람들을 태운 고래 관찰선 가까이 있을 때도 마찬가지다. 왜 그럴까? "왜냐하면 그들이 우리에게 즐거움을 주는 것만큼이나 우리도 그들에게 즐거운 존재로 보이기 때문인 것 같아요." 밸컴이 말한다.

두뇌와 지능

돌고래의 '인지'cognition 사례들을 살펴보면서 나는 돌고래들이 누구 못지않게 인지력이 뛰어나다는cognizant 것을 깨달았다. 그들이 이해력 있고 영리하게 행동하는 사례가 너무 많아서(이는 실제로 그들이 이해력이 있고 영리하기 때문이다), 인간이 이해력이 있고 영리하게 행동하는 사례를 수집하는 게 차라리 나을 정도다. 돌고래와 인간은 수천만 년 전에 공통 선조에게서 갈라져 나왔다. 물 속에서 살아온 그들의 삶이 겉으로는 낯설어 보이지만, 그들이 우리를 보면 다가와서 같이 놀고 우리는 그들을 환영하며, 그들 눈에 아주 특별한 어떤 존재가 그곳에 있는 것처럼 느낀다는 것을 알 수 있다. "거기에는 누군가가 있다. 그것은 인간은 아니지만 그래도 어떤 존재다." 레이스가 말한다.[75]

'돌고래'에 대해 이야기하려면, 이제까지 80종류 이상의 돌고래와 고래 중 그들 행동의 세부 내용이 연구된 것은 6~7종류 — 병코돌고래, 더스키돌고래dusky dolphin, 알락돌고래, 범고래, 항유고래,

혹등고래 — 뿐이며, 행동 범위 일부만 연구되었다는 사실을 염두에 두라. 바다는 70종 이상의 이빨고래류(향유고래, 돌고래, 까치돌고래), 그리고 12종 정도의 대형 수염고래(이빨 대신 체 같은 솔판으로 미세한 음식 조각들을 걸러 먹는다)의 집이다.[76] 그들은 집합적으로 '고래목'cetaceans(그리스어의 바다 괴물이라는 말에서 나온 용어)이라 불린다. 그들은 머리 위에 숨구멍을 가진 헤엄치는 포유류다. 우리는 이제 막 그들을 알기 시작했다.

돌고래의 지능에 대한 학술 연구는 허술하게 출발하는 바람에 10년을 허비했다. 어떤 의미에서 그것은 처음 대중적인 주목을 받은 연구자가 범한 오류, 돌고래에게 신비스러운 후광으로 뒤집어씌우고는 아직도 제대로 벗겨 버리지 못한 오류에서 결코 회복하지 못한 상태다.

1950년대 후반부터 1960년대에 걸쳐 신경생리학자이자 두뇌 연구자인 존 릴리John C. Lilly는 거대한 두뇌를 가지고 있으며 우리보다 우수한 생물을 소개했다. 그것은 고래를 인간을 집어삼키려는 설명 불가능한 충동밖에 없는 동물로 보는 생각에서 한 단계 발전한 수준이었다. 하지만 릴리 역시 틀렸다. 릴리는 향유고래만큼 큰 두뇌를 가진 동물은 틀림없이 '진정으로 신과 같은' 마음을 갖고 있으리라고 선언했다.[77] '신과 같은' 마음이라는 게 무엇인가, 또 고래가 그런 마음을 가지고 무엇을 할 것이냐는 질문은 잠시 제쳐 두자. 릴리는 두뇌 크기가 곧바로 사고 능력에 직결된다고 추정했는데 이는 틀린 생각이다.

상이한 생물 종의 두뇌에서는 상이한 능력이 강조된다. 냄새를 탐지하고 분석하는 신경과 두뇌 구조가 개의 두뇌에서는 중요한 부분이지만 고래 두뇌에는 사실상 존재하지 않는다. 한편 향유고래의 두뇌는 음향을 만들고 탐지하고 분석하는 일에 엄청나게 투자한다. 흰긴수염고래blue whale의 몸집은 향유고래의 두 배 정도지만 향유고래의 두뇌는 흰긴수염고래의 두뇌보다 크다. 그 특별한 두뇌로 향유고래는 어떤 일을 하는가? 그 두뇌는 긴 이동 경로를 설정하고 수십 년에 걸쳐, 또 수천 킬로미터의 여행길에서 가족과 친구들의 흔적을 탐지하고 유지한다. 그것은 1.6킬로미터도 넘게 내려가는 심해 잠수와 대비된다. 고래가 최대 2시간 동안이나 숨을 멈추고 있는 동안 피와 산소를 펌프질하고 분배하고 차단하는 과정도 관리한다. 그리고 완전한 어둠 속에서 악몽에 나올 만큼 거대한 대왕오징어를 사냥하는 데 필요한 추적 활동과 근육들의 협동 과정을 통제한다. 그것은 인간이 할 수 없는 몇 가지 일을 하고, 인간이 하는 몇 가지 일을 못한다. 향유고래의 두뇌는 '진정으로 신과 같은' 일보다 훨씬 더 흥미롭고 당장 눈앞에 있는 과제 수행에 더 유용하다. 또 어쨌든 '신과 같다'는 말은 '우리는 모른다'는 빈틈에 붙이는 거드름 섞인 일회용 반창고다. 그것은 릴리의 생각에 담겨 있는 커다란 지적인 바보짓을 은폐했다.

릴리에 대한 과학자들의 비웃음은 잘못된 게 아니다. 돌고래에게 영어를 가르쳐 그들의 소통법을 해독할 수 있다는 그의 주장은 잘못으로 드러났다. 하지만 인간보다 우수한 존재로 그려진 그의 돌고래상像은 대중의 상상력을 사로잡았다. 그 이후 내내 대중은 상상에 사로잡힌 채 돌고래가 더 높은 차원의 존재임을 말해 줄 신호를 기다리고 있다. 아마 언젠가는, 어떻게 해서든, 그 어떤 더 우수한 존재가 우리 자신의 악으로부터 우리를 구해 주기를 바라는 것이다.

돌고래의 인지력에 대한 질문이 진지하게 제기된 것은 1970년대에 들어 허먼 그룹에 의해서였다. 허먼은 아케아카마이라는 이름의 하와이 병코돌고래 한 마리에게 '공'을 가리키는 임의적인 상징물(물체와 똑같이 그린 그림이 아니라)을 보여준 다음에 '질문'의 상징을 보여주었을 때 병코돌고래가 올바른 대답을 할 수 있음을 증명했다.[78] 그 돌고래는 공이 없으면 '아니오' 레버를 누른다. 이는 돌고래가 공의 개념을 형성할 수 있고, '공'을 나타내는 데 사용된 상징을 보여주었을 때 그 지식을 불러낼 수 있음을 입증한 것이다. 오래전부터 추측되어 왔듯이 돌고래의 지능이 매우 높다는 것을 보여주었다. '지능'이라는 말이 무슨 뜻이든 간에.

미시시피 주의 해양포유류 연구소에 사는 돌고래는 수조에 있는 찌꺼기를 물고기와 바꾸는 방식으로 자신들의 수조를 청소하는 훈련을 받았다. 돌고래 켈리는 큰 종이를 가져가든 작은 조각을 가져가든 받는 물고기 크기는 똑같다는 것을 깨달았다.[79] 그래서 그녀는 종이조각이 보이기만 하면 수조 바닥에다 무게추로 눌러두었다. 훈련자가 지나가면 그녀는 종이조각을 하나 찢어내어 물고기 한 마리와 바꾸었다. 그리고는 또다시 다른 조각을 뜯어내어 또 한 마리와 바꾸었다. 쓰레기의 경제학을 파악한 그녀는 먹이를 계속 얻을 수 있게 해 주는 일종의 쓰레기 인플레이션을 발동시켰다. 이와 비슷하게 캘리포니아에서는 스포크라는 돌고래가 수조의 수중 파이프 뒤에 종이를 끼워두었다가 한 조각씩 찢어내 물고기 한 마리씩 바꾸다가 들키는 일도 있었다.[80]

어느 날 켈리의 수조에 갈매기 한 마리가 날아들었는데, 켈리는 그것을 움켜잡더니 훈련자가 오기를 기다렸다. 인간들은 새를 정말 좋아하는 것 같았다. 그들은 갈매기를 받아가고 켈리에게 물고기 여러 마리를 주었다. 여기서 켈리는 새로운 아이디어를 얻고 새 계획을 세웠다. 그 다음번 식사 시간에 그녀는 마지막에 받은 물고기를 숨겼다. 인간들이 떠나자 그녀는 물고기를 가져다가 갈매기를 꾀어오는 미끼로 썼다. 켈리는 물고기를 더 많이 얻으려는 것이다. 상업적으로 새를 잡는 부자 돌고래가 될 수 있는데, 어쩌다가 생기는 종이조각을 구차하게 기다릴 필요가 있겠는가? 그녀는 이 기술을 새끼들에게 가르쳤고, 그들은 또 다른 새끼들에게 가르쳐 주어, 그곳의 돌고래 전원이 전문적인 갈매기 꾀기 선수가 되었다.

온타리오 주의 마린랜드 캐나다에 있는 어린 범고래 한 마리는 어떻게 알아냈는지, 으깬 물고기를 수면에 펼쳐두고 눈에 보이지 않게 잠수하면 그의 삶에 약간의 재미를 불러올 수 있음을 알아냈다.[81] 갈매기가 으깬 물고기를 먹기 위해 수면에 앉으면 고래는 위로 치솟아 갈매기를 잡아 먹는 것이다. 그는 덫을 여러 번 놓았다. 결국 그의 이복동생과 다른 고래 세 마리도 이 수법을 배웠다.

통찰력, 혁신, 계획, 문화.

1979년에 레이스 박사는 키르케Circe라는 포획된 병코돌고래와 함께 연구를 시작했다.[82] 시르세는 레이스가 원하는 대로 행동하면 칭찬의 말과 함께 물고기를 얻었다. 행동을 하지 못하면 그녀는 '시간 종료'time-out가 된다. 레이스는 시르세가 '올바르게' 수행하지 못했음을 알려주기 위해 뒤로 물러서거나 다른 곳을 본다(지금의 시간 종료는 구식이다. 지능을 가진 생물에게 좌절감을 줄 수 있기 때문이다). 시르세는 고등어 꼬리지느러미 부분을 싫어했는데, 꼬리 부분을 뱉어

넘으로써 사실상 꼬리를 잘라서 주도록 레이스를 훈련시켰다. 훈련
이 시작된 지 두어 주일 되던 어느 날 레이스는 무심히 꼬리를 자르
지 않은 고등어를 시르세에게 주었다. 시르세는 머리를 이리저리
흔들어, 우리 식으로 하자면 '아니야'라는 뜻을 표시하고는 물고기
를 뱉어내고, 수조의 다른 쪽으로 헤엄쳐서는 몸을 똑바로 하고 잠
시 레이스를 바라보았다. 그러다가 다시 돌아왔다. 돌고래 시르세
가 인간 레이스에게 '시간 종료'를 선언한 것이다.

레이스는 깜짝 놀라고 그 상황을 믿을 수 없어 실험을 계획했다.
레이스는 여러 주일 동안 여섯 번을 의도적으로 시르세에게 지느러
미가 붙어 있는 꼬리 부위를 먹이로 주었다. 시르세는 레이스에게
시간 종료를 네 번 더 주었다. 그런데 시르세의 그런 행동은 꼬리 부
위를 받았을 때뿐이었다. 시르세는 '상'과 '상 없음: 시간 종료'를 배
우는 데 그치지 않았다. 그녀는 시간 종료를 개념화하여 일종의 소
통방식으로 썼다. 인간 친구에게 '내가 원하는 건 그게 아니야'라는
뜻을 전하고, 그것을 시정하라고 요구하는 용도로 사용한 것이다.

레이스는 팬Pan이라는 젊은 수컷과도 연구했다. 팬은 키패드로
추상적 상징을 쓰는 법을 배우고 있었다(이 상징은 절대로 대상물과 똑
같은 형태가 아니었다. '공'의 상징은 삼각형일 수도 있다. 그리고 키의 위치
를 계속 바꾸어, 돌고래들이 그들이 원하는 것을 지시하는 상징을 익히도록
했다). 팬은 장난감에는 관심이 없었고, 물고기를 진정으로 원했다.
언젠가 레이스가 물고기 키를 선택지에서 빼자, 팬은 아침식사를
하고 남은 물고기 찌꺼기를 찾아내어 키보드로 헤엄쳐 가서는 키보
드의 빈 칸에 물고기를 갖다 대고, 기대에 찬 눈길로 레이스의 눈을
바라보았다. 레이스는 그가 무얼 원하는지 정확하게 이해했다. 팬

은 자신의 의사를 아주 명료하게 표명하고 있었다.

이 프로젝트를 시작한 지 얼마 되지 않아 돌고래들은 컴퓨터가 다양한 물건에 짝 지어 준 여러 가지 휘파람 소리를 따라하기 시작했다. 팬과 수조를 함께 쓰는 동료 델피는 장난감을 가지고 놀면서 '공', '고리', 기타 다른 물건들에 해당하는 컴퓨터 소리를 따라했다. 레이스 박사는 이 사실을 내게 설명하고는 덧붙였다. "어느 날 저는 팬에게 가져오라는 신호를 보냈어요. 수조에 있는 건 장난감 공 하나뿐이었는데 그게 델피의 입에 물려 있었지요. 팬이 델피에게 헤엄쳐 가더니 '공' 휘파람 소리를 내더군요. 그러니까 델피가 공을 팬에게 건네주고, 둘 다 제게 공을 갖고 헤엄쳐서 왔어요."[83] 그들은 인간이 쓰는 상징을 배워, 자신들끼리 소통하는 데 사용했던 것이다.

역시 델피라는 이름으로 불리지만 수컷인 또 다른 돌고래는 먹이를 가지고 놀기 시작했다. 입에 물고기를 물었다가 수조의 온 사방에 떨어뜨리는 것이다. 레이스는 델피에게 '삼켜'라는 명령을 알아듣게 훈련시켰고, 처음 준 것이 정말로 없어졌음을 보여주기 전에는 다음 물고기를 주지 않았다. 그리고 레이스가 자리를 비운 그 다음 주에 이 훈련의 효과가 나타났다. 레이스의 제자들이 델피에게 먹이를 주고 '삼켜'의 증거를 보이라고 요구했다. 레이스가 돌아오자 델피의 삼키는 동작이 과장되어 있었다. 혹시 목이 아파서 그런가? 델피는 더 과장하며, 빈 입을 더 크게 보여주고 물고기를 더 받았다. 갑자기 "델피의 눈이 정말로 커졌다." 레이스가 썼다. 델피가 입을 벌렸다. 해산물seafood, 음식food을 보라고 see(시푸드seafood와 보다see-음식food의 발음이 같은 것을 이용한 말장난 — 옮긴이)! "그 물고기들이 델피의 입에 전부 다 들어 있었어요." 델피는 물고기들을 목에 담아두고 있었던 것이다. "제가 놀라서 입을 벌리기도 전에 그는 머리를 좌우로, 좌우로 흔들기 시작했어요." 물고기가 온 사방으로 흩어졌다. "델피는 확실히 재미있게 장난치는 중이었어요. 그리고 이 장난을 제 제자들이 아닌 제게 치기로 선택했다니까요." 델피는 레이스를 완전히 놀렸고 마음대로 갖고 놀았다. 그리고 그는 그 장난을 즐기는 것 같았다. 레이스도 그랬다. 그녀는 "전 웃다가 죽는 줄 알았어요"라고 말했다.

지능을 가진 동물이라, 물론이다. 하지만 지능이란 무엇인가? 통찰력, 추론, 융통성과 관계되는 어떤 것인가? 호기심, 상상력? 구상하기, 문제해결 능력? 아마 우리는 각기 다른 종류의 지능을 갖고 있을 것이다. 어떤 사람은 수학에 더 뛰어나고, 또 어떤 사람은 바이올린 연주에, 사회적 신호를 읽어내는 데, 고기잡이에, 땜질하는 데, 아니면 이야기하는 데 더 뛰어날 것이다. 우리 중에, 아니면 생물 종에게 단 하나의 지능이라는 게 있을 수 있을까?

"내 개인적으로는 지능을 단선적으로 규정하고 그 척도에 따라 상이한 생물 종의 서열을 매기려는 시도가 의미 있다고 믿지 않는다."[84] 고래 전문가 티약이 썼다. "인간의 지능을 측정하는 테스트만 해도 수백 개가 있지만, 인간의 지능이 무엇인지 정의하는 것은 여전히 어렵다."

파블로 피카소와 헨리 포드 중에서 누가 더 '지능'이 높은가? 둘은 서로 다른 방식으로 탁월하다. 아마 우리의 '지능'이라는 단어는 다양한 문제해결 능력과 기술학습 재능을 느슨하게 두루 포괄하는지도 모른다.

재능은 우리 두뇌에서 가장 이상한 요소일 것이다. 동굴에 살 때부터 인간의 마음은 이미 존재했다. 그들의 작업은 지금도 동굴 벽에 남아 있다. 현재 우리의 지능을 반영해 주는 농경이나 기술이 생기기 전에도 그런 것들을 발명할 능력은 존재했다. 인간의 수많은 수렵채집 문명은 세대를 거듭하며 수천 년이 지나도 별로 변하지 않고 그대로 지속되었고, 고대 이후 현대까지도 돌과 나무와 뼈로 만든 도구 몇 개로 살아오고 있다. 1800년대에 들어서서도 아메리카, 아프리카, 오스트레일리아, 아시아 대부분 지역의 다양한 토착 문명은 여전히 고대 석기시대 기술에 전적으로 의존하고 있다. 그런 대다수 문명에는 바퀴도, 움직이는 부속을 가진 도구도, 철도 없었다. 그리고 산업혁명이 시작되던 초기까지도 모차르트, 베토벤, 미국헌법 작성자들은 깃털펜으로 글을 썼고, 전기나 엔진 없이 살았다. 1900년에는 컴퓨터, 쇼핑몰, 비행장, 식기세척기, 텔레비전 그 어느 것도 없었다. 우리를 인간으로 만들어 주는 것은 스마트폰이 아니다. 그것들은 인간이 만들었다. 그것도 아주 최근에 만들어졌다.

농경문화와 문명사회에서 안정적이고 예측 가능한 상황이 보장된 이후 인간의 두뇌는 축소되었지만, 그 수천 년 뒤에도 인간의 두뇌는 어떻게든 〈페트르슈카〉Petrushka와 달착륙자를 만들어 냈다. 동물 가죽을 덮은 오두막에서 태어난 인간이 소프트웨어를 만드는 법을 배웠다.

노벨물리학상 수상자인 막스 델브뤼크Max Delbrück는 석기시대 때의 우리 두뇌에 재능이 과도하게 주어졌던 것은 아닌지 의심했다. "주문한 것보다 훨씬 더 많이 배달되었다."[85] 그리고 우리만이 아니었다. 인간 동반자에게 발작이 오려는 것을 미리 감지하여 경고하는 개의 능력은 어디에서 왔는가? 보노보가 물리적으로 단어를 만들 수 없는데도 인간의 언어를 어린아이 수준으로 이해할 수 있는 것은 무엇 때문인가? 팔다리가 없고 지느러미를 가진 돌고래가 인간이 팔로 보내는 신호를 배울 수 있는 것은 어째서인가? 돌고래들이 거울 앞에서 섹스를 하고, 대양에서 사는 돌고래라면 백만 년이 지나도 생각도 못했을 일들을 할 마음이 생기는 이유는 무엇 때문일까? 그런 능력은 왜 생길까?

지능은 어디에서 오는가? 부분적으로 그것은 그냥 축적된다. 큰 신체는 큰 두뇌를 가진다. 큰 두뇌에는 놀이에 쓸 수 있는 여분의 계산 능력이 있다.[86] 지구 행성에서 가장 큰 두뇌를 가진 동물은 고래, 코끼리, 영장류다. 삶은 인간이 속한 가장 똑똑한 동물 계보 하나를 골라 가장 중요한 존재로 삼지는 않았다(그렇기는 해도 우리는 여전히 종결자end-all이기는 하다). 향유고래의 8킬로그램짜리 두뇌(인간의 두뇌 무게는 1.3~1.5킬로그램, 코끼리의 두뇌는 5킬로그램 ― 옮긴이)는 지금껏 존재한 동물들의 두뇌 중 가장 크다. 병코돌고래의 두뇌는 인간의 두뇌보다 여러 배 더 무겁고, 그렇기 때문에 당연히 그들의 두뇌는 더 크다. 그들의 두뇌 신피질 ― 사유하는 부분 ― 역시 우리 것보다 더 크다. 인간의 두뇌는 암소의 두뇌보다 약간 더 클 뿐이다. 기분이 초라해진다.

하지만 모든 좋은 일이 그렇듯이 크기가 전부는 아니다. 티악은 상기시킨다. "꿀벌은 밀리그램 단위밖에 안 되는 작은 두뇌를 갖고 있지만, 꿀벌은 내 생각에 두뇌가 크든 작든 그 어떤 야생 해양 포유류가 보이는 동물 소통에 뒤지지 않는, 높은 수준의 소통을 보여주는 춤 언어를 갖고 있다."[87] 먹이가 어디 있고, 얼마나 멀고, 얼마나 많이 있고, 그곳에 어떤 어려움이 있는지를 동료들에게 말해 주는 꿀벌의 춤을 기억하라. 따라서 아는 것이 많은 분들에게 해 줄 경각의 말은 이것이다. 지능은 하나가 아니다. 하나의 공식에만 따르는 것이 아니다.

몸집이 크면 그 신체의 작동을 관리하기 위해서라도 큰 두뇌가 필요하다. 몸집 크기가 어떻든, 영리하려면 몸무게 대비 평균 두뇌 크기보다 더 큰 두뇌를 가져야 한다. 갈까마귀, 까마귀, 앵무새 — 영리하기로 유명한 동물 — 는 몸집 대비 두뇌 크기 비율이 침팬지와 비슷하다. 갈까마귀는 침팬지의 훨씬 더 묵직한 두뇌로도 풀지 못한 퍼즐을 풀었고, 통찰력 있는 문제해결 능력을 가졌기 때문에 '영장류와 비슷한primate-like 지능'이라는 별명을 얻었다.[88]

몸집 크기 대비 두뇌 무게 비율을 비교하기 위해 과학자들은 '대뇌화 지수'encephalization quotient: EQ(encephalization은 두뇌 용량이라는 뜻)를 개발했다.[89] EQ가 1이라는 것은 해당 생물 종의 몸집 크기 대비 두뇌 무게 비율이 포유류의 평균 정도임을 나타낸다. 그들의 두뇌는 그 정도 크기라면 예상할 수 있는 것에서 벗어나지 않는다. 코끼리의 EQ는 2 정도이니, 우리가 예상했던 것보다 두 배는 크다. 돌고래의 EQ는 대개 4와 5 부근에 있다. 태평양의 흰옆구리돌고래의 불균형적인 두뇌를 능가하는 것은 인간뿐이다. 인간의 EQ는 약 7.6 정도다.[90] 인간이 몸집 크기 대비 두뇌 무게 비율에서 제일 높기는 하다(그리고 당신의 반응으로 판단하건대, 인간은 가장 큰 에고와 가장 심한 불안정성을 둘 다 갖고 있다).

하지만 단지 두뇌 무게만 재는 것은 어쩐지 프랑켄슈타인식의 이야기 같은데다, EQ로는 IQ를 제대로 담아낼 수 없다. 크기는 지능이 아니다. 인간 두뇌는 그들 몸무게의 2퍼센트가량을 차지한다. 땃쥐의 작은 두뇌는 그들 몸무게의 10퍼센트까지 나가지만 땃쥐는 그다지 영민하지 못하다. 카푸친원숭이는 침팬지보다 EQ가 높지만 싸움에서나 연대형성에서나 고기 사냥하는 정치 행위에서나 침팬지가 카푸친원숭이보다 더 똑똑하다.[91]

두뇌가 여러 개의 요소로 구성된 점을 감안할 때 EQ는 너무 엉성한 지수다. 우리 두뇌에는 물고기 시절부터 물려받아 온 부위가 있고, 포유류들만 가진 더 새로운 부위가 있다. 총 무게로만 판정할 문제가 아니라는 말이다. 그 부위들이 각각의 크기를 가지고 강조하려는 것이 무엇인지도 중요하다. 고래에는 비교적 큰 소뇌 cerebellum(헤엄치기와 심장박동, 움직임 같은 복잡한 과제를 관리하거나 자율화하는 부위)와 음향 처리 구역이 큰 몫으로 할당되어 있지만, 냄새에 관한 부위는 거의 없다는 점을 기억하라.

고래의 신피질neocortex — 의식과 생각이 발생하는 부위 — 은 전체 두뇌 크기에 비해 표면적이 인간보다 더 넓다.[92] 이것은 인식, 생각 장치설비의 하드웨어다. 이것 덕분에 고래 두뇌가 해낼 수 있는 일들을 우리는 볼 수 있다. 그들이 일상적으로 행하는 복잡한 행동, 장기간에 걸친 부모 노릇, 활력적인 몸놀림, 대규모의 집단적 네트워크에서 벌어지는 높은 수준의 사교 등을 지켜보라. 하지만 인간의 신피질은 그 두 배나 두껍고 세포 조밀도도 훨씬 높다.

지금까지의 이야기로 머리를 어지럽히지 말라. 아직 할 이야기가 더 남았으니까.

이제 원한다면 두뇌의 핵심으로 가 보자. 두뇌의 무게와 부피는 중요한 것의 일개 대리인에 불과하다. 중요한 것은 신경세포다. 뉴런 말이다. 하지만 뉴런의 개수만 보지 말라. 조밀도가 중요하다. 또 그것들이 어떻게 조직되는지, 네트워크가 어떻게 구성되는지, 다른 구성요소들과 어떻게 연결되는지, 자극을 얼마나 빨리 전달하는지가 중요하다. 그런 것이 두뇌의 정보처리 용량을 결정한다. 무게 또는 척도 한 가지만으로는 지적 능력 전체를 나타내지 못한다. 어떤 면에서 두뇌를 측정하는 것은 주택에 있는 퓨즈박스를 측정하는 일과 비슷하다. 퓨즈박스가 크다면 그것이 큰 주택이라는 뜻이다. 큰 주택에는 전선 설비가 더 많고 관련된 물건들이 더 많을 테니까. 퓨즈박스를 없애면 전깃불이 들어오지 않을 것이다. 하지만 그 건물을 밝히는 것은 퓨즈박스만이 아니다. 퓨즈박스와 주택 내부의 온갖 전선 설비가 그 일을 담당한다. 주택의 배선도는 어떻게 되어 있는가? 콘센트와 누전차단용 콘센트는 어디에 두며, 1,000장의 고정등과 램프, 전기렌지와 인터넷용 배선은 어디에 설치할 것인가? 우리는 두뇌 속에 구조가 있는 것을 본다, 그래, 그렇지만 구조가 설치되어 있는 방식에 따라 현실에서 전원을 어떻게 연결할지부터 무엇을 다운로드받을 수 있고 전송해야 할지, 전등을 어떻게 켜야 할지까지 차이가 생긴다.

우리가 일반화할 수 있는 것이 하나 있다. 융통성 있는 문제해결과 정신적 기민성에 있어서 가장 중요한 것은 포유류의 두뇌피질에 있는 뉴런의 조밀도 및 그 수, 그리고 비포유류들에게서는 그 피질에 상응하는 두뇌 부위들로 보인다는 점이다.[93] 어떤 컴퓨터 시스템에서든 처리 단위의 숫자가 그 처리 능력을 결정한다. 독일의 두뇌

과학자 게르하르트 로트Gerhard Roth와 우르술라 디케Ursula Dicke는 세계 최대의 두뇌들을 비교하고 다음과 같이 결론지었다. "인간은 다른 포유류들보다 더 많은 피질 뉴런을 갖고 있다. 비록 고래와 코끼리보다 아주 약간 많은 정도지만."[94] 피질이 60~105억 개인 고래와 110억 개인 코끼리는 우리의 발뒤꿈치를 바싹 따라온다. 자문하는 사람에 따라 달라지지만 인간의 두뇌 피질에는 115~160억 개의 뉴런이 있다.[95] 우리 것은 조밀하게 채워져 있으므로, 신호전달이 더 빠르다.

사람을 놀라게 하는 저 까마귀, 갈까마귀, 앵무새는 어떤가? 아무도 세어보지 않았지만 조류는 일반적으로 포유류에 비해 훨씬 더 작은 세포를 갖고 있다. 그러므로 조류의 두뇌는 크기에 비해 처리 속도가 빠르고 뛰어난 처리 능력을 조밀하게 쌓아 두고 있다. 신호 전달 속도 측면을 보더라도 새들이 얼마나 극도로 기민한지는 쉽게 알 수 있다.

한 개인의 두뇌 뉴런은 기본적으로 범고래, 코끼리, 쥐 또는 파리의 두뇌 뉴런과 구별되지 않는다.[96] 시냅스, 다양한 신경세포 유형, 연결, 심지어 그런 뉴런을 만드는 유전자도 본질적으로는 다른 종들과 동일하다. 각 종의 두뇌 간의 차이는 주로 정도의 차이다. 로트와 디케는 결론짓는다. "인간의 탁월한 지능은 '고유한' 자질 덕분이라기보다는 (……) 인간 아닌 영장류에게서 발견되는 자질들이 복합되고 더 발전한 결과로 보인다."

사회적 두뇌

만약 당신이 더 크고 더 조밀한 두뇌를 갖게 된다면 당신은 그것을 운영할 비용을 지불해야 한다. 두뇌는 에너지가 정말 많이 필요한 기관이다. 무게는 체중의 2퍼센트가량에 불과한데도 신체 에너지 예산의 거의 20퍼센트를 잡아먹는다(우리가 생각만 해도 몸이 지치는 것은 그 때문이다).[97] 에너지 예산의 만성적인 과용은 치명적일 수 있다. 힘든 시절에 칼로리가 고갈되면 굶어죽는다. 그렇다면 이렇게 위험한데도 큰 두뇌가 있어야 하는 이유가 무엇일까? 그것이 꼭 필요하거나 큰 이점을 가져다주거나, 둘 중 하나다.

우선 큰 두뇌가 꼭 필요한 것은 아니다. 덜 똑똑한 수많은 종들도 아주 잘 살아남는다, 고맙게도. 범고래들은 연어를 영리하게 사냥하지만, 그들이 그냥 연어가 되면 개체 수가 더 많아지지 않을까. 수가 많은 것이 곧 성공인데, 존재의 표준을 연어 수준으로 낮춰 버리지 않는 이유는 무엇일까? 돌고래는 흔히 참치와 같은 바다를 공유하며, 같은 먹이를 사냥한다. 참치는 돌고래보다 에너지 효율성이 더 높으며 개체 수도 더 많다. 그러므로 의문은 계속 남는다. 왜 우리는 평균보다 더 큰 두뇌를 싣고 다니면서 추가 부담을 질까? 거미와 곤충은 번성하여 그 수가 여러 조에 달한다. 그들의 두뇌는 작지만 그 때문에 불리해지는 일은 없다. 사실 숫자 측면에서 생각하면 큰 두뇌는 번식과 생존에 많은 비용이 필요한 장애물로 보일지도 모른다. 하지만 돌고래는 참치보다 더 영리해지기 위해 비용을 지불한다. 코끼리는 뿔사슴보다 더 영리해질 비용을 지불한다. 따라서 값비싼 지능을 필요로 하는 이유가 그들의 삶에 분명히 있는 것이다.

행동주의 생태학자들은 오래 전부터 먹이를 얻는 게 힘든 생물 종일수록 더 높은 지능을 가졌을 것이라고 추정해 왔다. 그들은 더 높은 지능이 먹이를 얻는 게 복잡한 상황을 반영한다고 생각했다. 하지만 참치와 돌고래는 서로 가까이에서 무리를 지으며, 같은 물고기와 오징어를 사냥한다. 먹이는 그들의 지능에 차이를 만드는 원인이 아니다. 참치는 그들 나름대로 영리하며 경이로운 생물이다. 하지만 참치는 어린 새끼를 옆에 거느리고 여행하면서 학습시키지 않는다. 상처 입은 동료들을 도와주지도 않고 서로를 불러 대지도 않는다. 이는 큰 차이, 사회적 차이다. 만약 당신이 누Wildbeest라면 당신의 사회는 당신이 풀을 뜯는 평원처럼 평평할 것이다. 지도자도 없고 사회적 야심도 없고 가족 그룹도 없다. 그러니 놀랄 만한 두뇌도 없다. 왜냐하면, 필요하지 않으니까. 누는 풀을 먹고, 코끼리도 풀을 먹는다. 코끼리가 감정적이고 지적으로 더 복잡해진 것은 그들이 초식을 하기 때문이 아니다.

하지만 만약, 당신 그룹에서 자꾸 만나게 되는, 그래서 당신 음식이나 배우자나 당신의 지위를 원할지도 모르고, 당신에 반대하여 음모를 꾸밀지도 모르고, 당신과 함께 결탁하여 당신 경쟁자들에게 반대하는 음모를 꾸밀지도 모르고, 아니면 중요한 시기에 당신을 위해 그곳에 있어줄 수도 있는 특정한 개체들을 계속 추적하고 지켜봐야 한다면 어떨까. 당신이 지속적으로 특정한 개체들 사이에서 협력과 경쟁의 균형을 잡을 필요가 있다면 어떻게 해야 할까? 개체가 중요시될 때, 당신이 '누구' 동물일 때'who', 당신에게는 추리와 계획과 보상과 처벌과 유혹과 보호와 연대와 이해와 공감할 줄 아는 사회적 두뇌가 필요해진다. 당신 두뇌는 기능이 다양한 당신의 스위스 군용칼 노릇을 해야 하며, 상이한 상황에 대처할 상이한 전략도 갖춰야 한다. 돌고래, 영장류, 코끼리, 늑대, 인간은 비슷한 요구에 부딪힌다. 네 영토와 그 자원을 알라, 네 친구를 알라, 네 적을 지켜보라. 자손을 생산하라, 아기들을 키우라, 방어하라, 네게 도움이 된다면 협력하라.

여러 종의 돌고래 수컷들은 두세 마리씩 연대를 맺어 가임기인 각 암컷들에게 접근하는 경로를 배타적으로 통제한다.[98] 플로리다주에 사는 병코돌고래의 이런 연대는 20년씩도 지속된다. 때로는 이런 친밀한 수컷 연대가 통합되어 작은 연대를 압도하는 큰 연대를 이루기도 한다.[99] 인간 세계의 공격자들이 하듯이 작은 연대에서 암컷을 훔쳐오기도 하는 것이다. 길거리의 갱들이 음파탐지기를 가졌다고 생각해 보라.

연구자인 재닛 만Janet Mann은 수컷 병코돌고래의 연대가 암컷 한 마리를 에워싸는 것을 본 적이 있다.[100] 그때 암컷 연대 하나가 휙 스쳐 들어오더니, 수컷들에게 몸을 비비고 지느러미로 쓰다듬어 주의를 분산시켰다. 암컷들은 수컷들의 성적 욕구를 상대해 주는 것처럼 행동하면서 그들을 혼란시킨 뒤, 모두 떠났다. 그들이 그 일을 두고 그들이 웃어 댄 건 아닌지 궁금하다. 누가 이기고 누가 고통받는지를 결정하는 것이 연대일 수 있다. 이런 것이 문제가 되는 상황에서 지능은 중요하다.

침팬지 세계에서는 베푸는 능력 또는 누구에게 의존하거나 누구를 다치게 할지에 대한 기민한 판단력에 따라 서열이 결정된다. 연구자들은 그것을 '마키아벨리식 마음'이라 부른다. 영장류 연구자 스탠포드는 이렇게 말했다. "수컷 침팬지는 정치적 커리어를 갖고 있는데, 그 커리어에서 목표는 대체로 동일하다. 최대한 많은 권력과 영향력을 휘두르고 자손을 최대한 많이 퍼뜨리는 것이다. 그러나 이것을 달성하기 위한 전략은 매일매일 다르고 매해, 또는 인생의 단계마다 다르다."[101]

지위를 얻기 위해 왜 그런 온갖 노력과 비용과 위험을 무릅쓰는가? 최고 지위의 수컷은 대개 거의 모든 새끼의 아비이며, 최고 지위의 암컷이 그의 새끼를 가장 자주 낳는다. 행동은 그 자체를 재생산하므로 그것은 영속된다. 지위를 추구하는 동물들이 그런 사실을 알든 모르든, 지위를 추구하는 이유가 바로 여기에 있다. 사회적인 상황에서 지능이 있으면 당신은 우수한 짝을 얻어 자손을 남길 기회를 얻는 데 유리해진다.

가장 복잡한 사회에서 사는 종이 가장 복잡한 두뇌를 개발한다. 닭이 먼저일까 달걀이 먼저일까? 그들은 무기 경쟁에서 사회적 이점이 사회적 비용을 능가하기 시작하면서 나란히 진화했을 가능성이 크다. 마음에 새겨두기를. 가장 지능이 높은 두뇌는 사회적 두뇌

다.[102]

오늘로부터 2,500만 년 전에 돌고래는 우리 태양계에서 가장 영리한 두뇌의 소유자 자리를 굳게 지키고 있었다. 여러 면에서 지금도 그들이 그 자리에 있다면 좋을 텐데. 돌고래가 이 행성의 으뜸가는 두뇌 소유자였을 때, 세상에는 어떤 정치적, 종교적, 인종적, 환경적 문제도 없었다. '우리를 인간으로 만들어 주는' 것들 가운데 말썽 부리기가 포함되는 것 같다.

과거에 인간과 다른 모든 동물을 구별해 주는 요소라 여겨지던 특별한 종류의 세포가 고래의 두뇌에 있다는 것을 발견한 연구자들은 고래가 "우리와 같은 종류의 지능"을[103] 갖고 있을 수도 있다고 말했다. 그것은 그 길쭉한 형태 때문에 '방추'spindle뉴런이라 불린다(또는 발견자의 이름을 따서 폰 이코노모von Economo뉴런이라고도 불린다[104]). 이런 특별 세포를 갖는 두뇌는 큰 영장류(잊지 말기를, 인간도 여기 포함된다), 코끼리, 큰 고래들,[105] 그리고 적어도 몇 종류의 돌고래에게 능력을 부여한다. 흥미롭게도 하마,[106] 매너티, 월루스에게도 이 세포가 있다.

방추뉴런은 "신경계의 고속열차"다.[107] 자극이 불필요한 정거장을 그냥 통과하게 함으로써 아주 신속한 신호전달이 이루어지게 해 준다. 이로 인해 거의 즉각적인 평가와 반응이 가능해진다. 방추세포는 두뇌세포의 한 구역 전체로부터 정보를 받아들이기 쉬운 형태와 위치를 갖고 있으며, 처리된 내용을 다른 두뇌 구조로 신속하게 내보낼 수 있다. 과학자들은 복잡해지고 급변하는 사회 상황에서 이런 세포들이 빠르고 직관적인 결정을 내릴 수 있게 해 준다고 생각한다.

방추세포는 두뇌가 사회적 상호작용을 추적하고 특정한 지적, 감정적 기능을 수행하며, 타인의 감정을 느끼는 데 기여하는 것으로 보인다. 방추세포가 손상되면 사회적 상황 속에서 자신을 바라보는 능력, 직관력, 판단력이 저하된다. 어떤 사람들은 알츠하이머병, 정신착란, 자폐증, 정신분열증이[108] 방추세포 손상과 관련이 있다고 믿는다.[109]

방추세포가 인간 두뇌에서 처음 발견된 것은 20세기 초반의 일로서, 그 이후 이것은 인간의 지능이 예외적으로 탁월하다는 등록상표로 믿어 왔다. 고래의 방추세포의 공동발견자인 패트릭 호프Patrick Hof는 말했다. "이들이 지극히 높은 지능을 가진 동물이며, 영장류와 인간의 것과 비슷한 사회적 네트워크를 발전시켜 왔다는 사실은 내게 절대적으로 명백하다."[110]

한때는 특별한 두뇌세포나 도구제작이 인간만의 것이라고 믿어졌던 것처럼, 가르침teaching도 인간만의 독보적인 영역으로 간주되어 왔다. 그런데 범고래도 가르친다. '가르침'은 다음과 같은 것이어야 한다. 그것은 어떤 개체가 자신의 일과 별개로 시간을 내어 모범을 보여주고 설명하고 이해시키며, 배우는 쪽은 새 기술을 익혀야 하는 과정이다.

어린 침팬지가 숙련된 침팬지가 하는 것을 지켜보다가 모방하면 그것은 학습learning이지만, 숙련된 침팬지가 가르치기 위해 특별히 시간을 들인 것은 아니므로 교육은 아니다.[111] 경이로운 8자춤을 추는 꿀벌은 시간을 들여 음식 있는 곳에 대한 정보를 알려주지만, 다른 먹이사냥꾼들이 새 기술을 배울 수 있는 것은 아니다. 일부 개미들의 경우도 마찬가지다. 포식자가 있다는 경보를 알리는 동물들의 경우도 똑같다.[112] 그들은 시간을 들여 정보를 보여주지만 새 기술을 전해 주는 것은 아니다. 그러나 범고래는 기술을 가르친다.

남극권 근처의 인도양에 있는 크로젯 제도Crozet Islands에 사는 범고래는 바다표범과 바다코끼리 새끼를 해변으로 몰아붙여 잡는다. 이것은 위험한 방식이다. 고래는 자신이 뭍에 좌초될 위험을 감수해야 하며, 자신을 구원해 줄 파도에 닿을 때까지 몸을 뒤틀어 가야 한다. 다 큰 범고래들은 어린 것들에게 그 방법을 가르친다.[113] 그들은 단계적으로, 수업을 한다.

먼저 그들은 물개 없이 해변에서 연습한다. 어미들은 새끼들을 가파르게 경사진 해변으로 부드럽게 밀어 올리며, 그곳에서 새끼들은 몸을 뒤틀어 쉽게 바다로 굴러 내릴 수 있게 된다. 이것은 인간이 혼잡한 교통 상황 속에서 운전하기 전에 주차장에서 운전 연습을 하는 것의 범고래 버전이다. 좌초하여 죽을 수도 있는 생생한 위험이 없는 안전한 환경 속에서 기술을 쌓는 것이다. 그 다음 어린 것들은 어미들이 성공적으로 공격하는 모습을 보면서 사냥법을 배운다. 5~6세가 되면 어린 범고래는 마침내 해변에 밀어붙이기 기술을 써서 물개 새끼를 잡으러 나선다. 다 큰 암컷이 대개 그들이 물로 돌아올 수 있도록 도와주며, 필요하면 자신의 몸으로 파도를 일으키기도 한다. 가르치는 데는 시간이 필요하므로 어미들은 자신 몫의 물개를 덜 잡게 된다. 이 훈련은 인간이 아닌 동물들 사이에서의 교육과 장기적 계획수립 양면에서 최고 수준이라 하기에 충분하다.

연구자들은 알래스카에서 범고래 두 마리가 1세 어린 것에게 바댓새를 가지고 연습시키면서 사냥을 가르치는 것을 본 적이 있다.[114] 방심하고 있던 바닷새를 다 큰 범고래들이 꼬리지느러미로 기절시키면, 1세 고래가 다가와서 꼬리로 때리는 기술을 연습했다. 대서양 알락돌고래 어미들은 가끔 새끼들 앞에서 잡아온 물고기를 놓아주고는, 새끼들에게 물고기를 되잡아 오도록 시킨다.[115] 대서양알락돌고래의 어린 것들은 어미 곁에 따라다니면서 해저의 모래바닥을 살펴보고, 어미가 주둥이로 찌르는 것도 본다. 그들은 어미의 메아리를 '엿들을' 수 있고 그 기술을 모방하기도 하지만, 어미는 시간을 더 많이 들여 시범을 보여준다. 오스트레일리아 병코돌고래 어미들은 성게의 가시와 전갈물고기의 날카로운 침을 막기 위해 주둥이에 해면을 덮어쓰는데,[116] 모래바닥을 찌르고 다니는 동안 새끼들에게 해면을 덮어쓰는 기술을 가르친다.

교사 동물은 동물들 가운데 엘리트 그룹이다. 다른 교사 동물로는 치타와 집고양이(사냥감을 산 채로 가져와서 어린 것에게 잡게 한다), 노래꼬리치레pied babbler라는 새(새끼들에게 '난 먹을 걸 갖고 있어'라는 뜻의 호출소리를 내도록 가르친다), 송골매(어린 것들을 절벽의 둥지로 유인한 다음, 그들이 날아서 죽인 사냥감을 잡도록 그들 앞에 떨어뜨린다), 강수달(새끼들을 물속에 집어넣어 헤엄치고 잠수하는 법을 가르친다), 미어캣(어린 것들에게 처음에는 죽은 전갈, 다음에는 불구로 만든 전갈을 차례로 가져와서 독이 있는 침을 해체하는 법을 시범해 보인다)이 있다.[117] 물론 인간도 가르친다. 그 정도가 전부다. 지금까지 우리가 아는 한 가르치는 동물은 더이상 없다. 하지만 가르침을 행하는 생물 종이 그처럼 다양하게 퍼진 것을 볼 때, 그 사이사이에는 더 많은 교사들이 분명히 숨어 있을 것이다.

(위에서부터 왼쪽에서 오른쪽 순으로) 치타, 집고양이, 노래꼬리치레, 송골매, 강수달, 미어캣은 새끼들에게 살아가는 데 필요한 것들을 가르친다.

도구제작과 교육처럼, 고도의 지력을 반영하는 것으로 간주되는 모방은 동물 왕국에서 쉽게 볼 수 있는 것이 아니다. 어떤 연구자들은 영장류와 돌고래만 모방을 한다고 생각하지만, 사실 그보다는 조금 더 흔하다. 앵무새가 딱딱한 빵 껍질을 물에 담그는 버릇은 아마 다른 누군가가 고안했고 다른 새들이 모방했을 것이다. 강아지들은 다른 개를 따라 한다. 또 개는 인간을 모방한다. 내가 장작을 패고 던지고 쌓아서 '장만'하고 있으면, 출라는 적당한 크기의 조각을 찾아와서 근처에 주저앉아 씹으며 장작을 '장만'한다. 내가 종이를 분류하여 재활용하거나 난로에 태우면서 '정리'하고 있으면 출라는 봉투를 찾아와서 아주 살그머니 그것을 깔고 주저앉는다. 봉투를 씹는 행동은 대개 허락되지 않지만, 가끔 우리는 둘 다 해야 할 종이 작업이 있다는 것을 이해한다.

남아프리카에서 포획된 다안이라는 병코돌고래 한 마리는 잠수부들이 수조의 창문에 낀 해조류를 청소하는 것을 지켜보았다.[118] 그리고 그는 갈매기 깃털 하나를 찾아와서는 잠수부들처럼 휙휙 길게 쓸어내리면서 창문을 청소하기 시작했다. 그는 수직으로 서서 지느러미 하나를 유리에 대고 — 유리창문 틀을 붙잡고 자세를 유지하는 잠수부들처럼 — 잠수부들의 산소통에서 나는 것과 거의 똑같은 소리를 냈고, 그들과 비슷한 공기방울을 줄줄이 쏟아냈다. 창문을 청소하던 잠수부가 진공청소장비를 전시실에 두고 갔다가 다음 날 아침에 돌아와 보니, 헤이그라는 돌고래가 지느러미로 그 호스를 붙잡고 주둥이로 숨구멍을 물고 있었다.[119] 잠수부가 장비를 가져가자 돌고래는 부서진 타일 조각 하나를 찾아내어 수조 밑바닥에 낀 해조를 긁기 시작했다. 헤이그 같은 룸메이트가 있으면 좋지 않을까?

남아프리카의 수족관에는 돌리라는 인도양-태평양산 병코돌고래 아기가 한 마리 살았다.[120] 어느 날 태어난 지 고작 여섯 달밖에 되지 않았던 돌리는 조련사가 창문에 서서 담배를 피우면서 연기를 부는 것을 보았다. 돌리는 어미에게 헤엄쳐가더니 잠시 젖을 빨고는 창문에 돌아와서 젖을 구름처럼 뿜어내어 머리가 그 속에 푹 잠기게 했다. 조련사는 "완전히 놀랐다." 돌리는 조련사와 같은 목적을 달성하려는 의도를 가지고 모방하거나 '복제'한(돌리가 정말로 담배를 피우지는 않았으니까) 것이 아니다. 어쨌든 돌리는 젖을 써서 연기를 표현해 보려는 생각을 했던 것이다.[121 122] 어떤 것을 써서 다른 것을 표현하는 것은 단순히 흉내가 아니다. 그것은 예술이다.

믿기 힘든 일들

많은 사람들은 언젠가 우리가 외계에서 온 지능 있는 존재를 만나
리라고 기대한다. (……) 그러나 실제로는 그런 존재가 아닐지 모른
다. 아마 여기 있는 이런 존재들일 수도 있다.

—마이클 파핏Michael Parfit, 『고래』The Whale

"저는 가끔 '와우!' 하는 진정한 경탄을 느끼곤 합니다." 밸컴이
말한다. "저 위에서, 이 세상 너머에서 뭔가를 본 것 같은 그런 느낌
이 들거든요. 그들과 눈을 마주치면 그들이 당신을 보고 있다고 느
낄 수 있을 거예요. 그것은 확고한 응시예요. 저절로 느낄 수 있어
요. 개가 당신을 바라보는 것보다 훨씬 더 강력합니다. 개는 아마 당
신이 관심을 보여주기를 원하겠지요. 그런데 고래는, 좀 다른 느낌
이에요. 마치 그들이 당신의 내면을 탐사하는 것과 비슷해요. 아주
짧은 시간에 양쪽 모두의 의중 중 많은 것이 전달됩니다."

어떤 것들이 전달될까?

629

"그런 응시 속에서 저는……." 그는 다음 말을 하기를 머뭇거렸다. "제가 평가받는 느낌이었어요. 하지만 물론" 그는 재빨리 덧붙였다. "그건 제 주관적인 느낌입니다."

평가받는다고?

밸컴은 법원이 시월드Sea-World에 아기고래의 포획을 금지하라고 명령한 직후인 1970년대에 연구를 시작했다. "한두 해도 안 되어, 고래가 수면에 떠오를 때마다 다른 보트에 탄 사람들이 고래를 추적하거나 공격적으로 그들 주위를 선회하기 시작하면, 고래들은 우리 보트 쪽으로 다가오거나 우리 주위에 머물곤 했어요. 우리가 고속 추격전에 가담하지 않는다는 것을 알았던 겁니다. 우리는 어떤 작살이나 꼬리표도 쏘려 하지 않았어요. 그들은 우리가 자신들 주위에서 그냥 초연히 있다는 것을 안 겁니다. 그건, 있잖아요. 지금 무슨 일이 벌어지는지를 의식한다는 걸 시사하지요."

그 의식에 밸컴의 선의를 감지sense하는 것도 포함될까? 그들은 이제껏 포획 때문에 온갖 일을 겪었음에도 불구하고, 밸컴에게 감사할 수 있었을까? 호의로 되갚을 정도로?

밸컴은 다음과 같은 일화를 전해 준다. "저희가 여러 날 동안 세 파드 모두를 따라가던 중이었어요. 그들은 산후안 섬 서쪽 위의 후안 데 푸카 해협Strait of Juan de Fuca으로 들어가고, 바운더리 패스Boundary Pass를 지나 프레이저 강Fraser River으로 가고, 내려가서 로사리오Rosario 해협까지 가기도 하고, 퓨젓 사운드로 들어가서 배션 섬Vashon Island을 돌다가, 이곳으로 돌아왔습니다. 그러던 어느 날 아침에 그들이 짙은 안개뭉치 속으로 향하더군요. 저희도 그들을 따라갔지요. 그때는 1970년대였어요. GPS도 어떤 것도 없었고 저희가 가진 건 나침반뿐이었어요. 우리는 집에서 40킬로미터가량 떨어진 애드미럴터 인렛Admiralty Inlet 입구 근처에서 길을 잃었고 안개에 흠뻑 젖었어요. 나침반 방향을 대략은 알고 있었지요. 저희는 카메라를 전부 치워 버리고 달릴 준비를 하고, 나침반 방향대로 출발하여 28킬로미터 정도의 속도를 유지했어요. 그런데 고작 5분가량 갔을 때 사방에서 고래들이 수면에 떠오르더니 보트 쪽으로 모여들어 저희 코앞까지 오더군요. 그래서 속도를 늦추고, 그들이 가는 대로 그냥 따라갔어요. 6~7마리는 항상 저희 보트 바로 앞 위치를 유지하더군요." 밸컴은 그들을 따라 약 24킬로미터 갔다. 그리고 안개가 흩어지자 그는 자신의 집이 있는 섬을 볼 수 있었다. "글쎄요," 밸컴이 말한다. "그들은 저희가 시야가 완전히 막혀 당황한다는 것을 정확히 알고 있었다는 느낌이 분명 들었어요. 그들은 자신이 어디 있는지를 정확하게 알고 있었지요. 그때가 고래 포획금지령이 내려진 다음 해였어요. 그들은 포획선을 많이 보았고, 공격적인 행동도 많이 당했어요. 그런데도 그들은 그곳에 왔고, 적어도 저는 그들이 저희를 안내해 주었다고 봅니다. 아주 감동적이었어요."

점점 더 감동적인 일화들이 들린다. 또 훨씬 더 이상한 이야기도 있다. 솔직히 말하자면 범고래는 자신이 원하기만 하면 친절한 행동을 할 수 있는 것 같다. 설명이 불가능한 행동들이다. 과학자들로서는 도저히 가능하다고 볼 수 없을 행동이기도 하다. 범고래의 행동이 두 범주로 나뉜다고 결론지을 수 있을까. 경이로운 행동과 설명 불가능한 행동.

안개 속 그들의 안내는 범고래가 자신들을 보호하기 위해 일하는 사람들을 위한 독점적인 서비스처럼 보일 수 있다. 언젠가 모튼

매끈한 몸을 힘껏 들어 올린 범고래의 모습.

과 조수 한 명이 고무보트를 타고 퀸 샬럿 해협Queen Charlotte Strait의 난바다에 나갔다가 짙은 안개에 파묻힌 적이 있었다.[123] 안개가 어찌나 짙었는지 그녀는 '우유컵' 속에 빠진 기분이었다고 한다. 심지어 그들은 나침반도 없었다. 해도 보이지 않았다. 바다는 완벽하게 평평했다. 방향을 짐작할 근거로 삼을 파도 무늬도 없었다. 집에 가는 방향을 잘못 판단했다가 큰 바다로 나갈 위험도 있었다. 설상가상으로 거대한 크루즈선이 다가오고 있었는데, 안개가 너무 짙다보니 기적소리가 안개에 반사되어 어느 방향에서 오는지 알 길이 없었다. 언제라도 그 배가 안개를 헤치고 바로 코앞에 들이닥쳐 자신들을 짜부러뜨릴 것 같았다고 한다.

그때, 홀연히, 매끈한 검은색 지느러미가 솟아올랐다. 탑노치였다. 그 다음에는 새들. 그 다음에는 평소 초연하게 구는 가모장 이브였다. 샤키도 갑자기 나타나서 그녀를 흘끔거리고 있었다. 그리고 스트라이프도 있었다. 그들은 그녀의 깨알만한 보트에 달라붙듯 가까이 왔고, 모튼은 그들의 어깨에 한 손을 얹고 마치 장님처럼 안개 속에서 그들을 따라갔다. "전혀 걱정이 되지 않았어요." 그녀는 회상했다. "제 목숨을 맡길 만큼 그들을 믿었으니까요." 20분 뒤, 그녀는 자신들이 사는 섬의 거대한 삼나무와 암벽 해안선의 윤곽이 드러나는 것을 보았다. 안개도 걷혔다. 그리고 고래들은 떠났다. 그날 오전에 고래들은 평소와 달리 따라가기 힘든 쪽으로 가고 있었다. 서쪽으로, 큰 바다를 향해 가고 있었다. 그런데도 고래들은 남쪽으로 방향을 바꾸어 와서는, 모튼을 집에 데려다주었다. 고래들은 모튼을 떠난 뒤 다시 방향을 바꾸어, 자신들이 방금 왔던 쪽을 향해, 원래 그들이 가던 쪽으로 돌아갔다.

그 일을 계기로 모튼은 자신이 변했음을 느꼈다. "20년이 넘도록 저는 제 연구에서 오르카의 신화를 배제하려고 애썼어요. 다른 사람들이 어떤 고래 그룹과 오르카의 유머감각이나 음악감상 능력 같은 이야기를 결부시키려 하면 저는 입을 다물곤 했지요……. 그런데도 저희 능력으로는 과학적으로 수량화할 수 없는 어떤 사실의 심오한 증거에 직면하는 때가 있어요. 그런 시간을 경이적인 우연이라 불러도 좋아요. 제게 그런 것들이 계속 쌓이네요……. 고래가 텔레파시를 한다고 말할 수는 없는데……. 그런 단어를 입에 올리기도 힘든데……. 그래도 그날의 일에 대해서는 달리 설명할 길이 없네요. 그저 범고래에 대한 감사한 마음과 신비감이 계속 커지기만 해요."

내 친구 마리아 바울링Maria Bowling은 하와이에서 스노클링을 하던 중에 범고래 여러 마리를 만났다. 괴상한 우연이었다. 그녀가 내게 이렇게 써 보냈다. "범고래들이 보트 옆쪽으로 살그머니 미끄러져 물에 들어간 뒤, 아주 강한 철컹 소리가 들렸어. 금속끼리 맞부딪히는 종류의 소리, 스쿠버다이빙용 산소탱크 두 개가 서로 부딪히는 것 같은 소리였어. 아주 고주파 음향이어서 불편한 소리는 아니었지만 믿을 수 없이 강한 소리이기는 했어! 그 진동은 나를 직통으로 관통하더군. 이제껏 경험한 에너지 중에서 제일 강했어. 에너지의 파동이 그대로 전달되는 것 같은 느낌. 어떤 문이 열린 느낌 또는 소통의 다른 가능성을 알게 된 느낌이었어. 그 만남이 있은 뒤 그 사건의 위력 때문에 나는 너무나 고양되고 활기가 넘쳐서, 며칠 동안 좀 어지러웠어. 마음이 더 가벼워지고 아주 희망적인 기분, 기쁨으로 가득 찬 기분이었어. 이게 그리 과학적인 경험이 아니라는 건 나도 아는데, 마음이나 지능보다는 신체적인 경험에 더 가까웠어."

아직 밝혀지지 않은 모종의 에너지파energy-wave 커넥션이 존재한다고 해도, 그것은 그것대로 한계가 있다. 생사가 갈리는 순간에서 에너지와 커넥션이 중요해질 때, 모튼을 안개 속에서 안내하여 집으로 데려다준 가족의 일원인 '이브'라는 고래는 초인적 영웅으로 변신하지 않았다. 변신하기에는 이미 너무 늦었는지도 모른다. 어쨌든 고래는 죽음을 피할 수 없는 존재다. 인간이 그렇듯.

1986년 9월의 어느 날, 브리티시 콜롬비아에서 모튼은 영화제작자인 남편 로빈, 4세 아들과 해변 근처의 잘 아는 곳이자 특이한 곳에 갔다. 범고래들이 어떤 이유에서인지 그들이 특별하다고 여기는 것 같은 어떤 바위에 몸을 비벼대곤 하는 장소였다. 그날도 모튼 가족이 잠시 기다리자 이브 혼자 다가왔다. 좋은 수중촬영 영상을 얻으려고 무척 애써왔던 로빈은 잠수복을 입고 기슭과 10미터 떨어진 곳에서 잠수했다. 그는 조디악(프랑스의 조디악 회사가 생산하는 모터 달린 공기부양식 고무보트 이름 — 옮긴이)을 조금 움직여 카메라에 잡히지 않는 곳으로 멀어졌다. 그런데 "이브가 로빈이 있는 곳으로 잠수했다"고 모튼은 썼다. 그러다가 이브가 "갑자기 물위로 올라오더니 나를 향해 뒤쪽으로 돌진했다. 그녀는 조디악 옆에서 몸을 드러내더니 잠시 쉬었다가 다시 깊은 곳으로 사라졌다." 그녀는 그 모습이 좀 이상해 보였다고 한다. "그녀가 그처럼 빨리 다시 수면으로 올라오지는 않는데." 그리고 이브는 그 자리를 떠나려고 서두르는 듯 보였다. 모튼은 아들이 크레용을 가지고 분주하게 놀고 있는 동안 물을 지켜보면서 남편이 수면에 올라오기를 계속 기다렸다. 그 기다림이 가슴을 저미도록 길어지자 모튼은 남편이 잠수한 지점으로 배를 몰고 가서, 해조와 불가사리와 바위가 널린 해저를 들여다보았다. 경악스럽게도 거기에는 얼굴을 위로 하고 바닥에 누워 있는 남편이 있었다. 복잡한 재호흡 장비가 고장이 나서 그는 정신을 잃었고, 결국 익사했던 것이다.

그때 이브는 놀란 것처럼 행동했고, 현상들의 관계를 파악한 것 같았다. 하지만 우주적인 돌파구를 뚫지도 않았고, 사태를 복구하는 일도, 움직이지 않는 인간을 수면으로 밀어올려 숨 쉬게 해 주는 일도 하지 못했다. 기록상 야생 범고래가 인간을 공격한 적이 한 번도 없는 것에 대해서는 설명이 불가능하지만, 죽은 인간을 실제로 들어 올리는 일은 너무 먼 다리, 도달할 수 없는 목표물인 모양이다. 포유류를 입에 무는 것은 물고기를 먹는 터줏대감 고래에게 너무 끔찍한 동작인지도 모른다. 의식 잃은 로빈에게 다가가는 것 자체가 이브에게는 너무 무서운 일이어서, 그녀로서는 수면에 올라가 보트 곁에서 잠시 멈추는 정도가 겁을 내어 달아나기 전에 모튼에게 경고를 보내는 최선의 방법이라고 생각했는지도 모른다. 아마 그녀는 실제로 인간에게는 없는 어떤 양상으로 소통하려고 시도했는지도 모른다. 아니면 이브는 새끼들이 멀리서 부르는 소리를 듣고 그들에게 가려고 서둘렀는지도 모른다. 아니면 이브는 그냥 고래였는지도 모른다.

하지만 범고래가 물에 빠진 개를 되찾아 준 이야기는 있다. 과학자 몇 명이 작은 보트를 타고 고래 관찰을 하려고 나간 적이 있었다. 돌아와 보니 그들의 독일산 세퍼드인 피닉스가 섬에 없었다. 아마 과학자들을 따라가려고 바다에 뛰어들어 존스턴 해협의 거센 조류로 나간 것 같았다. 사람들은 오후 11시까지 개를 찾아다녔다. 없었다. 개의 주인이 통나무 위에 앉아서 울고 있을 때 범고래가 숨을 내뿜는 소리가 들렸다. 그는 최악을 상상했다. 사랑하는 개를 그들이 잡아먹었을지도 모른다고. 고래가 일으키는 거센 파도로 인해 바다의 형광성 생물들이 빛을 내기 시작했기 때문에 고래들이 가까이 오는 것이 보였다. 고래가 지나간 직후에 물을 첨벙대는 소리가 들렸다. 그곳에는 물에 흠뻑 젖은 그의 개가, 짠물을 토해 내면서 허약해진 모습으로 있었다. "저는 사람들이 뭐라고 말하든 상관 안 해요." 그는 선언했다. "저 고래들이 제 개를 구해 줬어요."[124]

이런 일은 처음이 아니다. 또 다른 연구 캠프에서 어떤 사람이 카약을 타고 나갔는데, 그가 돌아왔을 때 카르마라는 개가 사라졌다. 카르마도 주인을 따라가려고 했던 것이다. 연구자는 충실한 동반자를 잃어 밤 늦게까지 슬퍼하고 있었는데, 어떤 고래가 지나가자 개가 해변에 나타났다. 개는 흠뻑 젖은 채로 몸을 떨면서 거의 쓰러질 지경이었다. "저는 거기 있었어요." 그 이야기를 해 준 사람이 말했다. "저는 전혀 의심하지 않습니다. 저 고래들이 카르마를 해변으로 밀어 보냈던 거예요."

그리고 다른 괴상한 이야기도 있다. 1980년대 초반에 고래를 훈련시켜 공연하고 싶었던 어느 해양놀이공원이 브리티시 콜롬비아 당국에 범고래 포획 허가를 구하기 시작했다. 포획은 1976년에 금지되었는데도 작은 가족인 A-4 그룹을 잡아오는 방향으로 이야기가 흘러갔다. 그 가족은 이미 이전에도 고통을 겪은 적이 있었다. 1983년에 누군가가 — 범인이라고 추정된 사람이 있었으나 사진 증거의 부족으로 풀려났다 — 고래 A-10과 그녀의 새끼를 쏘았다. 고래 관찰자들은 총소리를 듣고 바로 그곳으로 갔다. 목격자 한 명이 말했다. "A-10은 상처 입은 새끼를 내 보트 옆으로 밀어 올렸다. 우리는 그 상처에서 피가 뿜어 나오는 것을 볼 수 있었다. 정말로 그녀가 상처를 우리에게 보여주는 것 같았다. 당신네 인간이 한 짓을 보라고." 두어 달이 안 되어 두 고래는 모두 죽었다.

누군가가 자신이 자주 보아 온 이런 고래에게 덫을 놓는다는 — 포획금지가 내려진 지 오랜 뒤에도 — 암시만으로도 모튼의 피는 끓어올랐다. 심지어 어떤 모임에서는 친구들이 나서서 그녀를 진정시켜야 했다.

모튼이 주요 물길 중에서 오랫동안 범고래를 보지 못한 곳은 한 군데뿐이었다. 바로 그녀의 집이 있는 크레머 패시지Cramer Passage. 고래 포획 반대를 그토록 열정적으로 설파했던 모임이 있은 지 이틀 뒤 모튼은 죽은 A-10의 자매인 야카트와 켈시, 그리고 수틀레이Sutlej라는 어린 것을 따라가고 있었다. 그런데 크레머 패시지로 들어가는 하구 정면에서 고래들이 선회하기 시작했다. 모튼은 그들과 함께 흘러갔다. 그러다가 그들이 그녀를 '덫에 걸었다.' 둘이 양쪽에, 어린 것이 보트 앞에, 모두 몇 인치도 안 되는 거리에서 가로막았던 것이다. 그녀가 엔진을 시동하려 할 때마다 그들은 붕붕대면서 그녀를 계속 묶어 두었다. 그들의 행동에서 과객들이 사냥하던 모습이 연상돼서 그녀는 불안해졌다. 그러나 그때 그들은 돌아서서 그녀를 크레머 패시지 안으로 인도해 가, 크레머 패시지를 세 번 왕복했다.

"가끔 저는 고래들에 대해 무얼 믿어야 할지 모르겠어요."[125] 모튼은 말했다. 그녀는 그냥 궁금한 채로 지냈다. 그녀가 고래 가족을 옹호하자 고래들이 그녀에게 어떤 메시지를 전하려 한 것일까? 하지만 그녀가 고래를 옹호하는 발언을 했던 건 실내에서 열린 모임에서였다(심지어 배 위에서도 아니었다. 그럴 경우 혹시 고래들이 영어에 능통하다면, 그녀의 말을 엿들었을 수도 있겠지만). 고래들이 그녀가 자신을 관찰한다는 것을 알 수도 있지만, 이것은 진정한 텔레파시가 있어야만 가능한 일이다. 그것은 '이성에 역행하는 것'임을 그녀는 알았다.

밸컴이었더라면 모튼이 '우-우'woo-woo의 영역, 초현상의 영역에 깊이 들어갔다고 했을 것이다. 그녀 역시 자신이 그렇다는 것을 알았다. 그녀는 이렇게 썼다. "전 이런 경험이 과학에서(아니면 정상적인 정신에도) 설 자리가 없다는 것을 알지만, 혹시 실재를 규정하는 우리의 조건이 너무 엄격하게 설정된 것은 아닐까?"

수십 년 전에, 오르키와 코르키라는 포획된 고래 두 마리가 태평양 연안의 마린랜드의 수족관에서 헤엄치는 것을 관찰하던 모튼은, 고래에게 새로운 아이디어를 어떻게 가르치는지 알려달라고 조련사에게 부탁했다(코르키는 스트라이프의 아이였다. 코르키가 포획되고 한참 세월이 흐른 뒤 스트라이프는 안개 속에 갇힌 모튼을 구해 줬다. 이 일화는 앞에서 이미 이야기했다). 모튼도, 조련사도 포획된 고래가 등지느러미로 물을 철썩 때리는 것을 본 적이 없었다. 그들은 그 다음 주에 그 재주를 가르쳐 보기로 결정했다. 그리고 "그때 이후로 고래 근처에서는 생각하는 것도 조심해야겠다고 여기게 된 일이 일어났다"고 모튼은 썼다. 코르키가 등지느러미로 물 표면을 철썩 때렸던 것이다. 그녀는 그 동작을 여러 번 했고, 그런 다음 수조 주위를 빠른 속도로 빙빙 돌면서 신이 난 듯 가슴지느러미로 물을 때렸다. "코르키는 당신과 통하는 고래군요." 조련사가 웃으면서 말했다. "저들은 당신 마음을 읽을 수 있어요. 우리 조련사들은 이런 종류의 일을 항상 봅니다."

하워드 개릿Howard Garrett은 1980년대 초반에 그와 여러 동료들이 포획된 범고래들에게서 겪은 일을 다음과 같이 회상했다.[126] "우리는 모두 자신의 의도가 오르카들에게 시험되고 탐지되고 있다고 느꼈다. 오르카는 우리의 한계와 능력을 알아냈을 뿐만 아니라 그렇게 알아낸 내용을 같은 수조에 있는 동료들과 공유하는 것처럼 보였다. 우리는 그들과 잘 아는 친구가 되었고, 오르카들도 우리를 잘 알게 되었다는 기분이 들었다. 우리는 모두 깊이 감동했다."

북부 터줏대감의 일원인 스프링거라는 아주 어린 범고래(A-73)가 수수께끼처럼 시애틀 근처의 퓨젓 사운드에 나타났다. 그녀는 최근에 젖을 뗐다. 그 어미는 보이지 않았다. 밸컴은 스프링거가 물에 떠 있는 작은 나뭇가지를 이리저리 밀면서 노는 것을 보았다. "제가 그걸 집어 들어 던지면 그녀는 그걸 쫓아가 잡곤 했어요. 아주 장난스러웠지요. 제가 물을 때리기 시작했더니 그녀도 가슴지느러미로 물을 때리기 시작했어요. 그러다가 저도 제가 왜 그랬는지 모르겠는데, 그녀를 보고 손가락으로 원을 그렸어요. 마치 '굴러봐' 하는 신호처럼 말이지요. 그랬더니 그녀가 몸을 굴렸어요! 전 그냥, '워우!' 하는 수밖에요. 개에게 그런 행동을 하게 하려면 훈련이 필요해요. 하지만 스프링거는, 그러니까 제가 무슨 생각을 하는지를 바로 알았던 거예요. 그녀의 의식이 제 의식과 이어져 있는 것처럼 말입니다. 이 상황을 표현할 용어는 없어요." 손가락으로 원을 그리자 그녀가 몸을 굴렸다는 것은, 손가락이 축을 중심으로 하는 움직임임을, 일반화된 기하학적 개념을 의미한다는 것을 이해해야만 가능한 일이다. 뿐만 아니라 그의 손가락 동작에서 본 개념을 자신의 몸에 적용할 수 있는 능력도 있어야 한다. 이것은 다른 생명 형태와 연결되고 싶은 내면적인 욕구와 놀이 능력이 있어야 가능하며, 재미를 느끼는 감각도 갖고 있어야 한다. 그가 어떤 생각을 하는지 스프링거가 정말로 추론한 것이 아니라면 그가 생각했던 바로 그 동작을 할 수는 없었다.

정말 놀라운 행동이다.

스프링거는 보통 범고래였다. 예리한 의식은 모든 범고래의 전문적 특기인 것 같다. 그들은 우리 때문에 놀라는 것 같지 않다. 그들은 우리를 기정사실로 받아들인다. 그러니 우리 역시 그들의 행동에 계속 놀랄 필요가 없다. 그보다는 그들을 통째로 받아들여야 한다. 그리고 단 한 가지, 우리 자신에 대해서는 놀라야 한다. 우리가 범고래를 통째로 받아들이는 데 얼마나 오래 걸렸는지 말이다.

인간들은 다행히 어린 스프링거에 대해 올바른 계획을 세웠다. 그녀를 가족에게 데려다주기로 한 것이다. 스프링거는 올가미에 부드럽게 묶여 캐나다의 어떤 만에 있는 큰 그물 울타리 안으로 옮겨졌다. 연구자들이 그녀 가족의 위치를 알아낼 때까지만 그녀를 잡아뒀다. 그녀 가족은 그 다음날 나타났다. 연구자들이 울타리 문을 열어 주자마자, 밸컴의 말에 의하면, "정말로 신이 난" 스프링거는 그 이후 내내 가족과 함께 있다. "거기다 그녀는 금년에 첫 새끼를 낳았어요. 그러니 정말 기분 좋은 이야기지요." 그리고 그 다음, 무겁고 불편한 침묵이 이어졌다. 밸컴은 덧붙인다. "루나에게도 바로 스프링거처럼 해 주었어야 했어요."

루나는 L 파드의 스플래시가 1999년에 낳은 어린 수컷이었다. 처음부터 그의 생은 이상하게 꼬였다. 그는 초기에 K 파드의 키스카라는 암컷과 함께 지냈다. 키스카가 당시 죽은 새끼를 등에 업고 다니는 것이 목격된 적도 있었다. 자신의 죽은 새끼를 그리워한 키스카가 루나를 데리고 다녔는지도 모른다. 결국 루나는 친어미에게 돌아갔지만, 그는 결코 어미만 따라다니는 아들이 아니어서 걸핏하면 L 파드의 다른 고래들과 어울려 다녔다. 그런데 2001년 봄에 루나가 사라졌다.

그러다가 2세밖에 안 된 그가 혼자서 브리티시 콜롬비아의 누트카 사운드Nootka Sound에서 나타났다. "그곳은 여기서 320킬로미터나 떨어진 곳입니다." 밸컴이 지적한다. 범고래는 하루에 120킬로미터까지 갈 수 있다. 거기다 "그가 있는 곳은 자기 파드의 호출소리를 들을 수 없는 곳이었어요." 우연히도 루나가 나타난 때는 그 지역 토착민(퍼스트 네이션)의 어느 족장이 죽은 직후였다. 그 족장은 이렇게 말한 적이 있었다. "내가 죽으면 나는 카카윈kakawin(현재 밴쿠버 섬 북미 원주민인 누트카NootkaNuu-chah-nulth 부족의 언어로 범고래를 가리키는 말—옮긴이)이 되어 돌아올 것이다."[127] 원주민들은 그 아기 고래를 추킷Tsux'iit이라 불렀다. 그들에게 그는 그냥 고래가 아니었다. 그는 "우리 삶에 있는 상처를 씻어 버리고 고통을 씻어 버리기 위해" 그곳에 온 존재였다. 고래이자 메시아.

사람들은 루나를 '패치'나 '브루노' 같은 다른 이름들로 부르기 시작했는데, 나중에 연구자들은 이 이상하게 길을 잃은 아기 고래

가 바로 모습을 감춘 L-98인 루나임을 알게 됐다.[128]

루나, 추킷, 패치, 브루노……. 그는 길을 잃었고, 사람들은 그 다음에 무엇을 해야 할지 아는 바가 없어 막막했다.

루나 역시 친구가 없어서 외로워했다. 그는 연어를 잡은 뒤 그것을 공중에 들고 있곤 했다. "그는 분명히 자신이 잡은 것을 우리에게 보여 줬던 겁니다." 한 사람이 주장했다. "그가 파충류 정도의 동물이 아님을 깨달아야 해요……. 이건 어떤 존재입니다." 또 다른 사람은 이렇게 말했다. 그가 누군가를 바라볼 때 그의 눈길에는 "뭔가를 필요로 하는 마음이 담겨 있어요. 당신도 그 눈길을 보면 공감 능력에 금방 불이 켜질 겁니다." 사람들은 그에게서 "인식, 존재감, 갈망"을 보았다. 어느 취미 낚시꾼이 루나를 처음 보았을 때의 이야기를 전했다. 그가 물에 손을 담그고 흔들었더니 "루나는 지느러미를 물위에 올리고는 내게 그것을 흔들었다." 우연히 그랬으리라고 확신한 그 낚시꾼이 다시 손을 흔들자 루나도 다시 흔들었다. 루나가 2~3분 그 자리를 떠났다가 돌아왔을 때 어부는 다시 한번 손을 흔들었다. 확실히 루나는 다시 흔들었다. "고래는 우리가 익히 알고 있는 집 안의 동물들보다 훨씬 더 지능이 발달한 존재"임을 낚시꾼은 깨달았다. 어떤 (항만)작업선의 요리사는 루나와 마주쳐 그의 눈을 들여다보았을 때 너무나 경이적이고 깊은 어떤 것이 보여, "숨을 쉴 수가 없었다"라고 말했다.

루나는 성장하면서 배를 타고 나온 사람들을 비롯해 온갖 부류의 사람들과 놀려고 했다. 루나에게 13미터 길이의 통나무를 밀거나 10미터짜리 요트를 빙글빙글 돌리는 일쯤은 누워서 떡 먹기였다. 그럼에도 여성 두 명이 노를 젓는 카누나 카약과 놀 때는 그것을 아

사람들과 함께 있는 루나.

주 부드럽게 건드리곤 했다. 루나는 이 물이, 그에게는 집인 이곳이 인간을 죽일 수 있을 거라는 생각을 할 수 있었을까? 범고래에 대한 많은 사실과 루나에 관한 모든 것이 그렇듯, 그런 생각은 터무니없는 것처럼 보인다. 하지만 그런 행동을 다른 어떤 말로 설명할 수 있을까?

밸컴의 말처럼, 관심에 굶주린 "루나는 인간이 아주 재미있는 행동을 서로에게 해 줄 수 있는 상대임을 재빨리 깨달았다." 그는 인간이 만져주는 것을, 그의 혀를 비벼주고, 호스로 물을 뿌려주는 것을 좋아했다. "야생동물에게 할 수 있으리라고 생각지도 못했던 온갖 일"을 그는 좋아했다고 밸컴은 회상한다.

하지만 나는 그런 이야기에 별로 놀라지 않는다. 1980년대 초반 내가 제비갈매기common tern라는 바닷새를 연구했을 때, 보트에 앉아 있었는데 '푸슉'하는 파열음이 들린 적이 있다. 몸을 돌렸더니 내 바로 곁에 벨루가 한 마리가 있었다. 깜짝 놀랐다. 그곳은 벨루가가 일상적으로 다니는 영역에서 1,600킬로미터 정도 남쪽으로 내려온 곳이었는데다가 그 혼자였기 때문이다. 두 계절 동안 이 벨루가는 나를 자주 찾아다녔고, 내가 연구하는 동안 나와 함께 자주 놀았다(내가 그와 놀아주기도 했다). 그 벨루가가 다른 보트에 찾아가는 것도 자주 보았다. 그 작은 흰색 고래는 약간 수줍어하는 편이었지만 내가 물에 뛰어들면 아주 신이 났다. 그인지 그녀인지(성별을 어떻게 구별하는지 나는 몰랐으니까)는 내 주위를 쏜살같이 빙글빙글 돌곤 했고, 잠깐씩 자신을 건드릴 수 있게 해 줬는데 그렇게 몸이 닿으면 우리 둘 다 똑같이 스릴을 느꼈다.

루나는 자신이 대단히 사회적인 존재이며, 범고래라는 정체성이 어떤 의미에서는 중요하지 않음을 보여주었다. 루나를 관찰한 어떤 사람은 루나가 "당신의 타자성otherness을 넘어 당신을" 볼 수 있다고 말했다.[129] 인간에게 범고래라는 점이 문제되지 않는다면 루나에게 도 우리가 인간이라는 점이 문제되지 않았다.

하지만 인간들은 우리와 루나가 다름을 문제 삼았다. 루나를 두고 선물인지 딜레마인지, 무시할 것인지 친구로 삼을 것인지, 그를 가족으로 되돌려 보낼지 아니면 포획할지 심각한 논쟁이 벌어졌다.

"루나 어미의 목소리 녹음을 틀어 놓고 그가 따라오도록 길들이기는 아주 쉬웠을 겁니다. 우리에게는 루나 어미의 목소리 녹음도 있었으니까요." 밸컴은 말한다. "우리는 루나에게 그가 계속 원했던 사회적 접촉을 하도록 해 줄 수 있었고, 조금씩 사운드 밖으로 이동해 큰 바다로 이어지는 구역으로 가서, 그를 그의 파드에 데려다줄 수 있었어요. 루나가 속한 파드가 어디 있는지 알고 있었으니까요." 밸컴은 그 계획이 간단함을 내가 알아들었는지 확신하려고 나를 바라보았다. "그런데 그 바보 같은 캐나다 정부가……." 그때로부터 시간이 많이 지났는데도 밸컴의 마음속에는 분노가 끓어오르고 있었다. "무슨 바보 같은 이유 때문인지는 모르지요. 그러나 저희 계획을 실행하게 허락하질 않는 겁니다."

여기서 중요한 것은, 친구를 원하고 집으로 돌아갈 수 있도록 안내를 필요로 하는 루나가 이해심도 없고 어리석어서 도움의 손길을 내밀지도 못하는 인간이라는 종족과 마주쳤다는 것이었다.

"루나에게 필요한 것은 오로지 그가 집으로 돌아갈 수 있을 때까지 함께 있어 줄 누군가였어요." 범고래의 안내를 받아 집에 돌아온 적이 있는 밸컴이 말한다. "그런데도 캐나다 정부는 루나가 원하는,

그리고 필요로 하는 모든 동반자를 그로부터 떼어 놓겠다고 고집했어요. 저희는 지독한 무식쟁이들을 상대했던 거지요."밸컴은 비통하게 작은 소리로 웃었다. 그의 웃음은 지금도 애도하는 것처럼 들렸다. "그는 그냥 친구 몇 명만 원했다고요."루나는 부두에 정박한 배 근처에서 사람들이 분주하게 보급품과 장비를 운반하는 동안 몇 시간씩 얼쩡거리곤 했다. 사람들이 떠나면 그도 떠났다. 하지만 배에 남아서 자는 사람이 한 명이라도 있으면 그는 밤새도록 보트 곁에 있곤 했다.[130] 한 선장은 열린 창문 밖에서 루나가 숨 쉬는 소리를 자주 들었다. 어느 승객의 모자가 바람에 날려 물에 떨어지자 루나가 가지러 간 적도 있다. 그는 머리 위에 모자를 완벽하게 올려놓은 모습으로 수면에 올라오더니, 승객이 모자를 잡을 수 있는 곳으로 가져갔다. 그 승객은 훈련도 받지 않은 야생의 고래 덕분에 모자를 찾았다. 루나는 자신이 좋은 친구임을 너무나 많은 방식으로 보여주었다.

루나는 가족이 필요했다. 가족과 헤어져 있는 동안에는 동반자를 필요로 했다. 그런데도 캐나다 정부는 모든 접촉을 막으려고 열심히 노력했다. 한번은 관리들이 루나를 잡으려고 했다. 명분상으로는, 그를 가족에게 돌려주기 위해서였다. 그러나 실제로는 어느 수족관에서 그를 구매하고 싶어했고, 정부는 그 가능성을 포기하지 않았다.

영화 〈고래〉The Whale와 책 『길 잃은 고래』The Lost Whale는 루나의 시점으로 만들어지고 쓰인 작품이다. 이 영화와 책은 이성의 상실을, 서로 어울리자는 루나의 초청을 받아들인 사람들이 경찰에게 벌금형을 받고 범죄자로 기소되는 모습을 생생하게 기록하고 있다.

루나의 바다는 광기로 채워졌다.

에린 홉스Erin Hobbs와 함께 정부에 의해 루나의 감시원으로 고용되었던 미셸 켈러Michelle Kehler는 회상했다.[131] "루나가 보트 옆에 올라오면 눈을 많이 마주치게 됩니다. 그의 눈길은 아주 부드러웠어요. 정말 진실했습니다." 그녀의 관찰에 따르면 "저와 그의 관계는 홉스와 그의 관계와 달랐어요." 홉스는 익살꾼이어서, 루나는 그녀와 심한 장난을 쳤다. "루나는 홉스에게 물을 뱉었어요. 홉스는 얼굴에 물을 뒤집어쓰곤 했지요. 심한 장난은 그녀가 전부 당했어요. 꼬리로 얻어맞거나 가슴지느러미로 철썩 맞기도 했고요……. 제게는 그런 짓을 절대 안 했어요. 한 배에 타고 있었고, 기껏해야 1.6미터 정도 떨어져 앉아 있었는데 말이지요……. 그는 제게 완전히 다르게 대하더군요. 홉스와 제가 가진 에너지가 각각 달랐는데, 그는 분명히 그 차이를 알고 대처한 거지요. 놀라웠어요."

하지만 그 여성들은 루나를 사람들로부터 떼어 놓기 위해 고용된 사람들이었고, 그 때문에 관계의 성질이 곧 변했다. "처음에 그는 저희를 정말 좋아했어요." 켈러가 말했다. 하지만 켈러와 홉스의 일이 루나와 노는 사람들에게 그만두라고 말하는 것이다 보니 "저희가 오면 그는 다가와서 저희를 밀어내곤 했습니다. 마치 '여기서 나가! 난 하루 종일 아무도 놀 사람이 없었잖아. 여기서 나가!'라고 말하는 것 같았어요." 또 다른 감시원은 루나가 "난관이 있어도 이겨나가는 유형이고, 싸움꾼이자 어릿광대이며, 동정심이 많고, 다루기 힘든 만만찮은 성질이면서도 아주 다정한 성품"을 지녔다고 말했다.

루나는 자신에게 친근히 대하는 사람들과 만나지 못하게 되자 스스로 친구를 찾아 나섰고, 어느 날 예인선을 따라가다가 그 배의 프로펠러에 부딪혀 죽었다.

마이클 파핏Michael Parfit과 수잰 치점Suzanne Chisholm이 루나와 처음 마주쳤을 때 그들은 작은 고무보트를 타고 18노트kn(1시간에 3만 3,336미터를 달리는 속도 — 옮긴이)의 속도로 가고 있었다. 루나는 갑자기 그들 바로 곁의 물위로 튀어 올라 왔다. 그가 어찌나 가까이서 올라왔는지 루나의 피부가 오른쪽 뱃전의 튜브에 닿아 미끄러졌다. "저는 보트의 움직임을 통해 그가 건드리는 것을 느낄 수 있었어요." 파핏이 회상한다.[132] "하지만 제가 그러지 말라고 할 필요가 없었어요. (루나는) 이 관계를 유지하는 데 필요한 쌍방적 배려를 어떻게든 존중했으니까요."

언젠가 루나가 그의 보트 밖에 달린 비상용 엔진을 가지고 조금 과도히 활기차게 놀고 있었을 때, 파핏이 말했다. "헤이 루나, 그거 잠시 가만둘 수 있어?" 그러자 루나는 즉시 그것을 그냥 두고 물러섰다. 파핏은 이렇게 썼다. "인간처럼 생기지 않은 어떤 존재에게서 그 정도의 인지력과 의사가 있다는 사실을 받아들이기는 힘들었다." 그리고 그는 덧붙였다. "이 오르카도 살아 있음에 대해 나만큼이나 잘 인식하고 있다는 생각이 내게 확 와 닿았다. 내가 지각하는 온갖 세부 사항들, 대기와 바다의 느낌, 감정의 질감들을 그도 인지할 수 있다는 생각……. 그리고 우리가 안전하다고 느끼게 해 주는 모든 생각들을 말이다. 압도당하는 기분이었다. 마음이 편치 않았다."

루나는 파핏에게 인간의 언어란 인식에 도달하는 한 가지 방식일 뿐임을 가르쳐 주었다. "우리가 이 거추장스러운 상징을 통해서만 작업할 수 있다는 건 우리의 잘못으로 보였어요." 이렇게 말하는 그는 언어란 장벽이고, 이를 세운 것 역시 우리임을 깨닫고 있었다.

인간의 이해력은 언어 없이도 가능하다. 언어는 우리의 의식을 포착하려는 한 가지 시도일 뿐이다. 언어가 없는 동물은 순수한 의식을 경험한다. 결국 파핏은 자신이 마침내 타자성 너머를 보았음을 깨달았다. 그는 더 이상 인간처럼 보이지 않는 어떤 것을 보고 있는 게 아니었다. 그는 '범고래'를 보는 것이 아니었다. 그는 '루나'를 보았다.

나는 다른 동물에게서 타자성을 본 적이 거의 없다. 나는 압도적인 유사성을 본다. 그들은 우리가 서로 깊이 연관되어 있는 느낌을 내게 채워 준다. 야생 친척들과 함께 있을 때만큼 집에 있는 듯한 편안함을 느끼게 해 주는 것은 없다. 가장 깊은 인간의 사랑을 제외하면, 그들만큼 올바른 감정을 느끼게 해 주고 평화로운 기분을 주는 것이 없다.

돌고래의 몸뚱이, 지느러미와 꼬리는 많은 사람들에게 생소해 보인다. 하지만 그들은 우리의 신체 윤곽선 바로 아래에 숨어 있는 유사성에 대해 알고 있음을 언제나 보여준다. 또 자신의 몸뚱이 어느 부위가 우리 몸과 상응하는지도 알고 있다. 루 허먼Lou Herman이 연구했던 돌고래들은 인간의 동작을 쉽게 따라했다. 인간이 다리를 흔들면 그 돌고래들은 꼬리를 흔들었다.[133] 그것은 수백만 년 동안 다리를 가져본 적이 없는 동물의 마음에 '다리'라는 개념이 아주 인상적으로 전해지는 장면이다.

범고래가 사람 마음을 읽을 수 있다고 했던 태평양 마린랜드

Marineland of the Pacific의 조련사의 말은 농담이 아니었다. 하지만 혹시 그녀가 진지한 기분이 아니었다면 어떨까? 또 혹시 그녀의 말이 사실이라면? 1950년대까지 우리는 그들이 음파탐지 능력을 가졌다고는 짐작도 못했는데, 마찬가지로 그들이 우리에게 아직 알려지지 않은 어떤 양상으로 소통하고 지각한다면 어떨까? 나는 그것이 가능하리라고는 거의 믿지 않는다. 하지만 이런 생각은 어떤가. 우리는 늘상 멀리 있는 마음이 행하는 음악과 대화가 방송되는 것을 듣기 위해 라디오 수신기를 쓴다. 이것은 일종의 기술적 텔레파시다. 두뇌는 라디오와 컴퓨터보다 훨씬 더 복잡하다. 생존 무대에서 진정한 텔레파시 독심술가가 얻게 되는 엄청난 이점을 고려할 때, 마음이 일종의 생각 공유를 위한 쌍방 라디오 같은 것을 발전시키는 게 가능할까? 돌고래의 마음은 의도와 감정의 생각파동thought wave도 탐지할 수 있는 수중 청취분석 작업기관undersea listening-and-analyzing operation일까? 그렇지는 않은 것 같다. 하지만 우리 것보다 더 큰 두뇌에서는 그것이 가능한지도 모른다. 공상과학소설은 외계에서 온 현명한 손님이 엄청나게 우월한 두뇌 능력을 담고 있는 거대한 머리를 갖고 있다고 상상하곤 했다. 적어도 고래가 아주 큰 머리를 갖고 있는 것은 분명하다.

1960년대에 캐런 프라이어Karen Pryor는 거친 이빨을 가진 돌고래들이 '새로운 행동 좀 해 봐'의 의미를 이해할 수 있음을 알아냈다.[134] 그리고 그들에게 사람에게서 배우지 않았거나 한번도 해 보지 않은 어떤 행동을 할 때만 상을 주었더니, 특정 신호를 보면 그들은 "우리가 상상도 못했던 것, 우리 힘으로는 달성하기 무척 힘든 어떤 것을 자발적으로 구상해 냈다."

이보다 더한 수수께끼도 있다. 하와이의 병코돌고래인 피닉스와 아케아카마이는 '새로운 것 좀 해 봐'라는 신호를 보면 수조 중앙으로 헤엄쳐 가서 2~3초 물밑에서 빙빙 돈 다음, 전혀 예상치 못한 행동을 한다. 가령 그들은 완전히 동시적으로 수면을 뚫고 똑바로 솟아오른 다음, 입에서 물을 줄줄 흘리면서 시계방향으로 도는 것이다. 그런 동작은 전혀 훈련된 것이 아니었다. "우리에게는 완전히 수수께끼였어요." 연구자 허먼이 설명했다. "그들이 어떻게 그런 동작을 했는지 우리는 모릅니다." 그들은 어떤 형태의 언어를 사용하여 복잡한 새 묘기를 계획하고 실행하는 것으로 보인다. 그런 행동을 할 다른 방법이 있는지, 있다면 어떤 것일지, 인간은 상상할 수 없는 뭔가 다른 소통 방법이 있는지, 그것이 돌고래에게는 있는지 그 어떤 인간도 알지 못한다. 그게 무엇이든, 돌고래에게는 그런 일이 마치 인간 아이가 '야, 이거 해 보자'라고 말하는 것처럼 일상적이고 자연스러운 것 같다.

바하마의 야생 돌고래를 수십 년 연구하면서 허칭은 특정 돌고래들과 친해졌다. 실제로 이 감정은 쌍방적이었던 모양이다. 연구자들은 매년 8개월씩 자리를 비웠다가 돌아와서 모두 다시 만나게 되는데 "그 상봉의 상황을 설명할 단어를 들라면 아마 '즐거움joyous'이 될 것이다"[135]라고 허칭은 썼다. "내가 돌고래를 학술적으로 연구하고 이해하는 데 몰두해 있지만, 그렇다고 해서 내가 그들을 친구로, 종은 다르지만 감정과 기억이 있고 명료하게 인식할 수 있는 친구로 여기지 못할 이유는 없다. 그러니 그것은 친구들과 8개월만의 재회였다." 여러 주일 간의 연구 여행이 끝나면, "돌고래들은 우리가 떠나는 줄 아는 것 같았고, 우리를 성대하게 환송해 준다. 나는 우리가 출발할 때를 그들이 어떻게 아는지 궁금한 적이 많았다."

'텔레파시'처럼 보이는 행동이 일어난 우울한 사건도 있었다. 어느 연구 여행이 시작될 무렵, 허칭의 배가 연구 대상인 친한 돌고래들에게 다가갔는데 그들은 "우리를 환영했지만 행동이 평상시와 아주 달랐다." 배의 16미터 안쪽으로 오지 않는 것이다. 그들더러 뱃전에 와서 함께 가자고 불렀지만 거절당했는데, 이것 역시 이상했다. 선장이 물에 들어가자 한 마리가 잠시 가까이 오더니 갑자기 달아나기도 했다.

그리고 그때 배에 탔던 사람 중 한 명이 침대에서 낮잠을 자다가 사망한 것이 발견되었다.[136] 급히 항구로 돌아가려고 뱃머리를 돌리자, "돌고래들이 우리 배 옆으로 오더니, 평소처럼 뱃전에 다가오지는 않고 마치 수중 에스코트를 하는 것처럼 16미터 거리를 두고 양옆에서 함께 갔다. 그들은 조직적인 대열을 지어 우리와 나란히 갔다." 팀원들이 슬픈 업무를 치른 뒤 다시 돌고래 해역으로 돌아가자, "돌고래들은 우리를 평소처럼 환영했고, 뱃전에 다가왔고, 평소에 하듯이 장난을 쳤다." 그 돌고래들과 25년을 함께 지내는 동안 허칭은, 그들이 죽은 사람이 배에 있던 그때처럼 행동하는 것을 한 번도 보지 못했다. 아마 우리는 이해할 수 없는 어떤 방식으로 돌고래의 음파탐지기가 배 안을 스캔하고, 어떤 식으로든 벙커에 있는 남자의 심장이 정지했음을 알아차리고, 그 소식을 서로에게 전달한 모양이다. 아마 그들은 또 다른 감각체계를 사용하여 인간 한 명이 죽었음을 탐지한 것 같은데, 우리 인간은 그런 감각기관을 갖고 있지도 못하고 짐작하지도 못한다. 돌고래가 인간의 죽음 앞에서 엄숙한 태도를 보이는 것은 무슨 의미일까?

이야기를 계속할 만큼 충분한 재료가 우리에게는 없다. 분석할 재료가 충분하지 않다. 야생 범고래가 안개 속에서 길을 잃은 인간을 안내해 줬던 이야기 몇 개, 바다에 빠진 개를 구해 줬던 고래 이야기, 인간이 손가락을 빙글빙글 돌리자 야생 범고래가 그것을 따라서 빙글빙글 돌았던 이야기, 물에 떨어진 모자를 정확하게 똑바로 쓰고 돌려줬던 이야기, 아니면 누군가가 손을 흔드는 것을 보고 지느러미를 흔들어 줬던 이야기. 모두 공감의 이야기, 동정심의 이야기다.

남극권에 간 내 친구 피트먼은 언젠가 범고래 가까이에 눈덩이를 던졌더니 그 고래가 즉각 얼음 조각을 도로 던지는 것을 본 적이 있다. 이것은 우연일 수도 있다. 고래가 인간을 무시하고 인간들의 생각에 반응하지 않거나, 개를 데려다주지 않거나, 눈덩이를 도로 던져 주지 않은 이야기는 할 필요가 없으니까. 나는 미지의 일은 좀처럼 믿지 않는 불신자이다. 나는 과학자로서 증거가 있어야 납득한다. 그리고 혼란스러운 현상에 대한 물질적이지 않은 설명은 그다지 신뢰하지 않는 편이다.

더 중요한 문제는, 고래가 설사 우리보다 더 높은 '지능'을 가졌다고 해도('지능'이 무엇을 뜻하건 간에) '우리에게 메시지를 보낸다'는 증거가 없다는 것이다. 내 친구 한 명은 그들이 그렇게 한다고 전심전력으로 믿고 있지만.

고래가 우리에게 메시지를 보내려고 애쓰는 것이라고 믿고 싶지 않을 사람이 누가 있겠는가? 그 말이 맞다면 그들은 특별한 존재일 테니까. 하지만 제일 중요한 것은, 이 이야기 덕분에 우리가 특별한 존재가 된다는 것이다. 인간이 제일 좋아하는 이야기가 바로 우리 자신이 얼마나 특별한 존재인지 보여주는 이야기니까 말이다. 인간이 갖는 가장 큰 자부심, 모든 인간이 공통적으로 갖는 착각 하나는 바로 그토록 특별한 존재인 우리를 세계가 특별 대우해야 한다는 것이다.

나로 말하자면, 나는 제일 믿고 싶은 것들을 가장 많이 의심한다. 그것을 믿고 싶다는 바로 그 이유 때문이다. 뭔가를 믿고 싶은 마음은 우리의 시야를 왜곡시킨다.

하지만 고래가 남기는 의문들 때문에 너무나 혼란스러워서 마음이 불편해진다. 왜 이 존재는 인간에게는 일방적으로 평화를 선언하면서 더 작은 돌고래나 물개는 공격하고 잡아먹는가? 그들은 왜 우리를 특별히 지목해 도와주는가? 왜 우리에게 불평하지 않는가? 오랫동안 우리에게 학대받고, 포획되고, 상처를 받아왔는데도, 왜 인간에게 공포를 느끼지 않는가? 드넓은 태평양 해역의 참치가 주로 서식하는 곳에 사는 돌고래에게는 그런 두려움이 있다. 참치잡이 그물 때문에 돌고래가 수천 마리씩 죽었기 때문이다. 그들은 아직도 여러 킬로미터 저편에 있는 배가 자신들 쪽으로 방향을 돌리거나, 엔진 소리만 달라져도 겁에 질려 달아난다. 나도 그런 모습을 본 적이 있다. 돌고래들이 힘들게 배에 대한 공포를 배운 데에는 합당한 이유가 있다.

그런데 인간에 대한 이런 태도에는 합당한 이유가 없다. 해달부터 흰긴수염고래에 이르기까지 무엇이든 먹어치우며, 몇 시간씩 미끼를 놓고 기다렸다가 450킬로그램이나 나가는 바다사자를 때려서 익사시키려고 공중에 던져 올리고 찢어 먹고, 얼음에 올라간 물개에게 물을 퍼부어 끌어내리고, 까치돌고래를 짓눌러 죽이고, 헤 엄치는 사슴과 뿔사슴을 끌어들이는 포식자. 물에 있으면서 만나 는 포유류라면 무엇이든 잡아먹는, 해적 깃발 같은 무늬를 가진 거 대한 두뇌를 가진 포식자, 범고래. 그런 포식자가 단 한 척의 카약도 뒤엎은 적이 없고, 물에 빠진 개를 집에 데려다준다는 것은 도무지 말이 안 된다.

아르헨티나에서는 가끔 범고래가 파도를 헤치고 튀어 올라 해 변에 있던 바다사자를 그대로 잡아가는 모습을 볼 수 있다. 이런 모습은 동영상으로 쉽게 볼 수 있기에 해변 가까이를 산책하는 것 은 미친 짓이라고 생각할 법하다. 그런데 공원 감시원 로버토 부바 스Roberto Bubas가 물에 걸어 들어가서 하모니카를 불면, 바로 그런 범 고래들이 그의 주위를 강아지처럼 빙 둘러싸곤 했다. 그들은 장난 스럽게 그의 카약 주위에 모여 놀다가, 그가 붙인 이름을 부르면 다 가오곤 했다.

이런 물에 흠뻑 젖은 이야기에는 확실한 공통점이 하나 있다. 야 생 범고래가 인간을 대하는 태도가 이상하게 비폭력적이라는 점 말 이다. 인간이 계속 다른 인간을 다치게 하고 죽이는 것과 비교하면 이는 더 이상하다. 이 두 가지 사실을 어떻게 설명할 것인가? 고래 의 놀라운 참을성을 무엇으로 설명할 수 있을까? 바다의 티라노사 우루스 렉스가 작은 보트 옆에 셀 수 없이 자주 머리를 내밀고, 함께 놀면서도 절대 인간을 해친 적이 없는 것은 정말 설명이 불가능하 다. 더 중요한 문제는 우리가 그것을 이해할 방법을 찾아야 한다는 점이다. 단순히 우리의 인지 범위를 넘어서는 일인가? 그들이 그렇게 하는 이유는 우리가 이해하지 못하는 영역에 있는 것일까? 혹시 언젠가는 알 수 있을까…….

사실 이것은 범고래에게만 해당하는 일도 아니다. 수많은 일화를 보면 다른 고래들도 온화하다.[137] 사진가 브라이언트 오스틴Bryant Austin은 여러 주일 동안 혹등고래의 어미와 아기들을 촬영했는데, 태어난 지 다섯 주일 된 아기가 어미 곁을 떠나서 그에게 헤엄쳐 온 적이 있다. 오스틴은 썼다. "그 갓 태어난 새끼는 153센티미터 넓이의 지느러미를 정확하게 내 산소마스크에서 30센티미터도 떨어지지 않은 곳에 갖다 댔다." 넋이 나가 있던 오스틴은 갑자기 누군가 어깨를 확고하게 노크하는 것을 느꼈다. "몸을 돌려 나는 갑자기 그 새끼의 어미와 눈을 마주보게 되었다. 그녀는 2,000킬로그램, 460센티미터인 가슴지느러미를 뻗어 그토록 부드럽게 내 어깨를 건드리는 자세를 취한 것이다." 이제 어미와 새끼 사이에 있게 된 자신의 위치를 깨달은 그는 어미가 자신의 등을 언제라도 부러뜨릴 수 있다는 생각에 겁에 질렸다. 하지만 오스틴은 어미가 '섬세한 절제'를 발휘했다고 묘사했다. 한편 새끼는 생물학자인 리비 에어Libby Eyre 쪽으로 헤엄쳐 갔다. "새끼가 에어 아래쪽에서 몸을 굴리더니 자신의 배에 그녀를 태워 부드럽게 수면 위로 들어 올리는 것을 지켜보는 동안 시간이 느리게 흘러갔다. 그녀는 무릎을 꿇고 그의 목구멍 속을 내려다보고 있었다." 브라이언트가 잘못될 수 있는 수많은 경우를 떠올리며 헤매고 있는 동안 "그 어린 고래는 가슴지느러미를 그녀의 등에 갖다 대고 부드럽게 몸을 굴리더니 그녀를 다시 물에 돌려 놓았다."

그리고 고래만이 아니다. 코끼리 타냐를 기억하라. 그녀는 자신

657

을 괴롭힌 여자를 추격했지만, 그 여자가 넘어지자 그녀를 짓밟지 않으려고 급브레이크를 걸었다. 또 길을 잃거나 다친 사람을 보호해 주던 코끼리들도 있었다. 세상에서는 무슨 일이 벌어지는 걸까?

도와주는 마음

범고래에 대한 이야기를 듣다 보면 그들에게는 상대방에게 피해를 입히지 않고 보호하고 위안을 주려는 충동이 있다는 느낌이 든다. 도움을 주는 것은 범고래가 가진 '페르소나'의 한 부분이다. 1973년에 어린 범고래 한 마리가 페리보트의 프로펠러에 부딪힌 적이 있었다. 선장이 쓴 글에 의하면, "황소bull와 암소cow가 다친 송아지calf를 양옆에서 보듬어 뒤집어지지 않게 막아 주었다.[138] 가끔 황소의 자세가 흔들리면 송아지의 몸이 굴러 모로 눕게 됐다. 그러면 황소는 바싹 붙어 빙그르르 돌아 잠수했다가 천천히 부상하여 송아지 옆으로 가서 자세를 바로잡아 주었다." 그들은 그처럼 놀라울 정도로 성실하게 새끼를 보살폈고, 온전히 2주가 지난 뒤에 다른 누군가가 이런 소식을 전했다. "고래 두 마리가 세 번째 고래를 떠받치고 가면서 그것이 뒤집어지지 않게 막아주고 있었다." 그러나 연구자들은 그 고래를 다시는 보지 못했다(사람들은 고래와 코끼리를 습관적으로 '황소', '암소', '송아지'라고 부르곤 한다. 하지만 이름표는 편견을 조장한다. '수컷'male, '암컷'female, '아기'baby, '어른'adult, '형제'brother, '어미'mother 등이 그 코끼리와 고래가 누구이며 어떤 존재인지를 가리키는 더 정확한 용어다. 용어가 동등해지면 우리 앞에 있던 연기의 장막이 걷히기 시작한다. 눈가리개가 벗겨지기 시작한다. 물론 일부 사람들은 이것을 두려워한다).

하지만 프로펠러에 다친 어린 것에게 어른 고래들이 보인 반응은 정말 내가 방금 말한 것처럼 '놀라울 정도의 성실성'이라고 할 수 있을까? 그것은 내 편견일까? 혹시 고래들은 본능에 따라 그런 종류의 도와주는 반응을, 어떤 반사작용 같은 것을, 비틀거리는 동료를 물위로 밀어 올려 숨 쉴 수 있게 해 주려는 원천적인 열망을 실행하는 것일까? 자신들이 무슨 행동을 하는지 그들이 알고 있는지를 판단할 방법이 있는가? 그들은 상황을 평가하고 유연하게 자신들의 반응을 수정하는가?

당신은 아주 판이한 여러 시나리오로 판단해 볼 수 있다. 파일럿고래들이 수면 근처에서 작살에 꿰인 동료를 떠받쳐 주다가 공격당한 파드 동료가 배에 끌려가자 갑자기 그를 물속으로 밀어붙이기 시작했다.[139] 처음에 그들은 숨 쉴 수 있게 해 주는 것이 최우선의 문제라고 생각했던 것 같다. 그러다가 그보다는 배에서 멀리 떨어 뜨리는 게 제일 시급한 문제임을 깨달은 것이다. 그들은 살고 싶어한다. 그리고 공격을 받을 때는 살아남으려고 노력한다. 범고래가 웨델물개와 크라비터물개, 어린 회색고래를 사냥한 일은 기록으로도 많이 남아 있는데 그중에는 혹등고래가 그 공격을 좌절시킨 일이 있었다. 고래 전문가인 피트먼과 존 더반John Durban은 범고래가 유빙에 올라가 있던 웨델물개에게 파도를 덮어씌워 쓸어내리자, 그

물개가 근처에 있던 혹등고래 두 마리를 향해 서둘러 가는 것을 보았다. "물개가 제일 가까이 있던 혹등고래에게 가자 그 거대한 동물은 몸을 굴려 드러누웠다. 그리고 180킬로그램의 물개가 그 거대한 지느러미 사이의 가슴에 끌려 올려졌다. 그리고 범고래가 가까이 오자 혹등고래는 가슴을 부풀려 물개를 물 위로 들어올렸다."[140] 물개가 다시 바다로 미끄러지려하자, "혹등고래는 물개를 지느러미로 부드럽게 토닥여 자신의 가슴 한복판으로 끌어당겼다." 조금 뒤에, 그 물개는 달아나서 근처의 안전한 유빙까지 헤엄쳐 갔다. 지그재그라는 어린 야생 대서양알락돌고래는 몇몇 동년배들이 점점 더 거칠게 놀기 시작하자 겁이 나서 슬그머니 몸을 피해 헤엄쳐 수면에 머물면서 작은 소리로 찡얼댔다.[141] 그러자 다른 어린 돌고래들이 부드럽게 다가와서 그에게 몸을 비벼댔다. 그 다음 그는 놀이에 다시 가담했다(이는 특히 감동적이다. 인간 어린이들 사이에서 벌어지는 집단 괴롭힘이 가끔은 약하다고 알려진 놀이 동무를 과녁으로 삼는다는 점을 생각하면 그렇다).

그들이 서로 돕기만 하는 것은 아니다. 그들은 인간으로부터 도움을 받아들이기도 한다. 가끔은 그들이 도움을 청한다. 또 가끔은 그들이 도움을 준다. 가끔은 그들이 고마워한다.

혹등고래 한 마리가 샌프란시스코 앞바다에서 1.6킬로미터가량 되는 로프에 연결된 게잡이 덫 수십 개에 걸려 버렸다.[142] 그 로프에는 20미터 간격으로 무게추가 달려 있었다. 장비 전체의 무게는 450킬로그램이 훨씬 넘었다. 그 고래의 꼬리와 등, 입, 왼쪽 앞지느러미에 로프가 적어도 네 바퀴는 넘게 칭칭 감겼고, 그것이 거대한 고래의 살을 파고들었다. 길이가 거의 16미터나 되고 몸무게가 15만

킬로그램이나 되지만 고래는 아래로 가라앉고 있었고, 잠수부들이 도울 방법이 있는지 알아보러 들어갔을 때는 숨 쉬기를 힘들어하고 있었다. 처음 들어간 잠수부는 로프가 너무 심하게 엉킨 것을 보고 놀라서, 고래를 풀어 주기 힘들 것 같다고 생각했다. 더욱이 고래가 몸을 뒤틀다가 잠수부들도 얽어 버릴 위험이 있었다. 하지만 고래는 무작정 달아나려고 몸부림을 치지 않았고 잠수부들이 작업하던 1시간 내내 조용히 있었다. "제가 고래의 입에 엉킨 로프를 끊고 있을 때 그 눈은 저를 보면서 윙크하고 있었어요. 그건 제 평생 다시 없을 굉장한 순간이었습니다." 제임스 모스키토James Moskito가 말했다. 몸이 자유로워졌음을 안 고래는 그냥 헤엄쳐 가 버리지 않았다. 제일 가까이 있던 잠수부에게 헤엄쳐 가서 그를 살짝 건드렸고, 또 다른 잠수부에게 갔다. "그는 저와 약 30센티미터 떨어진 곳에 멈춰서서 저를 약간 떠밀며 장난을 쳤어요." 모스키토는 잡지『샌프란시스코 크로니클』San Francisco Chronicle의 기자에게 말했다. "마치 제게 고맙다고 인사하는 느낌이었어요. 자신이 풀려났고, 저희가 도와주었다는 걸 알고서 말입니다. 애정이 깃든 느낌이었고, 마치 저를 보고 기뻐하는 저희 집 강아지 같았어요."

한 아마추어가 찍은 감동적인 동영상(유튜브에 올라와 있다)을 보면, 하와이 앞바다에서 지느러미에 낚시 바늘이 꿰인 돌고래가 잠수부들에게 다가가서 적극적으로 도움을 청하는 장면이 있다.[143] 잠수부들이 문제점을 파악하고 동작을 멈추자 그 돌고래는 즉각 자신이 청한 도움을 받아들인다. 지느러미에 낚시 바늘이 꿰인 돌고래가 어떻게 인간 잠수부에게 도움을 받기로 결정했을까. 그들이 사는 세계에서는 너무나 낯선 존재일 텐데? 돌고래가 거북이나 물고기에게도 도움을 청할까? 아닐 것 같다. 다른 돌고래에게 요청할까? 동료 돌고래라면 무슨 문제가 생겼는지 우리만큼 알 것 같다. 하지만 돌고래는 인간에게 자신의 문제를 인식하는 능력과 바늘을 빼내 줄 손이 있다는 사실을 진정으로 이해할 수 있을까? 상황을 보면 그런 모양이다. 그러나 이와 반대로 연구자들이 대시라는 돌고래의 꼬리에 박힌 스테인리스 낚시줄을 빼 주려고 나섰을 때, 협력하지 않았던 일도 있었다.[144] 그러나 이런 사례들이 서로 상충하지는 않는다. 어떤 인간은 도움을 요청하고 또 다른 인간은 요청하지 않는 것과 마찬가지다. 어떤 돌고래는 요청했고, 도움을 받았다. 어떤 돌고래는 그렇게 하지 않았을 뿐이다.

2010년, 멕시코 만에서 일어난 딥워터 허라이즌Deepwater Horizon 호(딥워터 허라이즌 호는 멕시코 만에 설치되어 작업한 해저 석유 시추선인데, 폭발하면서 해양생태계에 엄청난 피해를 입혔다 — 옮긴이)의 원유 폭발사고가 빚은 참상 때, 낚시 가이드인 제프 월카트Jeff Wolkart가 내게 말했다.[145] "돌고래 한 마리가 계속 제 주변으로 다가왔어요. 그의 몸뚱이는 갈색의 기름으로, 거무스레한 색깔의 원유로 뒤덮였어요. 또 그는 숨구멍으로 숨을 뿜으려고 애를 쓰고 있었는데, 잘 되지 않더군요." 월카트가 자리를 옮길 때마다 그 돌고래는 따라갔고, "저희에게 와서 바로 곁에 머물렀어요." 그리고 그는 이렇게 덧붙였다. 돌고래는 자신을 "도와주기 바라는 것처럼 보였어요." 하지만 월카트는 어떻게 도와줄지 전혀 생각해 내지 못했고, 결국 그 고통받던 돌고래를 버려두고 떠났다. 그 고래는 아마 죽었을 것이다.

그들이 왜 우리에게 오는지 의아하다. 다른 동물들이 우리에게서 도움을 받을 수 있으리라는 희망이 얼마나 자주 좌절됐는지도 궁금해진다. 우리에게 도움을 구하는 돌고래와 다른 동물들은 인간 역시 마음을 갖고 있고 (그렇게 하기로 한다면) 도와줄 수 있음을 이해하는 마음도 갖고 있다. 우리가 이해할 수도 있음을 이해하는 그들의 능력은 우리가 흔히 그들에게 인정하는 수준을 뛰어넘는다. 때로 돌고래는 우리를 도와주기로 선택한다. 때로 인간은 돌고래를 죽이고 그들이 고통받는다는 사실을 부정한다. 그러니 누구의 '마음'이 더 발전된 것인가?

『늑대와 인간에 관하여』*Of Wolves and Men*의 저자인 베리 로페즈Barry Lopez(1945~: 미국의 산문가, 소설가, 사진작가, 환경운동가, 동물보호운동가. 『북국을 꿈꾸다』*Arctic Dreams*의 저자 ― 옮긴이)는 올가미 덫에 다리가 낀 큰 검은 수컷 늑대에게 다가간 어느 덫꾼이 그에게 해 준 이야기를 전한다. 늑대는 덫에 걸린 발을 쳐들어 그 남자에게 발을 뻗었고, 희미하게 끙끙댔다. "내가 정말 돈이 지독하게 필요한 상태가 아니었더라면 그를 놓아 줬을 거예요."[146] 그 덫꾼이 말했다.

노바스코시아에서는 얼굴과 목에 호저의 침이 박힌 야생 갈까마귀가 울타리에 앉아 1시간 동안이나 울자 다가가서 그걸 뽑아주는 동영상이 온라인에 올라와 있다.[147] 상처 입은 동물이 일부러 인간을 찾아 온 이야기는 많이 있다. 『야생에서』*Out of the Wild*에서 마이크 톰키스Mike Tomkies는 이렇게 회상한다. "병든 야생동물이 (……) 마치 우리가 그들을 보호해 줄 수 있음을 아는 것처럼 우리에게 다가오는 경우가 얼마나 많은지……. 생각하면 이상하다."[148]

우리 집에는 귀여운 개 한 마리가 있었는데, 그에게는 사슴을 쫓아가는 구제불능의 나쁜 습성이 있었다. 폭설이 왔던 어느 날 그녀는 암사슴 한 마리를 잡아 무릎을 물어뜯었다. 나는 그 현장을 목격했고, 사슴의 피부에 상처가 난 것을 보았지만 그리 심각한 상황으로 여기지는 않았다. 나는 그 뒤 2~3일 동안 그 사슴을 계속 지켜보면서 별 탈이 없기를 바랐다. 그러던 어느 날 아침 앞문을 열었을 때, 그 사슴이 우리 집 현관 앞에 죽어 누워 있는 것을 보고 기겁했다. 그녀는 내게 도움을 청하러 왔던 걸까? 왜 그랬는지 물어보러 왔을까? 아니면 내게 책임을 물으려고 했던 걸까? 아니면 우리에게 자신을 기억해 달라고 청하러 왔을까? 그녀는 우리 개가 목숨이 끊어지기를 바랐거나, 정면으로 덤벼들고 싶었을까? 아마 이 모든 요인들이 그녀의 선택에 영향을 주었을 것이다. 그 어떤 해명도 우리 가족 중 한 멤버 때문에 고통을 겪은 사슴이 바로 우리 집 문 앞에 와서 죽었다는 곤혹스러운 수수께끼에 대한 올바른 해답인 것 같지 않다. 그 사슴은 답을 알았겠지만 나는 모른다.

다른 동물들도 가끔 우리에게서 일종의 동족 의식을 감지하는 것처럼 보일 때가 있다. 우리는 그들에게서 그런 의식을 알아보지 못하지만. 이따금 우리도 잘 부응한다. 귀신고래gray whale는 멕시코의 태평양 쪽 바자 해안의 석호에서 새끼를 낳는다. 새끼를 낳는 기간에는 작살에 찔린 귀신고래들이 보트에 돌진하여 산산조각으로 부숴 놓는 경우가 있다. 고래잡이들은 귀신고래가 매우 공격적이라고 생각하지만 사실 그들은 생사를 걸고 싸웠을 뿐이다. 귀신고래가 거의 멸종위기로 내몰린 뒤에도 사납다는 평판이 수십 년 동안 살아남았다. 조각배를 타고 나가는 멕시코의 어부들은 그들을 지독히 무서워한다. "그들을 악마의 물고기라고 불렀어요. 아무도 그들에 대해 좋게 말해 주지 않아요." 돈 파치코 마요랄Don Pachico Mayral이 내게 말했다.[149]

그런데 이런 상황은 1972년의 어느 마술 같은 날에 완전히 변했다. 마요랄은 한 친구와 고기를 잡으러 나갔는데, 보트 바로 몇 센티미터 거리에 커다란 귀신고래가 갑자기 떠오르는 바람에 깜짝 놀랐다. "제 동료와 저는 둘 다 겁이 났어요. 어찌나 심하게 놀랐던지 다리가 덜덜 떨렸습니다." 하지만 귀신고래는 보트를 위협하지 않고 그 옆에 바싹 다가오더니 그대로 있었다. 그리고 그때 마요랄은 그들 사이의 간극을 메워보기로 결심했다. "귀신고래를 아주 부드럽게 만졌는데, 그냥 차분하게 있더군요." 마요랄은 그로부터 40년 뒤 그 일을 내게 회상해 주었지만, 그의 인생을 바꾼 그 순간이 여전히 생생히 남아 있음이 분명했다. "몇 분이 흘렀지만 저는 계속 그녀를 쓰다듬었고, 결국 두려움이 사라졌어요. 숭고한 순간이었습니다. 저는 신께 감사했지요." 마요랄이 말했다.

이 선물을 다른 사람들과 나누고 싶은 마음이 간절해진 마요랄은 사람들을 태워 고래를 보러 나가기 시작했고, 그리하여 지금 그 유명한 석호의 고래 구경을 기반으로 한 관광업이 태어난 것이다. 마요랄은 인정했다. "그들은 우리가 입힌 온갖 피해를 용서했어요. 제가 그들에게 큰 사랑과 존경을 느끼는 것은 그 때문입니다." 마요랄이 죽기 직전에 나는 운이 좋게 그와 함께 석호에 갈 기회를 얻었다. 그리고 그곳에 찾아간 수많은 사람들처럼 나도 어미 고래들이 갓난 새끼들을 데리고 보트 곁으로 헤엄쳐 오는 것을 보았다. 어미들은 마치 새끼들을 우리에게 자랑스럽게 소개해 주는 것처럼 데려와서는 우리가 그들을 쓰다듬는 동안 곁을 지키고 있었다. 마요랄과 그의 아들인 헤수스Jesus는, 사람들은 고래가 다가오지 않으면 귀찮게 굴지 않는다고 설명했다. 하지만 그들이 다가왔는데 쓰다듬어 주지 않으면 그들은 가 버린다고 했다. 동기나 이유가 무엇이었든 간에 그들은 인간과 접촉하기를 원했다. 다른 종이 우리에게 특별한 친근감을 느낀다고 믿는 것은 단순한— 언제나와 같이— 자기중심적인 생각일까?

고대부터 최근에 이르기까지, 돌고래가 몸이 불편해진 수영객들을 수면으로 밀어 올려 준 이야기는 너무 많아서 일일이 찾아볼 수도 없다. 하지만 이 행성에서 인간이 없던 수백만 년 동안에도 돌고래들은 태어났고 죽었다. 돌고래는 자신의 새끼들과 병든 동료들을 도와주려는 본능적인 열망을 갖고 있다. 그들이 인간을 도와주는 것은 혹시 그 본능이 방향을 잘못 잡은 경우일까. 아니면 그냥 뭔가 해 보는 것일까. 그들은 우리를 상관하지 않는다. 그렇겠지?

내 책의 편집인인 잭 매크레Jack Macrae는 조지아 주 해안의 긴 산호초 섬 너머로 카약을 타고 나갔다가 바람과 조류가 바뀌어 상황이 험난해진 적이 있다. 그는 그 해역에 대해 잘 알지 못했으므로 불안해지기 시작했다. 그런데 얼마 지나지 않아 돌고래들이 나타나더니 그의 양옆에서 나란히 헤엄치기 시작했다. 마치 항로를 안내하는 것 같았다고 한다. 그는 그들과 함께 갔고, 그들은 그가 안전하게 있을 수 있는 어느 후미inlet에 데려다주었다. 어떤 연구자가 바하마의 바다에서 헤엄을 치다가 기운을 잃어 함께 헤엄치던 동료들에게 이끌려 가야 했는데, 그때 대서양알락돌고래 한 마리가 갑자기 하던 일을 멈추더니 그들을 보트까지 호위해 준 일도 있었다.[150] 그곳의 연구자들이 헤엄치다가 보트에서 90미터 이상 멀어지게 되면 돌고래들은 "급히 우리를 모선까지 도로 데려다줬다. (……) 돌고래들이 하자는 대로 따라가서 만나는 경우에도 그들은 여전히 우리를 둘러싸고 빙빙 돌거나 우리를 도로 데려다주었다."[151] 연구자 허칭은 또 말한다. "상어가 있을 때 돌고래들이 우리를 에워싸거나, 심지어는 매우 단호하게 보트까지 호송하여 데려다주는 일도 드물지 않다."[152]

2007년에 거대한 백상아리가 토드 엔드리스Tod Endris라는 서퍼를 심하게 문 일이 있었는데 병코돌고래 한 무리가 그를 둘러싸고 원형 대형을 이루어 보호했다.[153] 엔드리스는 무사히 뭍에 닿아 살아남았다. 1997년에 베네수엘라 앞바다를 항해하던 요트 한 척에서 승무원 한 명이 바다에 떨어져 찾을 수 없는 상황이 벌어졌다.[154] 그런데 1시간쯤 뒤에 모터보트를 타고 찾아 나섰던 사람들 앞에 돌고래 두 마리가 다가오더니 재빨리 몸을 돌리고, 다시 다가오더니 또 잽싸게 몸을 돌리는 동작을 여러 번 했다. 선장은 돌고래가 그런 행동을 하는 곳을 찾아봤는데 승무원은 없었다. 그래서 혹시나 하는 마음에 돌고래를 따라가기로 결정했다. 그리고 그들은 살아 있는 승무원을 찾았다. 돌고래들이 그를 돌보고 있었던 것이다. 2000년에 6세 쿠바 난민인 엘리안 곤잘레스Elian Gonzales는 타고 있던 보트가 가라앉아 어머니와 다른 사람들이 모두 죽은 뒤 이틀 동안 튜브를 타고 있다가 살아남은 일로 유명해졌다.[155] 그를 구조한 사람들은 겁에 질린 소년을 돌고래들이 돌보고 있는 모습을 보았다. 엘리안은 기운이 떨어져서 잡고 있던 튜브를 놓치려 할 때마다 돌고래들이 자신을 튜브 위로 밀어 올렸다고 말했다. 그는 돌고래들이 눈에 보여야만 안도감이 들었다고 했다.

이런 일들은 그저 곤경에 처한 포유류를 대하는 본능적인 반사 반응이자 다른 돌고래들을 도와주는 방향으로 진화한 반사 반응인

데, 그들이 방향을 잘못 틀어 인간을 대상으로 한 몇몇 경우에 불과할 수도 있다. 하지만 돌고래는 가끔 자신들끼리는 절대 하지 않는 그런 일을 인간에게 행한다. 그들 간에는 정말로 자연스럽지 않고, 온전히 인간을 위해서만 하는 그런 행동 말이다. "우리 배가 정박해 있을 때면 소나기나 폭풍이 오기 전에 돌고래들이 다가와서 꼬리로 철썩 때리는 것을 자주 보았어요."[156] 허칭이 말한다. 그것을 돌고래가 연구자들에게 경고하고 보호하려는 행동으로 보는 게 희망적 오해라고 한다면, 다음의 사실을 고려해 보라. 허칭이 탔던 배의 닻줄이 끊어져서 배가 표류한 일이 있었는데, 그때 블레즈라는 돌고래가 "닻이 있는 곳으로 향하더니, 우리가 배를 돌리고 조디악(고무보트)을 내려 그곳으로 가서 잃었던 닻을 되찾을 때까지 계속 그 장소를 맴돌았다. 그것은 근사한 종간種間 협동작업이었다."[157]

이런 이야기에 내포된 문제점은 그것들이 엄밀하게 기록된 자료가 아니고, 일관성도 없고, 주관적인 해석에 빠지는 경향이 있으며, 그렇기 때문에 평가절하되기 쉽다는 것이다.

하지만 다음의 일화를 평가절하해 보라. 어느 안개 낀 날, 생물학자 베어지는 말리부 부두 근처에서 잘 아는 병코돌고래 아홉 마리 무리가 솜씨 있게 청어 떼를 포위하는 광경을 기록하고 있었다. "그들이 막 식사를 시작한 직후, 그중 한 마리가 갑자기 무리를 떠나 빠른 속도로 바다 쪽으로 헤엄쳐 갔다. 한 순간도 안 되어 다른 돌고래들도 먹잇감을 버리고 그를 따라갔다." 돌연히 식사를 멈추다니, 아주 이상했다. 베어지도 그들을 따라갔다. "앞바다 쪽으로 적어도 3마일은 나갔을 때 돌고래들이 갑자기 멈추더니 어떤 특정한 행동도 없이 커다란 원을 만들었다."[158] 그때 돌고래들이 만든 원의 한복판에 긴 금발머리 사람 한 명이 움직임 없이 떠 있는 것이 베어지와 조수의 눈에 보였다. "옷을 전부 입고 있던 그녀의 몸을 물에서 끌어올리는데 그녀의 얼굴은 창백했고 입술은 시퍼렇게 차가웠다." 담요로 감싸고 연구자들이 안아 주어 몸이 따뜻해진 그 여자는 말하기 시작했다. 18세인 여자를 병원으로 데려간 베어지는 나중에 그녀가 자살하려고 바다로 헤엄쳐 갔다는 것을 알았다. 그녀는 돌고래들 덕분에 살아났다.

이런 일은 의미가 아주 깊다.

돌파구가 생기더라도, 우리가 이미 아는 것을 확인해 주는 형태로 발견되지는 않는다. 뭔가 예상치 못한 일로, 헤아리기 힘든 일로 나타나며, 당혹감을 야기하고 새로운 설명을 요구하는 형태로 등장한다. 많은 사람들이 무시하거나 비웃는 사건으로 발생한다. 참이라는 게 밝혀지기 전까지는 그런 취급을 받기 마련이다. 그러니 나는 믿기도 조심스럽지만 무시하기도 조심스럽다. 그런 많은 이야기들은 나를 '그냥 모르겠다'고 말하는 수밖에 없는 상황으로 몰아넣었다. 그런데 그 정도의 말도 나는 좀처럼 하지 않는다.

누군가가 어떤 생물을 관찰하면서 수십 년을 바쳤다면 그의 관찰 내용은 가볍게 다룰 수 있는 게 아니다. 돌고래는 죽은 남자가 탄 배를 엄숙하게 따라왔고, 또 다른 돌고래는 몇 마일 밖에서 자살하려는 여자를 둘러싸기 위해 먹이를 버려두고 그곳으로 갔다. 이런 일이 정확하게 무엇을 의미하는가, 인간이 이를 이해하기는 더 어렵다.

그처럼 예상치 못한 정전停戰, 그처럼 일방적인 평화의 사례들을 어떻게 설명해야 할까? 내가 보기에 그것은, 그렇다, 비폭력성이라는 수준에서 범고래가 길 잃은 인간에게 자애롭게 대하고 가끔씩 보호자가 되어 주기도 한다는 수식으로 넘어가는 과정에는 큰 비약이 있다고 본다. 하지만 고래의 생각은 무엇인가? 세계의 모든 야생 범고래는 어떻게 이처럼 우리와 일방적인 평화 관계로 귀착하게 되었을까? 이런 이야기를 듣기 전에 나는 부정적이었다. 지금은 모든게 불확실해졌다. 나는 불신을 유보했다. 이것은 내가 예상하지 못한 감정이다. 이 이야기들은 내가 닫아 버린 문, 온갖 위대한 정신적 업적들로 나아가는 문을 열도록 강요했다. 단순한 경이감, 존재 변화의 가능성에 열려 있는 마음으로 나아가는 문을 열게 한 것이다.

인간과 범고래

밸컴은 집의 작업실로 돌아오자마자 카메라를 컴퓨터에 꽂는다. 밸컴이 고래를 관찰해 온 동안 사진 기술은 흑백 필름에서 디지털 사진으로 발전했다. 또 무엇이 변했을까?

데이브가 끼어든다. "이제 그들에게 저희는 지루한 존재예요. 그들이 보트를 보는 족족 상대하고 싶어하던 시절은 이미 지나갔다고요.

그리고 만약 그들이 우리에게 오고 싶어하면 경찰도 따라붙습니다." 밸컴이 덧붙인다. 초기에 밸컴은 특정한 방식으로 휘파람을 불곤 했다. "말하자면 저만의 서명 호출소리 같은 걸 들려줬던 거지요." 그렇게 해서 고래들이 자신을 알아보도록 했던 것이다. 지금은 그렇게 할 수 없다.

예전에는 허가 없이도 고래들에게 총을 쏠 수 있었고, 추격하거나 포획할 수도 있었는데, 지금은 고래에게 휘파람을 부는 것조차 불법이다. 요즘은 "그들의 행동에 영향을 줄 만한" 어떤 행동도 허락되지 않는다.

재즈와 월드뮤직 혁신가인(그리고 나도 잘 아는 친구인) 폴 윈터Paul Winter가 모튼의 고무보트 측면에 강철제 관을 테이프로 붙인 다음 그속에다 섹소폰으로 요한 세바스찬 바흐의 곡을 연주했더니, 거대한 수컷인 탑노치가 자신의 파드에서 방향을 바꾸어 노를 저으며 다가와 폴의 연주가 끝날 때까지 근처에 떠 있었다. 모튼은 이렇게 썼다. "노래가 끝나자 탑노치는 휘익 하고 긴 호출소리를 내더니 숨을 내뿜고 사라졌다."[159] 지금은 이런 일도 불법일 것이다.

동의한다. 술에 취한 인간들이 총각파티를 하는 것처럼 시끌벅적하게 고래를 따라다니면서 맥주캔을 그들에게 던지고 고래고래 고함을 지르는 꼴은 보고 싶지 않다. 하지만 가끔은 그들에 대한 보호가 지나쳐서 그들을 소외시키는 것 같고, 경찰이 감시하기에 제일 쉬운 사람들, 즉 연구자들을 과녁으로 삼는 것으로 보인다.

"안타까운 일이지요. 우리는 그들을 즐겁게 해 줬거든요. 그 즐거움의 영역은 우리가 지금껏 알아 온 그 어떤 것보다 더 넓을 수도 있는데."

그들이 그들 나름대로, 또 그들이 원하는 시간에 상호행동하기로 선택하는 것이지만, 어쩌면 그것도 어떤 면에서는 그들을 불편하게 했던 걸까?

"이 문제에 대해 딱 잘라 말해 줄 수 있어요." 밸컴은 약간 날카로운 어조로 단언한다. "전 제가 고래를 불편하게 만들었다고 느낀 적은 한번도 없습니다." 나는 그의 생각을 굳게 지지한다.

우리는 그 신기한 두뇌가 평화롭게 우리를 만나고 싶어하는 동물과 세계를 공유하며, 우리는 이런 것을 분명히 좋아한다. 우리는 그들의 먹이를 파괴하고 또 그들의 귀를 망가뜨리고 있는 주제에 그들을 보호한답시고 주위에 차단벽을 세운다. 우리가 악마 짓을 하는 것처럼 보이겠지만, 그 배후에 있는 생각은 그와 다르다. 아니 그 배후에는 어떤 생각도 없다. 우리의 인간 두뇌는 그곳에 닿지 못하니까.

멕시코의 바하를 중심으로 하는, 귀신고래와 아주 가깝게 만나게 해 주는 생태관광업은 고래들이 태어나는 석호를 산업 개발로부터 보호하는 운동에서 가장 중요한 요소였다. 고래들은 차단벽을 쌓지 않고, 초청장을 보냈다. 거의 모든 석호에는 배가 들어갈 수 없다. 그 외의 장소에는 하루에 2시간만 들어갈 수 있다. 고래들은 원한다면 프라이버시를 충분히 누린다. 그럼에도 아기를 옆에 데리고 우리가 탄 보트에 다가오는 고래들이 있다. 미국이나 캐나다에서는 고래를 쓰다듬었다는 이유로 감옥에 갈 수도 있지만 바하에서는 고래를 쓰다듬어 주지 않으면, 그들이 당신을 떠나 더 재미있고 호응도 좋은 다른 인간을 찾는다. 바하에도 가 본 내가 볼 때, 그쪽 시스템이 더 좋다. 인간의 고래 이해를 위해서는 확실히 바하 쪽이 훨씬 더 좋다. 또 그렇기 때문에 고래에게도 더 좋다. 코끼리, 늑대, 고래, 다른 많은 동물들에게 가까워지다 보니 더 깊은 이해가 자리 잡게 됐고, 그 편이 모두에게 더 좋았다. 고래에게 음악을 연주하거나 휘파람 부는 것은 불법으로 규정하면서도 법은 그들이 살 곳을 인간이 빼앗아 멸종시키는데도 손 하나 까딱하지 않는다. 사실 동물이 살아남기 위해 인간 투표권자를 필요로 하는 이 이상한 새 시대에, 그처럼 강요된 소외는 그들의 파괴를 촉진할 뿐이다.

요즘 범고래는 훨씬 더 넓은 지역으로 흩어졌고, 과거에 비해 산후안 근처에서는 덜 자주 보인다. 밸컴은 한탄한다. "우리에게는 좋은 시절이 다시 오지 않을 겁니다."

그가 말하는 좋은 시절이란 1980년대를 말한다. 그는 젊었고, 연어도 풍부했으며, 고래의 개체 수는 회복되고 있었던 때 말이다. 하지만 범고래에게 진정으로 좋았던 시절은 그보다 훨씬 더 예전이다. 적어도 20세기 중반 이후부터 인간은 그들을 경쟁자로 여겨 죽였고, 오락을 위해 포획했으며, 연어가 수정하는 강을 오염시키거나 남획으로 그들의 먹이를 고갈시켰다.

1874년에 고래잡이 선장 찰스 스캐먼Charles Scammon은 범고래에 대해 이렇게 썼다. "세계의 어느 구역에서 발견되든 그들은 언제나 뭔가 때려 부수거나 집어삼킬 것을 찾는 데 몰두하는 것 같았다." 나는 이것이 그 자신의 포경선단에 대해 하는 말인 줄 착각할 뻔했다. 범고래는 가끔 자신보다 큰 고래를 잡아먹기도 하지만, 수백만 년 동안 범고래가 존재해 왔는데도 대형고래는 여전히 수백만 마리가 있다. 이와 반대로 스캐먼의 동료들이 막 사라질 무렵에는 고래들도 거의 멸종되는 중이었다.

이곳에서 헤엄치고 있는 늙은 고래들이 살아오는 동안 인간은 그들을 두려워하고 싫어했다.[160] '킬러'라는 이름이 붙은 그들이 인간을 공격할 기회가 생겨도 그냥 지나쳤다고 하면 누가 믿을까? 1973년에 나온 미해군의 잠수 규칙에 범고래는 "기회만 생기면 인간을 공격한다"고 되어 있다.[161] 1969년에 나온 책 『인간은 제물』Man Is the Prey은 범고래를 '가장 큰 식인 동물'이라고 부른다. 이런 발언의 유일한 문제는 그것이 실상과 전혀 다르다는 점이다.

향유고래는 초기에 나돌았던 '피에 굶주린 존재'라는 평판이 결국은 시정되어 실제 모습이 알려지게 된 또 다른 종이다. "피조물 가운데 그보다 더 괴물처럼 사나운 동물은 없을 것이라고 믿을 수도 있었다." 토머스 빌Thomas Beale은 1838년에 출간한 『향유고래의 자연사』The Natural History of the Sperm Whale에서 이렇게 썼다. "하지만 실제로 향유고래는 가장 온순하고 공격성이 없는 동물일 뿐 아니라 주위에서 깨알만한 생물이라도 평소와 다르게 행동하면 그로부터 달아나기 바쁘고, 자신이 했다고 비난이 퍼부어지는 그런 행동을 자행할 능력도 전혀 없다."

좀 더 신화적인 북서태평양 원주민들의 견해는 더 발전된 형태다. 더 객관적이기도 하다. 그들이 관찰한 내용에 담긴 논리는 우뚝 선 지느러미를 가진 고래들의 실상을 더 정확하게 반영한다. 원주민들은 엄청난 살해 능력이 있는데도 자신들을 절대 해치지 않는 거대한 생물을 지근거리에서 보았다. 그랬으니 고래는 너무나 당연히 경외감을 불러일으켰다. 경외감은 그들의 높은 지능에 대한 존경심을 품게 해 주고, 그들의 판단을 높이 평가하며, 그들의 인내심에 감사하게 되는 생생한 재료였다. 사람들은 바다를 가로지르며 다른 세상 같은 그 영역을 그토록 유능하게 장악하는 흑백의 헤엄치는 생물을 영적인 존재로 간주했다. 현재 알래스카 남동부에 속하는 트린기트족the Tlingit은 범고래가 자신들에게 힘과 건강과 음식의 선물을 준다고 믿는다.[162] 고래는 이런 것들을 컴컴하게 얼어붙은 물에서 건져오는 방법을 알고 있다는 것이다. 브리티시 콜롬비아의 원주민들에게도 카카윈kakawin, 즉 범고래는 초자연적 힘을 가진 존경받는 영적 존재다. 카카윈은 늑대인 크와야킥qwayac'iik에 상응하는 바다의 존재다. 따라서 바다의 늑대인 카카윈은 진실 및 정의와 결부된다.

유럽인과 일본인은 거의 대부분 범고래에 대해 아무 것도 몰랐고, 관심을 가지는 일은 더더욱 없었다. 어부들에게 그들은 재앙이었고 경쟁자였다. 선원들은 그들을 악마 취급했고, 아이들은 그들에게 돌을 던졌다. 범고래 조련사이기도 했고 야생 상태의 범고래를 연구해 온 엘리스 역시 어렸을 때 그들에게 돌을 던졌다. "인간은 그런 짓들을 합니다. 더 나이가 들면 그들에게 총을 겨누고요."[163]

1950년대 이후부터 1980년경까지 노르웨이, 일본, 소련은 약 6,000마리의 범고래를 도살했으니,[164] 말할 것도 없이 그들 사회를 광범위하게 파괴한 것이다. 다른 나라들도 범고래의 사망률을 높이는 데 한껏 기여했다.

1956년에 아이슬란드 정부는 범고래가 청어를 잡아먹고 그물을 파손한다고 야단법석을 떨며, "청어 어업을 망쳐" 25만 달러의 피해를 입혔다는 책임을 그들에게 지웠다(인플레를 감안하더라도 이는 놀랄 만큼 사소한 액수이며, 청어를 먹는 다른 포유류와 바닷새와 다른 물고기들로 인한 피해는 당연히 무시하는 주장이다). 아이슬란드는 미국에 지원을 요청했다. 1956년 10월에 『해군항공뉴스』*Naval Aviation News*는 자랑했다. 미해군 비행기들이 "범고래에 대한 성공적인 작전을 한 차례 더 완수했다……. 기관총, 로켓포, 기뢰로 수백 마리가 죽었다."[165] 그들이 겪은 고통과 바다에서 자행된 난동은 그야말로 처참했을 것이다.

밴쿠버 섬 캠벨 강Campbell River 지역에 있는 취미 낚시터 숙소 주인들이 연어를 범고래에게 빼앗긴다고 불평하자, 캐나다의 수산부는 그에 대답하기 위해 1960년 7월의 어느 날 시모어 내로스Seymour Narrows라 불리는 어로 지역에 범고래가 들어가지 못하게 막는다는 유식한 계획을 시행했다. "0.5인치 구경 기관총 한 정을 삼각대 위에 설치해 두고 (……) 범고래가 접근하면 발사한다는 계획이었다."[166] 그런데 기관총이 설치된 뒤 고래들은 수수께끼처럼 먹이를 잡던 장소를 옮겨 그 지역에 접근하지 않았다. 고래들은 어떻게 그 계획을 알 수 있었을까?

범고래를 죽이는 것보다는 그들이 살아 있는 모습을 보는 게 더 낫다는 이야기도 나왔다.

그러나 포획의 시작은 그리 깔끔하지 않았다. 1962년에 태평양에 면한 캘리포니아 마린랜드의 직원 두 명이 퓨젓 사운드에서 13미터짜리 보트를 타고 범고래 한 마리를 올가미로 잡았다. 암고래가 비명을 지르자 수컷 한 마리가 도우러 왔다. 직원들은 겁에 질려 총을 쏘기 시작했다. 결국 수컷은 사라졌다. 올가미에 걸린 암컷도 결국 여섯 발을 맞고 죽었다. 그 고래의 사체는 개의 먹이가 되었다. 1964년에 밴쿠버 아쿠아리움은 38세의 어느 조각가에게 범고래의 실물 크기 모형을 만들어 달라고 주문하면서, 모델로 쓰도록 한 마리를 죽이라고 그를 바다로 보냈다. 그는 어린 새끼에 불과한 고래 한 마리에게 작살을 쏘았고, 그 새끼는 쇼크상태에 빠져 가라앉기 시작했다. 그러자 파드 멤버 두 마리가 달려와서 기절한 새끼를 수면에 밀어올려 숨 쉴 수 있게 했다. 어린 것이 다시 숨을 쉬기 시작하자 조각가는 라이플을 꺼내 쏘기 시작했다. 작살에 찔린 고래가 쉭쉭 소리를 어찌나 크게 냈는지 90미터 떨어진 곳에 있던 사람들도 그 소리를 들었다.[167] 그러다가 조각가는 그를 산 채로 끌고 가기로 결정했다. 작살에 찔린 새끼 고래는 통증을 덜기 위해 목줄에 묶인 것처럼 헤엄치며 따라갔다. 그 사건은 국제적인 뉴스가 되었다. 그때까지 범고래가 산 채로 잡힌 적은 없었으니까. 대중 여론은 그것에 빠져들었다. 상처 입은 새끼 고래는 55일 동안 아무것도 먹지 않았다. 다시 먹이를 먹기 시작한 뒤 그는 한 달을 살아 있었다. 빅토리아 주의 『타임스』*Times*는 그 어린 고래 — 모비 돌이라는 이름을 얻은 — 가 "비참하게 죽었다"는 의견을 실었다.[168] 사람들은 상심했다. 하지만 모두가 그런 것은 아니었다. "전 이런 식의 감상적인 태도가 걱정스럽습니다." 아쿠아리움의 관리자는 한 기자에게 이렇게 말했다. "그건 근사한 고래였지만, 사람을 산 채로 삼킬 수도 있다고요."

어린 고래의 고통은 비극적인 사건이었지만 전환점이 되어 주었다. 그의 온화하고 호기심 많고 협동적인 성품은 허위 평판에 등장하는 사나운 짐승과 너무나 달라서 사람들을 놀라게 했다. 당연한 수순으로, 아쿠아리움들은 살아 있는 범고래를 잡아와서 유료 관객들에게 보여주자는 아이디어를 떠올리게 되었다.

1965년 7월 하순의 어느 날, 어부의 그물에 우연히 걸린 범고래 한 마리가 시애틀의 아쿠아리움에 도착했다. '나무'라는 이름으로 알려진 그는 1년이 넘도록 엄청난 매력으로 유료 관객을 끌어들이는 능력이 있음을 입증했다. 그러다가 그는 죽었다. 그 뒤로 이어질 수많은 죽음의 첫 번째였다.

그 아쿠아리움과 해양 테마 놀이공원 여러 곳은 더 많은 고래를 원했다. 시월드와 시애틀 아쿠아리움의 협동으로 진행된 최초의 포획 작전이 1965년 10월에 벌어졌다. 1973년경 포획자들은 한 마리당 7만 달러 정도를 받았다.[169] 헬리콥터와 모터보트, 폭발물을 사용한 그들이 고래 무리를 괴롭혀 만 안쪽으로 몰아넣으면 어선들이 그물로 그들을 잡곤 했다. 포획자들은 젖 뗀 새끼들을 원했다. 하지만 일이 언제나 바라는 대로 수월하게 진행되지는 않았다.

1969년의 어느 날 밤, 포획자들은 그 유명한 탑노치를 포함해 범고래 열두 마리 중에서 네 마리를 울타리 안에 몰아 넣었다.[170] 아침이 됐는데도 잡히지 않은 고래들은 갇힌 가족들을 떠나지 않았다. 그래서 포획자들은 그들까지도 포위하고, 만안에 그물을 엇갈리게 설치했다. 갇혔던 고래 한 마리는 그물을 빠져나온 뒤에도 계속 그물망을 들이받아 그물에 구멍을 냈다. 아마 쇼크상태여서 방향감각을 잃었을 가족 대부분은 즉시 따라 나오지 못했다. 암컷 한 마리가 그물에 다가와서 출구를 찾아다녔지만 찾지 못했다. 그러는 중에 어부들은 최대한 빨리 구멍을 수리했다. 그 수컷은 결국 그물을 들이받기를 멈추었지만 며칠 동안 밖에서 기다렸다. 결국 굶주리기도 했고 절망하기도 했을 그는 떠났다. 미국과 유럽의 경매자들로부터 구매 제의를 받아 기분 좋아진 포획자들은 어린 고래 일곱 마리를 경매에 붙였다. 어른 네 마리는 놓아 주었다. 풀려난 고래들은 하루이틀 계속 맴돈 뒤에야 자리를 떴다.

그 뒤 오랫동안 그곳에는 어떤 고래도 찾아오지 않았다.

1968년에 브리티시 콜롬비아에서 임신한 고래 두 마리가 포획되었다.[171] 그들은 한 달 동안 먹이를 먹지 않다가 어떤 곳에 팔렸다. 마린 월드 아프리카 유에스에이Marine World Africa U.S.A라는 그곳의 이름은 정체성 상실의 증거라 해도 될 것이다. 한 어미는 사산했고, 결국 그도 죽었다. 조련사들은 남은 한 마리 어미를 계속 훈련시켜 도약시켰다. 그렇지만 그녀도 사산했다. 그 고래 자신은 초기의 그 같은 시련을 이기고 살아남았다.

포획자들은 새끼 고래를 원하는 만큼 마음대로 잡아갈 수 있었다. 누구도 그들의 사회구조나 전체 개체 수에 대해 알지 못했다. 다들 고래는 본질적으로 태평양 전역을 떠돌아다니는 무수히 많은 범고래 전체 집단에 포함되며, 마음 내키는 대로 이런 근해까지 들어왔다 가는 것이라고 믿고 싶어했다. 그러니 몇 마리 잡아다가 수조에 넣는다고 뭐가 나쁘겠어?

밸컴 역시 당시에는 전통적인 어부들과 생각이 다르지 않았다. 하지만 그는 고래의 '지속적인 공급'이라는 게 무슨 의미인지 알고 싶었다. 그는 그것이 무한할 수는 없으리라고 추측했다. 탁월한 캐나다 연구자 마이크 빅Mike Bigg은 개별 고래를 꾸준히 식별할 수 있고, 그 그룹이 안정적으로 유지되며, 누구의 추정보다도 실제 전체 개체 수가 훨씬 적다는 것을 깨달았다. 그는 '터줏대감'과 '과객' 고래들이 서로 다른 먹이 종류와 호출소리와 사회적 버릇을 지닌 채 같은 물에서 헤엄치며 절대 섞이지 않는다는 것을 올바르게 간파했다. 이는 전혀 알려지지 않았던 사실로 설명 불가능해 보였다. 포획자들만 그의 이런 생각을 무시한 것이 아니었다. 관리들은 빅을 '미치광이'로 취급했다고 밸컴이 말한다. 밸컴도 미국 정부 관리와 수상 집행자들로부터 똑같은 공식적, 만성적 박해의 그물에 걸려들었다. 그 때문에 힘든 시절이 있었다.

1962년에서 1970년대 중반 사이에 수많은 범고래들이 어린 것들을 떼어 내려는 의도로 그물을 친 포획자들에게 거듭 걸려들었다.[172]

산 채로 포획된 고래 중 4분의 1에는 아무렇게나 쏘아대는 총 때문에 생긴 상처 자국이 있다. 북서부 고래와 인간 사이의 관계는 이런 식이었다.

고래들은 제일 좋아하던, 먹이가 가장 풍부한 먹이잡이 장소 몇 군데를 피하기 시작했다. 너무 위험해졌기 때문이었다. 그러다가 대중들이 포획에 대해 부정적으로 보기 시작했다. 1976년에는 어느 포획 현장에 1,000명 이상이 달려와서 항의했다.[173]

결국 연구자들은, 물에서 헤엄치는 남부 터줏대감 고래들의 수가 150마리도 안 된다는 것을 ─ 의심의 여지가 없도록 ─ 기록했다. 그들의 연구가 없었다면 아마 그 그룹은 멸종되었을 것이다. 산 채로 잡힌 고래와 그물잡이 동안 죽은 고래의 수로 보아, 포획 때문에 전체 고래 중 40퍼센트가 사라졌다. 그것이 60마리 정도다. 산 채로 잡혀 수조에 갇힌 고래 53마리 중 한 해가 가기 전에 16마리(전체의 3분의 1가량)가 죽었다.[174] 포획사업이 절정에 달했을 때, 해양 테마파크들은 태평양 북서부와 아이슬란드에서 범고래 95마리를 잡아 갔다. 1975년과 1976년에 캐나다와 워싱턴은 마침내 범고래 포획을 금지했다.

1977년 여름, 캐나다의 빅토리아 주에서 갓 대학을 졸업한 나는, 처음으로 범고래를 보기 위해 표를 사서 관람석에 앉았다(살아 있는 범고래를 다시 야생에서 본 것은 그로부터 13년 뒤였다). 그들이 있었다. 그들은 예쁜 여자들로부터 물고기를 얌전히 받아먹지만 말할 수 없이 위력적인 전신 도약을 실행하고 있었다. 나는 이런 '살인' 고래들이 인간 친구들과 하는 행동을 보면서 너무나 감동하여 눈물을 흘렸다. 그들은 영혼 없는 살인자가 아니었다. 그들은 예민했고, 서로에게 반응했으며, 조심스럽고 온화한 거인들이었다. 장엄했다. 그 공연은 자비심으로, 종의 간격을 뛰어넘어 다가가려는 인간들의 관대한 정신으로 가득 차 있는 것 같았다. 또 고래를 사랑하는 법을 배우려는 희망도 있어 보였다. 그러나 그 장막 뒤를 들여다보려는 생각은 한번도 하지 못했다.

그날 내가 본 장면을 함께 본 많은 사람들의 마음과 입에서 범고래는 사면되었다. 킬러로서의 연한을 다 마친 뒤 그들은 자신들이 결코 받을 이유가 없었던 평판을 졸업하고, '오르카'의 차원으로 올라갔다.

고래는 변하지 않았다. 그저 세계를 바꾸는 그들의 모습을 우리가, 처음으로, 흘낏 본 것이다. 그 시절에 고래구경 관광whale watching은 없었다. 야생 다큐영화 제작자들도 그 이후 그들이 이루게 될 것을 시도해 볼 꿈도 아직 꾸지 않던 시절이었다. 최초의 포획 고래들은 자신이 이해할 수 없었던 정당한 명분에 목숨을 바쳤다. 그러니 물어보자. 대중의 변화라는 것이 저 공연하는 고래들이 치르는 희생만큼 가치 있는 것인가?

지금은 다른 대답이 나올 수 있다. 하지만 1977년의 그날, 내가 눈물을 훔치며 관람석을 떠날 때, 그런 생물과 공존한다는 경이감에 젖었을 때는 내게 의문이 없었다. 어떤 의문도 없었다. 내가 보는한 고래들은 분명히 즐거워하는 것 같았으니까.

포획

1860년대에 영국과 미국의 아쿠아리움들은 벨루가고래와 병코 돌고래를 전시하기 시작했다. 바넘P.T. Barnum 서커스단이 전시한 벨루가는 아마 재주넘기를 훈련받은 최초의 고래목 동물일 것이다. 또 1914년에 뉴욕 아쿠아리움 관리자 찰스 타운젠드Charles Townsend 는 고래들이 노는 꼴이 '법석 떠는 강아지들'과 비슷한 것을 보고 입이 딱 벌어졌다. 하지만 수십 년이 지나도록 관리가 워낙 빈약해 서인지 포획된 돌고래는 오래 살지 못했다.

1930년대에 영화제작자 여러 명이 플로리다에 커다란 수중 촬영 세트장을 지었다. 이 마린 스튜디오는 곧 플로리다의 마린랜드 가 되어, 유료 관객을 맞아 들였다. 마린랜드가 생기기 전에는 돌고래의 사회적, 감정적, 인지적 능력에 대해 알려진 바가 전혀 없었다.

마린랜드의 큐레이터였던 맥브라이드가 놀라서 쓴 글을 보면, 함께 포획되었지만 여러 주일 동안 떼어 놓았던 수컷 돌고래 두 마리를 다시 합쳤더니 "엄청나게 흥분한 모습을 보여주었다. (……) 그 둘이 서로를 알아본다는 데는 추호의 의심도 있을 수 없다"라는 부분이 나온다. 감동받고 매혹된 맥브라이드는 자신이 돌보던 돌고래들이 "심해에 사는 우리의 가장 '인간적'인 친척임을 (……) 자신의 친구를 기억하는 매력 있고 장난스러운 수중 포유류임을 보여주었다"고 썼다. 과학자들은 이제 가까이에서 병코돌고래를 지켜볼 수 있다. 그 이전에 사람들은 고래에 대해 생각하는 경우가 별로 없었고, 고기와 기름과 가죽을 주는 자원으로만 여겼다. 그런데 아쿠아리움은 가족생활을 하는 놀라운 포유류로서의 돌고래와 고래를 대중의 관심 속으로 데려왔다. 아쿠아리움이라는 장소는 말 그대로 돌고래의 사회생활을 들여다보는 최초의 창문이 되었다.[175]

1950년대 초반 마린랜드에서의 어느 날 저녁, 야간 감독자는 돌고래 한 마리가 펠리칸 깃털 한 올을 자신에게 던지는 것 같다고 느꼈다. 그리고 얼마 지나지 않아 그들은 서로 공과 장난감을 주고받으며 던지게 되었다. 마린랜드는 세계 최초의 '교육받은 까치돌고래'를 선보이기 시작했다. 돌고래 공연이 이어졌다. 하지만 이 상호행동을 시작한 것은 돌고래였고, 감독자와 대중은 그들에게서 교육받은 것이다. 그 뒤 30년 동안 세계 최초의, 그리고 유일한 돌고래연구는 포획된 고래들에 관한 연구였다.

포획사업은 더 높은 차원으로 올라갔다. 사업 규모가 더 커졌고, 더 많은 수가 포획됐으며 위험도도 더 높아졌다. 그리고 그 가운데 제일 큰 종목이 범고래 포획이었다.

감동적인 영화 〈블랙피시〉Blackfish에서 고래 옹호자인 개릿은 1970년대에 있었던 어떤 추격전을 회상한다.[176] 모터보트들은 폭발물을 던지면서 겁에 질린 고래 무리를 그물 쪽으로 몰았다. 하지만 이 오르카들은 예전에도 잡힌 적이 있어서인지, "무슨 일이 벌어지고 있는지 알고 있었고, 어린 것들을 뺏길 수 있다는 것도 알고 있었어요. 그래서 새끼가 없는 어른들이 동쪽으로, 막다른 길로 들어갔지요. 보트들은 그들이 모두 그쪽으로 가는 줄 알고 따라갔고요." 하지만 새끼를 데리고 있던 어른들은 길을 나누어 어린 것들을 보호하면서 섬의 먼 쪽 끝으로 갔다. 새끼가 없는 어른들은 눈에 띄게 행동했다. 새끼가 딸린 어른들은 눈에 띄지 않게 빠져나갔다. 그것은 탁월한 전략이어서, 예전에도 접한 적이 있는 의문을 우리 앞에 던졌다. 그들은 그런 생각을 서로 어떻게 소통했을까?

하지만 개릿은 우리에게 상기시킨다. "그들은 언젠가 숨을 쉬러 부상해야 해요." 그리고 그들이 부상하면 포획자들의 헬기가 그들의 위치를 확인할 것이다. 결국 그곳에 있던 모터보트들이 고래를 붙잡았다. 포획자들은 새끼들을 울타리에 가둔 뒤 그물을 느슨하게 풀어 어른들이 헤엄쳐 나가게 해 두었다.

그런데 어른들은 떠나지 않았다.

"포획자들이 새끼를 올가미로 묶기 시작하자 어미들은 새끼들을 잡아가지 못하게 격렬하게 막았어요. 어미는 사이에 끼어들어 아기를 밀어냈고, 끽끽거리는 소리가 많이 났습니다." 밸컴이 말한다. 밸컴의 회상에 따르면, 자신들이 위험해질까 겁이 났던 포획자들은 저항하는 어른들을 죽이기도 했다.

영화에서는 잠수부 존 크로John Crowe가 해설을 맡았다. 그의 회상에 따르면, 잠수부들이 새끼를 옮기기 위해 들것에 실으려 하자, "가족 전체가 25야드 밖에서 긴 줄을 이루어, 주고받으며 소통하고 있었어요. 음, 그 상황에 있으면 당신은 자신이 무슨 짓을 하고 있는 지 깨닫게 됩니다. 전 감당할 수 없었어요. 그냥 울기 시작했습니다. 엄마에게서 어린아이를 유괴해 오는 것과 똑같았어요⋯⋯. 그보다 더 나쁜 짓은 상상도 못하겠어요." 그래도 그는 그 일을 끝냈다. "다들 지켜보고 있는데 달리 어떻게 할 수 있겠어요?" 그 일이 모두 끝나자 그물 안에는 고래 세 마리가 죽어 있었다. 크로와 다른 두 사람에게는 "고래를 절개해서 몸속에 돌덩이를 채우고 꼬리에 닻을 달아 물에 빠뜨리라"는 지시가 내려졌다. 크로는 그 작업을 "자신이 했던 일 중에 최악"으로 기억한다.

우리와 비슷한 두뇌를 가진 사회적 포유류가 지난 몇 년 동안 끊임없이 몸을 부비며 살던 새끼가 잡혀가는 것을 막으려고 애를 쓰다가 실패하고, 어린 것을 빼앗긴 채 혼란의 현장을 떠나 헤엄쳐 갈때의 정신적 상처가 어떨지는 상상도 할 수 없다. 또 고립되고 가족의 음성에서 갑자기 차단된 채, 무한한 바다에서 떨어져 나와 찻종지만한 콘크리트 수조에 갇히게 된 새끼의 두려움과 혼란은 또 어떨지⋯⋯.

미국과 캐나다가 범고래의 포획을 금지하자 아쿠아리움들은 포획 무대를 아이슬란드로 옮겼다. 1983년에 아이슬란드에서 포획된 4미터 길이의 2세 고래가 캐나다 빅토리아 주의 시랜드Sealand에 도착했다. 그곳은 하로 해협을 사이에 두고 밸컴의 집과 마주보는 곳이었다. 시랜드의 직원들은 그 돌고래에게 '틸리쿰'Tilikum이라는 이름을 붙였다. 시랜드에서 조련사로 있었던 에릭 월터스Eric Walters는 틸리쿰을 이렇게 기억했다. 틸리쿰은 "정말 함께 일하고 싶어지는 상대였어요. 아주 잘 처신하고, 언제나 기쁘게 해 주려고 열심이었어요. 틸리쿰은 믿을 수 있는 상대였지요."

하지만 초반에 틸리쿰을 담당했던 조련사는 미리 훈련받은 다른 범고래와 함께 팀을 꾸려 처벌을 가하곤 했다. 훈련받은 범고래가 조련사가 원하는 행동을 했는데 틸리쿰은 하지 않으면, 범고래 두 마리 모두에게 벌을 주고 먹이를 주지 않았던 것이다. 이 때문에 훈련받은 범고래가 속이 상해 틸리쿰을 물어뜯어 전신에 이빨자국을 내고 피투성이로 만들 정도였다. 야생 범고래들이 그런 태도를 보이는 일은 기록상 한번도 없었다.

시랜드는 바다에 그물 울타리를 치고 그 주위에 관람석을 빙 둘러 설치한 장소에 불과했다. 만 위에 작은 정박지marina처럼 떠 있는 시설이었던 것이다. 관리자들은 자신들이 보유한 고래 세 마리에게 동정적인 사람들이 그물을 끊을까봐 걱정하여, 밤중에는 범고래를 가로세로 6×10미터 크기의 어두운 철제 수조에 '가두어' 두었다. 하루에 110킬로미터를 헤엄치는데다 몸 길이가 그 감방 폭의 절반이 넘는 동물이 하루 중 거의 3분의 2를 움직이지도 못하고 감각이 차단당한 채 감방에 갇혀 지내야 하는 것은 "그냥 잘못된 일이었다"고 과거의 시랜드 사장인 스티브 헉스터Steve Huxter도 인정했다. 몸이 5미터로 커졌는데도 자신의 부족도 아닌 적대적인 동료 두 마리와 비좁은 깡통 속에서 대부분의 시간을 보내야 했던 틸리쿰의 몸에는, 아침이면 새로 피가 흐르는 상처가 나 있었다. 틸리쿰은 도저히 견디기 힘든 폭력을 당하게 된 것이다. 게다가 그로부터 벗어날 길이 없었다.

밸컴은 틸리쿰을 그를 싫어하는 다른 고래 두 마리와 함께 하루에 14시간씩 상자 속에 갇혀 미칠 지경으로 지루한 시간을 보내게 만든 것이 "아마 정신병을 유발한 것 같다"고 말했다.

1981년에 범고래를 집중적으로 다룬 첫 책에서 에릭 호이트Eric Hoyt는 이렇게 썼다. "포획되어 시월드와 마린랜드에 갇혀 있던 범고래들이 조련사를 물속으로 끌어들여 거의 익사하게까지 만들었다. 깨문 적도 많았다. 이런 사건은 일반적으로 특정 고래가 여러 해 동안 갇혀 있었던 경우에 발생한다. 일상의 변화 또는 지루함 때문에 고래는 갑자기 좌절하거나 기분이 나빠진다. 다행히 조련사들은 대개 미리 경고를 받곤 한다. 지금까지 포획된 고래가 조련사를 죽인 적은 없었다."[177]

1991년의 어느 날, 틸리쿰과 다른 두 고래는 켈티 번Keltie Byrne이라는 조련사가 실수로 물에 빠지자 그녀를 익사시켰다. 평소에 조련사들은 물에 들어가지 않는다. 그녀의 동료인 콜린 베어드Colin Baird는 고래들이 갑자기 수조에 인간과 처음으로 함께 있게 되자 그냥 노는 것이라고 생각했던 모양이라고 말한다.[178] "있잖아요, 그들은 (……) 그녀가 20분 동안 숨을 참지 못한다는 생각을 못했던 거지요." 그가 말했다. 어쨌든 여론 때문에 시랜드는 폐관되었다. 틸리쿰은 플로리다 주 올란도에 있는 시월드SeaWorld 테마파크에 팔렸다. 정자 생산자로서 그는 수백만 달러의 가치가 있었다.

시월드에 왔을 때 몸무게가 5,400킬로그램에 달했던 그는 끊임없이 그를 공격하는 암컷들과 함께 수용되었다. 그가 겪은 고통은 비좁은 칸막이에서 느꼈던 긴장감이 전부가 아니었을 것이다. 음향적으로 상이한 씨족, 서로 교류하지 않는 상이한 터줏대감 공동체들. 북서태평양에서 활동 구역은 겹치지만 전혀 접촉하지 않고 살아가며 문화적, 유전적으로 구별되는 과객과 터줏대감 들을 생각해 보라. 북서태평양 터줏대감 무리에 속한 고래를 아이슬란드 고래와 한 울타리에 넣는 것은 마치 네안데르탈 매머드 사냥꾼을 일본인 웨이트레스 세 명과 한 감방에 넣는 것쯤에 해당할 것이다. 오르카 포획의 억지스러운 기준으로 보더라도 틸리쿰은 전혀 다른 영역에서 온 오르카였고, 거의 다른 종이라 해도 될 정도였다. 그래서 그는 오자마자 학대를 겪었다.

시월드는 그 포획된 고래들로부터 새끼를 낳게 하는 데 성공했다. 하지만 어미와 살아남은 새끼들을 정상적인 상태로 함께 두지 않다. 시월드의 관리부는 새끼들이 젖을 뗀 직후에 소 기르는 농부들이 하는 것처럼 어미와 새끼들을 분리했다. 기업체 관리자들은 재정적인 계산에 따라 그들을 여느 상품과 똑같이 테마파크 체인에 속하는 여러 지점들 사이에서 이리저리 이동시켰다.

전직 시월드 조련사 캐럴 레이Carol Ray는 〈블랙피시〉에서 행한 인터뷰에서 이렇게 말했다. 시월드 직원들이 카티나의 새끼를 데려간 후, 카티나는 "수조 한구석에 있으면서 몸을 떨고 비명을 지르고 소리를 지르며 울었어요. 전 그녀가 그런 행동을 하는 것을 처음 보았습니다……. 그것은 비탄이라는 말 외에는 표현할 길이 없습니다." 전직 시월드 조련사 존 하그로브John Hargrove는 카사트카와 새끼가 "아주 친밀하여…… 서로 떨어질 수 없었다"라고 기억한다. 새끼가 공항으로 잡혀간 뒤 카사트카는 "그 전에는 한번도 들어 본 적이 없는 목소리를 계속 냈다." 그 음향을 분석한 어느 과학자는 카사트카가 장거리 호출소리를 내고 있는 것이라고, 잃어버린 아이와 연락하려고 애쓰는 것이라고 결론지었다.

개릿은 그 영화에서 범고래가 처음 포획되었을 때 우리가 고래에 관한 한 완전한 무식자보다도 더 무지했다는 사실을 일깨운다. 우리는 그들을 사악한 살인자로 여겼으니까. 하지만 이제는 "그들이 놀랍도록 친근하고 이해력이 있으며 직관적으로 친구가 되고 싶어 한다"는 것을 알게 되었다. "그리고 지금까지 야생에서 오르카가 인간을 해쳤다는 기록은 하나도 없다."

야생 범고래는 한번도 인간을 죽인 적이 없지만, 포획된 상태는 범고래들에게 폭력성을 유발한다. 정상적인 범고래 사회에서는 한번도 보인 적이 없는 폭력 말이다. 부자연스러운 상태에서 오는 좌절감 때문에 생기는 것으로 보이는 폭력성. 1999년에 올란도 시월드에 숨어들어갔던 한 남자가 틸리쿰의 수조에서 죽은 채 발견되었다. 그의 몸에는 여기저기 다친 상처가 많았다. 2010년에 틸리쿰은 조련사 돈 브란쇼Dawn Brancheau를 죽였다. 어느 모로 보아도 브란쇼는 감수성이 풍부하고 매우 의욕적인 조련사였다.

틸리쿰은 오랫동안 기묘한 대우를 받아왔다. 그는 이미 두 사람의 죽음에 관련되었다. 그런데도 회사를 위해 돈 버는 춤을 계속 추어야 했다. 브란쇼를 공격하기 직전에 그는 그녀가 준 신호 하나를 놓친 것 같았다. 그녀가 요청한 행동을 자신은 했다고 생각했는데 그녀가 상을 주지 않자 짜증이 난 것으로 보인다. 이해능력을 가진 두 존재 사이가 아니라면 그처럼 깊은 오해가 발생하지 않았을 것이다.

포획된 상태에서는 다른 돌고래들도 부정적인 피드백을 받게 되면 좌절한 행동이나 화난 행동을 한다.[179] 하와이의 인공 언어 연구에 참여하던 어느 포획된 병코돌고래가 요청된 대로 대답하지 않아

아쿠아리움에서 살아가는 범고래들. 자신이 살던 곳에서 강제로 떨어져 부자연스럽고 포획 상태에 있는 범고래들이 인간에게 폭력성을 보이는 건 당연한 일이다.

상을 받지 못하자, 물에 떠 있던 큰 플라스틱 파이프를 물더니 조련사에게 내던져, 그의 머리를 맞힐 뻔했다.[180] 또 다른 짜증 난 돌고래는 일부러 물고기의 가시 있는 부분을 던졌다. 선회행동은 그냥 보기 좋은 놀이가 아니다. 그것은 마음의 놀이다. 하지만 범고래의 크기와 힘과 마음 때문에 그 반응과 위험은 새로운 수준으로 높아진다.

틸리쿰이 원래 해를 끼칠 의도가 없었고 그냥 좌절감에서 그렇게 행동했든, 지루함 때문이었든, 아니면 그냥 화가 나서 제정신이 아니었든, 그런 것은 거의 중요하지 않다. 애당초 그를 그의 가족과 세계에서 붙잡아 온 근본적인 불의가 없었더라면 그와 조련사의 삶이 뒤엉킬 이유는 전혀 없었다. 시월드는 그저 오락 산업이다. 바다는 실제 세계다. 그 세계의 생물을 그들의 세계에서 만나지 않고 대충 갖고 논다면, 그에 따른 결과가 반드시 생기기 마련이다.

나는 1977년에 그 관람석을 떠나면서 고래들이 어떻게 재주를 익혔을지에 대해 전혀 생각해 보지 않았다. 포획 과정을 되짚어 생각해 보지도 않았다. 어린 범고래가 인간 사이에서 자라는 것이 어린 인간이 범고래들 사이에서 자라는 것과 마찬가지라는 생각도 해 보지 않았다. 고래가 아이를 아무리 좋아한들, 고래는 절대로 어린아이가 정상적으로 성장할 수 있는 신체적, 감정적 맥락을 온전히 제공할 수 없다. 당신이 4세 무렵 잡혀가서 당신을 아주 예쁘게 봐주는 고래들에게 키워진다고 생각해 보라. 당신의 언어 학습은 그날로 끝이다. 정상적인 사회화도 끝난다. 당신이 아는 세계는 고래들이 주위에서 당신을 들여다보는 작은 방 하나로 줄어든다. 더 넓은 세계와 가족들에 대한 당신의 기억도 사라질 것이다. 먹을 것을 얻으려면, 머리를 물속에 집어넣어 당신에게 매혹되었지만 한번도 본적이 없는 관리자들이 주는 것을 받아먹어야 한다. 그들은 당신이 하는 거의 모든 행동을 보고 당신에 대해 약간 배울 수는 있다. 하지만 당신의 교육은 어떤 중요한 의미에서든 끝났다. 당신은 더 이상 당신 세상에 속하지 않는다. 당신은 그들 세상의 재미있는 작은 부분에 불과하다. 어린아이일 때 당신은 그들이 재미있다고 생각할 수도 있다. 어쨌든 당신이 얻는 자극은 그들과 서로 반응하는 게 거의 전부일 것이다. 당신에게는 분명히 자극이 필요하다. 고래들이 당신의 외로움을 조금은 채워줄 것이다. 당신은 자신이 무엇을 놓치고 있는지 정확히 모를 것이다. 인간적으로 완성되기 위한 기본적인 필요는 채워지지 못한다. 일상은 지루해질 것이다. 어쩔 수 없이 당신은 정상이 되지 못한다.

고래들은 장거리 음향과 장거리 여행과 같은 복잡한 세계를 위해 태어나고 만들어졌다. 그들은 평생 어미와 형제와 함께 살아간다. 그들은 평생 알고 지내며 이따금씩 다시 만나는 수십 마리 다른 개체들과 멀리 떨어져 있으면서도 관계를 유지한다. 그런데 우리는 그들을 콘크리트 수조에 집어넣는다. 그 수조는 고립 감방이자 메아리실 기능을 한다. 작고 단단한 감방에서 영위되는 삶이 고래의 성장하는 마음에 어떤 영향을 미칠까? 아무 것도 없는 벽으로 둘러싸인 원형 방에서 평생을 보낸다고 상상해 보라. 계속 빙빙 돌기만 할 것이다.

그들이 데리고 있는 포획 동물들을 동물왕국에서 온 '사절들'이라고 묘사하는 테마파크와 아쿠아리움의 주장에 타당성이 하나 있기는 하다. 그런데 그것은 최저 한계다. 하지만 그들은 마음을 이용할 수 있다. 과거에 서양인들은 아메리카 원주민과 태평양 제도 원주민들을 사로잡아 종족 샘플처럼 배에 태워 유럽으로 실어갔다. 미국에서 노예제가 불법화된 지 한 세대가 지난 뒤인 1906년, 음부티 피그미Mbuti Pygmy족의 오타 벵가Ota Benga라는 남자가 브롱크스 동물원의 원숭이 우리에 전시되었다. 나중에야 우리도 철이 들어 그런 일을 불법으로 규정했지만. 관리자들이 그에게 잘 대해 주려고 애썼지만 그는 결국 자살했다. 그가 있는 곳은 그가 속한 곳이 아니었기 때문이다.

시월드의 범고래들은 샤무Shamu라는 예명으로 공연한다. 밸컴은 이 예명이 '부끄러운 줄 알라'는 의미라고 말한다. 그 고래들은 쇼 비즈니스계에 속해 있다. 범고래가 도약하고 재주를 부린 지 반세기가 지났지만 우리의 지식은 늘었는가? 난 우리가 무엇을 잃었는지 안다. 야생 고래 포획은 부분적으로 계속되고 있다. 러시아쪽 영해에서, 또 중국에 새로 생기는 해양 놀이공원에서 주로 수요가 있기 때문이다. 나는 그런 공연이 완전히 사라지고 범고래가 포획되는 시대가 끝난 뒤 우리가 범고래에 대해 알게 된 내용이 그동안 끼친 피해보다 결국은 더 오래 남기를 바란다.

고래의 포획을 통해 우리가 배운 것이 전혀 없다는 뜻은 아니다. 정반대다. 그들을 가까이 데리고 있으면서, 그들의 정상적인 삶을 살 수 없게 하고 그럼에도 그들이 거기에 적응하는 것을 지켜보면서, 우리는 처음으로 그들을 바라보기 시작했다. 또 그들은 우리를 놀라게 했다. 인간 죄수들이 서로에게 위대한 행동을 행하여 서로가 살아 있게 도와주는 것을 봄으로써 인간 정신의 깊이와 범위를 배우는 것처럼, 우리는 고래의 상대적 능력을 마주하게 되었다. 우리는 그들에 관한 가장 기본적인 사실을 배웠다. 즉 그들이 어떤 존재some body라는 사실 말이다.

밸컴은 1970년대에 어미와 아들 범고래가 포획되어 커다란 그물 울타리에 갇혀 있으면서 3주간 먹이를 거부했던 이야기를 해 줬다. 그들을 잡은 인간들은 그들이 포유류를 먹는 종류인 '과객'이라는 사실도 알지 못했다. 그들의 주식은 물개, 바다사자, 돌고래, 고래였는데 포획자들은 그들에게 청어를 먹이려고 애썼다. 고래들은 무척 굶주렸을 것이다. "그들은 나날이 쇠약해져 갔어요." 밸컴이 말한다.

그들은 근처에 있던 시랜드로 옮겨졌다. 그들이 도착했을 때 그곳에 있던 훈련받은 하이다라는 고래가 헤엄쳐 가서 그들과 자신을 갈라놓은 그물을 따라가면서 그들을 살펴보았다. 그녀는 물고기를 먹는 '터줏대감' 파드(J 파드나 L 파드일 것) 출신이었고, 1968년에 포획되었다. 하이다는 자신을 긁어 주고 있던 조련사에게 돌아가더니 청어 한 마리를 가져다가 그물 사이로 밀어넣어 새로 온 고래에게 주었다. 낯선 이와 먹이를 나누는 것, 우리는 인간만이 그런 행동을 한다고 생각했었다.[181]

야생의 터줏대감과 과객들이 절대 섞이지 않는다는 점을 생각하면 하이다의 행동은 인간의 용어로 말해 경계를 초월하는 것이다. 처음에 신참들은 물고기를 받아먹지 않았다. 하이다는 상대 한 마리의 입에 물고기를 밀어 넣었고, 양쪽 신참 모두에게 이런 행동을 여러 번 되풀이했다. 얼마 지나지 않아 신참 고래들은 먹이를 먹기 시작했다. 이걸 무엇이라 해야 할까? 인간이 이런 행동을 한다면 그것에 적용될 말은 '자비'일 것이다. '초월적인 자비'. 그처럼 너그러운 고래에게 단어 두 개 정도를 허용하는 너그러움은 가지도록 하자.

저 두 마리와 함께 잡힌 과객 세 마리가 더 있었다. 그들은 여전히 포획된 장소인 만에 쳐진 그물 울타리에 갇혀 있었다. 그들이 75일 동안 먹이를 먹지 않자 그들의 몸은 갈빗대 위로 가죽만 걸쳐진 형상이 되었고, 고래에게서는 일찍이 듣도 보도 못한 상태인 기아 지경에 처했다. 그 고래 중 한 마리가 천천히 헤엄치기 시작하여, 마치 환각 상태에 빠진 것처럼 사물을 들이받기 시작했다. 그러다가 오후 5시에 그녀는 전력으로 그물에 돌진하여 무거운 폴리프로필렌 그물을 등지느러미로 찍었다. 갇히고, 탈진하고, 굶주린 그녀는 그물을 도로 빠져나오더니 입을 열어 공기가 빠져나오게 하고는 가라앉아 죽었다. 마지막의 필사적인 돌진에 실패하자 그녀는 살려는 의지를 전부 잃었고, 의도적으로 생명을 놓아 버린 것 같았다. 그 고래가 죽은 직후에 '찰리 친'이라는 별명이 붙은 다른 고래 한 마리가 주변에 있던 인간들을 바라보았다. 그는 그물을 입으로 물더니 씹기 시작했다. 그는 구원을 요청했던 걸까? 풀어달라고? 인간들은 그의 머리를 때리기 시작했지만 그는 한동안 버텼다. 그러다가 그물을 놓았다.

78일째, 찰리 친은 관리자의 손에서 연어 한 마리를 받더니, 굶어 죽을 지경인데도 입에 연어를 문 채 살아 있는 동료에게 헤엄쳐 갔다. 두 마리는 노래하듯 소리를 냈다. 그는 연어를 동료의 코 바로 앞에 떨어뜨렸다. 그녀는 연어 꼬리를 잡았고, 그는 연어 머리를 잡았다. 두 고래는 물고기 양쪽 끝을 문 채, 목소리를 주고받으면서 수조를 한 바퀴 돌았다. 그런 다음 그들은 물고기를 잡아당겼다. 각 고

래가 절반씩 먹었다. 2~3분 뒤 그는 물고기 한 마리를 더 받아와서
는 또다시 다른 고래에게 갖다주었다. 그녀는 물고기를 통째로 다
먹었다. 그는 다시 가서 한 마리를 더 받아와서 이제는 자신이 먹었
다.

얼마 지나지 않아 그들은 물고기를 매일 200킬로그램씩 먹었다.
그리고 역시 얼마 지나지 않아 그들은 텍사스의 아쿠아리움에 팔렸
다.

하지만 시랜드가 그들을 보내기 전에 누군가가 그물 한쪽 구역을
낮춰놓았고, 고래들은 탈출했다(그 잠입자는 끝내 잡히지 않았지만 나
와 또 다른 많은 사람들은 그에게 감사할 것이다. 고래를 포획해다 팔아서 부
자가 되는 사람들이 있는가 하면 그들을 풀어 주다가 체포되는 사람이 있다
는 사실은 우리 인간에 대해 많은 것을 말해 준다. 밥 딜런이 주장했듯이, "조
금 훔치면 그들은 너를 감옥에 처넣어. 많이 훔치면 그들은 너를 왕으로 만들
지").

몇 년 뒤, 그날 밤에 달아난 고래 두 마리가 함께 있는 모습이 촬
영되었는데 갓난 새끼도 함께 있었다. "저희는 약 25년 동안 그들을
가끔 보았어요." 밸컴이 말한다. 찰리 친은 1992년까지 살았다.[182]
"그들은 인간과 관련된 일은 철저히 무시합니다."

엘리스는 수십 년 동안 야생 범고래를 연구했다. 그는 고교를 갓
졸업했을 때 밴쿠버 아쿠아리움에서 일자리를 얻었다. 그에게 맡겨
진 업무는 먹이를 받아먹지 않으려는 신참 고래에게 먹이를 먹도록
달래는 일이었다. 한 달이 지났는데 고래는 아무 것도 먹지 않았다.
어느 날 엘리스는 그냥 멍하니 앉아 있다가 고래에게 물을 튀기기

시작했다. 그러자 그 고래는 예상치 못하게 그에게 물을 도로 튀겼다가 사라졌고, 갑자기 물 밖으로 훌쩍 튀어 올랐다. 몇 시간 안 되어 고래는 다가와서 긁어 주고 비벼주기를 허용했다. 그리고 다음 날 그는 먹이를 먹었다. 사회적 동물인 그는 먹기 전에 약간의 관계를 먼저 형성해야 했던 것이다. 일부 과학자들은 범고래들이 필요로 하는 사회성이 인간만큼 강하다고 믿는다. 그 필요성이 그들에게는 때로는 먹이보다 더 중요했다…….

　엘리스는 말했다. "그들에게 얼마나 많은 재주를 훈련시킬 수 있느냐가 중요한 게 아니라…… 고래의 정상 상태를 얼마나 오래 유지할 수 있느냐가 중요합니다." 그는 고래의 마음이 어떻게 움직이는지 알아야 한다고 말한다. 아동기의 오르카는 적어도 1년 정도는 열성을 보인다. 하지만 포획 상태로 2~3년이 지나면 새로운 흥미는 사라지고 정신건강은 약해지기 시작한다. "어떤 고래들은 지루해하고 무기력해집니다. 다른 고래들은 신경증이 생기고 위험해지기도 하지요." 그의 말에 따르면, 고래는 포획되어 몇 년이 지나면 "모두 조금씩 미치기 시작합니다."[183]

성격에 대하여

캐나다의 대표적인 야생 범고래 연구자 존 포드 John Ford는 아쿠아리움 공연에 대한 연구를 시작했다.[184] 그런 공연에 나온 범고래들은 "믿을 수 없이 인지력이 높았고", 그들 각각은 상이한 사람들에게 각기 다르게 반응했다. 포드가 공연을 보러 온 500명가량의 관중 뒤쪽에서 관람석 뒷자리를 따라 걷고 있는 동안에도 고래들은 그를 알아보고 계속 주시했다. 그들이 "변하는 요소들로 게임하는" 존재라는 점에서 그는 그들이 아주 매력적이라고 느꼈다. 처음에는 미처 감지하지 못했던 섬세한 방식으로 그는 결국 자신의 행동이 "그들에 의해 수정되고 있음"을 깨달았다. 그가 예상하지 못했던 또 한 가지가 있었다. 각 고래는 저마다 "놀랄 만큼 상이한" 성격을 지니고 있다는 것이다.

성격은 아마 야생동물에게서 가장 인정받지 못한 면모일 것이다. 그런데 돌고래는 성격이 풍부하다. 그들은 성격을 타고난다. 수줍거나, 대담하거나, 다루기 힘들거나, 타인을 괴롭히는 성격이거나.

코끼리, 늑대, 범고래, 침팬지, 갈까마귀 등을 볼 때 우리는 그들의 전형적인 형태를 먼저 본다. 하지만 각각의 개체에 초점을 맞추면 각 개체의 다른 점이 보일 것이다. 우리는 비상한 리더십 자질을 가진 에코라는 코끼리를 볼 수 있고, 짝의 죽음과 가족에게 버림받은 상황을 이기고 살아남으려 애쓰는 늑대 755번을 볼 수 있고, 외롭지만 유머러스하고 놀랄 만큼 온화한 길 잃은 고래를 볼 수 있다. 이것은 인격人格, personality이 아니라 개성individuality이다. 그리고 그것은 생명의 사실이다. 그것은 뿌리가 깊다. 아주 깊다.

조애나 버거 교수의 집 마당에는 작은 연못이 있다. 언젠가 나는 연못 가장자리에 선 적이 있는데 연못에는 아무 것도 보이지 않았다. 그런데 버거 교수가 연못으로 와 누구가 부르는 소리를 내자 거북 여러 마리가 먹이를 먹으러 나와서 놀란 적이 있다. 나는 거북이 그처럼 반응할 줄 안다고는, 그것도 그처럼 기민하게, 부르면 나오리라고는 생각하지 않았다. 거북은 '그냥' 거북이라고 생각했던 것이다. 개구리도 여러 마리 나왔는데, 내가 이제껏 본 어느 개구리와 다르게 그들은 물 밖으로 뛰어나와 바위 위에 올라앉았다. 곤충을 받아먹으려는 기대로 나왔던 것이다. 그들이 모여드는 걸 보고 있으니 정말 놀라웠다.

그런데 나는 왜 놀라는가? 우리는 왜 생물이 무능하다고 계속 생각할까? 인류가 존재하기 전부터 그들은 이미 그런 것들을 하고 있었는데. 우리는 그처럼 어마어마하게 그들을 과소평가해 온 것이다. 우리는 스스로를 고립시켜 세상 등장인물들의 많은 부분을 겪어 볼 기회를 박탈한다. 인간은 거북이 귀가 먹었다고 생각해 왔다.

나는 우리가 얼마나 눈이 멀었는지 깨닫기 시작하고 있다. 하지만 과학자들은 2014년이 되어서야 특정한 종류의 강거북 새끼와 어른들이 서로에게 소리를 내어 소통하며, 11가지의 호출소리를 사용하는 것을 발견했다고 발표했다.[185] 과학자들은 그 호출소리가 "집단 이주를 위해 새끼와 어른 들을 소집하는" 기능을 한다고 주장했다. 내가 그 발표를 읽기 전에 누군가 내게 물었더라면, 나는(그리고 거의 모든 거북 전문가들은) 어떤 거북도 부모의 양육이 필요하지 않다고 — 잘못된 대답을 — 말해 줬을 뻔했다. 내 이웃인 배드킨J. P. Badkin이 빈정대며 말하는 것처럼, "조심하지 않으면 매일 뭔가를 배울 수도 있다고."

아래 내 친구 대럴 프로스트Darrel Frost의 이야기에 나오는 동물이 무엇일까? 짐작해 보라(끝에 가서는 그가 알려준다). 프로스트는 뉴욕에 있는 미국 자연사 박물관의 큐레이터이다. 그는 근무시간에 애완동물을 데려가도 된다. 내가 그의 사무실에 처음 갔을 때, 그는 나를 그들에게 소개하면서 이렇게 말했다. "머드는 주걱턱에 덩치가 큰 놈이야. 허미즈는 등이 부러졌고 간질이 있는 녀석이고. 머드는 정말 흥분하면 거의 게걸음으로 춤을 출 거야. 비서인 아이리스가 1년 전쯤 은퇴하기 전까지만 해도 그들은 그녀의 사무실로 달려가서 별식을 얻곤 했지. 머드는 아이리스의 바짓단을 깨물어 자신을 보게 해. 그녀가 어제 여기 들렀는데, 그녀를 안 본 지가 몇 달이 넘었는데도 그들은 그녀가 이 방에 들어오자 정말 흥분하더군. 자원봉사자인 데니가 와서 귀여워해 줄 때도 똑같아. 그들은 그냥 기분이 좋아져. 데니와 아이리스는 그들에게 말을 걸어 주는데, 그들은 그런 접촉과 사교를 정말 즐기는 것 같아.

자네 생각으로는 내가 먹이를 주니까 그들이 내게도 반응할 거라고 생각하겠지. 그런데 내게는 그런 반응을 한번도 보여주지 않았어. 내 태도가 훨씬 더 사무적이라서 그런가봐. 아이리스와 데니는 내가 그들과 이야기를 충분히 나누지 않는다고 나무라지. 성품으로 따지자면 머드는 어린아이 같아서, 사람들이 사무실에 오면 말할 수 없이 호기심이 많아져. 그는 사람들이 자신이 없어도 재미있게 지내는지 보러 들어오고 싶어 해. 안에 들여 보내줄 때까지 문을 긁어 댄다고. 허미즈도 들어오기는 하지만 처음 보는 사람들에게는 낯을 많이 가려. 머드는 멕시코 음악을 아주 좋아해. 그걸 틀으면 그는 마구 달리곤 해. 머드를 다루기 힘들어지기 시작하면 아이리스는 연필 지우개로 그의 코를 긴드리지. 그러면 그는 기분이 나빠져서 하던 일을 멈추고 찌푸리곤 하지. 살짝 건드렸는데도 누가 했는지 아는 거야. 그는 어렵잖게 그녀를 방 밖으로 밀어낼 수도 있겠지만, 그녀의 비난은 분명 견디기 힘든 일인 거야.

제일 우스운 것은 그들이 해서는 안 되는 행동을 하다가 들켜서 자신의 이름이 불리면 딴청을 피우면서 눈을 마주치지 않으려고 하는 태도야. 자신의 이름을 알고 있으면서도 말이지. 언젠가 머드가 아주 살그머니 들어오더니, 내가 자신들의 간식을 보관해 두는 작은 냉장고 문을 아주 조용히 열고는 양상추 한 잎을 조용히 먹어치우더군. 나는 잠시 지켜보았지. 그가 그렇게 조용했던 적은 이제껏 처음이었어. 그는 자신이 이 방에서 쫓겨나면 양상추를 빼앗기리라는 걸 알고 있었으니, 내 주의를 끌지 않으려고 애쓰고 있었어. 그러다가 맙소사, 내가 냉장고 문을 닫으니 그가 얼마나 미친듯이 야단하는지! 바로 그 자리에서 여기저기 쿵쾅거리면서 마구 난리를 피우는 거야. 그러다가 아이리스의 사무실로 달려 나가더군. 그녀와 함께 있으려고 말이야."

또 이런 일도 있었다고 한다. "어느 날 내가 사무실에 앉아 있었는데, 아이리스가 바퀴 달린 의자에 앉은 채 사무실 문 앞을 지나갔어. 근데 보니까 머드가 그녀가 앉은 의자를 복도에서 밀고 다니는 거였어. 아이리스는 그런 행동을 아주 좋아했지. 그도 마찬가지였어. 그녀가 자신의 책상에 앉아 있었는데, 그가 들어가서는 그녀를 앉힌 채로 의자를 밀어 사무실 밖으로 나갔던 거야. 머드와 허미즈는 질투심, 교활함, 유혹에 잘 넘어가는 모습, 흥분, 소속되고 싶은 욕구를 여러 번 거듭 보여 주었어. 이런 태도는 2~3세 정도의 인간에게 볼 수 있는 것들이야. 그들에게도 지배서열이 있고, 그들도 큰 개들처럼 '주인'들에게 강한 애착을 형성하지."

프로스트가 말하는 내내 우리 두 사람은 모두 머드와 허미즈를 똑바로 보고 있었다. "가끔 저들은 머저리 짓도 해." 프로스트는 따뜻하게 미소지으며 덧붙였다. "그래도 대개는 정말로 즐겁게 만들어준다네." 나는 그들의 몸무게가 얼마인지 물어보았다. 애정과 평가를 모두 담은 눈길로 그들을 보면서 프로스트는 말한다. "머드는 딱 45킬로그램이고, 허미즈는 건강에 문제가 있어서 39킬로그램이야. 저들은 아직 어려. 저 종의 최대치가 113킬로그램 정도 나가니까, 육지 거북 중에는 저 유럽육지거북spur-tighed tortoise이 제일 큰 셈이야. 저들보다 더 큰 건 갈라파고스와 알다브라 거북 정도일 걸." 파충류가 프로스트의 인생에 들어오게 된 것은 놀랄 일이 아니다. 관계를 구축함으로써 얻는 보상은 관계를 볼 수 있게 되는 것이다.

고도로 사회적이고 정신적 재능이 풍부한 영장류와 코끼리, 늑대, 돌고래에게 개별 성격이 있으리라고 짐작하기는 쉽다. 물론 개도 성격이 있다. 신경질적인 개도 있고 거의 숭고하다고 할 수 있는 개도 있으니까. 놀라운 것은 — 각각을 따로 알게 되면 놀랄 일도 아니지만 — 성격이라는 현상이 얼마나 깊고 폭넓게 존재하는 것인가하는 점이다. 가령 매를 연구하다 보면 각 매가 조금씩 다르게 반응하고, 조금씩 다르게 사냥하는 것을 보게 된다. 어떤 매도 똑같지 않다. 시어도어 루스벨트Theodore Roosebelt는 이렇게 썼다. "용기와 사나움이라는 측면에서 곰들은, 인간들처럼 저마다 다 다르다."[186] 연구자들 역시 다음 동물들의 개별 성품에 관해 알아낸 내용을 발표했다.[187] 원숭이, 쥐, 생쥐, 여우원숭이, 되새, 기타 다른 울새들, 블루길과 호박씨썬피시, 스티클백피시, 송사리killifish, 큰뿔 영양, 가축 염소, 푸른 꽃게, 무지개송어, 깡충거미, 집 안 바퀴벌레, 사회적 곤충들…… 다른 말로 하자면, 그들이 바라본 사실상 모든 곳에서 각 개체들이 저마다 다름을 발견했다는 것이다. 어떤 것들은 더 공격적이고, 더 대담하고, 더 수줍고, 어떤 것들은 더 활동적이고, 어떤 것들은 새로운 것을 겁내고, 또 어떤 것들은 모험심이 강하다.[188]

이탈리아에 있는 스타지오네 주올로지카Stazione Zoologica(나폴리에 있는 생물학 연구소 — 옮긴이)의 연구자들은 문어 두 마리에게 각각 게 한 마리씩 넣은 병을 주었다. 첫 번째 문어는 병을 감싸 안고 뚜껑을 '폽'하고 열어 게 일부를 삼켰다. "그런 다음 마치 나머지는 나중에 먹으려고 보관해 두는 것처럼 병뚜껑을 닫았다." 그곳에 있던 내 친구 럿거스대학교의 피터와 주디 와이스 교수Professors Peter & Judy Weiss가 말한다.[189] "그걸 보고 우리는 완전히 뒤로 나자빠졌어!" 연구자들은 두 번째 문어도 같은 상황에 놓았다. 이 문어는 그동안 이리저리 서성대는 배고픈 표범처럼 수조 속에서 오락가락 미끈대며 움직이고 있었다. 그래서 과학자들은 이 문어가 순식간에 행동으로 옮기리라고 예상했다. 하지만 병을 물속에 첨벙 하고 넣어 주자 두 번째 문어는 훨씬 낯을 가리기 때문인지, 아니면 겁을 쉽게 먹는 탓인지, 돌멩이 뒤로 쏜살같이 튀어 들어갔다. 그리고 숨은 곳에서 좀처럼 나오려들지 않았다. "그 문어는 병 안에 뭐가 있는지 상관도 하지 않았어." 피터가 말했다. "우리는 첫 번째 문어는 '문어가 할 만한 행동'을 보여 주었다고 생각했지. 그런데 두 번째 문어는 아무 행동도 하지 않더군." 주디가 더 자세히 설명했다. "정말 우리는 모든 동물이 어떤 성격을 갖고 있는지 제대로 평가하지 않아. 과학자로서도 그런 것에 대해 거의 생각해 본 적이 없다고."

앞에서 언급한 범고래 오르키와 코르키는 1968년과 1969년에 각각 브리티시 콜롬비아에서 포획되어 로스앤젤레스 근처에 있는 태평양 마린랜드Marineland of the Pacific로 수송되었다.[190] 1970년대 후반에 젊은 모튼은 범고래들의 음성을 연구해 그들의 행동을 기록했다. 그녀는 그들이 각자 복잡한 수영 경로를 궁리하는 것을 지켜보았다. 경로를 하나 완성하고 나면 그들은 또 다른 경로를 만들기 시작했다.

또 오전에 하는 일정도 있었다. 아니, 일정이라기보다는 '의식'이라 해야 할 것 같다. 새벽 동이 트고 해가 관람석 가장자리 위로 완전히 올라오기 전인 1시간가량 동안 그들은 "수조 벽이 수면과 만나는 특정한 지점에 부지런히 물을 내뿜었다. 그들은 두툼한 분홍색 혀로 그 지점을 핥았다." 첫 햇살이 벽을 비출 때, 햇살은 내려와서 수면의 바로 그 지점, "고래들이 표시해 둔 바로 그 지점"에 접하게 된다. "누구도 내 말을 믿지 않을 것이라고 생각했다." 그녀가 덧붙였다. "시간이 흐르면서 그 지점은 지구의 자전에 따라 이동했지만, 고래들은 그날의 첫 빛줄기가 수면과 만나게 되는 지점을 언제나 정확하게 알고 있었다." 범고래 스톤헨지인가?

오르키는 오전에 태양관측을 했지만 "별로 아침형 고래가 아니었으므로" 다시 쉬러 들어가는 경우가 많았다. 그런 경우 가끔 코르키가 행동에 들어간다. "코르키는 가슴지느러미 끝으로 오르키의 턱 끝부분부터 배를 따라 훑어가며 생식기가 있는 균열 부분 위를 죽 내리그었다. 그렇게 했는데도 오르키의 페니스가 들어 있는 부드러운 주머니가 즉시 불룩해지지 않으면, 코르키는 전술의 강도를 높였다. 그의 아래쪽에서 헤엄치면서 마치 포크리프트가 둘둘 만 카펫을 집어들어 올리듯 오르키를 공중으로 밀어 올렸다. 코르키가 원하는 것은 섹스였는데, 고래들의 섹스는 격동적이다." 코르키의 생식기 부위가 "흥분하여 장미색으로 물든" 상태에서 전희까지는 시간이 좀 걸린다. 고래들이 몸을 비비꼬며 나선형으로 뱅뱅 도는 동안 수조 밖으로 물이 첨벙첨벙 넘친다. 짝짓기는 빨리 끝난다. 코르키가 임신했을 때 오르키는 전희는 모두 했지만 삽입은 하지 않았다. 모튼의 말에 의하면, 그 때문에 "코르키가 미칠 지경이 되었다." 하지만 오르키는 자기 짝이 임신한 것을 어떻게 알았을까? 그는 자신의 음파탐지기로, 그 자신의 초음파로 그녀의 몸을 투시했을까?

1978년에 코르키는 새끼를 낳았다. 그녀는 2년 전에도 출산한 적이 있었다. 그런데 그녀의 첫 새끼는 2주 정도 살다가 죽었다. 그 작은 수조에서는 작은 반경으로 원을 그리며 헤엄쳐야 했지만, 아기는 그런 몸동작을 할 수 없어서, 코르키는 아기가 벽에 부딪히지 않게 계속 막아주어야 했다. 이 때문에 코르키의 얼굴이 계속 아기 바로 옆에 위치하게 되었다. 아기는 어미 옆을 따라 다니는 자세를 한 번도 취하지 못했다. 그렇게 해야 어미의 젖꼭지가 아기 입 부근에 닿아서 젖을 먹을 수 있었을 텐데 말이다. 사람 손으로 힘들게 젖을 먹이면서 두어 주일이 지나자 아기는 홀쭉해졌다. 관리자들은 더 얕은 수조에서라면 새끼에게 먹이를 더 잘 줄 수 있으리라고 생각했다. 관리자들은 아기를 끈으로 묶어 크레인을 이용해 공중으로 들어올렸다. 모튼은 그곳에 있었다. "아기의 음성이 물을 떠나서 공중으로 들어가자 어미는 거대한 몸집을 들어 수조의 벽에 거듭 거듭 부딪히는 바람에 관람석 전체가 흔들렸다. 나는 울음을 터뜨렸다. 코르키는 거의 1시간 동안 몸을 부딪혔다."[191]

고래 음성의 전문가인 모튼은 아기가 옮겨진 그날 밤, 코르키가 처음 들어 보는 음성을 계속 냈다고 회상한다. 이 소리는 "듣기 불편하고 목이 쉰 듯했고, 절박했다." 숨을 한 번 들이쉴 때마다 코르키는 수조 바닥으로 내려갔다. 그런 다음 그녀는 비탄을 다시 시작했다. 아기의 아버지인 오르키는 이따금씩 총을 쏘는 듯한 스타카토의 반향정위echolocation 음향을 내면서 수조를 빙빙 돌았다. "코르키의 호출소리는 점점 더 쉰 목소리가 되었고," 모튼은 이 소리를 사흘 동안 들었다. 나흘 째의 새벽에 코르키는 조용해졌고, 물위에 떠올라 숨을 들이쉬었고, 피투우우우우우우우우우우우Pituuuuuuuuuuu 라고 불렀다. 그녀의 짝이 같은 소리로 응답했고, 고래들은 함께 움직이고 숨을 쉬었다. 조련사들이 도착하자 코르키는 아기가 옮겨진 뒤 처음으로 먹이를 먹었다. 비탄하고 애도하고 조금씩 회복했지만 잊지는 않았다. 그 뒤로 코르키는 선물가게 상품들이 바라보이는 창문 옆에 눕기 시작했다. 여러 시간 동안 그녀는 그곳에 머무르곤 했다. 오르카 모양의 봉제 장난감이 쌓인 더미 곁에. 그 장난감을 보며 잃어버린 자신의 아이를 떠올렸던 걸까? 그쪽 어딘가에 자신이 잃은 아기가 있다고 생각했을까?

코르키는 다시 임신했다. 그러던 어느 날, 정교한 음파탐지기 덕분에 그 어떤 장애물도 피할 수 있던 그녀가 수조에 달린 19밀리미터 두께의 유리창을 들이받아 깨뜨렸다. 그녀가 깨뜨린 창문은 봉제 범고래 장난감이 쌓인 무더기 옆에 있었다. 그녀는 자신의 태어나지 않은 새끼를, 자신의 새끼들이 사라진 수조에서 탈출시키고 싶었던 것일까? 아기 오르카들이 방해받지 않고 누워 있던 그쪽을 향해? 우리가 말할 수 있는 제일 확실한 점은 이것이다. 그녀는 수조에 대해 알고 있었다. 유리를 깬 것은 실수가 아니었다. 2주일 뒤 그녀는 사산했다. 예정일보다 7개월 일렀다.

코르키가 창문을 부순 지 여러 해 뒤, 시월드(오르키와 코르키가 옮겨간 뒤 마린랜드는 폐쇄되었다)에서 어느 영화촬영 팀원이 코르키에게 아직 야생으로 살고 있던 그녀 파드의 고래들, 그녀 가족들이 내는 소리의 녹음을 들려주었다. "아이슬란드 출신의 동료들은 그 소리를 무시했지만 코르키는 온몸을 지독히 심하게 떨기 시작했다. 그녀는 '울고' 있거나, 아니면 그와 무척 비슷한 어떤 행동을 하고 있었다."[192] 모튼은 이렇게 썼다.

밸컴은 케이코Keiko — 영화 〈프리윌리〉Free Willy의 유명한 포획 범고래 — 가 최종적으로 풀려나기 전에 오레곤에 있는 어떤 시설로 옮겨진 뒤에 받았던 회복 훈련 중 하나가 범고래 영화를 보는 것이었다고 말한다. "케이코는 그 영화를 보곤 했어요." 밸컴은 내가 할 법한 대답을 예상하면서 말한다. 밸컴의 아들 켈리 — 유능한 화가로서, 밸컴의 집 벽에 그의 작품이 걸려 있다 — 는 범고래 그림을 밴쿠버 아쿠아리움에 들고 가서 하이약이라는 범고래가 볼 수 있게 들고 있곤 했다. 하이약은 다가와서 그림들을 보고 또 보았다고 한다.

그리고 밸컴이 덧붙인다. "(그의 앞에) 가서 범고래 지느러미의 사진이 실려 있는 우리 직원용 안내서를 펼치면 그는 바로 이렇게……." 밸컴은 고래가 사진을 한 장 한 장 넘어가며 바라보는 모습을 흉내냈다. "바로 이렇게 해요. 한참 계속, 그냥 그 사진을 바라보는 거예요." 밸컴은 자신이 놀랐음을 강조하며 말한다. "그들은 이 흑백 지느러미 사진이 고래의 것임을 압니다. 그들은 자신을 추상화 하는 개념을 스스로 알고 있어요." 밸컴은 하나로 요약한다. 그 요점은 "이런 행동은 최고 수준에 속하는 동물들의 특징입니다. 그런 존재는 생존에 필요한 요구조건을 충족시키는 것을 넘어서는 시간과 두뇌 능력을 갖고 있어요."

밴쿠버 아쿠아리움에서 일한 적이 있는 심리학자 폴 스퐁 Paul Spong은 이렇게 썼다. "결국 나의 존경심은 경외감으로 귀결되었다. 나는 오르키누스 오르카가 믿을 수 없이 큰 힘을 가졌고 유능한 생물이며, 지극히 정교한 자제력이 있고, 주위 세계를 인식하는 존재, 삶의 열망과 건강한 유머 감각의 소유자, 그리고 무엇보다도 인간에 대한 놀라운 호감과 관심을 갖고 있는 존재라고 결론지었다……."[193]

그것이 약간은, 인간과 비슷한 지점으로 보이는데, 바로 이것이
요점이다.

진실하고 강력한 비전

그것은 강력한 비전을 쓰기에는 너무 허약했던 한 인간에게 주어진 이야기였다. 또 한 인간의 가슴 속에서 무성하게 자라면서, 꽃을 피우고 노래하는 새들이 날아와 앉아야 했지만 이제는 시든 신성한 나무의 이야기이고, 사람들의 꿈의 이야기였다. (……) 하지만 그 비전이 내가 아는 것처럼 진실하고 강력하다면, 그것은 여전히 진실하고 강력하다. 그런 일은 정신의 일이며, 인간이 길을 잃는 것은 그들의 눈이 어둡기 때문이니까.[194]

—블랙 엘크

"1960~1970년대의 포획, 특히 어린 고래들의 포획은 정말 문제였어요." 밸컴이 강조하며 말한다. "그 포획 때문에 장기적인 문제가 발생했습니다." 남부 터줏대감 공동체의 고래 수가 포획 이전에는 어림잡아 총 120마리였음을 기억하라. 포획이 진행된 뒤에는 70마리 정도로 줄었다. 그랬다가 수가 다시 늘어나기 시작했고, 1990

년대에는 99마리가 됐다. 하지만 아기 때 포획되고 이송된 고래들은 성장하여 새로이 자손번식을 해야 하는 세대였으므로, 이런 아기 고래의 부재가 낳은 영향이 번식률의 정체라는 형태로 나타났다. 개체 수는 늘어나지 않았다. 그로부터 40년이 지나자, 80마리가량이었던 개체 수는 줄어들었다. 1년에 한두 마리씩 줄어든 것이다.

이제 또 다른 문제, 더 깊고 더 장기적인 문제가 있다. 먹이 문제다. 먹이가 충분하지 않다. 개체 수가 260마리가량인 캐나다의 북부 터줏대감들은 지난 10년간 수가 늘었다. 그런데 최근 들어 그 증가 속도가 느려졌고, 정체한 것 같다.

"자손번식이 없는 것, 거의 하나도 없다는 것이 증가를 저해하는 요인입니다." 밸컴은 한탄한다. "연구를 처음 시작했을 때 저는 새로 태어난 고래에게 특별히 관심이 있었어요. 그들이 성장하면서 무엇을 겪는지 보고 싶었지요. 하지만 그들이 아주 어렸을 때 죽기 시작했습니다.

여기서 좀 이상한 일을 하나 볼 수 있어요." 밸컴은 남부 터줏대감에 속하는 고래 전체를 수록한 신원확인 카탈로그를 펼쳤다. "남부 터줏대감 전체에 가임기의 암컷이 고작 24마리뿐이라는 겁니다."

그렇기는 해도, 만약 가임기 암컷이 모두 5년마다 꼬박꼬박 새끼를 낳으면 매년 5마리 정도의 갓난 고래가 생길 것이다. 그러니…….

"예, 그런데 작년에는 딱 한 마리가 태어났어요. 그리고 금년에도 마찬가지로, J-28이 낳은 딱 한 마리뿐인데. 결국 죽어서 떠올랐어요." 신체적 여건이 열악했던 것이다.

처음에 우리는 그 새끼들을 잡아갔고, 그 다음에는 먹이 공급원을 파괴했다. 장기적으로 고래의 운세는 그들 먹이의 운세를 따라간다. 포유류를 잡아먹는 북서부의 '과객들'에게는 지난 40년 중 어느 때보다도 지금 먹이가 풍부하며, 그래서 점점 더 자주 모습을 나타낸다. 그것은 1972년에 선포된 미국 해양포유류 보호법 및 1986년에 발효된 국제 포경금지법, 그리고 1991년에 발표된 유엔 공해 저인망 금지법 덕분에 수십 년을 걸려 물개, 바다사자, 고래 개체 수가 증가한 덕분이다. 1960년대에 브리티시 콜롬비아의 물범은 정상 개체 수의 10퍼센트로 내려갔고, 큰바다사자는 대다수가 사라졌다.[195] 이는 어부들이 '경쟁자'로 여긴 모든 것에 총을 쏘아댄 탓이 컸다. 이제 그런 사정은 개선되었다.

하지만 북서부의 물고기를 먹는 고래들은 삶이 갈수록 힘들어졌다. 거기에는 연어 보호법이 없었으니까. 수십 년 동안 남획이 계속된 탓으로 그곳 연어는 풍성했던 과거 수량에 비하면 그 몇 분의 일밖에 안 되는 숫자로 줄어들었다. 당연히 연어잡이 '터줏대감' 고래의 삶도 힘들어졌다. 그들은 오랫동안 중하층 정도의 수준에서 살아왔다. 이제 그들은 빈곤선 이하에서 살아간다.

놀랍게도, 신원확인ID 가이드를 훑어보기만 해도 살아 있는 암컷이나 가임기의 암컷이 없는 터줏대감 가족들이 많다는 사실을 알 수 있다. 가령 밸컴은 자신이 보여주고 있는 그 가족들은 가모장을 제외한 전원이 수컷이라는 점을 지적한다. 더 문제는 가모장의 폐경기가 지났다는 것이다. 그는 이러한 사실이 담고 있는 의미가 내게 와 닿기를 기다리면서 나를 쳐다보았다. 그 가족 전체는 소멸할 운명에 처한 것이다.

사실 이제는 너무 많은 가족들에게 너무 많은 문제가 있기 때문에 남부 터줏대감 파드 중에서 살아남을 능력이 있는 것은 J 파드뿐이다. 그들이 사는 지역이 내륙 물길과 가깝다는 것이 아마 J 파드 고래들이 살아남는 데 도움이 되는 모양이다. L 파드와 K 파드의 거주 범위는 캘리포니아의 중부 해안에서 브리티시 콜롬비아까지 광범위한 해안에 걸쳐 있다. 밸컴은 L 파드의 출생과 사망 명단으로 넘어간다. 그는 거의 애처롭게 들리는 어조로 말한다. "제 말 뜻은, 이런 묘비들을 보라는 거예요." 그 아이콘들은 죽은 고래들을 보여준다. 많은 수가 어려서 죽었다. 어떤 것은 아주 어릴 때 죽었다.

1세도 되기 전에 죽은 고래들이 40퍼센트를 넘는다. 하지만 암컷이든 수컷이든 어떤 연령대든, 고래의 사망률은 비교적 높다. L 파드와 K 파드에 속하는 각 가족들의 구성을 보라. 그것은 마치 당신이 체스를 두다가 체크메이트를 만났음을 서서히 깨닫는 것과 같다. 살아날 길이 없다. 현재의 추세로 본다면 이 세 파드는 몇십 년 안에 사라질 것이다.

킹 새먼(시누크 새먼, 왕연어)의 감소 현상은 고래의 죽음과 아주 밀접하게 연결되는 것 같다. 놀랄 일은 아니다. 터줏대감이 먹는 식사의 65퍼센트가 킹 새먼이니까.[196]

예전에 남부 터줏대감은 이곳에 매달 나타났다. 여름과 가을은 언제나 그들이 힘을 얻는 계절이었고, 여러 파드가 자주 한데 모여 슈퍼파드를 이루곤 했다. 그리고 그런 축제의 지속 기간은 지금보다 훨씬 더 길었다.

"정말 믿을 수 없이 물고기가 많았어요." 밸컴은 생생하게 기억한다. "소크아이와 핑크 새먼이 150만 마리 정도였고, 그 곁으로 킹 새먼 수십만 마리가 헤엄쳐 지나갔죠. 킹 새먼 중에는 55킬로그램이 넘는 것들이 많았고, 고래는 그런 연어를 하루에 10마리만 먹어도 충분했지요. 그들은 모두 한데 어울리면서, 진짜 파티를 벌였어요! 고래 여러 마리가 연어 한 마리를 수건돌리기를 하듯 코로 밀어 돌리거나, 등에다 1마리를 걸쳐두기도 하고 말입니다. 그런 장난스럽고 사교적인 행동이 바로 제 창문 앞에서 벌어졌던 겁니다."

해협의 툭 트인 쪽을 내다보는 동안 밸컴은 지나간 시간을 돌이켜 보고 있었다. 그의 일부가 기억 속으로 사라지는 듯했다. 그가 목소리를 바꾸며 간절하게 덧붙인다. "이건 훨씬 더 생산적인 시스템이었어요. 5월에서 10월 사이에 이런 해협에서 여름 내내 범고래 100마리가 먹고살기에 충분한 물고기가 있었어요. 그러고도 인간이 충분히 잡을 수 있을 만큼의 물고기가 있었다고요. 그러다가 어업이 엄청나게 과잉이 되었고, 댐과 계획적 벌목clear-cut logging 때문에 강이 파괴되었어요. 또 그 지역의 위대한 아이콘과도 같은 물고기가 크게 줄어들었어요. 그러자 고래도 서서히 줄어들기 시작했습니다."

결국 흥청대던 파티 분위기는 사그러들었다. 요즘은 더 짧고 차분해진 모임을 가진 뒤 곧 다시 헤어진다. J 파드는 프레이저 강에 무엇이 들어왔는지 알아 보러갈 수도 있고, L 파드는 해협 입구로 돌아갈 것이다. K 파드는 또 다른 섬으로 향할 것이다.

겨울이 되면 대개 물고기가 더 확산된 대형으로 움직이므로 고래들은 먹이를 찾는 데 시간이 더 걸린다. 고래는 "더 사무적인 태도가 됩니다. 더 진지해지고. 놀이는 별로 없어요"라고 밸컴이 말한다. 파드는 계속 따로 행동한다. 또 각 파드에서도 가족들이 각기 제

갈 길을 가면서 분리된다. 개별 파드 멤버들은 한 지역에, 말하자면 19킬로미터 길이에 폭은 4.8킬로미터가량 되는 해역에 퍼져 활동하며, 그들의 목소리가 그 넓은 지역을 메운다. 그리고 그들은 유난스러울 정도로 헤매고 다닌다. 생존을 위한 수색이다.

얼마나 넓게 퍼진 것인지 상상해 보라. 남부 터줏대감들 전부, 세 파드를 합산한 수는 지금 현재로 81마리이다. 81마리의 개체가 캐나다의 밴쿠버 섬 중간 지점에서 캘리포니아의 몬터레이 만까지의 수역에서 활동하는 것이다. 81마리. 구성원이 81명인 작은 공동체 하나를 상상해 보고, 그 다음 보스턴에서 플로리다 주 경계선에 이르는 지역에 인간이라고는 오로지 그 81명밖에 없다고 상상해 보라. 아니면 시카고에서 휴스턴까지든 몬태나의 남쪽 주계선에서 멕시코의 후아레즈 국경선까지든, 또는 밀라노에서 마드리드까지든 어디든. 그러면 '멸종위기'가 무슨 뜻인지 감이 잡힐 것이다.

까마득한 옛날부터 바로 어제까지 이 지역에서 킹 새먼 100만 마리는 기껏해야 고래들이 파티를 벌이며 노는 사이사이에 출동해 쉽게 잡을 수 있는 작은 먹잇감이며 다른 누구에게 눈치 채이지도 않고 가져갈 수 있는 잔돈푼이고 그들이 존재하는 영광을 위해 세계가 지불하는 작은 비용에 불과했다. 아니, 더 과학적으로 말해, 200~300만 마리의 킹 새먼을 찾기가 그 정도로 쉬웠기 때문에 돌고래가 몸무게가 6,700킬로그램이나 나가도록 진화할 수 있었고 그와 동시에 다른 모든 종류의 연어 및 물고기, 또 어떤 물개를 만나도 전부 무시해도 될 정도로 철저하게 특화된 식습관을 가질 수 있었던 것이다. 이런 식으로 말해 보자. 고래 인구는 고작 고래 81마리뿐이다. 고래 한 마리가 하루에 연어 30마리(아마 그들이 필요로 하는 양

717

의 세 배 정도)를 먹는다고 해도 콜롬비아 강의 수계 ─ 댐을 쌓기 전, 그리고 계획벌목과 어부들이 그 시스템을 파괴하기 전에는 매해 5,000~1억 마리의 연어가 돌아오던 수계 ─ 만으로도 범고래 500마리를 먹여 살릴 수 있었다.[197] 미국 캘리포니아 주의 새크라멘토-산호아킨 수계, 브리티시 콜롬비아의 프레이저 강, 그리고 그런 수역 사이에 있는 연어를 길러내는 수백 곳의 강으로 매년 돌아오고 그곳에서 내려오는 수백만 마리의 다른 물고기는 계산에 넣지 않아도 된다. 그랬더라면 해안에는 범고래 수천 마리가 살았을 것이다.

도움이 안 되는 것 중에는 독성 화학물질이 있다. 먹이사슬의 맨 위에 있다고 해서 바다에 떠다니다가 저절로 헤엄쳐 오는, 영어로는 '새먼'이라 불리는, 경이로운 살아 있는 살덩이 꾸러미 속에 축적된 온갖 영양소만 얻는 것은 아니다. 요즘은 독성 화학물질도 플랑크톤에서 작은 물고기로, 또 큰 물고기로, 또 고래에 이르는 먹이 피라미드에서 상향 이동하면서 집중적으로 축적된다. 이곳에 사는 가장 늙은 고래가 태어난 1900년대 전반기에는 이 세계에 존재하지 않았던 유독성 화학물질들 말이다. 남부 터줏대감의 물고기를 먹는 범고래에게 축적된 독성물질은 근처에 사는 물범의 것보다 다섯 배는 많다.[198] 포유류를 먹는 과객들 ─ 물개들이 이미 먹어 축적한 것들을 계속 축적하게 되는 ─ 에게 축적된 독성물질은 물개들의 독성물질 함유량보다 열다섯 배는 더 많을 것이다. 포유류가 지방분을 소화시켜 젖을 분비할 때 독성물질도 함께 분비된다. 아기들은 독성물질을 유산처럼 갖고 태어나며, 어미들의 젖을 먹음으로써 그들은 생후 첫날부터 계속 독성물질을 부여받게 된다. 이것은 물개를 먹는 범고래에게서나 물개 고기를 먹는 북극권 주민들에게서나 모두 마찬가지다. 1970년대에 퓨젓 사운드의 물개들에게 기형아 출산을 유발했던 DDT와 PCB 같은 금지된 화학물질은 줄어들고 있다. 하지만 내연제flame retardant나 또 다른 새로운 성교란 성분, 에스트로젠을 닮은 화학물질은 늘어나고 있다. 이런 화학물질은 면역체계를 약화시키고, 생식 시스템을 파괴할 수 있다.

40년을 연구에 바쳐 온 밸컴은 걱정을 그림자처럼 끌고 다닌다. 자신이 평생을 바쳐 친해지고 보호해 온 고래들의 운명이 암담하다는 걱정 말이다. 밸컴은 쾌활한 사람이다. 그는 고래를 사랑한다. 고래가 보이면 언제나 그들이 있는 곳, 그들이 치는 장난, 그들의 기쁨에 응하며 좋아서 어쩔 줄을 모른다. 하지만 그의 눈가에 진 주름살 뒤에는 소망 때문에 만성적으로 겪게 되는 찌릿한 통증이 숨어 있다. 그의 가슴이 머무는 곳에서, 독수리 둥지처럼 자리 잡은 이곳에서, 산과 움직이는 물과 해협 가득히 마술로 뒤덮인 이곳에서, 그가 있고 싶은 바로 그 장소에서, 밸컴은 절대 다시 집으로 돌아갈 수 없다.

"고래들은 흔히 40~50세까지 삽니다." 밸컴은 말한다. "하지만 만약 번식이 거의 없다면……." 그는 마치 무엇인가 기억해 내려고 애쓰는 듯이, 잠시 생각한다. 그는 긍정적으로 살고 싶지만 가장 유력한 해결책, 즉 연어 생태의 회복이라는 과제가 낙관적으로 보이지 않는다고 또 한번 말한다. 어부들이 물고기로 자신들이 얻을 수 있는 것을 쥐어짜내는 데 너무 몰두해 있기 때문이다. 단체 사람들은 정책 과정과 정치적 관계에 너무 얽혀 들어가 있다. 개천을 죽이는 벌목을 시행한다. 댐도 너무 많이 지어진다. 독성 화학물질, 질병을 배양하는 연어 양식장. 이 모든 것이 다들 너무 힘들게 한다. 하지만……

……우리는 아직 포기하지 않았다.

밸컴은 모니터에 3세 암컷이자 빅토리아라는 이름으로 알려진 L-112의 사진을 띄워놓았다. "귀엽고 예쁜 고래"라고 밸컴은 말한다. "이곳 고래 관찰자들이 제일 좋아하는 고래예요. 아주 장난스럽지요. 언제나 뛰어오르곤 했어요. 아주 외향적이고 쾌활했어요. 정말 카리스마 넘치고. 정말 예쁜 녀석이었습니다."

빅토리아는 죽은 채 발견되었다. 이 사진들을 보라. 그녀의 어린 시체는 두들겨 맞아 죽은 것처럼 보인다. 온 머리에 출혈이 있었고, 눈과 귀의 내관에는 피가 몰려 있었다. 이 다음 사진들을 보면 그녀의 귀뼈에서 접합 부분이 완전히 날아가 버린 것이 보인다. 나는 밸컴이 말하는 내용과 이 사진 내용을 맞춰 보려고 애쓰고 있다. "우리는 수중마이크로 고래 소리를 듣고 있었어요. 밤이었어요. 그런데 해군 음파탐지기 소리가 들리더군요. 그러다가 폭발소리가 났지요. 제가 해군에 있을 때의 경험으로 보아 저는 그게 이곳에서 약 100마일 거리에서 일어난 거라고 추산했습니다. 폭발 지점 바로 근처에 있으면 그 파동을 온통 뒤집어씁니다. 하지만 더 긴 파장은 다른 경로로 진행하여 멀리 있는 감지기에 단파보다 더 빨리 닿습니다. 그러니 당신이 멀리 떨어져 있으면 위쪽으로 휘어지는upsweeping 소리를 듣게 됩니다. 우리가 들은 게 바로 그 소리지요. 그때 K와 L 파드는 달아나서 숨었어요. 올림픽 반도에서 멀리 떨어진 프로텍션 섬Protection Island 뒤에 있는 디스커버리 만Discovery Bay 쪽으로 달아났지요. 그리로 가면 모든 소음에서 차단되니까요."

전함 한 척이 캐나다 수역에서 네아 만Neah Bay 근처의 미국 수역으로 이동했다가 다시 캐나다 쪽 빅토리아 주 밖의 콘스탄스 뱅크Constance Bank 근처로 가로질러 갔는데, 거기서 마지막 폭발물이 터졌어요. 캐나다 군은 폭발물을 여러 개 터뜨렸다고 인정했습니다. 그리고 미해군도 관련이 없을 수 없었어요.

나는 그를 쳐다보았다.

밸컴은 덧붙였다. "그래요. 왜 실탄을 올림픽 해안의 해양국립보호구역에서 터뜨렸는지 이해하기 힘듭니다. 캐나다인들은 폭파 전에 고래가 있는지 찾아보았다고 하는데. 글쎄요. 우리는 그 훈련 기간 동안 폴저 딥Folger Deep과 네아 만에서 고래 소리를 들었는데, 해군의 음향모니터가 듣지 못했다고요? 제 요구는 간단해요, 실제 폭파 훈련은 대륙붕 밖에 나가서 하라는 겁니다. 그런데도 하나도 바뀐 게 없어요."

나는 밸컴이 말을 잇는 동안 L-112의 사진을 보았다. "그래서, 훈련 비행기가 투하한 폭탄이 이 작은 고래를 죽였다고 저는 생각해요. 귀뼈가 그 뿌리에서부터 그대로 터지는 일은 폭탄이 1킬로미터 이내에서 폭발해야만 가능합니다." 밸컴이 설명한다. "충격파가 닿으면 귀 같은 내부 공간에 있는 공기가 급속히 압축되어 진공이 만들어지고 그러면 가압되어 있던 인근의 혈관이 안쪽을 향해 터지게 됩니다. 한 번 터지면 그걸로 끝이에요. 그냥 계속 피가 나요. 출혈 말입니다. 그런데 200~300야드도 떨어지지 않은 곳이면 군사용 음파탐지기만으로도 치명적인 출혈을 일으킬 수 있습니다."

출혈로 금방 죽을 만큼은 아니고 귀에 피가 가득 차는 정도면 어떤가. 밸컴은 말한다. "최소한 두통이 생기고 아무 것도 듣지 못하

ⓒ 캔 밸컴

L-86과 딸 빅토리아. 빅토리아는 3세 때 죽었다. 그녀의 죽음은 미해군의 폭파 훈련 때문이라고 추정되지만 해군은 이를 부정했다.

며, 물속에서 의식을 잃고 기절하겠지요. 어떤 쪽이든 끝장 난 겁니다.

그녀가 어미 뒤에서 헤엄치고 있는 이 사진을 봐요. 얼마나 건강한지, 신체 여건이 얼마나 양호한지 알 수 있어요……." 밸컴이 머리를 흔든다. "절실하게 필요한 번식능력을 더해 줄 젊은 암컷으로 자라날 거라고 정말 고대하고 있었는데."

또 다른 암컷인 30세 L-60 역시 목과 머리에 멍이 든 채 해변에 쓸려 올라왔는데, 이런 상처는 압력 때문임을 의미한다. 내가 본 그녀의 시체 사진 역시 타박상으로 죽은 사람의 사진과 비슷해 보였다. 멸종위기에 처한 동물들이 '보호받는' 상태란 게 기껏 이 정도다. 잠수함 기지와 구축함 기지, 대잠수함 항공 기지가 모두 이 근처에 있고, 국방부 계약 업체들로부터 수십 억 달러가 워싱턴 주로 쏟아져 들어온다. 미해군은 결단코 자신의 업무를 집행할 작정이다.

여기 눈이 충혈된 부리고래beaked whale의 사진이 있다. 20~30년 전에는 출혈로 죽은 물개 수백 마리가 여기서 멀지 않은 곳 해변에 쓸려 올라왔다. 해군의 해상훈련이 있은 뒤 까치돌고래들도 이 근처에서 죽었다.

이번 주에 밸컴의 집에 있는 동안 이메일을 한 통 읽었다. "미해군은 캘리포니아 해안 위원회California Coastal Commission가 제기한 그 주의 해양 포유류에 대한 해군 음파탐지기의 해로운 영향을 줄이라는 만장일치의 권고를 무시할 것이라는 내용이었다. 해군은 남캘리포니아 해안에서 훈련과 시험기간 동안 위험한 음파탐지기와 강력 폭발물의 사용을 대폭 늘릴 계획이다. 그런 작전은 앞으로 5년 동안 수백 마리의 해양 포유류를 죽이고, 수천 마리에게 상해를 입힐 것으로 예견된다. 새로운 연구에 의하면……." 자연자원방어위원회the Natural Resources Defense Council는 이 계획을 저지하거나 수정하거나 어떤 일이든 하려고 노력 중이다.

해군은 그런 작전을 북미대륙의 양쪽 해안 모두에서 시행한다. 오랫동안 그들은 푸에르토리코 앞바다에 있는 비에크Vieques 섬 — 사람들이 살고 있는 섬 — 을 폭격시험장으로 사용했으며 결국 누군가를 죽게 한 다음에야 그곳을 포기했다.

저들은 이런 행동을 전 세계에서 자행한다. 군대만 그런 것도 아니다. 2008년에는 마다가스카르 북서부에서 어느 정유회사가 쓴 고강도 음파탐지기 때문에 고래들이 집단적으로 길을 잃고 뭍에 올라온 적이 있었다.[199] 더 많은 원유를 찾으려는 압력, 폭격 훈련을 할 장소를 찾으려는 압력은 계속 더 커진다.

1996년에 그리스 앞바다에서 훈련하던 NATO군은 부리고래 한 무리를 해변으로 몰아붙였다. 그것은 군사용 음파탐지기가 고래를 죽인 것으로 기록된 최초 사례였다. 부리고래는 고래 중에서도 특히 깊이 잠수하는 종류다. 평소에 그들은 수면에 올라와서 숨을 쉰 다음, 잠수병을 피하기 위해 얕은 잠수를 여러 번 하면서 혈중에 용해된 과잉 질소를 안전하게 없앤다. 그러나 견딜 수 없이 시끄러운 음파탐지기를 피하기 위해 수면에서 헤엄치다 보면 그들의 핏속에 질소 거품이 형성된다. 실제로 그랬는지 아닌지는 분명치 않다. 분명한 것은 해군의 음파탐지기가 건강한 고래를 죽인다는 사실이다. 범고래. 부리고래. 밍크고래. 피그미 향유고래. 돌고래.

"음파변환기를 여러 개 놓고 동조시켜 음파 빔을 만들면 30마일은 나아갈 만한 엄청난 고밀도 압력파를 형성할 수 있어요."밸컴이 말한다. "그것이 대잠수함 탐지의 표준 기술이 되었습니다. 세계의 여러 해군이 지금은 그 기술을 갖고 있어요."밸컴은 그 기술 때문에 죽은 고래가 우리에게 발견되는 것은 1퍼센트도 채 안 될 것이라고 추측한다. 그는 매년 수천 마리가 살해된다고 믿는다.

"그들이 훈련 때 실제 폭탄을 투하하면 1킬로미터 이내에서 몸속에 공기 공간을 가진 생물은 모두 죽습니다. 10킬로미터 밖이라면 멍이 드는 데 그치지요. 그리고 뇌출혈이 생길 수도 있습니다. 여기서 음파탐지 훈련을 하는 것이 보였고, 그 다음에 모든 고래가 불편해하고 동요하는 것이 보였습니다. 그리고는 갑자기 12마리의 까치돌고래가 죽은 채 떠밀려 왔습니다. 저희는 해군에게 그들 책임이라고 생각한다고 알렸어요. 하지만 폭파 테스트와 언론 보도를 그들이 장악하고 있었어요. 그런 다음 그들은 말했지요, '글쎄요, 그건 확실하지 않습니다.' 기본적으로 그들은 책임을 인정하지 않으려는 겁니다."

대양 전체에서 행해지는 우리의 비밀스러운 전쟁놀이는 우리가 인간이라는 종족을 얼마나 믿을 만하지 못한 존재로 보는지 말해 준다. 2000년 3월에 바하마에서 밸컴이 머물고 있던 집 바로 앞에 다양한 종류의 고래 여러 마리가 떠밀려 올라왔다. 그곳에는 영국과 미국의 해군함정들이 있었다. 뉴스쇼인 〈60분〉60 Minuts에 나간 밸컴은 그 고래의 죽음이 해군 탓이라고 믿는다고 말했다. "그들은 그 사실을 한 달가량 부정했습니다. 그러면서 점점 더 꼼짝 못할 궁지로 몰렸지요. 저희에게는 사진이 있었으니까요."마침내 그들은 자백했다. "해군에 있던 제 친구들이 저를 적으로 보는 것 같았어요." 벨컴이 약간 낙담한 어조로 말한다. "그건 불행한 일이에요. 전 애국자니까요. 저는 군복무를 한 사람이에요. 하지만 음파탐지기에 대해 경고하는 호루라기를 부는 사람이 저이기도 합니다. 그러니……."

고래는 목소리를 갖고 있지만 정치적 목소리는 갖고 있지 않다. 그들 역시 부족민, 농민, 원주민, 빈민 그리고 우리 모두와 마찬가지로 대변인이 없고, 강한 무기를 가졌으나 빈약한 정신의 소유자이자, 자신들이 이미 너무 많이 가졌음을 절대 깨닫지 못하는 거대 자본에 휘둘린다. 그런 사람들은 정치적인 연줄은 가졌지만 그들 자신 및 세계와의 연줄은 치명적으로 단절된 사람들이다.

기쁨의 충격을 받으면 기분이 어떨까? 환희가 머리 위를 뒤덮는 속에서 쉴 틈 없이 매일매일 바쁘게 지낸다면? 압도적이고 마비될 정도의 아름다움에 관통된다면? 경이 때문에 몸을 움직일 수가 없다면? 호기심에 쓰러질 정도라면? 이해를 무시하고 지나칠 수 없다면? '왜 나야? 어찌 이런 행운이?'라는 경박한 물음을 계속 던지는 것 외에 달리 할 재주가 없다면? 그러면 근사하겠지.

우리의 지금 당장의 목표는, 무선을 통해 들어 왔던 소리의 주인공인 고래 몇 마리의 정체를 확인하는 것이다. 벨컴의 보트 엔진은 빠른 속도로 움직이며, 가을비와 여름 끝자락의 햇살 사이에서 변덕을 부리는 무거운 기단 아래에서 우리를 하로 해협 속으로 몰고 간다. 갈매기 두세 마리가 공중에서 고래들을 계속 지켜보고 있다.

얼마 지나지 않아 기슭에서 1.6킬로미터 떨어진 곳인, 벨컴의 집을 바로 마주보는 곳에서 우리는 두 가지 색으로 된 세계에서 움직이고 있는 커다란 두 가지 색깔의 고래들과 함께 떠내려가고 있다. 물은 청회색slate blue이고 언덕도 청회색으로 보이며, 고래들은 흑자색slate black과 뿌연 흰색cloud white이다.

L 파드와 K 파드의 멤버들도 여기 있다. 좋은 일이다. 그래서인지 밸컴도 기분이 좋다. 그는 장난스럽게 미소를 지으며 말한다. "제가 뭍에서 살지 않아도 된다면 그들과 함께 살았을 텐데. 물살을 따라 흘러가면서 물고기와 가족 들과……." 항상 하는 농담이다. 그는 웃는다. 그러나 그 말이 완전히 농담만은 아니다.

내가 처음 알아차린 것보다 훨씬 더 넓은 수역을 통해 50마리나 되는 고래들이 움직이고 있다. 그들은 남쪽을 향하여 고른 속도로 지나가면서 숨도 고르게 쉰다. 가볍게 내뿜었다가 미끄러져 내려가고, 다시 느긋하게 올라온다.

하지만 겉으로는 힘들어 보이지 않지만, 그들에게서 가장 놀라운 점은 그들이 움직이는 기세다. 우아하고 수월하게 움직이지만 그 큰 덩치만으로도 그들의 모든 움직임은 밀려오는 해일처럼 보인다. 그처럼 오래전부터 존재해 온 생생한 동물이자, 위풍당당한 존재이며, 자신에게 필요한 것을 인간에게 그토록 많이 빼앗긴 존재가 아직도 살아남아 있다는 사실 자체가 내게는 거의 불가능하게 여겨진다. 그들과 우리가 시공간적으로 겹친다는 사실을 거의 믿을 수가 없다. 나는 그들이 계속 버텨주기를 너무나 열렬하게 소망한다.

얼마 안 가서 우리는 고래들이 제일 좋아하는 그 지역의 연어 사냥 지점 가운데 하나인 파일 포인트Pile Point에 닿았다. 조류가 부풀어 올랐다가 빠른 속도로 곶을 휘감아 돌아가서, 먹이를 찾는 연어와 연어를 찾는 고래들이 항상 모이는 장소가 되었다.

고래 여러 마리가 등을 굽히고 가파르게 잠수한다. 그 아래에 있던 물고기가 관심을 끈 것이다. 다른 고래 두 마리는 급격히 수면을 찢고 올라왔다가 방향을 잽싸게 바꾼다. 이는 밸컴이 '상어동작'sharking이라 부르는 묘기다. 그들은 작심하여 연어를 추적한다. 제일 가까운 고래는, 우리 바로 뒤에 있는 L-92이다. 높고 물결 모양의 등지느러미를 가진 여기 있는 이 큰 고래는 K-25다. 그는 높이 아치를 그리는 일련의 돌진을 시작해 첨벙대며 물을 많이 튀기고 심하게 요동친다. 그는 외따로 떨어진 큰 고기 한 마리를 뒤쫓는다. 그는 잠수해 사라진다. 그러다가 갑자기 수면을 뚫고 튀어오를 때 그의 덩치와 움직이는 기세에 나는 눈이 휘둥그레지며 놀란다.

"저들이 기슭을 향해 작업하는 게 보입니까?" 밸컴이 내게 상황을 정리하여 설명해 준다. 그들은 연어를 해안 쪽으로 몰아가서 약간 집중시키는 중이다. "아주 느긋하군요. 물고기를 약 100마리 정도 잡겠어요. 고래들은 연어를 패닉에 빠뜨리지 않으려고 서서히 작업하면서 그들을 덩어리로 밀어붙이는 동시에 뒤처지거나 무리에서 떨어진 외톨이가 있는지 봅니다. 그냥 밀어붙이기만 해요. 그게 그들의 작업입니다. 간혹 가다가 고기 한 마리가 뒤처지거나 무리에서 너무 멀어지지요. 그런 고기를 낚아챕니다." 우리는 밸컴이 오늘치 기록을 다 마칠 수 있도록 몇 바퀴를 돌았다.

이처럼 적극적으로 일하고 먹는 고래들 사이에서 일하는 것은 정말 특별한 경험이다. 나는 밸컴이 할 수만 있다면 그들과 함께 있겠다고 그토록 자주 말했던 게 생각났다. 그를 보고 있으면 나는 어떤 의미에서는, 그리고 다른 누구의 경우보다도 더, 고래와 함께 있음을 느낀다. 고래들과 함께 그는 자신의 깊은 지식의 저장고 속으로, 이런 고래와 그들의 네트워크를 알게 된 둘도 없는 자신의 일생 속으로 잠수한다. 여기 있는 고래는 K-22, K-25, K-37, L-83, L-116…… 이라고 그가 말해 준다. 그는 그들이 누구인지 안다. 그는 그들이 어디 다녀왔는지도 안다. 그는 그들의 삶을 안다. 그들의 삶이 곧 그의 삶이었기 때문이다. 그들이 그토록 활력적으로 사냥하는 동안 작은 보트에 타고 그들 사이에 있으면서도, 우리는 서로를 두려워할 필요가 없다. 나의 유일한 걱정은 이 무겁게 구름 덮인 하늘 아래에서 내 카메라를 어떻게 보관할 것인가이다. 방금 빗방울이 가볍게 떨어지기 시작했으니 말이다. 돌진하는 범고래들 속에 있다는 것…… 에 대해서는 걱정할 필요가 전혀 없다.

밸컴은 기다란 대포 카메라 렌즈를 점검하고, 솜씨 있게 계속 조작한다. 고래들 사이에 있을 때 유독 말이 많아지는 그는 다시 한번 — 언제나 그렇듯이 — 카메라를 든 젊은이, 그들을 잘 알고 싶다는 소망을 품은 청년이 된다.

더 많은 돌진, 거대하게 튀어오르는 물보라. 아래쪽 어딘가 그들의 삶이 진행되는 곳에서 많은 일이 벌어지고 있다. 우리가 따라 들어갈 수 없는 영역 속으로 그들은 너무나 수월하게 미끄러져 간다. 그 모습을 보며 나는 두려움을 느낀다. 그들이 내게 올까봐 겁이 나는 게 아니라 그들이 사라질까봐 두렵다.

"오케이, 준비해요." 밸컴이 말한다. "입에 고기를 문 사진을 찍고 싶다는 거지요?"

우리는 여러 프레임을 계속 녹화했다. 이 작업의 많은 부분은 반복적으로 이루어진다. 끝없이 신원을 확인하고 명단을 작성하며, 꼬리표를 유지하고 행방을 추적하는 것. 하지만 이 작업은 아름답

© 칼 사피나

인간만 서로 사랑하는 건 아니다. 코를 맞대고 있는 레이산 알바트로스(위), 코를 골며 친척을 꼬로 껴안고 있는 코끼리(중간), 언제나 나의 가장 좋은 친구인 주드(왼쪽)와 출라도 서로 사랑한다.

고 절박하다. 더 깊은 친교를 위한 성배 추적과도 같다. 단순히 고래와 친교하는 것이 아니다. 세계와의 친교다. 지금 여기에, 우리 시대에 우리는 누구와 함께 있었는가? 이 질문은 지속적인 기억, 절대 잊지 말라는 요구를 야기한다. 여기, 지금 누가 있는가? 40년 동안 밸컴은 신성한 명상에 잠길 때처럼 그 물음을 계속 던져왔다. 그리고 대답을 들어왔고, 지혜도 얻었다. 하지만 완벽히 깨달은 것은 아니다. 거죽만 알 뿐이다. 밸컴은 그들의 등 사진을 찍고, 수명을 재며, 자신의 시간을 그들에게 바칠 수 있다. 하지만 통제권은 여전히 그들 몫이다. 숨을 참는 일처럼 아무 힘도 들이지 않는 듯이 신비스럽게 자신들 삶의 참된 완전함을 관리한다. 우리에게는 더 깊은 친교가 필요하다. 이 경이적인 이웃을 알게 될 단 한번의 잠깐 주어지는 기회를 붙잡아야 한다.

하늘에서 빗방울이 후두둑 떨어지더니 가랑비로 변하고, 주위 수면에 찌직거리며 무늬를 만든다. 밸컴이 내키지 않는 말투로 말한다. "마무리하지요. 이미 카메라를 충분히 망쳤으니까요. 내일 또 나오지요."

하지만 우리는 카메라를 챙겨 넣고도 계속 머문다. 빗속에서 우리는 지켜본다. 한동안 가까운 곳과 중간 거리의 모든 곳에는 검은 지느러미가 바다의 평평한 수면 위에 각자의 이야기를 절박하게 계속 휘갈겨대고 있다. 나는 최대한 집중해 그 이야기를 읽는다. 그들이 쓴 이야기를 바다가 곧 지워 버릴 것임을 알기 때문에. 그리고 그런 이야기를 보관해 줄 백업 파일도 없기 때문에.

에필로그

야생동물을 연구하는 사람이라면 누구나 그들의 삶을 옹호해야 하는 어려움에 부딪힌다. 나는 내 옹호가 충분히 강력하기를 기도한다.[1]

—모튼

개와 다른 동물들 그리고 인간들과 함께한 경험이 지금보다 훨씬 적었을 때, 나는 사람들이 개를 비롯한 다른 동물들을 '가족'이나 '친구'로 여기는 일이 어리석다고 생각했었다. 이제는 그렇게 여기지 않는 것이 어리석다고 생각한다. 나는 인간의 충성심과 생존능력을 과대평가했고, 다른 동물들의 지능과 감수성을 과소평가했다. 이제 나는 전보다 양쪽 모두를 더 잘 이해할 수 있다고 생각한다. 그들이 지닌 재능은 각기 다르지만, 겹치는 부분이 있다는 것도 안다.

인간 개개인이 모두 다른 것처럼, 같은 종이더라도 각 생물들은 모두 다르다. 이처럼 많은 종이 우리 사이의 경계를 넘으며 다리를 놓을 수 있다는 것은 신비와 환희가 복합된 문제다. 매는 매사냥꾼을 바라보고, 개는 인간 동반자를 찾으며, 코끼리는 길 잃은 여성을 지켜주고, 범고래는 장난스럽게 요트에 물을 뿌리지만 카약은 최대한 부드럽게 밀어준다.

서로 상이한 종들은, 고등학생 때는 알고 지냈지만 이후 멀어진 친구들과 비슷하다고 할 수 있다. 그만큼 공통점이 많다. 공통 근원이 있다. 이제는 소홀해진 연대 같은 것이다. 이는 신체만 비교해 봐도 알 수 있다. 동일한 골격, 기관, 연원 그리고 수많은 공통의 역사. 세상에 나와 첫 숨을 내쉴 때부터 마지막 숨을 뱉기까지, 우리는 공통의 목표를 갖고 노력한다. 바로 계속 살아가기 위해 애쓴다는 것 말이다. 생활할 공간을 찾고, 당면한 위험을 극복하려고 하며, 능력을 최대한 발휘하면서 자신의 존재 가치 드러내고 당면한 기회들을 누리는 것 말이다.

다른 동물의 행동을 연구하는 대부분의 연구자들은 그것이 우리 자신을 이해하는 데 도움이 된다는 말로 자신의 연구를 합리화한다. 틀린 것은 아니다. 그렇지만 여기서 중요한 것은 이런 연구가 우리가 아닌 바로 그 '다른 동물'을 이해하는 데 도움이 된다는 점이다. 우리는 '자연'에 대한 현황 보고를 수치로 듣는다. 예를 들면 서식지의 60퍼센트가 사라졌고, 인구의 15퍼센트가 남아 있으며, 멸종위기에 처한 개체 3,000개가 사라져졌다는 식으로 말이다. 그런데 이런 식의 보고는 세계의 소멸을 숫자 시리즈로 기록하는 것과 다름없다.

지금 이 순간에도 우리가 얼마나 많은 것을 잃고 있느냐에 대한 이야기는 누구든 쉽게 접할 수 있다. 아기들 방의 벽지에 그려진 온 갓 동물들, 노아의 방주 그림에서 묘사된 모든 동물들이 현재 생사가 위태로운 곤경에 처해 있다. 그런데 그들을 위험에 빠뜨리는 건 바로 우리다. 내가 이 책에서 보여주고 싶은 것은, 활기차고 단호하게 자신의 삶을 붙잡고 있는 동물들이 어떻게 경험하는가에 대한 것이다. 다른 동물을 이해하는 일은 전문가들만의 사치스러운 업무가 아니다. 이 작업이 실패하면 그들의 종말과 세계의 파산이 앞당겨진다. 우리가 동물들에게 그들이 마땅히 받아야 할 대접을 베푼다면 인간에 대한 인간의 비인간성도 그만큼 더 끔찍하게 부각될 것이다. 그때 우리는 인간 문명human civilization을 넘어 그 다음 단계인 인간적 문명humane civilazation으로 관심을 돌릴 수도 있겠다.

인간은 창조적이고 공감 능력을 가졌다. 하지만 동시에 파괴적이고 잔인하다. 그러니 우리는 좀 더 최선을 다해야 한다. 인간이라는 종은 세상을 가장 잘 이해할 수 있지만, 세상과 최악의 관계를 유지하고 있다.

인간의 지능이 계속 높아질지 재앙이 될지는 두고 볼 일이다. 우리 마음에서 가장 아름다운 때는, 우리가 자신과 거리를 두면서 얻게 되는 승리의 순간일 것이다. 아침에 드리는 최고의 기도는 새로운 것을 알게 되어 기쁘다고 말하는 것일 테다. 내가 생각하는 최고의 이야기는 모든 생명은 하나라는 점이다.

감사의 말

이 책을 쓰는 동안 내가 받은 도움이 얼마나 많은지 아무리 열거해도 전부 꼽지 못할 것이고, 적절한 감사를 표할 수도 없을 것이다. 그래도 해 보자. 캘리포니아 만의 돌고래들 사이에 있으면서, 상처 입은 코끼리의 이야기를 읽으면서 나는 이 모든 것들을 관통하는 질문을 스스로에게 던지게 되었고, 그에 대한 대답을 이 책의 중심 주제로 설정했다.

이러한 여건들의 복합에 의해 풍요로운 결실을 낳을 수 있도록 해 준 RARE 보호기구(rare.org. 자연환경 및 자원에 대한 지속가능한 행동 방안을 추구하는 국제기구 — 옮긴이)의 의장인 브렛 젱크스Brett Jenks 와 저술가 게이 브래드쇼Gay Bradshow에게 감사한다. 코끼리를 이해하는 데서 특별한 도움을 준 분으로 나는 신시아 모스, 이언 더글러스-해밀턴, 비키 피시록에게 특별히 감사하며, 그와 함께 카티토 사이얄렐과 데이비드 다발렌, 대프니 셸드릭, 에드윈 루시치, 줄리어스 시베가, 길버트 사빙가, 프랭크 포프, 시프라 골든버그, 조지 위

735

테마이어George Wittemyer, 루시 킹, 아이크 레너드Ike Leonard, 소일라 사이얄렐, 조지프 솔티스에게도 감사한다. 또한 앤드루 돕슨Andrew Dobson과 카타르지나 노와크Katarzyna Nowak, 존 헤밍웨이John Heminway 에게는 우리 모두가 경계심을 갖도록 도와준 데 감사를 전한다.

넓은 시야를 갖도록 해 준 제프 앤드루스Jeff Andrews, 오토 패드Otto Fad, 다이앤 도너휴Diane Donohue, 주디 생레저Judy St. Ledger, 레이 라이 언Ray Ryan에게 감사한다. 나의 케냐 여행이 성공하는 데 있어 가장 중요했던 보급을 담당해 준 진 하틀리Jean Hartley에게 감사한다. 옐로 스톤 국립공원에서 나는 다른 어디서도 만날 수 없는 존재인 릭 매 킨타이어, 놀랄 만큼 헌신적인 로리 라이먼, 더그 매클로플린, 더그 스미스에게 그 모든 관찰, 통찰력, 늑대 섹션을 만들 수 있게 해 준 이야기들을 들려줘서 감사한다. 또 뛰어난 관찰력을 가진 시안 존 스Sian Jones, 또 재정 부족에도 불구하고 그 나름의 최선을 다하는 미 국 국립공원 관리청에도 감사한다. 범고래에게 몰입하게 해 준 켄 밸컴, 데이브 엘리프릿, 캐시 바비악, 밥 피트먼, 존 더반, 낸시 블랙, 알렉산드라 모튼에게 깊은 감사를 드린다. 전문성과 통찰력을 발휘 하여 도와준 다이애나 라이스, 하이디 C. 피어슨, 다이앤 도란-쉬이 에게 감사한다. 야생 까마귀들에게 먹이를 내놓은 상처 입은 까마 귀를 기르는 카일 핸슨Kyle Hanson, 애도할 줄 아는 수염달린 용을 기 르는 크리스털 포셸Crystal Possehl, 갈까마귀 연구자인 데릭 크레이그 헤드 모두에게도 감사한다.

독자 분들께 세이브 더 엘리펀트, 암보셀리 코끼리 구호재단the Amboseli Trust for Elephants, 빅 라이프 재단Big Life Foundation, 데이비드 셸드릭 야생동물보호재단, 옐로스톤 국립공원 재단, 고래 연구 센터 Center for Whale Research 등에 기금을 내는 문제를 고려해 주시기를 부탁한다. 이 단체들은 최전선에서 동식물들이 우리와 함께 살아갈 수 있도록 하는 데 애쓰며 일하고 있다.

편집과 관련해 내가 감사해야 할 분들로는, 우선 비할 수 없이 뛰어난 잭 매크레Jack Macrae, 진 내가Jean Naggar, 제니퍼 웰츠Jennifer Weltz, 보니 톰슨Bonnie Thompson이 있다. 모두 충실하고 숙련된 작업 동지였다. 읽기 힘든 초고를 전부든 부분이든 읽어 주고 미비점들을 지적해 준 존 앵기어John Angier, 패트리샤 라이트, 신시아 터실Cynthia Tuthill, 조애나 버거, 마이크 고치펠드Mike Gochfeld, 마거릿 코노버 Margaret Conover, 레이첼 그루젠Rachel Gruzen, 톰 미탁Tom Mittak 그리고 언제나 통찰력이 풍부한 폴 그린버그Paul Greenberg에게 감사한다. 피터 매티슨을 추모하는 마음으로, 내가 그로부터 오랫동안 받아 온 그 모든 영감과 격려를 공손하게 인정하고자 한다.

물질적 지원 면에서는 특히 줄리 패커드Julie Packard, 길크리스트 일가Gilchrist Family, 앤드루 세이빈Andrew Sabin, 앤 헌터-웰본Ann Hunter-Welborn과 그 가족, 수전 오코너Susan O'Connor, 로이 오코너Roy O'Connor, 로버트 캠벨Robert Campbell, 베토 비돌프Beto Bedolfe, 글렌다 멩기스Glenda Menges, 실비 챈트케일Sylvie Chantecaille, 그밖에 익명을 원하는 여러분들에게 감사를 전한다. 에릭 그레이엄Eric Graham, 스벤 올로프 런드블라드Sven Olof Lindblad, 제프 리초Jeff Rizzo, 리처드 레이건Richard Reagan, 레이너 주드Rainer Judd, 하워드 페렌Howard Ferren, 앤드루 레브킨Andrew Revkin, 폴 윈터Paul Winter에게 감사의 마음을 전한다. 내가 재직하는 대학교에서는 하위 슈나이더Howie Schneider, 엘리자베스 배스Elizabeth Bass, 밍구아 장Minghua Zhang, 스테파니 마수치Stefanie Massucci, 데보라 로언-클라인Deborah Lowen-Klein, 덱스터 베일리Dexter Bailey, 데이비드 코노버David Conover에게 감사한다. 프로젝트를 지속시켜 준 데 대해서는 제스 브루시니Jesse Bruschini, 마이라 마리노Mayra Marino, 참고문헌 담당자 메건 스미스Megan Smith, 엘리자베스 브라운Elezabeth Brown에게 감사한다. 동물에 대해 얻기 쉽지 않은 토막 정보를 알려준 데 대해 존 토다로John Todaro, 존과 낸시 드벨라Jon & Nancy DeBella, 피터 오스월드Peter Osswald, 다니엘 구스타프슨Danielle Gustafson, 그리고 내 딸 알렉산드라Alexandra Srp에게 감사한다.

인생을 함께 해 주고, 매를 찾아내고, 투구게를 구조하고, 밤에는 닭을 닭장에 넣어주고, 모두에게 먹을 것을 준 나의 아내 퍼트리샤 팔라다인Patricia Paladines에게 감사한다. 오래전부터 나는 그녀의 마음속에서 깊은 거울을 보았다. 그녀는 내게 무엇을 볼까. 글쎄, 여러분이 알다시피 나는 독심술가가 아니므로 그것을 알지 못한다.

물론 출라, 주드, 로스버드, 케인, 벨크로, 에미, 매덕스, 켄지, 기타 수많은 크고 작은 야생동물, 길들여진 동물, 어중간한 동물들에게 내 눈을 뜨게 해 준 데에 대해 특히 감사한다. 우리 집 마당과 거실에 사는 강아지들, 털이 북숭북숭한 고아 동물들, 극한의 오지에 사는 거대한 바닷새 무리, 거대한 물고기, 거북, 깊고 넓은 대양의 고래, 가을 하늘을 나는 매, 봄의 숲속에서 지저귀는 새에 이르기까지, 이 책에 실린 또 실리지 않은 모두에게 그토록 많은 아름다움과 은혜와 사랑과 기쁨과 풍부함과 심장의 고통과 더러움과 난장판과 진흙탕을 내 삶에 준 데에 대해, 다른 말로 하면 삶을 실재하도록 만들어 준 데 대해 나는 기쁨에 찬 감사를 전한다. 고마워, 모두들.

옮긴이의 말

어렸을 때, 인간이 아니라면 고래로 태어나고 싶었다. 태평양을 남북으로 헤엄치는 혹등고래가 그렇게 보기 좋았다. 보고 있으면 나도 그 곁에서 함께 물살을 헤치는 것 같은 기분에 빠져들었다. 고래의 노래도 정말 신비스러웠다. 사실 지금도 고래를 보면 그렇게 느낀다. 그래서인지 이 책에 등장하는 대표적인 동물 주인공 코끼리, 늑대, 범고래는 모두 멋지고 장엄한 존재지만, 고래에 대한 이야기가 내게 조금은 더 친밀하고 절실하게 느껴진다.

가끔 인간이 동물에게 하는 잔혹한 행동이 어디까지 갈 수 있을지에 대해 생각하다가, 그런 행동의 대상이 꼭 동물만은 아니라는 것을 깨닫곤 한다. 인간은 인간에게도 똑같이 잔혹한 행동을 하니까. 자기 앞에 있는 것이 동물이든 인간이든, 그들도 신경과 마음이 있어서 고통을 느낄 수 있는 생물이라는 사실이 그들의 두뇌세포에 입력되지 않는 것이다. 굳이 사이코패스라고 규정하지 않더라도 사이코패스 같은 행동을 하는 인간이 평범한 사람들 중에 아주 많다.

나 역시 채식주의자가 아니므로, 그런 행동을 하는 사람 중 한 명일 수 있다는 걱정이 든다. 자이나 교도처럼 길을 걸을 때 벌레를 밟을까봐 발 앞을 빗자루로 쓸면서 걷지는 않으니까. 동물로 태어나서 다른 동물의 생명을 앗는 것은 불가피한 일일 테니 그것이 의도적인 잔혹행위와는 다르지 않을까, 애써 변명할 뿐이다.

『소리와 몸짓』의 저자 칼 사피나는 해양동물 연구자이며 환경보호론자로 알바트로스, 바다거북 등 다양한 종류의 동물에 대해 연구해 왔다. 그런데 이 책을 읽으면서 사피나는 학자이고 활동가지만 무엇보다 동물을 사랑하는 사람이라고 소개하는 게 제일 적절하다는 생각이 들었다. 적지 않은 분량의 이 책을 읽다 보면 동물의 머릿속으로 자연스럽게 들어가는 것 같이 느낄 수 있는데 이는 단지 학술적인 연구만으로 가능한 것이다 아닐 테니까. 사피나는 독자들에게 섣부른 추정을 경계하면서도 동물과 인간에 대한 고정관념이나 연구자들의 편견에서 벗어나도록 거듭 도와준다.

이 책에는 수십 년간 야생동물의 삶을 관찰하면서 동물과 인간의 소통, 교감, 공감이 어떤 식으로 이루어지는지를 알아가며 그 기쁨을 느낀 경험에 대한 이야기가 담겨 있다. 책에 서술된 다양한 동물 관찰 기록 중에서 내게 강한 인상을 남긴 것은 주로 동물들이 느끼고 느꼈으리라고 추정되는 고통의 기억들에 대한 것이다. 가모장을 잃고 슬퍼하는 코끼리 가족, 어미의 뼈를 본 아들 코끼리의 비통한 감정, 짝과 형제를 잃고 무리에서도 쫓겨난 수컷 늑대가 느낀 외로움, 유능했지만 무리 내의 위계질서 때문에 추방된 암컷 늑대의 불운한 생애, 포획되어 비좁은 수족관에 갇힌 돌고래와 범고래들의 절망감 등등. 동물도 인간 못지않게 깊고 강렬한 감정을 느끼며, 인간도 그들의 감정을 느낄 수 있다는 것을 새삼 배웠다.

동물들이 겪는 이 같은 불행과 고통 중 대부분은 인간에 의해 발생한다. 인간의 그런 행위들은 늑대가 엘크를 사냥하는 것처럼 불가피한 사냥 행위일 수도 있지만, 순수한 인간적 편협성과 탐욕과 잔혹성 때문에 자행되는 경우가 많다. 그렇다면 인간은 자연의 일부인가? 아닌가? 인간은 언제부터 어떻게 자연과 분리된 걸까? 이런 질문들을 해 보게 된다. 늑대가 사라진 산에 엘크가 불어나고, 엘크가 불어나는 바람에 식물이 사라지고, 그러다 보니 엘크와 다른 동물들이 먹을 게 없어 굶주리게 되고 결국 개체 수가 줄어들고 마는 이러한 자연적인 순환 과정에서 인간만이 빠져나와 독자적인 생존 과정을 만들기 시작한 것은 언제부터인가.

생물 종이 지구상에서 사라지는 것은 인간에게 어떤 의미일까. 단순히 경제적인 의미로만 파악하면 되는 문제일까. 생물 종 하나는 경제적인 가치 이상의 가치를 갖고 있는가, 아닌가. 인간의 생존이 시급하니까 다른 생물은 어느 정도 희생시킬 수밖에 없다는 소리를 자주 듣지만 그런 통념이 인간과 생물들의 공존을 가능하게 하는 방향으로 작용하지는 않을 것 같다. 인간은 그들과 공존하지 않고도 살아남을 수 있을까.

인지 과학과 동물 행동 연구의 업적이 사피나의 관찰에 든든한 기반이 되면서 많은 영향을 줬겠지만, 저자는 그 지식을 모두 인정하고 소화한 뒤에 동물들이 고유한 마음과 감정을 가진 생명체로 살아가는 생생한 모습을 보여주려고 한다. 갓 태어나 아직 근육에 힘이 들어가지 않은 새끼 코끼리가 걷다가 물렁물렁한 자기 코에 발이 걸려 넘어지는 모습, 풀 무더기를 화관처럼 머리에 쓰고 장난 치거나 젖을 더 먹겠다고 어미에게 떼쓰는 새끼 코끼리, 목초지가 부족하여 코끼리 사냥에 내몰리게 된 마사이족의 젊은이들과 그들의 창에 찔려 죽어가는 코끼리의 뒤엉킨 운명, 아프리카의 끝에서 누군가가 목격한 고래와 코끼리의 교감, 인간에게 포획되어 가족과 헤어진 채로 수족관에서 공연하며 살아가는 범고래, 돌고래. 그리고 그들이 인간들과도 깊은 교감 능력을 발휘하는 모습은 매우 감동적이다.

영화 〈프리 윌리〉를 기억하는가. 그 영화가 보여준 것처럼 포획되었던 고래가 다시 자유롭게 살아가는 수 있는 기회는 거의 없다. 그 영화의 주인공인 범고래 케이코도 마침내 해방되었을 때, 자연으로 돌아가기 위해 한동안 적응 훈련을 거쳐야 했다. 또 수족관에 있던 고래가 해방되는 일은 실제로 거의 없었다.

이 책의 마지막 부분에 나오는 포획된 범고래 두 마리가 단식투쟁을 벌이다가 결국은 자신들의 상황을 받아들이고 살아남는 이야기를 읽으면 가슴이 먹먹해진다. 그들에게 살아 있어서 고맙다는 말을 해야겠지만, 그들이 계속 견뎌야 할 힘든 삶을 생각하면 그런 말을 할 자격이 없는 것 같다. 인간 때문에 고통받는 동물이 결코 이 책에 나온 동물들만은 아니지만 코끼리, 늑대, 범고래의 위엄과 품위는 그런 고통에 좀 더 특별한 의미를 부여한다. 인간은 정말 그토록 제멋대로 굴고도 무사할 수 있을까. 무사하지 말아야 하는 게 아닐까. 다른 해양 동물에게는 무자비한 킬러인 범고래가 인간을 해치지 않는 까닭이 무엇이냐고 저자는 여러 번 묻지만, 나도 도저히 알 수 없다. 인간이 그 같은 은혜로운 대접을 받을 만한 존재인가. 마음이 정말 불편해진다.

동물 이야기에 이렇게 많은 분량을 할애하는 책을 출간하기가 쉽지 않은 요즘 시대에 이 책을 선뜻 받아 준 돌베개 출판사에, 특히 일손이 자꾸 늦어지는 역자 때문에 마음고생이 많았을 편집부 윤현아 님께 깊이 감사한다. 이 책을 읽으면서 오래전에 보았던 영화 〈그랑 블루〉가 생각났다. 그 마지막 장면, 300미터 깊이의 바닷속에서 주인공이 자신을 마중 나온 돌고래에게 손을 내미는 그 장면이 이 책을 마무리하면서 가능할 것만 같아 설렌다.

2017년 2월

김병화

1부 코끼리의 나팔소리

1) Moss. et al., *Amboseli Elephants*, p.89.

2) Moss, *Elephant Memories*, p.125.

3) Moss et al., *Amboseli Ekephants*, p.174.

4) Douglas-Hamilton and Douglas-Hamilton, *Among the Elephants*.

5) Nicol, C. 2013. "Do Elephants Have Souls?," *New Atlantis*, no. 38:10-70.

6) Yoshihito Nnmura, R. Feltman, "New Study Finds That Elephants Evolved the Most Discerning Nose of Any Mamal" *Washington Post*, 2014, 7월 22일에 인용된 부분.

7) Oliveira et al., 1998, Moss et al., *Amboseli Elephants*, p.179에 인용된 부분.

8) Paz-y-Miño, G. G., et al. 2003. "Pinyon Jays Use Transitive Inference to Predict Social Dominance." *Nature*, no. 430; 778-81. Engh, A. L. et al. 2000. "Mechanisms of Maternal Rank 'Inheritance' in the Spotted Hyaena, Crocuta crocuta." *Animal Behaviour* 60(3): 323-32도 볼 것. Palagi, E. and Cordoni, G. 2009. "Postconflict Third-Party Affiliation in Canis lupus: Do Wolves Share Similarites with the Great Ape?" *Animal Behaviour* 78(4): 979086.

9) Burger, *Parrot Who Owns Me*.

10) Bearzi and Stanford, *Beautiful Minds*, p.188.

11) Herzing, *Dolphin Diaries*, pp.38, 101, 160.

12) Koch, C., "Ubiquitous Minds." *Scientific American Mind* 25(1): 26-29, 2014.

13) Ferris, Tim, 1995. "The Mind's Sky." *The New Science Journalists*, ed. Ted Anton & Rick McCourt, pp.32~33, New York: Ballantine.

14) Kandel, E. R., "The New Science of Mind." *New York Times Sunday Review*, p.12. 2013년 9월 8일.

15) Sacks, O., "The Mental Life of Plants and Worms, Among Others," *New York Review of Books* 61(7), 2014.

16) Nieh, J. C., "A Negative Feedback Signal That Is Triggered by Peril Curbs

Honeybee Recruitment," *Current Biology* 20(4): 310-15, 2010.

17) Bateson, M. et al., "Agitated Honeybees Exhibit Pessimistic Cognitive Biases," *Current Biology* 21(12): 1070-73, 2011.

18) Zhengzheng, I., et al., "Molecular Determinants of Scouting Behavior in Honey Bees," *Science* 335(6073): 1225-28, 2012.

19) Sheehan, M.J., & M.J. Tibbetts, "Specialized Face Learning Is Associated with Individual Recognition in Paper Wasps," *Science* 334(6060):1272-75, 2011.

20) Philippi, C. L., et al, "Preserved Self-Awreness Following Extensive Bilateral Brain Damage to the Insula, Anterior Cingulate, and Medial Prefrontal Cortices," *PLoS ONE* 7(8):1, 2012.

21) Koch, *Consciousness*, p.151.

22) Pollan, M, "The Intelligent Plant," *New Yorker*, 2013년 12월 23~30일, pp.92~105(그는 씹어 먹는 애벌레 소리 녹음을 사용하여 실험한 사람이 미주리 대학교의 화학생태학자인 하이디 애플Heidi Appel이라고 밝혔다).

23) Poole, *Coming of Age*.

24) Yoerg, S. I, "Mentalist Imputations," *Science* 258: 830-31에 도날드 그리핀 Donald Griffin이 쓴 *Animal Minds* 서평에서. 1992.

25) Goodall. *National Geographic*, 2014년 8월호, p.54에 실린 Quammen, D의 "Gombe Family Album"에서 인용.

26) Nicol, "Do Elephants Have Souls?", 10-70, 2013.

27) Pankesepp, J., "Affective Consciousness: Core Emotional Feelings in Animals and Humans," *Consciousness and Cognition* 14(1): 30-80, 2005.

28) 앞의 책.

29) "Dogs, Humans Affected by OCD Have Similar Brain Abnormalities," *Tufts Now*, Tufts University, 2013년 6월 4일. Ogata, N., et al., "Brain Structural Abnormalities in Doberman Pinschers with Canine Compulsive Disorder," *Progress in Neuro-Psychopharmacology and Biological Psychiatry*, no. 45: 1-6, 2013도 볼 것.

30) Fossat, P, et al., "Anxiety-Like Behavior in Crayfish Is Controlled by Serotonin," *Science* 344: 1293-97, 2014. Vignieri, S. N., "The Crayfish That Was Afraid of the Light," *Science* 344 (6189): 1238, 2014.

31) Beets, I., et al., "Vasoptrssin/Oxytocin-Related Signaling Regulates Gustatory Associative Learning in *C.elegans*," *Science* 338:543-45, 2012.

주

32) Darwin, C., *Formation of Vegetable Mould, Through the Action of Worms*, London: John Murray, 1881.

33) Emmons, S. W., "The Mood of a Worm," *Science* 338: 475-76, 2012. Garrison, J., et al., "Oxytocin/Vasopressin-Related Peptides Have an Ancient Role in Reproductive Behavior," *Science* 338: 540-43, 2012.

34) Klatt, J. D., & J. L. Goodson, "Oxytocin-Like Receptors Mediate Pair Bonding in a Socially Monogamous Songbird," *Proceedings of the Royal Society of London, Series B* 280(1750), 2013.

35) Jacobsen, R., "The Homeless Herd," *Harper's*, 2013년 8월호, pp.64~69.

36) Moss et al., *Amboseli Elephants*, p.190.

37) 앞의 책, p.105.

38) Douglas-Hamilton & Douglas-Hamilton, *Among the Elephants*, p.221.

39) Moss, *Elephant Memories*, p.125.

40) Moss et al., *Amboseli Elephants*, p.192.

41) 앞의 책, p.211.

42) 앞의 책, p.165.

43) 앞의 책, p.318.

44) Douglas-Hamilton & Douglas-Hamilton, *Among the Elephants*, p.265.

45) Moss et al., *Amboseli Elephants*, pp.229, 245.

46) *Elephant Memories*, p.132.

47) Moss et al., *Amboseli Elephants*, p.179.

48) 앞의 책, p.175.

49) Blake et al, Moss et al., *Amboseli Elephants*, p.175에 인용됨.

50) 앞의 책, p.191.

51) Moss et al., *Amboseli Elephants*, p.201.

52) Moss, *Elephant Memories*, p.171.

53) 앞의 책, p.245.

54) 앞의 책, p.322.

55) Moss et al., *Amboseli Elephants*, p.320.

56) 앞의 책, p.53.

57) Moss, *Elephant Memories*, pp.152~155.

58) 앞의 책, p.265.

59) 앞의 책, pp.161~164.

소리와 몸짓

60) 앞의 책, pp.161~162.

61) 앞의 책, pp.164~165.

62) Moss & Colbeck, *Echo of the Elephants*, p.166.

63) 앞의 책, p.184.

64) Moss et al., *Amboseli Elephants*, p.176.

65) 앞의 책, p.122.

66) Moss, *Elephant Menories*, p.163.

67) Moussaieff & McCarthy, *When Elephants Weep*, p.73.

68) Teleki, G., "They Are Us," *The Great Ape Project*, ed. by Paola Cavalieri & Peter Singer, pp.296~302, New York: St. Martin's, 1994에 실림. Kortland, A., "Chimpanzees in the Wild," *Scientific American* 206(5): 128-38, 1962. 두 글 모두 Moussaieff & McCarthy, *When Elephants Weep*, pp.192~193에 서술된 것과 동일한 내용이다.

69) Diamond, *Third Chimpanzee*, p.155.

70) 앞의 책, p.153.

71) Moss et al., *Amboseli Elephants*, p.179.

72) Douglas-Hamilton, J. S. Bhalla, G. Wittemyer, & F. Vollrath, "Behavioural Reactions of Elephants Towards a Dying and Decreased Matriach," *Applied Animal Behaviour Science* 100(1-2): 87-102, 2006.

73) Walker, *Ivory's Ghosts*, pp.26~42. Williams, J. H., Elephant Bill, Long Riders' Guild Press, p.227. 2001에서 인용.

74) Moss & Colbeck, *Echo of the Elephants*, pp.64~74.

75) 앞의 책, p.37.

76) Moss et al., *Amboseli Elephants*, p.182.

77) Douglas-Hamilton & Douglas-Hamilton, *Among the Elephants*, p.240.

78) de Waal, F., "The Antiquity of Empathy", *Science* 336 (6083): 874-76, 2012.

79) Panksepp, J., & J. B. Panksepp, "Toward a Cross-Species Understanding of Emphathy", *Trends in Neurosciences* 36(8): 489-96, 2013.

80) de Waal, "Antiquity of Emphathy," 874-76, 2012.

81) Inbal, B. B., et al., "Emphathy and Pro-Social Behavior in Rats," *Science* 334(6061): 1427-30, 2011. Panksepp, J., "Emphathy and the Laws of Affect," *Science* 334(6061): 1358-59, 2011.

82) de Waal, *Primates and Philosophers*, p.30.

주

83) Moss, *Elephant Memories*, p.84.

84) 앞의 책, p.264.

85) 앞의 책, p.265.

86) 앞의 책, p.267.

87) 암보셀리 코끼리 연구프로젝트AERP의 상임 과학자인 비키 피시록Vicki Fishlock의 개인 서신. 2013년 7월.

88) Moss, *Elephant Memories*, p.270.

89) Poole, *Coming of Age*.

90) Moss, *Elephant Memories*, p.270. Moss & Colbeck, *Echo of the Elephants*, p.61.

91) Douglas-Hamilton & Douglas-Hamilton, *Among the Elephants*, p.237에 인용된 셸드릭Sheldrick의 말.

92) 앞의 책, p.238.

93) 앞의 책, p.240.

94) 앞의 책, p.240~241.

95) Douglas-Hamilton, I., et al., "Behavioural Reactions of Elephants," *Applied Animal Behaviour Science*: 87-102, 2006.

96) Moss and Colbeck, *Echo of the Elephants*, p.124.

97) Calloway-Whiting, C., "Mother Orca and Her Dead Calf: A Mother's Grief?" *Seattlepi.com*, 2010년 9월 11일.

98) Herzing, *Dolphin Diaries*, p.230.

99) Reiss, *Dolphin in the Mirror*, p.202.

100) Bearzi, M, *Dolphin Confidential: Confessions of a Field Biologist*, Chicago: University of Chicago Press, p.172, 2012.

101) King, B.J., "When Animals Mourn," *Scientific American* 309(1), 2013. King의 책 *How Animals Grieve*도 볼 것.

102) Brown, A. E., "Grief in the Chimpanzee," *American Naturalist*, 1879년 3월호, 173-75.

103) de Waal, "Bonobo Bliss: Evidence That Doing Good Feels Good," *Natural History*, 2013년 8월 8일. de Waal, *Bonobo & Atheist*에서 발췌.

104) Zimmer, C., "Friends with Benefits," *Time*, 2012년 2월 20일.

105) 미국의 영장류연구자, 인류학자, 환경보론론자인 패트리셔 라이트 박사Dr. Patricia Wright와의 개인적 대화에서, 2014년 9월. 또 Radin, D., "The Amazing Emotional Intelligence of Our Primate Cousins," *Ecologist*, 2014년 6월 24일.

106) Simmonds, M. P., "Into the Brains of Whales," *Applied Animal Behaviour Science* 100(1-2): 103-16, 2006.

107) Moss, *Elephant Memories*, p.323.

108) Moss et al., *Amboseli Elephants*, pp.116, 155.

109) 앞의 책, p.153.

110) 앞의 책, p.115.

111) 앞의 책, p.109. ElephantVoices.org도 볼 것.

112) 앞의 책, p.126.

113) 앞의 책, p.113.

114) 앞의 책, p.130.

115) 앞의 책, p.127. 특히 O'Connell, C., *The Elephant's Secret Sense: The Hidden Life of the Wild Herd of Africa*, Chicago: University of Chicago Press, 2008도 볼 것.

116) Moss et al., *Amboseli Elephants*, p.127.

117) Descartes, R., 뉴캐슬 후작에게 보낸 편지에서, 1646. http://pubpages.unh.edu/~jel/Descartes.html에서 찾음.

118) Voltaire, *The Philosophical Dictionary*, trans. by H. I. Woolf, New York: Knopf, 1924. http://history.hanover.edu/texts/voltaire/volanima.html에서 찾음.

119) Darwin, C., *Notebook B: Transmutation of Species*, 1837-38, Darwin-online.org.uk/.

120) Moussaieff & McCarthy, *When Elephants Weep*, p.229에 주로 의거함.

121) Roose, Steven, p. 2012, "Neuroscience vs. Philosophy: Taking Aim at Free Will," *Journal of the American Psychoanalytic Association* 60: 393-94.

122) Moss et al., *Amboseli Elephants*, pp.134, 140, 146, 153, 158.

123) Kingm L. E., I. Douglas-Hamilton, & F. Vollrath, "African Elephants Run from the Sound of Disturbed Bees," *Current Biology* 17(19): R832-33, 2007. Bouche, P., et al., "Will Elephants Soon Disappear from West African Savannahs?", *PLoS ONE* 6(6): e20619, 2011.

124) Moss et al., *Amboseli Elephants*, pp.147, 148, 149, & 158.

125) Diamond, *Third Chimpanzee*.

126) Zuberbuhler, K, "A Syntactic Rule in Forest Monkey Communication," *Animal Behaviour* 63(2): 293-99, 2002.

127) Altenmüller, E., et al., *Evolution of Emotional Intelligence*, p.35.

128) Clarke, E., U. H. Reichard, & K. Zuberbühler, "The Syntax and Meaning of Wild Gibbon Song," *PLos ONE* 1(1): e73, 2006.

129) Crockford, C., & C. Boesch, "Call Combinations in Wild Chimpanzees," *Behaviour* 142(4): 397-421, 2005.

130) Altenmüller et al., *Evolution of Emotional Intelligence*, p.35.

131) Moss et al., *Amboseli Elephants*, p.151.

132) Reiss, *Dolphin in the Mirror*, p.196.

133) J. Poole, Moss et al., *Amboseli Elephants*, p.153에 인용됨.

134) Moss et al., *Amboseli Elephants*, p.154.

135) Moss, *Elephant Memories*, pp.314~316.

136) Moss et al., *Amboseli Elephants*, p.326.

137) Martin, D., "Lawrence Anthony, Baghdad Zoo Savior, Dies at 61," *New York Times*, A19, 2012년 3월 11일. Zimmerman, J, "Elephants Hold Vigil for Human Friend," *Grist.org.*, 2012년 5월 14일.

138) Watson, I., *Elephantoms: Tracking the Elephant*, New York: Norton, p.207, 2003.

139) Moss, *Elephant Memories*, p.329.

140) Moss et al., *Amboseli Elephants*, p.123.

141) Moss, *Elephant Memories*, p.186.

142) Terrace, H. S., *Nim: A Chimpanzee Who Learned Sign Language*, New York: Knopf, pp.150~152, 1979.

143) Moss, *Elephant Memories*, p.188.

144) 앞의 책, pp.335~336.

145) Wittemyer, G., et al., "Illegal Killing for Ivory Drives Global Decline in African Elephants," *Current Biology* III: 13117-21, 2014. Scriber, B., "100,000 Elephants Killed by Poachers in Just Three Years, Landmark Analysis Finds," *National Geographic News*, 2014년 8월 14일.

146) Gobush, K., et al., "Long-Term Impacts of Poaching on Relatedness, Stress Physiology, and Reproductive Output of Adult Female African Elephants," *Conservation Biology* 22: 1590-99, 2008.

147) Joyce, C., "Elephant Poaching Pushes Species to Brink of Extinction," *Morning Edition*, NPR, 2013년 3월 6일.

148) Moss et al., *Amboseli Elephants*, pp.32~33.

149) *Elephant Memories*, p.222.

150) Moss et al., *Amboseli Elephants*, p.314.

151) 앞의 책, p.52.

152) Douglas-Hamilton & Douglas-Hamilton, *Among the Elephants*, p.226.

153) Moss et al., *Amboseli Elephants*, p.53.

154) Diamond, J., "Did Komodo Dragons Evolve to Eat Pygmy Elephants?" *Nature* 326: 832, 1987.

155) Douglas-Hamilton & Douglas-Hamilton, *Among the Elephants*, p.246.

156) Vartanyan, S, L., "Radiocarbon Dating Evidence for Mammoths on Wrangel Island, Arctic Ocean, until 2000BC," *Radiocarbon* 37(1): 1-6, 1995.

157) Walker, *Ivory's Ghosts*, pp.26~42.

158) "The History of the Ivory Trade: History Has Been Tragic for Africa's Elephants," Online video, *National Gepgraphic*.

159) Douglas-Hamilton & Douglas-Hamilton, *Among the Elephants*, p.248.

160) Walker, *Ivory's Ghosts*, pp.5, 64, 84, 91, 96, 134.

161) Conniff, R., "When the Music in Our Parlors Brought Death to Darkest Africa," *Audubon*, p.86, 1987년 7월.

162) Walker, *Ivory' Ghosts*, p.120.

163) Conniff, "When the Music in Our Parlors," p.89, 1987.

164) Walker, *Ivory' Ghosts*, p.134.

165) Wasser, S. K., et al., "Using DNA to Track the Origin of the Largest Ivory Seizure Since the 1989 Trade Ban," *PNAS* 104(10): 4228-33, 2007.

166) Moss et al., *Amboseli Elephants*, p.27.

167) Swann, A. J., 2012, *Fighting the Slave Hunters in Central Africa*, 3rd ed., New York: Routledge, pp.49~50, 2012.

168) Shepard, Conniff, "When the Music in Our Parlors," p.81에 인용됨.

169) Spinage, Moss et al., *Amboseli Elephants*, p.320, 1973에 인용됨.

170) Bradshaw, G. A., et al., "Elephant Breakdown," *Nature* 433: 807, 2005.

171) Moss, Elephant Memories, p.294. Nowak, K. et al., "Elephants Are Not Diamonds," *Ecologist*, 2013년 2월 8일.

172) Dell'Amore, C., "Beloved African Elephant Killed for Ivory," *National Geographic News*, 2014.

173) Moss et al., *Amboseli Elephants*, p.329.

174) Gary, R., "ear Elephant, Sir," *Life*, 1967년 12월 22일, p.126.

2부. 늑대의 울음소리

1) Bekoff, M., & C. Allen, "Cognitive Ethology: Slayers, Skeptics and Proponents," *In Anthropomorphis, Anecdotes and Animals: The Emperor's New Clothes?*, ed. by R. W. Mitchess, N. Thompson, & L. Miles, 313-34, New York: State University Press of New York State, 1997.

2) Smith and Ferguson, *Decade of the Wolf*, p.43.

3) 앞의 책, pp.72, 87.

4) Zahavi, A., "Sexual Selection, Signal Selection, and the Handicap Principle," *Reproductive Biology and Phylogeny of Birds*, ed. by B. G. M. Jamieson. Enfield, N. H.: Science Publishers.

5) Smith & Ferguson, *Decade of the Wolf*, pp.88~92.

6) 앞의 책, p.41.

7) 앞의 책, p.54.

8) 앞의 책, p.55.

9) 앞의 책, p.66.

10) 앞의 책, p.68.

11) R. C. Connor, Mann et al., *Cetacean Societies*, p.212. Simmonds, M. P., "Into the Brains of Whales," *Applied Animal Behaviour Science*, 100(1-2): 103-16, 2006 도 볼 것(시몬스는 다른 자료도 인용하고 논평한다).

12) 앞의 책, pp.211~212.

13) Doug Smith와 필자의 인터뷰, 2013년 3월. Smith & Ferguson, *Decade of the Wolf*, pp.78~79.

14) Whittlesey, L., P. Schullery, "How Many Wolves Were in the Yellowstone Area in the 1870s?" *Yellowstone Science*, no. 19: 23-28, 2011.

15) Goldman, J. G., "Reintroducing Wolves Is Only Effective at Large Scale," *Conservation*, 2014년 6월 18일.

16) Leonard, J. A., et al., "Legacy Lost: Genetic Variability and Population Size of Extirpated US Grey Wolves," *Molecular Ecology* 14: 9-17, 2005.

17) Smith and Ferguson, *Decade of the Wolf*, pp.7~8.

18) Whittlesey and Schullery, "How Many Wolves," pp.23~28.

19) "Wolves in Wyoming: WGFD Notifies That Gray Wolf Take Is Suspended," 2014. *Wyoming Game and Fish Department*. http://wgfd.wyo.gov/wtest/wildlife-1000380.aspx.

20) Smith and Ferguson, *Decade of the Wolf*, pp.30~31.

21) Ketcham, C., "How to Kill a Wolf," *Vice*, 2014년 3월 13일.

22) Egan, T., "Stegner's Complaint," *New York Times*, 2009년 2월 18일.

23) Hemingway, E, *The Green Hills of Africa*, New York : Scribner, p.73, 1935.

24) Doug Smith, 필자와의 인터뷰, 2013년 3월.

25) Leopold, A., *A sand County Almanac*, Oxford: Oxford University Press, pp.129~132, 1949.

26) Ripple, W. J., & R. L. Beschta, "Tropic Cascades in Yellowstone: The First 15 Years After Wolf Reintroduction," *Biological Conservation* 145 (1): 205-13, 2012.

27) Poole, O, "Success Brings Death Sentence for US Wolves," *Telegraph*, 2002년 12월 22일.

28) Black, J., "Protected No Longer, More Than 550 Gray Wolves Killed This Season by Hunters and Trappers," *NBC News*, 2013년 3월 6일.

29) Doug Smith, 필자와의 인터뷰, 2013년 3월.

30) Johnson, K., "Study Faults Efforts at Wolf Management," *New York Times*, 2014년 12월 3일.

31) Hull, J., "Out of Bounds: The Death of 832F, Yellowstone's Most Famous Wolf," *Outside Online*, 2013년 2월 13일.

32) Schweber, N., "Research Animals Lost in Wolf Hunts Near Yellowstone," *New York Times*, 2012년 11월 28일.

33) Duffield, J. W., et al., "Wolf Recovery in Yellowstone: Park Visitor Attitudes, Expenditures, and Economic Impacts," *Yellowstone Science* 16: 20-25.

34) Pember, M. A., "Wisconsin Tribes Struggle to Save Their Brothers the Wolves from Sanctioned Hunt," *Indian Country Today Media Network*, 2012년 8월 14일.

35) Spinoza, B. de., *Ethics*, part 4, prop. 37, note 1, Online, 1677.

36) Davis, P., 감독, 제작자, *Hearts and Minds*, DVD, BBC Productions and Rainbow, 1974.

37) Garcis, C., "'Wolf Man' Doug Smith Studies Yellowstone's Restored Predators," *Christian Science Monitor*, 2010년 7월 20일.

38) Smith & Ferguson, *Decade of the Wolf*, p.105.

39) Vaillant, *Tiger*, p.110.

40) 앞의 책, p.141.

41) 앞의 책, pp.137~139.

42) 앞의 책, p.15.

43) Thomas, E. M., "The Old Way," *New Yorker*, 1990년 10월 15일, p.78.

44) Smith & Ferguson, *Decade of the Wolf*, p.11.

45) Heinrich, B., *Mind of the Raven*, New York: Ecco, p.356, 1999.

46) 앞의 책, p.355.

47) Emery, N. J. & N. S. Clayton, "The Mentality of Crows: Convergent Evolution of Intelligence in Corvids and Apes," *Science* 306(5703): 1903-7, 2004.

48) *Inside the Animal Mind: The Problem Solvers*, BBC Video(20분 지점에 이 장면 이 나옴).

49) Emery and Clayton, "Mentality of Crows," 1903-7.

50) Klein, J., "The Intelligence of Crows," *TED Talk*, Online, 2008.

51) 패컴Packham, C 이 소개하는 영상, "Are Corws the Ultimate Problem Solvers?" *Inside the Animal Mind*, Episode 2, BBC2, 2014.

52) Bird, C. D., & N. J. Emery, "Insightful Problem Solving and Creative Tool Modification by Captive Non-Tool-Using Rooks," *PNAS* 106(25): 10370-75, 2009.

53) Warwicker, M., *Cockatoos Show Tool-Making Skills*, BBC Nature, 2012.

54) Nijhuis, M., "Friend or Foe? Crow Never Forget a Face, It Seems," *New York Times*, 2008년 8월 25일.

55) Bird and Every, "Insightful Problem Solving," 10370-75.

56) Emery and Clayton, "Mentality of Crows," 1903-7.

57) Savage, T. S., & J. Wyman, "Observations on the External Characters and Habits of the Troglodytes niger," *Boston Journal of Natural History* 4(4): 362-86, 1844. Wrangham, R. W., "Chimpanzees: The Culture-Zone Concept Becomes Untidy," *Current Biology* 16(16): R 634-35, 2006에 인용됨.

58) Carpenter, A., "Monkeys Opening Oysters," *Nature* 36:53, 1887.

59) Wrangham, "Culture-Zone Concept," R634-35.

60) Sundaram, A., "Scientists Study Gorilla Whoo Uses Tools," *Environmental News Network*, 2005년 10월 9일.

61) Byrne, R. W., & L. A. Bates, "Primate Social Cognition: Uniquely Primate, Uniquely Social, or Just Unique?" *Neuron* 65: 815-30, 2010.

62) Bird & Emery, "Insightful Problem Solving," 10370-75.

63) "Clever Corvids: The Eurasian Jay," *Super Smart Animals*, Episode 1, BBC, 2012. http://www.bbc.co.uk/programmes/p00nltf1.

64) Moss et al., *Amboseli Elephants*, p.176.

65) Poole, *Coming of Age*, p.36.

66) Reiss, *Dolphin in the Mirror*, p.61.

67) Herzing, *Dolphin Diaries*, p.28.

68) Auersperg, A. M. I., et al., "Spontaneous Innivation in Tool Manufacture and Use in a Goffin's Cockatoo," *Current Biology* 22(21): R903-4, 2012(Online, 아주 훌륭한 동영상이 있다).

69) Brown, C., "Fish Intelligence, Sentience and Ethics," *Animal Cognition*, 2014년 6월 19일.

70) Piece, J. D., "A Review of Tool Use in Insects," *Florida Entomologist* 69(1): 95-104, 1986.

71) McIntyre, R., "The Story of Triangle," 미발표 원고, 2013(로리 라이먼이 그날 늑대를 처음 발견했음을 릭이 인정해 줌).

72) Altenmüller, et al., *Evolution of Emotional Intelligence*, pp.116~117.

73) 앞의 책, pp.144~148.

74) 앞의 책, p.134.

75) 이런 사건들에 관해 잡지『옐로스톤 리포트』*Yellowstone Report*에 실은 자신의 기사에 대해 사적으로 나눈 서신교환에 대해 로리 라이먼에게 감사한다.

76) Smet, A. F., & R. W. Byrne, "African Elephants Can Use Human Pointing Cues to Find Hidden Food," *Current Biology* 23(20): 2033-37, 2013.

77) Udell, M. A. R. et al., "Wolvs Outperform Dogs in Following Human Social Cues," *Animal Behaviour* 76(6):1767-73, 2008.

78) Gwynne, S. C., *Empire of the Summer Moon*, New York: Scribner, p.176, 2011.

79) Hare, B., & M. Tomasello, "Human-like Social Skills in Dogs?" *Trends in Cognitive Sciences* 9(9): 439-44, 2005.

80) Wang, Guodong, et al., "The Genomics of Selection in Dogs and the Parallel

Evolution Between Dogs and Humans," *Nature Communications* 4, article no. 1860, 2013.

81) Zimmer, C., "From Fearsome Predator to Man's Best Friend," *New York Times*, 2013년 5월 16일.

82) Darwin, C., *On the Origin of Species*, London: Mentor, pp.34~35, 1859.

83) Hare and Tomasello, "Human-like Social Skills," 439-44.

84) Hare, B., et al., "The Self-Domestication Hypothesis: Evolution of Bonobo Psychology Is Due to Selection Against Aggresion," *Animal Behaviour* 83(3): 573-85, 2012.

85) de Waal, "Bonobo Bliss."

86) Wobber, V., R. Wrangham, & B. Hare, "Bonobo Exhibit Delayed Development of Social Behavior and Cognition Relative to Chimpanzees," *Current Biology* 20(3): 226-30, 2010.

87) Hare et al., "Self-Domestication Hypothesis," 573-85.

88) Blount, B. G., "Issues in Bonobo (Pan paniscus) Sexual Behavior," *American Anthropologist* 92(3): 702-14, 1990.

89) de Waal, F., "The Antiquity of Empathy," *Science* 336(6083): 874-76.

90) Rilling, J., et al., "Differences Between Chimpanzees and Bonobos in Neural Systems Supporting Social Cognition," *Social Cognitive and Affective Neuroscience*, 2011년 4월 5일.

91) Dahl, J. F., "The External Genitalia of the Female Pygmy Chimpanzee," *Anatomical Record* 211(1): 24-28.

92) de Waal, "Bonobo Bliss."

93) Hare and Tomasello, "Human-like Social Skills," 439-44.

94) Bolk, L., *Das Problem der Menschwerdung (The Problem of Human Development)*, Jena: Gustav Fischer, 1926. Fuerle, R. D., *Erectus Walks Amongst Us*, New York: Spooner Press, 2008에 인용됨.

95) Ruff, C. B., et al., "Body Mass and Encephalization in Pleistocene Homo," *Nature* 387 (6629):173-76, 1997.

96) Leach, H. M, "Uman Domestication Reconsidered," *Current Biology* 44(3):349-68, 2003에 인용됨.

97) Rothh, G., & U. Dike, "Evolution of the Brain and Intelligence," *Trends in Cognitive Science* 9(5): 250-57, 2005에 인용됨.

98) Leach, "Human Domestication," 349-68.

99) Leach, "Human Domestication," 349-68에 인용됨.

3부 우리의 오해와 편견

1) Udell, "Wolves Outperform Dogs," 1767-73.

2) 자폐증 전문가인 나오미 앙고프 체드Naomi Angoff Chedd와의 사적 대화에서, 2014.

3) Reiss, *Dolphin in the Mirror*, p.185.

4) Call, J., & M. Tomasello, "Does the Chimpanzee Have an Theory of Mind? 30 Years Later," *Trends in Cognitive Sciences* 12(5):187-92, 2008. Whitten, A, "When Does Smart Behaviour-Reading Become Mind-Reading?", *Theories of Theories of Mind*, ed. by P. Carruthers & P.K. Smith, New York: Cambridge University Press, pp.277~292, 1996.

5) Gallese, V., "Before and Below 'Theory of Mind': Embodied Simulation and the Neural Correlates of Social Cognition." *Philosophical Transactions of the Royal Society B* 362(1480): 659-69, 2007.

6) Premack, D., & G. Woodruff, "Does the Chimapanzee Have a Theory of Mind?" *Behavioral and Brain Sciences* 1(4): 515-26.

7) Harmon, K, "The Social Genius of Animals." *Scientific American Mind* 23: 66-71, 2012.

8) de Waal, *Primates and Philosophers*, p.67.

9) "Dogs Are No Mind Readers," *Science Now*, 2009년 8월 17일.

10) Pettera, M. et. agl., "Can Dogs(*Canis familiaris*) Detect Human Deception?" *Behavioral Processes* 82(2): 109-8.

11) Simons, M., "Face Masks Fool the Bengal Tigers," *New York Times*, 1989년 9월 5일.

12) Brüne, M., & U. Brune-Cohrs, "Theory of Mind:Evolution, Ontogeny, Brain Mechani and Psychopathology," *Neuroscience & Biobehavioral Reviews* 30(4): 437-55, 2006.

13) Vea, J.J., & J. Sabater-Pi, "Spontaneous Pointing Behaviour in the Wild Pygmy Chimpanzee(*Pan paniscus*)", *Folia Primatologica* 69(5): 289-90, 1998.

14) Vail, A. L., et al., "Referential Gestures in Fish Collaborative Hunting," *Nature Communications* 4, 논문 번호 no. 1765, 2013.

15) Vail, A. L., et al., "Fish Choose Appropriately When and with Whom to Collaborate," *Current Biology* 24(17): R791-93, 2014.

16) Bearzi & Stanford, *Beautiful Minds*, p.230. Mann et al., *Cetacean Societies*; Simões-Lopes, P. C., M. E. Fabian, & J. O. Menegheti, "Dolphin Interactions with the Mullet Artisanal Fishing on Southern Brazil: A Qualitative and Quantitative Approach," *Revista Brasileira de Zoologia* 15(3): 709-26; Daura-Jorge, F. G., et al., "The Structure of a Bottlenise Dolphin Society Is Coupled to a Unique Foraging Cooperation with Artisanal Fishermen," *Biology Letters* 8(5): 702-5, 2012.

17) Strain, D., "Clues to an Unusual Alliance Between Dolphins and Fishers," *Science Now*, 2012년 5월 1일.

18) Mead, T., *Killers of Eden: The Killer Whales of Twefold Bay*, Oatley, NSW, Austrailia: Dolphin Books, 2002.

19) Osvath, M., "Spontaneous Planning for Future Stone Throwing by a Male Chimpanzee," *Current Biology* 19(5): R190-91, 2009.

20) Radiolab, January 25, 2010, "Fu Manchu," NPR. http://www.radiolab.org/story/91939-fu-manchu/에서 가져온 부분.

21) Flower, T., "Fork-tailed Drongos Use Deceptive Mimicked Alarm Calls to Steal Food," *Proceedings of the Royal Society of London, Series B*, 2010, Online.

22) Diamond, *Third Chimpanzee*. Bearzi & Stanford, *Beautiful Minds*, p.188도 볼 것.

23) Linden, E, "Can Animals Think?", *Time*, 1993년 3월 22일, p.60.

24) Flombaum, J. I., & L. R. Santos, "Rhesus Monkeys Attribute Perceptions to Others," *Current Biology* 15(5): 447-52, 2005.

25) Santos, L. R., et al., "Rhesus Monkeys, Macaca mulatta, Know What Others Can and Cannot Hear," *Animal Behavioue* 71(5): 1175-81.

26) Udell, "Wolves Outperform Dogs," 1767-73.

27) Emery and Clayton, "Mentality of Crows," 1903-7. Clayton, N. S., J. M. Dally, & N. J. Emery, "ocial Cognition by Food-Catching Corvids: The Western Scrub-Jay as a Natural Psychologist," *Philosophical Transactions of the Royal Society B* 362(1480), 507-22, 2007도 볼 것.

28) de Waal, F., 2013년 4월 4일. "Two Monkeys Were Pais Unequally: Excerpt

from Frans de Waal's TED Talk," TED Blog Video. http://www.youtube.com/ watch?v=meiU6TxysCg 에서 가져옴. 역시 de Waal, F., et al., "Giving Is Self-Rewarding for Monkeys," PNAS 105(36):13685-89, 2008. Takimoto, A., & K. Fujita, "I Acknowledge Your Help: Capuchin Monkeys' Sensitivity to Others' Labor," *Animal Cognition* 14(5): 715-25, 2008.

29) Wascher, C. A. F., & T. Bugnyar, "Behavioral Responses to Inequity in Reward Distribution and Working Effort in Crows and Ravens," *PLoS ONE* 8(2): e56885, 2013.

30) Than, K., "Gorilla Youngsters Seen Dismantling Poachers' Traps-a First," *National Geographic News*, 2012년 7월 19일, 또한 Andrews, C. G, "Gorillas Thwart Poachers," *Good Nature Travel*, 2013년 8월 27일에서도 볼 수 있다.

31) Holekamp, K. E., et al., "Social Intelligence in the Spotted Hyena (*Crocuta crocuta*)," *Transaction of the Royal Society B- Biological Sciences* 362(480): 523-38, 2007.

32) Bearzi & Stanford, *Beautiful Minds*, p.190.

33) Call and Tomasello, "Does the Chimoanzee Have a Theory of Mind?", 187-92.

34) de Waal, *Primates and Philosophers*, p.76.

35) Harmon, K., "The Social Genius of Animals," *Scientific American Mind* 23: 66-71, 2012. Horowitz, A., "Theory of Mind in Dogs?" *Learning and Behavior* 39(4): 314-17, 2011.

36) Nicols, S., & S. Stich, "Reading One's Own Mind: A Cognitive Theory of Self-Awareness," *New Essays in Philosophy of Language and Mind*, ed., M. Ezcurdia, R. Stainton, & C. Viger, pp.297~339, Canada: University of Calgary Press, 2005.

37) Humphrey, N., "The Society of Selves," *Philosophical Transactions of the Royal Society* B 362: 745-54, 2007에 인용된 부분.

38) Barrett, L., P. Henzi, & D. Rendall, "Social Brains, Simple Minds: Does Social Complexity Really Require Cognitive Complexity?" *Philosophical Transactions of the Royal Society B* 362: 561-75.

39) Associated Press, "Hawaii Aims to Deter Volcano Offerings," *Washington Post*, 2007년 4월 21일.

40) "Morality and the Distinctiveness of Human Action," de Waal, *Primates and Philosophers*, p.114.

41) Tennesen, M., "Do Dolphins Have a Sense of Self?" *National Wildlife Federation*, 2003년 2월 1일자에 인용된 부분.

42) Byrne, R. W., & L. A. Bates, "Primate Social Cognition: Uniquely Primate, Uniquely Social, or Just Unique?" *Neuron* 65(6): 815-30, 2010. Rochat, P., & D. Zahavi, "The Uncanny Mirror: A Re-Framing of Mirror of Self-Experience," *Consciousness and Cognition* 20: 204-13, 2011도 볼 것.

43) Somppi, S., "How Dogs Scan Familiar and Inverted Faces: An Eye Movement Study," *Animal Cognition* 17(3): 793-803.

44) Autier-Derian, D., et al., "Visual Discrimination of Species in Dogs(Canis familiaris)," *Animal Cognition* 16(4): 637-51.

45) Reiss, *Dolphin in the Mirror*, p.139.

46) Gallup, G. G., "Chimpanzees: Self-recognition," *Science* 167(3914): 86-87, 1970.

47) Vance, E., "It's Complicated: The Lives of Dolphins & Scientists," *Discover Magazine*, 2011년 9월 7일.

48) Reiss, *Dolphin in the Mirror*, p.148.

49) 앞의 책, pp.143, 149.

50) Prior, H., A. Schwarz, & O. Güntürkün, "Mirror-Induced Behavior in the Magpie(*Pica pica*): Evidence of Self-Recognition," *PLoS Biol.* 6(8): e202, 2008. "Mirror Test Shows Magpies Aren't So Bird-Brained," *New Scientist*, 2008, http://www.youtube.com/watch?v=HRVGA9zxXzk도 볼 것.

51) Burger, *Parrot Who Owns Me*.

52) Ramachandran, V., "The Neurons That Shaped Civilization," TED.com, 2009.

53) Jarrett, C., "A Calm Look at the Most Hyped Concept in Neuroscience: Mirror Neurons," *Wired Science*, 2013년 12월 13일.

54) Marsh, J., "Do Mirror Neurons Give Us Empathy?" *Greater Good*, 2012년 3월 29일, Online.

55) Kilner, J. M., & R. N. Lemon, "What We Know Currently About Mirror Neurons," *Current Biology* 23(23): R1057-62, 2013.

56) Marsh, "Do Mirror Neurons Give Us Empathy?"

57) Reiss, *Dolphin in the Mirror*, p.171에 인용된 부분.

58) Panksepp, J, "Affective Consciousness: Core Emotional Feelings in Animals and Humans," *Consciousness and Cognition* 14(1): 30-80.

59) de Waal, *Primates and Philosophers*, p.72.

60) Altenmüller et al., *Evolution of Emotional Intelligence*, p.31.

61) Bearzi & Stanford, *Beautiful Minds*, p.173.

62) 앞의 책, p.256.

63) Diamond, *Third Chimpanzee*, p.155.

64) Moore, R., "Ape Gestures: Interpreting Chimpanzee and Bonobo Minds," *Current Biology* 24(14): R645-47. Hobaiter, C., & R. W. Byrne, "The Meanings of Chimpanzee Gestures," *Current Biology* 24(14), 2014도 볼 것.

65) Genty, E. et al., "Gestural Communication of the Gorilla(Gorilla gorilla): Repertoire, Intentionality and Possible Origins," *Animal Cognition* 12(3): 527-46.

66) Genty, E., & K. Zuberbuehler, "Spatial Reference in a Bonobo Gesture," *Current Biology* 24(14):1601-5.

67) Bearzi & Stanford, *Beautiful Minds*, pp.176~177.

68) Brown, J., *Writers on the Spectrum: How Autism and Asperger Syndrom Have Influenced Literary Writing*, London: Jessica Kingsley, 2010. Prince-Hughes, D., *Songs of the Gorilla Nation: My Journey Through Autism*, New York: Harmony, p.135, 1987도 볼 것.

69) Fouts, R., *Next of Kin: My Conversations with Chimpanzees*, New York: Avon, p.291, 1997.

70) Pinker, S., *The Language Instinct*, New York: William Morrow, 1994. Tyack, *Biology of Marine Mammals*, p.312에 인용됨.

71) Tyack et al., *Biology of Marine Mammals*, p.313.

72) Thomas, E. M., "The Old Way," p.78.

73) Cartmill, E. A., & R. W. Byrne, "Oranutans Modify Their Gestural Signalling According to Their Audience's Comprehension," *Current Biology* 17(15): 1345-48, 2007.

4부. 범고래의 호출소리

1) Pitman, R., "An Introduction to the World's Premier Predator," *Whalewatcher* 40(1): 2-5, 2011.

주

2) Ford & Ellis, *Transients*, p.13.

3) Ford, J. K. B., & G. M. Ellis, "Prey Selection and Foof Shring by Fish-Eating 'Resident' Killer Whales (*Orcinus orca*) in British-Columbia," Fisheries & Oceans Canada Reaearch Document 2005/041.

4) Wilkinson, G. S., "Social Grooming in the Vampire Bat, Desmodus rotundus," *Animal Behaviour* 34(6): 1880-89.

5) Yamamoto, S., et al., "Chimpanzees' Flexible Targeted Helping Based on an Understanding of Conspecifics' Goals," *PNAS* 109(9): 3588-92, 2012.

6) Hare, B., & S. Kwetuenda, "Bonobos Voluntarily Share Their Own Food with Other," *Current Biology* 20(5): R230-31, 2010.

7) "Horse Feeds Another Horse," 2014년 6월 9일, http://www.youtube.com/watch?v=p4jhtJC25EQ.

8) Hoelzel, A. R., "Killer Whale Predation on Marine Mammals at Punta Norte, Argentina: Food Sharing, Provisioning and Foraging Strategy," *Behavioral Ecology and Sociobiology* 29(3): 197-204.

9) Ford et al., *Killer Whales*, p.68.

10) Ford and Ellis, *Transients*, p.61.

11) Herzing, *Dolphin Diaries*, p.153.

12) Bigg et al., *Killer Whales*, p.12.

13) Ford and Ellis, *Transients*.

14) Morton, *Listening to Whales*, p.226.

15) Pitman, R., "An Introduction to the World's Premier Predator," *Whalewatcher* 40(1): 2-5.

16) Ford, J. K. B., "Killer Whales of the Pacific Northwest Coast," *Whalewatcher* 40(1):15-23.

17) Dalheim, M., et al., "Eastern Temperate North Pacific Offshore Killer Whales (*Orcinus orca*): Occurrence, Movements, and Insights into Feeding Ecology," *Marine Mammal Science* 24(3): 719-29, 2008(일부 정보는 원래 이 저자들이 인용한 참고문헌에서 처음 알려졌다).

18) Pitman, R. L., "Antarctic Killer Whales," *Whalewatcher* 40(1): 39-45, 2011.

19) Pabst et al., *Biology of Marine Mammals*, eds., J. E. Reynolds III & S. A. Rommel, p.61에 실린 글, 1999.

20) Tyack, *Biology of Marine Mammals*, p.293, 1999.

21) Reiss, *Dolphin in the Mirror*, p.136.

22) 앞의 책, p.44.

23) 앞의 책, p.53.

24) Ford et al., *Killer Whales*, p.75.

25) Rendell, L. E., & H. Whitehead, "Culture in Whales and Dolphins," *Journal of Behavioral and Brain Science* 24(2): 309-82, 2001.

26) Connor et al., Mann et al., *Cetacean Societies*, pp.260~261에 실린 글.

27) Rendell, L. E., & H. Whitehead, "Vocal Clans in Sperm Whales (Physeter macrocephalus)", *Proceedings of the Royal Society B* 270(1512): 225-31, 2003.

28) Morton, *Listening to Whales*, p.105.

29) Hoyt, *Orca*, pp.143~144에 서술된 내용.

30) de Rohan, A., "Deep Thinkers," *Guardian*, 2003년 7월 2일.

31) Bearzi & Stanford, *Beautiful Minds*, pp.164~166.

32) Simmonds, M. P., "Into the Brains of Whales," *Applied Animal Behaviour Science* 100(1-2): 103-16, 2006(시몬즈의 리뷰 및 다른 자료들 인용).

33) King, S. L., & V. M. Janik, "Bottlenose Dolphins Can Use Learned Vocal Labels to Address Each Other," *PNAS* 110(32): 13216-21, 2013. *Biology of Marine Mammals*, p.304의 Tyack의 글, *Trends in Cognitive Sciences* 17(4): 157-59, 2013의 Janik, V. M의 글도 보라.

34) "Dolphins May Call Each Other by Name," *Science News*, 2013년 3월 8일.

35) Janik, V., "Source Levels and the Estimated Active Space of Bottlenose Dolphin (*Tursiops truncatus*) Whistles in the Moray Firth, Scotland," *Journal of Comparative Physiology A* 186(7-8): 673-80, 2000.

36) Herzing, *Dolphin Diaries*, p.103.

37) Quick, N. J., & V. M. Janik, "Bottlenose Dolphins Exchange Signature Whistles When Meeting at Sea," *Proceedings of the Royal Society B* 279(1738):2539-45.

38) Morell, V., "When the Bat Sing," *Science* 344 (6190):1334-37, 2014.

39) Berg, K. S., et al., "Vertical Transmission of Learned Signatures in a Wild Parrot," *Proceedings of the Royal Society B* 279:585-91, 2011.

40) Morell, V., "A Rare Observation of Teaching in the Wild," *Science*, 2014년 6월 11일.

41) Bruck, J. N., "Decades-long Social Memory in Bottlenose Dolphins," *Proceedings of the Royal Society B* 280(1768): 1726, 2013.

42) Samuels & Tyack, Mann et al., *Cetacean Societies*.

43) Tyack et al., *Biology of Marine Mammals*, pp.297~298.

44) Noad, M. J., et al., "Cultural Revolution in Whale Songs," *Nature* 408:537, 2000.

45) Morton, *Listening to Whales*, p.117.

46) Tyack et al., *Biology of Marine Mammals*, pp.291~292.

47) Ford and Ellis, *Transients*, p.78.

48) Au, *Sonar of Dolphins*, pp.3~4.

49) 앞의 책, p.209.

50) "Infrared Detection in Animals," MapofLife.org. 2014년 11월 10일자. Lewis, T., "Cats and Dogs May See in Ultraviolet," *Livescience*, 2014년 2월 18일.

51) "'Bat Man' Navigates Primarily by Using Echolocation," *National Geographic*, n.d.

52) Tyack et al., *Biology of Marine Mammals*, p.289.

53) Bearzi and Stanford, *Beautiful Minds*, p.248.

54) Similä, T., & F. Ugarte, "Surface and Underwater Observations of Cooperatively Feeding Killer Whales in Northern Norway," *Canadian Journal of Zoology* 71(8): 1494-99.

55) Ford and Ellis, *Transients*, p.26.

56) Morton, *Listening to Whales*, p.192.

57) Pitman, R. L, "Antarctic Killer Whales," *Whalewatcher* 40(1): 39-45, 2011.

58) Ford, J. K. B., et al., "Killer Whale Attacks on Minke Whales: Prey Capture and Antipredator Tactics," *Marine Mammal Science* 21(4): 603-18, 2005.

59) Matkin, C., & J. Durban, "Killer Whales in Alaskan Waters," *Whalewatcher* 40(1): 24-29, 2011.

60) Pitman, R. L., et al., "Killer Whale Predation on Sperm Whales: Observations and Implications," *Marine Mammal Science* 17(3): 494-507.

61) Visser, I., *Swimming with Orca*, New York: Penguin, pp.94~95, 2005.

62) Connor, R. C., et al., "Social Evolution in Toothed Whaled," *Trends in Ecology & Evolution* 13(6): 228-32, 1988.

63) Ward, E. J., et al., "The Role of Menopause and Reproductive Senescence in a Long-Lived Social Mammal," *Frontiers in Zoology* 6:4, 2009.

64) Foster, E. A., et al., "Adaptive Prolonged Postreproductive Lifespan in Killer Whaled," *Science* 337 (6100): 1313, 2012.

65) Connor, "Social Evolution," 228-32.

66) Herzing, *Dolphin Diaries*, p.51.

67) Gero, S., et al., "Who Cares? Between-Group Variation in Alloparental Caregiving in Sperm Whales," *Behavioral Ecology* 20(4): 838-43, 2009.

68) Parfit & Chisholm, *Lost Whale*, p.13.

69) Morton, *Listening to Whales*, p.139.

70) Herzing, *Dolphin Diaries*, p.42.

71) Bunnell, S., *Mind in the Waters*, ed., Joan McIntyre, New York: Scribner, 1974.

72) Paulos, R. D., M. Trone, & S. A. Kuczaj II, "Play in Wild and Captive Cetaceans," *International Journal of Comparative Psychology*, 23(4): 701-22, 2010.

73) Reiss, *Dolphin in the Mirror*, pp.11~18.

74) Herzing, *Dolphin Diaries*, p.28.

75) Vance, E., "It's Complicated: The Lives of Dolphins and Scientists," *Discover Magazine*, 2011년 9월 7일.

76) Hof, P. R., and E. Van Der Gucht, "Structure of the Cerebral Cortex of the Humpback Whale, Megaptera novaeangliae," *Anatomical Record* 290(1): 1-31, 2007.

77) *Biology of Marine Mammals*, p.287에 실린 Tyack의 글에 인용된 릴리Lilly의 글.

78) Reiss, *Dolphin in the Mirror*, p.196.

79) de Rohan, A., "Deep Thinkers," *Guardian*, 2003년 7월 2일.

80) Reiss, *Dolphin in the Mirror*, p.129.

81) Associated Press, 2005년 9월 7일, "Whale Uses Fish as Bait to Catch Seagulls Then Shares Strategy with Fellow Orcas," *Mongabay.com*.

82) Reiss, *Dolphin in the Mirror*, pp.75, 100~103.

83) 앞의 책, p.132.

84) *Biology of Marine Mammals*, p.287에 실린 Tyack의 글.

85) Reiss, *Dolphin in the Mirror*, p.176에 인용된 내용.

86) Bearzi & Stanford, *Beautiful Minds*, pp.140, 251.

87) *Biology of Marine Mammals*, p.288에 실린 Tyack의 글.

88) *Dusky Dolphin*, pp.333~353에 실린 Pearson & Shelton의 글.

89) 앞의 책.

90) Roth, G., & U. Dicke, "Evolution of the Brain and Intelligence," *Trends in*

Cognitive Science, 9 (5): 250-57.

91) 앞의 책.

92) *Dusky Dolphin*, pp.333~353에 실린 Pearson & Shelton.

93) Byrne, 1996년 글. Moss et al., *Amboseli Elephants*, p.174에 인용됨.

94) Roth & Dicke, "Evolution of the Brain," pp.250~257.

95) Koch, *Consciousness*, 온라인.

96) 앞의 책.

97) *Biology of Marine Mammals*, pp.316~317에 실린 Tyack의 글.

98) *Cetacean Societies*, p.266에 수록된 R. C. Connor et al..

99) Simmonds, M. P., "Into the Brains of Wales," *Applied Animal Behaviour Science* 100(1-2): 103-16(시몬즈는 R. C. Connor, M. R. Heithaus, L. M. Barre, "Complex Social Structure, Alliance, Stability and Mating Access in a Bottlenose Dolphin 'Super-Alliance,'" *Proceedings of the Royal Society of London, Series B* 268(1464:263-67)을 인용한다).

100) Bearzi & Stanford, *Beautiful Minds*, p.188.

101) 앞의 책, pp.197~199.

102) *Biology of Marine Mammals*, pp.316~317에 실린 Tyack의 글.

103) Coghlan, A., "Whales Boast the Brain Cells That 'Make Us Human'", *New Scientist*, 2006년 11월.

104) Hakeem et al., Moss et al., *Amboseli Elephants*, p.175에 인용된 부분.

105) Butti, C., et al., "Total Number and Volume of von Economo Neurons in the Cerebral Cortex of Cetaceans," *Journal of Comparative Neurology* 515(2): 243-59, 2009.

106) Nieuwenhuys, R., "The Insular Cortex: A Review," *Progress in Brain Research* 195: 123-63, 2012.

107) Coghlan, A., "Whales Boast the Brain Cells That 'Make Us Human'", *New Scientist*, 2006년 11월.

108) Hof, P. R., & E. Van Der Gucht, "Structure of the Cerebral Cortex of the Humpback Whale, *Negaptera novaeangliae*," *Anatomical Record* 290(1): 1-31, 2007.

109) Hakeem, A. Y., et al., "Von Economo Neurons in the Elephant Brain," *Anatomical Record* 292(2): 242-48, 2009.

110) Coghlan, "Whales Boast the Brain Cells"에 인용됨. Hof & Van Der Gucht,

"Structure of the Cerebral Cortec of the Humpback Wahle," 1-31도 볼 것.

111) de Waal, F., "Animal Conformists," *Science* 340 (6131): 437-38, 2013.

112) University of Bristol, "First Demonstration of 'Teaching' in Non-human Animals: Ants Teach by Running in Tandem," *Science Daily*, 2006년 1월 13일.

113) Guinet, C., & J. Bouvier, "Development of Intentional Stranding Hunting Techniques in Killer Whale (*Orcinus orca*) Calves at Crozet Archipelago," *Canadian Journal of Zoology* 73(1):24-29, 1995.

114) Matkin, C., & J. Durban, "Killer Whales in Alaskan Waters," *Whalewatcher* 40(1): 24-29, 2011.

115) Bender, C., D. Herzing, & D. Bjorklund, "Evidence of Teaching in Atlantic Spotted Dolphins(Stenella frontalis) by Mother Dolphins Foraging in the Presence of Their Calves," *Animal Cognition* 12 (1): 43-53, 2009.

116) Krützen, M., et al., "Cultural Transmission of Tool Use in Bottlenose Dolphins," *PNAS* 102(25): 8939-43, 2005.

117) Hoppitt, W. J., et al., "Lessons from Animal Teaching," *Trends in Ecology & Evolution*, 23(9): 486-93, 2008.

118) Taylor, C. K., & G. Saayman, "Imitative Behavior by Indian Ocean Bottlenose Dolphins (Tursiops aduncus) in Captivity," *Behaviour* 44(3-4): 286-98, 1973. Reiss, *Dolphin in the Mirror*, p.168도 볼 것.

119) Reiss, *Dolphin in the Mirror*, p.126.

120) 앞의 책, p.169.

121) *Biology of Marine Mammals*, p.315에 실린 Tyack의 글.

122) Taylor, C. K., & G. Saayman, "Imitative Behavior by Indian Ocean Bottkenose Dolphins (*Tursiops aduncus*) in Captivity," *Behaviour* 44(3-4):286-98, 1973.

123) Morton, *Listening to Whales*, pp.113~115, 210.

124) 앞의 책, pp.93, 121.

125) 앞의 책, pp.237~239, 97~98.

126) Garrett, H., "SeaWorld's Orcas Deserve a Retirement Plan," *The Dodo*, 2014년 11월 14일.

127) Parfit and Chisholm, *Lost Whale*, pp.31, 280.

128) 앞의 책, pp.36, 66, 186~187.

129) 앞의 책, pp.170~171.

130) 앞의 책, p.300.

131) 앞의 책, pp.82~83, 119.

132) 앞의 책, pp.99, 141, 143, 301(pp.286, 313에 실린 파핏의 또 다른 인용문도 볼 것).

133) Reiss, *Dolphin in the Mirror*, p.198.

134) Mann, Cetacean Societies, p.26에 실린 Samuels & Tyack의 글. Reiss, *Dolphin in the Mirror*, p.199도 보라.

135) Herzing, *Dolphin Diaries*, pp.29, 64.

136) 앞의 책, pp.31~32.

137) Austin B., *Beautiful Whales*, New York: Abrams, 2013. 또 "Photographer Gets Up Close with Whales," *Here & Now*, 2013년 6월 3일. http://hereandnow. wbur.org/2013/06/03/photographer-beautiful-whale.

138) Ford et al., *Killer Whales*, p.83.

139) Reiss, *Dolphin in the Mirror*, p.205.

140) Pitman, R. L., & J. W. Durban, "Save the Seal!" Natural History3, 2009년 11월.

141) Herzing, Dolphin Diaries3, p.106.

142) Fimrite, P., "Daring Rescue of Whale off Farallones," *San Francisco Chronicle*, 2005년 12월 14일.

143) Lewis, R., "Injured Wild Dolphin Swims to Nearby Divers for Help," *Yahoo News*, 2013년 1월 22일.

144) Herzing, *Dolphin Diaries*, p.184.

145) Safina, C., *A Sea in Flames: The Deepwater Horizon Oil Blowout*, New York: Crown, p.193, 2011.

146) Lopez, B. H., *Of Wolves and Men*, New York: Scribner, p.98, 1978.

147) J. Heimbuch, "Raven with a Face Full of Porcupine Quills Gets Help from Human Neighbors," *Grist*, 2013년 7월 17일.

148) Tomkies, M., *Out of the Wild*, UK: Jonathan Cape, p.197, 1985.

149) 돈 파치코Don Pachico와의 인터뷰는 온라인으로, PBS의 '칼 사피나와 함께 바다 구하기'Saving the Ocean with Carl Safina 시리즈의 'Destination Baja' 회차에서 볼 수 있다. PBS.org에서 시청 가능.

150) Herzing, *Dolphin Diaries*, p.28.

151) 앞의 책, pp.55~56.

152) 앞의 책, p.193.

153) Celizic, M., "Dolphins Save Sufer from Becoming Shark's Bait," *Today*, 2007년

11월 8일.

154) Reiss, *Dolphin in the Mirror*, p.207.

155) 앞의 책, p.206.

156) Herzing, Dolphin Diaries3, p.50.

157) 앞의 책, p.32.

158) Bearzi & Stanford, *Beautiful Minds*, pp.25~26.

159) Morton, *Listening to Whales*, p.94.

160) Ford, J. K. B., "Killer Whales of the Pacific Northwest Coast," *Whalewatcher* 40(1): 15-23, 2011.

161) Ford et al., *Killer Whales*, p.11에 인용됨.

162) Ford et al., *Killer Whales*, p.11.

163) Hoyt, *Orca*, pp.37, 228.

164) Bigg et al., *Killer Whales*, p.15.

165) Hoyt, *Orca*, p.93.

166) Ford et al., *Killer Whales*, p.12.

167) Parfit and Chisholm, *Lost Whale*, p.108.

168) Hoyt, *Orca*, pp.15~19.

169) Ford, "Killer Whales of the Pacific Northwest Coast," 15-23.

170) Hoyt, *Orca*, p.70.

171) 앞의 책, p.147.

172) Ford et al., *Killer Whales*, p.12.

173) Hoyt, *Orca*, p.203.

174) 앞의 책, p.20.

175) Samuels & Tyack의 글, Mann, *Cetacean Societies*, pp.22~25에 수록됨.

176) Cowperthwaite, G., 2013년 제작 DVD *Blackfish*의 감독, 제작자. Manny O Productions.

177) Hoyt, *Orca*, p.19.

178) Kuo, V., "Orca Trainer Saw Best of Keiko, Worst of Tilikum," *C.N.N.com*, 2013년 10월 28일.

179) Simmonds, M. P., "Into the Brains of Whales," *Applied Animal Behaviour Science* 100(1 2): 103 16.

180) Schusterman, 2000. Simmonds, "Into the Brains of Whales," 103 16에 인용됨.

181) Hoyt, *Orca*, pp.118~120.

182) Ford and Ellis, *Transients*, p.21.

183) Hoyt, *Orca*, pp.37, 126.

184) Parfit & Chisholm, *Lost Whale*, p.39.

185) Ferrara, C. R., et al., "Turtle Vocalizations as the First Evidence of Posthatching Parental Care in Chelonians," *Journal of Comparative Psychology* 127(1): 24-32, 2012. Ferrara, C. R., et al., "Sound Communication & Social Behavior in an Amazonian River Turtle (Podocnemis Expansa)," *Herpetologica* 70(2): 149-56, 2014.

186) Roosevelt, T., 1903, *The Works of Theodore Roosevelt, the Wilderness Hunter*, New York: Scribner, p.96.

187) Verdolin, J. L., & J. Harper, "Are Shy Individuals Less Behaviorally Variable? Insights from a Captive Population of Mouse Lemurs," *Primates* 54(4): 309-14, 2013.

188) Sih, A., et al., "Behavioral Syndromes: An Integrative Overview," *Quarterly Review of Biology* 79(3): 241-77, 2004. 또 Sweeney, K., et al., "Predator and Prey Activity Levels Jointly Influence the Outcome of Long-Term Foraging Bouts," *Behavioral Ecology* 24(5):1205, 2013도 볼 것. 또 Brown, G. E., et al., "Retention of Acquired Predator Recognition Among Shy Versus Bold Juvenile Rainbow Trout," *Behavioral Ecology and Sociobiology* 67(1): 43-51, 2012도 보라.

189) 럿거스 대학의 교수인 Peter & Judith Weiss와의 개인적 대화에서, 2014.

190) Morton, *Listening to Whales*, pp.53~55.

191) 앞의 책, pp.49~50, 100.

192) 앞의 책, p.97.

193) Hoyt, *Orca*, p.44.

194) Neihardt, J. G., *Black Elk Speaks*, New York: Washington Square, p.238, 1972.

195) Ford & Ellis, *Transients*, p.81.

196) 앞의 책, p.26.

197) NOAA Southern Resident Recovery Plan, 온라인.

198) John Durban과 저자와의 대화에서. 그리고 Ford & Ellis, *Transients*, p.87.

199) "Sonar Used by Oil Company Caused Mass Whale Stranding in Madagascar," 2013년 9월 25일, *Mongabay.com*.

에필로그

1) Morton, *Listening to Whales*, p.5.

Altenmüller, E., S. Schmidt. & E. Zimmermann, *The Evolution of Emotional Communication*, Oxford: Oxford University Press, 2013.

Au, W. W. W., *The Sonar of Dolphins*, New York: Springer, 1993.

Bearzi, M., & C. B. Stanford, *Beautiful Minds: The Parallel Lives of Great Apes and Dolphins*, Cambridge, MA: Harvard University Press, 2008.

Bigg, M. A., et al., *Killer Whales: A Study of Their Identification, Genealogy, and Natural History in British Columbia and Washington State*, Nanaimo, BC: Phantom Press, 1987.

Burger, J., *The Parrot Whoo Owns Me: The Story of a Relationship*, New York: Villard Books, 2002.

de Waal, F., *The Bonobo and the Atheist: In Search of Humanism Among the Primates*, New York: Norton, 2013.

de Waal, F., *Primates and Philosophers: How Morality Evolved*, New Jersey: Princeton University Press, 2006.

Diamond, J., *The Rise and Fall of the Third Chimpanzee: How Our Animal Heritage Affects the Way We Live*, New York: Vintage Books, 1991.

Douglas-Hamilton, I., and O. Douglas-Hamilton, *Among the Elephants*, New York: Viking Books, 1975.

Ford, J. K. B., and G. M. Ellis, *Transients: Mammal-Hunting Killer Whales of British Columbia, Washington, and Southern Alaska*, Seattle: University of Washington Press, 1999.

Herzing, Denise. L., *Dolphin Diaries: My Twenty-five Years with Spotted Dolphins in the Bahamas*, New York: St. Martin's, 2011.

Hoyt, Erich, *Orca: The Whale Called Killer*, New York: Dutton, 1981.

Koch, C., *Consciousness: Confessions of a Romantic Reductionist*, Cambridge, M.A.: MIT Press, 2012.

Morton, Alexandra, *Listening to Whales*, New York: Ballantine Books, 2004.

Moss, C., & M. Colbeck, *Echo of the Elephants: The Story of an Elephant Family*,

New York: William Morrow, 1993.

Moss, C. J., *Elephant Memories: Thirteen Years in the Life of an Elephant Family*, Chicago: University of Chicago Press, 2000.

Moss, C. J., H. Croze, & P. Lee, eds., *The Amboseli Elephants: A Long-Term Perspective on a Long-Lived Mammals*, Chicago: University of Chicago Press, 2011.

Moussaieff Masson, J., and S. McCarthy, *When Elephants Weep: The Emotional Lives of Animals*, New York: Delta, 1996.

Parfit, M., and S. Chisholm, *The Lost Whale: The True Story of an Orca Named Luna*, New York: St. Martin's Press, 2013.

Pearson, H. C., and D. E. Shelton, "A Large-Brained Social Animal," *The Dusky Dolphin*, ed. B. Würsig & M. Würsig, London: Elsevier, 2010.

Poole, J., *Coming of Age with Elephants: A Memoir*, New York: Voyager Press, 1997.

Reiss, D., *The Dolphin in the Mirror: Exploring Dolphin Minds and Saving Dolphin Lives*, Boston: Houghton Mifflin Harcourt, 2011.

Smith, D. W., & G. Ferguson, 2005, *Decade of the Wolf: Returning the Wild to Yellowstone*, Guilford, CT: Lyons Press, 2005.

Tyack, P. L., *Biology of Marine Mammals*, eds., J. E. Reynols III & S. A. Rommel, Washington, DC.: Smithsonian, 1999.

Vaillant, J., *The Tiger: A True Story of Vengeance and Survival*, New York: Vintage Departures, 2011.

Walker, J. E., *Ivory's Ghosts: The White Gold of History and the Fate of Elephants*, New York: Atlantic Monthly Press, 2009.

참고문헌

소리와 몸짓

소리와 몸짓

찾아보기